65

Real Analysis
Fourth Edition

实分析
（原书第4版）

[美] H. L. 罗伊登 （H. L. Royden） P. M. 菲茨帕特里克 （P. M. Fitzpatrick） 著

叶培新 李雪华 译

机械工业出版社
China Machine Press

图书在版编目（CIP）数据

实分析（原书第4版）/（美）H. L. 罗伊登（H. L. Royden），（美）P. M. 菲茨帕特里克（P. M. Fitzpatrick）著；叶培新，李雪华译．—北京：机械工业出版社，2019.6（2022.1重印）
（华章数学译丛）
书名原文：Real Analysis，Fourth Edition

ISBN 978-7-111-63084-5

I. 实…　II. ①H…　②P…　③叶…　④李…　III. 实分析–高等学校–教材　IV. O174.1

中国版本图书馆CIP数据核字（2019）第127757号

本书版权登记号：图字　01-2016-7276

本书是一部实分析方面的经典教材，主要分三部分，第一部分为一元实变量函数的Lebesgue积分，第二部分为抽象空间（包括度量空间、拓扑空间、Banach空间和Hilbert空间），第三部分为一般测度与积分理论．此外，书中每节后都提供了大量习题，这些习题的解答基本上不涉及艰深的技巧，主要用来帮助读者更好地理解书中的内容．

本书内容丰富，涵盖了实分析、泛函分析的几乎所有基础性内容，叙述非常清晰、流畅且富有启发性，适合作为高等院校相关专业学生实分析课程的教材．

出版发行：机械工业出版社（北京市西城区百万庄大街22号　邮政编码：100037）
责任编辑：迟振春　　责任校对：李秋荣
印　　刷：北京建宏印刷有限公司　　版　　次：2022年1月第1版第4次印刷
开　　本：186mm×240mm　1/16　　印　　张：27.25
书　　号：ISBN 978-7-111-63084-5　　定　　价：129.00元

客服电话：（010）88361066　88379833　68326294　　投稿热线：（010）88379604
华章网站：www.hzbook.com　　读者信箱：hzjsj@hzbook.com

译 者 序

本书是译者继翻译 H. L. Royden 所著的《实分析》第 3 版以及 E. M. Stein 与 R. Shakarchi 合著的普林斯顿分析学系列教材中的《实分析》(与魏秀杰合译)之后,应机械工业出版社的编辑之邀所翻译的第三部实分析方面的经典教材. 它是由 P. M. Fitzpatrick 续写的 H. L. Royden 所著的《实分析》第 4 版. 与第 3 版相比,第 4 版的内容有很大的扩充,因而,事实上应视之为一部新的著作. 第 4 版对测度、积分以及 L^p 空间理论的探讨更为完整、系统,更能够满足实分析教学发展的需求. 此外,第 4 版还新增了大量习题. 这些习题的解答基本上不涉及艰深的技巧,主要用来帮助读者更好地理解书中的内容,相信读者通过努力都可独立完成大部分习题.

总的来说,本书内容丰富,涵盖了实分析、泛函分析的几乎所有基础性内容,取材适当,叙述清晰、流畅且富有启发性,具有很强的可读性,是一部不可多得的优秀教材. 希望该译著的出版能对我国分析数学的教学与研究水平的进一步提高起到促进作用.

限于译者的水平,加上时间较为紧迫,译文中难免会有不妥甚至错误之处,期望广大读者给予批评指正.

在译稿完成之际,感谢机械工业出版社对我的翻译工作的一贯支持. 此外,本书的翻译得到了国家自然科学基金面上项目(项目号 11671213)的支持,在此一并表示感谢.

叶培新

2019 年 4 月

前　　言

H. L. Royden 的《实分析》前三版已帮助了几代学习数学分析的学生. 第 4 版保持了前一版的目标与总体结构——为现代分析人员提供他们需要知道的测度论、积分论以及泛函分析的知识.

本书分为三部分:第一部分讨论一元实变量函数的 Lebesgue 测度与 Lebesgue 积分;第二部分讨论抽象空间——拓扑空间、度量空间、Banach 空间以及 Hilbert 空间;第三部分讨论一般测度空间上的积分,以及拓扑、代数或动力结构下丰富的一般理论.

第二部分和第三部分的内容原则上不依赖于第一部分. 然而,第一部分在学生熟悉的背景下提出了新概念,这为第二部分和第三部分建立更为抽象的概念奠定了基础. 此外,在第一部分创立的 Banach 空间——L^p 空间,是最为重要的 Banach 空间类之一. 建立 L^p 空间的完备性以及它们的对偶空间的主要理由是在这些空间上的泛函与算子的研究中能够运用泛函分析的标准工具. 第二部分的目标是创建这些工具.

第 4 版的主要更新

- 与前一版相比本版新增了 50%的习题.
- 证明了一些基本的结果,包括 Egoroff 定理和 Urysohn 引理.
- 与若干其他概念一起正式给出了 Borel-Cantelli 引理、Chebychev 不等式、快速 Cauchy 序列,以及测度与积分所共有的连续性质.

本书的每一部分都有一些值得留意的变动:

第一部分

- 给出了一致可积性的概念和 Vitali 收敛定理,它们是关于 Lebesgue 积分计算的基本定理证明的最重要部分.
- $L^p(E)(1\leqslant p\leqslant\infty)$空间中快速 Cauchy 序列的性质的精确分析现在是这些空间的完备性证明的基础.
- 详细讨论了 $L^p(E)(1\leqslant p\leqslant\infty)$空间中的弱序列紧性,它被用于证明连续凸泛函的最小值点的存在性.

第二部分

- 度量和拓扑空间的一般结构性质分为两个简短的章,在这两章中主要定理得到了证明.

- 对于 Banach 空间的处理，除了讨论有界线性算子的基本结果之外，还详细讨论了由 Banach 空间和它的对偶空间之间的对偶性诱导的弱拓扑的紧性.
- 新增一章讨论 Hilbert 空间上的算子，其中弱序列紧性是证明关于紧对称算子的特征向量上的 Hilbert-Schmidt 定理以及刻画由 Riesz 和 Schuader 给出的作用在 Hilbert 空间的指标为零的线性 Fredholm 算子的基础.

第三部分

- 建立了一般的测度与积分理论，包括 $L^p(X, \mu)(1\leqslant p\leqslant\infty)$空间的完备性及其对偶空间的表示，探讨了这些空间的弱序列紧性，包括刻画 $L^1(X, \mu)$空间中的弱序列紧性的 Dunford-Pettis 定理的证明.
- 对于紧 Hausdorff 空间 X，为刻画 $C(X)$的对偶讨论了拓扑与测度之间的关系. 通过紧性论据，这导致了关于紧群上唯一不变测度的存在性的 von Neumann 定理的证明，以及关于紧 Hausdorff 空间上的映射是遍历的概率测度的存在性的证明.

测度与积分的一般理论诞生于 20 世纪初. 它现在是概率论、偏微分方程、泛函分析、调和分析以及动力系统等备受关注的若干数学领域不可或缺的要素. 事实上，它已成为一个统一的概念. 许多不同的题材能够一致地用该理论处理积分与泛函分析之间的关系，特别是积分与弱收敛性之间的伴随关系，在这里得到强化：这在非线性偏微分方程的分析中是重要的（见 L. C. Evans 的书《Weak Convergence Methods for Nonlinear Partial Differential Equations》[AMS, 1990]）.

参考文献中列出了一些书，这些书在正文中没有被具体引用，但应作为补充材料和不同观点供查询. 特别是，列出了两本关于数学分析的有趣历史的书.

课程建议：第一学期

在第 1 章，建立了第一部分需要的所有实直线的初等分析与拓扑的背景知识. 这个初始章可作为便利的参考内容. 核心内容包括第 2～4 章、6.1～6.5 节、第 7 章以及 8.1 节. 此外，以下内容可根据需要选择：8.2～8.4 节对继续研究赋范线性空间的对偶性与紧性的学生是有意义的；而 5.3 节包含经典分析的两个瑰宝——Lebesgue 可积性的刻画与关于有界函数的 Riemann 可积性的刻画.

课程建议：第二学期

第二学期的课程应基于第三部分. 初始的核心材料包括 17.1 节、18.1～18.4 节以及 19.1～19.3 节. 第 17 章的其余节可在开始或后面需要时讲解：17.3～17.5 节在第 20 章之前讲授，17.2 节在第 21 章之前讲授. 继而可讲授第 20 章. 这些都不依赖于第二部分. 几个备选题材需要涉及第二部分的内容.

- 建议 1：证明 Baire 范畴定理及其关于连续函数序列的逐点极限的偏连续性的推论（第 10 章的定理 7），从 Riesz-Fischer 定理推出 Nikodym 度量空间是完备的（第 18 章的定理 23),证明 Vitali-Hahn-Saks 定理并接着证明 Dunford-Pettis 定理.

- 建议 2:涵盖关于测度与拓扑的第 21 章(略去 20.5 节),假设拓扑空间是可度量化的,因此 20.1 节可被略去.
- 建议 3:证明无穷维赋范线性空间的闭单位球关于由范数诱导的拓扑是非紧的 Riesz 定理,以此作为得到关于弱拓扑的序列紧性的动机. 接着,若 $L^q(X, \mu)$是可分的,用 Helley 定理得到 $L^p(X, \mu)(1<p<\infty)$空间的弱序列紧性;若第 21 章已被涵盖,用 Helley 定理得到关于紧度量空间的 Borel σ 代数上的 Radon 测度的弱 * 序列紧性结果.

课程建议:第三学期

针对已经上过前两学期课程的学生,我把附带一些补充材料的第二部分用于泛函分析课程. 当然这些材料需要裁剪,以与第二学期所选取的材料很好地衔接. 关于 Hilbert 空间上的有界线性算子的第 16 章可在关于 Banach 空间上的有界线性算子的第 13 章之后讲授,因为关于弱序列紧性的结果从 Hilbert 空间的每个闭子空间的正交补的存在性可直接得到. 第二部分应与第三部分的备选题材穿插讲授,以提供抽象空间理论在积分上的应用. 例如,用第 19 章的材料可在一般的 $L^p(X, \mu)$空间考虑自反性与弱紧性. 上面关于第二学期课程的建议 1 可用于第三学期而非第二学期,以给出 Baire 范畴定理的真正震撼的应用. 第 21 章中 $C(X)$的对偶的表示(其中 X 是紧 Hausdorff 空间),提供了 Helly、Alaoglu 与 Krein-Milman 的定理适用的另一族空间——带号 Radon 测度的空间. 通过涵盖关于不变测度的第 22 章,学生将会接触到一些应用:用 Alaoglu 定理与 Krein-Milman 定理证明紧群上的 Haar 测度的存在性,使得映射是遍历的测度的存在性(第 22 章的定理 14),以及用 Helly 定理证明不变测度的存在性(Bogoliubov-Krilov 定理).

欢迎读者通过 pmf@math.umd.edu 提供评论. 勘误与评注的清单将放在 www.math.umd.edu/～pmf/RealAnalysis 上.

致谢

很高兴地表达我对教师、同行和学生的感谢. 我诚挚感谢 Diogo Arsénio,他读了完整手稿的倒数第二遍草稿,他的观察和建议改进了草稿. 在马里兰大学,我针对多个分析课程写了讲义. 这些讲义已融入当前版本. 我的分析课程的一些研究生彻底检查了该版本的部分手稿,他们的评论与建议非常有价值,他们是:Avner Halevy,J. J. Lee, Kevin McGoff,Himanshu Tiagi. 我特别感谢 Brendan Berg,他创建了索引,校对了最后的手稿,友善地改进了我的 tex 技巧. 我从与许多朋友和同事的交谈中获益良多,他们是:Diogo Arsénio,Stu Antman,Michael Boyle, Michael Brin, Craig Evans,Manos Grillakis,Richard Hevener,Brian Hunt,Jacobo Pejsachowicz,Michael Renardy,Eric Slud, Robert Warner, JimYorke.

对于第 4 版的第三次印刷,我改正了前两次印刷的错误,这些错误是许多友善的读者,特别是我在马里兰大学的研究生指出来的. 我感谢 Jose Renato Ramos Barbosa 教授,他为我提供了几页勘误表．特别的感谢给 Richard Hevener，他严谨地找寻本书的错误，提供了许多关于表达的极好建议，并且仔细地排出了一个张贴在网站上的勘误清单．我感谢 Sam Punshon-Smith，他在解决几个令人烦恼和困难的手稿制作问题上提供了很好的帮助．

我诚挚感谢出版社与评审人员：J. Thomas Beale，杜克大学；Richard Carmichael，维克森林大学；Michael Goldberg，约翰霍普金斯大学；Paul Joyce，爱达荷大学；Dmitry Kaliuzhnyi-Verbovetskyi，德莱克斯大学；Giovanni Leoni，卡内基-梅隆大学；Bruce Mericle，曼卡多州立大学；Stephen Robinson，维克森林大学；Martin Schechter，加州大学欧文分校；James Stephen White，杰克逊维尔州立大学；ShanshuangYang，埃默里大学．

Patrick M. Fitzpatrick
马里兰大学帕克分校
2014 年 4 月

目 录

第二部分 抽象空间:度量空间、拓扑空间、Banach 空间和 Hilbert 空间

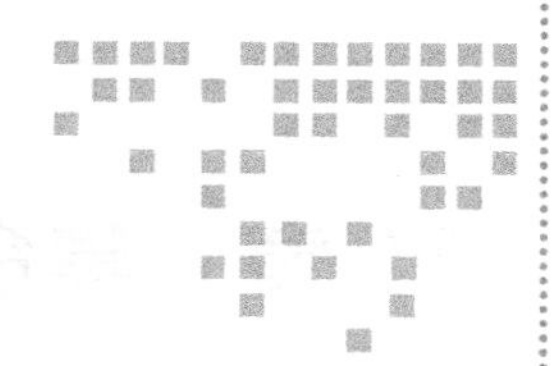

第一部分 *Part 1*

一元实变量函数的Lebesgue积分

第0章 集合、映射与关系的预备知识

在预备知识中，我们描述一些本书始终会用到的集合、映射与关系的概念，给出的论据倾向于合理与易理解，而非基于集合论公理的严格证明. 在称为关于集合的 Zermelo-Frankel 公理系统之上，可以正式地建立集合、关系以及函数的性质. 有兴趣的读者可以查阅 John Kelley 的书《General Topology》[Kel75]、Paul Halmos 的书《Naïve Set Theory》[Hal98]以及 Thomas Jech 的书《Set Theory》[Jec06]的引言与附录.

0.1 集合的并与交

对于集合 A ㊀，元素 x 是 A 的成员关系记为 $x\in A$，而 x 不是 A 的成员关系记为 $x\notin A$. 我们常说 A 的一个成员属于 A 且称 A 的成员是 A 中的一个点. 通常集合用花括号表示，因此 $\{x \mid$ 关于 x 的陈述$\}$是使得关于 x 的陈述成立的所有元素 x 的集合.

若两个集合有相同的成员，我们说它们相同. 令 A 和 B 为集合. 若 A 的每个成员也是 B 的成员，我们称 A 为 B 的**子集**，记之为 $A\subseteq B$，也说 A 包含于 B 或 B 包含 A. B 的子集 A 称为 B 的**真子集**，若 $A\neq B$. A 和 B 的**并**，记为 $A\cup B$，是所有或者属于 A 或者属于 B 的点的集合，即 $A\cup B=\{x \mid x\in A$ 或 $x\in B\}$. 这里“或”这个词在非互斥的意义下使用，因此同时属于 A 和 B 的点属于 $A\cup B$. A 和 B 的**交**，记为 $A\cap B$，是所有同时属于 A 和 B 的点的集合，即 $A\cap B=\{x \mid x\in A$ 且 $x\in B\}$. A 在 B 中的**补**，记为 $B\sim A$，是 B 中那些不在 A 中的点的集合，即 $B\sim A=\{x\in B$ 且 $x\notin A\}$. 若在特别的讨论中所有的集合是参考集 X 的子集，我们常简单地称 $X\sim A$ 为 A 的补.

没有任何成员的集合称为**空集**，记为$\emptyset$. 不等于空集的集合称为非空的. 我们称只有一个成员的集合为**单点集**. 给定集合 X，X 的所有子集的集合记为 $\mathcal{P}(X)$或 2^X，称之为 X 的**幂集**.

1~3

为了避免考虑集合的集合时可能产生混淆，我们常用词“族”或“簇”作为“集”的同义词. 令 $\mathcal{F}$ 为集族. $\mathcal{F}$ 的并，记为 $\bigcup_{F\in\mathcal{F}}F$，定义为属于 $\mathcal{F}$ 中的至少一个集合的点的集合. $\mathcal{F}$ 的交，记为 $\bigcap_{F\in\mathcal{F}}F$，定义为属于 $\mathcal{F}$ 中的每个集合的点的集合. 若集族 $\mathcal{F}$ 中的任何两个集合的交是空的，集族 $\mathcal{F}$ 称为是**不交的**. 对于集族 $\mathcal{F}$，通过检验集合的包含关系可得到以下等式.

㊀ 《牛津英语字典》花了几百页的篇幅给出“集合”一词的定义.

De Morgan 等式

$$X\sim\Big[\bigcup_{F\in\mathcal{F}}F\Big]=\bigcap_{F\in\mathcal{F}}[X\sim F],\quad X\sim\Big[\bigcap_{F\in\mathcal{F}}F\Big]=\bigcup_{F\in\mathcal{F}}[X\sim F]$$

即并的补是补的交，且交的补是补的并.

对于集合 Λ，假定对每个 $\lambda\in\Lambda$，存在已定义的 E_λ. 令 $\mathcal{F}$ 为集族 $\{E_\lambda\mid\lambda\in\Lambda\}$. 我们写作 $\mathcal{F}=\{E_\lambda\}_{\lambda\in\Lambda}$ 且称之为 $\mathcal{F}$ 的用**指标集**(或**参数集**)Λ 标记的**指标**(或**参数化**).

0.2　集合间的映射

给定两个集合 A 和 B，从 A 到 B 的**映射**或**函数**意味着对 A 的每个成员指派 B 的一个成员给它. 在 B 是实数集的情形下，我们总是用“函数”这个词. 一般我们记这样的映射为 $f:A\to B$，而对 A 的每个成员 x，我们记 $f(x)$ 为 B 中指派给 x 的成员. 对于 A 的子集 A'，我们定义 $f(A')=\{b\mid b=f(a)$，a 为 A'的某个成员$\}$：$f(A')$称为 A'在 f 下的象. 我们称集合 A 为函数 f 的**定义域**，而称 $f(A)$为 f 的**象**或**值域**. 若 $f(A)=B$，函数 f 称为是**映上的**. 若对 $f(A)$的每个成员 b 恰有 A 的一个成员 a 使得 $b=f(a)$，函数 f 称为是**一对一的**. 既是一对一又是映上的映射 $f:A\to B$ 称为是**可逆的**，我们说该映射建立了集合 A 与 B 之间的**一一对应**. 给定一个可逆映射 $f:A\to B$，对 B 中的每个点 b，恰好存在 A 中的一个成员 a 使得$f(a)=b$，它被记为$f^{-1}(b)$. 这个指派定义了映射 $f^{-1}:B\to A$，称之为 f 的**逆**. 两个集合 A 和 B 称为是**对等的**，若存在从 A 映到 B 的可逆映射. 从集合论的观点看，对等的两个集合是不可区分的.

给定两个映射 $f:A\to B$ 和 $g:C\to D$ 使得 $f(A)\subseteq C$，则复合 $g\circ f:A\to D$ 定义为对每个 $x\in A$，$[g\circ f](x)=g(f(x))$. 不难看出可逆映射的复合是可逆的. 对于集合 D，定义恒等映射 $\mathrm{id}_D:D\to D$ 为对所有 $x\in D$，$\mathrm{id}_D(x)=x$. 映射 $f:A\to B$ 是可逆的，当且仅当存在映射 $g:B\to A$ 使得

$$g\circ f=\mathrm{id}_A\ 且\ f\circ g=\mathrm{id}_B$$

即便映射 $f:A\to B$ 不是可逆的，对于集合 E，我们定义 $f^{-1}(E)$为集合$\{a\in A\mid f(a)\in E\}$，称之为 E 在 f 下的**原象**. 我们有下面有用的性质：对于任何两个集合 E_1 和 E_2，

$$f^{-1}(E_1\cup E_2)=f^{-1}(E_1)\cup f^{-1}(E_2),\quad f^{-1}(E_1\cap E_2)=f^{-1}(E_1)\cap f^{-1}(E_2)$$

与

$$f^{-1}(E_1\sim E_2)=f^{-1}(E_1)\sim f^{-1}(E_2)$$

4

最后，对于映射 $f:A\to B$ 和它的定义域 A 的一个子集 A'，f 在 A'上的限制，记为 $f|_{A'}$，是从 A'到 B 的映射，它将 $f(x)$指派给每个 $x\in A'$.

0.3　等价关系、选择公理以及 Zorn 引理

给定两个非空集 A 和 B，A 和 B 的**笛卡儿积**，记为 $A\times B$，定义为所有有序对(a,b)的族，其中 $a\in A$ 而 $b\in B$，且我们考虑$(a,b)=(a',b')$当且仅当 $a=a'$且 $b=b'$. ㊀对于非

㊀ 在基于 Zermelo-Frankel 公理的集合论的正式讨论中，有序对(a,b)定义为集合$\{\{a\},\{a,b\}\}$，而具有定义域 A 和值域 B 的函数定义为 $A\times B$ 中有序对的非空族，它具有以下性质：若有序对(a,b)和(a,b')属于该函数，则 $b=b'$.

空集合 X，我们称 $X\times X$ 的子集 R 为 X 上的一个**关系**，且写作 xRx'，若 (x, x') 属于 R. 关系 R 称为**自反的**，若对所有 $x\in X$ 有 xRx；关系 R 称为**对称的**，若 $x'Rx$ 则 xRx'；关系 R 称为**传递的**，若 xRx' 且 $x'Rx''$ 则 xRx''.

定义　集合 X 上的关系 R 称为**等价关系**，若它是自反的、对称的和传递的.

给定集合 X 上的等价关系 R，对每个 $x\in X$，集合 $R_x=\{x' \mid x'\in X, xRx'\}$ 称为 x(关于 R)的**等价类**. 等价类族记为 X/R. 例如，给定集合 X，对等关系是 X 的所有子集组成的族 2^X 上的等价关系. 一个集合关于对等关系的等价类称为该集合的**势**.

令 R 为集合 X 上的等价关系. 由于 R 是对称的和传递的，$R_x=R_{x'}$ 当且仅当 xRx'，因此等价类族是不交的. 由于关系 R 是自反的，X 是等价类的并. 因此 X/R 是 X 的非空子集的不交族，其并是 X. 反过来，给定 X 的非空子集的不交族 $\mathcal{F}$，其并是 X，属于 $\mathcal{F}$ 中的同一个集的关系是 X 上使得 $\mathcal{F}=X/R$ 的等价关系 R.

给定集合 X 上的等价关系，常常有必要选取 X 的子集 C，它恰好由每个等价类的一个成员组成. 这样的集合的存在是否显而易见? Ernst Zermelo 唤起了人们对从集族中选取元素这一问题的注意. 比方说，我们定义两个实数为有理等价，若它们的差是一个有理数. 容易检验这是实数集上的一个等价关系，但不易确认一个实数集恰好由每个有理等价类的一个成员组成.

定义　令 $\mathcal{F}$ 为非空集的非空簇. $\mathcal{F}$ 上的一个**选择函数** f 是从 $\mathcal{F}$ 到 $\bigcup_{F\in\mathcal{F}} F$ 的函数，它具有以下性质：对 $\mathcal{F}$ 中的每个集合 F，$f(F)$ 是 F 的一个成员.

Zermelo 选择公理　令 $\mathcal{F}$ 为非空集的非空族，则 $\mathcal{F}$ 上存在选择函数.

非常粗略地说，非空簇上的选择函数从该簇的每个集合"选取"一个成员. 我们已采用非正式的、描述性的方法引入集合论，相应地我们将自由地、毫不费力地应用选择公理.

5

定义　非空集合 X 上的关系 R 称为**偏序**，若它是自反的、传递的，且对 X 中的 x，x'

$$\text{若 } xRx' \text{ 且 } x'Rx, \quad \text{则 } x=x'$$

X 的子集 E 称为是**全序的**，若对 E 中的 x，x'，或者 xRx' 或者 $x'Rx$. X 的成员 x 称为是 X 的子集 E 的一个**上界**，若对所有 $x'\in E$，$x'Rx$；而称之为**最大的**，若 X 中使得 $x'Rx$ 的唯一成员是 $x'=x$.

对于集簇 $\mathcal{F}$ 和 A，$B\in\mathcal{F}$，定义 ARB，若 $A\subseteq B$. **集合的被包含关系**是 $\mathcal{F}$ 的偏序. 观察到 $\mathcal{F}$ 中的集合 F 是 $\mathcal{F}$ 的子簇 $\mathcal{F}'$ 的一个上界，若 $\mathcal{F}'$ 中的每个集合是 F 的子集；而 $\mathcal{F}$ 中的集合 F 是最大的，若它不是 $\mathcal{F}$ 中任何集合的真子集. 类似地，给定集簇 $\mathcal{F}$ 和 A，$B\in\mathcal{F}$，定义 ARB，若 $B\subseteq A$. **集合的包含关系**是 $\mathcal{F}$ 的偏序. 观察到 $\mathcal{F}$ 中的集合 F 是 $\mathcal{F}$ 的子簇 $\mathcal{F}'$ 的一个上界，若 $\mathcal{F}'$ 的每个集合包含 F；而 $\mathcal{F}$ 中的集合 F 是最大的，若它不真包含 $\mathcal{F}$ 中的

任何集合.

Zorn 引理　令 X 为偏序集. 它的每个全序子集有一个上界. 则 X 有一个最大元.

我们将用 Zorn 引理证明一些重要的结果，包括 Hahn-Banach 定理、Tychonoff 乘积定理、Krein-Milman 定理. Zorn 引理等价于 Zermelo 选择公理. 该等价性和相关等价关系的证明，见 Kelley[Kel75]，pp. 31-36.

我们已定义了两个集合的笛卡儿积. 对一般的参数化集族定义笛卡儿积是有用的. 对于由集合 Λ 参数化的集族 $\{E_\lambda\}_{\lambda\in\Lambda}$ 的笛卡儿积，记为 $\prod_{\lambda\in\Lambda} E_\lambda$，定义为从 Λ 到 $\bigcup_{\lambda\in\Lambda} E_\lambda$ 使得对每个 $\lambda\in\Lambda$，$f(\lambda)$属于 E_λ 的函数 f 的集合. 显然选择公理等价于非空集的非空簇的笛卡儿积是非空的这一断言. 注意到笛卡儿积是对参数化的集簇定义的，而相同的簇的两个不同的参数化将有不同的笛卡儿积. 笛卡儿积的这个一般定义与对两个集合给出的定义一致. 事实上，考虑两个非空集 A 和 B. 定义 $\Lambda=\{\lambda_1, \lambda_2\}$，其中 $\lambda_1\neq\lambda_2$，接着定义 $E_{\lambda_1}=A$ 与 $E_{\lambda_2}=B$. 该映射将有序对$(f(\lambda_1), f(\lambda_2))$指派给函数 $f\in\prod_{\lambda\in\Lambda} E_\lambda$ 是一个将笛卡儿积 $\prod_{\lambda\in\Lambda} E_\lambda$ 映到有序对族 $A\times B$ 的可逆映射，因此这两个集合是对等的. 对于两个集合 E 和 Λ，对所有 $\lambda\in\Lambda$ 定义 $E_\lambda=E$，则笛卡儿积 $\prod_{\lambda\in\Lambda} E_\lambda$ 等于由所有从 Λ 到 E 的映射组成的集合且记为 E^Λ.

6

第1章 实数集：集合、序列与函数

假定读者已经熟悉实数、实数集、实数序列、一元实变量实值函数的性质，这些通常在本科生的分析课程中讨论. 具有这些背景知识将使得读者能够透彻理解本章，本章用于快速而全面地建立以后要使用和参考的结果. 假定实数集，记为 **R**，满足三种类型的公理. 我们叙述这些公理并从中导出自然数、有理数以及不可数集的性质. 有了这些作为背景，我们建立实数的开集与闭集的性质，收敛、单调、实数的 Cauchy 序列，一元实变量连续实值函数.

1.1 域、正性以及完备性公理

假设给定实数集 **R**，使得对于每对实数 a 和 b，存在有定义的实数 $a+b$ 和 ab，分别称为 a 和 b 的和与积. 它们满足以下的域公理、正性公理与完备性公理.

域公理

加法的交换性：对所有实数 a 和 b，

$$a+b=b+a$$

加法的结合性：对所有实数 a，b 和 c，

$$(a+b)+c=a+(b+c)$$

加法的单位元：存在实数，记为 0，使得对所有实数 a，

$$0+a=a+0=a$$

加法的逆元：对每个实数 a，存在实数 b 使得

$$a+b=0$$

乘法的交换性：对所有实数 a 和 b，

$$ab=ba$$

乘法的结合性：对所有实数 a，b 和 c，

$$(ab)c=a(bc)$$

乘法的单位元：存在实数，记为 1，使得

$$对所有实数\ a，\quad 1a=a1=a$$

乘法的逆元：对每个实数 $a\neq0$，存在实数 b 使得

$$ab=1$$

分配性：对所有实数 a，b 和 c，

$$a(b+c)=ab+ac$$

非平凡性假设：

$$1 \neq 0$$

满足上述公理的任何集合称为**域**. 从加法的交换性可以得出加法的单位元 0 是唯一的，从乘法的交换性得出乘法的单位元 1 也是唯一的. 加法的逆元和乘法的逆元也是唯一的. 我们记 a 的加法的逆为 $-a$，且若 $a \neq 0$，记它的乘法逆为 a^{-1} 或 $1/a$. 若有一个域，我们能实施所有初等代数的运算，包括解线性方程组. 我们不加声明地使用这些公理的多种推论. ⊖

正性公理

在实数中存在自然的序的概念：大于，小于，等等. 编辑这些性质的方便方法是具体给出整数集满足的公理. 存在称为**正数**的实数集，记为 $\mathcal{P}$. 它有以下两个性质：

P1　若 a 和 b 是正的，则 ab 和 $a+b$ 也是正的.

P2　对于实数 a，以下三种情况恰有一种成立：

$$a \text{ 是正的}, \quad -a \text{ 是正的}, \quad a = 0$$

8

正性公理以自然的方式引出实数的序：对于实数 a 和 b，定义 $a>b$ 意味着 $a-b$ 是正的，而 $a \geqslant b$ 意味着 $a>b$ 或 $a=b$. 定义 $a<b$ 意味着 $b>a$，而 $a \leqslant b$ 意味着 $b \geqslant a$.

用域公理和正性公理，可以正式证明不等式的常见性质(见习题 2). 给定实数 a 和 b 满足 $a<b$，我们定义 $(a, b)=\{x \mid a<x<b\}$，且说 (a, b) 的点落在 a 与 b 之间. 我们称非空实数集 I 为**区间**，若对 I 中任意两点，所有落在这两点之间的点也属于 I. 当然，集合 (a, b) 是区间. 以下集合也是区间：

$$[a,b]=\{x \mid a \leqslant x \leqslant b\};[a,b)=\{x \mid a \leqslant x < b\};(a,b]=\{x \mid a < x \leqslant b\} \tag{1}$$

完备性公理

非空实数集 E 称为**有上界**，若存在实数 b，使得对所有 $x \in E$，$x \leqslant b$：数 b 称为 E 的**上界**. 类似地，定义集合**有下界**以及一个数为集合的**下界**. 有上界的集合未必有最大的成员. 但下一个公理断言它有一个最小的上界.

完备性公理　令 E 为有上界的非空实数集. 则在 E 的上界的集合中有一个最小的上界.

对于实数的非空集 E，E 的**最小上界**的存在性由完备性公理来保证，记为 l. u. b. E. E 的最小上界通常称为 E 的**上确界**且记为 $\sup E$. 从完备性公理得出每个有下界的非空实数集 E 有**最大下界**，记为 g. l. b. E. 它常称为 E 的**下确界**且记为 $\inf E$. 一个非空实数集称为有界的，若它既有下界又有上界.

三角不等式

定义实数 x 的绝对值 $|x|$ 为：若 $x \geqslant 0$ 则等于 x，若 $x<0$ 则等于 $-x$. 以下不等式(称为三角不等式)在数学分析中是基本的：对任何实数对 a 和 b，

⊖ 域公理的推论的系统发展可在 Garrett Birkhoff 和 Saunders MacLane 的经典书《A Survey of Modern Algebra》[BM97]的第 1 章找到.

$$|a+b| \leqslant |a|+|b|$$

扩充的实数

引入符号∞和$-\infty$并对所有实数x写$-\infty<x<\infty$是方便的．我们称集合$\mathbf{R}\cup\pm\infty$为**扩充的实数**．若非空实数集E没有上界，我们定义它的上确界为∞．定义空集的上确界为$-\infty$也是方便的．因此每个实数集有一个属于扩充的实数的上确界．类似地，可以推广下确界的概念使得每个非空的实数集有属于扩充实数的下确界．我们将定义实数序列的极限，而允许极限是扩充的实数是方便的．收敛到实数的实数序列的许多性质在极限是$\pm\infty$时继续成立，例如，和的极限是极限的和且积的极限是极限的积，若我们做出以下和与积的意义的推广：$\infty+\infty=\infty$，$-\infty-\infty=-\infty$，对每个实数x，$x+\infty=\infty$而$x-\infty=-\infty$；若$x>0$，$x\cdot\infty=\infty$而$x\cdot(-\infty)=-\infty$，若$x<0$，$x\cdot\infty=-\infty$而$x\cdot(-\infty)=\infty$．定义$(-\infty,\infty)=\mathbf{R}$．对于$a$，$b\in\mathbf{R}$，定义

9

$$(a,\infty)=\{x\in\mathbf{R}\,|\,a<x\},\quad(-\infty,b)=\{x\in\mathbf{R}\,|\,x<b\}$$

与

$$[a,\infty)=\{x\in\mathbf{R}\,|\,a\leqslant x\},\quad(-\infty,b]=\{x\in\mathbf{R}\,|\,x\leqslant b\}$$

上面形式的集合是无界区间．从$\mathbf{R}$的完备性可以推出所有无界区间是上述形式的一种，而所有有界区间是(1)列出的形式，带有形如(a,b)的区间，我们将其留作练习．

习题

1. 对$a\neq0$和$b\neq0$，证明$(ab)^{-1}=a^{-1}b^{-1}$．
2. 验证：
   (i) 对每个实数$a\neq0$，$a^2>0$．特别是，$1>0$，由于$1\neq0$且$1=1^2$．
   (ii) 对每个正数a，它的乘法逆a^{-1}也是正的．
   (iii) 设$a>b$，有
   $$\text{若 } c>0,\quad ac>bc;\quad \text{而若 } c<0,\quad ac<bc$$
3. 对于非空实数集E，证明$\inf E=\sup E$当且仅当E由单点组成．
4. 令a和b为实数．
   (i) 证明：若$ab=0$，则$a=0$或$b=0$．
   (ii) 验证$a^2-b^2=(a-b)(a+b)$，并从(i)部分推出：若$a^2=b^2$，则$a=b$或$a=-b$．
   (iii) 令c为正实数．定义$E=\{x\in\mathbf{R}\,|\,x^2<c\}$．验证$E$是非空的且有上界．定义$x_0=\sup E$．证明$x_0^2=c$．用(ii)部分证明存在唯一的$x>0$使得$x^2=c$．记之为$\sqrt{c}$．
5. 令a，b和c为实数，使得$a\neq0$．考虑二次方程
   $$ax^2+bx+c=0,\quad x\in\mathbf{R}$$
   (i) 假定$b^2-4ac>0$．用域公理和前一个习题来配方，从而证明该方程恰有由
   $$x=\frac{-b+\sqrt{b^2-4ac}}{2a}\text{ 和 }x=\frac{-b-\sqrt{b^2-4ac}}{2a}$$
   给出的两个解．
   10
   (ii) 现在假定$b^2-4ac<0$．证明二次方程无解．
6. 用完备性公理证明每个有下界的非空实数集有下确界，且

$$\inf E=-\sup\{-x \mid x \in E\}$$

7. 对实数 a 和 b，验证：

(i) $|ab|=|a||b|$.

(ii) $|a+b| \leqslant |a|+|b|$.

(iii) 对 $\varepsilon>0$，

$$|x-a|<\varepsilon \text{ 当且仅当 } a-\varepsilon<x<a+\varepsilon$$

1.2 自然数与有理数

我们想定义自然数为数 1，2，3，$\cdots$. 然而，有必要更为精确. 做这件事的一个方便途径是首先引入归纳集的概念.

定义 实数集 E 称为是**归纳的**，若它包含 1，且若实数 x 属于 E，则数 $x+1$ 也属于 E.

全体实数集 $\mathbf{R}$ 是归纳的. 从不等式 $1>0$ 我们推出集合 $\{x \in \mathbf{R} \mid x \geqslant 0\}$ 和 $\{x \in \mathbf{R} \mid x \geqslant 1\}$ 是归纳的. **自然数集**，记为 $\mathbf{N}$，定义为 $\mathbf{R}$ 的所有归纳子集的交. 集合 $\mathbf{N}$ 是归纳的. 为看到这一点，观察到数 1 属于 $\mathbf{N}$，这是由于 1 属于每个归纳集. 此外，若数 k 属于 $\mathbf{N}$，则 k 属于每个归纳集. 因此，$k+1$ 属于每个归纳集，所以 $k+1$ 属于 $\mathbf{N}$.

数学归纳法原理 对每个自然数 n，令 $S(n)$ 为某个数学断言. 假定 $S(1)$ 成立. 也假定每当 k 是使得 $S(k)$ 成立的自然数，则 $S(k+1)$ 也成立. 那么，对每个自然数 n，$S(n)$ 成立.

证明 定义 $A=\{k \in \mathbf{N} \mid S(k) \text{ 成立}\}$. 假设恰好意味着 A 是一个归纳集. 于是 $\mathbf{N} \subseteq A$. 因此对每个自然数 n，$S(n)$ 成立. ■

定理 1 每个非空自然数集有一个最小成员.

证明 令 E 为自然数的非空集. 由于集合 $\{x \in \mathbf{R} \mid x \geqslant 1\}$ 是归纳的，自然数有下界 1. 因此 E 有下界 1. 作为完备性公理的一个推论，E 有下确界，定义 $c=\inf E$. 由于 $c+1$ 不是 E 的下界，存在 $m \in E$ 使得 $m<c+1$. 我们宣称 m 是 E 的最小成员. 否则，存在 $n \in E$ 使得 $n<m$. 由于 $n \in E$，$c \leqslant n$. 于是 $c \leqslant n<m<c+1$，且因此 $m-n<1$. 因此自然数 m 属于区间 $(n, n+1)$. 归纳的论证表明对每个自然数 n，$(n, n+1) \cap \mathbf{N}=\varnothing$（见习题 8）. 这个矛盾证明了 m 是 E 的最小成员. ■

Archimedeas 性质 对于每对正实数 a 和 b，存在自然数 n 使得 $na>b$. 　11

证明 定义 $c=b/a>0$. 我们用反证法证明. 若定理是错的，则 c 是自然数的一个上界. 根据完备性公理，自然数有一个上确界，定义 $c_0=\sup \mathbf{N}$. 则 c_0-1 不是自然数的上界. 选取自然数 n 使得 $n>c_0-1$. 因此 $n+1>c_0$. 但自然数集是归纳的，因此 $n+1$ 是自然数. 由于 $n+1>c_0$，而 c_0 不是自然数集的上界. 这个矛盾完成了证明. ■

我们经常重述 $\mathbf{R}$ 的 Archimedeas 性质：对每个正实数 ε，存在自然数 n 使得 $1/n<\varepsilon$. ㊀

定义**整数集**(记为 $\mathbf{Z}$)为由自然数、它们的相反数和数 0 组成的数集. **有理数集**，记为 $\mathbf{Q}$，定义为整数的商的集合，即形如 $x=m/n$ 的数 x，其中 m 和 n 是整数且 $n\neq 0$. 若一个实数不是有理的就称它为**无理数**. 正如我们在习题 4 证明的，存在唯一的正数 x 使得 $x^2=2$，记之为$\sqrt{2}$. 这个数不是有理的. 事实上，假定 p 和 q 是自然数使得 $(p/q)^2=2$，则 $p^2=2q^2$. 素数分解定理㊁告诉我们 2 除 p^2 的次数正好是它除 p 的次数的两倍. 因此 2 除 p^2 偶数次. 类似地，2 除 $2q^2$ 奇数次. 于是 $p^2\neq 2q^2$，且因此$\sqrt{2}$是无理的.

定义　实数的集合 E 称为在 $\mathbf{R}$ 中**稠密**，若任何两个实数之间有 E 的成员.

定理 2　有理数在 $\mathbf{R}$ 中稠密.

证明　令 a 和 b 为实数，满足 $a<b$. 首先假定 $a>0$. 根据 $\mathbf{R}$ 的 Archimedeas 性质，存在自然数 q 使得 $(1/q)<b-a$. 再一次利用 $\mathbf{R}$ 的 Archimedeas 性质，自然数集 $S=\{n\in\mathbf{N}\mid n/q\geqslant b\}$ 非空. 根据定理 1，S 具有最小成员 p. 观察到 $1/q<b-a<b$，于是 $p>1$. 因此 $p-1$ 是自然数(见习题 9)，因而根据 p 的选取的最小性，$(p-1)/q<b$. 我们也有

$$a=b-(b-a)<(p/q)-(1/q)=(p-1)/q$$

因此有理数 $r=(p-1)/q$ 落在 a 与 b 之间. 若 $a<0$，根据 $\mathbf{R}$ 的 Archimedeas 性质，存在自然数 n 使得 $n>-a$. 我们从考虑过的第一种情形推出：存在有理数 r 落在 $n+a$ 与 $n+b$ 之间. 因此有理数 $r-n$ 落在 a 与 b 之间. ■

习题

12

8. 用归纳法证明：对每个自然数 n，区间 $(n, n+1)$ 不含任何自然数.
9. 用归纳法证明：若 $n>1$ 是自然数，则 $n-1$ 也是一个自然数. 接着用归纳法证明：若 m 和 n 是满足 $n>m$ 的自然数，则 $n-m$ 是自然数.
10. 证明对任何实数 r，区间 $[r, r+1)$ 中恰有一个整数.
11. 证明任何有上界的非空整数集有一个最大成员.
12. 证明无理数集在 $\mathbf{R}$ 中稠密.
13. 证明每个实数是某个有理数集的上确界，也是某个无理数集的上确界.
14. 证明：若 $r>0$，则对每个自然数 n，$(1+r)^n\geqslant 1+n\cdot r$.
15. 用归纳法证明对每个自然数 n，

(i)
$$\sum_{j=1}^{n} j^2=\frac{n(n+1)(2n+1)}{6}$$

(ii)
$$1^3+2^3+\cdots+n^3=(1+2+\cdots+n)^2$$

(iii)
$$\text{若 } r\neq 1,\quad 1+r+\cdots+r^n=\frac{1-r^{n+1}}{1-r}$$

㊀ Archimedeas 明确表示他的希腊同事 Eurathostenes 确定了我们这里归功于 Archimedeas 的性质.

㊁ 该定理断言每个自然数可唯一地表示为素自然数的乘积，见[BM97].

1.3 可数集与不可数集

在预备知识中我们称两个集合 A 和 B 对等，若存在将 A 映上 B 的一对一映射 f. 我们称这样的 f 为集合 A 和 B 之间的一一对应. 对等在集合间定义了一个等价关系，即它是自反的、对称的与传递的(见习题 20). 记自然数 $\{k\in\mathbf{N}\mid 1\leqslant k\leqslant n\}$ 为 $\{1, \cdots, n\}$ 是方便的. 关于对等的第一个观察是，对任何自然数 n 和 m，集合 $\{1, \cdots, n+m\}$ 与集合 $\{1, \cdots, n\}$ 不对等. 该观察常称为**鸽笼原理**，可用关于 n 的归纳法证明(见习题 21).

定义 集合 E 称为是**有限的**，若它或者是空集，或者存在自然数 n 使得 E 与 $\{1, \cdots, n\}$ 对等. 我们说 E 是**可数无穷的**，若 E 与自然数集 $\mathbf{N}$ 对等. 有限或可数无穷的集合称为**可数集**. 不是可数的集合称为**不可数集**.

观察到若一个集与可数集对等，则它是可数的. 在下面定理的证明中我们将用鸽笼原理和定理 1，它告诉我们每个非空自然数集有一个最小元或首元.

定理 3 可数集的子集是可数的. 特别是，每个自然数集是可数的.

13

证明 令 B 为可数集而 A 是 B 的一个非空子集. 首先考虑 B 是有限的情形. 令 f 为 $\{1, \cdots, n\}$ 与 B 之间的一一对应. 定义 $g(1)$ 为第一个使得 $f(j)$ 属于 A 的自然数 j，$1\leqslant j\leqslant n$. 由于 $f\circ g$ 是 $\{1\}$ 与 A 之间的一一对应，若 $A=\{f(g(1))\}$，证明完成. 否则，定义 $g(2)$ 为使得 $f(j)$ 属于 $A\sim\{f(g(1))\}$ 的第一个自然数 j，$1\leqslant j\leqslant n$. 鸽笼原理告诉我们至多 N 步后该归纳选择过程终止，其中 $N\leqslant n$. 因此 $f\circ g$ 是 $\{1, \cdots, N\}$ 与 A 之间的一一对应. 于是 A 有限.

现在考虑 B 是可数无穷的情形. 令 f 为 $\mathbf{N}$ 与 B 之间的一一对应. 定义 $g(1)$ 为第一个使得 $f(j)$ 属于 A 的自然数 j. 如同第一种情形的证明，我们看到若该选择过程终止，则 A 是有限的. 否则，该选择过程不终止而 g 在所有的 N 上恰当定义. 显然 $f\circ g$ 是一一映射，其中定义域是 $\mathbf{N}$ 而象包含于 A 中. 归纳论证表明对所有 j，$g(j)\geqslant j$. 对每个 $x\in A$，存在某个 k 使得 $x=f(k)$. 因此 x 属于集合 $\{f(g(1)), \cdots, f(g(k))\}$. 因此 $f\circ g$ 的象是 A. 因此 A 是可数无穷. ■

推论 4 下面的集合是可数无穷的：

(i) 对每个自然数 n，笛卡儿积 $\overbrace{\mathbf{N}\times\cdots\times\mathbf{N}}^{n\text{次}}$.

(ii) 有理数集 $\mathbf{Q}$.

证明 我们对 $n=2$ 证明(i)，而一般情形留作归纳法的练习. 定义从 $\mathbf{N}\times\mathbf{N}$ 到 $\mathbf{N}$ 的映射 g 为 $g(m, n)=(m+n)^2+n$. 映射 g 是一对一的. 事实上，若 $g(m, n)=g(m', n')$，则 $(m+n)^2-(m'+n')^2=n'-n$，因此

$$|m+n+m'+n'|\cdot|m+n-m'-n'|=|n'-n|$$

若 $n \neq n'$，则自然数 $m+n+m'+n'$ 大于自然数 $|n'-n|$，这是不可能的. 于是 $n=n'$，因而 $m=m'$. 因此 $\mathbf{N}\times\mathbf{N}$ 与可数集 $\mathbf{N}$ 的子集 $g(\mathbf{N}\times\mathbf{N})$ 对等. 我们从前一个定理推出 $\mathbf{N}\times\mathbf{N}$ 是可数的. 为证明 $\mathbf{Q}$ 的可数性，我们首先从素数分解定理推出每个正有理数 x 可唯一写成 $x=p/q$，其中 p 和 q 是互素的自然数. 对 $x=p/q>0$ 定义从 $\mathbf{Q}$ 到 $\mathbf{N}$ 的映射 g 为 $g(x)=2((p+q)^2+q)$，其中 p 和 q 是互素的自然数，$g(0)=1$，而对 $x<0$，$g(x)=g(-x)+1$. 我们将证明 g 是一对一的留作练习. 于是 $\mathbf{Q}$ 与 $\mathbf{N}$ 的一个子集对等，因此根据前一个定理，是可数的. 我们将用鸽笼原理证明 $\mathbf{N}\times\mathbf{N}$ 和 $\mathbf{Q}$ 都不是有限的留作练习. ■

对于可数无穷集 X，我们说 $\{x_n \mid n\in\mathbf{N}\}$ 是 X 的一个**列举**，若

$$X=\{x_n \mid n\in\mathbf{N}\},\quad x_n\neq x_m(\text{若 } n\neq m)$$

14

定理 5　非空集是可数的当且仅当它是某个定义域为非空可数集的函数的象.

证明　令 A 为非空可数集，而 f 为将 A 映上 B 的映射. 假定 A 是可数无穷的，而将有限的情形留作练习. 通过 A 与 $\mathbf{N}$ 之间的一一对应的复合，我们可以假定 $A=\mathbf{N}$. 定义 A 中的两点 x，x' 为等价的，若 $f(x)=f(x')$. 这是一个等价关系，即它是自反的、对称的与传递的. 令 E 为 A 的子集，它由每个等价类的一个成员组成. 则 f 在 E 的限制是 E 与 B 之间的一一对应. 但 E 是 $\mathbf{N}$ 的子集，因此，根据定理 3，是可数的. 集合 B 与 E 对等，因此 B 是可数的. 逆断言是显然的，若 B 是非空可数集，则它或者与自然数的一个初始部分对等，或者与自然数全体对等. ■

推论 6　可数集的可数族的并是可数的.

证明　令 Λ 为可数集且对每个 $\lambda\in\Lambda$，令 E_λ 为可数集. 我们将证明并 $E=\bigcup_{\lambda\in\Lambda}E_\lambda$ 是可数的. 若 E 是空集，则它是可数的. 因此我们假设 $E\neq\emptyset$. 我们考虑 Λ 是可数无穷的情形，而将有限的情形留作练习. 令 $\{\lambda_n \mid n\in\mathbf{N}\}$ 为 Λ 的一个列举. 固定 $n\in\mathbf{N}$. 若 E_{λ_n} 是有限且非空的，选取自然数 $N(n)$ 与将 $\{1,\cdots,N(n)\}$ 映上 E_{λ_n} 的一一映射 f_n；若 E_{λ_n} 是可数无穷的，选取 $\mathbf{N}$ 映上 E_{λ_n} 的一一映射 f_n. 定义

$$E'=\{(n,k)\in\mathbf{N}\times\mathbf{N} \mid E_{\lambda_n}\text{ 是非空的，且若 } E_{\lambda_n}\text{ 也是有限的，}1\leqslant k\leqslant N(n)\}$$

定义 E' 到 E 的映射 f 为 $f(n,k)=f_n(k)$. 则 f 是 E' 映上 E 的映射. 然而，E' 是可数集 $\mathbf{N}\times\mathbf{N}$ 的子集，因此，根据定理 3，是可数的. 定理 5 告诉我们 E 也是可数的. ■

我们称实数的区间为退化的，若它是空的或包含一个单独的成员.

定理 7　一个非退化实数区间是不可数的.

证明　令 I 为实数的非退化区间. 显然 I 不是有限的. 我们用反证法证明 I 是不可数的. 假定 I 是可数无穷的. 令 $\{x_n \mid n\in\mathbf{N}\}$ 为 I 的一个列举. 令 $[a_1,b_1]$ 为 I 的不包含 x_1 的非退化的闭有界子区间. 接着令 $[a_2,b_2]$ 为 $[a_1,b_1]$ 的非退化的闭有界子区间，它不包含 x_2. 我们归纳地选取非退化闭有界区间的可数族 $\{[a_n,b_n]\}_{n=1}^{\infty}$，对每个 n，$[a_{n+1},b_{n+1}]\subseteq$

$[a_n, b_n]$，并使得对每个 n，$x_n \notin [a_n, b_n]$. 非空集 $E=\{a_n \mid n \in \mathbf{N}\}$ 有上界 b_1. 完备性公理告诉我们 E 有上确界. 定义 $x^* = \sup E$. 由于 x^* 是 E 的一个上界，对所有 n，$a_n \leqslant x^*$. 另一方面，由于 $\{[a_n, b_n]\}_{n=1}^{\infty}$ 是下降的，对每个 n，b_n 是 E 的上界. 于是，对每个 n，$x^* \leqslant b_n$. 因此对每个 n，x^* 属于 $[a_n, b_n]$. 但 x^* 属于 $[a_1, b_1] \subseteq I$，因此存在自然数 n_0 使得 $x^* = x_{n_0}$. 由于 $x^* = x_{n_0}$ 不属于 $[a_{n_0}, b_{n_0}]$，我们得到矛盾. 因此，I 是不可数的. ■

习题

15

16. 证明整数集合 $\mathbf{Z}$ 是可数的.
17. 证明一个集合 A 是可数的，当且仅当存在一个 A 到 $\mathbf{N}$ 的一一对应.
18. 用归纳法完成推论 4 中(i)的证明.
19. 在可数集的有限簇的情形证明推论 6.
20. 令 $f:A \to B$ 与 $g:B \to C$ 都是一对一与映上的. 证明复合 $g \circ f:A \to B$ 与逆 $f^{-1}:B \to A$ 也是一对一与映上的.
21. 用归纳法证明鸽笼原理.
22. 证明自然数集的所有子集组成的集族 $2^{\mathbf{N}}$ 是不可数的.
23. 证明可数集的有限族的笛卡儿积是可数的. 用前一个习题证明从 $\mathbf{N}$ 到 $\mathbf{N}$ 的所有映射族 $\mathbf{N}^{\mathbf{N}}$ 不是可数的.
24. 证明实数的非退化区间不是有限的.
25. 证明任何两个实数的非退化区间是对等的.
26. 集合 $\mathbf{R} \times \mathbf{R}$ 是否与 $\mathbf{R}$ 对等?

1.4　实数的开集、闭集和 Borel 集

定义　一个实数的集合 $\mathcal{O}$ 称为**开的**，若对每个 $x \in \mathcal{O}$，存在 $r>0$ 使得区间 $(x-r, x+r)$ 包含于 $\mathcal{O}$.

对于 $a<b$，区间 (a, b) 是一个开集. 事实上，令 x 属于 (a, b). 定义 $r=\min\{b-x, x-a\}$. 观察到 $(x-r, x+r)$ 包含于 (a, b). 因此 (a, b) 是开有界区间，且每个有界开区间都是这种形式. 对于 $a, b \in \mathbf{R}$，我们定义

$$(a,\infty) = \{x \in \mathbf{R} \mid a < x\}, \quad (-\infty,b) = \{x \in \mathbf{R} \mid x < b\}, (-\infty,\infty) = \mathbf{R}$$

观察到每个这样的集合是一个开区间. 此外，不难看出，由于每个实数集在扩充实数集中有下确界与上确界，每个无界开区间都是上述形式.

命题 8　实数集 $\mathbf{R}$ 和空集 $\emptyset$ 是开的，任何开集的有限族的交是开的，任何开集族的并是开的.

证明　显然 $\mathbf{R}$ 和 $\emptyset$ 是开的，而任何开集族的并是开的. 令 $\{\mathcal{O}_k\}_{k=1}^{n}$ 为 $\mathbf{R}$ 的开子集的有限族. 若该族的交是空的，则交是空集，因此是开的. 否则，令 x 属于 $\bigcap_{k=1}^{n} \mathcal{O}_k$. 对于 $1 \leqslant k \leqslant$

n，选取 $r_k>0$ 使得 $(x-r_k, x+r_k)\subseteq\mathcal{O}_k$. 定义 $r=\min\{r_1, \cdots, r_n\}$. 则 $r>0$ 且 $(x-r, x+r)\subseteq\bigcap_{k=1}^{n}\mathcal{O}_k$. 因此 $\bigcap_{k=1}^{n}\mathcal{O}_k$ 是开的. ■

然而，任何开集族的交是开的不成立. 例如，对每个自然数 n，令 $\mathcal{O}_n$ 为开区间 $(-1/n, 1/n)$. 则根据 $\mathbf{R}$ 的 Archimedeas 性质，$\bigcap_{n=1}^{\infty}\mathcal{O}_n=\{0\}$，而 $\{0\}$ 不是一个开集.

16

命题 9　每个非空开集是可数个不交开区间族的并.

证明　令 $\mathcal{O}$ 为 $\mathbf{R}$ 的非空开子集. 令 x 属于 $\mathcal{O}$. 存在 $y>x$ 使得 $(x, y)\subseteq\mathcal{O}$，且存在 $z<x$ 使得 $(z, x)\subseteq\mathcal{O}$. 定义扩充的实数 a_x 和 b_x 为

$$a_x=\inf\{z\mid(z,x)\subseteq\mathcal{O}\}\text{ 与 }b_x=\sup\{y\mid(x,y)\subseteq\mathcal{O}\}$$

则 $I_x=(a_x, b_x)$ 是包含 x 的开区间. 我们宣称

$$I_x\subseteq\mathcal{O}\text{ 但 }a_x\notin\mathcal{O},\quad b_x\notin\mathcal{O}\tag{2}$$

事实上，令 w 属于 I_x，比如 $x<w<b_x$. 根据 b_x 的定义，存在数 $y>w$ 使得 $(x, y)\subseteq\mathcal{O}$，因而 $w\in\mathcal{O}$. 此外，$b_x\notin\mathcal{O}$，因为若 $b_x\in\mathcal{O}$，则对某个 $r>0$ 我们有 $(b_x-r, b_x+r)\subseteq\mathcal{O}$. 因此 $(x, b_x+r)\subseteq\mathcal{O}$，与 b_x 的定义矛盾. 类似地，$a_x\notin\mathcal{O}$，考虑开区间族 $\{I_x\}_{x\in\mathcal{O}}$. 由于 $\mathcal{O}$ 中的每个 x 是 I_x 的成员，而每个 I_x 包含于 $\mathcal{O}$，我们有 $\mathcal{O}=\bigcup_{x\in\mathcal{O}}I_x$. 我们从(2)推出 $\{I_x\}_{x\in\mathcal{O}}$ 是不交的. 因此 $\mathcal{O}$ 是不交的开区间族的并. 剩下来要证明该族是可数的. 根据有理数的稠密性(定理 2)，这些开区间的每一个包含一个有理数. 这建立了开区间族与有理数子集之间的一一对应. 我们从定理 3 和推论 4 推出任何有理数集是可数的. 因此 $\mathcal{O}$ 是可数个不交开区间族的并. ■

定义　对于实数集 E，x 称为 E 的**闭包点**，若每个包含 x 的开区间也包含 E 的点. E 的全体闭包点称为 E 的**闭包**且记为 $\overline{E}$.

显然我们总是有 $E\subseteq\overline{E}$. 若 E 包含它的所有闭包点，即 $E=\overline{E}$，则集合 E 称为**闭的**.

命题 10　对于实数集 E，它的闭包 $\overline{E}$ 是闭的. 此外，$\overline{E}$ 在以下意义下是包含 E 的最小闭集：若 F 是闭的且 $E\subseteq F$，则 $\overline{E}\subseteq F$.

证明　集合 $\overline{E}$ 是闭的，若它包含所有闭包点. 令 x 为 $\overline{E}$ 的闭包点. 考虑包含 x 的开区间 I_x. 存在一个点 $x'\in\overline{E}\cap I_x$. 由于 x' 是 E 的闭包点，且开区间 I_x 包含 x'，存在点 $x''\in E\cap I_x$. 因此每个包含 x 的开区间也包含 E 的点，且因此 $x\in\overline{E}$. 所以集合 $\overline{E}$ 是闭的. 显然，若 $A\subseteq B$，则 $\overline{A}\subseteq\overline{B}$，因此，若 F 是闭的且包含 E，则 $\overline{E}\subseteq\overline{F}=F$. ■

命题 11　实数集是开的当且仅当它在 $\mathbf{R}$ 中的补是闭的.

证明　首先假定 E 是 $\mathbf{R}$ 的一个开子集. 令 x 为 $\mathbf{R}\sim E$ 的闭包点. 则 x 不属于 E，因为

否则就会有一个包含 x 且包含于 E 的开区间，因而与 $\mathbf{R}\sim E$ 不交．于是 x 属于 $\mathbf{R}\sim E$ 且因此 $\mathbf{R}\sim E$ 是闭的．现在假定 $\mathbf{R}\sim E$ 是闭的．令 x 属于 E．则必有包含 x 且包含于 E 的开区间，否则每个包含 x 的开区间包含 $\mathbf{R}\sim E$ 的点，且因此 x 是 $\mathbf{R}\sim E$ 的闭包点．由于 $\mathbf{R}\sim E$ 是闭的，x 也属于 $\mathbf{R}\sim E$．这是一个矛盾． ■

17

由于 $\mathbf{R}\sim[\mathbf{R}\sim E]=E$，从前一个命题得出一个集合是闭的当且仅当它的补是开的．因此，根据 De Morgan 等式，命题 8 可用闭集重述如下．

命题 12 空集$\emptyset$和 $\mathbf{R}$ 是闭的，任何闭集的有限族的并是闭的，任何闭集族的交是闭的．

集族$\{E_\lambda\}_{\lambda\in\Lambda}$称为是集合 E 的**覆盖**，若 $E\subseteq\bigcup_{\lambda\in\Lambda}E_\lambda$．谈到 E 的覆盖的子覆盖，我们指的是该覆盖的子族自身也是 E 的一个覆盖．若覆盖中的每个集合 E_λ 是开的，我们称$\{E_\lambda\}_{\lambda\in\Lambda}$为 F 的一个**开覆盖**．若覆盖$\{E_\lambda\}_{\lambda\in\Lambda}$仅包含有限个集合，我们称它为**有限覆盖**．该术语是不一致的："开覆盖"中的"开"指的是该覆盖的集合；"有限覆盖"中的"有限"指的是族而不是隐含该族中的集合是有限集．因此，术语"开覆盖"是语言的误用，而恰当的说法应该是"用开集覆盖"．遗憾的是，前一个术语已在数学中广泛使用．

Heine-Borel 定理 令 F 为闭有界实数集．则 F 的每个开覆盖有一个有限子覆盖．

证明 我们首先考虑 F 是闭有界区间$[a, b]$的情形．令 $\mathcal{F}$ 为$[a, b]$的开覆盖．定义 E 为具有如下性质的区间$[a, x]$，即可被 $\mathcal{F}$ 的有限个集合覆盖的数 $x\in[a, b]$的集合．由于 $a\in E$，E 是非空的．由于 E 有上界 b，根据 $\mathbf{R}$ 的完备性，E 有上确界．定义 $c=\sup E$．由于 c 属于$[a, b]$，存在 $\mathcal{O}\in\mathcal{F}$ 包含 c．由于 $\mathcal{O}$ 是开的，存在 $\varepsilon>0$，使得区间$(c-\varepsilon, c+\varepsilon)$包含于 $\mathcal{O}$．现在 $c-\varepsilon$ 不是 E 的上界，因而必有 $x\in E$ 满足 $x>c-\varepsilon$．由于 $x\in E$，存在覆盖$[a, x]$的 $\mathcal{F}$ 中的集合的有限族$\{\mathcal{O}_1, \cdots, \mathcal{O}_k\}$．因此，有限族$\{\mathcal{O}_1, \cdots, \mathcal{O}_k, \mathcal{O}\}$覆盖区间$[a, c+\varepsilon)$．于是 $c=b$，否则 $c<b$ 且 c 不是 E 的上界．因此$[a, b]$可被 $\mathcal{F}$ 中的有限个集合覆盖，这证明了我们考虑的特殊情形．

现在令 F 为任何闭有界集，而 $\mathcal{F}$ 是 F 的一个开覆盖．由于 F 是有界的，它包含于某个有界闭区间$[a, b]$．前一个命题告诉我们集合 $\mathcal{O}=\mathbf{R}\sim F$ 是开的，因为 F 是闭的．令 $\mathcal{F}^*$ 为添加 $\mathcal{O}$ 到 $\mathcal{F}$ 后得到的开集族，即 $\mathcal{F}^*=\mathcal{F}\cup\mathcal{O}$．由于 $\mathcal{F}$ 覆盖 F，$\mathcal{F}^*$ 覆盖$[a, b]$．根据我们刚考虑的情形，存在 $\mathcal{F}^*$ 的有限子族覆盖$[a, b]$，因此也覆盖 F．通过从 F 的这个有限子覆盖去掉 $\mathcal{O}$，若 $\mathcal{O}$ 属于该有限子覆盖，我们得到 $\mathcal{F}$ 中覆盖 F 的有限族． ■

我们说集合的可数族$\{E_n\}_{n=1}^{\infty}$是**下降的**，若对每个自然数 n，$E_{n+1}\subseteq E_n$．说它是**上升的**，若对每个自然数 n，$E_n\subseteq E_{n+1}$．

18

集套定理 令$\{F_n\}_{n=1}^{\infty}$为下降的非空闭实数集的可数族，其中 F_1 有界．则

$$\bigcap_{n=1}^{\infty}F_n\neq\emptyset$$

证明　我们用反证法．假定交集是空的．则对每个实数 x，存在自然数 n 使得 $x\notin F_n$，即 $x\in\mathcal{O}_n=\mathbf{R}\sim F_n$．因此 $\bigcup_{n=1}^{\infty}\mathcal{O}_n=\mathbf{R}$．根据命题 11，由于每个 F_n 是闭的，每个 $\mathcal{O}_n$ 是开的．因此 $\{\mathcal{O}_n\}_{n=1}^{\infty}$ 是 $\mathbf{R}$ 的一个开覆盖，从而也是 F_1 的开覆盖．Heine-Borel 定理告诉我们存在自然数 N 使得 $F_1\subseteq\bigcup_{n=1}^{N}\mathcal{O}_n$．由于 $\{F_n\}_{n=1}^{\infty}$ 是下降的，补集族 $\{\mathcal{O}_n\}_{n=1}^{\infty}$ 是上升的．因此 $\bigcup_{n=1}^{N}\mathcal{O}_n=\mathcal{O}_N=\mathbf{R}\sim F_N$．因此 $F_1\subseteq\mathbf{R}\sim F_N$，这与 F_N 是 F_1 的非空子集的假设矛盾．■

定义　给定集合 X，X 的子集族 $\mathcal{A}$ 称为（X 的子集的）**σ 代数**，若：(i) 空集 $\emptyset$ 属于 $\mathcal{A}$；(ii) $\mathcal{A}$ 中的集合在 X 中的补也属于 $\mathcal{A}$；(iii) $\mathcal{A}$ 中集合的可数族的并也属于 $\mathcal{A}$．

给定集合 X，族 $\{\emptyset, X\}$ 是一个 σ 代数，它有两个成员且它包含于每个 X 的子集的 σ 代数．另一个极端情形是 X 的所有子集组成的集族且包含每个 X 的子集的 σ 代数 2^X．对任何 σ 代数 $\mathcal{A}$，我们从 De Morgan 等式推出 $\mathcal{A}$ 关于属于 $\mathcal{A}$ 的集合的可数族的交封闭．此外，由于空集属于 $\mathcal{A}$，$\mathcal{A}$ 关于属于 $\mathcal{A}$ 的集合的有限并与有限交封闭．我们也观察到 σ 代数关于相对补封闭，若 A_1 和 A_2 属于 $\mathcal{A}$，$A_1\sim A_2=A_1\cap[X\sim A_2]$ 也如此．以下命题的证明直接从 σ 代数的定义得到．

命题 13　令 $\mathcal{F}$ 为集合 X 的子集族．则所有包含 $\mathcal{F}$ 的 X 的子集的 σ 代数的交 $\mathcal{A}$ 是一个包含 $\mathcal{F}$ 的 σ 代数．此外，在任何包含 $\mathcal{F}$ 的 σ 代数也包含 $\mathcal{A}$ 的意义下，它是包含 $\mathcal{F}$ 的最小的 X 的子集的 σ 代数．

令 $\{A_n\}_{n=1}^{\infty}$ 为属于 σ 代数 $\mathcal{A}$ 的集合的可数族．由于 $\mathcal{A}$ 关于可数交与并封闭，以下两个集合属于 $\mathcal{A}$：

$$\limsup\{A_n\}_{n=1}^{\infty}=\bigcap_{k=1}^{\infty}\left[\bigcup_{n=k}^{\infty}A_n\right]\text{ 与 }\liminf\{A_n\}_{n=1}^{\infty}=\bigcup_{k=1}^{\infty}\left[\bigcap_{n=k}^{\infty}A_n\right]$$

集合 $\limsup\{A_n\}_{n=1}^{\infty}$ 是对可数无穷多个指标 n 属于 A_n 的点的集合，而集合 $\liminf\{A_n\}_{n=1}^{\infty}$ 是除指定至多有限多个指标 n 外属于 A_n 的点的集合．

虽然任何开集族的并是开的而有限个开集的交是开的，如同我们看到的，但是可数个开集的交不一定是开的．在建立实直线上的 Lebesgue 测度与积分论时，我们将看到包含开集的实数集的最小 σ 代数是自然的研究对象．

19

定义　实数的 Borel 集族 $\mathcal{B}$ 是包含所有实数的开集的实数集的最小 σ 代数．

每个开集是 Borel 集，且由于 σ 代数关于补是封闭的，我们从命题 11 推出每个闭集是 Borel 集．因此，由于每个单点集是闭的，每个可数集是 Borel 集．开集的可数交称为 G_δ 集．闭集的可数并称为 F_σ 集．由于 σ 代数关于可数并与可数交封闭，每个 G_δ 集和每个 F_σ 集是 Borel 集．此外，开的或者闭的实数集的可数族的 lim inf 和 lim sup 都是 Borel 集．

习题

27. 有理数集是开集还是闭集？

28. 哪些实数集既开又闭?
29. 找到两个集合 A 和 B 使得 $A\cap B=\varnothing$ 而 $\overline{A}\cap\overline{B}\neq\varnothing$.
30. 点 x 称为集合 E 的**聚点**，若它是 $E\sim\{x\}$ 的闭包点.
    (i) 证明 E 的聚点的集合 E' 是一个闭集.
    (ii) 证明 $\overline{E}=E\cup E'$.
31. 点 x 称为集合 E 的**孤立点**，若存在 $r>0$ 使得 $(x-r, x+r)\cap E=\{x\}$. 证明：若集合由孤立点组成，则它是可数的.
32. 点 x 称为集合 E 的**内点**，若存在 $r>0$ 使得开区间 $(x-r, x+r)$ 包含于 E. E 的内点的集合称为 E 的**内部**，记为 $\text{int}E$. 证明：
    (i) E 是开的当且仅当 $E=\text{int}E$.
    (ii) E 是稠密的当且仅当 $\text{int}(\mathbf{R}\sim E)=\varnothing$.
33. 证明：若 F_1 是无界的，集套定理是错的.
34. 证明 Heine-Borel 定理等价于实数的完备性公理. 证明集套定理等价于实数的完备性公理.
35. 证明 Borel 集族是包含闭集的最小 σ 代数.
36. 证明 Borel 集族是包含形如 $[a, b)$ (其中 $a<b$) 的区间的最小 σ 代数.
37. 证明每个开集是一个 F_σ 集.

20

1.5 实数序列

实数**序列**是一个实值函数，其定义域是自然数集. 习惯上我们不用标准的函数记号如 $f:\mathbf{N}\to\mathbf{R}$ 表示序列，而用下标 a_n 代替 $f(n)$，将一个序列记为 $\{a_n\}$. 自然数 n 称为该序列的**指标**，对应于指标 n 的数 a_n 称为序列的第 n **项**. 正如同我们说实值函数是有界的，若它的象是有界实数集；我们说序列是有界的，若存在某个 $c\geqslant 0$ 使得对所有 n，$|a_n|\leqslant c$. 若对所有 n，$a_n\leqslant a_{n+1}$，序列 $\{a_n\}$ 称为是**递增的**；若 $\{-a_n\}$ 是**递增的**，序列 $\{a_n\}$ 称为是**递减的**；若它是递增的或者递减的，序列 $\{a_n\}$ 则称为是**单调的**.

定义　我们说序列 $\{a_n\}$ **收敛**到数 a，若对每个 $\varepsilon>0$，存在指标 N，使得

$$\text{若 } n\geqslant N,\quad \text{则 } |a-a_n|<\varepsilon \tag{3}$$

我们称 a 为序列的**极限**且用

$$\{a_n\}\to a \text{ 或 } \lim_{n\to\infty}a_n=a$$

表示 $\{a_n\}$ 的收敛性.

我们将以下命题的证明留作练习.

命题 14　令实数序列 $\{a_n\}$ 收敛到实数 a. 则极限是唯一的，该序列是有界的，且对实数 c，

$$\text{若对所有 } n,\quad a_n\leqslant c,\quad \text{则 } a\leqslant c$$

定理 15(实数序列的单调收敛准则)　单调的实数序列收敛当且仅当它是有界的.

证明　令 $\{a_n\}$ 为递增序列. 若该序列收敛，则根据前一个命题，它是有界的. 现在假

设$\{a_n\}$是有界的，根据完备性公理，集合$S=\{a_n \mid n\in N\}$有上确界：定义$a=\sup S$. 我们宣称$\{a_n\}\to a$. 事实上，令$\varepsilon>0$. 由于a是S的上界，对所有n，$a_n\leqslant a$. 由于$a-\varepsilon$不是S的上界，存在指标N，使得$a_N>a-\varepsilon$. 由于该序列是递增的，对所有$n\geqslant N$，$a_n>a-\varepsilon$. 因此，若$n\geqslant N$，则$|a-a_n|<\varepsilon$. 因此$\{a_n\}\to a$. 序列递减情形的证明是相同的. ■

对于序列$\{a_n\}$和严格递增的自然数序列$\{n_k\}$，序列$\{a_{n_k}\}$的第k项是a_{n_k}并被称为$\{a_n\}$的一个**子序列**.

定理 16(Bolzano-Weierstrass 定理)　*每个有界实数序列有一个收敛的子序列.*

证明　令$\{a_n\}$为有界实数序列. 选取$M\geqslant 0$使得对所有n，$|a_n|\leqslant M$. 令n为自然数.

21

定义$E_n=\overline{\{a_j \mid j\geqslant n\}}$. 则$E_n\subseteq[-M, M]$且$E_n$是闭的，因为它是集合的闭包. 因此，$\{E_n\}$是下降的$\mathbf{R}$的非空闭有界子集序列. 集套定理告诉我们$\bigcap_{n=1}^{\infty}E_n\neq\varnothing$，选取$a\in\bigcap_{n=1}^{\infty}E_n$. 对于每个自然数$k$，$a$是$\{a_j \mid j\geqslant k\}$的闭包点. 因此，对于无穷多个指标$j\geqslant n$，$a_j$属于$(a-1/k, a+1/k)$. 根据归纳法，选取严格递增的自然数序列$\{n_k\}$使得对所有$k$，$|a-a_{n_k}|<1/k$. 我们从$\mathbf{R}$的 Archimedeas 性质推出子序列$\{a_{n_k}\}$收敛到$a$. ■

定义　*实数序列$\{a_n\}$称为是 Cauchy 的，若对每个$\varepsilon>0$，存在指标N使得*

$$\text{若 } n,m\geqslant N,\quad \text{则 } |a_m-a_n|<\varepsilon \tag{4}$$

定理 17(实数序列的 Cauchy 收敛准则)　*实数序列收敛当且仅当它是 Cauchy 的.*

证明　首先假定$\{a_n\}\to a$. 观察到对所有自然数n和m，

$$|a_n-a_m|=|(a_n-a)+(a-a_m)|\leqslant|a_n-a|+|a_m-a| \tag{5}$$

令$\varepsilon>0$. 由于$\{a_n\}\to a$，我们可以选取一个自然数N使得若$n\geqslant N$，则$|a_n-a|<\varepsilon/2$. 我们从(5)推出若n，$m\geqslant N$，则$|a_m-a_n|<\varepsilon$. 因此序列$\{a_n\}$是 Cauchy 的. 为证明反命题，令$\{a_n\}$为 Cauchy 序列. 我们宣称它是有界的. 事实上，对$\varepsilon=1$，选取N使得若n，$m\geqslant N$，则$|a_m-a_n|<1$. 因此，对所有$n\geqslant N$，

$$|a_n|=|(a_n-a_N)+a_N|\leqslant|a_n-a_N|+|a_N|\leqslant 1+|a_N|$$

定义$M=1+\max\{|a_1|, \cdots, |a_N|\}$. 则对所有$n$，$|a_n|\leqslant M$. 因此$\{a_n\}$是有界的. Bolzano-Weierstrass 定理告诉我们存在收敛于a的子序列$\{a_{n_k}\}$. 我们宣称整个序列收敛于a. 事实上，令$\varepsilon>0$. 由于$\{a_n\}$是 Cauchy 的，我们可以选取自然数N，使得

$$\text{若 } n,m\geqslant N,\quad \text{则 } |a_n-a_m|<\varepsilon/2$$

另外，由于$\{a_{n_k}\}\to a$，我们可以选取自然数n_k，使得对$n_k\geqslant N$，$|a-a_{n_k}|<\varepsilon/2$. 因此，对所有$n\geqslant N$，

$$|a_n-a|=|(a_n-a_{n_k})+(a_{n_k}-a)|\leqslant|a_n-a_{n_k}|+|a-a_{n_k}|<\varepsilon$$ ■

定理 18(实序列收敛的线性与单调性)　*令$\{a_n\}$和$\{b_n\}$为收敛的实数序列. 则对每对实数α和β，序列$\{\alpha\cdot a_n+\beta\cdot b_n\}$收敛且*

$$\lim_{n\to\infty}[\alpha\cdot a_n+\beta\cdot b_n]=\alpha\cdot\lim_{n\to\infty}a_n+\beta\cdot\lim_{n\to\infty}b_n \tag{6}$$

此外，

$$\text{若对所有 } n, a_n\leqslant b_n,\quad \text{则}\lim_{n\to\infty}a_n\leqslant\lim_{n\to\infty}b_n \tag{7}$$

22

证明　定义

$$\lim_{n\to\infty}a_n=a\text{ 与 }\lim_{n\to\infty}b_n=b$$

观察到对所有 n，

$$|[\alpha\cdot a_n+\beta\cdot b_n]-[\alpha\cdot a+\beta\cdot b]|\leqslant|\alpha|\cdot|a_n-a|+|\beta|\cdot|b_n-b| \tag{8}$$

令 $\varepsilon>0$. 选取自然数 N 使得对所有 $n\geqslant N$，

$$|a_n-a|<\varepsilon/[2+2|\alpha|]\text{ 且 }|b_n-b|<\varepsilon/[2+2|\beta|]$$

我们从(8)推出对所有 $n\geqslant N$，

$$|[\alpha\cdot a_n+\beta\cdot b_n]-[\alpha\cdot a+\beta\cdot b]|<\varepsilon$$

因此(6)成立. 为了验证(7)，对所有 n，设 $c_n=b_n-a_n$ 与 $c=b-a$. 则对所有 n，$c_n\geqslant 0$，根据收敛的线性，$\{c_n\}\to c$. 我们必须证明 $c\geqslant 0$. 令 $\varepsilon>0$. 存在 N 使得对所有 $n\geqslant N$，

$$-\varepsilon<c-c_n<\varepsilon$$

特别地，$0\leqslant c_N<c+\varepsilon$. 由于对每个正数 ε，$c>-\varepsilon$，所以 $c\geqslant 0$. ■

对每个实数 c，存在指标 N 使得 $n\geqslant N$ 时有 $a_n\geqslant c$，则我们说序列$\{a_n\}$**收敛到无穷**，称 ∞ 为$\{a_n\}$的极限且记作 $\lim_{n\to\infty}\{a_n\}=\infty$. 收敛到 $-\infty$ 可做出类似的定义. 有了这个扩充的收敛的概念，我们可以断言任何单调实数序列$\{a_n\}$(有界或无界)，收敛到某个扩充的实数，且因此 $\lim_{n\to\infty}a_n$ 是适当定义的.

利用扩充的集合的上确界与下确界的概念以及任何单调的实数序列收敛的概念，我们可以得到以下定义.

定义　令$\{a_n\}$为实数序列. $\{a_n\}$的**上极限**，记为 $\lim\sup\{a_n\}$，定义为

$$\lim\sup\{a_n\}=\lim_{n\to\infty}[\sup\{a_k\mid k\geqslant n\}]$$

$\{a_n\}$的**下极限**，记为 $\lim\inf\{a_n\}$，定义为

$$\lim\inf\{a_n\}=\lim_{n\to\infty}[\inf\{a_k\mid k\geqslant n\}]$$

我们将以下命题的证明留作练习.

命题 19　令$\{a_n\}$和$\{b_n\}$为实数序列.

(i) $\lim\inf\{a_n\}=\ell\in\mathbf{R}$ 当且仅当对每个 $\varepsilon>0$，存在无穷多个指标 n 使得 $a_n>\ell-\varepsilon$，且仅有有限多个指标 n 使得 $a_n>\ell+\varepsilon$.

(ii) $\lim\sup\{a_n\}=\infty$ 当且仅当$\{a_n\}$没有上界.

(iii)

$$\lim\sup\{a_n\}=-\lim\inf\{-a_n\}$$

23

(iv) 实数序列$\{a_n\}$收敛到扩充的实数 a 当且仅当

$$\lim\inf\{a_n\}=\lim\sup\{a_n\}=a$$

(v) 若对所有 n，$a_n\leqslant b_n$，则

$$\lim\sup\{a_n\}\leqslant\lim\sup\{b_n\}$$

对每个实数序列$\{a_k\}$，对每个指标 n 对应着定义为 $s_n=\sum_{k=1}^{n}a_k$ 的**部分和**序列$\{s_n\}$. 我们说级数 $\sum_{k=1}^{\infty}a_k$ **可和**于实数 s，若$\{s_n\}\to s$ 且写作 $s=\sum_{k=1}^{\infty}a_k$.

我们将以下命题的证明留作练习.

命题 20　令$\{a_n\}$为实数序列.

(i) 级数 $\sum_{k=1}^{\infty}a_k$ 可和当且仅当对每个 $\varepsilon>0$，存在指标 N 使得对 $n\geqslant N$ 和任何自然数 m，

$$\left|\sum_{k=n}^{n+m}a_k\right|<\varepsilon$$

(ii) 若级数 $\sum_{k=1}^{\infty}|a_k|$ 可和，则 $\sum_{k=1}^{\infty}a_k$ 也是可和的.

(iii) 若每项 a_k 非负，则级数 $\sum_{k=1}^{\infty}a_k$ 可和当且仅当部分和序列是有界的.

习题

38. 我们称一个扩充的实数为序列$\{a_n\}$的**聚点**，若子序列收敛到该扩充的实数. 证明 $\lim\inf\{a_n\}$是$\{a_n\}$的最小聚点，而 $\lim\sup\{a_n\}$是$\{a_n\}$的最大聚点.
39. 证明命题 19.
40. 证明序列$\{a_n\}$收敛到一个扩充的实数当且仅当恰存在一个扩充的实数是该序列的聚点.
41. 证明 $\lim\inf a_n\leqslant\lim\sup a_n$.
42. 证明：若对所有 n，$a_n\geqslant 0$ 且 $b_n\geqslant 0$，则
$$\lim\sup[a_n\cdot b_n]\leqslant(\lim\sup a_n)\cdot(\lim\sup b_n)$$
假定右边的乘积不是 $0\cdot\infty$的形式.
43. 证明每个实序列有一个单调的子序列. 用此给出 Bolzano-Weierstrass 定理的另一个证明.
44. 令 p 为大于 1 的自然数，而 x 是实数，$0\leqslant x\leqslant 1$. 证明存在整数序列$\{a_n\}$满足对每个 n，$0\leqslant a_n<p$，使得
$$x=\sum_{n=1}^{\infty}\frac{a_n}{p^n}$$
且该序列是唯一的，除了 x 形如 $q/p^n(0<q<p^n)$外——在这种情形恰有两个这样的序列. 反过来，证明：若$\{a_n\}$是任何满足 $0\leqslant a_n<p$ 的整数序列，级数
$$\sum_{n=1}^{\infty}\frac{a_n}{p^n}$$

收敛到实数 x，其中 $0 \leqslant x \leqslant 1$. 若 $p=10$，该序列称为 x 的十进制展开. 对于 $p=2$，称为二进制展开；对于 $p=3$，称为三进制展开.

45. 证明命题 20.
46. 证明 Bolzano-Weierstrass 定理的断言等价于实数的完备性公理. 证明单调收敛定理的断言等价于实数的完备性公理.

1.6 实变量的连续实值函数

令 f 为定义在实数集 E 上的实值函数. 我们说 f 在 E 中的点 x **连续**，若对每个 $\varepsilon>0$，存在 $\delta>0$，使得

$$\text{若 } x' \in E \text{ 且} |x'-x|<\delta, \quad \text{则} |f(x')-f(x)|<\varepsilon$$

称函数 f(在 E 上)**连续**，若它在其定义域 E 的每一点是连续的. 函数 f 称为是 **Lipschitz 的**，若存在 $c \geqslant 0$，使得

$$\text{对所有 } x', \quad x \in E, \quad |f(x')-f(x)| \leqslant c|x'-x|$$

显然一个 Lipschitz 函数是连续的. 事实上，对于数 $x \in E$ 和任何 $\varepsilon>0$，$\delta=\varepsilon/c$ 对应关于 f 在 x 连续的准则的 ε 挑战. 不是所有连续函数都是 Lipschitz 的. 例如，若对于 $0 \leqslant x \leqslant 1$，$f(x)=\sqrt{x}$，则 f 在$[0, 1]$上是连续的，但不是 Lipschitz 的.

我们将以下用序列的收敛性刻画在一个点的连续性的命题的证明留作练习.

命题 21 定义在实数集 E 上的实值函数 f 在点 $x_* \in E$ 连续，当且仅当 E 中的序列 $\{x_n\}$收敛到 x_*，它的象序列$\{f(x_n)\}$收敛到 $f(x_*)$.

我们有以下函数在其定义域上连续的刻画.

命题 22 令 f 为定义在实数集 E 上的实值函数. 则 f 在 E 上连续当且仅当对每个开集 $\mathcal{O}$，

$$f^{-1}(\mathcal{O}) = E \cap \mathcal{U}, \quad \text{其中 } \mathcal{U} \text{ 是开集} \tag{9}$$

证明 首先假设任何开集在 f 的原象是定义域与一个开集的交. 令 x 属于 E. 为证明 f 在 x 连续，令 $\varepsilon>0$. 区间 $I=(f(x)-\varepsilon, f(x)+\varepsilon)$是一个开集. 因此，存在开集 $\mathcal{U}$ 使得

$$f^{-1}(I) = \{x' \in E \mid f(x)-\varepsilon < f(x') < f(x)+\varepsilon\} = E \cap \mathcal{U}$$

特别地，$f(E \cap \mathcal{U}) \subseteq I$ 且 x 属于 $E \cap \mathcal{U}$. 由于 $\mathcal{U}$ 是开的，存在 $\delta>0$ 使得$(x-\delta, x+\delta) \subseteq \mathcal{U}$. 于是，若 $x' \in E$ 且 $|x'-x|<\delta$，则 $|f(x')-f(x)|<\varepsilon$. 因此 f 在 x 连续.

25

假定现在 f 是连续的. 令 $\mathcal{O}$ 为开集而 x 属于 $f^{-1}(\mathcal{O})$. 则 $f(x)$属于开集 $\mathcal{O}$，使得存在 $\varepsilon>0$，满足$(f(x)-\varepsilon, f(x)+\varepsilon) \subseteq \mathcal{O}$. 由于 f 在 x 连续，存在 $\delta>0$ 使得若 x'属于 E 且 $|x'-x|<\delta$，则 $|f(x')-f(x)|<\varepsilon$. 定义 $I_x=(x-\delta, x+\delta)$. 则 $f(E \cap I_x) \subseteq \mathcal{O}$. 定义

$$\mathcal{U} = \bigcup_{x \in f^{-1}(\mathcal{O})} I_x$$

由于 $\mathcal{U}$ 是开集的并，它是开的. 它已被构造使得(9)成立. ■

极值定理　定义在非空闭有界实数集上的连续实值函数取得最小值与最大值.

证明　令 f 为非空闭有界实数集 E 上的连续实值函数. 我们首先证明 f 在 E 上有界, 即存在实数 M, 使得

$$\text{对所有 } x \in E, \quad |f(x)| \leqslant M \tag{10}$$

令 x 属于 E. 令 $\delta>0$ 对应关于 f 在 x 连续的准则的 $\varepsilon=1$ 挑战. 定义 $I_x=(x-\delta, x+\delta)$. 因此, 若 x' 属于 $E \cap I_x$, 则 $|f(x')-f(x)|<1$, 因而 $|f(x')| \leqslant |f(x)|+1$. 集族 $\{I_{x_k}\}_{x \in E}$ 是 E 的开覆盖. Heine-Borel 定理告诉我们 E 中存在有限个点 $\{x_1, \cdots, x_n\}$ 使得 $\{I_{x_k}\}_{k=1}^n$ 也覆盖 E. 定义 $M=1+\max\{|f(x_1)|, \cdots, |f(x_n)|\}$. 我们宣称(10)对 E 的这个选取成立. 事实上, 令 x 属于 E. 存在指标 k 使得 x 属于 I_{x_k}, 因此 $|f(x)| \leqslant 1+|f(x_k)| \leqslant M$. 为看到 f 在 E 上取到最大值, 定义 $m=\sup f(E)$. 若 f 在 E 上取不到值 m, 则函数 $x \mapsto 1/(f(x)-m)(x \in E)$ 是 E 上的无界连续函数. 这与我们刚证明的矛盾. 因此, f 取到 E 的最大值. 由于 $-f$ 是连续的, $-f$ 取得最大值, 即 f 在 E 上取到最小值. ■

介值定理　令 f 为闭有界区间 $[a, b]$ 上的连续实值函数, 使得 $f(a)<c<f(b)$. 则存在 (a, b) 中的点 x_0 使得 $f(x_0)=c$.

证明　我们将归纳地定义一个下降的闭区间的可数族 $\{[a_n, b_n]\}_{n=1}^{\infty}$, 其交由单点 $x_0 \in (a, b)$ 构成, 在该点 $f(x_0)=c$. 定义 $a_1=a$ 与 $b_1=b$. 考虑 $[a_1, b_1]$ 的中点 m_1. 若 $c<f(m_1)$, 定义 $a_2=a_1$ 与 $b_2=m_1$. 若 $f(m_1) \geqslant c$, 定义 $a_2=m_1$ 与 $b_2=b_1$. 因此 $f(a_2) \leqslant c \leqslant f(b_2)$ 且 $b_2-a_2=[b_1-a_1]/2$. 我们归纳地继续这个二分过程, 以得到一个下降的闭区间族 $\{[a_n, b_n]\}_{n=1}^{\infty}$, 使得对所有 n

$$f(a_n) \leqslant c \leqslant f(b_n) \text{ 且 } b_n-a_n=[b-a]/2^{n-1} \tag{11}$$

根据集套定理, $\bigcap_{n=1}^{\infty}[a_n, b_n]$ 是非空的. 选取 x_0 属于 $\bigcap_{n=1}^{\infty}[a_n, b_n]$. 观察到对所有 n,

26

$$|a_n-x_0| \leqslant b_n-a_n=[b-a]/2^{n-1}$$

因此 $\{a_n\} \to x_0$. 根据 f 在 x_0 的连续性, $\{f(a_n)\} \to f(x_0)$. 由于对所有 n, $f(a_n) \leqslant c$, 且集合 $(-\infty, c]$ 是闭的, $f(x_0) \leqslant c$. 用类似的方法, $f(x_0) \geqslant c$. 因此 $f(x_0)=c$. ■

定义　定义在实数集 E 上的实值函数 f 称为是**一致连续的**, 若对每个 $\varepsilon>0$, 存在 $\delta>0$ 使得对 E 中的所有 x, x',

$$\text{若 } |x-x'|<\delta, \quad \text{则 } |f(x)-f(x')|<\varepsilon$$

定理 23　闭有界实数集上的连续实值函数是一致连续的.

证明　令 f 为闭有界实数集 E 上的连续实值函数. 令 $\varepsilon>0$. 对每个 $x \in E$, 存在 $\delta_x>0$ 使得若 $x' \in E$ 且 $|x'-x|<\delta_x$, 则 $|f(x')-f(x)|<\varepsilon/2$. 定义 I_x 为开区间 $(x-\delta_x/2, x+\delta_x/2)$. 则 $\{I_x\}_{x \in E}$ 是 E 的开覆盖. 根据 Heine-Borel 定理, 存在覆盖 E 的有限子族 $\{I_{x_1}, \cdots, I_{x_n}\}$. 定义

$$\delta=\frac{1}{2}\min\{\delta_{x_1},\cdots,\delta_{x_n}\}$$

我们宣称该 $\delta>0$ 对应关于 f 在 E 上一致连续的准则的 $\varepsilon>0$ 挑战．事实上，令 x 和 x' 属于 E 满足 $|x-x'|<\delta$．由于 $\{I_{x_1}, \cdots, I_{x_n}\}$ 覆盖 E，存在指标 k 使得 $|x-x_k|<\delta_{x_k}/2$．由于 $|x-x'|<\delta\leqslant\delta_{x_k}/2$，因此

$$|x'-x_k|\leqslant|x'-x|+|x-x_k|<\delta_{x_k}/2+\delta_{x_k}/2=\delta_{x_k}$$

根据 δ_{x_k} 的定义，由于 $|x-x_k|<\delta_{x_k}$ 且 $|x'-x_k|<\delta_{x_k}$，我们有 $|f(x)-f(x_k)|<\varepsilon/2$ 与 $|f(x')-f(x_k)|<\varepsilon/2$．因此

$$|f(x)-f(x')|\leqslant|f(x)-f(x_k)|+|f(x')-f(x_k)|<\varepsilon/2+\varepsilon/2=\varepsilon$$ ■

定义　定义在实数集 E 上的实值函数 f 称为是**递增的**，若 x，x' 属于 E 且 $x\leqslant x'$ 时，$f(x)\leqslant f(x')$；称为是**递减的**，若 $-f$ 是递增的；称为是**单调的**，若它是递增的或递减的．

令 f 为定义在包含点 x_0 的开区间 I 上的单调实值函数．我们从定理 15 和它的证明中推出，若 $\{x_n\}$ 是 $I\cap(x_0, \infty)$ 中的递减序列，收敛到 x_0，则序列 $\{f(x_n)\}$ 收敛到实数且极限与序列 $\{x_n\}$ 的选取无关．我们将极限记为 $f(x_0^+)$．类似地，我们定义 $f(x_0^-)$．则显然地 f 在 x_0 连续当且仅当 $f(x_0^-)=f(x_0)=f(x_n^+)$．若 f 在 x_0 不连续，则 f 的象中落在 $f(x_0^+)$ 与 $f(x_0^-)$ 之间的唯一点是 $f(x_0)$，而 f 称为在 x_0 有**跳跃的不连续性**．因此，根据介值定理，开区间上的单调函数是连续的当且仅当它的象是一个区间(见习题 55)．

27

习题

47. 令 E 为闭实数集而 f 是在 E 上定义且连续的实值函数．证明存在定义在整个 $\mathbf{R}$ 上的函数 g 使得对每个 $x\in E$，$f(x)=g(x)$．(提示：取 g 在组成 $\mathbf{R}\sim E$ 的每个区间上是线性的．)
48. 定义 $\mathbf{R}$ 上的实值函数 f 为
$$f(x)=\begin{cases}x & \text{若 } x \text{ 是无理数}\\ p\sin\dfrac{1}{q} & \text{若 } x=\dfrac{p}{q} \text{ 在最低项}\left(\dfrac{p}{q}\text{ 为约简形式}\right)\end{cases}$$
f 在什么点连续？
49. 令 f 和 g 为具有公共定义域 E 的连续实值函数．
   (i) 证明和 $f+g$，积 fg 也是连续函数．
   (ii) 若 h 是象包含于 E 的连续函数，证明复合 $f\circ h$ 是连续的．
   (iii) 令 $\max\{f, g\}$ 是定义为 $\max\{f, g\}(x)=\max\{f(x), g(x)\}(x\in E)$ 的函数．证明 $\max\{f, g\}$ 是连续的．
   (iv) 证明 $|f|$ 是连续的．
50. 证明 Lipschitz 函数是一致连续的，但存在不是 Lipschitz 的一致连续函数．
51. $[a, b]$ 上的连续函数 φ 称为**分段线性的**，若存在 $[a, b]$ 的分划 $a=x_0<x_1<\cdots<x_n=b$ 使得 φ 在每个区间 $[x_i, x_{i+1}]$ 上是线性的．令 f 为 $[a, b]$ 上的连续函数而 ε 是一个正数．证明存在 $[a, b]$ 上的分段线性函数 φ，使得对所有 $x\in[a, b]$，$|f(x)-\varphi(x)|<\varepsilon$．
52. 证明非空实数集 E 是闭与有界的当且仅当 E 上的每个连续实值函数取到最大值．

53. 证明实数集 E 是闭与有界的当且仅当 E 的每个开覆盖有有限子覆盖.

54. 证明非空实数集 E 是一个区间当且仅当 E 上的每个连续实值函数有区间作为它的象.

55. 证明开区间上的单调函数是连续的当且仅当它的象是一个区间.

56. 令 f 为定义在 $\mathbf{R}$ 上的实值函数. 证明使得 f 连续的点的集合是 G_δ 集.

57. 令 $\{f_n\}$ 为定义在 $\mathbf{R}$ 上的连续函数序列. 证明使得序列 $\{f_n(x)\}$ 收敛到实数的那些点 x 的集合是 F_σ 集的可数族的交.

58. 令 f 为定义在 $\mathbf{R}$ 上的连续实值函数. 证明开集关于 f 的原象是开的，闭集的原象是闭的，且 Borel 集的原象是 Borel 集.

59. 定义在集合 E 上的实值函数序列 $\{f_n\}$ 称为在 E 上一致收敛到函数 f，若给定 $\varepsilon>0$，存在 N 使得对所有 $x\in E$ 和 $n\geqslant N$，我们有 $|f_n(x)-f(x)|<\varepsilon$. 令 $\{f_n\}$ 为定义在集合 E 上的连续函数序列. 证明：若在 E 上 $\{f_n\}$ 一致收敛于 f，则 f 在 E 上连续.

28

60. 证明命题 21. 运用这个命题和 Bolzano-Weierstrass 定理提供极值定理的另一个证明.

第2章　Lebesgue 测度

2.1　引言

闭有界区间上的有界函数的 Riemann 积分可通过与将定义域分划为有限子区间族相联系的函数逼近来定义．Riemann 积分推广到 Lebesgue 积分通过与将定义域分解为我们称之为 Lebesgue 可测集的有限族相联系的函数逼近来实现．每个区间是 Lebesgue 可测的．Lebesgue 可测集的丰富性提供了函数的积分的比仅使用区间所能得到的更好的上逼近与下逼近．这就得到了在非常一般的定义域上 Lebesgue 可积的更大的一类函数以及具有更好性质的积分．例如，在十分一般的条件下，我们将证明：若一个函数序列逐点收敛到极限函数，则该极限函数的积分是逼近它的函数列的积分的极限．本章我们为即将研究的 Lebesgue 可测函数和 Lebesgue 积分建立基础：该基础是可测集以及这样一个集合的 Lebesgue 测度的概念．

区间 I 的长度 $\ell(I)$ 定义为 I 的端点的差，若 I 是有界的；定义为 ∞，若 I 是无界的．长度是集函数的一个例子，即将集族的每个集赋予一个扩充的实数的函数．在长度的情形中，定义域是所有区间的集合．本章我们推广长度集函数到大的实数集族．例如，开集的"长度"将是组成它的可数个开区间的长度的和．然而，由区间和开集组成的集族对我们的目标仍然太有局限性．我们构造称为 **Lebesgue 可测集**的集族和称为 **Lebesgue 测度**的该集族的集函数，且将它记为 m．Lebesgue 可测集族是一个包含所有开集与所有闭集的 σ 代数[㊀]．集函数 m 具有以下三个性质．

区间的测度是它的长度　每个非空区间 I 是 Lebesgue 可测的且

$$m(I)=\ell(I)$$

测度是平移不变的　若 E 是 Lebesgue 可测的，而 y 是任意数，则 E 通过 y 的平移 $E+y=\{x+y \mid x\in E\}$ 也是 Lebesgue 可测的，且

$$m(E+y)=m(E)$$

测度在可数不交集的并是可数可加的[㊁]　若 $\{E_k\}_{k=1}^{\infty}$ 是 Lebesgue 可测集的可数不交族，则

$$m\left(\bigcup_{k=1}^{\infty} E_k\right)=\sum_{k=1}^{\infty} m(E_k)$$

㊀ $\mathbf{R}$ 的子集族称为一个 σ 代数，若它包含 $\mathbf{R}$ 且关于补与可数并封闭；根据 De Morgan 恒等式，这样的族也关于可数交封闭．

㊁ 关于集族是不交的意味着有时称为逐对不交，即族中的任何一对集的交集为空．

不可能构造出定义在实数的所有集合上且具有以上三个性质的集函数. 事实上, 甚至不存在对实数的所有集合定义的具有以上前两个性质和有限可加性的集函数(见定理 18). 我们通过在非常丰富的集类上构造具有上述三个性质的集函数来应对这个局限性. 该构造分为两步.

我们首先构造一个称为**外测度**的集函数, 将它记为 m^*. 它对任何集特别是对任何区间有定义. 区间的外测度是它的长度. 外测度是平移不变的. 然而, 外测度不是有限可加的. 但它在以下意义是可数次可加的. 若 $\{E_k\}_{k=1}^{\infty}$ 是任何可数集族, 互不相交或相交, 则

$$m^*\left(\bigcup_{k=1}^{\infty} E_k\right) \leqslant \sum_{k=1}^{\infty} m^*(E_k)$$

构造的第二步是确定一个集是 **Lebesgue 可测**的含义, 证明 Lebesgue 可测集族是包含开集与闭集的 σ 代数. 我们接着限制集函数 m^* 到 Lebesgue 可测集族, 记为 m, 且证明 m 是可数可加的. 我们称 m 为 **Lebesgue 测度**.

30

习题

在前三个习题中, 令 m 为对 σ 代数 $\mathcal{A}$ 中的所有集合定义且在 $[0, \infty]$ 取值的集函数. 假设 m 在 $\mathcal{A}$ 中集合的可数不交族上是可数可加的.

1. 证明: 若 A 和 B 是 $\mathcal{A}$ 的两个集, $A \subseteq B$, 则 $m(A) \leqslant m(B)$. 该性质称为单调性.
2. 证明: 若族 $\mathcal{A}$ 中存在一个集合 A 满足 $m(A) < \infty$, 则 $m(\emptyset) = 0$.
3. 令 $\{E_k\}_{k=1}^{\infty}$ 为 $\mathcal{A}$ 中集合的可数族, 证明 $m\left(\bigcup_{n=1}^{\infty} E_k\right) \leqslant \sum_{k=1}^{\infty} m(E_k)$.
4. 定义在 $\mathbf{R}$ 的所有子集的集函数 c 定义如下. 若 E 有无穷多个成员, 定义 $c(E)$ 为 ∞; 而若 E 是有限的, 定义 $c(E)$ 为 E 中的元素的个数; 定义 $c(\emptyset) = 0$. 证明 c 是一个可数可加且平移不变的集函数. 该集函数称为计数测度.

2.2 Lebesgue 外测度

令 I 为实数的非空区间. 若 I 是无界的, 定义它的长度 $\ell(I)$ 为 ∞, 否则定义它的长度为端点的差. 对于一个实数集合 A, 考虑覆盖 A 的非空开有界区间的可数集族 $\{I_k\}_{k=1}^{\infty}$, 即使得 $A \subseteq \bigcup_{k=1}^{\infty} I_k$ 的族. 对每个这样的族, 考虑该族的区间的长度之和. 由于长度是正数, 每个和是唯一定义的且与项的顺序无关. 我们定义 A 的外测度[⊖] $m^*(A)$ 为所有这样的和的下确界, 即

$$m^*(A) = \inf\left\{\sum_{k=1}^{\infty} \ell(I_k) \,\middle|\, A \subseteq \bigcup_{k=1}^{\infty} I_k\right\}$$

⊖ 外测度的一般概念将在第三部分考虑. 集函数 m^* 是这个一般概念的特殊例子, 它与实直线上的 Lebesgue 外测度相对应. 在第一部分, 我们简单地称 m^* 为外测度.

从外测度的定义立即得出 $m^*(\varnothing)=0$. 此外，由于集合 B 的任何覆盖也是 B 的任何子集的覆盖，所以外测度在以下意义下是单调的：

$$\text{若 } A \subseteq B, \quad \text{则 } m^*(A) \leqslant m^*(B)$$

例子 可数集具有零外测度. 事实上，令 C 为可数集，列举为 $C=\{c_k\}_{k=1}^{\infty}$. 令 $\varepsilon>0$. 对每个自然数 k，定义 $I_k=(c_k-\varepsilon/2^{k+1},\ c_k+\varepsilon/2^{k+1})$. 开区间的可数族 $\{I_k\}_{k=1}^{\infty}$ 覆盖 C. 因此

$$0 \leqslant m^*(C) \leqslant \sum_{k=1}^{\infty} \ell(I_k) = \sum_{k=1}^{\infty} \varepsilon/2^k = \varepsilon$$

不等式对每个 $\varepsilon>0$ 成立. 因此 $m^*(C)=0$.

命题 1 区间的外测度是它的长度.

31

证明 我们从闭有界区间 $[a, b]$ 的情形开始. 令 $\varepsilon>0$. 由于开区间 $(a-\varepsilon, b+\varepsilon)$ 包含 $[a, b]$，我们有 $m^*([a, b]) \leqslant \ell((a-\varepsilon, b+\varepsilon))=b-a+2\varepsilon$. 这对任何 $\varepsilon>0$ 成立. 因此 $m^*([a, b]) \leqslant b-a$. 接下来要证明 $m^*([a, b]) \geqslant b-a$. 而这等价于证明：若 $\{I_k\}_{k=1}^{\infty}$ 是任何覆盖 $[a, b]$ 的可数开有界区间族，则

$$\sum_{k=1}^{\infty} \ell(I_k) \geqslant b-a \tag{1}$$

根据 Heine-Borel 定理㊀，任何覆盖 $[a, b]$ 的开区间族有一个覆盖 $[a, b]$ 的有限子族. 选取自然数 n 使得 $\{I_k\}_{k=1}^{n}$ 覆盖 $[a, b]$. 我们将证明

$$\sum_{k=1}^{n} \ell(I_k) \geqslant b-a \tag{2}$$

从而(1)成立. 由于 a 属于 $\bigcup_{k=1}^{n} I_k$，这些 I_k 中必有一个包含 a. 选取这样的一个区间且记为 (a_1, b_1). 我们有 $a_1<a<b_1$. 若 $b_1 \geqslant b$，不等式(2)得证，这是因为

$$\sum_{k=1}^{n} \ell(I_k) \geqslant b_1-a_1>b-a$$

否则，$b_1 \in [a, b]$，且由于 $b_1 \notin (a_1, b_1)$，族 $\{I_k\}_{k=1}^{n}$ 中存在一个区间，记为 (a_2, b_2) 以区分于 (a_1, b_1)，使得 $b_1 \in (a_2, b_2)$，即 $a_2<b_1<b_2$. 若 $b_2 \geqslant b$，不等式(2)得证，这是因为

$$\sum_{k=1}^{n} \ell(I_k) \geqslant (b_1-a_1)+(b_2-a_2)=b_2-(a_2-b_1)-a_1>b_2-a_1>b-a$$

我们继续这一选取程序直至它终止，而它必须终止，因为族 $\{I_k\}_{k=1}^{n}$ 中仅有 n 个区间. 因此我们得到 $\{I_k\}_{k=1}^{n}$ 的一个子族 $\{(a_k, b_k)\}_{k=1}^{N}$ 使得

$$a_1<a$$

而对 $1 \leqslant k \leqslant N-1$，

$$a_{k+1}<b_k$$

且由于选取过程终止，

㊀ 见 1.4 节.

$$b_N > b$$

因此

$$\begin{aligned}\sum_{k=1}^{n}\ell(I_k) &\geqslant (b_N - a_N) + (b_{N-1} - a_{N-1}) + \cdots + (b_1 - a_1)\\ &= b_N - (a_N - b_{N-1}) - \cdots - (a_2 - b_1) - a_1\\ &> b_N - a_1 > b - a\end{aligned}$$

32

因而不等式(2)成立.

若 I 是任意有界区间，则给定 $\varepsilon>0$，存在两个闭有界区间 J_1 和 J_2 使得

$$J_1 \subseteq I \subseteq J_2$$

而

$$\ell(I) - \varepsilon < \ell(J_1) \text{ 且 } \ell(J_2) < \ell(I) + \varepsilon$$

根据对闭有界区间的外测度与长度的相等性，以及外测度的单调性，有

$$\ell(I) - \varepsilon < \ell(J_1) = m^*(J_1) \leqslant m^*(I) \leqslant m^*(J_2) = \ell(J_2) < \ell(I) + \varepsilon$$

这对每个 $\varepsilon>0$ 成立. 因此 $\ell(I)=m^*(I)$.

若 I 是无界区间，则对每个自然数 n，存在区间 $J\subseteq I$ 满足 $\ell(J)=n$. 因此 $m^*(I)\geqslant m^*(J)=\ell(J)=n$. 这对每个自然数 n 成立，因此 $m^*(I)=\infty$. ■

命题 2　*外测度是平移不变的，即对任意集合 A 与数 y，*

$$m^*(A+y) = m^*(A)$$

证明　观察到若 $\{I_k\}_{k=1}^{\infty}$ 是任意可数集族，则 $\{I_k\}_{k=1}^{\infty}$ 覆盖 A 当且仅当 $\{I_k+y\}_{k=1}^{\infty}$ 覆盖 $A+y$. 此外，若每个 I_k 是一个开区间，则每个 I_k+y 是一个相同长度的开区间，因而

$$\sum_{k=1}^{\infty}\ell(I_k) = \sum_{k=1}^{\infty}\ell(I_k + y)$$

结论从这两个观察可以得到. ■

命题 3　*外测度是可数次可加的，即若 $\{E_k\}_{k=1}^{\infty}$ 是任意可数集族，互不相交或相交，则*

$$m^*\Big(\bigcup_{k=1}^{\infty} E_k\Big) \leqslant \sum_{k=1}^{\infty} m^*(E_k)$$

证明　若这些 E_k 中的一个有无穷的外测度，则不等式平凡地成立. 我们因此假定每个 E_k 有有限的外测度. 令 $\varepsilon>0$. 对每个自然数 k，存在开有界区间的可数族 $\{I_{k,i}\}_{i=1}^{\infty}$ 使得

$$E_k \subseteq \bigcup_{i=1}^{\infty} I_{k,i} \text{ 且 } \sum_{i=1}^{\infty} l(I_{k,i}) < m^*(E_k) + \varepsilon/2^k$$

现在 $\{I_{k,i}\}_{1\leqslant k,i\leqslant\infty}$ 是一个覆盖 $\bigcup_{k=1}^{\infty} E_k$ 的开有界区间的可数族：由于该族是可数族组成的可数族，它是可数的. 因此，根据外测度的定义，

33

$$m^*\Big(\bigcup_{k=1}^{\infty} E_k\Big) \leqslant \sum_{1\leqslant k,i<\infty} \ell(I_{k,i}) = \sum_{k=1}^{\infty}\Big[\sum_{i=1}^{\infty}\ell(I_{k,i})\Big]$$

$$< \sum_{k=1}^{\infty}[m^*(E_k)+\varepsilon/2^k] = \left[\sum_{k=1}^{\infty} m^*(E_k)\right]+\varepsilon$$

由于这对每个 $\varepsilon>0$ 成立，它对 $\varepsilon=0$ 也成立．证明完毕． ■

若 $\{E_k\}_{k=1}^n$ 是任何有限集族，互不相交或相交，则

$$m^*\left(\bigcup_{k=1}^{\infty} E_k\right) \leqslant \sum_{k=1}^{n} m^*(E_k)$$

通过对 $k>n$ 设 $E_k=\varnothing$，有限次可加性从可数次可加性得到．

习题

5. 用外测度的性质证明区间$[0, 1]$不是可数的．
6. 令 A 为区间$[0, 1]$的无理数集．证明 $m^*(A)=1$．
7. 实数集称为 G_δ 集，若它是可数个开集族的交．证明对任何有界集 E，存在 G_δ 集 G 使得 $E\subseteq G$ 且 $m^*(G)=m^*(E)$．
8. 令 B 为区间$[0, 1]$内的无理数集，令$\{I_k\}_{k=1}^n$为覆盖 B 的有限开区间族．证明 $\sum_{k=1}^{n} m^*(I_k)\geqslant 1$．
9. 证明：若 $m^*(A)=0$，则 $m^*(A\cup B)=m^*(B)$．
10. 令 A 和 B 为有界集使得存在 $\alpha>0$，对所有 $a\in A$，$b\in B$，$|a-b|\geqslant\alpha$．证明 $m^*(A\cup B)=m^*(A)+m^*(B)$．

2.3 Lebesgue 可测集的 σ 代数

外测度具有四个优点：(i)对实数的所有集合定义；(ii)区间的外测度是它的长度；(iii)外测度是可数次可加的；(iv)外测度是平移不变的．但外测度不是可数可加的．事实上，它甚至不是有限可加的(见定理 18)：存在不相交的集合 A 和 B 使得

$$m^*(A\cup B) < m^*(A)+m^*(B) \tag{3}$$

34

为改善这个基本的缺陷我们支持称为 Lebesgue 可测集的集合的 σ 代数，它包含所有区间与所有开集且具有性质：外测度这一集函数限制在可测集族上是可数可加的．有若干个方式定义一个集合是可测的意味着什么[㊀]．我们遵循 Constantin Carathéodory 的方式．

定义 集合 E 称为是**可测**的，若对任意集合 A[㊁]，

$$m^*(A) = m^*(A\cap E)+m^*(A\cap E^C)$$

我们立即看到可测集具有的一个优越性，即若集合 A 与 B 中的一个是可测的，严格的不等式(3)不可能发生．事实上，若 A 是可测的而 B 是任何与 A 不交的集合，则

㊀ 我们将完全确认我们这里称一个可测集为实直线的 Lebesgue 可测子集．更为一般的可测集的概念将在第三部分研究．然而，在本书的第一部分简单地用形容词"可测的"不会有二义性．

㊁ 回忆对于一个集合 E，我们用 E^C 记集合$\{x\in\mathbf{R} \mid x\notin E\}$，即 E 在 $\mathbf{R}$ 中的补集．我们也记 E^C 为 $R\sim E$．更一般地，对于两个集合 A 和 B，我们令 $A\sim B$ 表示$\{a\in A \mid x\notin B\}$且称它为 B 在 A 中的相对补．

$$m^*(A \cup B) = m^*([A \cup B] \cap A) + m^*([A \cup B] \cap A^C) = m^*(A) + m^*(B)$$

根据命题 3，由于外测度是有限次可加的而 $A=[A\cap E]\cup[A\cap E^C]$，我们总是有

$$m^*(A) \leqslant m^*(A \cap E) + m^*(A \cap E^C)$$

因此 E 是可测的当且仅当对每个集合 A 我们有

$$m^*(A) \geqslant m^*(A \cap E) + m^*(A \cap E^C) \tag{4}$$

若 $m^*(A)=\infty$，该不等式平凡成立. 因此，仅须对具有有限外测度的集合 A 证明(4).

观察到可测性的定义关于 E 和 E^C 是对称的，因此一个集合是可测的当且仅当它的补是可测的. 显然空集$\varnothing$和所有实数构成的集合 $\mathbf{R}$ 是可测的.

命题 4 任何外测度为零的集合是可测的. 特别地，任何可数集是可测的.

证明 令集合 E 的外测度为零. 令 A 为任意集合. 由于

$$A \cap E \subseteq E \text{ 且 } A \cap E^C \subseteq A$$

根据外测度的单调性，

$$m^*(A \cap E) \leqslant m^*(E) = 0 \text{ 且 } m^*(A \cap E^C) \leqslant m^*(A)$$

因此

$$m^*(A) \geqslant m^*(A \cap E^C) = 0 + m^*(A \cap E^C) = m^*(A \cap E) + m^*(A \cap E^C)$$

35

从而 E 是可测的. ■

命题 5 可测集的有限族的并是可测的.

证明 第一步，我们证明两个可测集 E_1 和 E_2 的并是可测的. 令 A 为任意集合. 首先用 E_1 的可测性，接着用 E_2 的可测性，我们有

$$\begin{aligned} m^*(A) &= m^*(A \cap E_1) + m^*(A \cap E_1^C) \\ &= m^*(A \cap E_1) + m^*([A \cap E_1^C] \cap E_2) + m^*([A \cap E_1^C] \cap E_2^C) \end{aligned}$$

以下集合等式成立：

$$[A \cap E_1^C] \cap E_2^C = A \cap [E_1 \cup E_2]^C$$

与

$$[A \cap E_1] \cup [A \cap E_1^C \cap E_2] = A \cap [E_1 \cap E_2]$$

我们从这些等式和外测度的有限次可加性推出

$$\begin{aligned} m^*(A) &= m^*(A \cap E_1) + m^*([A \cap E_1^C] \cap E_2) + m^*([A \cap E_1^C] \cap E_2^C) \\ &= m^*(A \cap E_1) + m^*([A \cap E_1^C] \cap E_2) + m^*(A \cap [E_1 \cup E_2]^C) \\ &\geqslant m^*(A \cap [E_1 \cup E_2]) + m^*(A \cap [E_1 \cup E_2]^C) \end{aligned}$$

因此 $E_1 \cup E_2$ 是可测的.

现在令$\{E_k\}_{k=1}^n$为任意可测集的有限族. 对于一般的 n，我们用归纳法证明并集 $\bigcup_{k=1}^n E_k$ 的可测性. 对 $n=1$ 这是平凡的. 假定它对 $n-1$ 成立. 因此，由于

$$\bigcup_{k=1}^n E_k = \left[\bigcup_{k=1}^{n-1} E_k\right] \cup E_n$$

且我们已证明了两个可测集的并的可测性，集合 $\bigcup_{k=1}^{n} E_k$ 是可测的. ■

命题 6　令 A 为任意集合而 $\{E_k\}_{k=1}^{n}$ 是可测集的有限不交族. 则

$$m^*\left(A \cap \left[\bigcup_{k=1}^{n} E_k\right]\right) = \sum_{k=1}^{n} m^*(A \cap E_k)$$

特别地，

$$m^*\left(\bigcup_{k=1}^{n} E_k\right) = \sum_{k=1}^{n} m^*(E_k)$$

36

证明　证明通过对 n 归纳进行. 对 $n=1$ 显然结论成立. 假设命题对 $n-1$ 成立. 由于族 $\{E_k\}_{k=1}^{n}$ 是互不相交的，

$$A \cap \left[\bigcup_{k=1}^{n} E_k\right] \cap E_n = A \cap E_n$$

且

$$A \cap \left[\bigcup_{k=1}^{n} E_k\right] \cap E_n^C = A \cap \left[\bigcup_{k=1}^{n-1} E_k\right]$$

因此，根据 E_n 的可测性以及归纳假设，

$$\begin{aligned} m^*\left(A \cap \left[\bigcup_{k=1}^{n} E_k\right]\right) &= m^*(A \cap E_n) + m^*\left(A \cap \left[\bigcup_{k=1}^{n-1} E_k\right]\right) \\ &= m^*(A \cap E_n) + \sum_{k=1}^{n-1} m^*(A \cap E_k) = \sum_{k=1}^{n} m^*(A \cap E_k) \end{aligned}$$ ■

R 的子集族称为是一个**代数**，若它包含 **R** 且它关于补与有限并封闭；根据 De Morgan 等式，这样的族也关于有限交封闭. 我们从命题 5 以及可测集的补集的可测性推出可测集族是一个代数. 观察到可测集的可数族的并也是可测集的可数不交族的并是有用的. 事实上，令 $\{A_k\}_{k=1}^{\infty}$ 为可测集的可数族. 定义 $A_1'=A_1$ 且对每个 $k\geqslant 2$，定义

$$A_k' = A_k \sim \bigcup_{i=1}^{k-1} A_i$$

由于可测集族是一个代数，$\{A_k'\}_{k=1}^{\infty}$ 是可测集的互不相交族，其并与 $\{A_k\}_{k=1}^{\infty}$ 的并相同.

命题 7　可测集的可数族的并是可测的.

证明　令 E 为可测集的可数族的并. 如同我们上面观察到的，存在可测集的可数不交族 $\{E_k\}_{k=1}^{\infty}$ 使得 $E=\bigcup_{n=1}^{\infty} E_k$. 令 A 为任意集合. 令 n 为自然数. 定义 $F_n=\bigcup_{k=1}^{n} E_k$. 由于 F_n 是可测的且 $F_n^C \supseteq E^C$，

$$m^*(A) = m^*(A \cap F_n) + m^*(A \cap F_n^C) \geqslant m^*(A \cap F_n) + m^*(A \cap E^C)$$

37

根据命题 6，

$$m^*(A \cap F_n) = \sum_{k=1}^{n} m^*(A \cap E_k)$$

因此

$$m^*(A) \geqslant \sum_{k=1}^{n} m^*(A \cap E_k) + m^*(A \cap E^C)$$

该不等式左边与 n 无关. 因此

$$m^*(A) \geqslant \sum_{k=1}^{\infty} m^*(A \cap E_k) + m^*(A \cap E^C)$$

因此，根据外测度的可数次可加性，

$$m^*(A) \geqslant m^*(A \cap E) + m^*(A \cap E^C)$$

因此 E 是可测的. ■

R 的子集族称为 σ 代数，若它包含 **R** 且关于补与可数并封闭；根据 De Morgan 等式，这样的族关于可数交也封闭. 前一个命题告诉我们可测集族是一个 σ 代数.

命题 8　*每个区间是可测的.*

证明　如同我们上面观察到的，可测集族是一个 σ 代数. 因此为证明每个区间是可测的，仅须证明每个形如(a, ∞)的区间是可测的(见习题 11). 考虑这样的一个区间. 令 A 为任意集合. 我们假定 a 不属于 A. 否则，用 $A \sim \{a\}$代替 A，外测度保持不变. 我们必须证明

$$m^*(A_1) + m^*(A_2) \leqslant m^*(A) \tag{5}$$

其中

$$A_1 = A \cap (-\infty, a) \text{ 而 } A_2 = A \cap (a, \infty)$$

根据 $m^*(A)$作为下确界的定义，为证明(5)，必要且充分的是证明对任何覆盖 A 的开有界区间的可数族$\{I_k\}_{k=1}^{\infty}$，

$$m^*(A_1) + m^*(A_2) \leqslant \sum_{k=1}^{\infty} \ell(I_k) \tag{6}$$

事实上，对这样的一个覆盖，对每个指标 k，定义

$$I_k' = I_k \cap (-\infty, a) \text{ 与 } I_k'' = I_k \cap (a, \infty)$$

则 I_k' 和 I_k'' 是区间且

38

$$\ell(I_k) = \ell(I_k') + \ell(I_k'')$$

由于$\{I_k'\}_{k=1}^{\infty}$和$\{I_k''\}_{k=1}^{\infty}$分别是覆盖 A_1 和 A_2 的开有界区间的可数族，根据外测度的定义，

$$m^*(A_1) \leqslant \sum_{k=1}^{\infty} \ell(I_k'), \quad m^*(A_2) \leqslant \sum_{k=1}^{\infty} \ell(I_k'')$$

因此

$$m^*(A_1) + m^*(A_2) \leqslant \sum_{k=1}^{\infty} \ell(I_k') + \sum_{k=1}^{\infty} \ell(I_k'') = \sum_{k=1}^{\infty} [\ell(I_k') + \ell(I_k'')] = \sum_{k=1}^{\infty} \ell(I_k)$$

因此(6)成立且证明完成. ■

每个开集是可数个不交开区间的并. 我们因此从前两个命题推出每个开集是可测的. 每个闭集是开集的补集，且因此每个闭集是可测的. 回忆一个实数的集合称为是一个 G_δ 集，若它是可数个开集族的交；而称为是一个 F_σ 集，若它是可数个闭集族的并. 我们从命题 7 推断出每个 G_δ 集与每个 F_σ 集是可测的.

所有包含开集的 $\mathbf{R}$ 的子集的 σ 代数的交是一个 σ 代数，它称为 Borel σ 代数，该族的成员称为 Borel 集. Borel σ 代数包含在每个包含所有开集的 σ 代数中. 因此，由于可测集是包含所有开集的 σ 代数，每个 Borel 集是可测的. 我们已建立了以下定理.

定理 9 可测集族 $\mathcal{M}$ 是一个包含 Borel 集的 σ 代数 $\mathcal{B}$ 的 σ 代数. 每个区间、每个开集、每个闭集、每个 G_δ 集和每个 F_σ 集是可测的.

命题 10 可测集的平移是可测的.

证明 令 E 为可测集. 令 A 为任意集合，而 y 是实数. 根据 E 的可测性和外测度的平移不变性，

$$m^*(A)=m^*(A-y)=m^*([A-y]\cap E)+m^*([A-y]\cap E^C)$$
$$=m^*(A\cap[E+y])+m^*(A\cap[E+y]^C)$$

因此 $E+y$ 是可测的. ■ [39]

习题

11. 证明：若 $\mathbf{R}$ 的子集的 σ 代数包含形如 (a,∞) 的区间，则它包含所有区间.
12. 证明每个区间是一个 Borel 集.
13. 证明：(i) F_σ 集的平移也是 F_σ；(ii) G_δ 集的平移也是 G_δ；(iii) 测度为零的集合的平移测度也为零.
14. 证明：若一个集合 E 具有正的外测度，则存在 E 的有界子集也有正的外测度.
15. 证明：若 E 有有限测度且 $\varepsilon>0$，则 E 是有限个可测集的不交并，这些可测集的每个集合的测度至多为 ε.

2.4 Lebesgue 可测集的外逼近和内逼近

我们现在转向基于闭集的内逼近与基于开集的外逼近的单个集合的可测性的特征，这些特征提供了可测性的交替视角，是我们以后研究关于可测与可积函数的逼近性质的必要工具.

可测集具有以下分割性质：若 A 是包含于 B 的有限外测度的可测集，则

$$m^*(B\sim A)=m^*(B)-m^*(A) \tag{7}$$

事实上，由 A 的可测性，

$$m^*(B)=m^*(B\cap A)+m^*(B\cap A^C)=m^*(A)+m^*(B\sim A)$$

因此，由于 $m^*(A)<\infty$，我们有(7).

定理 11 令 E 为任何实数集. 则下列四个断言都与 E 的可测性等价.

（用开集和 G_δ 集的外逼近）

(i) 对每个 $\varepsilon>0$，存在包含 E 的开集 $\mathcal{O}$ 使得 $m^*(\mathcal{O}\sim E)<\varepsilon$.

(ii) 存在包含 E 的 G_δ 集 G 使得 $m^*(G\sim E)=0$.

（用闭集和 F_σ 集的内逼近）

(iii) 对每个 $\varepsilon>0$，存在包含于 E 的闭集 F 使得 $m^*(E\sim F)<\varepsilon$.

(iv) 存在包含于 E 的 F_σ 集 F 使得 $m^*(E\sim F)=0$.

证明 我们证明 E 的可测性与两个外逼近性质(i)和(ii)的等价性. 证明的剩余部分从 De Morgan 等式以及以下观察得到：一个集合是可测的当且仅当它的补是可测的，一个集合是开的当且仅当它的补是闭的，一个集合是 F_σ 当且仅当它的补是 G_δ.

40

假设 E 是可测的. 令 $\varepsilon>0$. 首先考虑 $m^*(E)<\infty$ 的情形. 根据外测度的定义，存在开区间的可数族 $\{I_k\}_{k=1}^{\infty}$ 覆盖 E 且使得

$$\sum_{k=1}^{\infty}\ell(I_k)<m^*(E)+\varepsilon$$

定义 $\mathcal{O}=\bigcup_{k=1}^{\infty}I_k$. 则 $\mathcal{O}$ 是包含 E 的开集. 根据 $\mathcal{O}$ 的外测度的定义，

$$m^*(\mathcal{O})\leqslant\sum_{k=1}^{\infty}\ell(I_k)<m^*(E)+\varepsilon$$

因此，

$$m^*(\mathcal{O})-m^*(E)<\varepsilon$$

然而，E 是可测的且有有限外测度. 因此，根据上面注意到的可测集的分割性质，

$$m^*(\mathcal{O}\sim E)=m^*(\mathcal{O})-m^*(E)<\varepsilon$$

现在考虑 $m^*(E)=\infty$ 的情形. 则 E 可表示为可测集的可数族 $\{E_k\}_{k=1}^{\infty}$ 的不交并，该族的每个集合具有有限外测度. 根据有限测度的情形，对每个指标 k，存在包含 E_k 的开集 $\mathcal{O}_k$ 使得 $m^*(\mathcal{O}_k\sim E_k)<\varepsilon/2^k$. 集合 $\mathcal{O}=\bigcup_{k=1}^{n}\mathcal{O}_k$ 是开的，它包含 E 且

$$\mathcal{O}\sim E=\bigcup_{k=1}^{\infty}\mathcal{O}_k\sim E\subseteq\bigcup_{k=1}^{\infty}[\mathcal{O}_k\sim E_k]$$

因此，

$$m^*(\mathcal{O}\sim E))\leqslant\sum_{k=1}^{\infty}m^*(\mathcal{O}_k\sim E_k)<\sum_{k=1}^{\infty}\varepsilon/2^k=\varepsilon$$

于是性质(i)对 E 成立.

现在假设性质(i)对 E 成立. 对每个自然数 k，选取包含 E 的开集 $\mathcal{O}_k$ 使得 $m^*(\mathcal{O}_k\sim E)<1/k$. 定义 $G=\bigcap_{k=1}^{\infty}\mathcal{O}_k$. 则 G 是一个包含 E 的 G_δ 集. 此外，由于对每个 k，$G\sim E\subseteq\mathcal{O}_k\sim E$，根据外测度的单调性，

$$m^*(G\sim E)\leqslant m^*(\mathcal{O}_k\sim E)<1/k$$

因此 $m^*(G\sim E)=0$，从而(ii)成立. 现在假设性质(ii)对 E 成立. 由于测度为零的集合是

可测的，且 G_δ 集也如此，可测集是一个代数，集合

$$E = G \cap [G \sim E]^C$$

是可测的. ■

有限外测度的可测集的以下性质断言这样的集合“接近”于有限个开区间的不交并. 41

定理 12 令 E 为外测度有限的可测集. 则对每个 $\varepsilon>0$，存在开区间的有限不交族 $\{I_k\}_{k=1}^n$，使得若 $\mathcal{O}=\bigcup_{k=1}^n I_k$，则[⊖]

$$m^*(E \sim \mathcal{O}) + m^*(\mathcal{O} \sim E) < \varepsilon$$

证明 根据定理 11 的断言(i)，存在开集 $\mathcal{U}$ 使得

$$E \subseteq \mathcal{U} \text{ 且 } m^*(\mathcal{U} \sim E) < \varepsilon/2 \tag{8}$$

由于 E 是可测的且具有有限的外测度，我们从外测度的分割性质推断出 $\mathcal{U}$ 也有有限的外测度. 每个实数的开集是开区间的可数族的不交并. 令 $\mathcal{U}$ 为开区间的可数不交族 $\{I_k\}_{k=1}^\infty$ 的并. 每个区间是可测的且它的外测度是它的长度. 因此，根据命题 6 和外测度的单调性，对每个自然数 n，

$$\sum_{k=1}^n \ell(I_k) = m^*\left(\bigcup_{k=1}^n I_k\right) \leqslant m^*(\mathcal{U}) < \infty$$

该不等式的右边与 n 无关. 因此，

$$\sum_{k=1}^\infty \ell(I_k) < \infty$$

选取自然数 n 使得

$$\sum_{k=n+1}^\infty \ell(I_k) < \varepsilon/2$$

定义 $\mathcal{O}=\bigcup_{k=1}^n I_k$. 由于 $\mathcal{O}\sim E\subseteq\mathcal{U}\sim E$，根据外测度的单调性和(8)，

$$m^*(\mathcal{O} \sim E) \leqslant m^*(\mathcal{U} \sim E) < \varepsilon/2$$

另一方面，由于 $E\subseteq\mathcal{U}$，

$$E \sim \mathcal{O} \subseteq \mathcal{U} \sim \mathcal{O} = \bigcup_{k=n+1}^\infty I_k$$

因此根据外测度的定义，

$$m^*(E \sim \mathcal{O}) \leqslant \sum_{k=n+1}^\infty \ell(I_k) < \varepsilon/2$$

因此，

$$m^*(\mathcal{O} \sim E) + m^*(E \sim \mathcal{O}) < \varepsilon$$

■ 42

⊖ 对两个集合 A 和 B，A 和 B 的对称差，记为 $A\Delta B$，定义为集合 $[A\sim B]\cup[B\sim A]$. 有了这个记号，定理的结论是 $m^*(E\Delta\mathcal{O})<\varepsilon$.

注　关于定理 11 的断言(i)的说明是妥当的. 根据外测度的定义，对任何有界集 E(无论是否可测)和任何 $\varepsilon>0$，存在开集 $\mathcal{O}$ 使得 $E\subseteq\mathcal{O}$ 且 $m^*(\mathcal{O})<m^*(E)+\varepsilon$，因此 $m^*(\mathcal{O})-m^*(E)<\varepsilon$. 这不蕴涵着 $m^*(\mathcal{O}\sim E)<\varepsilon$，因为分割性质

$$m^*(\mathcal{O}\sim E)=m^*(\mathcal{O})-m^*(E)$$

不成立，除非 E 是可测的(见习题 19).

习题

16. 通过证明可测性等价于(iii)且等价于(iv)完成定理 11 的证明.
17. 证明集合 E 是可测的当且仅当对每个 $\varepsilon>0$，存在闭集 F 和开集 $\mathcal{O}$ 使得 $F\subseteq E\subseteq\mathcal{O}$ 且 $m^*(\mathcal{O}\sim F)<\varepsilon$.
18. 令 E 有有限外测度. 证明存在 F_σ 集 F 和 G_δ 集 G 使得 $F\subseteq E\subseteq G$ 且 $m^*(F)=m^*(E)=m^*(G)$.
19. 令 E 有有限外测度. 证明：若 E 不可测，则存在包含 E 的开集 $\mathcal{O}$，它具有有限外测度使得
$$m^*(\mathcal{O}\sim E)>m^*(\mathcal{O})-m^*(E)$$
20. (Lebesgue)令 E 有有限外测度. 证明 E 是可测的当且仅当对每个开的有界区间 (a,b)，
$$b-a=m^*((a,b)\cap E)+m^*((a,b)\sim E)$$
21. 用定理 11 的性质(ii)作为可测集的原始定义且证明两个可测集的并是可测的. 接着对性质(iv)做同样的事.
22. 对任何集合 A，定义 $m^{**}(A)\in[0,\infty]$为
$$m^{**}(A)=\inf\{m^*(\mathcal{O})\mid \mathcal{O}\supseteq A,\mathcal{O}\text{ 是开的}\}$$
这个集函数 m^{**} 与外测度 m^* 有何联系？
23. 对任何集合 A，定义 $m^{***}(A)\in[0,\infty]$为
$$m^{***}(A)=\sup\{m^*(F)\mid F\subseteq A,F\text{ 是闭的}\}.$$
这个集函数 m^{***} 与外测度 m^* 有何联系？

2.5　可数可加性、连续性以及 Borel-Cantelli 引理

定义　外测度这一集函数在可测集类上的限制称为 **Lebesgue 测度**. 它记为 m，因此若 E 是可测集，它的 Lebesgue 测度 $m(E)$ 定义为

43

$$m(E)=m^*(E)$$

下面的命题十分重要.

命题 13　Lebesgue 测度是可数可加的，即若 $\{E_k\}_{k=1}^\infty$ 是可测集的可数不交族，则它的并集 $\bigcup_{k=1}^\infty E_k$ 也是可测的且

$$m\Big(\bigcup_{k=1}^\infty E_k\Big)=\sum_{k=1}^\infty m(E_k)$$

证明　命题 7 告诉我们 $\bigcup_{k=1}^\infty E_k$ 是可测的. 根据命题 3，外测度是可数次可加的. 因此

$$m\Big(\bigcup_{k=1}^{\infty} E_k\Big) \leqslant \sum_{k=1}^{\infty} m(E_k) \tag{9}$$

剩下来要证明反向的不等式. 根据命题 6，对每个自然数 n，

$$m\Big(\bigcup_{k=1}^{n} E_k\Big) = \sum_{k=1}^{n} m(E_k)$$

由于 $\bigcup_{k=1}^{\infty} E_k$ 包含 $\bigcup_{k=1}^{n} E_k$，根据外测度的单调性和前一个等式，对每个 n，

$$m\Big(\bigcup_{k=1}^{\infty} E_k\Big) \geqslant \sum_{k=1}^{n} m(E_k)$$

该不等式的左边与 n 无关. 因此，

$$m\Big(\bigcup_{k=1}^{\infty} E_k\Big) \geqslant \sum_{k=1}^{\infty} m(E_k) \tag{10}$$

从不等式(9)和(10)得出这些是等式. ■

根据命题 1，区间的外测度是它的长度，且根据命题 2，外测度是平移不变的. 因此前一个命题完成了以下定理的证明，它是本章的主要目标.

定理 14 定义在 Lebesgue 可测集的 σ 代数上的集函数 Lebesgue 测度，赋予任何区间它的长度，是平移不变且可数可加的.

集合的可数族 $\{E_k\}_{k=1}^{\infty}$ 称为是**上升的**，若对每个 k，$E_k \subseteq E_{k+1}$；而称为是**下降的**，若对每个 k，$E_{k+1} \subseteq E_k$.

44

定理 15(测度的连续性) Lebesgue 测度具有以下连续性质：

(i) 若 $\{A_k\}_{k=1}^{\infty}$ 是上升的可测集族，则

$$m\Big(\bigcup_{k=1}^{\infty} A_k\Big) = \lim_{k\to\infty} m(A_k) \tag{11}$$

(ii) 若 $\{B_k\}_{k=1}^{\infty}$ 是下降的可测集族且 $m(B_1) < \infty$，则

$$m\Big(\bigcap_{k=1}^{\infty} B_k\Big) = \lim_{k\to\infty} m(B_k) \tag{12}$$

证明 我们首先证明(i). 若存在指标 k_0 使得 $m(A_{k_0}) = \infty$，则根据外测度的单调性，$m\Big(\bigcup_{k=1}^{\infty} A_k\Big) = \infty$，且对所有 $k \geqslant k_0$，$m(A_k) = \infty$. 因此(11)成立，这是因为等式的两边都等于∞. 剩下来要考虑对所有 k，$m(A_k) < \infty$ 的情形. 定义 $A_0 = \varnothing$，接着对每个 $k \geqslant 1$ 定义 $C_k = A_k \sim A_{k-1}$. 根据构造，由于序列 $\{A_k\}_{k=1}^{\infty}$ 是上升的，

$$\{C_k\}_{k=1}^{\infty} \text{ 是不交的且 } \bigcup_{k=1}^{\infty} A_k = \bigcup_{k=1}^{\infty} C_k$$

根据 m 的可数可加性，

$$m\left(\bigcup_{k=1}^{\infty} A_k\right) = m\left(\bigcup_{k=1}^{\infty} C_k\right) = \sum_{k=1}^{\infty} m(A_k \sim A_{k-1}) \tag{13}$$

由于$\{A_k\}_{k=1}^{\infty}$是上升的，我们从测度的分割性质推出

$$\begin{aligned}\sum_{k=1}^{\infty} m(A_k \sim A_{k-1}) &= \sum_{k=1}^{\infty}[m(A_k) - m(A_{k-1})] \\ &= \lim_{n\to\infty}\sum_{k=1}^{n}[m(A_k) - m(A_{k-1})] \\ &= \lim_{n\to\infty}[m(A_n) - m(A_0)]\end{aligned} \tag{14}$$

由于 $m(A_0)=m(\varnothing)=0$，(11)从(13)和(14)得出.

为证明(ii)，对每个 k 我们定义 $D_k = B_1 \sim B_k$. 由于序列$\{B_k\}_{k=1}^{\infty}$是下降的，序列$\{D_k\}_{k=1}^{\infty}$是上升的. 根据(i)部分，

$$m\left(\bigcup_{k=1}^{\infty} D_k\right) = \lim_{k\to\infty} m(D_k)$$

根据 De Morgan 恒等式，

45

$$\bigcup_{k=1}^{\infty} D_k = \bigcup_{k=1}^{\infty}[B_1 \sim B_k] = B_1 \sim \bigcap_{k=1}^{\infty} B_k$$

另一方面，根据测度的分割性质，对每个 k，由于 $m(B_k)<\infty$，$m(D_k)=m(B_1)-m(B_k)$. 因此

$$m\left(B_1 \sim \bigcap_{k=1}^{\infty} B_k\right) = \lim_{n\to\infty}[m(B_1) - m(B_n)]$$

再一次用分割性质我们得到等式(12). ■

对于可测集 E，我们说一个性质**在 E 上几乎处处成立**，或它对几乎所有 $x\in E$ 成立，若存在 E 的子集 E_0 使得 $m(E_0)=0$，且该性质对所有 $x\in E\sim E_0$ 成立.

Borel-Cantelli 引理　令$\{E_k\}_{k=1}^{\infty}$为满足 $\sum_{k=1}^{\infty} m(E_k) < \infty$ 的可测集的可数族. 则几乎所有 $x\in\mathbf{R}$ 属于至多有限多个 E_k.

证明　对每个 n，根据 m 的可数次可加性，

$$m\left(\bigcup_{k=1}^{\infty} E_k\right) \leqslant \sum_{k=n}^{\infty} m(E_k) < \infty$$

因此，根据测度的连续性，

$$m\left(\bigcap_{n=1}^{\infty}\left[\bigcup_{k=n}^{\infty} E_k\right]\right) = \lim_{n\to\infty} m\left(\bigcup_{k=n}^{\infty} E_k\right) \leqslant \lim_{n\to\infty}\sum_{k=n}^{\infty} m(E_k) = 0$$

因此几乎所有 $x\in\mathbf{R}$ 不属于 $\bigcap_{n=1}^{\infty}\left[\bigcup_{k=n}^{\infty}, E_k\right]$，因而属于至多有限多个 E_k. ■

集函数 Lebesgue 测度承袭了 Lebesgue 外测度具有的性质. 为了将来的参考我们命名

这些性质中的一些性质.

(有限可加性)对任何可测集的有限不交族$\{E_k\}_{k=1}^n$，

$$m\left(\bigcup_{k=1}^n E_k\right) = \sum_{k=1}^n m(E_k)$$

(单调性)若 A 和 B 是可测集且 $A\subseteq B$，则

$$m(A) \leqslant m(B)$$

(分割性)若进一步，$A\subseteq B$ 且 $m(A)<\infty$，则

$$m(B \sim A) = m(B) - m(A)$$

因此若 $m(A)=0$，则

$$m(B \sim A) = m(B)$$

46

(可数单调性)对任何覆盖可测集 E 的可测集的可数族$\{E_k\}_{k=1}^\infty$，

$$m(E) \leqslant \sum_{k=1}^\infty m(E_k)$$

可数单调性是测度的单调性和可数次可加性的合并. 它经常被使用.

注　在将要进行的 Lebesgue 积分的研究中，事实是显然的：相比于 Riemann 积分，Lebesgue 测度的可数可加性使得 Lebesgue 积分具有决定性的优势.

习题

24. 证明：若 E_1 和 E_2 是可测的，则

$$m(E_1 \cup E_2) + m(E_1 \cap E_2) = m(E_1) + m(E_2)$$

25. 证明在关于测度的连续性的定理的(ii)部分假设 $m(B_1)<\infty$是必要的.

26. 令$\{E_k\}_{k=1}^\infty$为可测集的可数不交族. 证明对任意集合 A，

$$m^*\left(A \cap \bigcup_{k=1}^\infty E_k\right) = \sum_{k=1}^\infty m^*(A \cap E_k)$$

27. 令 $\mathcal{M}'$为 $\mathbf{R}$ 的子集的 σ 代数，而 m'是 $\mathcal{M}$ 上的集函数，它在$[0, \infty]$取值，是可数可加的，且使得 $m'(\varnothing)=0$.

    (i) 证明 m'是有限可加的、单调的、可数单调的且具有分割性质.

    (ii) 证明 m'具有与 Lebesgue 测度相同的连续性质.

28. 证明测度的连续性与测度的有限可加性蕴涵测度的可数可加性.

2.6　不可测集

我们已定义可测集且研究了可测集族的性质. 自然要问，是否存在不可测集？这个问题的答案一点都不显而易见.

我们知道若集合 E 的外测度为零，则它是可测的，且由于 E 的任何子集外测度也为零，E 的每个子集是可测的. 这是关于从集合的包含关系继承可测性所能得到的最好结果. 我们现在证明：若 E 是任何具有正外测度的实数集，则 E 存在不可测子集.

引理 16　令 E 为有界的可测实数集. 假定存在有界、可数无穷的实数集 Λ 使得 E 的平移族 $\{\lambda+E\}_{\lambda\in\Lambda}$ 是不交的. 则 $m(E)=0$.

47

证明　可测集的平移是可测的. 因此，根据测度在可数不交并的可测集上的可数可加性，

$$M\left[\bigcup_{\lambda\in\Lambda}(\lambda+E)\right]=\sum_{\lambda\in\Lambda}m(\lambda+E) \tag{15}$$

由于 E 和 Λ 都是有界集，集合 $\bigcup_{\lambda\in\Lambda}(\lambda+E)$ 也是有界的，因此有有限的测度. 于是(15)的左边是有限的. 然而，由于测度是平移不变的，对每个 $\lambda\in\Lambda$，$m(\lambda+E)=m(E)\geqslant 0$. 因此，由于集合 Λ 是可数无穷的，而(15)右边的和式是有限的，必有 $m(E)=0$. ■

对于任何非空的实数集 E，我们定义 E 中的两个点为有理等价，若它们的差属于有理数集 $\mathbf{Q}$. 容易看到这是一个等价关系，即它是自反的、对称的与传递的. 我们称它为 E 上的有理等价关系. 对于该关系，存在 E 的等价类族的不交分解. 谈到 E 上的有理等价关系的选择集，我们意味着集合 $\mathcal{C}_E$ 恰好由每个等价类的一个成员组成. 我们从选择公理推出存在这样的选择集. 选择集 $\mathcal{C}_E$ 由以下两个性质刻画：

(i) $\mathcal{C}_E$ 中的两个点的差不是有理的；

(ii) 对 E 中的每个点 x，存在 $\mathcal{C}_E$ 中的点 c 使得 $x=c+q$，其中 q 是有理数.

$\mathcal{C}_E$ 的第一个特征性质可方便地重述为：

$$\text{对任意集合 } \Lambda\subseteq\mathbf{Q},\quad \{\lambda+\mathcal{C}_E\}_{\lambda\in\Lambda}\text{ 不交} \tag{16}$$

定理 17(Vitali)　任何具有正外测度的实数集 E 包含一个不可测子集.

证明　令 E 为具有正的外测度的实数集. 根据外测度的可数次可加性，我们可以假定 E 是有界的. 令 $\mathcal{C}_E$ 为 E 上的有理等价关系的任意选择集. 我们宣称 $\mathcal{C}_E$ 是不可测的. 为证明这个断言，我们假设它是可测的且导出矛盾.

有理数可数无穷且在 $\mathbf{R}$ 中稠密. 令 Λ_0 为任意有界可数无穷的有理数集. 由于 $\mathcal{C}_E$ 是可测的，根据(16)，$\mathcal{C}_E$ 的通过 Λ_0 的成员的平移族是不交的，从引理 16 得出 $m(\mathcal{C}_E)=0$. 然而，由于 $\mathcal{C}_E$ 是 E 上的有理等价关系的选择集，我们有被包含关系

$$E\subseteq\bigcup_{\lambda\in\mathbf{Q}}(\lambda+\mathcal{C}_E) \tag{17}$$

从 Lebesgue 外测度的可数单调性、$\mathbf{Q}$ 的可数性以及测度的平移不变性推出

48

$$m^*(E)\leqslant\sum_{\lambda\in\mathbf{Q}}m(\lambda+\mathcal{C}_E)=0$$

这与 E 有正的外测度的假设矛盾，从而定理得证. ■

定理 18　存在不交的实数集 A 和 B 使得

$$m^*(A\cup B)<m^*(A)+m^*(B)$$

证明　我们用反证法证明. 假设对每对不交的集合 A 和 B，$m^*(A\cup B)=m^*(A)+$

$m^*(B)$. 则根据可测集的最初定义，每个集必须是可测的. 这与前一个定理矛盾. ■

习题

29. (i) 证明有理等价定义了任何集上的等价关系.

    (ii) 对 $\mathbf{Q}$ 上的有理等价关系直接找到选择集.

    (iii) 定义两个数为无理等价，若它们的差是无理数. 它是 $\mathbf{R}$ 上的等价关系吗？它是 $\mathbf{Q}$ 上的等价关系吗？

30. 证明正外测度集合上的有理等价关系的任何选择集必须是不可数无穷的.

31. 说明在 Vitali 定理的证明中仅须考虑 E 是有界的情形就足够了.

32. 若允许 Λ 为有限或不可数无穷，引理 16 仍然成立吗？若允许 Λ 为无界呢？

33. 令 E 为有限外测度的不可测集. 证明存在包含 E 的 G_δ 集 G 使得

$$m^*(E) = m^*(G), \quad 而\ m^*(G \sim E) > 0$$

2.7 Cantor 集和 Cantor-Lebesgue 函数

我们已证明可数集测度为零以及 Borel 集是 Lebesgue 可测的. 这两个断言引发了以下两个问题.

问题 1 若一个集合测度为零，它是否也可数？

问题 2 若一个集合可测，它也是 Borel 集吗？

这两个问题的回答都是否定的. 本节我们构造称为 Cantor 集的集合与称为 Cantor-Lebesgue 函数的函数. 通过研究它们，我们回答以上两个问题，而后者提供了关于函数更好的性质的其他问题的回答.

考虑闭有界区间 $I=[0, 1]$. 构造 Cantor 集的第一步是将 I 分为长度等于 1/3 的三个区间且去掉中间区间的内部，即我们从区间$[0, 1]$去掉区间$(1/3, 2/3)$以得到闭集 C_1，它是两个不交闭区间的并，每个区间长度为 1/3：

$$C_1 = [0,1/3] \cup [2/3,1]$$

49

现在在 C_1 的两个区间重复“去掉居中的三分之一开集”以得到闭集 C_2，它是 2^2 个闭区间的并，每个区间的长度为 $1/3^2$：

$$C_2 = [0,1/9] \cup [2/9,1/3] \cup [2/3,7/9] \cup [8/9,1]$$

现在在 C_2 的四个区间重复“去掉居中的三分之一开集”以得到闭集 C_3，它是 2^3 个闭区间的并，每个区间的长度为 $1/3^3$.

继续这个去除操作可数多次以得到可数集族$\{C_k\}_{k=1}^{\infty}$. 我们定义 Cantor 集 $\mathbf{C}$ 为

$$\mathbf{C} = \bigcap_{k=1}^{\infty} C_k$$

集族$\{C_k\}_{k=1}^{\infty}$具有以下两个性质：

(i) $\{C_k\}_{k=1}^{\infty}$是下降的闭集序列；

(ii) 对每个 k，C_k 是 2^k 个不交闭区间的并集，每个区间长度为 $1/3^k$.

命题 19 Cantor 集 $\mathbf{C}$ 是闭的测度为零的不可数集.

证明 任何闭集族的交是闭的. 因此 $\mathbf{C}$ 是闭的. 每个闭集是可测的. 因此每个 C_k 和 $\mathbf{C}$ 自身是可测的.

现在每个 C_k 是 2^k 个不交区间的并，每个区间长度为 $1/3^k$，因此根据 Lebesgue 测度的有限可加性，

$$m(C_k) = (2/3)^k$$

根据测度的单调性，由于对所有 k，$m(\mathbf{C}) \leqslant m(C_k) = (2/3)^k$，$m(\mathbf{C}) = 0$. 剩下要证明 $\mathbf{C}$ 是不可数的. 为此我们用反证法讨论. 假定 $\mathbf{C}$ 是可数的. 令 $\{c_k\}_{k=1}^{\infty}$ 为 $\mathbf{C}$ 的一个列举. 其并是 C_1 的两个不交 Cantor 区间之一不包含点 c_1，记之为 F_1. 其并是 F_1 的 C_2 中两个不交 Cantor区间之一不包含点 c_2，记之为 F_2. 以这种方式继续，我们构造了一个可数集族 $\{F_k\}_{k=1}^{\infty}$，其中，对每个 k，它具有以下三个性质：(i) F_k 是闭的且 $F_{k+1} \subseteq F_k$；(ii) $F_k \subseteq C_k$；(iii) $c_k \notin F_k$. 从(i)和集套定理我们得出交集 $\bigcap_{k=1}^{\infty} F_k$ 是非空的. 令点 x 属于这个交. 根据性质(ii)，

$$\bigcap_{k=1}^{\infty} F_k \subseteq \bigcap_{k=1}^{\infty} C_k = \mathbf{C}$$

因此点 x 属于 $\mathbf{C}$. 然而，$\{c_k\}_{k=1}^{\infty}$ 是 $\mathbf{C}$ 的列举，使得对某个指标 n，$x = c_n$. 因此 $c_n = x \in \bigcap_{k=1}^{\infty} F_k \subseteq F_n$. 这与性质(iii)矛盾. 因此 $\mathbf{C}$ 必须是不可数的. ■

定义在实数集上的实值函数 f 称为是递增的，若每当 $u \leqslant v$，$f(u) \leqslant f(v)$；而称为是严格递增的，若每当 $u < v$，$f(u) < f(v)$.

50

我们现在定义 Cantor-Lebesgue 函数，即定义在[0，1]上的连续的递增函数 φ，它具有非凡的性质，尽管 $\varphi(1) > \varphi(0)$，它的导数存在且在测度为 1 的集合上等于零. 对每个 k，令 $\mathcal{O}_k$ 为在 Cantor 消去过程的前 k 步中被去掉的 $2^k - 1$ 个区间的并集. 因此 $C_k = [0, 1] \sim \mathcal{O}_k$. 定义 $\mathcal{O} = \bigcup_{k=1}^{\infty} \mathcal{O}_k$. 则根据 De Morgan 等式，$\mathbf{C} = [0, 1] \sim \mathcal{O}$. 我们首先在 $\mathcal{O}$ 上定义 φ，接着在 $\mathbf{C}$ 上定义它.

固定自然数 k. 在 $\mathcal{O}_k$ 上定义 φ 为 $\mathcal{O}_k$ 上的递增函数，它在 $2^k - 1$ 个开区间上是常数且取 $2^k - 1$ 个值

$$\{1/2^k, 2/2^k, 3/2^k, \cdots, [2^k - 1]/2^k\}$$

因此，在消去过程的第一步被去掉的单个区间上，φ 的定义是

$$\text{若 } x \in (1/3, 2/3), \quad \varphi(x) = 1/2$$

在前两步去掉的三个区间上，φ 的定义是

$$\varphi(x) = \begin{cases} 1/4 & \text{若 } x \in (1/9, 2/9) \\ 2/4 & \text{若 } x \in (3/9, 6/9) = (1/3, 2/3) \\ 3/4 & \text{若 } x \in (7/9, 8/9) \end{cases}$$

通过在 $\mathbf{C}$ 上定义我们将 φ 延拓到整个[0，1]区间：

$$\varphi(0)=0,\quad \varphi(x)=\sup\{\varphi(t)\mid t\in\mathcal{O}\cap[0,x)\},\quad 若\ x\in\mathbf{C}\sim\{0\}$$

命题 20 Cantor-Lebesgue 函数 φ 是递增的连续函数，它将[0，1]映上[0，1]. 它的导数在开集 $\mathcal{O}$ 上存在，即 Cantor 集在[0，1]上的补集存在，

$$在\ \mathcal{O}\ 上\ \varphi'=0\ 而\ m(\mathcal{O})=1$$

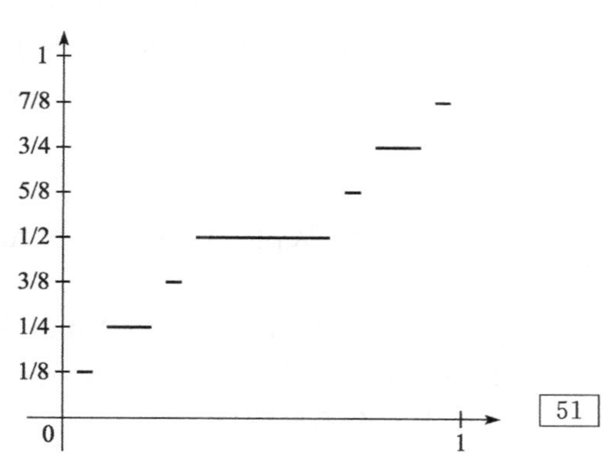

Cantor-Lebesgue 函数在 $\mathcal{O}_3=[0,1]\sim C_3$ 上的图像

证明 由于 φ 在 $\mathcal{O}$ 上是递增的，它在[0，1]上的延拓也是递增的. 关于连续性，φ 当然在 $\mathcal{O}$ 的每个点是连续的，这是由于每个这样的点属于一个开区间，在这个开区间上 φ 是常数. 现在考虑点 $x_0\in\mathbf{C}$ 满足 $x_0\neq 0$，1. 由于点 x_0 属于 $\mathbf{C}$，它不是消去过程前 k 步去掉的 2^k-1 个区间的成员，其并我们记为 $\mathcal{O}_k$. 因此，若 k 充分大，x_0 落在 $\mathcal{O}_k$ 中两个相连的区间之间：选取其中小的为 a_k，大的为 b_k. 根据函数 φ 的定义，穿过 $\mathcal{O}_k$ 中两个相连的区间增加 $1/2^k$. 因此

$$a_k<x_0<b_k\ 且\ \varphi(b_k)-\varphi(a_k)=1/2^k$$

由于 k 可以任意大，函数 φ 在 x_0 没有跳跃不连续性. 对于一个递增的函数，跳跃不连续性是仅有的不连续性类型. 因此 φ 在 x_0 是连续的. 若 x_0 是[0，1]的端点，用类似的方法可证明在 x_0 的连续性.

由于在每个去除过程的任意阶段去掉的区间上 φ 是常数，它的导数存在且在 $\mathcal{O}$ 的每一点等于 0. 由于 $\mathbf{C}$ 的测度为零，它在[0，1]上的补 $\mathcal{O}$ 的测度为 1. 最后，由于 $\varphi(0)=0$，$\varphi(1)=1$，而 φ 是递增与连续的，我们从介值定理推出 φ 将[0，1]映上[0，1]. ■

51

命题 21 令 φ 为 Cantor-Lebesgue 函数且定义在[0，1]上的函数 ψ 为

$$对所有\ x\in[0,1]\quad \psi(x)=\varphi(x)+x$$

则 ψ 是严格递增的连续函数，它将[0，1]映上[0，2].

(i) 将 Cantor 集 $\mathbf{C}$ 映上正测度的可测集；

(ii) 将一个可测集即 Cantor 集的一个子集映上一个非可测集.

证明 由于函数 ψ 是两个连续函数的和，它是连续的；由于它是递增与严格递增函数的和，它是严格递增的. 此外，由于 $\psi(0)=0$ 且 $\psi(1)=2$，$\psi([0,1])=[0,2]$. 对于 $\mathcal{O}=[0,1]\sim\mathbf{C}$，我们有不交分解

$$[0,1]=\mathbf{C}\cup\mathcal{O}$$

其中 ψ 有不交分解

$$[0,2]=\psi(\mathcal{O})\cup\psi(\mathbf{C})\tag{18}$$

定义在区间上的严格递增函数有一个连续的逆. 因此 $\psi(\mathbf{C})$ 是闭的而 $\psi(\mathcal{O})$ 是开的，于是

它们都是可测的. 我们将证明 $m(\psi(\mathcal{O}))=1$，且因此从(18)推出 $m(\psi(\mathbf{C}))=1$，从而证明(i).

令 $\{I_k\}_{k=1}^{\infty}$ 为在 Cantor 去除过程去掉的区间族(以任何方式)的列举. 因此 $\mathcal{O}=\bigcup_{k=1}^{\infty} I_k$. 由于 φ 在每个 I_k 上是常数，ψ 将 I_k 映上它自身的具有相同长度的平移副本. 由于 ψ 是一对一的，族 $\{\psi(I_k)\}_{k=1}^{\infty}$ 是不交的. 根据测度的可数可加性，

52

$$m(\psi(\mathcal{O}))=\sum_{k=1}^{\infty}\ell(\psi(I_k))=\sum_{k=1}^{\infty}\ell(I_k)=m(\mathcal{O})$$

但 $m(\mathbf{C})=0$ 从而 $m(\mathcal{O})=1$. 因此 $m(\psi(\mathcal{O}))=1$，且根据(18)，$m(\psi(\mathbf{C}))=1$. 我们证明了(i).

为了证明(ii)，注意到 Vitali 定理告诉我们 $\psi(\mathbf{C})$ 包含不可测集 W. 集合 $\psi^{-1}(W)$ 是可测的且测度为零，因为它是 Cantor 集的子集. 集合 $\psi^{-1}(W)$ 是 Cantor 集的可测子集，它被 ψ 映上一个不可测集. ■

命题 22　Cantor 集有一个不是 Borel 集的可测子集.

证明　前一个命题描述的定义在[0, 1]上的严格递增函数 ψ 将可测集 A 映上一个不可测集. 定义在区间上的严格递增连续函数将 Borel 集映上 Borel 集(见习题 43). 因此集合 A 不是 Borel 集，否则它在 ψ 下的象将是 Borel 集，因此是可测的. ■

习题

34. 证明存在[0, 1]上的连续、严格递增函数将正测度集映到零测度集.
35. 令 f 为开区间 I 上的递增函数. 对于 $x_0\in I$，证明 f 在 x_0 连续当且仅当存在 I 中的序列 $\{a_n\}$ 和 $\{b_n\}$ 使得对每个 n，$a_n<x_0<b_n$ 且 $\lim_{n\to\infty}[f(b_n)-f(a_n)]=0$.
36. 令 f 为定义在 E 上的连续函数. 若 A 是可测的，$f^{-1}(A)$ 总是可测的吗?
37. 令函数 $f:[a, b]\to\mathbf{R}$ 为 Lipschitz 的，即存在常数 $c\geqslant 0$ 使得对所有 u，$v\in[a, b]$，$|f(u)-f(v)|\leqslant c|u-v|$. 证明 f 将测度为零的集映上测度为零的集. 证明 f 将 F_σ 集映上 F_σ 集. 证明 f 将可测集映上可测集.
38. 令 F 为按与 Cantor 集相同的方式构造的[0, 1]的子集，除了在第 n 步每个被去掉的区间的长度为 $\alpha 3^{-n}$，其中 $0<\alpha<1$. 证明 F 是闭集，$[0, 1]\sim F$ 在[0, 1]稠密，且 $m(F)=1-\alpha$. 这样的集合 F 称为广义 Cantor 集.
39. 证明存在实数的开集有一个正测度的边界(与直觉相反). (提示：考虑前一个习题中的广义 Cantor 集的补集.)
40. $\mathbf{R}$ 的子集 A 称为在 $\mathbf{R}$ 无处稠密，若每个开集 $\mathcal{O}$ 有一个与 A 不交的非空开子集. 证明 Cantor 集在 $\mathbf{R}$ 无处稠密.
41. 证明定义在区间上的严格递增函数有一个连续的逆.
42. 令 f 为连续函数而 B 是 Borel 集. 证明 $f^{-1}(B)$ 是 Borel 集. (提示：使得 $f^{-1}(E)$ 是 Borel 集的集合 E 所成的族是包含开集的 σ 代数.)

53

43. 用前两个习题证明定义在区间上的严格递增连续函数将 Borel 集映到 Borel 集.

第3章 Lebesgue可测函数

为了给下一章开始的Lebesgue积分的研究打下基础，本章对可测函数进行研究. 如同闭有界区间上的所有单调函数与阶梯函数一样，所有可测定义域上的连续实值函数是可测的. 可测函数的线性组合是可测的. 可测函数序列的逐点极限是可测的. 我们证明用简单函数和连续函数逼近可测函数的结果.

3.1 和、积与复合

本章考虑的所有函数取值于扩充实数，即集合$\mathbf{R}\cup\{\pm\infty\}$. 回忆一下，一个性质称为在可测集$E$上**几乎处处**(简写为a.e.)成立，若它在$E\sim E_0$上成立，其中$E_0$是$E$的满足$m(E_0)=0$的子集.

给定定义在E上的两个函数h和g. 为了记号上的简洁，我们常写“在E上，$h\leqslant g$”来表示对所有$x\in E$，$h(x)\leqslant g(x)$. 我们说E上的函数序列$\{f_n\}$是递增的，若对每个指标n，在E上$f_n\leqslant f_{n+1}$.

命题1 令函数f有可测定义域E. 则以下叙述等价：

(i) 对每个实数c，集合$\{x\in E\mid f(x)>c\}$是可测的.

(ii) 对每个实数c，集合$\{x\in E\mid f(x)\geqslant c\}$是可测的.

(iii) 对每个实数c，集合$\{x\in E\mid f(x)<c\}$是可测的.

(iv) 对每个实数c，集合$\{x\in E\mid f(x)\leqslant c\}$是可测的.

这些性质中的每一个都蕴涵着对每个扩充实数c，

$$\text{集合}\{x\in E\mid f(x)=c\}\text{是可测的}$$

证明 如同(ii)和(iii)中的集合，由于(i)和(iv)中的集合在E中互为补集，而E的可测子集在E中的补集是可测的，所以(ii)和(iii)、(i)和(iv)是等价的.

54

现在(i)蕴涵(ii)，这是由于

$$\{x\in E\mid f(x)\geqslant c\}=\bigcap_{k=1}^{\infty}\{x\in E\mid f(x)>c-1/k\}$$

可测集的可数族的交是可测的. 类似地，(ii)蕴涵(i)，这是由于

$$\{x\in E\mid f(x)>c\}=\bigcup_{k=1}^{\infty}\{x\in E\mid f(x)\geqslant c+1/k\}$$

可测集的可数族的并是可测的.

因此陈述(i)~(iv)是等价的. 现在假设它们中的一个成立，因此它们中的所有成立.

若 c 是实数，$\{x\in E\mid f(x)=c\}=\{x\in E\mid f(x)\geqslant c\}\cap\{x\in E\mid f(x)\leqslant c\}$，因此 $f^{-1}(c)$是可测的，这是由于它是两个可测集的交．另一方面，若 c 是无穷的，即 $c=\infty$，

$$\{x\in E\mid f(x)=\infty\}=\bigcap_{k=1}^{\infty}\{x\in E\mid f(x)>k\}$$

因此 $f^{-1}(\infty)$是可测的，这是由于它是可测集的可数族的交． ■

定义　定义在 E 上的扩充的实值函数 f 称为是 Lebesgue **可测**的，或简单地称为**可测**的，若它的定义域 E 是可测的且它满足命题 1 的四个陈述之一．

命题 2　令 f 为定义在可测集 E 上的实值函数．则函数 f 是可测的当且仅当对每个开集 $\mathcal{O}$，$\mathcal{O}$ 在 f 下的原象 $f^{-1}(\mathcal{O})=\{x\in E\mid f(x)\in\mathcal{O}\}$是可测的．

证明　若每个开集的原象是可测的，则由于每个区间(c,∞)是开的，函数 f 是可测的．反过来，假定 f 是可测的．令 $\mathcal{O}$ 为开的．则我们可将 $\mathcal{O}$ 表示为开有界区间的可数族$\{I_k\}_{k=1}^{\infty}$的并，其中每个 I_k 可表示为 $B_k\cap A_k$，而 $B_k=(-\infty,b_k)$，$A_k=(a_k,\infty)$．由于 f 是可测函数，每个 $f^{-1}(B_k)$和 $f^{-1}(A_k)$是可测集．另一方面，可测集是 σ 代数，因此 $f^{-1}(\mathcal{O})$是可测的，这是由于

$$f^{-1}(\mathcal{O})=f^{-1}\left[\bigcup_{k=1}^{\infty}B_k\cap A_k\right]=\bigcup_{k=1}^{\infty}f^{-1}(B_k)\cap f^{-1}(A_k)$$ ■

以下命题告诉我们初等分析中最为熟悉的连续函数是可测的．

55

命题 3　在可测集定义域上连续的实值函数是可测的．

证明　令函数 f 在可测集 E 上连续．令 $\mathcal{O}$ 为开的．由于 f 是连续的，$f^{-1}(\mathcal{O})=E\cap\mathcal{U}$，其中 $\mathcal{U}$是开的．因此 $f^{-1}(\mathcal{O})$作为两个可测集的交是可测的．从前一个命题得知 f 是可测的． ■

递增或递减的实值函数称为是单调的．我们将下一个命题的证明留作练习(见习题 24)．

命题 4　定义在区间上的单调函数是可测的．

命题 5　令 f 为 E 上的扩充的实值函数．

(i) 若 f 在 E 上可测，而在 E 上 $f=g$ a. e.，则 g 在 E 上可测．

(ii) 对于 E 的可测子集 D，f 在 E 上是可测的当且仅当 f 在 D 和 $E\sim D$ 上的限制是可测的．

证明　首先假设 f 是可测的．定义 $A=\{x\in E\mid f(x)\neq g(x)\}$．观察到

$$\{x\in E\mid g(x)>c\}=\{x\in A\mid g(x)>c\}\cup[\{x\in E\mid f(x)>c\}\cap[E\sim A]]$$

由于在 E 上 $f=g$ a. e.，$m(A)=0$．因此$\{x\in A\mid g(x)>c\}$是可测的，这是由于它是零测度

集的子集. 集合$\{x\in A|f(x)>c\}$是可测的，这是由于 f 在 E 上是可测的. 由于 E 和 A 都是可测的，而可测集是一个代数，集合$\{x\in E|g(x)>c\}$是可测的. 为验证(ii)，只要观察到对任何 c，

$$\{x\in E|f(x)>c\}=\{x\in D|f(x)>c\}\cup\{x\in E\sim D|f(x)>c\}$$

且又一次利用可测集是一个代数这一事实. ■

两个可测的扩充实值函数 f 和 g 的和 $f+g$ 在那些 f 和 g 取异号的无穷值的点不是恰当定义的. 假设 f 和 g 在 E 上 a.e. 有限. 定义集合 E_0 为 E 中那些使得 f 和 g 都是有限的点的集合. 若 $f+g$ 在 E_0 上的限制是可测的，则由前一个命题，$f+g$ 的任何到整个 E 的延拓，作为扩充的实值函数也是可测的. 这是我们认为"两个 a.e. 有限可测函数的和是可测"毫无歧义的道理. 类似的说明适用于乘积. 以下命题告诉我们实施在 a.e. 有限可测函数上的标准的代数运算仍然导出可测函数.

定理 6 令 f 和 g 为 E 上的可测函数，在 E 上 a.e. 有限.

(线性)对任何 α 和 β，

$$\alpha f+\beta g \text{ 在 } E \text{ 上可测}$$

(乘积)

$$fg \text{ 在 } E \text{ 上可测}$$

56

证明 根据以上的说明，我们可以假设 f 和 g 在整个 E 上有限. 若 $\alpha=0$，则函数 αf 也是可测的. 若 $\alpha\neq 0$，观察到对于数 c，

$$\text{若 } \alpha>0,\quad \{x\in E|\alpha f(x)>c\}=\{x\in E|f(x)>c/\alpha\}$$

而

$$\text{若 } \alpha<0,\quad \{x\in E|\alpha f(x)>c\}=\{x\in E|f(x)<c/\alpha\}$$

因此 f 的可测性蕴涵 αf 的可测性. 因此为证明线性仅须考虑 $\alpha=\beta=1$ 的情形.

对于 $x\in E$，若 $f(x)+g(x)<c$，则 $f(x)<c-g(x)$，从而根据有理数集 $\mathbf{Q}$ 在 $\mathbf{R}$ 中的稠密性，存在有理数 q 使得

$$f(x)<q<c-g(x)$$

因此，

$$\{x\in E|f(x)+g(x)<c\}=\bigcup_{q\in\mathbf{Q}}\{x\in E|g(x)<c-q\}\cap\{x\in E|f(x)<q\}$$

有理数是可数的. 因此$\{x\in E|f(x)+g(x)<c\}$是可测的，这是由于它是可测集的可数族的并. 因此 $f+g$ 是可测的.

为证明可测函数的乘积是可测的，首先观察到

$$fg=\frac{1}{2}[(f+g)^2-f^2-g^2]$$

因此，由于我们已证明线性，为证明两个可测函数的乘积是可测的，仅须证明可测函数的平方是可测的. 对 $c\geqslant 0$，

$$\{x\in E|f^2(x)>c\}=\{x\in E|f(x)>\sqrt{c}\}\cup\{x\in E|f(x)<-\sqrt{c}\}$$

而对于 $c<0$，

$$\{x \in E \mid f^2(x) > c\} = E$$

因此 f^2 是可测的. ■

初等分析中考虑过的许多函数性质，包括连续性和可微性，在函数的复合运算下依然成立. 然而，可测函数的复合可以不是可测的.

例子 存在两个可测实值函数，每个定义在整个 $\mathbf{R}$ 上，其复合不是可测的. 根据第 2 章的命题 21，存在定义在[0，1]上的连续严格递增函数 ψ 和[0，1]的可测子集 A，使得 $\psi(A)$是不可测的. 延拓 ψ 为 $\mathbf{R}$ 映上 $\mathbf{R}$ 的连续严格递增函数. 函数 ψ^{-1}是连续的，因此是可测的. 另一方面，A 是可测集，从而它的特征函数(其定义见 3.2 节)χ_A 是可测函数. 我们宣称复合函数 $f=\chi_A \circ \psi^{-1}$是不可测的. 事实上，若 I 是任何包含 1 但不包含 0 的开区间，则它在 f 下的原象是不可测集 $\psi(A)$.

57

尽管有该例子施加的阻碍，但存在关于在复合下可测性成立的如下有用的命题(也见习题 11).

命题 7 *令 g 为定义在 E 上的可测实值函数，而 f 为定义在整个 $\mathbf{R}$ 上的连续实值函数. 则复合 $f \circ g$ 是 E 上的可测函数.*

证明 根据命题 2，实值函数是可测的当且仅当每个开集的原象是可测的. 令 $\mathcal{O}$ 为开的. 则

$$(f \circ g)^{-1}(\mathcal{O}) = g^{-1}(f^{-1}(\mathcal{O}))$$

由于 f 是连续的且定义在开集上，集合 $\mathcal{U}=f^{-1}(\mathcal{O})$是开的. 我们从函数 g 的可测性推出 $g^{-1}(\mathcal{U})$是可测的. 因此原象$(f \circ g)^{-1}(\mathcal{O})$是可测的，因而复合函数 $f \circ g$ 是可测的. ■

上面结果的一个直接的重要推论是：若具有定义域 E 的函数 f 是可测的，则 $|f|$是可测的，且事实上对每个 $p>0$，具有共同的定义域 E 的 $|f|^p$ 是可测的.

对于具有共同定义域 E 的函数的有限簇$\{f_k\}_{k=1}^n$，函数

$$\max\{f_1, \cdots, f_n\}$$

在 E 上的定义为

$$对\ x \in E, \quad \max\{f_1, \cdots, f_n\}(x) = \max\{f_1(x), \cdots, f_n(x)\}$$

以相同方式定义函数 $\min\{f_1, \cdots, f_n\}$.

命题 8 *对于具有共同定义域 E 的可测函数的有限簇$\{f_k\}_{k=1}^n$，函数 $\max\{f_1, \cdots, f_n\}$ 和 $\min\{f_1, \cdots, f_n\}$也是可测的.*

证明 对任何 c，我们有

$$\{x \in E \mid \max\{f_1, \cdots, f_n\}(x) > c\} = \bigcup_{k=1}^{n} \{x \in E \mid f_k(x) > c\}$$

因此该集合是可测的，这是由于它是可测集的有限并. 因此函数 $\max\{f_1, \cdots, f_n\}$ 是可测的. 用类似的方法可证明函数 $\min\{f_1, \cdots, f_n\}$ 也是可测的. ■ 58

对于定义在 E 上的函数 f，我们有与之相联系的定义在 E 上的函数 $|f|$、f^+ 和 f^-，

$$|f|(x)=\max\{f(x),-f(x)\},\quad f^+(x)=\max\{f(x),0\},\quad f^-(x)=\max\{-f(x),0\}$$

若 f 在 E 上可测，则根据前一个命题，函数 $|f|$、f^+ 和 f^- 也可测. 当我们研究积分时这是重要的，由于将 f 表示为 E 上的两个非负函数的差

$$f=f^+-f^-$$

的表示方式在定义 Lebesgue 积分时起着重要作用.

习题

1. 假定 f 和 g 是 $[a, b]$ 上的连续函数. 证明：若在 $[a, b]$ 上 $f=g$, a. e.，则事实上在 $[a, b]$ 上 $f=g$. 若 $[a, b]$ 换成一般的可测集 E，类似的断言是否成立？
2. 令 D 和 E 为可测集，而 f 是以 $D\cup E$ 为定义域的函数. 我们证明 f 在 $D\cup E$ 上是可测的当且仅当它限制在 D 和 E 上是可测的. 若“可测的”换作“连续的”，同样结论是否成立？
3. 假定函数 f 有可测定义域且除有限个点外是连续的. f 是否必然可测？
4. 假定 f 是 $\mathbf{R}$ 上的实值函数，使得对每个数 c，$f^{-1}(c)$ 是可测的. f 必然是可测的吗？
5. 假定函数 f 定义在可测集 E 上且有性质：对每个有理数 c，$\{x\in E \mid f(x)>c\}$ 是可测集. F 必然是可测函数吗？
6. 令 f 为具有可测定义域 D 的函数. 证明 f 是可测的当且仅当 $\mathbf{R}$ 上的定义如下的函数 g：对 $x\in D$，$g(x)=f(x)$，而对 $x\notin D$，$g(x)=0$ 是可测的.
7. 令函数 f 为定义在可测集 E 上的函数. 证明 f 是可测的当且仅当对每个 Borel 集 A，$f^{-1}(A)$ 是可测的. (提示：具有性质 $f^{-1}(A)$ 是可测的集合 A 的族是一个 σ 代数.)
8. (Borel 可测性)函数 f 称为是 **Borel 可测的**，若它的定义域 E 是 Borel 集，且对每个 c，集合 $\{x\in E \mid f(x)>c\}$ 是 Borel 集. 证明若我们用“Borel 集”代替“Lebesgue 可测集”，命题 1 和定理 6 仍然成立. 证明：(i)每个 Borel 可测函数是 Lebesgue 可测的；(ii)若 f 是 Borel 可测的且 B 是 Borel 集，则 $f^{-1}(B)$ 是一个 Borel 集；(iii)若 f 和 g 是 Borel 可测的，则 $f\circ g$ 也是；(iv)若 f 是 Borel 可测的且 g 是 Lebesgue 可测的，则 $f\circ g$ 是 Lebesgue 可测的.
9. 令 $\{f_n\}$ 为定义在可测集 E 上的可测函数序列. 定义 E_0 为 E 中那些使得 $\{f_n(x)\}$ 收敛的点 x 所组成的集合. 集合 E_0 是可测的吗？
10. 假定 f 和 g 是定义在整个 $\mathbf{R}$ 上的实值函数，f 是可测的，而 g 是连续的. 复合 $f\circ g$ 必然是可测的吗？
11. 令 f 为可测函数而 g 是从 $\mathbf{R}$ 映上 $\mathbf{R}$ 的具有 Lipschitz 逆的一对一的函数. 证明复合 $f\circ g$ 是可测的. (提示：参考第 2 章的习题 37.)

59

3.2 序列的逐点极限与简单逼近

对于具有共同定义域 E 的函数序列 $\{f_n\}$ 和 E 上的函数 f，存在几个不同的方式叙述“序列 $\{f_n\}$ 收敛于 f”，有必要考虑每一种方式意味着什么.

本章我们考虑具有共同定义域 E 的函数序列 $\{f_n\}$ 逐点收敛和一致收敛的概念，这些概

念在初等分析中是熟知的．在后面的几章我们考虑许多其他模式的函数序列收敛．

定义　对具有共同定义域 E 的函数序列$\{f_n\}$，E 上的函数 f，以及 E 的子集 A，我们说

(i) 序列$\{f_n\}$在 A 上逐点收敛于 f，若

$$对所有\ x \in A, \quad \lim_{n\to\infty} f_n(x) = f(x)$$

(ii) 在 A 上序列$\{f_n\}$a.e. 逐点收敛于 f，若它在 $A \sim B$ 上逐点收敛到 f，其中 $m(B)=0$.

(iii) 序列$\{f_n\}$在 A 上一致收敛于 f，若对每个 $\varepsilon>0$，存在指标 N，使得

$$对所有\ n \geqslant N, \quad 在\ A\ 上\ |f - f_n| < \varepsilon$$

当考虑函数序列$\{f_n\}$和它们收敛到的函数 f 时，我们常常隐含假设所有函数有共同的定义域，我们写"在 A 上逐点$\{f_n\}\to f$"以表明在 A 上$\{f_n\}$逐点收敛到 f，且对一致收敛用类似的记号．

连续函数的逐点极限不一定是连续的．Riemann 可积函数的逐点极限不一定是 Riemann 可积的．以下命题首次显示了可测函数有好得多的稳定性．

命题 9　令$\{f_n\}$为 E 上的 a.e. 逐点收敛于函数 f 的可测函数序列．则 f 是可测的．

证明　令 E_0 为 E 的子集使得 $m(E_0)=0$ 而$\{f_n\}$在 $E\sim E_0$ 上逐点收敛于 f．由于 $m(E_0)=0$，从命题 5 得知 f 是可测的当且仅当它在 $E\sim E_0$ 上的限制是可测的．因此，通过可能地用 $E\sim E_0$ 替代 E，我们可以假设序列在整个 E 上逐点收敛．

固定数 c．我们必须证明$\{x\in E \mid f(x)<c\}$是可测的．观察到对于点 $x\in E$，由于 $\lim\limits_{n\to\infty} f_n(x)=f(x)$，

$$f(x) < c$$

60

当且仅当存在自然数 n 和 k 使得对所有 $j\geqslant k$，$f_j(x)<c-1/n$.

但是对于任何自然数 n 和 j，集合$\{x\in E \mid f_j(x)<c-1/n\}$是可测的，由于函数 f_j 是可测的．因此，对任何 k，可测集的可数族的交

$$\bigcap_{j=k}^{\infty} \{x \in E \mid f_j(x) < c - 1/n\}$$

也是可测的．因此，由于可测集的可数族的并是可测的，

$$\{x \in E \mid f(x) < c\} = \bigcup_{1\leqslant k,n<\infty} \left[\bigcap_{j=k}^{\infty} \{x \in E \mid f_j(x) < c - 1/n\}\right]$$

是可测的．■

若 A 是任意集合，A 的**特征函数** χ_A 是定义为

$$\chi_A(x) = \begin{cases} 1, & 若\ x \in A \\ 0, & 若\ x \notin A \end{cases}$$

的 $\mathbf{R}$ 上的函数．

显然函数 χ_A 是可测的当且仅当集合 A 是可测的. 因此不可测集的存在性蕴涵着不可测函数的存在性. 可测集的特征函数的线性组合在 Lebesgue 积分中所起的作用类似于阶梯函数在 Riemann 积分中所起的作用, 因而我们将对这些函数命名.

定义 定义在可测集 E 上的实值函数 φ 称为**简单的**, 若它是可测的且仅取有限个值.

我们强调简单函数仅取实值. 简单函数的线性组合与乘积是简单的, 这是由于它们中的每个仅取有限个值. 若 φ 是简单的, 具有定义域 E 且取不同值 $c_1, \cdots, c_n$, 则在 E 上

$$\varphi = \sum_{k=1}^{n} c_k \cdot \chi_{E_k}, \quad 其中\ E_k = \{x \in E \mid \varphi(x) = c_k\}$$

φ 的特征函数的线性组合的特定的表示称为**简单函数 φ 的典范表示**.

简单逼近引理 令 f 为 E 上的可测实值函数. 假设 f 在 E 上有界, 即存在 $M \geqslant 0$, 使得在 E 上 $|f| \leqslant M$. 则对每个 $\varepsilon > 0$, 存在定义在 E 上的简单函数 φ_ε 和 ψ_ε 具有以下逼近性质:

$$在\ E\ 上, \quad \varphi_\varepsilon \leqslant f \leqslant \psi_\varepsilon\ 且\ 0 \leqslant \psi_\varepsilon - \varphi_\varepsilon < \varepsilon$$

证明 令 (c, d) 为包含 E 的象 $f(E)$ 的开有界区间, 且

$$c = y_0 < y_1 < \cdots < y_{n-1} < y_n = d$$

为闭有界区间 $[c, d]$ 的一个划分, 使得对 $1 \leqslant k \leqslant n$, $y_k - y_{k-1} < \varepsilon$. 定义

$$I_k = [y_{k-1}, y_k)\ 与\ E_k = f^{-1}(I_k), \quad 1 \leqslant k \leqslant n$$

由于每个 I_k 是区间而函数 f 是可测的, 每个集合 E_k 是可测的. 定义 E 上的简单函数 φ_ε 和 ψ_ε 为

$$\varphi_\varepsilon = \sum_{k=1}^{n} y_{k-1} \cdot \chi_{E_k}\ 和\ \psi_\varepsilon = \sum_{k=1}^{n} y_k \cdot \chi_{E_k}$$

令 x 属于 E. 由于 $f(E) \subseteq (c, d)$, 存在唯一的 $k(1 \leqslant k \leqslant n)$, 使得 $y_{k-1} \leqslant f(x) < y_k$, 因此

$$\varphi_\varepsilon(x) = y_{k-1} \leqslant f(x) < y_k = \psi_\varepsilon(x)$$

但 $y_k - y_{k-1} < \varepsilon$, 因此 φ_ε 和 ψ_ε 有所要求的逼近性质. ■

我们添加以下定理到我们已建立的可测函数的刻画中.

简单逼近定理 定义在可测集 E 上的扩充实值函数 f 是可测的当且仅当存在 E 上的简单函数序列 $\{\varphi_n\}$, 它在 E 上逐点收敛到 f 且具有性质:

$$对所有\ n, \quad 在\ E\ 上\ |\varphi_n| \leqslant |f|$$

若 f 是非负的, 我们可选取 $\{\varphi_n\}$ 为递增的.

证明 由于每个简单函数是可测的, 命题 9 告诉我们若一个函数是简单函数序列的逐点极限, 则它是可测的. 剩下来要证明逆命题.

假设 f 是可测的. 我们也假设在 E 上 $f \geqslant 0$. 一般情形通过将 f 表示为非负可测函数的差(见习题 23)得到. 令 n 为自然数. 定义 $E_n = \{x \in E \mid f(x) \leqslant n\}$. 则 E_n 是可测集而 f 在 E_n 的限制是非负有界可测函数. 将简单逼近引理用于 f 在 E_n 的限制, 且选取 $\varepsilon = 1/n$,

61

我们可以选取定义在 E_n 上的简单函数 φ_n 和 ψ_n，它们具有以下逼近性质：

$$\text{在 } E_n \text{ 上，}\quad 0\leqslant \varphi_n \leqslant f \leqslant \psi_n \text{ 且 } 0 \leqslant \psi_n - \varphi_n < 1/n$$

观察到

$$\text{在 } E_n \text{ 上，}\quad 0\leqslant \varphi_n \leqslant f \text{ 且 } 0 \leqslant f - \varphi_n \leqslant \psi_n - \varphi_n < 1/n \tag{1}$$

若 $f(x)>n$，通过设 $\varphi_n(x)=n$，将 φ_n 延拓到整个 E. 函数 φ_n 是定义在 E 上的简单函数且在 E 上 $0\leqslant\varphi_n\leqslant f$. 我们宣称序列 $\{\varphi_n\}$ 在 E 上逐点收敛于 f. 令 x 属于 E.

情形 1：假设 $f(x)$ 是有限的. 选取一个自然数 N 使得 $f(x)<N$. 则对于 $n\geqslant N$，

62

$$0\leqslant f(x)-\varphi_n(x)<1/n$$

因此 $\lim\limits_{n\to\infty}\varphi_n(x)=f(x)$.

情形 2：假设 $f(x)=\infty$. 则对所有 n，$\varphi_n(x)=n$，因此 $\lim\limits_{n\to\infty}\varphi_n(x)=f(x)$.

通过用 $\max\{\varphi_1,\cdots,\varphi_n\}$ 代替每个 φ_n，我们有 $\{\varphi_n\}$ 是递增的. ■

习题

12. 令 f 为 E 上的有界可测函数. 证明存在 E 上的简单函数序列 $\{\varphi_n\}$ 和 $\{\psi_n\}$，使得 $\{\varphi_n\}$ 是递增的而 $\{\psi_n\}$ 是递减的，且这些序列的每个在 E 上一致收敛于 f.
13. 实值可测函数称为半简单的，若它仅取可数个值. 令 f 为 E 上的任意可测函数. 证明存在 E 上的半简单函数序列 $\{f_n\}$，它在 E 上一致收敛于 f.
14. 令 f 为 E 上的可测函数，其在 E 上 a.e. 有限且 $m(E)<\infty$. 证明对每个 $\varepsilon>0$，存在包含于 E 的可测集 F，使得 f 在 F 上是有界的且 $m(E\sim F)<\varepsilon$.
15. 令 f 为 E 上的有界可测函数，其在 E 上 a.e. 有限且 $m(E)<\infty$. 证明对每个 $\varepsilon>0$，存在包含于 E 的可测集 F 和 E 上的简单函数序列 $\{\varphi_n\}$ 使得在 F 上一致地 $\{\varphi_n\}\to f$ 且 $m(E\sim F)<\varepsilon$.（提示：见前一个习题.）
16. 令 I 为闭有界区间而 E 是 I 的可测子集. 令 $\varepsilon>0$. 证明存在 I 上的阶梯函数 h 和 I 的可测子集 F，使得

$$\text{在 } F \text{ 上，}\quad h=\chi_E \text{ 且 } m(I\sim F)<\varepsilon$$

（提示：用第 2 章的定理 12.）

17. 令 I 为闭有界区间而 ψ 是定义在 I 上的简单函数. 令 $\varepsilon>0$. 证明存在 I 上的阶梯函数 h 和 I 的可测子集 F，使得

$$\text{在 } F \text{ 上，}\quad h=\psi \text{ 且 } m(I\sim F)<\varepsilon$$

（提示：用简单函数是特征函数的线性组合的事实以及前一个习题.）

18. 令 I 为闭有界区间而 f 是定义在 I 上的有界可测函数. 令 $\varepsilon>0$. 证明存在 I 上的阶梯函数 h 和 I 的可测子集 F，使得

$$\text{在 } F \text{ 上，}\quad |h-f|<\varepsilon \text{ 且 } m(I\sim F)<\varepsilon$$

19. 证明如同 max 与 min，两个简单函数的和与积是简单的.
20. 令 A 和 B 为任意集. 证明

$$\chi_{A\cap B}=\chi_A\cdot\chi_B$$

$$\chi_{A\cup B}=\chi_A+\chi_B-\chi_A\cdot\chi_B$$

63

$$\chi_{A^C}=1-\chi_A$$

21. 对于具有共同定义域的可测函数序列 $\{f_n\}$，证明以下函数都是可测的：

$$\inf\{f_n\},\quad \sup\{f_n\},\quad \liminf\{f_n\} 与 \limsup\{f_n\}$$

22. (Dini 定理)令$\{f_n\}$为$[a, b]$上的连续函数的递增序列，它在$[a, b]$上逐点收敛于$[a, b]$上的连续函数 f. 证明该收敛在$[a, b]$上是一致的.（提示：令$\varepsilon>0$. 对每个自然数 n，定义 $E_n=\{x\in[a, b] \mid f(x)-f_n(x)<\varepsilon\}$. 证明$\{E_n\}$是$[a, b]$的开覆盖并用 Heine-Borel 定理.）
23. 将可测函数表示为非负可测函数的差，进而基于非负可测函数的特殊情形证明一般的简单逼近定理.
24. 令 I 为区间而 $f: I\to\mathbf{R}$ 是递增的. 通过首先证明对每个自然数 n 严格递增的函数 $x\mapsto f(x)+x/n$ 是可测的，接着取逐点极限，证明 f 是可测的.

3.3 Littlewood 的三个原理、Egoroff 定理以及 Lusin 定理

谈到一元实变量的函数论，J. E. Littlewood 说[⊖]："所要求的知识范围不像有时料想的那么多. 有三个原理，大致可用术语表述如下：每个可测集接近于区间的有限并，每个可测函数接近于连续函数；每个逐点收敛的可测函数序列接近于一致收敛的函数序列. 实变函数论中的大部分结果是这些思想相当直观的应用. 学生们掌握了这些等于掌握了大多数情况下实变函数理论所要求的(知识). 若其中一个原理是解决一个十分真实的问题的明显的方法，那么自然要问这个'接近'是否足够，而实际上对于一个可以解决的问题，这个'接近'一般是足够的."

第 2 章的定理 12 是 Littlewood 第一原理的精确阐述：它告诉我们给定有限测度的可测集 E，则对每个 $\varepsilon>0$，存在开区间的有限不交族，其并集 $\mathcal{U}$ 在 $m(E\sim\mathcal{U})+m(\mathcal{U}\sim E)<\varepsilon$ 的意义下"接近等于" E.

Littlewood 的最后原理的精确实现是以下令人惊讶的定理.

Egoroff 定理 假设 E 具有有限测度. 令$\{f_n\}$为 E 上的逐点收敛于实值函数 f 的可测函数序列. 则对每个 $\varepsilon>0$，存在包含于 E 的闭集 F，使得在 F 上

$$一致地\{f_n\}\to f 且 m(E\sim F)<\varepsilon$$

为证 Egoroff 定理，首先建立以下引理是方便的.

引理 10 在 Egoroff 定理的假设下，对每个 $\eta>0$ 和 $\delta>0$，存在 E 的可测子集 A 和指标 N，使得对所有 $n\geq N$ 和 $m(E\sim A)<\delta$，在 A 上 $|f_n-f|<\eta$.

64

证明 对每个 k，函数 $|f-f_k|$ 是恰当定义的，这是由于 f 是实值的，它是可测的，所以集合$\{x\in E \mid |f(x)-f_k(x)|<\eta\}$是可测的. 可测集的可数族的交集是可测的. 因此

$$E_n=\{对所有 k\geq n,\quad x\in E \mid |f(x)-f_k(x)|<\eta\}$$

是一个可测集. 则$\{E_n\}_{n=1}^{\infty}$是上升的可测集族，且 $E=\bigcup_{n=1}^{\infty}E_n$，这是由于$\{f_n\}$在 E 上逐点收敛于 f. 我们从测度的连续性推出

$$m(E)=\lim_{n\to\infty}m(E_n)$$

⊖ Littlewood[Lit41]，23 页.

由于 $m(E)<\infty$，我们可以选取指标 N 使得 $m(E_N)>m(E)-\delta$. 定义 $A=E_N$ 且观察到，根据测度的分割性质，$m(E\sim A)=m(E)-m(E_N)<\delta$. ■

Egoroff 定理的证明 对每个自然数 n，令 A_n 为 E 的可测子集而 $N(n)$ 是满足前一个引理结论的指标，其中 $\delta=\varepsilon/2^{n+1}$ 而 $\eta=1/n$，即

$$m(E\sim A_n)<\varepsilon/2^{n+1} \tag{2}$$

与

$$\text{对所有 } k\geqslant N(n),\quad \text{在 } A_n \text{ 上 } |f_k-f|<1/n \tag{3}$$

定义

$$A=\bigcap_{n=1}^{\infty}A_n$$

根据 De Morgan 等式、测度的可数次可加性以及式(2)，

$$m(E\sim A)=m\Big(\bigcup_{n=1}^{\infty}[E\sim A_n]\Big)\leqslant\sum_{n=1}^{\infty}m(E\sim A_n)<\sum_{n=1}^{\infty}\varepsilon/2^{n+1}=\varepsilon/2$$

我们宣称$\{f_n\}$在 A 上一致收敛于 f. 事实上，令 $\varepsilon>0$. 选取指标 n_0 使得 $1/n_0<\varepsilon$. 则由(3)，

$$\text{对所有 } k\geqslant N(n_0),\quad \text{在 } A_{n_0} \text{ 上 } |f_k-f|<1/n_0$$

然而，$A\subseteq A_{n_0}$ 且 $1/n_0<\varepsilon$，因此

$$\text{对于 } k\geqslant N(n_0),\quad \text{在 } A \text{ 上 } |f_k-f|<\varepsilon$$

因此在 A 上$\{f_n\}$一致收敛于 f 且 $m(E\sim A)<\varepsilon/2$.

最后，根据第 2 章的定理 11，我们可以选取包含于 A 的闭子集 F，使得 $m(A\sim F)<\varepsilon/2$. 因此 $m(A\sim F)<\varepsilon$ 且在 F 上一致地$\{f_n\}\to f$. ■

65

若收敛是 a. e. 逐点的且极限函数是 a. e. 有限的，显然 Egoroff 定理也成立.

我们现在在可测函数是简单的情形下给出 Littlewood 第二原理的精确版本，接着用这个特殊的情形去证明该原理的一般情形——Lusin 定理.

命题 11 *令 f 为定义在 E 上的简单函数. 则对每个 $\varepsilon>0$，存在 $\mathbf{R}$ 上的连续函数 g 和一个包含于 E 的闭集 F，使得*

$$\text{在 } F \text{ 上},\quad f=g \text{ 且 } m(E\sim F)<\varepsilon$$

证明 令 a_1，a_2，…，a_n 为 f 取的有限个不同的值，并且令它们分别在集合 E_1，E_2，…，E_n 上被取到. 由于这些 a_k 是不同的，族$\{E_k\}_{k=1}^n$是不交的. 根据第 2 章的定理 11，我们可以选取闭集 F_1，F_2，…，F_n 使得对每个指标 $k(1\leqslant k\leqslant n)$，

$$F_k\subseteq E_k \text{ 且 } m(E_k\sim F_k)<\varepsilon/n$$

则 $F=\bigcup_{k=1}^{n}F_k$ 作为闭集的有限族的并集是闭的. 由于$\{E_k\}_{k=1}^n$是不交的，

$$m(E\sim F)=m\Big(\bigcup_{k=1}^{n}[E_k\sim F_k]\Big)=\sum_{k=1}^{n}m(E_k\sim F_k)<\varepsilon$$

在 F 上定义 g 为在 F_k 上取值 a_k 的函数，$1\leqslant k\leqslant n$. 由于族 $\{F_k\}_{k=1}^n$ 是不交的，g 是恰当定义的. 此外，g 在 F 上是连续的，这是由于对点 $x\in F_i$，存在包含 x 的开区间，它与闭集 $\bigcup_{k\neq i} F_k$ 不交，因而函数 g 在该区间与 F 的交集上是常数. 但 g 可从闭集 F 上的连续函数延拓为整个 $\mathbf{R}$ 上的连续函数(见习题 25). $\mathbf{R}$ 上的连续函数 g 有我们所要的逼近性质. ■

Lusin 定理 令 f 为定义在 E 上的实值可测函数. 则对每个 $\varepsilon>0$，存在 $\mathbf{R}$ 上的连续函数 g 和一个包含于 E 的闭集 F，使得

$$在 F 上 f=g 且 m(E\sim F)<\varepsilon$$

证明 我们考虑 $m(E)<\infty$ 的情形，而将推广到 $m(E)=\infty$ 作为练习. 根据简单逼近定理，存在定义在 E 上的简单函数序列 $\{f_n\}$ 在 E 上逐点收敛于 f. 令 n 为自然数. 根据前一个命题，其中用 f_n 代替 f 且用 $\varepsilon/2^{n+1}$ 代替 ε，我们可以选取 $\mathbf{R}$ 上的连续函数 g_n 和包含于 E 的闭集 F_n，使得

$$在 F_n 上 f_n=g_n 且 m(E\sim F_n)<\varepsilon/2^{n+1}$$

根据 Egoroff 定理，存在包含于 E 的闭集 F_0 使得 $\{f_n\}$ 在 F_0 上一致收敛到 f 且 $m(E\sim F_0)<\varepsilon/2$. 定义 $F=\bigcap_{n=0}^{\infty} F_n$. 根据 De Morgan 等式和测度的可数次可加性，观察到

$$m(E\sim F)=m\Big([E\sim F_0]\cup\bigcup_{n=1}^{\infty}[E\sim F_n]\Big)\leqslant\varepsilon/2+\sum_{n=1}^{\infty}\varepsilon/2^{n+1}=\varepsilon$$

66

由于集合 F 是闭集的交，它是闭的. 由于 $F\subseteq F_n$ 且在 F_n 上 $f_n=g_n$，每个 f_n 在 F 上是连续的. 最后，由于 $F\subseteq F_0$，$\{f_n\}$ 在 F 上一致地收敛于 f. 然而，连续函数的一致极限是连续的，因此 f 在 F 上的限制是连续的. 最后，存在定义在整个 $\mathbf{R}$ 上的连续函数 g，它在 F 上的限制等于 f(见习题 25). 函数 g 有我们所要的逼近性质. ■

习题

25. 假定 f 是在实数的闭集 F 上连续的函数. 证明 f 有到整个 $\mathbf{R}$ 的连续延拓. 这是即将介绍的 Tietze 延拓定理的特殊情形.(提示：将 $\mathbf{R}\sim F$ 表示为开区间的可数不交族的并集，且定义 f 在这些区间的每个的闭包上是线性的.)
26. 对于 Lusin 定理叙述中的函数 f 和集合 F，证明 f 在 F 上的限制是连续函数. 是否一定存在一些点，当考虑 f 为 E 上的函数时，它在这些点是连续的?
27. 证明：若去掉定义域具有有限测度的假设，Egoroff 定理的结论可能不成立.
28. 证明：若收敛是 a. e. 逐点的而 f 是 a. e. 有限的，Egoroff 定理仍然成立.
29. 证明 Lusin 定理可推广到 E 具有无穷测度的情形.
30. 证明 Lusin 定理可推广到 f 不必是实值，但是可以为 a. e. 有限的情形.
31. 令 $\{f_n\}$ 为 E 上的可测函数序列，它在 E 上逐点收敛于实值函数 f. 证明 $E=\bigcup_{k=1}^{\infty} E_k$，其中对每个指标 k，E_k 是可测的，且若 $k>1$，在每个 E_k 上 $\{f_n\}$ 一致收敛于 f，且 $m(E_1)=0$.

67

第 4 章　Lebesgue 积分

我们现在转向第一部分中感兴趣的主要目标——Lebesgue 积分. 我们用四个步骤定义该积分. 首先对在有限测度集上的简单函数定义该积分. 接着对有限测度集上的有界可测函数定义，这通过用简单函数根据 f 的上逼近与下逼近的积分来定义. 我们定义 E 上的一般的非负可测函数的积分为在有限测度集外为零的有界可测函数的下逼近的积分的上确界，这样的函数的积分是非负的，但可能是无限的. 最后，一般的可测函数称为在 E 上可积，若 $\int_E |f| < \infty$. 我们证明可积函数的线性组合是可积的. 在可积函数类上，Lebesgue 积分是一个单调的、线性的泛函. Lebesgue 积分的一个主要优点，除了可积函数类的拓展外，是以下十分普通的准则的应用，即确保若存在可积函数序列 $\{f_n\}$ 在 E 上几乎处处逐点收敛于 f，则

$$\lim_{n\to\infty}\int_E f_n = \int_E [\lim_{n\to\infty} f_n] \equiv \int_E f$$

我们称之为积分号下取极限. 基于 Egoroff 定理，它是 Lebesgue 测度的可数可加性的推论，我们证明了四个提供这种取极限的合理性准则的定理：有界收敛定理，单调收敛定理，Lebesgue 控制收敛定理以及 Vitali 收敛定理.

4.1　Riemann 积分

我们回忆涉及 Riemann 积分的一些定义. 令 f 为定义在闭有界区间$[a, b]$上的有界实值函数. 令 $P=\{x_0, x_1, \cdots, x_n\}$为$[a, b]$的一个分划，即

$$a = x_0 < x_1 < \cdots < x_n = b$$

分别定义 f 关于 P 的**下 Darboux 和**与**上 Darboux 和**为

$$L(f,P) = \sum_{i=1}^{n} m_i \cdot (x_i - x_{i-1})$$

与

$$U(f,P) = \sum_{i=1}^{n} M_i \cdot (x_i - x_{i-1})$$

其中[⊖]，对 $1\leqslant i\leqslant n$，

$$m_i = \inf\{f(x) \mid x_{i-1} < x < x_i\} \text{ 而 } M_i = \sup\{f(x) \mid x_{i-1} < x < x_i\}$$

我们接着分别定义 f 在$[a, b]$上的**下 Riemann 积分**与**上 Riemann 积分**为

⊖ 若定义

$$m_i=\inf\{f(x) \mid x_{i-1}\leqslant x\leqslant x_i\} \text{ 与 } M_i=\sup\{f(x) \mid x_{i-1}\leqslant x\leqslant x_i\}$$

使得下确界与上确界在闭子区间上取，则得到同样值的上 Riemann 积分与下 Riemann 积分.

$$(R)\underline{\int_a^b} = \sup\{L(f,P) \mid P \text{ 是}[a,b]\text{ 的分划}\}$$

与

$$(R)\overline{\int_a^b} = \inf\{U(f,P) \mid P \text{ 是}[a,b]\text{ 的分划}\}$$

由于我们假设 f 有界且区间$[a, b]$的长度有限，下 Riemann 积分与上 Riemann 积分是有限的. 上积分总是至少与下积分一样大，若两个积分相等，我们说 f 在$[a, b]$上是 **Riemann 可积的**[⊖]，并称这个公共值为 f 在$[a, b]$上的 Riemann 积分. 我们将它记为

$$(R)\int_a^b f$$

以暂时区别于我们在下一节考虑的 Lebesgue 积分.

定义在$[a, b]$上的实值函数 ψ 称为**阶梯函数**，若存在$[a, b]$的一个分划 $P=\{x_0, x_1, \cdots, x_n\}$和数 $c_1, \cdots, c_n$ 使得对 $1 \leqslant i \leqslant n$,

$$\text{若 } x_{i-1} < x < x_i, \quad \text{则 } \psi(x) = c_i$$

观察到

$$L(\psi,P) = \sum_{i=1}^{n} c_i(x_i - x_{i-1}) = U(\psi,P)$$

69

由此以及上 Riemann 积分和下 Riemann 积分的定义，我们推出阶梯函数 ψ 是 Riemann 可积的且

$$(R)\int_a^b \psi = \sum_{i=1}^{n} c_i(x_i - x_{i-1})$$

因此，我们可以重述下 Riemann 积分与上 Riemann 积分的定义如下：

$$(R)\underline{\int_a^b} f = \sup\{(R)\int_a^b \varphi \mid \varphi \text{ 是阶梯函数且在}[a,b]\text{ 上 } \varphi \leqslant f\}$$

与

$$(R)\overline{\int_a^b} f = \inf\{(R)\int_a^b \psi \mid \psi \text{ 是阶梯函数且在}[a,b]\text{ 上 } \psi \geqslant f\}$$

例子 (Dirichlet 函数) 若 x 是有理数，设 $f(x)=1$；若 x 是无理数，设 $f(x)=0$. 定义$[0, 1]$上的函数 f. 令 P 为$[0, 1]$的任何分划. 根据有理数和无理数的稠密性，

$$L(f,P) = 0 \text{ 且 } U(f,P) = 1$$

因此

$$(R)\underline{\int_0^1} f = 0 < 1 = (R)\overline{\int_0^1} f$$

因此 f 不是 Riemann 可积的. $[0, 1]$中的有理数集是可数的. 令$\{q_k\}_{k=1}^{\infty}$为$[0, 1]$中的有理数的一个列举. 对于自然数 n，在$[0, 1]$上定义 f_n，若对某个 $q_k(1 \leqslant k \leqslant n)$，$x=q_k$，定义

⊖ Henri Lebesgue 的一个优雅的定理(第 5 章的定理 8)告诉我们有界函数 f 在$[a, b]$上 Riemann 可积的一个充分必要条件是$[a, b]$中那些使得 f 不连续的点的 Lebesgue 测度为零.

$f_n(x)=1$，否则，定义 $f_n(x)=0$. 则每个 f_n 是一个阶梯函数，因此它是 Riemann 可积的. 因此，$\{f_n\}$是[0，1]上的递增的 Riemann 可积函数序列，

$$\text{对所有 } n, \quad \text{在}[0,1]\text{ 上 } |f_n| \leqslant 1$$

且

$$\text{在}[0,1]\text{ 上逐点地}\{f_n\} \rightarrow f$$

然而，极限函数 f 在[0，1]上不是 Riemann 可积的.

习题

1. 证明在上面 Dirichlet 函数的例子中，在[0，1]上$\{f_n\}$不一致收敛于 f.
2. $[a, b]$的分划 P' 称为分划 P 的加细，若 P 的每个分点也是 P' 的分点. 对于$[a, b]$上的有界函数 f，证明在加细下，下 Darboux 和递增而上 Darboux 和递减.

70

3. 用前一个习题证明对于闭有界区间上的有界函数，每个下 Darboux 和不大于每个上 Darboux 和. 从这得出下 Riemann 积分不大于上 Riemann 积分.
4. 假定$[a, b]$上的有界函数 f 在$[a, b]$上是 Riemann 可积的. 证明存在$[a, b]$的分划序列$\{P_n\}$使得
$$\lim_{n\to\infty}[U(f,P_n)-L(f,P_n)]=0$$
5. 令 f 为$[a, b]$上的有界函数. 假定存在$[a, b]$的分划序列$\{P_n\}$使得$\lim\limits_{n\to\infty}[U(f, P_n)-L(f, P_n)]=0$. 证明 f 在$[a, b]$上是 Riemann 可积的.
6. 用前一个习题证明：由于闭有界区间$[a, b]$上的连续函数 f 在$[a, b]$上是一致连续的，它在$[a, b]$上是 Riemann 可积的.
7. 令 f 为[0，1]上的递增实值函数. 对自然数 n，定义 P_n 为[0，1]的分为 n 个长度为 $1/n$ 的子区间的分划. 证明$[U(f, P_n)-L(f, P_n)]\leqslant 1/n[f(1)-f(0)]$. 用习题 5 证明 f 在[0，1]上是 Riemann 可积的.
8. 令$\{f_n\}$为在闭有界区间$[a, b]$上一致收敛于 f 的有界函数序列. 若每个 f_n 在$[a, b]$上是 Riemann 可积的，证明 f 在$[a, b]$上也是 Riemann 可积的. 即
$$\lim_{n\to\infty}\int_a^b f_n=\int_a^b f$$
是否成立?

4.2　有限测度集上的有界可测函数的 Lebesgue 积分

我们前一节讨论的 Dirichlet 函数显现了 Riemann 积分的一个主要缺陷：在闭有界区间上的一致有界的 Riemann 可积函数序列可能逐点收敛到不是 Riemann 可积的函数. 我们将看到 Lebesgue 积分没有这个缺陷.

今后除非直接提到，否则我们仅考虑 Lebesgue 积分，因而我们用纯积分号表示 Lebesgue积分. 即将介绍的定理 3 告诉我们任何在$[a, b]$上是 Riemann 可积的有界函数在$[a, b]$上也是 Lebesgue 可积的，且这两个积分相等.

回忆定义在集合 E 上的一个可测的实值函数 ψ 称为是简单的，若它仅取有限个实值. 若 ψ 在 E 上取不同值 a_1，…，a_n，则根据 ψ 的可测性，它的水平集 $\psi^{-1}(a_i)$是可测的且我们有 ψ 在 E 上的典范表示：

$$\text{在 } E \text{ 上}，\quad \psi = \sum_{i=1}^{n} a_i \cdot \chi_{E_i}，\quad \text{其中每个 } E_i = \psi^{-1}(a_i) = \{x \in E \mid \psi(x) = a_i\} \tag{1}$$

典范表示的特征是 E_i 是不交的且 a_i 是不同的.

定义 对于定义在有限测度集 E 上的简单函数 ψ，我们定义 ψ 在 E 上的积分为

$$\int_E \psi = \sum_{i=1}^{n} a_i \cdot m(E_i)$$

71

其中 ψ 具有由(1)给出的典范表示.

引理 1 令 $\{E_i\}_{i=1}^n$ 为有限测度集 E 的可测子集的有限不交族. 对于 $1 \leqslant i \leqslant n$，令 a_i 为实数，

$$\text{若在 } E \text{ 上 } \varphi = \sum_{i=1}^{n} a_i \cdot \chi_{E_i}，\quad \text{则} \int_E \varphi = \sum_{i=1}^{n} a_i \cdot m(E_i)$$

证明 族 $\{E_i\}_{i=1}^n$ 是不交的但上面的式子可以不是典范表示，这是因为这些 a_i 可以相同. 我们必须考虑可能的重复. 令 $\{\lambda_1, \cdots, \lambda_m\}$ 为 φ 取的不同值. 对于 $1 \leqslant j \leqslant m$，设 $A_j = \{x \in E \mid \varphi(x) = \lambda_j\}$. 根据通过典范表示给出的积分的定义，

$$\int_E \varphi = \sum_{j=1}^{m} \lambda_j \cdot m(A_j)$$

对于 $1 \leqslant j \leqslant m$，令 I_j 为 $\{1, \cdots, n\}$ 中那些使得 $a_i = \lambda_j$ 的指标 i 构成的集合. 则 $\{1, \cdots, n\} = \bigcup_{j=1}^{m} I_j$，且这个并是不交的. 此外，根据测度的有限可加性，

$$\text{对所有 } 1 \leqslant j \leqslant m，\quad m(A_j) = \sum_{i \in I_j} m(E_i)$$

因此

$$\sum_{i=1}^{n} a_i \cdot m(E_i) = \sum_{j=1}^{m} \left[\sum_{i \in I_j} a_i \cdot m(E_i) \right] = \sum_{j=1}^{m} \lambda_j \left[\sum_{i \in I_j} m(E_i) \right]$$
$$= \sum_{j=1}^{m} \lambda_j \cdot m(A_j) = \int_E \varphi$$

■

我们的目标之一是对一般的 Lebesgue 积分建立线性与单调性质. 以下是我们在这个方向的第一个结果.

命题 2(积分的线性与单调性) 令 φ 和 ψ 为定义在有限测度集 E 上的简单函数. 则对任何 α 和 β，

$$\int_E (\alpha\varphi + \beta\psi) = \alpha \int_E \varphi + \beta \int_E \psi$$

此外，

$$\text{若在 } E \text{ 上 } \varphi \leqslant \psi，\quad \text{则} \int_E \varphi \leqslant \int_E \psi$$

证明 由于 φ 和 ψ 在 E 上都仅取有限个值，我们可以选取 E 的可测子集的有限不交族

72

$\{E_i\}_{i=1}^n$，该族的并是 E，使得 φ 和 ψ 在每个 E_i 上是常数．对每个 $i(1\leqslant i\leqslant n)$，令 a_i 和 b_i 分别为 φ 和 ψ 在 E_i 上所取的值．根据前一个引理，

$$\int_E \varphi = \sum_{i=1}^n a_i \cdot m(E_i) \text{ 且} \int_E \psi = \sum_{i=1}^n b_i \cdot m(E_i)$$

然而，简单函数 $\alpha\varphi+\beta\psi$ 在 E_i 上取常数值 $\alpha a_i+\beta b_i$．因此，又一次由前一个引理，

$$\begin{aligned}\int_E (\alpha\varphi+\beta\psi) &= \sum_{i=1}^n (\alpha a_i+\beta b_i)\cdot m(E_i)\\ &= \alpha\sum_{i=1}^n a_i\cdot m(E_i)+\beta\sum_{i=1}^n b_i\cdot m(E_i) = \alpha\int_E\varphi+\beta\int_E\psi\end{aligned}$$

为证明单调性，假设在 E 上 $\varphi\leqslant\psi$．在 E 上定义 $\eta=\psi-\varphi$．由线性性质，

$$\int_E \psi - \int_E \varphi = \int_E (\psi-\varphi) = \int_E \eta \geqslant 0$$

这是因为非负简单函数 η 有一个非负积分．■

有限测度集上的简单函数的积分的线性表明，在引理 1 的陈述中族 $\{E_i\}_{i=1}^n$ 是不交的限制是不必要的．

阶梯函数仅取有限个值而每个区间是可测的．因此阶梯函数是简单的．由于单点集的测度是零而区间的测度是它的长度，我们从定义在有限测度集上的简单函数的 Lebesgue 积分的线性推出闭有界区间上的阶梯函数的 Riemann 积分与 Lebesgue 积分一致．

令 f 为定义在有限测度集 E 上的有界实值函数．类似于 Riemann 积分，我们分别定义 f 在 E 上的**下 Lebesgue 积分**与**上 Lebesgue 积分**为

$$\sup\left\{\int_E \varphi \mid \varphi \text{ 是简单的且在 } E \text{ 上 } \varphi\leqslant f\right\}$$

与

$$\inf\left\{\int_E \psi \mid \psi \text{ 是简单的且在 } E \text{ 上 } f\leqslant \psi\right\}$$

由于假设 f 有界，根据简单函数的积分的单调性质，下积分和上积分是有限的且上积分总是至少与下积分一样大．

定义　在有限测度集 E 上的有界函数 f 称为在 E 上是 **Lebesgue 可积的**，若它在 E 上的上 Lebesgue 积分与下 Lebesgue 积分相等．上积分与下积分的公共值称为 f 在 E 上的 **Lebesgue 积分**，或简单地称为 f 在 E 上的积分，记为 $\int_E f$．

73

定理 3　令 f 为定义在闭有界区间 $[a,b]$ 上的有界函数．若 f 在 $[a,b]$ 上是 Riemann 可积的，则它在 $[a,b]$ 上是 Lebesgue 可积的且这两个积分是相等的．

证明　f 是 Riemann 可积的断言意味着，设 $I=[a,b]$，

$$\sup\left\{(R)\int_I \varphi \mid \varphi \text{ 是阶梯函数}, \varphi\leqslant f\right\} = \inf\left\{(R)\int_I \psi \mid \psi \text{ 是阶梯函数}, f\leqslant \psi\right\}$$

为证明 f 是 Lebesgue 可积的，我们必须证明：

$$\sup\left\{\int_I \varphi \mid \varphi \text{ 是简单的}, \varphi \leqslant f\right\} = \inf\left\{\int_I \psi \mid \psi \text{ 是简单的}, f \leqslant \psi\right\}$$

然而，每个阶梯函数是简单函数，我们已观察到，对于阶梯函数，Riemann 积分和 Lebesgue 积分是相同的. 因此第一个等式蕴涵第二个等式且蕴涵 Riemann 积分和 Lebesgue 积分的相等性. ■

我们现在完全证实使用符号 $\int_E f$ 表示有限测度集上的 Lebesgue 可积的有界函数的积分的合理性，无须任何关于(R)的前缀. 在区间 $E=[a, b]$的情形，我们有时用熟悉的记号 $\int_a^b f$ 表示 $\int_{[a,b]} f$ ，而有时用经典的 Leibniz 记号 $\int_a^b f(x)\mathrm{d}x$ 是有用的.

例子 [0, 1]中的有理数集 E 是测度为零的可测集. Dirichlet 函数 f 是 E 的特征函数 χ_E 在[0, 1]上的限制. 因此 f 在[0, 1]上可积且

$$\int_{[0,1]} f = \int_{[0,1]} 1 \cdot \chi_E = 1 \cdot m(E) = 0$$

我们已证明 f 在[0, 1]上不是 Riemann 可积的.

定理 4 *令 f 为有限测度集 E 上的有界可测函数. 则 f 在 E 上是可积的.*

证明 令 n 为自然数. 根据简单逼近引理，其中 $\varepsilon=1/n$，存在定义在 E 上的两个简单函数 φ_n 与 ψ_n，使得

$$\text{在 } E \text{ 上，}\quad \varphi_n \leqslant f \leqslant \psi_n$$

且

$$\text{在 } E \text{ 上，}\quad 0 \leqslant \psi_n - \varphi_n \leqslant 1/n$$

根据简单函数的积分的单调性与线性，

$$0 \leqslant \int_E \psi_n - \int_E \varphi_n = \int_E [\psi_n - \varphi_n] \leqslant 1/n \cdot m(E)$$

74

然而，

$$\begin{aligned} 0 &\leqslant \inf\left\{\int_E \psi \,\middle|\, \psi \text{ 是简单的}, \psi \geqslant f\right\} - \sup\left\{\int_E \varphi \,\middle|\, \varphi \text{ 是简单的}, \varphi \leqslant f\right\} \\ &\leqslant \int_E \psi_n - \int_E \varphi_n \leqslant 1/n \cdot m(E) \end{aligned}$$

该不等式对每个自然数 n 成立，而 $m(E)$是有限的. 因此上 Lebesgue 积分与下 Lebesgue 积分相等，因此函数 f 在 E 上可积. ■

事实证明前一个定理的逆命题成立，有限测度集上的有界函数是 Lebesgue 可积的当且仅当它是可测的. 我们稍后证明(见第 5 章的定理 7)这个定理. 特别地，这表明不是每个定义在有限测度集上的有界函数都是 Lebesgue 可积的. 事实上，对任何有限正测度的可测集 E，其每个不可测子集的特征函数在 E 上的限制不是 Lebesgue 可积的.

定理 5(积分的线性与单调性) 令 f 和 g 为有限测度集 E 上的有界可测函数. 则对任何 α 和 β,

$$\int_E(\alpha f+\beta g)=\alpha\int_E f+\beta\int_E g \tag{2}$$

此外,

$$若在 E 上 f\leqslant g, 则\int_E f\leqslant\int_E g \tag{3}$$

证明 可测有界函数的线性组合也是可测与有界的. 因此, 根据定理 4, $\alpha f+\beta g$ 在 E 上是可积的. 我们首先对 $\beta=0$ 证明线性. 若 ψ 是简单函数, $\alpha\psi$ 也是, 反过来(若 $\alpha\neq 0$)也如此. 我们对简单函数证明积分的线性. 令 $\alpha>0$. 由于 Lebesgue 积分等于上 Lebesgue 积分,

$$\int_E \alpha f=\inf_{\psi\geqslant\alpha f}\int_E\psi=\alpha\inf_{[\psi/\alpha]\geqslant f}\int_E[\psi/\alpha]=\alpha\int_E f$$

对于 $\alpha<0$, 由于 Lebesgue 积分既等于上 Lebesgue 积分又等于下 Lebesgue 积分,

$$\int_E \alpha f=\inf_{\psi\geqslant\alpha f}\int_E\varphi=\alpha\sup_{[\psi/\alpha]\leqslant f}\int_E[\varphi/\alpha]=\alpha\int_E f$$

剩下来要在 $\alpha=\beta=1$ 的情形下证明线性. 令 ψ_1 和 ψ_2 为满足在 E 上 $f\leqslant\psi_1$ 且 $g\leqslant\psi_2$ 的简单函数, 则 $\psi_1+\psi_2$ 是一个简单函数且在 E 上, $f+g\leqslant\psi_1+\psi_2$. 因此, 由于 $\int_E(f+g)$ 等于 $f+g$在 E 上的上 Lebesgue 积分, 根据简单函数的积分的线性,

75

$$\int_E(f+g)\leqslant\int_E(\psi_1+\psi_2)=\int_E\psi_1+\int_E\psi_2$$

当 ψ_1 和 ψ_2 在满足 $f\leqslant\psi_1$ 和 $g\leqslant\psi_2$ 的简单函数中变动时, 右边积分和的最大下界等于 $\int_E f+\int_E g$. 这些不等式告诉我们 $\int_E(f+g)$ 是这些和的一个下界. 因此,

$$\int_E(f+g)\leqslant\int_E f+\int_E g$$

剩下来要证明反向的不等式. 令 φ_1 和 φ_2 为满足在 E 上 $\varphi_1\leqslant f$ 且 $\varphi_2\leqslant g$ 的简单函数. 则在 E 上 $\varphi_1+\varphi_2\leqslant f+g$ 且 $\varphi_1+\varphi_2$ 是简单的. 因此, 由于 $\int_E(f+g)$ 等于 $f+g$ 在 E 上的下 Lebesgue 积分, 根据简单函数的积分的线性,

$$\int_E(f+g)\geqslant\int_E(\varphi_1+\varphi_2)=\int_E\varphi_1+\int_E\varphi_2$$

当 φ_1 和 φ_2 在满足 $\varphi_1\leqslant f$ 和 $\varphi_2\leqslant g$ 的简单函数中变动时, 右边积分和的最小上界等于 $\int_E f+\int_E g$. 这些不等式告诉我们 $\int_E(f+g)$ 是这些相同和的一个上界. 因此,

$$\int_E(f+g)\geqslant\int_E f+\int_E g$$

这完成了积分的线性的证明.

为了证明单调性，假设在 E 上 $f\leqslant g$. 在 E 上定义 $h=g-f$. 根据线性，

$$\int_E g-\int_E f=\int_E (g-f)=\int_E h$$

函数 h 是非负的且因此在 E 上 $\psi\leqslant h$，其中在 E 上 $\psi\equiv 0$. 由于 h 的积分等于它的下积分，$\int_E h\geqslant\int_E \psi=0$. 因此 $\int_E f\leqslant\int_E g$. ■

推论 6 令 f 为有限测度集 E 上的有界可测函数. 假定 A 和 B 是 E 的不交可测子集. 则

$$\int_{A\cup B} f=\int_A f+\int_B f \tag{4}$$

证明 $f\cdot\chi_A$ 和 $f\cdot\chi_B$ 都是 E 上的有界可测函数. 由于 A 和 B 不交，

$$f\cdot\chi_{A\cup B}=f\cdot\chi_A+f\cdot\chi_B$$

此外，对于 E 的任何可测子集 E_1(见习题 10)，

$$\int_{E_1} f=\int_E f\cdot\chi_{E_1}$$

因此，根据积分的线性，

$$\int_{A\cup B} f=\int_E f\cdot\chi_{A\cup B}=\int_E f\cdot\chi_A+\int_E f\cdot\chi_B=\int_A f+\int_B f$$ ■

76

推论 7 令 f 为有限测度集 E 上的有界可测函数. 则

$$\left|\int_E f\right|\leqslant\int_E |f| \tag{5}$$

证明 函数 $|f|$ 是可测与有界的. 现在

$$\text{在 } E \text{ 上，}\quad -|f|\leqslant f\leqslant|f|$$

根据积分的线性与单调性，

$$-\int_E |f|\leqslant\int_E f\leqslant\int_E |f|$$

即(5)成立. ■

命题 8 令 $\{f_n\}$ 为有限测度集 E 上的有界可测函数序列.

$$\text{若在 } E \text{ 上一致地}\{f_n\}\to f,\quad \text{则}\lim_{n\to\infty}\int_E f_n=\int_E f$$

证明 由于收敛是一致的且每个 f_n 是有界的，极限函数 f 是有界的. 函数 f 是可测的，这是由于它是可测函数序列的逐点极限. 令 $\varepsilon>0$. 选取指标 N 使得

$$\text{对所有 } n\geqslant N,\quad \text{在 } E \text{ 上 } |f-f_n|<\varepsilon/m(E) \tag{6}$$

根据积分的线性与单调性以及前一个推论，对每个 $n\geqslant N$，

$$\left|\int_E f-\int_E f_n\right|=\left|\int_E [f-f_n]\right|\leqslant\int_E |f-f_n|\leqslant[\varepsilon/m(E)]\cdot m(E)=\varepsilon$$

因此$\lim_{n\to\infty}\int_E f_n=\int_E f$. ■

由于通常给出的序列逐点收敛但不一致收敛，该命题是相当弱的. 重要的是理解何时可以从

$$\text{在 } E \text{ 上 a. e. 逐点}\{f_n\}\to f$$

推出

$$\lim_{n\to\infty}\left[\int_E f_n\right]=\int_E\left[\lim_{n\to\infty} f\right]=\int_E f$$

我们称该等式为**在积分号下取极限**[⊖]. 在证明关于取极限的首个重要结果之前，我们提供一个启发性的例子.

77

例子 对每个自然数 n，定义$[0, 1]$上的 f_n 为：当 $x\geqslant 2/n$ 时取值 0，$f_n(1/n)=n$，$f_n(0)=0$，而在区间$[0, 1/n]$和$[1/n, 2/n]$上是线性的. 观察到对每个 n，$\int_0^1 f_n=1$. 在$[0, 1]$上定义 $f\equiv 0$. 则

$$\text{在}[0,1]\text{ 上逐点地}\{f_n\}\to f,\quad \text{但}\lim_{n\to\infty}\int_0^1 f_n\neq\int_0^1 f$$

因此，逐点收敛本身不足于保证在积分号下取极限的合理性.

有界收敛定理 令$\{f_n\}$为有限测度集 E 上的可测函数序列. 假定$\{f_n\}$在 E 上一致逐点有界，即存在数 $M\geqslant 0$，使得：

$$\text{对所有 } n,\quad \text{在 } E \text{ 上 } |f_n|\leqslant M$$

$$\text{若在 } E \text{ 上逐点地}\{f_n\}\to f,\quad \text{则}\lim_{n\to\infty}\int_E f_n=\int_E f$$

证明 该定理的证明提供了 Littlewood 第三原理的一个很好的说明. 若收敛是一致的，我们有前一个命题的容易的证明. 然而，Egoroff 定理告诉我们，大致说来，逐点收敛“接近”于一致收敛.

可测函数序列的逐点极限是可测的. 因此 f 是可测的. 显然，在 E 上 $|f|\leqslant M$. 令 A 为 E 的任何可测子集而 n 是一个自然数. 根据积分的线性与在区域上的可加性，

$$\int_E f_n-\int_E f=\int_E[f_n-f]=\int_A[f_n-f]+\int_{E\sim A}f_n+\int_{E\sim A}(-f)$$

因此，根据推论 7 和积分的单调性，

$$\left|\int_E f_n-\int_E f\right|\leqslant\int_A|f_n-f|+2M\cdot m(E\sim A) \tag{7}$$

为证明积分的收敛性，令 $\varepsilon>0$. 由于 $m(E)<\infty$ 而 f 是实值的，Egoroff 定理告诉我们存在 E 的可测子集 A，使得在 A 上一致地$\{f_n\}\to f$ 且 $m(E\sim A)<\varepsilon/4M$. 由一致收敛性，存在

⊖ 这个短语取自 I. P. Natanson 的《Theory of Functions of a Real Variable》[Nat55].

指标 N 使得

$$\text{对所有 } n \geqslant N, \quad \text{在 } A \text{ 上 } |f_n - f| < \frac{\varepsilon}{2 \cdot m(E)}$$

因此，对 $n \geqslant N$，我们从(7)和积分的单调性推出，

$$\left| \int_E f_n - \int_E f \right| \leqslant \frac{\varepsilon}{2 \cdot m(E)} \cdot m(A) + 2M \cdot m(E \sim A) < \varepsilon$$

因此积分序列 $\left\{ \int_E f_n \right\}$ 收敛于 $\int_E f$. ■ 78

注 在有界收敛定理的证明之前，没用到 Lebesgue 测度在实直线上的可数可加性. 仅用到有限可加性，且它仅在引理 1 的证明中用了一次. 但对于有界收敛定理的证明我们用了 Egoroff 定理. Egoroff 定理的证明需要 Lebesgue 测度的连续性，它是 Lebesgue 测度的可数可加性的一个推论.

习题

9. 令 E 测度为零. 证明：若 f 是 E 上的有界函数，则 f 是可测的且 $\int_E f = 0$.
10. 令 f 为有限测度集 E 上的有界可测函数. 对于 E 的可测子集 A，证明 $\int_A f = \int_E f \cdot \chi_A$.
11. 有界收敛定理对 Riemann 积分成立吗？
12. 令 f 为有限测度集 E 上的有界可测函数. 假设 g 是有界的且在 E 上 $f = g$ a.e.，证明 $\int_E f = \int_E g$.
13. 若 $m(E) < \infty$ 但去掉序列 $\{|f_n|\}$ 在 E 上一致有界的假设，有界收敛定理是否成立？
14. 证明命题 8 是有界收敛定理的一个特殊情形.
15. 证明本节最后的“注”的断言.
16. 令 f 为有限测度集 E 上的非负有界可测函数. 假设 $\int_E f = 0$. 证明在 E 上 $f = 0$ a.e..

4.3 非负可测函数的 Lebesgue 积分

E 上的可测函数 f 称为在有限测度集外消失，若存在 E 的子集 E_0，使得 $m(E_0) < \infty$ 且在 $E \sim E_0$ 上 $f \equiv 0$. 说在有限测度集外消失的可测函数 f 有有限支撑，且定义它的支撑为 $\{x \in E \mid f(x) \neq 0\}$ 是方便的[⊖]. 在前一节，我们定义有界可测函数 f 在有限测度集 E 上的积分. 然而，即便 $m(E) = \infty$，若 f 是在 E 上的有界可测函数但具有有限支撑，我们能定义它在 E 上的积分为

$$\int_E f = \int_{E_0} f$$

其中 E_0 有有限测度而在 $E \sim E_0$ 上 $f \equiv 0$. 该积分是正确定义的，即它与使得 f 在其外消失

⊖ 但这里需要注意. 在拓扑空间上的连续实值函数的研究中，函数的支撑定义为使得函数非零的点的集合的闭包.

的有限测度集 E_0 的选取无关.

定义　对于 E 上的非负可测函数 f，我们定义 f 在 E 上的积分为

$$\int_E f = \sup\left\{\int_E h \mid h \text{ 有界、可测、支撑有限且在 } E \text{ 上 } 0 \leqslant h \leqslant f\right\} \tag{8}$$

79

这是非负扩充实值可测函数的积分的定义，但它不是意味着这样的函数是可积的定义. 积分是非负的，这是由于它定义为非负数集的上确界. 但积分可能等于∞，比方说，对在 E 的无穷测度子集上取正常数值或在 E 的正测度的子集上取∞值的非负可测函数，就出现这种情况.

Chebyshev 不等式　令 f 为 E 上的非负可测函数. 则对于任何 $\lambda>0$，

$$m\{x \in E \mid f(x) \geqslant \lambda\} \leqslant \frac{1}{\lambda} \cdot \int_E f \tag{9}$$

证明　定义 $E_\lambda=\{x\in E \mid f(x)\geqslant\lambda\}$. 首先假定 $m(E_\lambda)=\infty$. 令 n 为自然数. 定义$E_{\lambda,n}=E_\lambda\cap[-n, n]$与 $\psi_n=\lambda\cdot\chi_{E_{\lambda,n}}$. 则 ψ_n 是有限支撑的有界可测函数，

$$\text{在 } E \text{ 上对所有 } n, \quad \lambda\cdot m(E_{\lambda,n}) = \int_E \psi_n \text{ 且 } 0 \leqslant \psi_n \leqslant f$$

我们从测度的连续性推出，

$$\infty = \lambda\cdot m(E_\lambda) = \lambda\cdot\lim_{n\to\infty} m(E_{\lambda,n}) = \lim_{n\to\infty}\int_E \psi_n \leqslant \int_E f$$

由于两边都等于∞，因此不等式(9)成立. 现在考虑 $m(E_\lambda)<\infty$的情形. 定义 $h=\lambda\cdot\chi_{E_\lambda}$. 则 h 是一个有限支撑的有界可测函数且在 E 上 $0\leqslant h\leqslant f$. 根据 f 在 E 上的积分的定义，

$$\lambda\cdot m(E_\lambda) = \int_E h \leqslant \int_E f$$

该不等式两边除以 λ 得到 Chebyshev 不等式. ■

命题 9　令 f 为 E 上的非负可测函数. 则

$$\int_E f = 0 \text{ 当且仅当在 } E \text{ 上 } f = 0 \text{ a.e.} \tag{10}$$

证明　首先假设 $\int_E f = 0$. 则根据 Chebyshev 不等式，对每个自然数 n，$m\{x\in E \mid f(x)\geqslant 1/n\}=0$. 根据 Lebesgue 测度的可数可加性，$m\{x\in E \mid f(x)>0\}=0$. 反之，假定在 E 上 $f=0$ a.e.. 令 φ 为简单函数而 h 为有限支撑的有界可测函数，使得在 E 上 $0\leqslant\varphi\leqslant h\leqslant f$. 则在 E 上 $\varphi=0$ a.e. 且因此 $\int_E\varphi = 0$. 由于这对所有这样的 φ 成立，我们推出

80

$\int_E h=0$. 由于这对所有这样的 h 成立，我们推出 $\int_E f = 0$. ■

定理 10（积分的线性与单调性）　令 f 和 g 为 E 上的非负可测函数. 则对任何 $\alpha>0$

和$\beta>0$，

$$\int_E(\alpha f+\beta g)=\alpha\int_E f+\beta\int_E g \tag{11}$$

此外，

$$\text{若在 } E \text{ 上 } f\leqslant g, \quad \text{则} \int_E f\leqslant\int_E g \tag{12}$$

证明　对于$\alpha>0$，在E上$0\leqslant h\leqslant f$当且仅当在E上$0\leqslant\alpha h\leqslant\alpha f$. 因此，根据有限支撑的有界函数的积分的线性，$\int_E\alpha f=\alpha\int_E f$. 因此，为证明线性我们仅须考虑$\alpha=\beta=1$的情形. 令$h$和$k$为满足在$E$上$0\leqslant h\leqslant f$与$0\leqslant k\leqslant g$的有限支撑的有界可测函数. 我们有在$E$上$0\leqslant h+k\leqslant f+g$，而$h+k$也是有限支撑的有界可测函数. 因此，根据有限支撑的有界可测函数的积分的线性，

$$\int_E h+\int_E k=\int_E(h+k)\leqslant\int_E(f+g)$$

当h和k在满足$h\leqslant f$且$k\leqslant g$的有限支撑的有界可测函数中变动时，左边积分和的最小上界等于$\int_E f+\int_E g$. 这些不等式告诉我们，$\int_E(f+g)$是这些同样和的上界. 因此，

$$\int_E f+\int_E g\leqslant\int_E(f+g)$$

剩下来要证明反方向的不等式，即

$$\int_E(f+g)\leqslant\int_E f+\int_E g$$

当ℓ在E上满足$0\leqslant\ell\leqslant f+g$的有限支撑的有界可测函数中变动时，根据$\int_E(f+g)$作为$\int_E\ell$的上确界的定义，为证明该不等式，充分且必要的是证明：对任何这样的函数ℓ，

$$\int_E\ell\leqslant\int_E f+\int_E g \tag{13}$$

对任何这样的函数ℓ，定义E上的函数h和k为

$$\text{在 } E \text{ 上}, \quad h=\min\{f,l\} \text{ 与 } k=l-h$$

令x属于E. 若$\ell(x)\leqslant f(x)$，则$k(x)=0\leqslant g(x)$；若$\ell(x)>f(x)$，则$k(x)=\ell(x)-f(x)\leqslant g(x)$. 因此，在$E$上$k\leqslant g$. h和k都是有限支撑的有界可测函数. 我们有

$$\text{在 } E \text{ 上}, \quad 0\leqslant h\leqslant f, \quad 0\leqslant k\leqslant g \text{ 且 } \ell=h+k$$

81

因此，又一次用有限支撑的有界可测函数的积分的线性与$\int_E f$和$\int_E g$的定义，我们有

$$\int_E\ell=\int_E h+\int_E k\leqslant\int_E f+\int_E g$$

因此(13)成立，而线性的证明完成了.

鉴于$\int_E f$作为上确界的定义，为证明单调性不等式(12)，充分且必要的是证明：若h

是满足在 E 上 $0\leqslant h\leqslant f$ 的有限支撑的有界可测函数，则

$$\int_E h \leqslant \int_E g \tag{14}$$

令 h 为这样的一个函数. 则在 E 上，$h\leqslant g$. 因此，根据 $\int_E g$ 作为上确界的定义，$\int_E h \leqslant \int_E g$. 这完成了单调性的证明. ■

定理 11（积分在区域上的可加性）　令 f 为 E 上的非负可测函数. 若 A 和 B 是 E 的不交可测子集，则

$$\int_{A\cup B} f = \int_A f + \int_B f$$

特别地，若 E_0 是 E 的测度为零的子集，则

$$\int_E f = \int_{E\sim E_0} f \tag{15}$$

证明　积分在区域上的可加性从线性得到，如同对有限测度集上的有界函数. 分割公式(15)可从区域上的可加性以及由命题 9 观察到的非负函数在零测度集上的积分是零得到. ■

以下引理使我们能得到几个准则以确保积分号下取极限的合理性.

Fatou 引理　令$\{f_n\}$为 E 上的非负可测函数序列.

$$\text{若在 } E \text{ 上 a. e. 逐点}\{f_n\}\to f,\quad \text{则} \int_E f \leqslant \liminf \int_E f_n \tag{16}$$

证明　基于(15)，通过可能地从 E 去掉测度为零的集合，我们假设在整个 E 逐点收敛. 函数 f 是非负与可测的，这是由于它是这样的函数序列的逐点极限. 为了证明(16)中的不等式，必要且充分的是证明：若 h 是任何满足在 E 上 $0\leqslant h\leqslant f$ 的有限支撑的有界可测函数，则

82

$$\int_E h \leqslant \liminf \int_E f_n \tag{17}$$

令 h 为这样的一个函数. 选取 $M\geqslant 0$ 使得在 E 上 $|h|\leqslant M$. 定义 $E_0=\{x\in E\,|\,h(x)\neq 0\}$. 则 $m(E_0)<\infty$. 令 n 为自然数. 定义 E 上的函数 h_n 为

$$\text{在 } E \text{ 上，}\quad h_n = \min\{h, f_n\}$$

观察到函数 h_n 是可测的，

$$\text{在 } E_0 \text{ 上，}\quad 0\leqslant h_n\leqslant M;\quad \text{而在 } E\sim E_0 \text{ 上，}\quad h_n\equiv 0$$

此外，对 E 中的每个 x，由于 $h(x)\leqslant f(x)$且$\{f_n(x)\}\to f(x)$，$\{h_n(x)\}\to h(x)$. 从应用于 h_n 在有限测度集 E_0 上的限制的一致有界序列的有界收敛定理，以及每个 h_n 在 $E\sim E_0$ 等于零，我们推出

$$\lim_{n\to\infty}\int_E h_n = \lim_{n\to\infty}\int_{E_0} h_n = \int_{E_0} h = \int_E h$$

然而，对每个 n，在 E 上 $h_n \leqslant f_n$. 因此，根据 f_n 在 E 上的积分的定义，$\int_E h_n \leqslant \int_E f_n$. 因此，

$$\int_E h = \lim_{n\to\infty}\int_E h_n \leqslant \liminf \int_E f_n$$ ■

Fatou 引理的不等式可以是严格的.

例子 令 $E=(0,1]$，且对自然数 n，定义 $f_n = n\cdot\chi_{(0,1/n)}$. 则 $\{f_n\}$ 在 E 上逐点收敛于 $f\equiv 0$. 然而，

$$\int_E f = 0 < 1 = \lim_{n\to\infty}\int_E f_n$$

Fatou 引理严格不等式的另一个例子：令 $E=\mathbf{R}$，且对自然数 n，定义 $g_n=\chi_{(n,n+1)}$. 则 $\{g_n\}$ 在 E 上逐点收敛于 $g\equiv 0$. 然而，

$$\int_E g = 0 < 1 = \lim_{n\to\infty}\int_E g_n$$

然而，若序列 $\{f_n\}$ 是递增的，Fatou 引理中的不等式成为等式.

单调收敛定理 令 $\{f_n\}$ 为 E 上的非负可测函数的递增序列.

$$\text{若在 } E \text{ 上 a.e. 逐点 } \{f_n\}\to f,\quad \text{则} \lim_{n\to\infty}\int_E f_n = \int_E f$$

证明 根据 Fatou 引理，

$$\int_E f \leqslant \liminf \int_E f_n$$

83

然而，对每个指标 n，在 E 上 $f_n \leqslant f$ a.e.，根据非负可测函数的积分的单调性和(15)，$\int_E f_n \leqslant \int_E f$. 因此

$$\limsup \int_E f_n \leqslant \int_E f$$

因此

$$\int_E f = \lim_{n\to\infty}\int_E f_n$$ ■

推论 12 令 $\{u_n\}$ 为 E 上的非负可测函数序列. 若在 E 上 a.e. 逐点 $f=\sum_{n=1}^{\infty}u_n$，则 $\int_E f = \sum_{n=1}^{\infty}\int_E u_n$.

证明 对每个指标 n，应用单调收敛定理于 $f_n=\sum_{k=1}^{n}u_k$，接着用非负可测函数的积分的线性. ■

定义　可测集 E 上的非负可测函数 f 称为在 E 上**可积**，若

$$\int_E f < \infty$$

命题 13　令非负函数 f 在 E 上可积．则 f 在 E 上 a.e. 有限．

证明　令 n 为自然数．Chebyshev 不等式和测度的单调性告诉我们

$$m\{x \in E \mid f(x) = \infty\} \leqslant m\{x \in E \mid f(x) \geqslant n\} \leqslant \frac{1}{n}\int_E f$$

但 $\int_E f$ 是有限的，因此 $m\{x \in E \mid f(x) = \infty\} = 0$．■

Beppo Levi 引理　令 $\{f_n\}$ 为 E 上的非负可测函数的递增序列．若积分序列 $\left\{\int_E f_n\right\}$ 是有界的，则在 E 上 $\{f_n\}$ 逐点收敛于 E 上的 a.e. 有限的可测函数 f 且

$$\lim_{n\to\infty}\int_E f_n = \int_E f < \infty$$

证明　每个单调的扩充实数序列收敛于某个扩充实数．由于 $\{f_n\}$ 是 E 上的递增的扩充实值函数序列，我们可以在 E 上逐点定义扩充实值非负函数 f 为

$$\text{对所有 } x \in E, \quad f(x) = \lim_{n\to\infty} f_n(x)$$

根据单调收敛定理，$\left\{\int_E f_n\right\} \to \int_E f$．因此，由于实数序列 $\left\{\int_E f_n\right\}$ 是有界的，它的极限是有限的，因而 $\int_E f < \infty$．我们从前一个命题推出 f 在 E 上 a.e. 有限．■

84

习题

17. 令 E 为测度为零的集合且在 E 上定义 $f \equiv \infty$．证明 $\int_E f = 0$．
18. 证明具有有限支撑的有界可测函数的积分是正确定义的．
19. 对于数 α，定义 $f(x) = x^\alpha\ (0 < x \leqslant 1)$，而 $f(0) = 0$．计算 $\int_0^1 f$．
20. 令 $\{f_n\}$ 为 E 上的逐点收敛于 f 的非负可测函数序列．令 $M \geqslant 0$，使得对所有 $n \int_E f_n \leqslant M$．证明 $\int_E f \leqslant M$．验证这个性质等价于 Fatou 引理．
21. 令函数 f 在 E 上非负且可积，而 $\varepsilon > 0$．证明存在 E 上具有有限支撑的简单函数 η，在 E 上 $0 \leqslant \eta \leqslant f$ 且 $\int_E |f - \eta| < \varepsilon$．若 E 是闭有界区间，证明存在 E 上的阶梯函数 h，它具有有限支撑且 $\int_E |f - h| < \varepsilon$．
22. 令 $\{f_n\}$ 为 $\mathbf{R}$ 上的非负可测函数序列，它在 $\mathbf{R}$ 上逐点收敛于 f 而 f 在 $\mathbf{R}$ 上可积．证明

$$\text{若} \int_{\mathbf{R}} f = \lim_{n\to\infty}\int_{\mathbf{R}} f_n, \quad \text{则对任何可测集 } E, \quad \int_E f = \lim_{n\to\infty}\int_E f_n$$

23. 令 $\{a_n\}$ 为非负实数序列．定义 $E = [1, \infty)$ 上的函数 f 为：$f(x) = a_n\ (n \leqslant x < n+1)$．证明 $\int_E f = \sum_{n=1}^{\infty} a_n$．

24. 令 f 为 E 上的非负可测函数.
  (i) 证明存在 E 上的非负简单函数的递增序列 $\{\varphi_n\}$，该序列的每个函数有有限支撑，它在 E 上逐点收敛于 f.
  (ii) 证明 $\int_E f = \sup\{\int_E \varphi \mid \varphi$ 是简单的，具有有限支撑，且在 E 上 $0 \leqslant \varphi \leqslant f\}$.
25. 令 $\{f_n\}$ 为 E 上的非负可测函数序列，该序列在 E 上逐点收敛于 f. 假定在 E 上对每个 n，$f_n \leqslant f$. 证明

$$\lim_{n\to\infty}\int_E f_n = \int_E f$$

26. 证明单调收敛定理对递减的函数序列可能不成立.
27. 证明 Fatou 引理的以下推广：若 $\{f_n\}$ 是 E 上的非负可测函数序列，则

$$\int_E \liminf f_n \leqslant \liminf \int_E f_n$$

4.4 一般的 Lebesgue 积分

对于 E 上的扩充实值函数 f，我们分别定义 f 的正部 f^+ 与负部 f^- 为

$$f^+(x) = \max\{f(x), 0\} \text{ 与 } f^-(x) = \max\{-f(x), 0\}, x \in E$$

则 f^+ 和 f^- 是 E 上的非负函数，且

$$\text{在 } E \text{ 上，} \quad f = f^+ - f^-, \quad |f| = f^+ + f^-$$

观察到 f 是可测的当且仅当 f^+ 和 f^- 都是可测的.

85

命题 14 令 f 为 E 上的可测函数. 则 f^+ 和 f^- 在 E 上可积当且仅当 $|f|$ 在 E 上可积.

证明 假设 f^+ 和 f^- 是非负可积函数. 根据关于非负函数的积分的线性，$|f| = f^+ + f^-$ 在 E 上可积. 反之，假定 $|f|$ 在 E 上可积. 由于在 E 上 $0 \leqslant f^+ \leqslant |f|$ 且 $0 \leqslant f^- \leqslant |f|$，我们从非负函数的积分的单调性推出 f^+ 和 f^- 在 E 上可积. ■

定义 在 E 上的可测函数 f 称为在 E 上是**可积的**，若 $|f|$ 在 E 上可积. 当其成立时，我们定义 f 在 E 上的积分为

$$\int_E f = \int_E f^+ - \int_E f^-$$

当然，对于非负函数 f，由于在 E 上 $f = f^+$ 而 $f^- \equiv 0$，积分的这个定义与我们刚考虑的那个定义一致. 根据有限支撑的有界可测函数的积分的线性，以上积分的定义也与该函数类的积分的定义一致.

命题 15 令 f 在 E 上可积. 则 f 在 E 上 a.e. 有限且

$$\text{若 } E_0 \subseteq E \text{ 且 } m(E_0) = 0, \quad \int_E f = \int_{E \sim E_0} f \tag{18}$$

证明 命题 13 告诉我们 $|f|$ 在 E 上 a.e. 有限. 因此 f 在 E 上 a.e. 有限. 此外，将 (15) 应用于 f 的正部与负部得到了 (18). ■

以下关于可积性的判别法是实数级数收敛的比较判别法在 Lebesgue 积分上的对应结果.

命题 16（积分的比较判别法）　令 f 为 E 上的可测函数. 假定存在非负函数 g，它在 E 上可积且在

$$E \text{ 上 } |f| \leqslant g$$

的意义下控制 f. 则 f 在 E 上可积且

$$\left|\int_E f\right| \leqslant \int_E |f|$$

证明　根据非负函数的积分的单调性，$|f|$ 可积，且因此 f 是可积的. 根据实数的三角不等式与非负函数的积分的线性，

86

$$\left|\int_E f\right| = \left|\int_E f^+ - \int_E f^-\right| \leqslant \int_E f^+ + \int_E f^- = \int_E |f|$$ ■

我们已到了研究一元实变函数的一般性的 Lebesgue 积分的最后步骤. 在证明积分的线性性质之前，我们需要处理关于积分的一个难点，该难点在讨论可测性时已处理过. 即对于在 E 上可积的两个函数 f 与 g，它们的和 $f+g$ 在 E 中使得 f 与 g 取反号的无穷值的点不是适当定义的. 然而，根据命题 15，若我们定义 A 为 E 中使得 f 和 g 都有限的那些点的集合，则 $m(E\sim A)=0$. 一旦我们证明了 $f+g$ 在 A 上可积，我们定义

$$\int_E (f+g) = \int_A (f+g)$$

我们从(18)推出 $\int_E (f+g)$ 等于任何 $(f+g)|_A$ 在 E 上的延拓的扩充实值函数在 E 上的积分.

定理 17（积分的线性与单调性）　令函数 f 和 g 在 E 上可积. 则对任何 α 和 β，函数 $\alpha f+\beta g$ 在 E 上可积且

$$\int_E (\alpha f + \beta g) = \alpha\int_E f + \beta\int_E g$$

此外，

$$\text{若在 } E \text{ 上 } f \leqslant g, \quad \text{则} \int_E f \leqslant \int_E g$$

证明　若 $\alpha>0$，则 $[\alpha f]^+=\alpha f^+$ 且 $[\alpha f]^-=\alpha f^-$，而若 $\alpha<0$，$[\alpha f]^+=-\alpha f^-$ 且 $[\alpha f]^-=-\alpha f^+$. 因此，$\int_E \alpha f=\alpha\int_E f$，这是由于我们对非负函数 f 和 $\alpha>0$ 证明了这个结论. 因此仅须在 $\alpha=\beta=1$ 的情形下证明线性. 根据非负函数的积分的线性，$|f|+|g|$ 在 E 上可积. 由于在 E 上 $|f+g|\leqslant|f|+|g|$，根据积分的比较判别法，$f+g$ 在 E 上也是可积的. 命题 15 告诉我们 f 和 g 在 E 上是 a. e. 有限的. 根据同一命题，通过从 E 中去掉一个可能的测度为零的集合，我们可以假设 f 和 g 在 E 上有限. 要证明线性即要证明

$$\int_E [f+g]^+ - \int_E [f+g]^- = \left[\int_E f^+ - \int_E f^-\right] + \left[\int_E g^+ - \int_E g^-\right] \tag{19}$$

但在 E 上，

$$(f+g)^+-(f+g)^-=f+g=(f^+-f^-)+(g^+-g^-)$$

因此，由于这 6 个函数的每个在 E 上取实值，

$$\text{在 } E \text{ 上，}\quad (f+g)^++f^-+g^-=(f+g)^-+f^++g^+$$

87

我们从非负函数的积分的线性推出

$$\int_E (f+g)^++\int_E f^-+\int_E g^-=\int_E (f+g)^-+\int_E f^++\int_E g^+$$

由于 f，g 和 $f+g$ 在 E 上可积，这 6 个积分的每个是有限的．重新排列这些积分以得到(19)，这完成了线性的证明．

为证明单调性我们可以假设 g 和 f 在 E 上有限．在 E 上定义 $h=g-f$．则 h 是 E 上的正确定义的非负可测函数．根据可积函数的积分的线性和非负函数积分的单调性，

$$\int_E g-\int_E f=\int_E (g-f)=\int_E h\geqslant 0$$

■

推论 18(积分在区域上的可加性) 令 f 在 E 上可积．假设 A 和 B 是 E 的不交可测子集．则

$$\int_{A\cup B} f=\int_A f+\int_B f \tag{20}$$

证明 观察到在 E 上 $|f\cdot\chi_A|\leqslant|f|$ 且 $|f\cdot\chi_B|\leqslant|f|$．根据积分的比较判别法，可测函数 $f\cdot\chi_A$ 和 $f\cdot\chi_B$ 在 E 上可积．由于 A 和 B 不交

$$\text{在 } E \text{ 上，}\quad f\cdot\chi_{A\cup B}=f\cdot\chi_A+f\cdot\chi_B \tag{21}$$

但对 E 的任何可测子集 C(见习题 28)，

$$\int_C f=\int_E f\cdot\chi_C$$

因此(20)从(21)和积分的线性性质得出． ■

有界收敛定理的以下推广提供了积分号下取极限的另一种合理性准则．

Lebesgue 控制收敛定理 令 $\{f_n\}$ 为 E 上的可测函数序列．假定存在 E 上的可积函数 g 在

$$\text{对所有 } n,\quad \text{在 } E \text{ 上 } |f_n|\leqslant g$$

的意义下控制 $\{f_n\}$．

$$\text{若在 } E \text{ 上 a.e. 逐点 } \{f_n\}\to f\text{，则 } f \text{ 在 } E \text{ 上可积且} \lim_{n\to\infty}\int_E f_n=\int_E f$$

证明 由于在 E 上 $|f_n|\leqslant g$ 且在 E 上 a.e. $|f|\leqslant g$，而 g 在 E 上可积，根据积分的比较判别法，f 和每个 f_n 在 E 上也是可积的．通过从 E 去掉测度为零的集合的可数族以及利用 Lebesgue 测度的可数可加性，我们从命题 15 得知，可以假设 f 和每个 f_n 在 E 上是有限的．函数 $g-f$ 以及对每个 n 函数 $g-f_n$ 是恰当定义的、非负可测的．此外，序列 $\{g-f_n\}$

88 在 E 上 a. e. 逐点收敛于 $g-f$. Fatou 引理告诉我们

$$\int_E (g-f) \leqslant \liminf \int_E (g-f_n)$$

因此，根据可积函数的积分的线性性质，

$$\int_E g - \int_E f = \int_E (g-f) \leqslant \liminf \int_E (g-f_n) = \int_E g - \limsup \int_E f_n$$

即

$$\limsup \int_E f_n \leqslant \int_E f$$

类似地，考虑序列 $\{g+f_n\}$，我们得到

$$\int_E f \leqslant \liminf \int_E f_n$$

证毕. ■

Lebesgue 控制收敛定理的以下推广常常是有用的(见习题 33). 它的证明我们留作练习(见习题 32).

定理 19(一般的 Lebesgue 控制收敛定理)　令 $\{f_n\}$ 为 E 上的 a. e. 逐点收敛于 f 的 E 上的可测函数序列. 假定存在 E 上的非负可测函数序列 $\{g_n\}$，它在 E 上 a. e. 逐点收敛于 g 且在

$$\text{对所有 } n, \quad \text{在 } E \text{ 上 } |f_n| \leqslant g_n$$

的意义下控制 $\{f_n\}$.

$$\text{若} \lim_{n\to\infty} \int_E g_n = \int_E g < \infty, \text{则} \lim_{n\to\infty} \int_E f_n = \int_E f$$

注　在 Fatou 引理和 Lebesgue 控制收敛定理中，在 E 上 a. e. 逐点收敛而非在整个 E 上收敛的假设不是一般性的修饰. 它对于这些结果将来的应用是必要的. 我们提供这个必要性的说明. 假定 f 是整个 $\mathbf{R}$ 上的递增函数. 即将介绍的一个 Lebesgue 定理(第 6 章的 Lebesgue 定理)告诉我们

$$\text{对几乎所有 } x, \quad \lim_{n\to\infty} \frac{f(x+1/n)-f(x)}{1/n} = f'(x) < \infty \tag{22}$$

从这与 Fatou 引理我们将证明，对任何闭有界区间 $[a, b]$，

$$\int_a^b f' \leqslant f(b) - f(a)$$

一般地，给定非退化闭有界区间 $[a, b]$ 和 $[a, b]$ 的测度为零的子集 A，存在 $[a, b]$ 上的递增函数 f 使得在 A 中的每一点，(22) 中的极限不存在(见第 6 章的习题 10). 89

习题

28. 令 f 在 E 上可积而 C 是 E 的可测子集. 证明 $\int_C f = \int_E f \cdot \chi_C$.

29. 对于$[1, \infty)$上的在有界集上有界的可测函数 f，对每个自然数 n，定义 $a_n=\int_n^{n+1} f$．f 在$[1, \infty)$上可积当且仅当级数 $\sum_{n=1}^{\infty} a_n$ 收敛，该结论是否成立？f 在$[1, \infty)$上可积当且仅当级数 $\sum_{n=1}^{\infty} a_n$ 绝对收敛，该结论是否成立？
30. 令 g 为 E 上的非负可积函数，且假定$\{f_n\}$是 E 上的可测函数序列，使得对每个 n，在 E 上 a.e. $|f_n| \leqslant g$．证明

$$\int_E \liminf f_n \leqslant \liminf \int_E f_n \leqslant \limsup \int_E f_n \leqslant \int_E \limsup f_n$$

31. 令 f 为 E 上的可测函数，它在 E 上可表示为 $f=g+h$，其中 g 在 E 上有限且可积而 h 在 E 上非负．定义 $\int_E f=\int_E g+\int_E h$．证明这基于以下意义是正确定义的：它独立于和为 f 的有限可积函数 g 和非负函数 h 的特定选取．
32. 遵循 Lebesgue 控制收敛定理的证明方法，证明一般的 Lebesgue 控制收敛定理，用序列$\{g_n-f_n\}$和$\{g_n+f_n\}$分别代替$\{g-f_n\}$和$\{g+f_n\}$．
33. 令$\{f_n\}$为 E 上的可积函数序列，使得在 E 上 a.e. $f_n \to f$ 而 f 在 E 上可积．证明 $\int_E |f-f_n| \to 0$ 当且仅当 $\lim_{n\to\infty}\int_E |f_n|=\int_E |f|$．（提示：用一般的 Lebesgue 控制收敛定理．）
34. 令 f 为 $\mathbf{R}$ 上的非负可测函数．证明

$$\lim_{n\to\infty}\int_{-n}^{n} f=\int_{\mathbf{R}} f$$

35. 令 f 为定义在正方形 $Q=\{(x, y) \mid 0 \leqslant x \leqslant 1, 0 \leqslant y \leqslant 1\}$上的双变量$(x, y)$实值函数，且对每个固定的 y 值它是 x 的可测函数．假定对每个固定的 x 值，$\lim_{y\to 0} f(x, y)=f(x)$，且对所有 y，我们有 $|f(x, y)| \leqslant g(x)$，其中 g 在$[0, 1]$上可积．证明

$$\lim_{y\to 0}\int_0^1 f(x,y)\,\mathrm{d}x=\int_0^1 f(x)\,\mathrm{d}x$$

也证明：若函数 $f(x, y)$对每个 x 在 y 连续，则

$$h(y)=\int_0^1 f(x,y)\,\mathrm{d}x$$

是 y 的连续函数．
36. 令 f 为定义在正方形 $Q=\{(x, y) \mid 0 \leqslant x \leqslant 1, 0 \leqslant y \leqslant 1\}$上的双变量$(x, y)$实值函数，且对每个固定的 y 值它是 x 的可测函数．对每个$(x, y) \in Q$，令偏导数 $\partial f/\partial y$ 存在．假定存在函数 g 在$[0, 1]$上可积，使得对所有$(x, y) \in Q$，$|\partial f/\partial y(x, y)| \leqslant g(x)$．证明

$$\text{对所有 } y\in[0,1],\quad \frac{\mathrm{d}}{\mathrm{d}y}\left[\int_0^1 f(x,y)\,\mathrm{d}x\right]=\int_0^1 \frac{\partial f}{\partial y}(x,y)\,\mathrm{d}x$$

90

4.5 积分的可数可加性与连续性

我们在前一节证明的 Lebesgue 积分的线性与单调性质是 Riemann 积分熟知的性质的推广．在这简短的一节中，我们证明 Riemann 积分所没有的两个 Lebesgue 积分的性质．以下关于 Lebesgue 积分的可数可加性是 Lebesgue 测度的可数可加性的伴随．

定理 20(积分的可数可加性) 令 f 为 E 上可积而 $\{E_n\}_{n=1}^{\infty}$ 是 E 的可测子集的不交可数族，其并集是 E. 则

$$\int_E f = \sum_{n=1}^{\infty} \int_{E_n} f \tag{23}$$

证明 令 n 为自然数. 定义 $f_n = f \cdot \chi_n$，其中 χ_n 是可测集 $\bigcup_{k=1}^{n} E_k$ 的特征函数. 则 f_n 是 E 上的可测函数且

$$\text{在 } E \text{ 上,}\quad |f_n| \leqslant |f|$$

观察到在 E 上逐点 $\{f_n\} \to f$. 因此，根据 Lebesgue 控制收敛定理，

$$\int_E f = \lim_{n\to\infty} \int_E f_n$$

另一方面，由于 $\{E_n\}_{n=1}^{\infty}$ 是不交的，从积分在区域上的可加性得出，对每个 n，

$$\int_E f_n = \sum_{k=1}^{n} \int_{E_k} f$$

因此

$$\int_E f = \lim_{n\to\infty} \int_E f_n = \lim_{n\to\infty} \left[\sum_{k=1}^{n} \int_{E_k} f \right] = \sum_{n=1}^{\infty} \int_{E_n} f$$ ■

我们把用积分的可数可加性证明关于积分的连续性的以下结果留给读者：它可作为基于测度的可数可加性证明测度的连续性的一个模式.

定理 21(积分的连续性) 令 f 在 E 上可积.

(i) 若 $\{E_n\}_{n=1}^{\infty}$ 是 E 的可测子集的上升的可数族，则

$$\int_{\bigcup_{n=1}^{\infty} E_n} f = \lim_{n\to\infty} \int_{E_n} f \tag{24}$$

91

(ii) 若 $\{E_n\}_{n=1}^{\infty}$ 是 E 的可测子集的下降的可数族，则

$$\int_{\bigcap_{n=1}^{\infty} E_n} f = \lim_{n\to\infty} \int_{E_n} f \tag{25}$$

习题

37. 令 f 为 E 上的可积函数. 证明对每个 $\varepsilon > 0$，存在自然数 N 使得若 $n \geqslant N$，则 $\left| \int_{E_n} f \right| < \varepsilon$，其中 $E_n = \{x \in E \mid |x| \geqslant n\}$.

38. 对如下定义在$[1, \infty)$上的两个函数中的每个，证明 $\lim_{n\to\infty} \int_1^n f$ 存在而 f 在$[1, \infty)$上不可积. 这与积分的连续性矛盾吗？

    (i) 定义 $f(x) = (-1)^n / n$，$n \leqslant x < n+1$.

    (ii) 定义 $f(x) = (\sin x)/x$，$1 \leqslant x < \infty$.

39. 证明关于积分的连续性的定理.

4.6 一致可积性：Vitali 收敛定理

通过对有限测度集上可积的函数建立积分号下取极限的合理性准则，我们结束关于 Lebesgue 积分的第一章. 该准则由以下的引理和命题给出.

引理 22 令 E 为有限测度集而 $\delta>0$. 则 E 是有限集族的不交并，该族中的每个集合的测度小于 δ.

证明 根据测度的连续性，

$$\lim_{n\to\infty} m(E\sim[-n,n])=m(\emptyset)=0$$

选取自然数 n_0，使得 $m(E\sim[-n_0, n_0])<\delta$. 通过选取$[-n_0, n_0]$的足够好的分划，将 $E\cap[-n_0, n_0]$表示为有限集族的不交并，每个集合的测度小于 δ. ■

命题 23 令 f 为 E 上的可测函数. 若 f 在 E 上可积，则对每个 $\varepsilon>0$，存在 $\delta>0$ 使得

$$\text{若 } A\subseteq E \text{ 是可测的且 } m(A)<\delta, \text{则} \int_A |f|<\varepsilon. \tag{26}$$

反过来，在 $m(E)<\infty$ 的情形，若对每个 $\varepsilon>0$，存在 $\delta>0$ 使得(26)成立，则 f 在 E 上可积.

证明 分别对 f 的正部和负部证明定理. 我们因此假定在 E 上 $f\geqslant 0$. 首先假设 f 在 E 上可积. 令 $\varepsilon>0$. 根据积分在区域上的可加性与 Chebyshev 不等式，若 $A\subseteq E$ 是可测的而 $c>0$，则

$$\int_A f=\int_{\{x\in A \mid f(x)<c\}} f+\int_{\{x\in A \mid f(x)\geqslant c\}} f\leqslant c\cdot m(A)+\frac{1}{c}\int_E f$$

[92]

选取 $c>0$ 使得 $1/c\cdot\int_E f<\varepsilon/2$. 则

$$\int_A f<c\cdot m(A)+\varepsilon/2$$

定义 $\delta=\varepsilon/2c$. 则对 δ 的这个选择(26)成立.

反过来，假定 $m(E)<\infty$，且对每个 $\varepsilon>0$，存在 $\delta>0$ 使得(26)成立. 令 $\delta_0>0$ 对应于 $\varepsilon=1$的挑战. 由于 $m(E)<\infty$，根据前一个引理，我们可以将 E 表示为有限个不交可测子集族$\{E_k\}_{k=1}^N$的并集，每个集合的测度小于 δ_0. 因此

$$\sum_{k=1}^N\int_{E_k} f<N$$

根据积分在区域上的可加性，得到若 h 为具有有限支撑的非负可测函数且在 E 上 $0\leqslant h\leqslant f$，则 $\int_E h<N$. 因此 f 是可积的. ■

定义 E 上的可测函数簇 $\mathcal{F}$ 称为在 E 上**一致可积的**[㊀]，若对每个 $\varepsilon>0$，存在 $\delta>0$ 使得

㊀ 这里所说的“一致可积”有时称为“等度可积”或“一致绝对连续”.

对每个 $f\in\mathcal{F}$,

$$\text{若 } A\subseteq E \text{ 是可测的且 } m(A)<\delta, \text{则} \int_A |f|<\varepsilon. \tag{27}$$

例子 令 g 为 E 上的非负可积函数. 定义

$$\mathcal{F}=\{f \mid f \text{ 在 } E \text{ 上可测且在 } E \text{ 上 } |f|\leqslant g\}.$$

则 $\mathcal{F}$ 是一致可积的. 这可以从以下方面得到：由命题 23(f 换作 g)，以及观察到对 E 的任何可测子集 A，根据积分的单调性，若 f 属于 $\mathcal{F}$，则

$$\int_A |f|\leqslant\int_A g$$

命题 24 令$\{f_k\}_{k=1}^n$为有限函数族，该族中的每个函数在 E 上可积. 则$\{f_k\}_{k=1}^n$是一致可积的.

证明 令 $\varepsilon>0$. 对 $1\leqslant k\leqslant n$，根据命题 23，存在 $\delta_k>0$ 使得

$$\text{若 } A\subseteq E \text{ 是可测的且 } m(A)<\delta_k, \text{则} \int_A |f_k|<\varepsilon \tag{28}$$

定义 $\delta=\min\{\delta_1, \cdots, \delta_n\}$. 该 δ 对应于关于族$\{f_k\}_{k=1}^n$一致可积准则中的 ε 挑战. ■

命题 25 假设 E 有有限测度. 令$\{f_n\}$为 E 上的一致可积函数序列. 若在 E 上 a.e. 逐点$\{f_n\}\to f$，则 f 在 E 上可积.

93

证明 令 $\delta_0>0$ 对应于关于序列$\{f_n\}$一致可积准则的 $\varepsilon=1$ 挑战. 由于 $m(E)<\infty$，根据引理 22，我们可以将 E 表示为可测子集的有限族$\{E_k\}_{k=1}^N$的不交并集，使得对 $1\leqslant k\leqslant N$，$m(E_k)<\delta_0$. 对任何 n，根据积分的单调性和在区域上的可加性，

$$\int_E |f_n|=\sum_{k=1}^N\int_{E_k}|f_n|<N$$

我们从 Fatou 引理推出

$$\int_E |f|\leqslant\liminf\int_E |f_n|\leqslant N$$

因此$|f|$在 E 上可积. ■

Vitali 收敛定理 令 E 为有限测度集. 假定函数序列$\{f_n\}$在 E 上一致可积.

$$\text{若在 } E \text{ 上 a.e. 逐点} \{f_n\}\to f, \text{则 } f \text{ 在 } E \text{ 上可积且} \lim_{n\to\infty}\int_E f_n=\int_E f$$

证明 命题 25 告诉我们 f 在 E 上可积，因此，根据命题 15，它在 E 上 a.e. 有限. 因此，又一次用命题 15，通过可能地从 E 删除一个测度为零的集合，我们假定收敛在整个 E 上是逐点的，而 f 是实值的. 我们从积分的比较判别法与积分的线性、单调性以及在区域上的可加性推出，对 E 的任何可测子集 A 和任何自然数 n，

$$\left|\int_E f_n-\int_E f\right|=\left|\int_E (f_n-f)\right|\leqslant\int_E |f_n-f|$$

$$=\int_{E\sim A}|f_n-f|+\int_A|f_n-f|\leqslant\int_{E\sim A}|f_n-f|+\int_A|f_n|+\int_A|f| \tag{29}$$

令 $\varepsilon>0$. 根据$\{f_n\}$的一致可积性，存在 $\delta>0$，使得对 E 的任何满足 $m(A)<\delta$ 的可测子集 A，$\int_A|f_n|<\varepsilon/3$. 因此，根据 Fatou 引理，我们也有对 E 的任何满足 $m(A)<\delta$ 的可测子集 A，$\int_A|f|<\varepsilon/3$. 由于 f 是实值的而 E 具有有限测度，Egoroff 定理告诉我们存在 E 的可测子集 E_0，使得 $m(E_0)<\delta$ 且在 $E\sim E_0$ 上一致地$\{f_n\}\to f$. 选取自然数 N，使得在 $E\sim E_0$ 上对所有 $n\geqslant N$，$|f_n-f|<\varepsilon/[3\cdot m(E)]$. 在积分不等式(29)中取 $A=E_0$. 若 $n\geqslant N$，则

94

$$\left|\int_E f_n-\int_E f\right|\leqslant\int_{E\sim E_0}|f_n-f|+\int_{E_0}|f_n|+\int_{E_0}|f|$$
$$<\varepsilon/[3\cdot m(E)]\cdot m(E\sim E_0)+\varepsilon/3+\varepsilon/3\leqslant\varepsilon$$

这完成了证明. ■

以下定理表明一致可积性的概念是确保下述合理性的实质性要素：有限测度集上的非负函数序列$\{h_n\}$在积分号下取极限逐点收敛到 $h\equiv0$.

定理 26 令 E 为有限测度集. 假定$\{h_n\}$是在 E 上 a. e. 逐点收敛于 $h\equiv0$ 的非负可积函数序列. 则

$$\lim_{n\to\infty}\int_E h_n=0\ 当且仅当\ \{h_n\}\ 在\ E\ 上一致可积$$

证明 若$\{h_n\}$是一致可积的，则根据 Vitali 收敛定理，$\lim_{n\to\infty}\int_E h_n=0$. 反过来，假定 $\lim_{n\to\infty}\int_E h_n=0$. 令 $\varepsilon>0$. 我们可以选取自然数 N，使得当 $n\geqslant N$，$\int_E h_n<\varepsilon$. 因此，由于在 E 上每个 $h_n\geqslant0$，

$$若\ A\subseteq E\ 可测且\ n\geqslant N,则\int_A h_n<\varepsilon \tag{30}$$

根据命题 24，有限族$\{h_n\}_{n=1}^{N-1}$在 E 上是一致可积的. 令 δ 对应于关于$\{h_n\}_{n=1}^{N-1}$一致可积性准则中的 ε 挑战. 我们从(30)推出 δ 也对应于关于$\{h_n\}_{n=1}^{\infty}$一致可积性准则的 ε 挑战. ■

习题

40. 令 f 在 $\mathbf{R}$ 上可积. 证明对所有 $x\in\mathbf{R}$，定义为

$$F(x)=\int_{-\infty}^{x}f$$

的函数 F 是正确定义的且是连续的. 它必定是 Lipschitz 的吗？

41. 证明：若 $E=\mathbf{R}$，命题 25 不成立.
42. 证明：若没有 h_n 是非负的假设，定理 26 不成立.
43. 令函数序列$\{f_n\}$和$\{g_n\}$在 E 上一致可积. 证明对任何 α 和 β，线性组合序列$\{\alpha f_n+\beta g_n\}$在 E 上也是一致可积的.

44. 令 f 在 $\mathbf{R}$ 上可积且 $\varepsilon>0$. 证明以下三个逼近性质.

95

(i) 存在 $\mathbf{R}$ 上的简单函数 η，它具有有限支撑且 $\int_{\mathbf{R}}|f-\eta|<\varepsilon$.（提示：首先对 f 非负的情形证明.）

(ii) 存在 $\mathbf{R}$ 上的阶梯函数 s，它在一个闭有界区间外消失且 $\int_{\mathbf{R}}|f-s|<\varepsilon$.（提示：应用(i)部分与第 3 章的习题 18.）

(iii) 存在 $\mathbf{R}$ 上的连续函数 g，它在一个有界集外消失且 $\int_{\mathbf{R}}|f-g|<\varepsilon$.

45. 令 f 在 E 上可积. 通过设在 E 外 $\hat{f}\equiv 0$，定义 $\hat{f}$ 为 f 到整个 $\mathbf{R}$ 的延拓. 证明 $\hat{f}$ 在 $\mathbf{R}$ 上可积且 $\int_E f=\int_{\mathbf{R}}\hat{f}$. 用此与前一个习题的(i)与(iii)部分，证明对 $\varepsilon>0$，存在 E 上的简单函数 η 与 E 上的连续函数 g，使得 $\int_E|f-\eta|<\varepsilon$ 且 $\int_E|f-g|<\varepsilon$.

46. (Riemann-Lebesgue)令 f 在 $(-\infty,\infty)$ 上可积. 证明

$$\lim_{n\to\infty}\int_{-\infty}^{\infty}f(x)\cos nx\,\mathrm{d}x=0$$

（提示：首先对 f 为闭有界区间外消失的阶梯函数证明，接着用习题 44 的逼近性质(ii).）

47. 令 f 在 $(-\infty,\infty)$ 上可积.

(i) 证明对每个 t，

$$\int_{-\infty}^{\infty}f(x)\,\mathrm{d}x=\int_{-\infty}^{\infty}f(x+t)\,\mathrm{d}x$$

(ii) 令 g 为 $\mathbf{R}$ 上的有界可测函数. 证明

$$\lim_{t\to 0}\int_{-\infty}^{\infty}g(x)\cdot[f(x)-f(x+t)]=0$$

（提示：首先用 f 在 $\mathbf{R}$ 上的一致连续性，若 f 是连续的且在一个有界集外消失的话，证明等式. 接着用习题 44 的逼近性质(iii).）

48. 令 f 在 E 上可积而 g 是 E 上的有界可测函数. 证明 $f\cdot g$ 在 E 上可积.

49. 令 f 在 $\mathbf{R}$ 上可积. 证明以下四个断言是等价的：

(i) 在 $\mathbf{R}$ 上，a. e. $f=0$.

(ii) 对 $\mathbf{R}$ 上的每个有界可测函数 g，$\int_{\mathbf{R}}fg=0$.

(iii) 对每个可测集 A，$\int_A f=0$.

(iv) 对每个开集 $\mathcal{O}$，$\int_{\mathcal{O}}f=0$.

50. 令 $\mathcal{F}$ 为函数簇，其中每个函数在 E 上可积. 证明 $\mathcal{F}$ 在 E 上一致可积，当且仅当对每个 $\varepsilon>0$，存在 $\delta>0$，使得对每个 $f\in\mathcal{F}$，

$$若\ A\subseteq E\ 是可测的且\ m(A)<\delta,则\left|\int_A f\right|<\varepsilon$$

51. 令 $\mathcal{F}$ 为函数簇，其中每个函数在 E 上可积. 证明 $\mathcal{F}$ 在 E 上一致可积，当且仅当对每个 $\varepsilon>0$，存在 $\delta>0$，使得对所有 $f\in\mathcal{F}$，

96

$$若\ \mathcal{U}\ 是开的且\ m(E\cap\mathcal{U})<\delta,则\int_{E\cap\mathcal{U}}|f|<\varepsilon$$

第 5 章　Lebesgue 积分：深入课题

在这简短的一章，我们首先考虑 Vitali 收敛定理在无穷测度集上的可积函数序列的一个推广，对于逐点收敛的可积函数序列，紧性必须添加到一致可积性以确保积分号下取极限的合理性. 接着，我们考虑可测函数序列的称为依测度收敛的序列收敛模式且讨论它和逐点收敛以及积分收敛的关系. 最后，我们证明一个有界函数在有限测度集上是 Lebesgue 可积的当且仅当它是可测的，而一个闭有界区间上的有界函数是 Riemann 可积的当且仅当它在定义域的几乎所有点是连续的.

5.1　一致可积性和紧性：一般的 Vitali 收敛定理

前一章的 Vitali 收敛定理告诉我们，若 $m(E)<\infty$，$\{f_n\}$在 E 上一致可积且在 E 上几乎处处逐点收敛于 f，则 f 在 E 上是可积的且在积分号下取极限是合理的，即

$$\lim_{n\to\infty}\left[\int_E f_n\right]=\int_E \lim_{n\to\infty} f_n=\int_E f \tag{1}$$

该定理要求 E 有有限测度. 事实上，对每个自然数 n，定义 $f_n=\chi_{n,n+1}$ 与 $f\equiv 0$. 则$\{f_n\}$在 $\mathbf{R}$ 上一致可积且在 $\mathbf{R}$ 上逐点收敛于 f. 然而，

$$\lim_{n\to\infty}\left[\int_E f_n\right]=1\neq 0=\int_E \lim_{n\to\infty} f_n=\int_E f$$

无穷测度集上可积函数的以下性质暗示着对定义在无穷测度集上的函数序列，为了保证积分号下取极限的合理性，必须有与一致可积性对应的额外性质.

命题 1　*令 f 在 E 上可积. 则对每个 $\varepsilon>0$，存在有限测度的集合 E_0，使得*

$$\int_{E\sim E_0}|f|<\varepsilon$$

97

证明　令 $\varepsilon>0$. 非负函数$|f|$在 E 上是可积的. 根据非负函数的积分的定义，在 E 上存在有界可测函数 g，它在 E 的有限测度子集 E_0 外消失，使得 $0\leqslant g\leqslant|f|$ 且 $\int_E|f|-\int_E g<\varepsilon$. 因此，根据积分的线性与在区域上的可加性，

$$\int_{E\sim E_0}|f|=\int_{E\sim E_0}[|f|-g]\leqslant\int_E[|f|-g]<\varepsilon$$

■

定义　*E 上的可测函数族 $\mathcal{F}$ 称为在 E 上是***紧**的*，若对每个 $\varepsilon>0$，存在 E 的有限测度的子集 E_0，使得*

$$\text{对所有 } f\in\mathcal{F},\quad \int_{E\sim E_0}|f|<\varepsilon$$

我们从前一章的命题 23 推出，若 $\mathcal{F}$ 是 E 上一致可积且紧的函数簇，则 $\mathcal{F}$ 中的每个函数在 E 上是可积的.

Vitali 收敛定理 令$\{f_n\}$为 E 上的函数序列，它在 E 上是一致可积与紧的. 假定在 E 上 a. e. 逐点地$\{f_n\}\to f$. 则 f 在 E 上可积且

$$\lim_{n\to\infty}\int_E f_n = \int_E f$$

证明 令 $\varepsilon>0$. 根据序列$\{f_n\}$在 E 上的紧性，存在 E 的可测子集 E_0，其具有有限测度且对所有 n，

$$\int_{E\sim E_0}|f_n| < \varepsilon/4$$

我们从 Fatou 引理推出 $\int_{E\sim E_0}|f| \leqslant \varepsilon/4$. 因此 f 在 $E\sim E_0$ 上可积. 此外，根据积分的线性与单调性，

$$\text{对所有 } n,\quad \left|\int_{E\sim E_0}[f_n - f]\right| \leqslant \int_{E\sim E_0}|f_n| + \int_{E\sim E_0}|f| < \varepsilon/2 \tag{2}$$

但 E_0 有有限测度而$\{f_n\}$在 E_0 上一致可积. 因此，根据定义有限测度域上的函数的 Vitali 收敛定理，f 在 E_0 上可积，且我们可以选取指标 N 使得对所有 $n\geqslant N$，

$$\left|\int_{E_0}[f_n - f]\right| < \varepsilon/2 \tag{3}$$

因此 f 在 E 上可积，根据(2)和(3)，对所有 $n\geqslant N$，

$$\left|\int_E [f_n - f]\right| < \varepsilon$$

98

证毕. ■

我们将以下推论的证明留作练习.

推论 2 令$\{h_n\}$为 E 上的非负可积函数序列. 假定对 E 中的几乎所有 x，$\{h_n(x)\}\to 0$. 则

$$\lim_{n\to\infty}\int_E h_n = 0 \text{ 当且仅当}\{h_n\}\text{ 在 } E \text{ 上是一致可积和紧的}$$

习题

1. 令$\{f_k\}_{k=1}^n$为有限函数簇，该簇的每个函数在 E 上可积. 证明在 E 上$\{f_k\}_{k=1}^n$是一致可积与紧的.
2. 证明推论 2.
3. 令函数序列$\{f_n\}$和$\{g_n\}$在 E 上是一致可积与紧的. 证明对任何 α 和 β，$\{\alpha f_n+\beta g_n\}$在 E 上也是一致可积与紧的.
4. 令$\{f_n\}$为 E 上的可测函数序列. 证明$\{f_n\}$在 E 上是一致可积与紧的当且仅当对每个 $\varepsilon>0$，存在 E 的具有有限测度的可测子集 E_0 和 $\delta>0$，使得对 E 的每个可测子集 A 和指标 n，

$$若\ m(A\cap E_0)<\delta,\quad 则\int_A|f_n|<\varepsilon$$

5. 令$\{f_n\}$为 **R** 上的可积函数序列. 证明$\{f_n\}$在 **R** 上是一致可积与紧的当且仅当对每个 $\varepsilon>0$，存在正数 r 和 δ 使得对 **R** 的每个开子集 $\mathcal{O}$ 和指标 n，

$$若\ m(\mathcal{O}\cap(-r,r))<\delta,\quad 则\int_{\mathcal{O}}|f_n|<\varepsilon$$

5.2 依测度收敛

我们已考虑了函数序列的一致收敛、逐点收敛、几乎处处逐点收敛，这里我们增加一种收敛模式，它既与几乎处处逐点收敛有联系，又与即将介绍的使得积分号下取极限合理的准则有有用的联系.

定义 令$\{f_n\}$为 E 上的可测函数序列而 f 是 E 上的可测函数，使得 f 和每个 f_n 在 E 上 a.e. 有限. 序列$\{f_n\}$称为在 E 上**依测度收敛**于 f，若对每个 $\eta>0$，

$$\lim_{n\to\infty}m\{x\in E\mid |f_n(x)-f(x)|>\eta\}=0$$

当我们写在 E 上依测度地$\{f_n\}\to f$ 时，是间接地假设 f 和每个 f_n 在 E 上是可测的且 a.e. 有限. 观察到若在 E 上一致地$\{f_n\}\to f$，且 f 是 E 上的实值可测函数，则在 E 上依测度地$\{f_n\}\to f$，这是因为对 $\eta>0$，当 n 充分大时，集合$\{x\in E\mid |f_n(x)-f(x)|>\eta\}$是空的. 然而，我们也有以下强得多的结果.

99

命题 3 假设 E 有有限测度. 令$\{f_n\}$为 E 上 a.e. 逐点收敛于 f 的可测函数序列且 f 在 E 上 a.e. 有限. 则在 E 上依测度地$\{f_n\}\to f$.

证明 首先观察到 f 是可测的，这是由于它几乎处处是可测函数序列的逐点极限. 令 $\eta>0$. 为证明依测度收敛，我们令 $\varepsilon>0$ 且寻找指标 N 使得

$$对所有\ n\geqslant N,\quad m\{x\in E\mid |f_n(x)-f(x)|>\eta\}<\varepsilon \tag{4}$$

Egoroff 定理告诉我们存在 E 的可测子集 F 满足 $m(E\sim F)<\varepsilon$，使得在 F 上一致地$\{f_n\}\to f$. 因此存在指标 N 使得在 F 上对所有 $n\geqslant N$，$|f_n-f|<\eta$.
因此，对 $n\geqslant N$，$\{x\in E\mid |f_n(x)-f(x)|>\eta\}\subseteq E\sim F$，因而(4)对选取的这个 N 成立. ■

若 E 有无穷测度，以上命题是错的. 以下例子表明该命题的逆也是错的.

例子 考虑[0，1]的子区间序列$\{I_n\}_{n=1}^{\infty}$，其最初的一些项如下：

$$[0,1],[0,1/2],[1/2,1],[0,1/3],[1/3,2/3],[2/3,1],$$
$$[0,1/4],[1/4,1/2],[1/2,3/4],[3/4,1],\cdots$$

对每个指标 n，定义 f_n 为 I_n 的特征函数在[0，1]上的限制. 令 f 为在[0，1]上恒等于零的函数. 我们宣称依测度地$\{f_n\}\to f$. 事实上，观察到$\lim\limits_{n\to\infty}\ell(I_n)=0$，这是由于对每个自然数 m，

$$\text{若 } n > 1 + \cdots + m = \frac{m(m+1)}{2}, \quad \text{则 } \ell(I_n) < 1/m$$

因此，对 $0<\eta<1$，由于 $\{x \in E \mid |f_n(x)-f(x)|>\eta\} \subseteq I_n$，

$$0 \leqslant \lim_{n\to\infty} m\{x \in E \mid |f_n(x)-f(x)| > \eta\} \leqslant \lim_{n\to\infty} \ell(I_n) = 0$$

然而，显然不存在[0，1]中的点 x 使得 $f_n(x)$ 收敛到 $f(x)$，这是由于对[0，1]的每个点 x，对无穷多个指标 n，$f_n(x)=1$，然而 $f(x)=0$.

定理 4(Riesz)　若在 E 上依测度地 $\{f_n\} \to f$，则存在在 E 上 a. e. 逐点收敛于 f 的子序列 $\{f_{n_k}\}$.

100

证明　根据依测度收敛的定义，存在严格递增的自然数序列 $\{n_k\}$ 使得

$$\text{对所有 } j \geqslant n_k, \quad m\{x \in E \mid |f_j(x)-f(x)| > 1/k\} < 1/2^k$$

对每个指标 k，定义

$$E_k = \{x \in E \mid |f_{n_k}(x) - f(x)| > 1/k\}$$

则 $m(E_k)<1/2^k$，因此 $\sum_{k=1}^{\infty} m(E_k) < \infty$. Borel-Cantelli 引理告诉我们，对几乎所有 $x \in E$，存在指标 $K(x)$，使得若 $k \geqslant K(x)$，$x \notin E_k$，即

$$\text{对所有 } k \geqslant K(x), \quad |f_{n_k}(x) - f(x)| \leqslant 1/k$$

因此

$$\lim_{k\to\infty} f_{n_k}(x) = f(x)$$

■

推论 5　令 $\{f_n\}$ 为 E 上的非负可积函数序列. 则

$$\lim_{n\to\infty} \int_E f_n = 0 \tag{5}$$

当且仅当

$$\text{在 } E \text{ 上依测度地 } \{f_n\} \to f \equiv 0 \text{ 且 } \{f_n\} \text{ 在 } E \text{ 上是一致可积与紧的} \tag{6}$$

证明　首先假设(5)成立. 推论 2 告诉我们 $\{f_n\}$ 在 E 上是一致可积与紧的. 为证明在 E 上依测度 $\{f_n\} \to 0$，令 $\eta>0$. 根据 Chebyshev 不等式，对每个指标 n，

$$m\{x \in E \mid f_n > \eta\} \leqslant \frac{1}{\eta} \cdot \int_E f_n$$

因此，

$$0 \leqslant \lim_{n\to\infty} m\{x \in E \mid f_n > \eta\} \leqslant \frac{1}{\eta} \cdot \lim_{n\to\infty} \int_E f_n = 0$$

于是在 E 上依测度地 $\{f_n\} \to 0$.

为证明逆命题，我们用反证法. 假设(6)成立但(5)不成立. 则存在某个 $\varepsilon_0>0$ 和子序列 $\{f_{n_k}\}$ 使得

$$\text{对所有 } k, \quad \int_E f_{n_k} \geqslant \varepsilon_0$$

然而，根据定理 4，$\{f_{n_k}\}$的一个子序列在 E 上几乎处处逐点地收敛到 $f\equiv 0$ 且该子序列是一致可积与紧的，从而根据 Vitali 收敛定理，我们得到与上述 ε_0 的存在性矛盾的结论. 这完成了证明. ■

101

习题

6. 令在 E 上依测度地$\{f_n\}\to f$ 而 g 是 E 上的可测函数，它在 E 上 a.e. 有限. 证明在 E 上依测度地$\{f_n\}\to g$ 当且仅当在 E 上 $f=g$ a.e..
7. 令 E 有有限测度，在 E 上依测度地$\{f_n\}\to f$ 而 g 是 E 上的一个可测函数，它在 E 上 a.e. 有限. 证明依测度地$\{f_n\cdot g\}\to f\cdot g$，且用此证明依测度地$\{f_n^2\}\to f^2$. 由此推出若依测度地$\{g_n\}\to g$，则依测度地$\{f_n\cdot g_n\}\to f\cdot g$.
8. 证明：若几乎处处逐点收敛用依测度收敛代替的话，Fatou 引理、单调收敛定理、Lebesgue 控制收敛定理以及 Vitali 收敛定理仍然成立.
9. 证明对无穷测度的集合 E，命题 3 不一定成立.
10. 证明在有限测度集上依测度收敛的序列的线性组合也依测度收敛.
11. 假设 E 有有限测度. 令$\{f_n\}$为 E 上的可测函数序列而 f 在 E 上是可测的，使得 f 和每个 f_n 在 E 上是 a.e. 有限的. 证明在 E 上依测度地$\{f_n\}\to f$ 当且仅当$\{f_n\}$的每个子序列有一个进一步的子序列在 E 上 a.e. 逐点收敛于 f.
12. 若实数序列$\{a_j\}$满足对所有 j，$|a_{j+1}-a_j|\leqslant 1/2^j$，通过证明序列$\{a_j\}$是 Cauchy 的，证明它收敛到某个实数.
13. E 上的可测函数序列$\{f_n\}$称为是依测度 Cauchy 的，若给定 $\eta>0$ 和 $\varepsilon>0$，存在指标 N 使得对所有 m，$n\geqslant N$，
$$m\{x\in E \mid |f_n(x)-f_m(x)|\geqslant\eta\}<\varepsilon$$
证明：若$\{f_n\}$是依测度 Cauchy 的，则存在 E 上的可测函数 f 使得序列$\{f_n\}$依测度收敛到它. （提示：选取严格递增的自然数序列$\{n_j\}$使得对每个指标 j，若 $E_j=\{x\in E \mid |f_{n_{j+1}}(x)-f_{n_j}(x)|>1/2^j\}$，则 $m(E_j)<1/2^j$. 现在用 Borel-Cantelli 引理和前一个习题.）
14. 假设 $m(E)<\infty$. 对于 E 上的两个可测函数 g 和 h，定义
$$\rho(g,h)=\int_E \frac{|g-h|}{1+|g-h|}$$
证明在 E 上依测度地$\{f_n\}\to f$ 当且仅当$\lim\limits_{n\to\infty}\rho(f_n, f)=0$.

5.3 Riemann 可积与 Lebesgue 可积的刻画

引理 6 令$\{\varphi_n\}$和$\{\psi_n\}$为函数序列，它们在 E 上可积，使得 φ_n 在 E 上递增而 ψ_n 在 E 上递减. 令 E 上的函数 f 具有性质：在 E 上对所有 n，
$$\varphi_n\leqslant f\leqslant\psi_n$$
若
$$\lim_{n\to\infty}\int_E[\psi_n-\varphi_n]=0$$

102 则在 E 上 a. e. 逐点地$\{\varphi_n\}\to f$，逐点地$\{\psi_n\}\to f$，f 在 E 上可积，

$$\lim_{n\to\infty}\int_E \varphi_n=\int_E f \quad 且 \quad \lim_{n\to\infty}\int_E \psi_n=\int_E f$$

证明　对 E 中的 x，定义

$$\varphi^*(x)=\lim_{n\to\infty}\varphi_n(x) 与 \psi^*(x)=\lim_{n\to\infty}\psi_n(x)$$

函数 φ^* 和 ψ^* 是正确定义的，这是由于单调扩充实数序列收敛到一个扩充实数，且它们是可测的，这是由于它们都是可测函数序列的逐点极限. 我们有不等式

$$在 E 上对所有 n,\quad \varphi_n\leqslant\varphi^*\leqslant f\leqslant\psi^*\leqslant\psi_n \tag{7}$$

根据非负可测函数的积分的单调性与线性，对所有 n，

$$0\leqslant\int_E(\psi^*-\varphi^*)\leqslant\int_E(\psi_n-\varphi_n)$$

因此

$$0\leqslant\int_E(\psi^*-\varphi^*)\leqslant\lim_{n\to\infty}\int_E(\psi_n-\varphi_n)=0$$

由于 $\psi^*-\varphi^*$ 是一个非负可测函数而 $\int_E(\psi^*-\varphi^*)=0$，第 4 章的命题 9 告诉我们在 E 上 a. e. $\psi^*=\varphi^*$. 但在 E 上 $\varphi^*\leqslant f\leqslant\psi^*$. 因此

$$在 E 上 a. e. 逐点地\{\varphi_n\}\to f 且\{\psi_n\}\to f$$

因此 f 是可测的. 观察到由于在 E 上 $0\leqslant f-\varphi_1\leqslant\psi_1-\varphi_1$ 且 ψ_1 和 φ_1 在 E 上是可积的，我们从积分的比较判别法推出 f 在 E 上是可积的. 从不等式(7)推出对所有 n，

$$0\leqslant\int_E\psi_n-\int_E f=\int_E(\psi_n-f)\leqslant\int_E(\psi_n-\varphi_n)$$

且

$$0\leqslant\int_E f-\int_E\varphi_n=\int_E(f-\varphi_n)\leqslant\int_E(\psi_n-\varphi_n)$$

因此

$$\lim_{n\to\infty}\int_E\varphi_n=\int_E f=\lim_{n\to\infty}\int_E\psi_n$$

■

定理 7　令 f 为有限测度集 E 上的有界函数. 则 f 在 E 上是 Lebesgue 可积的当且仅当它是可测的.

证明　我们已在 4.2 节证明了有限测度集上的有界可测函数是 Lebesgue 可积的. 剩下来要证明逆命题. 假定 f 是可积的. 从上 Lebesgue 积分与下 Lebesgue 积分的相等性，我们得出存在简单函数序列$\{\varphi_n\}$和$\{\psi_n\}$使得

103

$$在 E 上对所有 n,\quad \varphi_n\leqslant f\leqslant\psi_n$$

且

$$\lim_{n\to\infty}\int_E[\psi_n-\varphi_n]=0$$

由于一对简单函数的最大值与最小值仍然是简单的，用积分的单调性且通过用 $\max_{1\leqslant i\leqslant n}\varphi_i$ 代替 φ_n 和用 $\min_{1\leqslant i\leqslant n}\psi_i$ 代替 ψ_n，我们可以假定 $\{\varphi_n\}$ 递增而 $\{\psi_n\}$ 递减．根据前一个引理，在 E 上几乎处处逐点地 $\{\varphi_n\}\to f$．因此 f 是可测的，这是由于它几乎处处是可测函数序列的逐点极限． ■

在开始考虑积分的时候，我们证明了若闭有界区间 $[a, b]$ 上的有界函数在 $[a, b]$ 上是 Riemann 可积的，则它在 $[a, b]$ 上是 Lebesgue 可积的且两个积分相等．因此从前一个定理我们可以推出，若 $[a, b]$ 上的有界函数是 Riemann 可积的，则它是可测的．以下定理更为精确．

定理 8(Lebesgue)　令 f 为闭有界区间 $[a, b]$ 上的有界函数．则 f 在 $[a, b]$ 上是 Riemann 可积的当且仅当 $[a, b]$ 中使得 f 不连续的点的集合的测度为零．

证明　我们首先假定 f 是 Riemann 可积的．从 $[a, b]$ 上的上 Riemann 积分与下 Riemann 积分的相等性推出，存在 $[a, b]$ 的分划序列 $\{P_n\}$ 和 $\{P'_n\}$ 使得

$$\lim_{n\to\infty}[U(f,P_n)-L(f,P'_n)]=0$$

其中 $U(f, P_n)$ 和 $L(f, P'_n)$ 是上与下 Darboux 和．在加细下，由于下 Darboux 和增加而上 Darboux 和减少，通过用公共的加细 P_1，…，P_n，P'_1，…，P'_n 代替每个 P_n，我们可以假设每个 P_{n+1} 是 P_n 的加细而 $P_n=P'_n$．对每个指标 n，定义 φ_n 为与 f 的分划 P_n 相应的下阶梯函数，即在 P_n 的分点与 f 一致，且在由 P_n 确定的开区间上取常数值，该常数等于 f 在该区间的下确界．用类似的方式定义上阶梯函数 ψ_n．根据 Darboux 和的定义，对所有 n，

$$L(f,P_n)=\int_a^b\varphi_n \text{ 且 } U(f,P_n)=\int_a^b\psi_n$$

则 $\{\varphi_n\}$ 和 $\{\psi_n\}$ 是可积函数序列，使得对每个指标 n，在 E 上，$\varphi_n\leqslant f\leqslant\psi_n$．此外，序列 $\{\varphi_n\}$ 是递增的而 $\{\psi_n\}$ 是递减的，这是因为每个 P_{n+1} 是 P_n 的一个加细．最后，

$$\lim_{n\to\infty}\int_a^b[\psi_n-\varphi_n]=\lim_{n\to\infty}[U(f,P_n)-L(f,P_n)]=0$$

我们从前一个引理推出

$$\text{在}[a,b]\text{上 a.e. 逐点}\{\varphi_n\}\to f\text{ 且}\{\psi_n\}\to f$$

104

那些使得 $\{\psi_n(x)\}$ 或 $\{\varphi_n(x)\}$ 不收敛于 $f(x)$ 的点 x 的集合 E 的测度为零．令 E_0 为 E 与这些 P_n 的所有分点的集合的并．作为零测度集与可数集的并集，$m(E_0)=0$．我们宣称 f 在 $E\sim E_0$ 的每个点连续．事实上，令 x_0 属于 $E\sim E_0$．为证明 f 在 x_0 连续，令 $\varepsilon>0$．由于 $\{\psi_n(x_0)\}$ 和 $\{\varphi_n(x_0)\}$ 收敛于 $f(x_0)$，我们可以选取自然数 n_0 使得

$$f(x_0)-\varepsilon<\varphi_{n_0}(x_0)\leqslant f(x_0)\leqslant\psi_{n_0}(x_0)<f(x_0)+\varepsilon \tag{8}$$

由于 x_0 不是 P_{n_0} 的分点，可以选取 $\delta>0$ 使得开区间 $(x_0-\delta, x_0+\delta)$ 包含在由 P_{n_0} 确定的包含 x_0 的开区间 I_{n_0} 中．这个包含蕴涵

$$\text{若}|x-x_0|<\delta,\quad\text{则 }\varphi_{n_0}(x_0)\leqslant\varphi_{n_0}(x)\leqslant f(x)\leqslant\psi_{n_0}(x)$$

从这个不等式和不等式(8)我们推出

$$\text{若}\ |x-x_0|<\delta, \quad \text{则}\ |f(x)-f(x_0)|<\varepsilon$$

因此 f 在 x_0 连续.

剩下来要证明逆命题. 假设 f 在$[a, b]$中的几乎所有点连续. 令$\{P_n\}$为$[a, b]$的任意分划序列使得[⊖]

$$\lim_{n\to\infty} \text{gap} P_n = 0$$

我们宣称

$$\lim_{n\to\infty}[U(f,P_n)-L(f,P_n)]=0 \tag{9}$$

若这得到验证，则从关于下 Riemann 积分和上 Riemann 积分的如下估计：

$$\text{对所有}\ n, \quad 0 \leqslant \overline{\int_a^b} f - \underline{\int_a^b} f \leqslant [U(f,P_n)-L(f,P_n)]$$

我们得出 f 在$[a, b]$上是可积的. 对每个 n，令 φ_n 和 ψ_n 为与 f 在分划 P_n 下对应的下和上阶梯函数. 要证明(9)即要证明

$$\lim_{n\to\infty}\int_a^b [\psi_n-\varphi_n]=0 \tag{10}$$

阶梯函数的 Riemann 积分等于它的 Lebesgue 积分. 此外，由于函数 f 在有界集$[a, b]$上有界，序列$\{\varphi_n\}$和$\{\psi_n\}$在$[a, b]$上一致有界. 因此，根据有界收敛定理，为证明(10)仅须证明在(a, b)中那些使得 f 连续的点与那些不是任何分划 P_n 的分点构成的集合上逐点地$\{\varphi_n\}\to f$ 且$\{\psi_n\}\to f$. 令 x_0 为这样的点. 我们证明

105

$$\lim_{n\to\infty}\varphi_n(x_0)=f(x_0)\ \text{且}\ \lim_{n\to\infty}\psi_n(x_0)=f(x_0) \tag{11}$$

令 $\varepsilon>0$. 令 $\delta>0$，使得

$$\text{若}\ |x-x_0|<\delta, \quad f(x_0)-\varepsilon/2<f(x)<f(x_0)+\varepsilon/2 \tag{12}$$

选取指标 N 使得若 $n\geqslant N$，$\text{gap}P_n<\delta$. 若 $n\geqslant N$ 而 I_n 是由 P_n 确定的开分划区间，它包含 x_0，则 $I_n\subseteq(x_0-\delta, x_0+\delta)$. 我们从(12)推出

$$f(x_0)-\varepsilon/2\leqslant\varphi_n(x_0)<f(x_0)<\psi_n(x_0)\leqslant f(x_0)+\varepsilon/2$$

因此对所有 $n\geqslant N$，

$$0\leqslant\psi_n(x_0)-f(x_0)<\varepsilon\ \text{且}\ 0\leqslant f(x_0)-\varphi_n(x_0)<\varepsilon$$

因此(11)成立，从而定理证明完毕. ■

习题

15. 令 f 和 g 为在$[a, b]$上 Riemann 可积的有界函数. 证明乘积 fg 在$[a, b]$上也是 Riemann 可积的.
16. 令 f 为$[a, b]$上的有界函数，其不连续点的集合的测度为零. 证明 f 是可测的. 接着证明无须有界性的假设，结论同样成立.
17. 令 f 为$[0, 1]$上的在$(0, 1]$上连续的函数. 证明序列$\left\{\int_{[1/n,1]} f\right\}$收敛，然而 f 在$[0, 1]$上有可能不是 Lebesgue 可积的. 若 f 是非负的这能发生吗？

106

⊖ 分划 P 的间隔(gap)定义为该分划的相邻分点的最大距离.

第6章 微分与积分

与 Riemann 积分有关的积分与微分的计算的基本定理是微积分学的基石．本章我们对 Lebesgue 积分阐述这两个定理．对于闭有界区间$[a, b]$上的函数 f，何时有

$$\int_a^b f' = f(b) - f(a)? \tag{i}$$

假设 f 是连续的．延拓 f 使得在$(b, b+1)$上取值 $f(b)$，对于$0<h\leqslant 1$，$[a, b]$上的均差函数 $\mathrm{Diff}_h f$ 和平均值函数 $\mathrm{Av}_h f$ 定义为

$$\text{对所有在}[a,b]\text{内的 } x,\quad \mathrm{Diff}_h f(x) = \frac{f(x+h)-f(x)}{h} \text{ 与 } \mathrm{Av}_h f(x) = \frac{1}{h}\int_x^{x+h} f(t)\mathrm{d}t$$

通过变量的代换和一些项的抵消，对于 Riemann 积分给出了(i)的离散形式：

$$\int_a^b \mathrm{Diff}_h f = \mathrm{Av}_h f(b) - \mathrm{Av}_h f(a)$$

当 $h\to 0^+$ 时，右边的极限等于 $f(b)-f(a)$．我们证明 Henri Lebesgue 的一个震撼性的定理，它告诉我们(a, b)上的单调函数几乎处处有有限导数．接着定义对于一个函数绝对连续意味着什么，且证明：若 f 绝对连续，则 f 是两个单调函数的差且均差族$\{\mathrm{Diff}_h\}_{0\leqslant h\leqslant 1}$是一致可积的．因此，根据 Vitali 收敛定理，通过在离散形式取 $h\to 0^+$ 的极限得到 f 绝对连续，所以(i)成立．若 f 单调且(i)成立，我们证明 f 必须是绝对连续的．从积分形式的基本定理(i)，我们得到微分形式的基本定理，即若 f 在$[a, b]$上是 Lebesgue 可积的，则对$[a, b]$中的几乎所有 x，

$$\frac{\mathrm{d}}{\mathrm{d}x}\left[\int_a^x f\right] = f(x) \tag{ii}$$

6.1 单调函数的连续性

回忆一个函数定义为单调的，若它是递增的或是递减的．单调函数在解决上面提出的问题上起了决定性的作用．这有两个理由．首先，Lebesgue 的一个定理(见 6.2 节)断言开区间上的单调函数是几乎处处可微的．其次，Jordan 的一个定理(见 6.3 节)告诉我们闭有界区间上的非常一般的函数簇，即那些有界变差函数(包括 Lipschitz 函数)，可以表示为两个单调函数的差，因此它们在其定义域内部也是几乎处处可微的．在这简短的预备的一节中我们考虑单调函数的连续性质．

定理 1 令 f 为开区间(a, b)上的单调函数．则 f 除了在(a, b)中的可能的可数个点外连续．

证明 假设 f 是递增的. 此外，假设(a, b)是有界的且 f 在闭区间$[a, b]$上递增. 否则，将(a, b)表示为上升的开有界区间序列的并，这些区间的闭包包含于(a, b)，取该可数区间族的每个区间中不连续点的并集. 对每个 $x_0 \in (a, b)$，f 在点 x_0 有左极限与右极限. 定义

$$f(x_0^-)=\lim_{x\to x_0^-} f(x)=\sup\{f(x)\mid a<x<x_0\}$$

$$f(x_0^+)=\lim_{x\to x_0^+} f(x)=\inf\{f(x)\mid x_0<x<b\}$$

由于函数 f 是递增的，$f(x_0^-)\leqslant f(x_0^+)$. 函数 f 在 x_0 不连续当且仅当 $f(x_0^-)<f(x_0^+)$，在这种情形我们定义开"跳跃"区间 $J(x_0)$为

$$J(x_0)=\{y\mid f(x_0^-)<y<f(x_0^+)\}$$

每个跳跃区间包含于有界区间$[f(a), f(b)]$，而跳跃区间族是不交的. 因此，对每个自然数 n，仅存在有限个长度大于 $1/n$ 的跳跃区间. 于是 f 的不连续点集是有限集的可数族的并，因此是可数的. ■

命题 2 令 C 为开区间(a, b)的可数子集. 则存在(a, b)上的递增函数，该函数仅在$(a, b)\sim C$ 中的点处连续.

证明 若 C 是有限的，证明是显然的. 假设 C 是可数无穷的. 令$\{q_n\}_{n=1}^{\infty}$为 C 的列举. 定义(a, b)上的函数 f 为[⊖]

$$\text{对所有 } a<x<b,\quad f(x)=\sum_{\{n\mid q_n\leqslant x\}}\frac{1}{2^n}$$

108

由于公比小于 1 的几何级数收敛，所以 f 是恰当定义的. 此外，

$$\text{若 } a<u<v<b,\text{则 } f(v)-f(u)=\sum_{\{n\mid u<q_n\leqslant v\}}\frac{1}{2^n} \tag{1}$$

因此 f 是递增的. 令 $x_0=q_k$ 属于 C. 则根据(1)，

$$\text{对所有 } x<x_0,\quad f(x_0)-f(x)\geqslant\frac{1}{2^k}$$

因此 f 在点 x_0 不连续. 现在令 x_0 属于$(a, b)\sim C$. 令 n 为自然数. 存在包含 x_0 的开区间 I，使得对 $1\leqslant k\leqslant n$，q_k 不属于 I. 我们从(1)推出对所有 $x\in I$，$|f(x)-f(x_0)|<1/2^n$. 因此 f 在点 x_0 连续. ■

习题

1. 令 C 为非退化闭有界区间$[a, b]$的可数子集. 证明存在$[a, b]$上的递增函数，它仅在$[a, b]\sim C$ 中的点处连续.
2. 证明存在$[0, 1]$上的严格递增函数，它仅在$[0, 1]$中的无理数处连续.

⊖ 我们采用在空集上求和等于零这一约定.

3. 令 f 为 $\mathbf{R}$ 的子集 E 上的单调函数. 证明 f 除了 E 中的可能的可数个点外连续.
4. 令 E 为 $\mathbf{R}$ 的子集而 C 是 E 的可数子集. 是否存在 E 上的单调函数，它仅在 $E \sim C$ 的点处连续?

6.2 单调函数的可微性：Lebesgue 定理

闭有界区间$[c, d]$称为非退化的，若 $c<d$.

定义 闭有界非退化区间族 $\mathcal{F}$ 称为在 **Vitali 的意义**下覆盖集合 E，若对 E 中的每个点 x 和 $\varepsilon>0$，存在 $\mathcal{F}$ 中的区间 I，它包含 x 且 $\ell(I)<\varepsilon$.

Vitali 覆盖引理 令 E 为有限外测度的集合，而 $\mathcal{F}$ 是在 Vitali 意义下覆盖 E 的非退化闭有界区间族. 则对每个 $\varepsilon>0$，存在 $\mathcal{F}$ 的有限不交子族$\{I_k\}_{k=1}^n$使得

$$m^*\left[E \sim \bigcup_{k=1}^n I_k\right] < \varepsilon \tag{2}$$

证明 由于 $m^*(E)<\infty$，存在包含 E 的开集 $\mathcal{O}$ 使得 $m(\mathcal{O})<\infty$. 由于 $\mathcal{F}$ 是 E 的一个 Vitali 覆盖，我们可以假设 $\mathcal{F}$ 中的每个区间包含于 $\mathcal{O}$. 根据测度的可数可加性和单调性，

$$\text{若}\{I_k\}_{k=1}^\infty \subseteq \mathcal{F}\text{ 是不交的，}\quad \text{则} \sum_{k=1}^\infty \ell(I_k) \leqslant m(\mathcal{O}) < \infty \tag{3}$$

109

此外，由于每个 I_k 是闭的而 $\mathcal{F}$ 是 E 的 Vitali 覆盖，

$$\text{若}\{I_k\}_{k=1}^n \subseteq \mathcal{F}，\quad \text{则 } E \sim \bigcup_{k=1}^n I_k \subseteq \bigcup_{I\in\mathcal{F}_n} I，\quad \text{其中 } \mathcal{F}_n = \left\{I \in \mathcal{F} \mid I \cap \bigcup_{k=1}^n I_k = \emptyset\right\} \tag{4}$$

若存在 E 的覆盖 $\mathcal{F}$ 的有限不交子族，证明就完成了. 否则，我们归纳地选取 $\mathcal{F}$ 的不交可数子族$\{I_k\}_{k=1}^\infty$，它具有以下性质:

$$\text{对所有 } n，\quad E \sim \bigcup_{k=1}^n I_k \subseteq \bigcup_{k=n+1}^\infty 5 * I_k \tag{5}$$

其中，对于闭有界区间 I，$5 * I$ 表示与 I 有相同中点而长度是其 5 倍的闭区间. 为开始选取，令 I_1 为 $\mathcal{F}$ 中的任何区间. 假定 n 是自然数而 $\mathcal{F}$ 的有限不交子族$\{I_k\}_{k=1}^n$已被选取. 由于 $E\sim\bigcup_{k=1}^n I_k\neq\emptyset$，(4)中定义的族 $\mathcal{F}_n$ 是非空的. 此外，$\mathcal{F}_n$ 中区间的长度的上确界 s_n 是有限的，这是由于 $m(\mathcal{O})$是这些长度的一个上界. 选取 I_{n+1} 为 $\mathcal{F}_n$ 中使得 $\ell(I_{n+1})>s_n/2$ 的区间. 这归纳地定义了$\{I_k\}_{k=1}^\infty$，即 $\mathcal{F}$ 的一个可数不交子族使得对每个 n，

$$\text{若 } I \in \mathcal{F} \text{ 且 } I \cap \bigcup_{k=1}^n I_k = \emptyset，\quad \ell(I_{n+1}) > \ell(I)/2 \tag{6}$$

我们从(3)推出$\{\ell(I_k)\}\to 0$. 固定自然数 n. 为证明包含关系(5)，令 x 属于 $E\sim\bigcup_{k=1}^n I_k$. 我们从(4)推出存在 $I\in\mathcal{F}$，它包含 x 且与 $\bigcup_{k=1}^n I_k$ 不交. 现在 I 必须与某个 I_k 有非空交，否则根据(6)，对所有 k，$\ell(I_k)>\ell(I)/2$，这与$\{\ell(I_k)\}$收敛到 0 矛盾. 令 N 为使得 $I\cap I_N\neq\emptyset$的

第一个自然数．则 $N>n$．由于 $I\cap\bigcup_{k=1}^{N-1}I_k=\emptyset$，我们从(6)推出 $\ell(I_N)>\ell(I)/2$．由于 x 属于 I 且 $I\cap I_N\neq\emptyset$，x 到 I_N 的中点的距离至多为 $\ell(I)+1/2\cdot\ell(I_N)$．因此，由于 $\ell(I)<2\cdot\ell(I_N)$，x 到 I_N 的中点的距离小于 $5/2\cdot\ell(I_N)$．这意味着 x 属于 $5*I_N$．因此，

$$x\in 5*I_N\subseteq\bigcup_{k=n+1}^{\infty}5*I_k$$

我们证明了包含关系(5)．

令 $\varepsilon>0$．我们从(3)推出存在自然数 n 使得 $\sum_{k=n+1}^{\infty}\ell(I_k)<\varepsilon/5$．$n$ 的这个选择与包含关系(5)，以及测度的单调性、可数可加性一起，证明了(2)．■

对于实值函数 f 和它的定义域的一个内点 x，f 在 x 的**上导数** $\overline{D}f(x)$ 与**下导数** $\underline{D}f(x)$ 定义如下：

$$\overline{D}f(x)=\lim_{h\to 0}\left[\sup_{0<|t|\leqslant h}\frac{f(x+t)-f(x)}{t}\right]$$

$$\underline{D}f(x)=\lim_{h\to 0}\left[\inf_{0<|t|\leqslant h}\frac{f(x+t)-f(x)}{t}\right]$$

110

我们有 $\overline{D}f(x)\geqslant\underline{D}f(x)$．若 $\overline{D}f(x)$ 等于 $\underline{D}f(x)$ 且是有限的，我们说 f 在 x 是**可微的**且定义 $f'(x)$ 为上导数与下导数的公共值．

微积分的中值定理告诉我们，若函数 f 在闭有界区间 $[c,d]$ 上连续且在它的内部 (c,d) 可微，满足在 (c,d) 上 $f'\geqslant\alpha$，则

$$\alpha\cdot(d-c)\leqslant[f(d)-f(c)]$$

该不等式的以下推广（不等式(7)）的证明很好地说明了 Vitali 覆盖引理与函数的单调性质的富有成效的交互．

引理 3　*令 f 为闭有界区间 $[a,b]$ 上的递增函数．则对每个 $\alpha>0$，*

$$m^*\{x\in(a,b)\mid\overline{D}f(x)\geqslant\alpha\}\leqslant\frac{1}{\alpha}\cdot[f(b)-f(a)]\tag{7}$$

且

$$m^*\{x\in(a,b)\mid\overline{D}f(x)=\infty\}=0\tag{8}$$

证明　令 $\alpha>0$．定义 $E_\alpha=\{x\in(a,b)\mid\overline{D}f(x)\geqslant\alpha\}$．选取 $\alpha'\in(0,\alpha)$．令 $\mathcal{F}$ 为包含于 (a,b) 的闭有界区间 $[c,d]$ 所组成的族，使得 $f(d)-f(c)\geqslant\alpha'(d-c)$．由于在 E_α 上，$\overline{D}f\geqslant\alpha$，$F$ 是 E_α 的一个 Vitali 覆盖．Vitali 覆盖引理告诉我们存在 F 的有限不交子族 $\{[c_k,d_k]\}_{k=1}^n$ 使得

$$m^*\left[E_\alpha\sim\bigcup_{k=1}^{n}[c_k,d_k]\right]<\varepsilon$$

由于 $E_\alpha \subseteq \bigcup_{k=1}^{n}[c_k, d_k] \cup \left\{E_\alpha \sim \bigcup_{k=1}^{n}[c_k, d_k]\right\}$，根据外测度的有限次可加性，以及前一个不等式和区间$[c_k, d_k]$的选取，

$$m^*(E_\alpha) < \sum_{k=1}^{n}(d_k - c_k) + \varepsilon \leqslant \frac{1}{\alpha'} \cdot \sum_{k=1}^{n}[f(d_k) - f(c_k)] + \varepsilon \tag{9}$$

然而，函数 f 在$[a, b]$上是递增的，而$\{[c_k, d_k]\}_{k=1}^{n}$是$[a, b]$的不交子区间族．于是，

$$\sum_{k=1}^{n}[f(d_k) - f(c_k)] \leqslant f(b) - f(a)$$

因此对每个 $\varepsilon>0$ 和每个 $\alpha' \in (0, \alpha)$，

$$m^*(E_\alpha) \leqslant \frac{1}{\alpha'} \cdot [f(b) - f(a)] + \varepsilon$$

这证明了(7)．对每个自然数 n，$\{x \in (a, b) \mid \overline{D}f(x) = \infty\} \subseteq E_n$，因此

$$m^*\{x \in (a,b) \mid \overline{D}f(x) = \infty\} \leqslant m^*(E_n) \leqslant \frac{1}{n} \cdot (f(b) - f(a))$$

这证明了(8)． ■ [111]

Lebesgue 定理 *若函数 f 在开区间(a, b)上单调，则它在(a, b)上是几乎处处可微的．*

证明 假设 f 是递增的．此外，假设(a, b)是有界的．否则，将(a, b)表示为开有界区间的上升序列的并集，进而用 Lebesgue 测度的连续性．(a, b)中那些使得$\overline{D}f(x) > \underline{D}f(x)$的点 x 的集合是集合

$$E_{\alpha,\beta} = \{x \in (a,b) \mid \overline{D}f(x) > \alpha > \beta > \underline{D}f(x)\}$$

的并集，其中 α 和 β 是有理数．因此，由于这是可数族，根据外测度的可数次可加性，仅须证明每个 $E_{\alpha,\beta}$的外测度为零．固定有理数 α 和 β 使得 $\alpha>\beta$，且设 $E=E_{\alpha,\beta}$．令 $\varepsilon>0$．选取开集 $\mathcal{O}$ 使得

$$E \subseteq \mathcal{O} \subseteq (a,b) \text{ 且 } m(\mathcal{O}) < m^*(E) + \varepsilon \tag{10}$$

令 $\mathcal{F}$ 为包含于 $\mathcal{O}$ 的闭有界区间$[c, d]$所组成的族，使得 $f(d)-f(c)<\beta(d-c)$．由于在 E 上$\underline{D}f<\beta$，F 是 E 的一个 Vitali 覆盖．Vitali 覆盖引理告诉我们存在 $\mathcal{F}$ 的有限不交子族$\{[c_k, d_k]\}_{k=1}^{n}$使得

$$m^*\left[E \sim \bigcup_{k=1}^{n}[c_k, d_k]\right] < \varepsilon \tag{11}$$

根据区间$[c_k, d_k]$的选取、$\mathcal{O}$ 中的不交区间族$\{[c_k, d_k]\}_{k=1}^{n}$的并的包含关系以及(10)，

$$\sum_{k=1}^{n}[f(d_k) - f(c_k)] < \beta\left[\sum_{k=1}^{n}(d_k - c_k)\right] \leqslant \beta \cdot m(\mathcal{O}) \leqslant \beta \cdot [m^*(E) + \varepsilon] \tag{12}$$

对于 $1 \leqslant k \leqslant n$，我们从前一个引理应用于 f 在$[c_k, d_k]$的限制推出

$$m^*(E \cap (c_k, d_k)) \leqslant \frac{1}{\alpha}[f(d_k) - f(c_k)]$$

因此，根据(11)，

$$m^*(E) \leqslant \sum_{k=1}^{n} m^*(E \cap (c_k, d_k)) + \varepsilon \leqslant \frac{1}{\alpha}\left[\sum_{k=1}^{n}[f(d_k) - f(c_k)]\right] + \varepsilon \tag{13}$$

我们从(12)和(13)推出，对所有 $\varepsilon>0$，

$$m^*(E) \leqslant \frac{\beta}{\alpha} \cdot m^*(E) + \frac{1}{\alpha} \cdot \varepsilon + \varepsilon$$

因此，由于 $0 \leqslant m^*(E) < \infty$ 且 $\beta/\alpha < 1$，$m^*(E) = 0$. ■

Lebesgue 定理在以下意义是最佳的，若 E 是包含于开区间(a, b)的测度为零的集合，存在(a, b)上的递增函数，它在 E 中的每个点处不是可微的(见习题 10).

112

注 Erigyes Riesz 和 Béla Sz.-Nagy[⊖]评论 Lebesgue 定理是“实变理论中最为引人注目和最为重要的定理之一”. 的确，Karl Weierstrass 于 1872 年在数学上给出了开区间上的连续函数在任何点处不可微[⊜]. 进一步的反常性被揭示出来了，随之而来的是一个关于数学分析的不确定性的传播时期. 1904 年发布的 Lebesgue 定理，以及我们将在 6.5 节探讨的其推论，有助于重建对数学分析的调和性的信心.

令 f 在闭有界区间$[a, b]$上可积. 延拓 f 使得它在$(b, b+1]$上取值 $f(b)$. 对 $0<h\leqslant 1$，定义$[a, b]$的**均差函数** $\mathrm{Diff}_h f$ 与**平均值函数** $\mathrm{Av}_h f$ 为

$$\text{对所有 } x \in [a,b],\quad \mathrm{Diff}_h f(x) = \frac{f(x+h) - f(x)}{h} \text{ 与 } \mathrm{Av}_h f(x) = \frac{1}{h}\int_x^{x+h} f$$

在积分中换元和抵消掉一些项，对所有 $a \leqslant u < v \leqslant b$，

$$\int_u^v \mathrm{Diff}_h f = \mathrm{Av}_h f(v) - \mathrm{Av}_h f(u) \tag{14}$$

推论 4 令 f 为闭有界区间$[a, b]$上的递增函数. 则 f' 在$[a, b]$上可积且

$$\int_a^b f' \leqslant f(b) - f(a) \tag{15}$$

证明 由于 f 在$[a, b+1]$上递增，它是可测的(见习题 22)，因此均差函数也是可测的. Lebesgue 定理告诉我们 f 在(a, b)上几乎处处可微. 因此$\{\mathrm{Diff}_{1/n} f\}$是在$[a, b]$上几乎处处逐点收敛于 f' 的非负可测函数序列. 根据 Fatou 引理，

$$\int_a^b f' \leqslant \liminf_{n\to\infty}\left[\int_a^b \mathrm{Diff}_{1/n} f\right] \tag{16}$$

根据换元公式(14)，对每个自然数 n，由于 f 是递增的，

$$\int_a^b \mathrm{Diff}_{1/n} f = \frac{1}{1/n} \cdot \int_b^{b+1/n} f - \frac{1}{1/n} \cdot \int_a^{a+1/n} f = f(b) - \frac{1}{1/n} \cdot \int_a^{a+1/n} f \leqslant f(b) - f(a)$$

⊖ 见他们的书《Functional Analysis》[RSN90]的第 5 页.

⊜ 这样的函数的一个较为简单的例子，归功于 Bartel van der Waerden，可在 Patrick Fitzpatrick 的《Advanced Calculus》[Fit09]的第 9 章找到.

因此

$$\lim_{n\to\infty}\sup\left[\int_a^b \mathrm{Diff}_{1/n}f\right]\leqslant f(b)-f(a) \tag{17}$$

不等式(15)从不等式(16)和(17)得出. ■ 113

注 (15)中的积分与 f 在端点的取值无关. 另一方面, 该等式的右边对开有界区间 (a, b) 上 f 到其定义域的闭包 $[a, b]$ 的任何递增延拓成立. 因此等式(15)的一个更紧凑形式是

$$\int_a^b f'\leqslant \sup_{x\in(a,b)} f(x)-\inf_{x\in(a,b)} f(x) \tag{18}$$

不等式的右边等于 $f(b)-f(a)$ 当且仅当 f 在端点连续. 然而, 即使 f 在 $[a, b]$ 上是递增的且连续, 不等式(15)也可以是严格的. 对于 $[0, 1]$ 上的 Cantor-Lebesgue 函数 φ 它是严格的, 这是由于 $\varphi(1)-\varphi(0)=1$ 而 φ' 在 $(0, 1)$ 上几乎处处为零. 我们证明对任何 $[a, b]$ 上的递增函数 f, (15)是等式当且仅当函数在 $[a, b]$ 上是绝对连续的. (见即将介绍的推论 12.)

注 对在闭有界区间 $[a, b]$ 上连续、在开区间 (a, b) 上可微的函数 f, 在关于 f 的单调性假设缺失的情况下我们不能推出它的导数 f' 在 $[a, b]$ 上可积. 我们把证明对于 $[0, 1]$ 上由

$$f(x)=\begin{cases}x^2\sin(1/x^2) & 0<x\leqslant 1\\ 0 & x=0\end{cases}$$

定义的函数 f, f' 在 $[0, 1]$ 上不可积留作练习.

习题

5. 证明 Vitali 覆盖引理不能推广到覆盖族有退化闭区间的情形.
6. 证明 Vitali 覆盖引理能推广到覆盖族由非退化的一般区间组成的情形.
7. 令 f 在 $\mathbf{R}$ 上连续. 是否有开区间使得 f 在其上是单调的?
8. 令 I 和 J 为闭有界区间而 $\gamma>0$ 使得 $\ell(I)>\gamma\ell(J)$. 假设 $I\cap J\neq\varnothing$. 证明: 若 $\gamma\geqslant 1/2$, 则 $J\subseteq 5*I$, 其中 $5*I$ 表示与 I 有相同的中心而长度是其 5 倍的区间. 若 $0<\gamma<1/2$, 同样的结论成立吗?
9. 证明实数集 E 的测度为零当且仅当存在开区间的可数族 $\{I_k\}_{k=1}^{\infty}$, 使得 E 中的每个点属于无穷多个区间 I_k 且 $\sum_{k=1}^{\infty}\ell(I_k)<\infty$.
10. (Riesz-Nagy)令 E 为包含于开区间 (a, b) 的测度为零的集合. 根据前一个习题, 存在包含于 (a, b) 的开区间的可数族 $\{c_k, d_k\}_{k=1}^{\infty}$, 使得 E 中的每个点属于该族中的无穷多个区间且 $\sum_{k=1}^{\infty}(d_k-c_k)<\infty$. 对所有 (a, b) 中的 x 定义

$$f(x)=\sum_{k=1}^{\infty}\ell((c_k,d_k)\cap(-\infty,x))$$

114

证明 f 是递增的且在 E 中的每个点处不可微.

11. 对于实数 $\alpha<\beta$ 和 $\gamma>0$，证明：若 g 在 $[\alpha+\gamma,\beta+\gamma]$ 上可积，则
$$\int_{\alpha}^{\beta} g(t+\gamma)\,\mathrm{d}t=\int_{\alpha+\gamma}^{\beta+\gamma} g(t)\,\mathrm{d}t$$
通过相继考虑简单函数、有界可测函数、非负可积函数、一般的可积函数证明该换元公式. 用它证明(14).
12. 计算有理数集的特征函数的上导数与下导数.
13. 令 E 为有限外测度的集合而 $\mathcal{F}$ 是 Vitali 意义下覆盖 E 的闭有界区间族. 证明存在 $\mathcal{F}$ 中的区间的可数不交族 $\{I_k\}_{k=1}^{\infty}$ 使得
$$m^*\left[E\sim\bigcup_{k=1}^{\infty} I_k\right]=0$$
14. 用 Vitali 覆盖引理证明任何闭有界非退化区间族(可数或不可数)的并是可测的.
15. 定义 $\mathbf{R}$ 上的 f 为
$$f(x)=\begin{cases}x\sin(1/x) & \text{若 } x\neq 0\\ 0 & \text{若 } x=0\end{cases}$$
找出 f 在 $x=0$ 的上导数与下导数.
16. 令 g 在 $[a,b]$ 上可积. 定义 g 的反导数为在 $[a,b]$ 上定义的函数 f，
$$f(x)=\int_a^x g,\quad \text{对所有 } x\in[a,b]$$
证明 f 在 (a,b) 上几乎处处可微.
17. 令 f 为开有界区间 (a,b) 上递增的有界函数. 证明(18).
18. 证明：若 f 定义在 (a,b) 上而 $c\in(a,b)$ 是 f 的局部极小点，则 $\underline{D}f(c)\leqslant 0\leqslant\overline{D}f(c)$.
19. 令 f 在 $[a,b]$ 上连续，满足在 (a,b) 上 $\underline{D}f\geqslant 0$. 证明 f 在 $[a,b]$ 上递增. (提示：首先对 (a,b) 上满足 $\underline{D}g\geqslant\varepsilon>0$ 的函数 g 证明该结论. 将此用于函数 $g(x)=f(x)+\varepsilon x$.)
20. 令 f 和 g 为 (a,b) 上的实值函数. 证明在 (a,b) 上，
$$\underline{D}f+\underline{D}g\leqslant\underline{D}(f+g)\leqslant\overline{D}(f+g)\leqslant\overline{D}f+\overline{D}g$$
21. 令 f 定义在 $[a,b]$ 上而 g 是 $[\alpha,\beta]$ 上的连续函数，它在 $\gamma\in(\alpha,\beta)$ 可微，其中 $g(\gamma)=c\in(a,b)$. 证明以下命题.

115

(i) 若 $g'(\gamma)>0$，则 $\overline{D}(f\circ g)(\gamma)=\overline{D}f(c)g'(\gamma)$.

(ii) 若 $g'(\gamma)=0$ 且 f 在 c 的上导数与下导数是有限的，则 $\overline{D}(f\circ g)(\gamma)=0$.

22. 证明定义在区间上的严格递增函数是可测的，并用此证明定义在区间上的单调函数是可测的.
23. 证明 $[a,b]$ 上的连续函数 f 是 Lipschitz 的，若它的下导数与上导数在 (a,b) 上有界.
24. 证明对于本节最后的注中定义的 f，f' 在 $[0,1]$ 上不可积.

6.3　有界变差函数：Jordan 定理

Lebesgue 定理告诉我们，开区间上的单调函数几乎处处可微. 因此开区间上的两个递增函数的差也是几乎处处可微的. 我们现在给出闭有界区间上可以表示为两个递增函数的差的函数类的刻画，它表明了该函数类非常之大，比方说，它包括了所有 Lipschitz 函数.

令 f 为定义在闭有界区间 $[a,b]$ 上的实值函数而 $P=\{x_0,\cdots,x_k\}$ 是 $[a,b]$ 的一个分划. 定义 f 关于 P 的变差为

$$V(f,P)=\sum_{i=1}^{k}|f(x_i)-f(x_{i-1})|$$

而 f 在$[a, b]$上的全变差为

$$TV(f)=\sup\{V(f,P)\mid P\text{ 是}[a,b]\text{ 的分划}\}$$

对于$[a, b]$的子区间$[c, d]$，$TV(f_{[c,d]})$表示 f 在$[c, d]$上的限制的全变差.

定义 闭有界区间$[a, b]$上的实值函数 f 称为在$[a, b]$上是**有界变差的**，若

$$TV(f)<\infty$$

例子 令 f 为$[a, b]$上的递增函数. 则 f 在$[a, b]$上是有界变差的且

$$TV(f)=f(b)-f(a)$$

事实上，对$[a, b]$的任何分划 $P=\{x_0, \cdots, x_k\}$，

$$V(f,p)=\sum_{i=1}^{k}|f(x_i)-f(x_{i-1})|=\sum_{i=1}^{k}[f(x_i)-f(x_{i-1})]=f(b)-f(a)$$

例子 令 f 为$[a, b]$上的 Lipschitz 函数. 则 f 在$[a, b]$上是有界变差的且 $TV(f)\leqslant c(b-a)$，其中

$$\text{对所有}[a,b]\text{ 中的 }u,v,\quad |f(u)-f(v)|\leqslant c|u-v|$$

事实上，对$[a, b]$的任何分划 $P=\{x_0, \cdots, x_k\}$，

$$V(f,P)=\sum_{i=1}^{k}|f(x_i)-f(x_{i-1})|\leqslant c\cdot\sum_{i=1}^{k}[x_i-x_{i-1}]=c\cdot[b-a]$$

116

于是，$c(b-a)$是 f 关于$[a, b]$的所有分划的变差集合的上界，因此 $TV(f)\leqslant c(b-a)$.

例子 定义$[0, 1]$上的函数 f 为

$$f(x)=\begin{cases}x\cos(\pi/2x) & \text{若 } 0<x\leqslant 1\\ 0 & \text{若 } x=0\end{cases}$$

则 f 在$[0, 1]$上连续. 但 f 在$[0, 1]$上不是有界变差的. 事实上，对一个自然数 n，考虑$[0, 1]$的分划 $P_n=\{0, 1/2n, 1/[2n-1], \cdots, 1/3, 1/2, 1\}$. 则

$$V(f,P_n)=1+1/2+\cdots+1/n$$

因此 f 在$[0, 1]$上不是有界变差的，这是因为调和级数发散.

观察到若 c 属于(a, b)，P 是$[a, b]$的分划，而 P'是通过将 c 加入 P 所得到的 P 的加细，则根据三角不等式，$V(f, P)\leqslant V(f, P')$. 因此，在$[a, b]$上函数的全变差定义中，上确界可以在$[a, b]$的包含点 c 的分划上取. 现在$[a, b]$的一个包含点 c 的分划 P 分别由$[a, c]$的分划 P_1 和$[c, b]$的分划 P_2 诱导，而对于这样的分划，

$$V(f_{[a,b]},P)=V(f_{[a,c]},P_1)+V(f_{[c,b]},P_2)\tag{19}$$

在这样的分划中取上确界得出

$$TV(f_{[a,b]})=TV(f_{[a,c]})+TV(f_{[c,b]})\tag{20}$$

我们推出若 f 在$[a, b]$上是有界变差的，则对所有 $a\leqslant u<v\leqslant b$，

$$TV(f_{[a,v]}) - TV(f_{[a,u]}) = TV(f_{[u,v]}) \geqslant 0 \tag{21}$$

因此函数 $x \mapsto TV(f_{[a,x]})$，我们称它为 f 的**全变差**，是一个$[a, b]$上的实值的递增函数. 此外，对于 $a \leqslant u < v \leqslant b$，若取$[u, v]$的最粗糙的分划 $P=\{u, v\}$，我们有

$$f(u) - f(v) \leqslant |f(v) - f(u)| = V(f_{[u,v]}, P) \leqslant TV(f_{[u,v]}) = TV(f_{[a,v]}) - TV(f_{[a,u]})$$

因此对所有 $a \leqslant u < v \leqslant b$，

$$f(v) + TV(f_{[a,v]}) \geqslant f(u) + TV(f_{[a,u]}) \tag{22}$$

我们证明了以下引理.

引理 5　令函数 f 在闭有界区间$[a, b]$上是有界变差的. 则 f 有以下作为$[a, b]$上的两个单增函数的差的直接表示：

$$f(x) = [f(x) + TV(f_{[a,x]})] - TV(f_{[a,x]}), \quad 对所有\ x \in [a,b] \tag{23}$$

Jordan 定理　函数 f 在闭有界区间$[a, b]$上是有界变差的当且仅当它是$[a, b]$上的两个单调递增函数的差.

117

证明　令函数 f 在$[a, b]$上是有界变差的. 前一个引理提供了 f 作为两个递增函数的差的直接表示. 为证明逆命题，令 $f=g-h$，其中 g 和 h 是$[a, b]$上的递增函数. 对$[a, b]$的任何分划 $P=\{x_0, \cdots, x_k\}$，

$$\begin{aligned} V(f,P) &= \sum_{i=1}^{k} |f(x_i) - f(x_{i-1})| \\ &= \sum_{i=1}^{k} |[g(x_i) - g(x_{i-1})] + [h(x_{i-1}) - h(x_i)]| \\ &\leqslant \sum_{i=1}^{k} |g(x_i) - g(x_{i-1})| + \sum_{i=1}^{k} |h(x_{i-1}) - h(x_i)| \\ &= \sum_{i=1}^{k} [g(x_i) - g(x_{i-1})] + \sum_{i=1}^{k} [h(x_i) - h(x_{i-1})] \\ &= [g(b) - g(a)] + [h(b) - h(a)] \end{aligned}$$

因此，f 的关于$[a, b]$的分划的变差的集合以$[g(b)-g(a)]+[h(b)-h(a)]$为上界，且因此 f 在$[a, b]$上是有界变差的. ■

我们称将有界变差函数 f 表示为两个单调递增函数的差的表达方式为 f 的 **Jordan 分解**.

推论 6　若函数 f 在闭有界区间$[a, b]$上是有界变差的，则它在开区间(a, b)上是几乎处处可微的且 f' 在$[a, b]$上是可积的.

证明　根据 Jordan 定理，f 是$[a, b]$上的两个递增函数的差. 于是 Lebesgue 定理告诉我们 f 是两个在(a, b)上几乎处处可微的函数的差. 因此 f 在(a, b)上几乎处处可微. f' 的可积性从推论 4 得到. ■

习题

25. 假定 f 在 $[0,1]$ 上连续. 一定存在 $[0,1]$ 的非退化闭子区间 $[a,b]$，使得 f 在 $[a,b]$ 上的限制是有界变差的吗？
26. 令 f 为 Dirichlet 函数，即 $[0,1]$ 中的有理数的特征函数. f 在 $[0,1]$ 上是有界变差的吗？
27. 在 $[0,2\pi]$ 上定义 $f(x)=\sin x$. 找出两个递增函数 h 和 g，使得在 $[0,2\pi]$ 上 $f=h-g$.
28. 令 f 为 $[a,b]$ 上的阶梯函数. 找到它的全变差的公式.
29. (i) 定义

$$f(x)=\begin{cases}x^2\cos(1/x^2) & 若\ x\neq 0, x\in[-1,1]\\ 0 & 若\ x=0\end{cases}$$

f 在 $[-1,1]$ 上是有界变差的吗？

(ii) 定义

$$g(x)=\begin{cases}x^2\cos(1/x) & 若\ x\neq 0, x\in[-1,1]\\ 0 & 若\ x=0\end{cases}$$

g 在 $[-1,1]$ 上是有界变差的吗？

118

30. 证明两个有界变差函数的线性组合也是有界变差的. 这样两个函数的积也是有界变差的吗？
31. 令 P 为 $[a,b]$ 的分划，它是分划 P' 的加细. 对于 $[a,b]$ 上的实值函数 f，证明 $V(f,P')\leqslant V(f,P)$.
32. 假设 f 在 $[a,b]$ 上是有界变差的. 证明存在 $[a,b]$ 的分划序列 $\{P_n\}$，使得序列 $\{TV(f,P_n)\}$ 是递增的且收敛到 $TV(f)$.
33. 令 $\{f_n\}$ 为 $[a,b]$ 上逐点收敛于实值函数 f 的 $[a,b]$ 上的实值函数序列. 证明

$$TV(f)\leqslant \liminf TV(f_n)$$

34. 令 f 和 g 在 $[a,b]$ 上是有界变差的. 证明

$$TV(f+g)\leqslant TV(f)+TV(g)\ 且\ TV(\alpha f)=|\alpha|TV(f)$$

35. 对于正数 α 和 β，定义 $[0,1]$ 上的函数 f 为

$$f(x)=\begin{cases}x^\alpha\sin(1/x^\beta) & 若\ 0<x\leqslant 1\\ 0 & 若\ x=0\end{cases}$$

证明：若 $\alpha>\beta$，f' 在 $[0,1]$ 上是可积的，以此来证明 f 在 $[0,1]$ 上是有界变差的. 接着证明：若 $\alpha\leqslant\beta$，则 f 在 $[0,1]$ 上不是有界变差的.
36. 令 f 在 $[0,1]$ 上不是有界变差的. 证明存在 $[0,1]$ 中的点 x_0，使得 f 在 $[0,1]$ 的每个包含 x_0 的长度任意小的非退化闭子区间上不是有界变差的.

6.4 绝对连续函数

定义 闭有界区间 $[a,b]$ 上的实值函数 f 称为在 $[a,b]$ 上是**绝对连续**的，若对每个 $\varepsilon>0$，存在 $\delta>0$，使得对每个 (a,b) 中的开区间的有限不交族 $\{(a_k,b_k)\}_{k=1}^n$，

$$若\ \sum_{k=1}^n[b_k-a_k]<\delta,\quad 则\ \sum_{k=1}^n|f(b_k)-f(a_k)|<\varepsilon$$

绝对连续性的准则在区间的有限族由单个区间组成的情形即为 f 在 $[a,b]$ 上的一致连

119 续性的准则. 因此绝对连续的函数是连续的. 反过来即使对递增函数也不成立.

例子 Cantor-Lebesgue 函数 φ 在 $[0, 1]$ 上是递增与连续的，但它不是绝对连续的(也见习题 40 与 48). 事实上，为看出 φ 不是绝对连续的，令 n 为自然数. 在 Cantor 集构造的第 n 步，$[0, 1]$ 的 2^n 个子区间的不交族 $\{[c_k, d_k]\}_{1\leqslant k\leqslant 2^n}$ 被构造出，它覆盖 Cantor 集，每个区间的长度为 $(1/3)^n$. Cantor-Lebesgue 函数在该区间族由 $[0, 1]$ 上的补集组成的每个区间上是常数. 因此，由于 φ 是递增的且 $\varphi(1)-\varphi(0)=1$，

$$\sum_{1\leqslant k\leqslant 2^n}[d_k-c_k]=(2/3)^n \text{ 而 } \sum_{1\leqslant k\leqslant 2^n}[\varphi(d_k)-\varphi(c_k)]=1$$

不存在对应于关于 φ 为绝对连续的准则的 $\varepsilon=1$ 的挑战.

显然绝对连续函数的线性组合是绝对连续的. 然而，绝对连续函数的复合可以不是绝对连续的(见习题 43、44 和 45).

命题 7 若函数 f 在闭有界区间 $[a, b]$ 上是 Lipschitz 的，则它在 $[a, b]$ 上是绝对连续的.

证明 令 $c>0$ 为 f 在 $[a, b]$ 上的 Lipschitz 常数，即

$$\text{对所有 } u,v\in[a,b], \quad |f(u)-f(v)|\leqslant c|u-v|$$

从而，对于 f 的绝对连续性的准则，显然 $\delta=\varepsilon/c$ 对应于任何 $\varepsilon>0$ 的挑战. ■

存在不是 Lipschitz 的绝对连续函数：$[0, 1]$ 上定义为 $f(x)=\sqrt{x}$ 的函数 f 是绝对连续的，但不是 Lipschitz 的(见习题 37).

定理 8 令函数 f 在闭有界区间 $[a, b]$ 上是绝对连续的. 则 f 是递增的绝对连续函数的差，特别地，f 是有界变差的.

证明 我们首先证明 f 是有界变差的. 事实上，令 δ 对应于 f 的绝对连续性的准则的 $\varepsilon=1$ 挑战. 令 P 为将 $[a, b]$ 分为 N 个闭区间，每个区间的长度小于 δ 的分划 $\{c_k, d_k\}_{k=1}^N$. 则根据关于 f 的绝对连续性的 δ 的定义，显然对于 $1\leqslant k\leqslant n$，$TV(f_{[c_k,d_k]})\leqslant 1$. 加性公式(19)推广到有限和. 因此，

$$TV(f)=\sum_{k=1}^{N}TV(f_{[c_k,d_k]})\leqslant N$$

120 因此 f 是有界变差的. 根据(23)与绝对连续函数的和的绝对连续性，为证明 f 是递增的绝对连续函数的差，仅须证明 f 的全变差函数是绝对连续的. 令 $\varepsilon>0$. 选取 δ 对应于 f 在 $[a, b]$ 上的绝对连续性的准则的 $\varepsilon/2$ 挑战. 令 $\{(c_k, d_k)\}_{k=1}^n$ 为 (a, b) 的开子区间的不交族使得 $\sum_{k=1}^{n}[d_k-c_k]<\delta$. 对于 $1\leqslant k\leqslant n$，令 P_k 为 $[c_k, d_k]$ 的一个分划. 根据 f 在 $[a, b]$ 上的绝对连续性和 δ 的选取，

$$\sum_{k=1}^{n}V(f_{[c_k,d_k]},P_k)<\varepsilon/2$$

对 $1\leqslant k\leqslant n$，取 P_k 在 $[c_k, d_k]$ 的分划变化的上确界，得到

$$\sum_{k=1}^{n} TV(f_{[c_k,d_k]}) \leqslant \varepsilon/2 < \varepsilon$$

我们从(21)推出，对 $1\leqslant k\leqslant n$，$TV(f_{[c_k,d_k]})=TV(f_{[a,d_k]})-TV(f_{[a,c_k]})$．因此

$$若 \sum_{k=1}^{n}[d_k - c_k] < \delta, 则 \sum_{k=1}^{n} |TV(f_{[a,d_k]}) - TV(f_{[a,c_k]})| < \varepsilon \tag{24}$$

因此 f 的全变差函数在 $[a, b]$ 上是绝对连续的． ■

定理 9　令函数 f 在闭有界区间 $[a, b]$ 上是连续的．则 f 在 $[a, b]$ 上是绝对连续的当且仅当均差函数族 $\{\mathrm{Diff}_h f\}_{0<h\leqslant 1}$ 在 $[a, b]$ 上是一致可积的．

证明　首先假设 $\{\mathrm{Diff}_h f\}_{0<h\leqslant 1}$ 在 $[a, b]$ 上是一致可积的．令 $\varepsilon>0$．选取 $\delta>0$ 使得

$$若 m(E) < \delta 且 0 < h \leqslant 1, \quad 则 \int_E |\mathrm{Diff}_h f| < \varepsilon/2$$

我们宣称 δ 对应于关于 f 为绝对连续的准则的 ε 挑战．事实上，令 $\{(c_k, d_k)\}_{k=1}^{n}$ 为 (a, b) 的不交开子区间族使得 $\sum_{k=1}^{n}[d_k - c_k] < \delta$．对于 $0<h\leqslant 1$ 与 $1\leqslant k\leqslant n$，由(14)，

$$\mathrm{Av}_h f(d_k) - \mathrm{Av}_h f(c_k) = \int_{c_k}^{d_k} \mathrm{Diff}_h f$$

因此

$$\sum_{k=1}^{n} |\mathrm{Av}_h f(d_k) - \mathrm{Av}_h f(c_k)| \leqslant \sum_{k=1}^{n} \int_{c_k}^{d_k} |\mathrm{Diff}_h f| = \int_E |\mathrm{Diff}_h f|$$

其中 $E=\bigcup_{k=1}^{n}(c_k, d_k)$ 的测度小于 δ．因此，根据 δ 的选取，

$$对所有 0 < h \leqslant 1, \quad \sum_{k=1}^{n} |\mathrm{Av}_h f(d_k) - \mathrm{Av}_h f(c_k)| \leqslant \varepsilon/2$$

121

由于 f 是连续的，取 $h\to 0^+$ 的极限得到

$$\sum_{k=1}^{n} |f(d_k) - f(c_k)| \leqslant \varepsilon/2 < \varepsilon$$

因此 f 是绝对连续的．

为证明逆命题，假定 f 是绝对连续的．前一个定理告诉我们 f 是两个递增的绝对连续函数的差．因此我们可以假设 f 是递增的，从而均差函数是非负的．为证明 $\{\mathrm{Diff}_h\}_{0<h\leqslant 1}$ 的一致可积性，令 $\varepsilon>0$．我们必须证明存在 $\delta>0$，使得对 (a, b) 的每个可测子集 E，若 $m(E)<\delta$ 且 $0<h\leqslant 1$，则

$$\int_E \mathrm{Diff}_h f < \varepsilon \tag{25}$$

根据第 2 章的定理 11，一个可测集 E 包含于某个 G_δ 集 G，其中 $m(G\sim E)=0$．但每个 G_δ 集是开集的下降序列的交．此外，每个开集是开区间的可数族的不交并，且因此每个开集是开集的上升序列的并，该序列的每个集合是开区间的有限不交族的并．因此，根据积分

的连续性，为证明(25)仅须找到 $\delta>0$ 使得对(a, b)的开子区间的不交族$\{(c_k, d_k)\}_{k=1}^n$，若 $m(E)<\delta$，则

$$\int_E \mathrm{Diff}_h f < \varepsilon/2, \quad 其中\ E=\bigcup_{k=1}^n (c_k, d_k), \quad 而\ 0<h\leqslant 1 \tag{26}$$

选取 $\delta>0$ 对应于 f 在$[a, b+1]$上的绝对连续性准则的 $\varepsilon/2$ 挑战．通过 Riemann 积分的换元和抵消过程，

$$\int_u^v \mathrm{Diff}_h f = \frac{1}{h}\cdot\int_0^h g(t)\,\mathrm{d}t, \quad 其中\ g(t)=f(v+t)-f(u+t),$$

$$0\leqslant t\leqslant 1\ 而\ a\leqslant u<v\leqslant b$$

因此，若$\{(c_k, d_k)\}_{k=1}^n$是(a, b)的开子区间的不交族，

$$\int_E \mathrm{Diff}_h f = \frac{1}{h}\cdot\int_0^h g(t)\,\mathrm{d}t$$

其中

$$E=\bigcup_{k=1}^n (c_k, d_k), \quad 而对所有\ 0\leqslant t\leqslant 1, \quad g(t)=\sum_{k=1}^n [f(d_k+t)-f(c_k+t)]$$

若 $\sum_{k=1}^n [d_k-c_k]<\delta$，则对于 $0\leqslant t\leqslant 1$，$\sum_{k=1}^n [(d_k+t)-(c_k+t)]<\delta$，且因此 $g(t)<\varepsilon/2$.

因此

$$\int_E \mathrm{Diff}_h f = \frac{1}{h}\cdot\int_0^h g(t)\,\mathrm{d}t < \varepsilon/2$$

122 因而(26)对 δ 的这个选取成立．■

注　对非退化闭有界区间$[a, b]$，令 $\mathcal{F}_{Lip}$、$\mathcal{F}_{AC}$ 和 $\mathcal{F}_{BV}$ 分别表示$[a, b]$上的 Lipschitz、绝对连续和有界变差函数族．我们有以下的严格包含关系：

$$\mathcal{F}_{Lip}\subseteq\mathcal{F}_{AC}\subseteq\mathcal{F}_{BV} \tag{27}$$

命题 7 告诉我们第一个包含关系，而第二个包含关系在定理 8 中被证明．这些族在线性组合的形式下封闭．此外，属于这些族中的某个族的函数，在同一族中有其全变差函数，因此，根据(23)，属于这些族中的某个族的函数可表示为同族中的两个递增函数的差(见习题 46)．

习题

37. 令 f 为$[0, 1]$上的连续函数，对每个 $0<\varepsilon<1$，它在$[\varepsilon, 1]$上是绝对连续的．
    (i) 证明 f 在$[0, 1]$上可以不是绝对连续的．
    (ii) 证明：若 f 是递增的，则它在$[0, 1]$上是绝对连续的．
    (iii) 证明$[0, 1]$上定义为 $f(x)=\sqrt{x}$的函数 f 是绝对连续的，但在$[0, 1]$上不是 Lipschitz 的．
38. 证明 f 在$[a, b]$上是绝对连续的当且仅当对每个 $\varepsilon>0$，存在 $\delta>0$，使得对(a, b)内的每个开区间的可数不交族$\{(a_k, b_k)\}_{k=1}^{\infty}$，

$$若 \sum_{k=1}^{n}[b_k - a_k] < \delta, \quad 则 \sum_{k=1}^{n} |f(b_k) - f(a_k)| < \varepsilon$$

39. 利用前一个习题证明：若 f 在$[a, b]$上是递增的，则 f 在$[a, b]$上是绝对连续的当且仅当对每个 $\varepsilon>0$，存在 $\delta>0$ 使得对$[a, b]$的可测子集 E，

$$若 m(E) < \delta, \quad m^*(f(E)) < \varepsilon$$

40. 用前一个习题证明$[a, b]$上的递增的绝对连续函数 f 将零测度集映上零测度集. 得出 Cantor-Lebesgue 函数 φ 在$[0, 1]$上不是绝对连续的，这是由于定义为 $\psi(x)=x+\varphi(x)(0\leqslant x\leqslant 1)$的函数 ψ 将 Cantor 集映到测度为 1 的集合(见 2.7 节命题 21).
41. 令 f 为$[a, b]$上递增的绝对连续函数. 用下面的(i)和(ii)得出 f 将可测集映到可测集.
    (i) 从 f 的连续性和$[a, b]$的紧性推出 f 将闭集映到闭集，因此将 F_σ 集映到 F_σ 集.
    (ii) 前一个习题告诉我们 f 将零测度集映上零测度集.
42. 证明绝对连续函数的和与积都是绝对连续的.

123

43. 定义$[-1, 1]$上的函数 f 和 g 为 $f(x)=x^{\frac{1}{3}}(-1\leqslant x\leqslant 1)$与

$$g(x) = \begin{cases} x^2\cos(\pi/2x) & 若\ x\neq 0, x\in[-1,1] \\ 0 & 若\ x=0 \end{cases}$$

    (i) 证明 f 和 g 在$[-1, 1]$上都是绝对连续的.
    (ii) 对于$[-1, 1]$的分划 $P_n=\{-1, 0, 1/2n, 1/[2n-1], \cdots, 1/3, 1/2, 1\}$，讨论 $V(f\circ g, P_n)$.
    (iii) 证明 $f\circ g$ 不是有界变差的，且因此在$[-1, 1]$上也不是绝对连续的.
44. 令 f 在 $\mathbf{R}$ 上是 Lipschitz 的而 g 在$[a, b]$上是绝对连续的. 证明复合 $f\circ g$ 在$[a, b]$上是绝对连续的.
45. 令 f 在 $\mathbf{R}$ 上是绝对连续的而 g 在$[a, b]$上是绝对连续与严格单调的. 证明复合 $f\circ g$ 在$[a, b]$上是绝对连续的.
46. 验证本节最后注的断言.
47. 证明函数 f 在$[a, b]$上是绝对连续的当且仅当对每个 $\varepsilon>0$，存在 $\delta>0$，使得对(a, b)中的开区间的有限不交族$\{(a_k, b_k)\}_{k=1}^n$，

$$若 \sum_{k=1}^{n}[b_k - a_k] < \delta, \quad \left|\sum_{k=1}^{n}[f(b_k) - f(a_k)]\right| < \varepsilon$$

6.5　导数的积分：微分不定积分

令 f 为闭有界区间$[a, b]$上的连续函数. 在等式(14)中，取 $a=u$，$b=v$ 得到以下离散形式的计算积分的基本定理：

$$\int_a^b \mathrm{Diff}_h f = \mathrm{Av}_h f(b) - \mathrm{Av}_h f(a)$$

由于 f 是连续的，当 $h\to 0^+$ 时右边的极限等于 $f(b)-f(a)$. 我们现在证明：若 f 是绝对连续的，则当 $h\to 0^+$ 时左边的极限等于 $\int_a^b f'$，从而对 Lebesgue 积分证明了计算积分的基本定理[⊖].

定理 10　令函数 f 在闭有界区间$[a, b]$上是绝对连续的. 则 f 在(a, b)上是几乎处处

⊖ 证明 Lebesgue 积分计算的基本定理的这个途径源自 Patrick Fitzpatrick 和 Brian Hunt 的笔记，在那里定理 9 被证明了(见 www_users. math. umd. edu/～pmf/huntpmf).

可微的，它的导数 f' 在 $[a,\ b]$ 上是可积的，且

124

$$\int_b^a f' = f(b) - f(a) \tag{28}$$

证明　我们从离散形式的积分计算的基本定理推出

$$\lim_{n\to\infty}\left[\int_a^b \mathrm{Diff}_{1/n} f\right] = f(b) - f(a) \tag{29}$$

定理 8 告诉我们 f 是 $[a,\ b]$ 上的递增函数的差，因此，根据 Lebesgue 定理，在 $(a,\ b)$ 上是几乎处处可微的. 因此在 $(a,\ b)$ 上 $\{\mathrm{Diff}_{1/n} f\}$ 几乎处处逐点收敛于 f'. 另一方面，根据定理 9，$\{\mathrm{Diff}_{1/n} f\}$ 在 $[a,\ b]$ 上是一致可积的. Vitali 收敛定理(见 4.6 节)允许在积分号下取极限，得出

$$\lim_{n\to\infty}\left[\int_a^b \mathrm{Diff}_{1/n} f\right] = \int_a^b \lim_{n\to\infty}\mathrm{Diff}_{1/n} f = \int_a^b f' \tag{30}$$

公式(28)从(29)和(30)得出. ■

在微积分的研究中，不定积分是对 Riemann 积分定义的. 我们这里称闭有界区间 $[a,\ b]$ 上的函数 f 为 g 在 $[a,\ b]$ 上的**不定积分**，若 g 在 $[a,\ b]$ 上是 Lebesgue 可积的且

$$\text{对所有 } x \in [a,b],\quad f(x) = f(a) + \int_a^x g \tag{31}$$

定理 11　闭有界区间 $[a,\ b]$ 上的函数 f 在 $[a,\ b]$ 上是绝对连续的当且仅当它是 $[a,\ b]$ 上的不定积分.

证明　首先假定 f 在 $[a,\ b]$ 上是绝对连续的. 对每个 $x\in(a,\ b]$，f 在 $[a,\ x]$ 上是绝对连续的，因此，根据前一个定理，在 $[a,\ b]$ 换为 $[a,\ x]$ 的情形，

$$f(x) = f(a) + \int_a^x f'$$

因此 f 是 f' 在 $[a,\ b]$ 上的不定积分. 反之，假定 f 是 g 在 $[a,\ b]$ 上的不定积分. 对于 $(a,\ b)$ 中的开区间的不交族 $\{(a_k,\ b_k)\}_{k=1}^n$，若我们定义 $E=\bigcup_{k=1}^n (a_k,\ b_k)$，则根据积分的单调性和在区域上的可加性，

$$\sum_{k=1}^n |f(b_k) - f(a_k)| = \sum_{k=1}^n \left|\int_{b_k}^{a_k} g\right| \leqslant \sum_{k=1}^n \int_{b_k}^{a_k} |g| = \int_E |g| \tag{32}$$

令 $\varepsilon>0$. 由于 $|g|$ 在 $[a,\ b]$ 上是可积的，根据第 4 章的命题 23，存在 $\delta>0$，使得若 $E\subseteq[a,\ b]$ 是可测的且 $m(E)<\delta$，则 $\int_E |g| < \varepsilon$. 从(32)得出同样的 δ 对应于 f 在 $[a,\ b]$ 上绝对连续准则的 ε 挑战. ■

125

推论 12　令函数 f 在闭有界区间 $[a,\ b]$ 上单调. 则 f 在 $[a,\ b]$ 上是绝对连续的当且仅当

$$\int_a^b f' = f(b) - f(a) \tag{33}$$

证明　定理 10 断言若 f 是绝对连续的则(33)成立，不用任何单调性假设. 反之，假设 f 是递增的且(33)成立. 令 x 属于$[a, b]$. 根据积分在区域上的可加性，

$$0=\int_a^b f'-[f(b)-f(a)]=\left\{\int_a^x f'-[f(x)-f(a)]\right\}+\left\{\int_x^b f'-[f(b)-f(x)]\right\}$$

根据推论 4，

$$\int_a^x f'-[f(x)-f(a)]\leqslant 0 \text{ 且} \int_x^b f'-[f(b)-f(x)]\leqslant 0$$

若两个非负数的和为零，则它们都为零. 因此，

$$f(x)=f(a)+\int_a^x f'$$

因此 f 是 f' 的不定积分. 前一个定理告诉我们 f 是绝对连续的. ■

引理 13　令 f 在闭有界区间$[a, b]$上是可积的. 则

$$\text{对几乎所有 } x\in[a,b],\quad f(x)=0 \tag{34}$$

$$\text{当且仅当对所有}(x_1,x_2)\subseteq[a,b],\quad \int_{x_1}^{x_2} f=0 \tag{35}$$

证明　显然(34)蕴涵(35). 反之，假定(35)成立. 我们宣称

$$\text{对所有可测子集 } E\subseteq[a,b],\quad \int_E f=0 \tag{36}$$

事实上，(36)对所有包含于(a, b)的开集成立，这是由于积分是可数可加的且每个开集是开区间的可数不交族的并. 积分的连续性告诉我们(36)对所有包含于(a, b)的 G_δ 集也成立，这是由于每个这样的集是开集的可数下降族的交. 但$[a, b]$的每个可测子集形如 $G\sim E_0$，其中 G 是(a, b)的 G_δ 子集而 $m(E_0)=0$(见 2.4 节定理 11). 我们从积分在区域上的可加性得出(36). 定义

$$E^+=\{x\in[a,b]\mid f(x)\geqslant 0\} \text{ 与 } E^-=\{x\in[a,b]\mid f(x)\leqslant 0\}$$

126

它们是$[a, b]$的两个可测子集，因此，根据(36)，

$$\int_a^b f^+=\int_{E^+} f=0 \text{ 且} \int_a^b(-f^-)=-\int_{E^-} f=0$$

根据第 4 章的命题 9，积分为零的非负可积函数必须在它的定义域上几乎处处消失. 于是 f^+ 和 f^- 在$[a, b]$上几乎处处消失，因此 f 也如此. ■

定理 14　令 f 为闭有界区间$[a, b]$上的可积函数. 则对几乎所有 $x\in(a, b)$，

$$\frac{\mathrm{d}}{\mathrm{d}x}\left[\int_a^x f\right]=f(x) \tag{37}$$

证明　对所有 $x\in[a, b]$，定义$[a, b]$上的函数 F 为 $F(x)=\int_a^x f$. 定理 11 告诉我们由于 F 是不定积分，它是绝对连续的. 因此，根据定理 10，F 在(a, b)上是几乎处处可微的且它的导数 F' 是可积的. 根据前一个引理，为证明可积函数 $F'-f$ 在$[a, b]$上几乎处处消失，仅须证明它在$[a, b]$的每个闭子区间上的积分是零. 令$[x_1, x_2]$包含于$[a, b]$. 根

据定理 10(在$[a, b]$被$[x_1, x_2]$替代的情形)，以及积分的线性与在区域上的可加性，

$$\int_{x_1}^{x_2}[F'-f]=\int_{x_1}^{x_2}F'-\int_{x_1}^{x_2}f=F(x_2)-F(x_1)-\int_{x_1}^{x_2}f$$

$$=\int_{a}^{x_2}f-\int_{a}^{x_1}f-\int_{x_1}^{x_2}f=0$$

■

一个有界变差函数称为是**奇异的**，若它的导数几乎处处消失．Cantor-Lebesgue 函数是一个非常数的奇异函数．我们从定理 10 推出一个绝对连续的函数是奇异的当且仅当它是常数．令 f 为$[a, b]$上的有界变差函数．根据推论 6，f'在$[a, b]$上是可积的．对所有 $x\in[a, b]$，定义

$$g(x)=\int_{a}^{x}f' \text{ 与 } h(x)=f(x)-\int_{a}^{x}f'$$

使得在$[a, b]$上 $f=g+h$.

根据定理 11，函数 g 是绝对连续的．我们从定理 14 推出函数 h 是奇异的．以上将有界变差函数 f 表示为两个有界变差函数 g 和 h 的和 $g+h$ 的分解，其中 g 是绝对连续的而 h 是奇异的，称为 f 的 **Lebesgue 分解**.

127

习题

48. Cantor-Lebesgue 函数 φ 在$[0, 1]$上是连续与递增的．从定理 10 得出 φ 在$[0, 1]$上不是绝对连续的．比较这个推理与习题 40 提出的推理.

49. 令 f 为$[a, b]$上连续且在$[a, b]$上几乎处处可微的函数．证明

$$\int_{a}^{b}f'=f(b)-f(a)$$

当且仅当

$$\int_{a}^{b}\left[\lim_{n\to\infty}\text{Diff}_{1/n}f\right]=\lim_{n\to\infty}\left[\int_{a}^{b}\text{Diff}_{1/n}f\right]$$

50. 令 f 为$[a, b]$上连续且在(a, b)上几乎处处可微的函数．证明：若$\{\text{Diff}_{1/n}f\}$在$[a, b]$上一致可积，则

$$\int_{a}^{b}f'=f(b)-f(a)$$

51. 令 f 为$[a, b]$上连续且在(a, b)上几乎处处可微的函数．假定存在非负函数 g，该函数在$[a, b]$上可积且对所有 n，在$[a, b]$上 a. e. $|\text{Diff}_{1/n}f|\leqslant g$.
证明

$$\int_{a}^{b}f'=f(b)-f(a)$$

52. 令 f 和 g 在$[a, b]$上绝对连续．证明

$$\int_{a}^{b}f\cdot g'=f(b)g(b)-f(a)g(a)-\int_{a}^{b}f'\cdot g$$

53. 令函数 f 在$[a, b]$上绝对连续．证明 f 在$[a, b]$上是 Lipschitz 的当且仅当存在 $c>0$，使得在$[a, b]$上 a. e. $|f'|\leqslant c$.

54. (i) 令 f 为$[a, b]$上的奇异递增函数．用 Vitali 覆盖引理证明 f 具有以下性质：给定 $\varepsilon>0$，$\delta>0$，存在(a, b)中的开区间的有限不交族$\{(a_k, b_k)\}_{k=1}^{n}$使得

$$\sum_{k=1}^{n}[b_k-a_k]<\delta \text{ 且 } \sum_{k=1}^{n}[f(b_k)-f(a_k)]>f(b)-f(a)-\varepsilon$$

(ii) 令 f 为具有(i)部分描述的性质的$[a, b]$上的递增函数. 证明 f 是奇异的.

(iii) 令$\{f_n\}$为$[a, b]$上的奇异递增函数序列，使得对每个 $x\in[a, b]$，级数 $\sum_{n=1}^{\infty}f_n(x)$ 收敛到有限值. 对 $x\in[a, b]$，定义

$$f(x)=\sum_{n=1}^{\infty}f_n(x)$$

证明 f 也是奇异的.

128

55. 令 f 为$[a, b]$上的有界变差函数，对所有 $x\in[a, b]$，定义 $v(x)=TV(f_{[a,x]})$.

(i) 证明在$[a, b]$上 a. e. $|f'|\leqslant v'$，且由此推出

$$\int_a^b|f'|\leqslant TV(f)$$

(ii) 证明以上不等式成为等式当且仅当 f 在$[a, b]$上是绝对连续的.

(iii) 将(i)部分和(ii)部分分别与推论 4 和推论 12 比较.

56. 令 g 在$[a, b]$上严格递增且绝对连续.

(i) 证明对于(a, b)的任何开子集 $\mathcal{O}$，

$$m(g(\mathcal{O}))=\int_{\mathcal{O}}g'(x)\mathrm{d}x$$

(ii) 证明对于(a, b)的任何 G_δ 子集 E，

$$m(g(E))=\int_E g'(x)\mathrm{d}x$$

(iii) 证明对于$[a, b]$的任何测度为零的子集 E，它的象 $g(E)$也有零测度，因此，

$$m(g(E))=0=\int_E g'(x)\mathrm{d}x$$

(iv) 证明对于$[a, b]$的任何可测子集 A，

$$m(g(A))=\int_A g'(x)\mathrm{d}x$$

(v) 令 $c=g(a)$而 $d=g(b)$. 证明对于$[c, d]$上的任何简单函数 φ，

$$\int_c^d\varphi(y)\mathrm{d}y=\int_a^b\varphi(g(x))g'(x)\mathrm{d}x$$

(vi) 证明对于任何$[c, d]$上的非负可积函数 f，

$$\int_c^d f(y)\mathrm{d}y=\int_a^b f(g(x))g'(x)\mathrm{d}x$$

(vii) 证明在 f 是 $g(\mathcal{O})$的特征函数与复合有定义的情形下，(i)部分可从(vi)部分得到.

57. 在前一个习题的(vi)部分，若我们仅假设 g 是递增的，不必是严格的，换元公式是否成立？

129

58. 构造一个$[0, 1]$上绝对连续的严格递增函数 f，使得在一个正测度集上 $f'=0$. (提示：令 E 为具有正测度的广义 Cantor 集在$[0, 1]$的相对补集而 f 是 χ_E 的不定积分. 这样的 Cantor 集的构造见第 2 章的习题 39.)

59. 对于$[c, d]$上的非负可积函数 f 和$[a, b]$上使得 $g([a, b])\subseteq[c, d]$的严格递增的绝对连续函数 g，是否可能通过证明对几乎所有 $x\in(a, b)$，

$$\frac{\mathrm{d}}{\mathrm{d}x}\left[\int_{g(a)}^{g(x)}f(s)\mathrm{d}s-\int_a^x f(g(t))g'(t)\mathrm{d}t\right]=0$$

来证明换元公式

$$\int_{g(a)}^{g(b)} f(y)\mathrm{d}y = \int_a^b f(g(x))g'(x)\mathrm{d}x$$

的合理性？

60. 令 f 在$[a, b]$上绝对连续与奇异. 证明 f 是常数. 也证明一个有界变差函数的 Lebesgue 分解是唯一的，若奇异函数要求在 $x=a$ 消失.

6.6　凸函数

本节始终假设(a, b)是有界或无界的开区间.

定义　(a, b)上的实值函数 φ 称为**凸的**，若对(a, b)中的点 x_1，x_2 和每个满足 $0\leqslant\lambda\leqslant 1$ 的 λ，

$$\varphi(\lambda x_1 + (1-\lambda)x_2) \leqslant \lambda\varphi(x_1) + (1-\lambda)\varphi(x_2) \tag{38}$$

若我们看 φ 的图像，凸性不等式的几何阐述为$(x_1, \varphi(x_1))$与$(x_2, \varphi(x_2))$之间的弦上的每个点在 φ 的图像的上方.

观察到对于(a, b)中的两个点 $x_1<x_2$，(x_1, x_2)中的每个点 x 可被表示为

$$x = \lambda x_1 + (1-\lambda)x_2,\quad 其中\ \lambda = \frac{x_2 - x}{x_2 - x_1}$$

因此凸性不等式可以写为对(a, b)中的 $x_1<x<x_2$，

$$\varphi(x) \leqslant \left[\frac{x_2 - x}{x_2 - x_1}\right]\varphi(x_1) + \left[\frac{x - x_1}{x_2 - x_1}\right]\varphi(x_2)$$

重新整理这些项，该不等式也可改写为对(a, b)中的 $x_1<x<x_2$，

$$\frac{\varphi(x) - \varphi(x_1)}{x - x_1} \leqslant \frac{\varphi(x_2) - \varphi(x)}{x_2 - x} \tag{39}$$

因此凸性也可几何地阐述为从$(x_1, \varphi(x_1))$到$(x, \varphi(x))$的弦的斜率不大于从$(x, \varphi(x))$到$(x_2, \varphi(x_2))$的弦的斜率.

130

命题 15　若 φ 在(a, b)上是可微的，且它的导数 φ' 是递增的，则 φ 是凸的. 特别地，φ 是凸的，若它在(a, b)上有非负的二阶导数 φ''.

证明　令 x_1，x_2 为(a, b)中满足 $x_1<x_2$ 的点，且令 x 属于(x_1, x_2). 我们必须证明

$$\frac{\varphi(x) - \varphi(x_1)}{x - x_1} \leqslant \frac{\varphi(x_2) - \varphi(x)}{x_2 - x}$$

为此，应用中值定理于 φ 在每个区间$[x_1, x]$和$[x, x_2]$的限制以选取点 $c_1\in[x_1, x]$和 $c_2\in[x, x_2]$，使得

$$\varphi'(c_1) = \frac{\varphi(x) - \varphi(x_1)}{x - x_1}\ 与\ \varphi'(c_2) = \frac{\varphi(x_2) - \varphi(x)}{x_2 - x}$$

由于 φ' 是递增的，

$$\frac{\varphi(x)-\varphi(x_1)}{x-x_1}=\varphi'(c_1)\leqslant\varphi'(c_2)=\frac{\varphi(x_2)-\varphi(x)}{x_2-x}$$ ■

例子　以下三个函数是凸的，这是由于它们有非负的二阶导数：

在 $(0,\infty)$ 上，　对 $p\geqslant 1, \varphi(x)=x^p$；

在 $(-\infty,\infty)$ 上，$\varphi(x)=e^{ax}$；

在 $(0,\infty)$ 上，$\varphi(x)=\ln(1/x)$

凸性的以下几何重述在证明凸函数的可微性质中有用.

弦的斜率引理　令 φ 在 (a, b) 上是凸的. 若 $x_1<x<x_2$ 属于 (a, b)，则对 $p_1=(x_1, \varphi(x_1))$，$p=(x, \varphi(x))$，$p_2=(x_2, \varphi(x_2))$，$\overline{p_1p}$ 的斜率 $\leqslant\overline{p_1p_2}$ 的斜率 $\leqslant\overline{pp_2}$ 的斜率.

证明　重新整理不等式(39)的项，将它写为以下两个等价形式：

$$\text{对}(a,b)\text{ 中的 } x_1<x<x_2,\quad \frac{\varphi(x_1)-\varphi(x)}{x_1-x}\leqslant\frac{\varphi(x_2)-\varphi(x_1)}{x_2-x_1}$$

$$\text{对}(a,b)\text{ 中的 } x_1<x<x_2,\quad \frac{\varphi(x_2)-\varphi(x_1)}{x_2-x_1}\leqslant\frac{\varphi(x_2)-\varphi(x)}{x_2-x}$$ ■

131

对于开区间 (a, b) 上的函数 g 和点 $x_0\in(a, b)$，若

$$\lim_{h\to 0, h<0}\frac{g(x_0+h)-g(x_0)}{h}\text{ 存在且有限}$$

我们将此极限记为 $g'(x_0^-)$ 且称它为 g 在 x_0 的左导数. 类似地，我们定义 $g'(x_0^+)$，且称它为 g 在 x_0 的右导数. 当然，g 在 x_0 是可微的当且仅当它在 x_0 有相等的左导数与右导数. 凸函数的连续性与可微性从以下的引理得到，其证明从弦的斜率引理直接得到.

引理 16　令 φ 为 (a, b) 上的凸函数. 则 φ 在每个点 $x\in(a, b)$ 有左导数和右导数. 此外，对 (a, b) 中满足 $u<v$ 的点 u，v，这些单边导数满足以下等式：

$$\varphi'(u^-)\leqslant\varphi'(u^+)\leqslant\frac{\varphi(v)-\varphi(u)}{v-v}\leqslant\varphi'(v^-)\leqslant\varphi'(v^+) \tag{40}$$

推论 17　令 φ 为 (a, b) 上的凸函数. 则 φ 是 Lipschitz 的，因此 φ 在 (a, b) 的每个闭有界区间 $[c, d]$ 上是绝对连续的.

证明　根据前一个引理，对 $c\leqslant u<v\leqslant d$，

$$\varphi'(c^+)\leqslant\varphi'(u^+)\leqslant\frac{\varphi(v)-\varphi(u)}{v-u}\leqslant\varphi'(v^-)\leqslant\varphi'(d^-) \tag{41}$$

因此对所有 $u, v\in[c, d]$，$|\varphi(u)-\varphi(v)|\leqslant M|u-v|$，其中 $M=\max\{|\varphi'(c^+)|, |\varphi'(d^-)|\}$. 因此 φ 在 $[u, v]$ 上的限制是 Lipschitz 的. 闭有界区间上的 Lipschitz 函数是绝对连续的. ■

我们从上面的推论和推论 6 推出，定义在开区间上的任何凸函数在它的定义域上是几乎处处可微的. 事实上，可以说更多.

定理 18 令 φ 为 (a, b) 上的凸函数. 则除可数个点外，φ 是可微的且它的导数 φ' 是递增函数.

证明 我们从不等式(40)推出，函数

$$x \mapsto f'(x^-) \text{ 与 } x \mapsto f'(x^+)$$

是 (a, b) 上的递增实值函数. 但根据定理 1，递增的实值函数除可数个点外是连续的. 因此，除了 (a, b) 的可数子集 $\mathcal{C}$ 外，φ 的左导数与右导数都是连续的. 令 x_0 属于 $(a, b) \sim \mathcal{C}$. 选取大于 x_0 收敛于 x_0 的点序列 $\{x_n\}$. 应用引理 16，其中 $x_0 = u$ 而 $x_n = v$，取极限得到

132

$$\varphi'(x_0^-) \leqslant \varphi'(x_0^+) \leqslant \varphi'(x_0^-)$$

则 $\varphi(x_0^-) = \varphi(x_0^+)$，因此 φ 在 x_0 是可微的. 为证明 φ' 是 $(a, b) \sim C$ 上的递增函数，令 u，v 属于 $(a, b) \sim C$ 满足 $u < v$. 则根据引理 16，

$$\varphi'(u) \leqslant \frac{\varphi(v) - \varphi(u)}{v - u} \leqslant \varphi'(v)$$

■

令 φ 为 (a, b) 上的凸函数而 x_0 属于 (a, b). 对于实数 m，过点 $(x_0, \varphi(x_0))$ 的直线 $y = m(x - x_0) + \varphi(x_0)$，称为 φ 的图像在 x_0 的**支撑线**，若该直线总是落在 φ 的图像的下方，即若对所有 $x \in (a, b)$，

$$\varphi(x) \geqslant m(x - x_0) + \varphi(x_0)$$

从引理 16 得知这样的直线是支撑的当且仅当它的斜率 m 落在 φ 在 x_0 的左右导数之间. 因此，特别地，在每个点总是至少存在一条支撑线. 该概念使我们能对以下不等式给出简短的证明：

Jensen 不等式 令 φ 为 $(-\infty, \infty)$ 上的凸函数，f 是 $[0, 1]$ 上的可积函数，且 $\varphi \circ f$ 在 $[0, 1]$ 上也可积. 则

$$\varphi\left(\int_0^1 f(x) \mathrm{d}x\right) \leqslant \int_0^1 (\varphi \circ f)(x) \mathrm{d}x \tag{42}$$

证明 定义 $\alpha = \int_0^1 f(x) \mathrm{d}x$. 选取 m 落在 φ 在点 α 的左右导数之间. 则 $y = m(t - \alpha) + \varphi(\alpha)$ 是 φ 的图像在 $(\alpha, \varphi(\alpha))$ 的支撑线的方程. 因此，

$$\text{对所有 } t \in \mathbf{R}, \quad \varphi(t) \geqslant m(t - \alpha) + \varphi(\alpha)$$

由于 f 在 $[0, 1]$ 上是可积的，它在 $[0, 1]$ 是 a. e. 有限的，因此在该不等式中用 $f(x)$ 代替 t，我们有

$$\text{对几乎所有 } x \in [0,1], \quad \varphi(f(x)) \geqslant m(f(x) - \alpha) + \varphi(\alpha)$$

对该不等式积分，用 Lebesgue 积分的单调性与 f 和 $\varphi \circ f$ 在 $[a, b]$ 上都是可积的假设，得到

$$\int_0^1 \varphi(f(x))\mathrm{d}x \geqslant \int_0^1 [m(f(x)-\alpha)+\varphi(\alpha)]\mathrm{d}x$$
$$= m\left[\int_0^1 f(x)\mathrm{d}x-\alpha\right]+\varphi(\alpha)=\varphi(\alpha)$$ ■

关于 Jensen 不等式的假设，$\varphi \circ f$ 在[0，1]上的可积性的一些说明是妥当的．我们已经证明了凸函数是连续的，因此第 3 章的命题 7 告诉我们若 φ 是凸的且 f 是可积的，复合函数 $\varphi \circ f$ 是可测的．若 $\varphi \circ f$ 非负，则不必假设 $\varphi \circ f$ 是可积的，这是由于若右边的积分等于$+\infty$，等式(42)平凡成立．在 $\varphi \circ f$ 不是非负的情形，若存在常数 c_1 和 c_2，使得

$$\text{对所有 } x \in \mathbf{R}, \quad |\varphi(x)| \leqslant c_1 + c_2|x| \tag{43}$$

133

则我们从积分的比较判别法推出若 f 在[0，1]上可积，则 $\varphi \circ f$ 在[0，1]上也是可积的．在缺乏增长假设(43)的情形，函数 $\varphi \circ f$ 在[0，1]上可以是不可积的(见习题 71)．

习题

61. 证明(a, b)上的实值函数 φ 是凸的当且仅当对(a, b)中的点 x_1，…，x_n 和使得 $\sum_{k=1}^{n}\lambda_k=1$ 的非负数 λ_1，…，λ_n，
$$\varphi\left(\sum_{k=1}^{n}\lambda_k x_k\right) \leqslant \sum_{k=1}^{n}\lambda_k\varphi(x_k)$$
用此直接证明对于 f 是简单函数的 Jensen 不等式．
62. 证明(a, b)上的连续函数是凸的当且仅当
$$\text{对所有 } x_1, x_2 \in (a,b), \quad \varphi\left(\frac{x_1+x_2}{2}\right) \leqslant \frac{\varphi(x_1)+\varphi(x_2)}{2}$$
63. 在一般的区间 I 上的函数称为是凸的，若它在 I 上连续且(38)对所有 x_1，$x_2 \in I$ 成立．闭有界区间$[a, b]$上的凸函数必定在$[a, b]$上是 Lipschitz 的吗？
64. 令 φ 在(a, b)中的每个点有二阶导数．证明 φ 是凸的当且仅当 φ''是非负的．
65. 假定 $a \geqslant 0$ 与 $b>0$．证明对 $1 \leqslant p<\infty$，函数 $\varphi(t)=(a+bt)^p$ 在$[0, \infty)$上是凸的．
66. 对什么函数 φ，Jensen 不等式总是等式？
67. 叙述和证明一般的闭有界区间$[a, b]$上的 Jensen 不等式．
68. 令 f 为[0，1]上的可积函数．证明
$$\exp\left[\int_0^1 f(x)\mathrm{d}x\right] \leqslant \int_0^1 \exp(f(x))\mathrm{d}x$$
69. 令$\{\alpha_n\}$为非负数序列，其和为 1，而$\{\alpha_n\}$是正数序列．证明
$$\prod_{n=1}^{\infty}\zeta_n^{\alpha_n} \leqslant \sum_{n=1}^{\infty}\alpha_n\zeta_n$$
70. 令 g 为[0，1]上的正可测函数．证明 $\log\left(\int_0^1 g(x)\mathrm{d}x\right) \geqslant \int_0^1 \log(g(x))\mathrm{d}x$，只要两边都有定义．
71. (Nemytskii)令 φ 为 $\mathbf{R}$ 上的连续函数．证明：若存在常数使得(43)成立，则只要 f 在[0，1]上可积，$\varphi \circ f$就在[0，1]上可积．接着证明：若只要 f 在[0，1]上可积，$\varphi \circ f$ 就在[0，1]上可积，则存在常数 c_1 和 c_2 使得(43)成立．

134

第7章 L^p 空间：完备性与逼近

实数的完备性可阐述为：若$\{a_n\}$是满足$\lim_{n,m\to\infty}|a_n-a_m|=0$的实数序列，则存在实数$a$使得$\lim_{n\to\infty}|a_n-a|=0$. 对于Lebesgue积分有与之对应的完备性. 对于可测集E和$1\leqslant p<\infty$，定义$L^p(E)$为满足$|f|^p$在E上可积的可测函数族，因此$L^1(E)$是可积函数族. 若$\{f_n\}$是$L^p(E)$中满足

$$\lim_{n,m\to\infty}\int_E|f_n-f_m|^p=0$$

的函数序列，则存在属于$L^p(E)$的函数f，使得

$$\lim_{n\to\infty}\int_E|f_n-f|^p=0$$

这是Riesz-Fischer定理——本章的中心. $L^p(E)$中的函数族$\mathcal{F}$称为在$L^p(E)$中稠密，若对每个$L^p(E)$中的函数g和$\varepsilon>0$，存在属于$\mathcal{F}$的函数f，使得$\int_E|g-f|^p<\varepsilon$. 我们证明在$L^p(E)$中存在稠密的可数函数族，且连续函数与简单函数都在$L^p(E)$中稠密. Riesz-Fischer定理与稠密性结果的证明在函数的赋范线性空间的背景下构建. 为构造这个框架，我们证明两个基本的不等式——Hölder不等式与Minkowski不等式.

7.1 赋范线性空间

本章始终用E表示实数的可测集. 定义$\mathcal{F}$为在E上可测且a.e.有限的所有扩充实值函数所组成的族. 定义$\mathcal{F}$中的两个函数f和g为等价的，记为$f\cong g$，若

$$对几乎所有 x\in E,\quad f(x)=g(x)$$

这是一个等价关系，即它是自反、对称与传递的. 因此它诱导出$\mathcal{F}$的由等价类的不交族组成的划分，我们把它记为$\mathcal{F}/\cong$. $\mathcal{F}/\cong$上存在自然的线性结构：给定$\mathcal{F}$中的两个函数f和g，对它们的等价类$[f]$和$[g]$以及实数α和β，定义线性组合$\alpha[f]+\beta[g]$为E中使得f和g都有限的点x取值$\alpha f(x)+\beta g(x)$的$\mathcal{F}$中函数的等价类. 这些线性组合是正确定义的，因为它们与等价类的代表的选取无关. 该线性空间的零元素是在E上a.e.消失的函数的等价类.

135

线性空间的子集称为一个子空间，若它关于线性组合封闭. 存在$\mathcal{F}/\cong$的子空间的自然簇$\{L^p(E)\}_{1\leqslant p<\infty}$. 对于$1\leqslant p<\infty$，我们定义$L^p(E)$为使得

$$\int_E|f|^p<\infty$$

的等价类$[f]$的族. 这是正确定义的，这是由于若$f\cong g$，则$\int_E|f|^p=\int_E|g|^p$. 对任何两

个数 a 和 b，

$$|a+b| \leqslant |a|+|b| \leqslant 2\max\{|a|,|b|\}$$

因此

$$|a+b|^p \leqslant 2^p\{|a|^p+|b|^p\} \tag{1}$$

我们从该不等式以及积分的线性与单调性推出：若$[f]$和$[g]$属于 $L^p(E)$，则线性组合 $\alpha[f]+\beta[g]$也如此．因此 $L^p(E)$是一个线性空间．当然，$L^1(E)$由可积函数的等价类组成．

我们称函数 $f\in\mathcal{F}$ 为**本性有界的**，若存在某个 $M\geqslant 0$，称为 f 的**本性上界**，使得

$$\text{对几乎所有 } x\in E,\quad |f(x)|\leqslant M$$

我们定义 $L^\infty(E)$为使得 f 本性有界的等价类$[f]$所组成的族．容易看出这是正确定义的且 $L^\infty(E)$也是 $\mathcal{F}/\cong$的一个线性子空间．

为了简单性与方便，我们称 $\mathcal{F}/\cong$中的等价类为函数且记为 f 而非$[f]$．因此写 $f=g$ 意味着 $f-g$ 在 E 上 a. e. 消失．这个简化迫使我们定义与 $L^p(E)$空间有关的概念时有必要检验一致性．例如，断言 $L^p(E)$中的序列$\{f_n\}$在 E 上 a. e. 逐点收敛于函数 $f\in L^p(E)$是有意义的，这是由于若对所有 n，$g_n\cong f_n$ 且 $f\cong g$，则由于零测度集的可数族的并也是零测度集，序列$\{g_n\}$也在 E 上 a. e. 逐点收敛到 g．说 $L^p[a,b]$中的函数 f 是连续的，意味着存在连续函数在$[a,b]$上与 f a. e. 一致．由于零测度集的补集在 $\mathbf{R}$ 中稠密，仅有一个这样的连续函数，而考虑这个唯一的连续函数作为$[f]$的代表常常是方便的．

在 19 世纪后期观察到一个或多个实变量的实值函数是经典分析的基础要素，考虑定义域是函数的线性空间的实值函数也是有用的：这样的函数称为**泛函**．显然，为了系统地研究如序列的收敛性(以及维持收敛序列的线性性质)这样富有成效的概念，进而定义连续泛函的概念，将绝对值的概念从实数拓广到一般的线性空间是有用的㊀．这些研究中出现的一个概念称为**范数**．

136

定义 令 X 为线性空间．X 上的实值泛函$\|\cdot\|$称为**范数**，若对 X 中的每个 f 和 g 以及每个实数 α，

(三角不等式)

$$\|f+g\|\leqslant\|f\|+\|g\|$$

(正齐次性)

$$\|\alpha f\|=|\alpha|\,\|f\|$$

(非负性)

$$\|f\|\geqslant 0 \text{ 且 } \|f\|=0 \text{ 当且仅当 } f=0$$

谈到**赋范线性空间**，我们指的是加上范数的线性空间．若 X 是一个赋予范数$\|\cdot\|$的线性空间，我们称 X 中的一个函数是**单位函数**，若$\|f\|=1$．对任何 $f\in X$，$f\neq 0$，函数 $f/\|f\|$是单位函数：它是 f 的数乘，我们称它为 f 的**规范化**．

㊀ 我们后面将看到连续性也可以在关于映射的定义域与值域的度量结构或更一般的拓扑结构中讨论．

例子（赋范线性空间 $L^1(E)$）　对于 $L^1(E)$中的函数 f，定义

$$\|f\|_1 = \int_E |f|$$

则$\|\cdot\|_1$ 是 $L^1(E)$上的一个范数. 事实上，对于 f，$g \in L^1(E)$，由于 f 和 g 在 E 上是 a. e. 有限的，我们从实数的三角不等式推出，

$$\text{在 } E \text{ 上 a. e. } |f+g| \leqslant |f| + |g|$$

因此，根据积分的单调性与线性，

$$\|f+g\|_1 = \int_E |f+g| \leqslant \int_E [|f| + |g|] = \int_E |f| + \int_E |g| = \|f\|_1 + \|g\|_1$$

显然，$\|\cdot\|_1$ 是正齐次的. 最后，若 $f \in L^1(\mathrm{E})$且$\|f\|_1 = 0$，则在 E 上 $f=0$ a. e.. 因此$[f]$是线性空间 $L^1(E) \subseteq \mathcal{F}/\cong$的零元，即 $f=0$.

例子（赋范线性空间 $L^\infty(E)$）　对于 $L^\infty(E)$中的函数 f，定义$\|f\|_\infty$为 f 的本性上界的下确界. 我们称$\|f\|_\infty$为 f 的**本性上确界**且宣称$\|\cdot\|_\infty$是 $L^\infty(E)$上的范数. 正性和正齐次性用与前一个例子用过的相同方法得出. 为验证三角不等式，我们首先证明$\|f\|_\infty$是 f 在 E 上的本性上界，即

$$\text{在 } E \text{ 上，} \quad |f| \leqslant \|f\|_\infty \text{ a. e.} \tag{2}$$

137

事实上，对每个自然数 n，存在 E 的子集 E_n 使得

$$\text{在 } E \sim E_n \text{ 上 } |f| \leqslant \|f\|_\infty + 1/n \text{ 且 } m(E_n) = 0$$

因此，若我们定义 $E_\infty = \bigcup_{n=1}^{\infty} E_n$，

$$\text{在 } E \sim E_\infty \text{ 上 } |f| \leqslant \|f\|_\infty \text{ 且 } m(E_\infty) = 0$$

因此，f 的本性上确界是 f 的最小的本性上界，即(2)成立. 现在对 f，$g \in L^\infty(E)$，对几乎所有 $x \in E$，

$$|f(x) + g(x)| \leqslant |f(x)| + |g(x)| \leqslant \|f\|_\infty + \|g\|_\infty$$

因此，$\|f\|_\infty + \|g\|_\infty$是 $f+g$ 的本性上界且因此

$$\|f+g\|_\infty \leqslant \|f\|_\infty + \|g\|_\infty$$

例子（赋范线性空间 ℓ_1 和 ℓ_∞）　有一族序列的赋范线性空间，它具有较简单的结构但与 $L^p(E)$空间有许多相似之处. 对 $1 \leqslant p < \infty$，定义 ℓ_p 为满足

$$\sum_{k=1}^{\infty} |a_k|^p < \infty$$

的实数序列 $a=(a_1, a_2, \cdots)$族. 不等式(1)表明 ℓ^p 中的两个序列的和也属于 ℓ^p 且显然实数乘以 ℓ^p 中的序列也属于 ℓ^p. 因此 ℓ^p 是一个线性空间. 我们定义 ℓ^∞ 为实有界序列的线性空间. 对于 ℓ^1 中的序列 $a=(a_1, a_2, \cdots)$，定义

$$\|\{a_k\}\|_1 = \sum_{k=1}^{\infty} |a_k|$$

这是 ℓ^1 上的范数. 对于 ℓ^∞ 中的序列，定义

$$\|\{a_k\}\|_\infty = \sup_{1\leqslant k<\infty} |a_k|$$

容易看出$\|\cdot\|_\infty$是ℓ^∞上的范数.

例子（赋范线性空间 $C[a, b]$）　令$[a, b]$为闭有界区间. 则$[a, b]$上的连续实值函数的线性空间记为 $C[a, b]$. 由于$[a, b]$上的每个连续函数取到最大值，对于 $f\in C[a, b]$，我们定义

$$\|f\|_{\max} = \max_{x\in[a,b]} |f(x)|$$

我们把证明它定义了一个我们称为**最大值范数**的范数留作练习.

138

习题

1. 对 $C[a, b]$中的 f，定义
$$\|f\|_1 = \int_a^b |f|$$
证明这是 $C[a, b]$上的一个范数. 也证明不存在数 $c\geqslant 0$ 使得对所有 $C[a, b]$中的 f，
$$\|f\|_{\max} \leqslant c\|f\|_1$$
但存在 $c\geqslant 0$ 使得对所有 $C[a, b]$中的 f，
$$\|f\|_1 \leqslant c\|f\|_{\max}$$
2. 令 X 为定义在 $\mathbf{R}$ 上的实系数的所有多项式组成的簇. 证明这是线性空间. 对于多项式 p，定义$\|p\|$为 p 的系数的绝对值的和. 这是一个范数吗?
3. 对于 $L^1[a, b]$中的 f，定义$\|f\| = \int_a^b x^2 |f(x)| \mathrm{d}x$. 证明这是 $L^1[a, b]$上的范数.
4. 对于 $L^\infty[a, b]$中的 f，证明
$$\|f\|_\infty = \min\{M \mid m\{x \in [a,b] \mid |f(x)| > M\} = 0\}$$
此外，若 f 在$[a, b]$上是连续的，则
$$\|f\|_\infty = \|f\|_{\max}$$
5. 证明 ℓ^∞ 和 ℓ^1 是赋范线性空间.

7.2　Young、Hölder 与 Minkowski 不等式

前一节对 $1\leqslant p\leqslant\infty$ 以及 E 是实数的可测集，我们引入线性空间 $L^p(E)$. 在 $p=1$ 与 $p=\infty$的情形，我们定义了这些空间上的范数. 我们现在对 $1<p<\infty$定义 $L^p(E)$上的范数.

定义　对于 E 为可测集，$1<p<\infty$，以及 $L^p(E)$中的函数 f，定义

$$\|f\|_p = \left[\int_E |f|^p\right]^{1/p}$$

我们将证明泛函$\|\cdot\|_p$是 $L^p(E)$上的一个范数. 事实上，正齐次性显而易见. 此外，根据第 4 章的命题 9，$\|f\|_p=0$ 当且仅当 f 在 E 上 a. e. 消失. 因此$[f]$是线性空间$L^p(E)\subseteq\mathcal{F}/\cong$的零元，即 $f=0$. 剩下来要证明三角不等式，即要证明对所有 $L^p(E)$中的 f，g

$$\|f+g\|_p \leqslant \|f\|_p + \|g\|_p$$

[139] 该不等式并不显而易见. 它称为 Minkowski 不等式.

定义 数 $p \in (1, \infty)$ 的共轭是数 $q = p/(p-1)$，它是使得

$$\frac{1}{p} + \frac{1}{q} = 1$$

的唯一的数 $q \in (1, \infty)$. 1 的共轭定义为∞，而∞的共轭定义为 1.

Young 不等式 对于 $1<p<\infty$，q 是 p 的共轭，以及任何两个正数 a 和 b，

$$ab \leqslant \frac{a^p}{p} + \frac{b^q}{q}$$

证明 函数 e^x 有正的二阶导数，因此是凸的，即对任何数 $\lambda \in [0, 1]$ 以及任何数 u 和 v，

$$e^{\lambda u + (1-\lambda) v} \leqslant \lambda e^u + (1-\lambda) e^v$$

特别地，设 $\lambda = 1/p$，因此 $1-\lambda = 1/q$，我们有

$$e^{\frac{1}{p}u + \frac{1}{q}v} \leqslant \frac{1}{p} e^u + \frac{1}{q} e^v$$

因此，

$$ab \leqslant \frac{a^p}{p} + \frac{b^q}{q}$$

■

定理 1 令 E 为可测集，$1 \leqslant p < \infty$，q 为 p 的共轭. 若 f 属于 $L^q(E)$ 而 g 属于 $L^q(E)$，则它们的积 fg 在 E 上可积且 Hölder 不等式成立：

$$\int_E |f \cdot g| \leqslant \|f\|_p \cdot \|g\|_q \tag{3}$$

此外，若 $f \neq 0$，函数[⊖] $f^* = \|f\|_p^{1-p} \cdot \operatorname{sgn}(f) \cdot |f|^{p-1}$ 属于 $L^q(E)$，

$$\int_E f \cdot f^* = \|f\|_p, \quad 且 \|f^*\|_q = 1 \tag{4}$$

证明 首先考虑 $p=1$ 的情形. 则 Hölder 不等式从积分的单调性和观察(2)即 $\|g\|_\infty$ 是 g 在 E 上的本性上界得出. 观察到由于 $f^* = \operatorname{sgn}(f)$，(4)当 $p=1$，$q=\infty$ 时成立. 现在考虑 $p>1$. 假

[140] 设 $f \neq 0$ 且 $g \neq 0$，否则没什么要证的. 显然，若 f 用它的规范化 $f/\|f\|_p$ 代替且 g 用它的规范化 $g/\|g\|_q$ 代替时 Hölder 不等式成立，则它对 f 和 g 成立. 因此假设 $\|f\|_p = \|g\|_q = 1$，即

$$\int_E |f|^p = 1 \text{ 以及} \int_E |g|^q = 1$$

在这种情形 Hölder 不等式成为

$$\int_E |f \cdot g| \leqslant 1$$

⊖ 若 $f(x) \geqslant 0$ 函数 $\operatorname{sgn}(f)$ 取值 1，而若 $f(x)<0$ 取值 -1. 由于 f 在 E 上 a. e. 有限，因此在 E 上 a. e. $\operatorname{sgn}(f) \cdot f = |f|$.

由于 $|f|^p$ 和 $|g|^q$ 在 E 上可积，f 和 g 在 E 上 a. e. 有限. 因此，根据 Young 不等式，

$$\text{在 } E \text{ 上 a.e.} \quad |f \cdot g| = |f| \cdot |g| \leqslant \frac{|f|^p}{p} + \frac{|g|^q}{q}$$

我们从积分的线性和比较判别法推出 $f \cdot g$ 在 E 上可积，且根据积分的单调性与线性，有

$$\int_E |f \cdot g| \leqslant \frac{1}{p}\int_E |f|^p + \frac{1}{q}\int_E |g|^q = \frac{1}{p} + \frac{1}{q} = 1$$

剩下来要证明(4). 观察到

$$\text{在 } E \text{ 上 a.e.} \quad f \cdot f^* = \|f\|_p^{1-p} \cdot |f|^p$$

因此

$$\int_E f \cdot f^* = \|f\|_p^{1-p} \cdot \int_E |f|^p = \|f\|_p^{1-p} \cdot \|f\|_p^p = \|f\|_p$$

由于 $q(p-1)=p$，$\|f^*\|_q=1$. ■

对 $f \in L^p(E)$，$f \neq 0$，称如上定义的函数 f^* 为 f 的共轭函数是很方便的.

Minkowski 不等式 令 E 为可测集而 $1 \leqslant p \leqslant \infty$. 若函数 f 和 g 属于 $L^p(E)$，则它们的和 $f+g$ 也如此，此外，

$$\|f+g\|_p \leqslant \|f\|_p + \|g\|_p$$

证明 在前面的内容中我们已考虑了 $p=1$ 和 $p=\infty$ 的情形，所以这里考虑 $1<p<\infty$. 我们已从(1)推出了 $f+g$ 属于 $L^p(E)$. 假定 $f+g \neq 0$. 考虑 $(f+g)^*$，即 $f+g$ 的共轭函数，从积分的线性与 Hölder 不等式推出

$$\begin{aligned}
\|f+g\|_p &= \int_E (f+g) \cdot (f+g)^* \\
&= \int_E f \cdot (f+g)^* + \int_E g \cdot (f+g)^* \\
&\leqslant \|f\|_p \cdot \|(f+g)^*\|_q + \|g\|_p \cdot \|(f+g)^*\|_q \\
&= \|f\|_p + \|g\|_p
\end{aligned}$$

■ 141

当 $p=q=2$ 时，Hölder 不等式的特殊情形有它自己的名字.

Cauchy-Schwarz 不等式 令 E 为可测集，而 f 和 g 为 E 上使得 f^2 和 g^2 在 E 上可积的可测函数. 则它们的乘积 fg 在 E 上也是可积的，且

$$\int_E |f \cdot g| \leqslant \sqrt{\int_E f^2} \cdot \sqrt{\int_E g^2}$$

推论 2 令 E 为可测集而 $1<p<\infty$. 假定 $L^p(E)$ 中的函数簇 $\mathcal{F}$ 在以下意义下在 $L^p(E)$ 中有界：存在常数 M，使得

$$\text{对 } \mathcal{F} \text{ 中的所有 } f,\quad \|f\|_p \leqslant M$$

则簇 $\mathcal{F}$ 在 E 上是一致可积的.

证明 令 $\varepsilon>0$. 我们必须证明存在 $\delta>0$，使得对 $\mathcal{F}$ 中的任何 f，

$$\text{若 } A\subseteq E \text{ 是可测的且 } m(A)<\delta, \quad \text{则} \int_A |f|<\varepsilon.$$

令 A 为 E 的有限测度的可测子集. 考虑 $L^p(A)$ 和 $L^q(A)$，其中 q 是 p 的共轭. 定义 g 在 A 上恒等于 1. 由于 $m(A)<\infty$，g 属于 $L^q(A)$. Hölder 不等式应用于 g 以及 f 在 A 上的限制推出，

$$\int_A |f| = \int_A |f|\cdot g \leqslant \left[\int_A |f|^p\right]^{1/p}\cdot\left[\int_A |g|^q\right]^{1/q}$$

但对所有 $\mathcal{F}$ 中的 f，

$$\left[\int_A |f|^p\right]^{1/p}\leqslant\left[\int_E |f|^p\right]^{1/p}\leqslant M, \quad \text{且}\left[\int_A |g|^q\right]^{1/q}=[m(A)]^{1/q}$$

因此，对所有 $\mathcal{F}$ 中的 f，

$$\int_A |f|\leqslant M\cdot[m(A)]^{1/q}$$

于是，对每个 $\varepsilon>0$，$\delta=[\varepsilon/M]^q$ 对应于 $\mathcal{F}$ 的一致可积准则的 ε 挑战. ■

推论 3 令 E 为有限测度的可测集，而 $1\leqslant p_1<p_2\leqslant\infty$. 则 $L^{p_2}(E)\subseteq L^{p_1}(E)$. 此外，

$$\text{对 } L^{p_2}(E) \text{ 中的所有 } f, \quad \|f\|_{p_1}\leqslant c\|f\|_{p_2} \tag{5}$$

142 其中，若 $p_2<\infty$ 有 $c=[m(E)]^{\frac{p_2-p_1}{p_1p_2}}$，而若 $p_2=\infty$ 有 $c=[m(E)]^{\frac{1}{p_1}}$.

证明 我们将 $p_2=\infty$ 的情形作为练习. 假设 $p_2<\infty$. 定义 $p=p_2/p_1>1$ 且令 q 为 p 的共轭. 令 f 属于 $L^{p_2}(E)$. 观察到由于 $m(E)<\infty$，f^{p_1} 属于 $L^p(E)$，而 $g=\chi_E$ 属于 $L^q(E)$. 应用 Hölder 不等式，则

$$\int_E |f|^{p_1}=\int_E |f|^{p_1}\cdot g\leqslant\|f\|_{p_2}^{p_1}\cdot\left[\int_E |g|^q\right]^{1/q}=\|f\|_{p_2}^{p_1}[m(E)]^{1/q}$$

每边取 $1/p_1$ 幂得到(5). ■

例子 一般地，对有限测度集 E 和 $1\leqslant p_1<p_2\leqslant\infty$，$L^{p_2}(E)$ 是 $L^{p_1}(E)$ 的真子空间. 例如，令 $E=(0, 1]$，而对 $0<x\leqslant 1$，f 定义为 $f(x)=x^\alpha$，其中 $-1/p_1<\alpha\leqslant-1/p_2$. 则 $f\in L^{p_1}(E)\sim L^{p_2}(E)$.

例子 一般地，当 E 是无限测度集时，$L^p(E)$ 空间之间没有包含关系. 例如，对于 $E=(0, \infty)$，而 f 定义为

$$f(x)=\frac{x^{-1/2}}{1+|\ln x|}, \quad x>0$$

f 属于 $L^p(E)$ 当且仅当 $p=2$.

习题

6. 证明：若 Hölder 不等式对规范化的函数成立，则它对一般的函数也成立.

7. 验证以上两个例子中关于 $L^p(E)$ 中函数 f 的成员关系的断言.

8. 令 f 和 g 属于 $L^2(E)$. 从积分的线性证明：对任何数 λ,

$$\lambda^2\int_E f^2 + 2\lambda\int_E f\cdot g + \int_E g^2 = \int_E (\lambda f + g)^2 \geqslant 0$$

从这个平方和公式直接导出 Cauchy-Schwarz 不等式.

9. 证明 Young 不等式成为等式当且仅当 $a^p = b^q = 1$.

10. 证明 Hölder 不等式成为等式当且仅当存在不全为零的常数 α 和 β，使得在 E 上 a. e.

$$\alpha|f|^p = \beta|g|^q$$

11. 对 $\mathbf{R}^n$ 中的点 $x=(x_1, x_2, \cdots, x_n)$，定义 T_x 为区间 $[1, n+1)$ 上的阶梯函数，它在区间 $[k, k+1)$ 上取值 x_k，$1\leqslant k\leqslant n$. 对 $p\geqslant 1$，定义 $\|X\|_p = \|T_x\|_p$，即函数 T_x 在 $L^p[1, n+1)$ 中的范数. 证明这定义了 $\mathbf{R}^n$ 上的范数. 对该范数叙述并证明 Hölder 与 Minkowski 不等式.

12. 对 $1\leqslant p<\infty$ 和序列 $a=(a_1, a_2, \cdots)\in \ell^p$，定义 T_a 为区间 $[1, \infty)$ 上的函数，它在 $[k, k+1)$ 上取值 a_k，$k=1, 2, \cdots$. 证明 T_a 属于 $L^p[1, \infty)$ 且 $\|a\|_p = \|T_a\|_p$. 以此叙述并证明 ℓ^p 中的 Hölder 与 Minkowski 不等式.

13. 证明：若 f 是 E 上属于 $L^{p_1}(E)$ 的有界函数，则对任何 $p_2>p_1$，它属于 $L^{p_2}(E)$.

143

14. 证明：若对 $x\in(0, 1]$，$f(x)=\ln(1/x)$，则对所有 $1\leqslant p<\infty$，f 属于 $L^p(0, 1]$ 但不属于 $L^\infty(0, 1]$.

15. 对三个函数的乘积叙述和证明 Hölder 不等式的延伸.

16. 假定 $\{f_n\}$ 在 $L^1[0, 1]$ 是有界的. $\{f_n\}$ 在 $[0, 1]$ 上是一致可积的吗？

17. 对于 $1\leqslant p<\infty$，假定 $\{f_n\}$ 在 $L^p(\mathbf{R})$ 中是有界的. $\{f_n\}$ 是紧的吗？

18. 假设 $m(E)<\infty$. 对 $f\in L^\infty(E)$，证明 $\lim\limits_{p\to\infty}\|f\|_p = \|f\|_\infty$.

19. 对于 $1\leqslant p\leqslant\infty$，$q$ 是 p 的共轭，而 $f\in L^p(E)$，证明：

$$\|f\|_p = \max_{g\in L^q(E),\ \|g\|_q\leqslant 1}\int_E f\cdot g$$

20. 对于 $1\leqslant p\leqslant\infty$，$q$ 是 p 的共轭，而 $f\in L^p(E)$，证明 $f=0$ 当且仅当

$$\text{对所有 } g\in L^q(E),\quad \int_E f\cdot g = 0$$

21. 对于 $1\leqslant p\leqslant\infty$，找到参数 λ 的值使得对所有 $f\in L^p[0, 1]$,

$$\lim_{\varepsilon\to 0^+}\frac{1}{\varepsilon^\lambda}\int_0^\varepsilon f = 0$$

22. (Riesz)对于 $1\leqslant p<\infty$，证明：若 $[a, b]$ 上的绝对连续函数 F 是一个 $L^p[a, b]$ 函数的不定积分，则存在常数 $M>0$，使得对 $[a, b]$ 的任何分划 $\{x_0, \cdots, x_n\}$,

$$\sum_{k=1}^{n}\frac{|F(x_k)-F(x_{k-1})|^p}{|x_k - x_{k-1}|^{p-1}}\leqslant M$$

7.3　L^p 是完备的：Riesz-Fischer 定理

采用与赋予绝对值范数的 $\mathbf{R}$ 中的序列完全相同的方式，对赋范线性空间中的序列定义收敛序列与 Cauchy 序列.

定义　赋予范数的线性空间 X 中的序列 $\{f_n\}$ 称为**在 X 中收敛于 f**，若

$$\lim_{n\to\infty}\|f - f_n\| = 0$$

我们记作：

$$\text{在 } X \text{ 中}\{f_n\} \to f, \quad \text{或在 } X \text{ 中} \lim_{n\to\infty} f_n = f$$

144

意味着每个 f_n 和 f 属于 X 且 $\lim_{n\to\infty}\|f-f_n\|=0$.

显然对于 $C[a, b]$ 中的序列 $\{f_n\}$ 和函数 f，在赋予最大值范数的 $C[a, b]$ 中，$\{f_n\}\to f$ 当且仅当在 $[a, b]$ 上一致地 $\{f_n\}\to f$. 此外，由于 $L^\infty(E)$ 中的函数的本性上确界是一个本性上界，对于 $L^\infty(E)$ 中的序列 $\{f_n\}$ 和函数 f，在 $L^\infty(E)$ 中 $\{f_n\}\to f$ 当且仅当在零测度集的补集上一致地 $\{f_n\}\to f$. 对于 $L^p(E)$ 中的序列 $\{f_n\}$ 和函数 f，$1\leqslant p<\infty$，在 $L^p(E)$ 中 $\{f_n\}\to f$ 当且仅当

$$\lim_{n\to\infty}\int_E |f_n - f|^p = 0$$

定义　赋予范数 $\|\cdot\|$ 的线性空间 X 中的序列 $\{f_n\}$ 称为 X 中的 **Cauchy 序列**，若对每个 $\varepsilon>0$，存在自然数 $\mathbf{N}$ 使得对所有 m，$n\geqslant N$，$\|f_n-f_m\|<\varepsilon$.

赋范线性空间 X 称为**完备的**，若 X 中的每个 Cauchy 序列收敛到 X 中的某个函数. 完备的赋范线性空间称为 **Banach 空间**.

实数的完备性公理等价于赋予绝对值范数的 $\mathbf{R}$ 是完备的这一断言. 这立即蕴涵欧氏空间 $\mathbf{R}^n$ 也是完备的. 在数学分析的基础课程中证明了赋予最大值范数的 $C[a, b]$ 是完备的（见习题 31）. 同样的方法与可测函数的逐点极限的可测性一起，表明 $L^\infty(E)$ 也是完备的（见习题 33）.

命题 4　令 X 为赋范线性空间. 则 X 中的每个收敛的序列是 Cauchy 的. 此外，X 中的 Cauchy 序列收敛，若它有一个收敛的子序列.

证明　令在 X 中 $\{f_n\}\to f$. 根据范数的三角不等式，对所有 m，n，

$$\|f_n - f_m\| = \|[f_n - f] + [f - f_m]\| \leqslant \|f_n - f\| + \|f_m - f\|$$

因此 $\{f_n\}$ 是 Cauchy 的.

现在令 $\{f_n\}$ 为 X 中的 Cauchy 序列. 它有在 X 中收敛到 f 的子序列 $\{f_{n_k}\}$. 令 $\varepsilon>0$. 由于 $\{f_n\}$ 是 Cauchy 的，我们可以选取 N 使得对所有 m，$n\geqslant N$，$\|f_n-f_m\|_p<\varepsilon/2$. 由于 $\{f_{n_k}\}$ 收敛到 f，可以选取 k 使得 $n_k>N$ 且 $\|f_{n_k}-f\|<\varepsilon/2$. 则根据范数的三角不等式，对 $n\geqslant N$，

$$\|f_n - f\| = \|[f_n - f_{n_k}] + [f_{nk} - f]\| = \|f_n - f_{n_k}\| + \|f_{n_k} - f\| < \varepsilon$$

因此在 X 中 $\{f_n\}\to f$. ■

根据以上命题，证明特定赋范线性空间的完备性的有用策略是证明针对空间的性质，特定类型的 Cauchy 序列收敛，并且证明每个 Cauchy 序列有这种特定类型的子序列（见习题 30 和 32）. 对 $1\leqslant p<\infty$，在 $L^p(E)$ 空间中，定义如下的快速 Cauchy 序列[⊖]是有用的.

145

⊖ 在论文“Rethinking the Lebesgue Integral”（美国数学月刊，2009 年 12 月），Peter Lax 单独挑出连续函数序列的逐点极限作为构造完备空间 L^1 的主要对象，该连续函数序列是关于 L^1 范数的快速 Cauchy 序列. 他捍卫了以下观点：在积分的研究中使用关于 Banach 空间的定理，其主要目标是对 L^1 的识别. 无须先对测度论做单独的研究，Lax 构造了 L^1 中的函数作为连续函数的快速 Cauchy 序列的极限.

定义　令 X 为具有范数 $\|\cdot\|$ 的赋范线性空间．X 中的序列 $\{f_n\}$ 称为**快速 Cauchy 序列**，若存在收敛的正项级数 $\sum_{k=1}^{\infty}\varepsilon_k$，使得

$$\text{对所有 } k,\quad \|f_{k+1}-f_k\|\leqslant \varepsilon_k^2$$

以下观察是有用的：若 $\{f_n\}$ 是赋范线性空间中的序列，而非负数序列 $\{a_k\}$ 具有对所有 k，

$$\|f_{k+1}-f_k\|\leqslant a_k$$

的性质，则由于

$$\text{对所有 } n,k,\quad f_{n+k}-f_n=\sum_{j=n}^{n+k-1}[f_{j+1}-f_j]$$

$$\text{对所有 } n,k,\quad \|f_{n+k}-f_n\|\leqslant \sum_{j=n}^{n+k-1}\|f_{j+1}-f_j\|\leqslant \sum_{j=n}^{\infty}a_j \tag{6}$$

命题 5　令 X 为赋范线性空间．则 X 中的每个快速 Cauchy 序列是 Cauchy 的．此外，每个 Cauchy 序列有一个快速 Cauchy 的子序列．

证明　令 $\{f_n\}$ 为 X 中的快速 Cauchy 序列，而 $\sum_{k=1}^{\infty}\varepsilon_k$ 是收敛的正项级数，使得对所有 k，

$$\|f_{k+1}-f_k\|\leqslant \varepsilon_k^2 \tag{7}$$

我们从(6)推出对所有 n，k，

$$\|f_{n+k}-f_n\|\leqslant \sum_{j=n}^{\infty}\varepsilon_j^2 \tag{8}$$

由于级数 $\sum_{k=1}^{\infty}\varepsilon_k$ 收敛，级数 $\sum_{k=1}^{\infty}\varepsilon_k^2$ 也收敛．我们从(8)推出 $\{f_n\}$ 是 Cauchy 的．现在假设 $\{f_n\}$ 是 X 中的 Cauchy 序列．我们可以归纳地选取严格递增的自然数列 $\{n_k\}$，使得对所有 k，

$$\|f_{n_{k+1}}-f_{n_k}\|\leqslant (1/2)^k$$

因为公比为 $1/\sqrt{2}$ 的几何级数收敛，所以子序列 $\{f_{n_k}\}$ 是快速 Cauchy 的．■

定理 6　令 E 为可测集而 $1\leqslant p\leqslant\infty$．则 $L^p(E)$ 中的每个快速 Cauchy 序列关于 $L^p(E)$ 范数在 E 上 a. e. 逐点地收敛到 $L^p(E)$ 中的函数 f．

146

证明　我们将 $p=\infty$ 的情形留作练习(习题 33)．假设 $1\leqslant p<\infty$．令 $\{f_n\}$ 为 $L^p(E)$ 中快速收敛的序列．通过从 E 中去掉一个测度为零的集合，我们可以假设每个 f_n 取实值．选取收敛的正项级数 $\sum_{k=1}^{\infty}\varepsilon_k$，使得对所有 k，

$$\|f_{k+1}-f_k\|_p\leqslant \varepsilon_k^2 \tag{9}$$

因此对所有 k，

$$\int_E |f_{k+1}-f_k|^p\leqslant \varepsilon_k^{2p} \tag{10}$$

固定一个自然数 k. 由于对 $x\in E$, $|f_{k+1}(x)-f_k(x)|\geqslant\varepsilon_k$ 当且仅当 $|f_{k+1}(x)-f_k(x)|^p\geqslant\varepsilon_k^p$，我们从(10)和 Chebychev 不等式推出，

$$m\{x\in E \mid |f_{k+1}(x)-f_k(x)|\geqslant\varepsilon_k\}=m\{x\in E \mid |f_{k+1}(x)-f_k(x)|^p\geqslant\varepsilon_k^p\}$$
$$\leqslant\frac{1}{\varepsilon_k^p}\cdot\int_E|f_{k+1}-f_k|^p\leqslant\varepsilon_k^p$$

由于 $p\geqslant 1$，级数 $\sum_{k=1}^{\infty}\varepsilon_k^p$ 收敛. Borel-Cantelli 引理告诉我们存在 E 的子集 E_0，它的测度为零，且对每个 $x\in E\sim E_0$ 存在指标 $K(x)$，使得对所有 $k\geqslant K(x)$，

$$|f_{k+1}(x)-f_k(x)|<\varepsilon_k$$

令 x 属于 $E\sim E_0$. 则对所有 $n\geqslant K(x)$和所有 k，

$$|f_{n+k}(x)-f_n(x)|\leqslant\sum_{j=n}^{n+k-1}|f_{j+1}(x)-f_j(x)|\leqslant\sum_{j=n}^{\infty}\varepsilon_j \tag{11}$$

级数 $\sum_{j=1}^{\infty}\varepsilon_j$ 收敛，因此实数序列$\{f_k(x)\}$是 Cauchy 的. 实数是完备的. 记$\{f_k(x)\}$的极限为 $f(x)$. 在 E_0 上定义 $f=0$. 从(9)和(6)推出对所有 n，k，

$$\int_E|f_{n+k}-f_n|^p\leqslant\left[\sum_{j=n}^{\infty}\varepsilon_j^2\right]^p \tag{12}$$

由于在 E 上 a. e. 逐点$\{f_n\}\to f$，在该不等式中取 $k\to\infty$时的极限，且从 Fatou 引理推出，对所有 n，

$$\int_E|f-f_n|^p\leqslant\left[\sum_{j=n}^{\infty}\varepsilon_j^2\right]^p$$

147

由于级数 $\sum_{k=1}^{\infty}\varepsilon_k^2$ 收敛，f 属于$L^p(E)$且在 $L^p(E)$中$\{f_n\}\to f$. 我们构造了 f 作为$\{f_n\}$在 E 上的 a. e. 逐点极限，证明完毕. ■

Riesz-Fischer 定理　*令 E 为可测集而 $1\leqslant p\leqslant\infty$. 则 $L^p(E)$是 Banach 空间. 此外，若在 $L^p(E)$中$\{f_n\}\to f$，则$\{f_n\}$的一个子序列在 E 上 a. e. 逐点收敛到 f.*

证明　令$\{f_n\}$为 $L^p(E)$中的 Cauchy 序列. 根据命题 5，存在$\{f_n\}$的子序列$\{f_{n_k}\}$，它是快速 Cauchy 的. 前一个定理告诉我们$\{f_{n_k}\}$关于 $L^p(E)$范数在 E 上 a. e. 逐点收敛到$L^p(E)$中的函数 f. 根据命题 4 整个 Cauchy 序列关于 $L^p(E)$范数收敛到 f. 最后，若序列在 $L^p(E)$中收敛，则它有快速 Cauchy 子序列且该子序列在 E 上 a. e. 逐点收敛到同样的极限函数. ■

如同以下例子所表明的，$L^p(E)$中的序列$\{f_n\}$在 E 上 a. e. 逐点收敛到 $L^p(E)$中的 f，一般不在 $L^p(E)$中收敛.

例子　对于 $E=[0, 1]$，$1\leqslant p<\infty$和每个自然数 n，令 $f_n=n^{1/p}\chi_{(0,1/n)}$. 该序列在$[0, 1]$上逐点收敛到恒等于零的函数，但不关于 $L^p[0, 1]$范数收敛到该函数.

以下两个定理提供了逐点收敛的序列在 $L^p(E)$中收敛的必要与充分条件.

定理 7 令 E 为可测集而 $1\leqslant p<\infty$. 假定$\{f_n\}$是 $L^p(E)$ 中在 E 上 a.e. 逐点收敛于属于 $L^p(E)$的函数 f 的序列. 则

$$\text{在 } L^p(E) \text{ 中}, \{f_n\}\rightarrow f \text{ 当且仅当} \lim_{n\rightarrow\infty}\int_E |f_n|^p = \int_E |f|^p$$

证明 通过可能地从 E 中去掉一个测度为零的集合，我们可以假设 f 和每个 f_n 在整个 E 上是实值的且收敛是逐点的. 我们从 Minkowski 不等式推出，对每个 n，$|\|f_n\|_p-\|f\|_p|\leqslant\|f_n-f\|_p$. 因此，若在 $L^p(E)$中$\{f_n\}\rightarrow f$，则 $\lim_{n\rightarrow\infty}\int_E|f_n|^p=\int_E|f|^p$. 为证明反命题，假设 $\lim_{n\rightarrow\infty}\int_E|f_n|^p=\int_E|f|^p$. 对所有 t 定义 $\psi(t)=t^p$. 则 ψ 是凸的，这是由于它的二阶导数是非负的，且因此对所有 a，b，

$$\psi\left(\frac{a+b}{2}\right)\leqslant\frac{\psi(a)+\psi(b)}{2}$$

因此，

$$\text{对所有 } a,b, 0\leqslant\frac{|a|^p+|b|^p}{2}-\left|\frac{a-b}{2}\right|^p$$

因此，对每个 n，E 上的非负可测函数 h_n 定义为，对所有 $x\in E$，

$$h_n(x)=\frac{|f_n(x)|^p+|f(x)|^p}{2}-\left|\frac{f_n(x)-f(x)}{2}\right|^p$$

148

由于在 E 上逐点地$\{h_n\}\rightarrow|f|^p$，我们从 Fatou 引理推出

$$\begin{aligned}\int_E|f|^p&\leqslant\liminf\left[\int_E h_n\right]\\&=\liminf\left[\int_E\frac{|f_n(x)|^p+|f(x)|^p}{2}-\left|\frac{f_n(x)-f(x)}{2}\right|^p\right]\\&=\int_E|f|^p-\limsup\left[\int_E\left|\frac{f_n(x)-f(x)}{2}\right|^p\right]\end{aligned}$$

因此，

$$\limsup\left[\int_E\left|\frac{f_n(x)-f(x)}{2}\right|^p\right]\leqslant 0$$

即在 $L^p(E)$中$\{f_n\}\rightarrow f$. ■

定理 8 令 E 为可测集而 $1\leqslant p<\infty$. 假定$\{f_n\}$是 $L^p(E)$ 中在 E 上 a.e. 逐点收敛于属于 $L^p(E)$的函数 f 的序列. 则

$$\text{在 } L^p(E) \text{ 中}, \{f_n\}\rightarrow f \text{ 当且仅当}\{|f_n|^p\}\text{在 } E \text{ 上是一致可积与紧的}$$

证明 非负可积序列$\{|f_n-f|^p\}$在 E 上 a.e. 逐点收敛到零. 根据第 5 章的推论 2——Vitali 收敛定理的一个推论，

$$\lim_{n\rightarrow\infty}\int_E|f_n-f|^p=0 \text{ 当且仅当在 } E \text{ 上}\{|f_n-f|^p\}\text{ 是一致可积与紧的}$$

然而，我们从不等式(1)推出对所有 n，在 E 上 a.e.

$$|f_n-f|^p\leqslant 2^p\{|f_n|^p+|f|^p\} \text{ 且 } |f_n|^p\leqslant 2^p\{|f_n-f|^p+|f|^p\}$$

根据假设，$|f|^p$ 在 E 上可积，因此$\{|f_n-f|^p\}$在 E 上是一致可积与紧的当且仅当序列$\{|f_n|^p\}$在 E 上是一致可积与紧的. ■

习题

23. 提供一个具有以下性质的实数序列的例子：它是 Cauchy 的但不是快速 Cauchy 的.
24. 令 X 为赋范线性空间. 假设在 X 中$\{f_n\}\to f$，$\{g_n\}\to g$，而 α 和 β 是实数. 证明在 X 中，
$$\{\alpha f_n+\beta g_n\}\to\alpha f+\beta g$$
25. 假设 E 有有限测度而 $1\leqslant p_1<p_2\leqslant\infty$. 证明：若在 $L^{p_2}(E)$中$\{f_n\}\to f$，则在 $L^{p_1}(E)$中$\{f_n\}\to f$.

149

26. (L^p 控制收敛定理)令$\{f_n\}$为在 E 上 a. e. 逐点收敛于 f 的可测函数序列. 对 $1\leqslant p<\infty$，假定存在 $L^p(E)$中的函数 g，使得对所有 n，在 E 上 a. e. $|f_n|\leqslant g$. 证明在 $L^p(E)$中$\{f_n\}\to f$.
27. E 为可测集而 $1\leqslant p<\infty$. 假设在 $L^p(E)$中$\{f_n\}\to f$. 证明存在子序列$\{f_{n_k}\}$和函数 $g\in L^p(E)$，使得在 E 上对所有 k，a. e. $|f_{n_k}|\leqslant g$.
28. 假设 E 有有限测度而 $1\leqslant p<\infty$. 假定$\{f_n\}$是在 E 上 a. e. 逐点收敛于 f 的可测函数序列. 对 $1\leqslant p<\infty$，证明：若存在 $\theta>0$，使得$\{f_n\}$属于 $L^{p+\theta}(E)$且作为 $L^{p+\theta}(E)$的子集是有界的，则在 $L^p(E)$中$\{f_n\}\to f$.
29. 考虑$[a, b]$上的赋予范数$\|\cdot\|_{\max}$的多项式线性空间. 该赋范线性空间是 Banach 空间吗?
30. 令$\{f_n\}$为 $C[a, b]$中的序列，而 $\sum_{k=1}^{\infty}a_k$ 是收敛的正项级数，使得对所有 k，$\|f_{k+1}-f_k\|_{\max}\leqslant a_k$. 证明对所有 k，n 和所有 $x\in[a, b]$，
$$|f_{n+k}(x)-f_k(x)|\leqslant\|f_{n+k}-f_k\|_{\max}\leqslant\sum_{j=n}^{\infty}a_j$$
得出存在函数 $f\in C[a, b]$，使得在$[a, b]$上一致地$\{f_n\}\to f$.
31. 用前一个习题证明赋予最大值范数的 $C[a, b]$是 Banach 空间.
32. 令$\{f_n\}$为 $L^\infty(E)$中的序列，而 $\sum_{k=1}^{\infty}a_k$ 是收敛的正项级数，使得对所有 k，
$$\|f_{k+1}-f_k\|_\infty\leqslant a_k$$
证明存在 E 的子集 E_0，它的测度为零且对所有 k，n 和所有 $x\in E\sim E_0$，
$$|f_{n+k}(x)-f_k(x)|\leqslant\|f_{n+k}-f_k\|_\infty\leqslant\sum_{j=n}^{\infty}a_j$$
证明存在函数 $f\in L^\infty(E)$使得在 $E\sim E_0$ 上一致地$\{f_n\}\to f$.
33. 用前一个习题证明 $L^\infty(E)$是一个 Banach 空间.
34. 证明对于 $1\leqslant p\leqslant\infty$，$l^p$ 是 Banach 空间.
35. 证明所有收敛的实数序列空间 c 与所有收敛到零的实数序列空间 c_0 关于 l^∞ 范数是 Banach 空间.

7.4 逼近与可分性

我们这里详细阐述 Littlewood 第二原理的一般主题，即用较好的一类函数逼近某类中的函数. 我们考虑关于 $L^p(E)$范数的逼近. 引入更一般的稠密性的概念是有用的.

定义　令 X 为具有范数$\|\cdot\|$的赋范线性空间. 给定 X 的两个子集 $\mathcal{F}$和 $\mathcal{G}$，满足 $\mathcal{F}\subseteq\mathcal{G}$，

我们说 $\mathcal{F}$ 在 $\mathcal{G}$ 中**稠密**，若对 $\mathcal{G}$ 中的每个函数 g 和 $\varepsilon>0$，存在 $\mathcal{F}$ 中的函数 f 使得 $\|f-g\|<\varepsilon$.　150

不难看出，集合 $\mathcal{F}$ 在 $\mathcal{G}$ 中稠密当且仅当对 $\mathcal{G}$ 中每个 g 存在 $\mathcal{F}$ 中的序列 $\{f_n\}$，使得

$$在\ X\ 中，\quad \lim_{n\to\infty} f_n = g$$

此外，观察到对于 $\mathcal{F}\subseteq\mathcal{G}\subseteq\mathcal{H}\subseteq X$，

$$若\ \mathcal{F}\ 在\ \mathcal{G}\ 中稠密而\ \mathcal{G}\ 在\ \mathcal{H}\ 中稠密，则\ \mathcal{F}\ 在\ \mathcal{H}\ 中稠密 \tag{13}$$

是有用的.

我们已遇到稠密集：如同无理数集，有理数集在 $\mathbf{R}$ 中稠密. 此外，Weierstrass 逼近定理[⊖]可用当前的赋范线性空间的语言叙述如下：限制在 $[a, b]$ 上的多项式族在赋予最大值范数的线性空间 $C[a, b]$ 中稠密.

命题 9　令 E 为可测集而 $1\leqslant p\leqslant\infty$. 则 $L^p(E)$ 中的简单函数构成的子空间在 $L^p(E)$ 中稠密.

证明　令 g 属于 $L^p(E)$. 首先考虑 $p=\infty$. 存在 E 的测度为零的子集 E_0 使得 g 在 $E\sim E_0$ 上有界. 我们从简单逼近引理推出存在 $E\sim E_0$ 上的简单函数序列，它在 $E\sim E_0$ 上一致收敛于 g，因此关于 $L^\infty(E)$ 范数收敛于 g. 于是简单函数在 $L^\infty(E)$ 中稠密.

现在假定 $1\leqslant p<\infty$. 函数 g 可测，因此，根据简单逼近定理，存在 E 上的简单函数序列 $\{\varphi_n\}$ 使得在 E 上逐点 $\{\varphi_n\}\to g$ 且

$$在\ E\ 上对所有\ n，\quad |\varphi_n|\leqslant|g|$$

从积分的比较判别法得出每个 φ_n 属于 $L^p(E)$. 我们宣称在 $L^p(E)$ 中 $\{\varphi_n\}\to g$. 事实上，对所有 n，在 E 上，

$$|\varphi_n-g|^p\leqslant 2^p\{|\varphi_n|^p+|g|^p\}\leqslant 2^{p+1}|g|^p$$

由于 $|g|^p$ 在 E 上可积，我们从 Lebesgue 控制收敛定理推出在 $L^p(E)$ 中 $\{\varphi_n\}\to g$. ■

命题 10　令 $[a, b]$ 为闭有界区间而 $1\leqslant p<\infty$. 则 $[a, b]$ 上的阶梯函数构成的子空间在 $L^p[a, b]$ 中稠密.

证明　前一个命题告诉我们简单函数在 $L^p[a, b]$ 中稠密. 因此仅须证明阶梯函数在简单函数中关于 $\|\cdot\|_p$ 范数稠密. 每个简单函数是可测集的特征函数的线性组合. 因此，若每个这样的特征函数可在 $\|\cdot\|_p$ 范数下被阶梯函数任意逼近，由于阶梯函数是线性空间，任何简单函数也能如此. 令 $g=\chi_A$，其中 A 是 $[a, b]$ 的可测子集且令 $\varepsilon>0$. 我们寻求 $[a, b]$ 上的阶梯函数 f，使得 $\|f-g\|_p<\varepsilon$. 根据第 2 章的定理 12，存在开区间的有限不交族 $\{I_k\}_{k=1}^n$，使得若我们定义 $\mathcal{U}=\bigcup_{k=1}^n I_k$，则对称差 $A\Delta\mathcal{U}=[A\sim\mathcal{U}]\cup[\mathcal{U}\sim A]$ 具有性质：　151

$$m(A\Delta\mathcal{U})<\varepsilon^p$$

⊖ 关于证明，见 Patrick Fitzpatrick 的《Advanced Calculus》[Fit09].

由于$\mathcal{U}$是开区间的有限不交族的并，$\chi_{\mathcal{U}}$ 是一个阶梯函数．此外，

$$\|\chi_A - \chi_{\mathcal{U}}\|_p = [m(A\Delta\mathcal{U})]^{1/p} \tag{14}$$

因此$\|\chi_A - \chi_{\mathcal{U}}\|_p < \varepsilon$，证明完成．■

定义　赋范线性空间 X 称为**可分的**，若存在一个在 X 中稠密的可数子集．

实数是可分的，这是由于有理数集是可数稠密子集．对闭有界区间$[a, b]$，赋予最大值范数的 $C[a, b]$是可分的，这是由于我们从 Weierstrass 逼近定理推出，具有有理系数的多项式是在 $C[a, b]$中稠密的可数集．

定理 11　令 E 为可测集而 $1 \leqslant p < \infty$．则赋范线性空间 $L^p(E)$是可分的．

证明　令$[a, b]$为闭有界区间，而 $\mathcal{S}[a, b]$为$[a, b]$上的阶梯函数族．定义 $\mathcal{S}'[a, b]$为$\mathcal{S}[a, b]$的子族．其中的函数 ψ 在$[a, b]$上取有理值且存在$[a, b]$的分划 $P=\{x_0, \cdots, x_n\}$，使得对 $1 \leqslant k \leqslant n$，$\psi$ 在(x_{k-1}, x_k)上是常数，而对 $1 \leqslant k \leqslant n-1$，$x_k$ 是有理数．我们从有理数在实数中的稠密性推出，$\mathcal{S}'[a, b]$在 $\mathcal{S}[a, b]$中关于 $L^p(E)$范数稠密．我们把验证 $\mathcal{S}'[a, b]$是可数集作为练习．以下两个包含关系都关于 $L^p[a, b]$范数稠密：

$$\mathcal{S}'[a,b] \subseteq \mathcal{S}[a,b] \subseteq L^p[a,b]$$

因此，根据(13)，$\mathcal{S}'[a, b]$在 $L^p[a, b]$中稠密．对每个自然数 n，定义 $\mathcal{F}_n$ 为 $\mathbf{R}$ 上的函数，它在$[-n, n]$外消失且限制在$[-n, n]$上属于 $\mathcal{S}'[-n, n]$．定义 $\mathcal{F}=\bigcup_{n\in N}\mathcal{F}_n$．则 $\mathcal{F}$ 是$L^p(\mathbf{R})$中的函数的可数族．根据单调收敛定理，

$$对所有\ f \in L^p(\mathbf{R}),\quad \lim_{n\to\infty}\int_{[-n,n]} |f|^p = \int_{\mathbf{R}} |f|^p$$

因此，根据每个 $\mathcal{F}_n$ 的选取，$\mathcal{F}$ 是在 $L^p(\mathbf{R})$中稠密的可数函数族．最后，令 E 为一般的可测集．则 $\mathcal{F}$ 中的函数在 E 上的限制族是 $L^p(E)$的可数稠密子集，因此 $L^p(E)$是可分的．

如同以下例子所表明的，$L^\infty(E)$一般是不可分的．■

例子　令$[a, b]$为非退化的闭有界区间．我们宣称赋范线性空间 $L^\infty[a, b]$是不可分的．为验证这一断言，我们用反证法．假定存在在 $L^\infty[a, b]$中稠密的可数集$\{f_n\}_{n=1}^\infty$．对每个数 $x\in[a, b]$，选择自然数 $\eta(x)$使得

152

$$\|\chi_{[a,x]} - f_{\eta(x)}\|_\infty < 1/2$$

观察到

$$若\ a \leqslant x_1 < x_2 \leqslant b,\quad 则\ \|\chi_{[a,x_1]} - \chi_{[a,x_2]}\|_\infty = 1$$

因此 η 是$[a, b]$映上自然数集的一一映射．但自然数集是可数的，而$[a, b]$是不可数的．我们从这个矛盾得出，$L^\infty[a, b]$是不可分的．

对于 $\mathbf{R}$ 的可测子集 E，我们记 $C_c(E)$为 E 上在一有界集外消失的连续实值函数的线性空间．在上述定理的证明中，对于 $1 \leqslant p < \infty$，我们给出了 $L^p(\mathbf{R})$的稠密子集 $\mathcal{F}$，它具有性质：对每个 $f\in\mathcal{F}$，存在闭有界区间$[a, b]$，使得 f 在$[a, b]$上的限制是阶梯函数，而在

$[a, b]$外消失. 不难看出，每个 $f\in\mathcal{F}$ 是连续分段线性且在有界集外消失的函数序列在 $L^p(\mathbf{R})$中的极限. 定义 $\mathcal{F}'$为 $\mathcal{F}$ 中函数的所有这样的逼近序列的并. 则 $\mathcal{F}'$ 在 $L^p(\mathbf{R})$中稠密. 此外，对于可测集 E，属于 $\mathcal{F}'$的函数在 E 上的限制所组成的族是由 E 上在有界集外消失的连续函数组成的$L^p(E)$的稠密子集. 这证明了以下定理.

定理 12 令 E 为可测集而 $1\leqslant p<\infty$. 则 $C_c(E)$在 $L^p(E)$中稠密.

习题

36. 令 $\mathcal{S}$为赋范线性空间 X 的子集. 证明 $\mathcal{S}$在 X 中稠密当且仅当每个 $g\in X$ 是 $\mathcal{S}$中序列的极限.
37. 验证(13).
38. 证明具有有理系数的多项式族是可数的.
39. 令 E 为可测集，$1\leqslant p<\infty$，q 是 p 的共轭，而 $\mathcal{S}$是 $L^q(E)$的稠密子集. 证明：若 $g\in L^p(E)$且对所有 $f\in\mathcal{S}$，$\int_E f\cdot g=0$，则 $g=0$.
40. 验证定理 11 的证明细节.
41. 令 E 为有限测度的可测集而 $1\leqslant p_1<p_2<\infty$. 考虑赋予范数$\|\cdot\|_{p_1}$的线性空间 $L^{p_2}(E)$. 该赋范线性空间是 Banach 空间吗？
42. 展示可测集 E 使得 $L^\infty(E)$是可分的. 证明：若 E 包含非退化区间，则 $L^\infty(E)$是不可分的.
43. 假定 X 是具有范数$\|\cdot\|$的 Banach 空间. 令 X_0 为 X 的稠密子空间. 假设 X_0 被赋予继承自 X 的范数也是一个 Banach 空间，证明 $X=X_0$.
44. 对于 $1\leqslant p<\infty$，证明序列空间 ℓ^p 是可分的. 证明实数集族是不可数的且得出 ℓ^∞ 是不可分的.
45. 证明定理 12.

153

46. 证明对于 $1<p<\infty$以及任何两个数 a 和 b，
$$\left|\operatorname{sgn}(a)\cdot|a|^{1/p}-\operatorname{sgn}(b)\cdot|b|^{1/p}\right|^p\leqslant 2^p\cdot|a-b|$$
47. 证明对于 $1<p<\infty$以及任何两个数 a 和 b，
$$|\operatorname{sgn}(a)\cdot|a|^p-\operatorname{sgn}(b)\cdot|b|^p|\leqslant p\cdot|a-b|(|a|+|b|)^{p-1}$$
48. (Mazur)令 E 为可测集而 $1<p<\infty$. 对于 $L^1(E)$中的 f，定义 E 上的函数 $\Phi(f)$为
$$\Phi(f)(x)=\operatorname{sgn}(f(x))|f(x)|^{1/p}$$
证明 $\Phi(f)$属于 $L^p(E)$. 此外，用习题 46 证明对所有 $L^1(E)$中的 f，g，
$$\|\Phi(f)-\Phi(g)\|_p^p\leqslant 2^p\cdot\|f-g\|_1$$
由此得出 Φ 是以下意义的从 $L^1(E)$到 $L^p(E)$的连续映射：若在 $L^1(E)$中$\{f_n\}\to f$，则在 $L^p(E)$中$\{\Phi(f_n)\}\to\Phi(f)$. 接着证明 Φ 是一对一的且它的象是 $L^p(E)$. 找到逆映射的公式. 用前一个习题得出逆映射 Φ^{-1}是从 $L^p(E)$到 $L^1(E)$的连续映射.
49. 用前一个习题证明 $L^1(E)$的可分性蕴涵 $L^p(E)$的可分性，其中 $1<p<\infty$.
50. 对闭有界非退化区间$[a, b]$，证明不存在从 $L^1[a, b]$映上 $L^\infty[a, b]$的连续映射 Φ.
51. 用 Lusin 定理证明定理 12.

154

第8章 L^p 空间：对偶与弱收敛

对于可测集 E，$1\leqslant p<\infty$，而 q 为 p 的共轭，令 g 属于 $L^q(E)$. 定义 $L^p(E)$上的实值泛函 T 为

$$\text{对所有 } f\in L^p(E),\quad T(f)=\int_E f\cdot g \tag{i}$$

Hölder 不等式告诉我们 $f\cdot g$ 是可积的，因此 T 是正确定义的. 泛函 T 继承了积分的线性. 此外，存在常数 $M\geqslant 0$ 使得对所有 $f\in L^p(E)$，

$$|T(f)|\leqslant M\cdot\|f\|_p \tag{ii}$$

事实上，根据 Hölder 不等式，这对 $M=\|g\|_q$ 成立. Riesz 表示定理断言，若 T 是 $L^p(E)$ 上的任意实值线性泛函，且存在 M 使得(ii)成立，则存在 $L^p(E)$中的唯一函数 g，使得 T 由(i)给出. $L^p(E)$中的函数序列$\{f_n\}$称为弱收敛于 $L^p(E)$中的函数 f，若

$$\text{对所有 } g\in L^q(E),\quad \lim_{n\to\infty}\int_E f_n\cdot g=\int_E f\cdot g \tag{iii}$$

我们用 Riesz 表示定理和 Helly 的一个定理证明，对于 $1<p<\infty$，$L^p(E)$中的任何有界序列有一个弱收敛的子序列. 作为该结果的许多推论的一个例子，我们证明某种凸泛函的最小值的存在性.

8.1 关于 $L^p(1\leqslant p<\infty)$的对偶的 Riesz 表示定理

定义 线性空间 X 上的**线性泛函**是 X 上的实值函数 T，它使得对 X 中的函数 g 和 h 以及实数 α 和 β，

$$T(\alpha\cdot g+\beta\cdot h)=\alpha\cdot T(g)+\beta\cdot T(h)$$

容易验证逐点定义的线性泛函的线性组合也是线性的. 因此线性空间上的线性泛函组成的族自身是一个线性空间.

例子 令 E 为可测集，$1\leqslant p<\infty$，q 为 p 的共轭，而 g 属于 $L^q(E)$. 定义 $L^p(E)$上的泛函 T 为

$$\text{对所有 } f\in L^p(E),\quad T(f)=\int_E g\cdot f \tag{1}$$

Hölder 不等式告诉我们对于 $f\in L^p(E)$，乘积 $g\cdot f$ 在 E 上可积，因此泛函 T 是正确定义的. 根据积分的线性，T 是线性的. 观察到 Hölder 不等式说的是对所有 $f\in L^p(E)$，

$$|T(f)|\leqslant\|g\|_q\cdot\|f\|_p \tag{2}$$

例子 令$[a, b]$为闭有界区间而函数 g 在$[a, b]$上是有界变差的. 定义 $C[a, b]$上的泛函 T 为

$$\text{对所有 } f \in C[a,b], \quad T(f) = \int_a^b f(x)\mathrm{d}g(x) \tag{3}$$

其中积分是 Riemann-Stieltjes 意义下的积分. 泛函 T 是正确定义的且是线性的[⊖]. 此外，从积分的定义立即得出，对所有 $f \in C[a, b]$,

$$|T(f)| \leqslant TV(g) \cdot \|f\|_{\max} \tag{4}$$

其中 $TV(g)$是 g 在$[a, b]$上的全变差.

定义 对于赋范线性空间 X，X 上的线性泛函 T 称为是**有界**的，若存在 $M \geqslant 0$，使得

$$\text{对所有 } f \in X, \quad |T(f)| \leqslant M \cdot \|f\| \tag{5}$$

所有这样的 M 的下确界称为 T 的**范数**，记为$\|T\|_*$.

不等式(2)告诉我们第一个例子中的线性泛函是有界的，而不等式(4)证明第二个例子也是有界的.

令 T 为赋范线性空间 X 上的有界线性泛函. 容易看出(5)对 $M=\|T\|_*$ 成立. 因此，根据 T 的线性，对所有 $f, h \in X$,

$$|T(f) - T(h)| \leqslant \|T\|_* \cdot \|f-h\| \tag{6}$$

由此我们推出有界线性泛函 T 的以下连续性质：

$$\text{若在 } X \text{ 中}\{f_n\} \to f, \quad \text{则}\{T(f_n)\} \to T(f) \tag{7}$$

我们把以下证明留作练习：证明

$$\|T\|_* = \sup\{T(f) \mid f \in X, \quad \|f\| \leqslant 1\} \tag{8}$$

156

且用$\|\cdot\|_*$的这个刻画去证明下面的命题.

命题 1 令 X 为赋范线性空间. 则 X 上的有界线性泛函族是一个线性空间，在其上$\|\cdot\|_*$是一个范数. 该赋范线性空间称为 X 的**对偶空间**且记为 X^*.

命题 2 令 E 为可测集，$1 \leqslant p < \infty$，q 为 p 的共轭，而 g 属于 $L^q(E)$. 定义 $L^p(E)$上的泛函 T 为

$$\text{对所有 } f \in L^p(E), \quad T(f) = \int_E g \cdot f$$

则 T 是 $L^p(E)$上的有界线性泛函且$\|T\|_* = \|g\|_q$.

证明 我们从(2)推出 T 是 $L^p(E)$上的一个有界线性泛函且$\|T\|_* \leqslant \|g\|_q$. 另一方面，对于 $p>1$，根据前一章的定理 1(p 与 q 互换)，g 的共轭函数 $g^* = \|g\|_q^{1-q}\mathrm{sgn}(g) \cdot |g|^{q-1}$属于 $L^p(E)$,

$$T(g^*) = \|g\|_q \text{ 且 } \|g^*\|_p = 1$$

⊖ 关于 Riemann-Stieltjes 积分见 Richard Wheedon 和 Antori Zygmund 的书《Measure and Integral》[WZ77]的第 2 章.

从(8)得出$\|T\|_*=\|g\|_q$. 对于 $p=1$，我们用反证法. 若$\|g\|_\infty>\|T\|_*$，则存在具有有限测度的集合 A 使得在其上$|g|>\|T\|_*$. 定义 $f=[1/m(A)][\mathrm{sgn} g]\chi_A$. 则$\|f\|_1=1$，然而 $T(f)>\|T\|_*$，这是一个矛盾. 从而得出 $p=1$ 时，$\|T\|_*=\|g\|_\infty$. ■

现在我们的目标是证明对于 $1\leqslant p<\infty$，$L^p(E)$上的每个有界线性泛函由 $L^q(E)$中的函数的积分给出，其中 q 是 p 的共轭.

命题 3　令 T 和 S 为赋范线性空间 X 上的有界线性泛函. 若在 X 的一个稠密子集 X_0 上 $T=S$，则 $T=S$.

证明　令 g 属于 X. 由于 X_0 在 X 中稠密，存在 X_0 中的序列$\{g_n\}$在 X 中收敛于 g. 我们从(7)推出$\{S(g_n)\}\to S(g)$以及$\{T(g_n)\}\to T(g)$. 但对所有 n，$S(g_n)=T(g_n)$，因此$S(g)=T(g)$. ■

引理 4　令 E 为可测集而 $1\leqslant p<\infty$. 假定函数 g 在 E 上可积且存在 $M\geqslant 0$ 使得

$$\text{对 } L^p(E) \text{ 中的每个简单函数 } f,\left|\int_E g\cdot f\right|\leqslant M\|f\|_p \tag{9}$$

则 g 属于 $L^q(E)$，其中 q 是 p 的共轭. 此外，$\|g\|_q\leqslant M$.

证明　由于 g 在 E 上是可积的，它在 E 上 a. e. 有限. 通过可能地从 E 中去掉测度为零的集合，我们假设 g 在整个 E 上有限. 我们首先考虑 $p>1$ 的情形. 由于$|g|$是非负可测函数，根据简单逼近定理，存在在 E 上逐点收敛于$|g|$且在 E 上对所有 n 有 $0\leqslant\varphi_n\leqslant|g|$ 的简单函数序列$\{\varphi_n\}$. 由于$\{\varphi_n^q\}$是在 E 上逐点收敛于$|g|^q$ 的非负可测函数序列，根据 Fatou 引理，要证明$|g|^q$ 在 E 上可积且$\|g\|_q\leqslant M$，仅须证明对所有 n，

157

$$\int_E\varphi_n^q\leqslant M^q \tag{10}$$

固定自然数 n. 为证明(10)我们估计 φ_n^q 在 E 上的泛函值如下：在 E 上，

$$\varphi_n^q=\varphi_n\cdot\varphi_n^{q-1}\leqslant|g|\cdot\varphi_n^{q-1}=g\cdot\mathrm{sgn}(g)\cdot\varphi_n^{q-1} \tag{11}$$

我们定义简单函数 f_n 为，在 E 上，

$$f_n=\mathrm{sgn}(g)\cdot\varphi_n^{q-1}$$

函数 φ_n 在 E 上是可积的，这是由于它在 E 上被可积函数 g 控制. 由于 φ_n 是简单的，它有有限支撑，因此 f_n 属于 $L^p(E)$. 我们从(11)和(9)推出，

$$\int_E\varphi_n^q\leqslant\int_E g\cdot f_n\leqslant M\|f_n\|_p \tag{12}$$

由于 q 是 p 的共轭，$p(q-1)=q$，因此，

$$\int_E|f_n|^p=\int_E\varphi_n^{p(q-1)}=\int_E\varphi_n^q$$

我们重写(12)为

$$\int_E\varphi_n^q\leqslant M\cdot\left[\int_E\varphi_n^q\right]^{1/q}$$

由于 φ_n^q 在 E 上是可积的，我们可以重新整理该积分不等式为

$$\left[\int_E \varphi_n^q\right]^{1-1/p} \leqslant M$$

由于 $1-1/p=1/q$，它是(10)的重述.

剩下来考虑 $p=1$ 的情形. 我们必须证明 M 是 g 的一个本性上界. 我们用反证法. 若 M 不是本性上界，则根据测度的连续性，存在某个 $\varepsilon>0$，使得集合 $E_\varepsilon=\{x\in E \mid g(x)\mid > M+\varepsilon\}$ 的测度不为零. 若令 f 为 E_ε 的具有有限正测度的可测子集的特征函数，我们得到与(9)矛盾的结论. ■

定理 5 令$[a, b]$为闭有界区间而 $1\leqslant p<\infty$. 假定 T 是 $L^p[a, b]$上的有界线性泛函. 则存在 $L^q[a, b]$中的函数 g，其中 q 是 p 的共轭，使得对所有 $L^p[a, b]$中的 f，

$$T(f)=\int_a^b g\cdot f$$

158

证明 我们考虑 $p>1$ 的情形. $p=1$ 的情形的证明是类似的. 对$[a, b]$中的 x，定义

$$\Phi(x)=T(\chi_{[a,x)})$$

我们宣称这个实值函数 Φ 在$[a, b]$上是绝对连续的. 事实上，根据 T 的线性，对每个$[c, d]\subseteq[a, b]$，由于 $\chi_{[c,d)}=\chi_{[a,d)}-\chi_{[a,c)}$，

$$\Phi(d)-\Phi(c)=T(\chi_{[a,d)})-T(\chi_{[a,c)})=T(\chi_{[c,d)})$$

因此，若$\{(a_k, b_k)\}_{k=1}^n$是(a, b)中的区间的有限不交族，根据 T 的线性，

$$\sum_{k=1}^n |\Phi(b_k)-\Phi(a_k)|=\sum_{k=1}^n \varepsilon_k\cdot T(\chi_{[a_k,b_k)})=T\left(\sum_{k=1}^n \varepsilon_k\cdot\chi_{[a_k,b_k)}\right) \tag{13}$$

其中每个 $\varepsilon_k=\operatorname{sgn}[\Phi(b_k)-\Phi(a_k)]$. 此外，对于简单函数 $f=\sum_{k=1}^n \varepsilon_k\cdot\chi_{[a_k,b_k)}$，

$$|T(f)|\leqslant\|T\|_*\cdot\|f\|_p \text{ 且 } \|f\|_p=\left[\sum_{k=1}^n (b_k-a_k)\right]^{1/p}.$$

于是，

$$\sum_{k=1}^n |\Phi(b_k)-\Phi(a_k)|\leqslant\|T\|_*\cdot\left[\sum_{k=1}^n (b_k-a_k)\right]^{1/p}$$

因此，$\delta=(\varepsilon/\|T\|_*)^p$ 对应 Φ 在$[a, b]$上绝对连续准则的任何 $\varepsilon>0$ 挑战.

根据第 6 章的定理 10，函数 $g=\Phi'$在$[a, b]$上是可积的且对所有 $x\in[a, b]$，

$$\Phi(x)=\int_0^x g$$

因此，对每个$[c, d]\subseteq(a, b)$，

$$T(\chi_{[c,d)})=\Phi(d)-\Phi(c)=\int_a^b g\cdot\chi_{[c,d)}$$

由于泛函 T[⊖]和泛函 $f\mapsto\int_a^b g\cdot f$ 在阶梯函数的线性空间上是线性的，这就得到

⊖ 泛函 T 必须遵循 $L^p[a, b]$中的函数在$[a, b]$上 a.e. 相等的等价关系，特别地，对于 $a\leqslant c\leqslant d\leqslant b$，$T(\chi_{[c,d)})=T(\chi_{(c,d)})=T(\chi_{[c,d]})$.

$$\text{对}[a,b]\text{上的所有阶梯函数} f,\quad T(f)=\int_a^b g\cdot f$$

159 根据前一章的命题 10 及其证明，若 f 是$[a, b]$上的简单函数，则存在在 $L^p[a, b]$中收敛到 f 的阶梯函数序列$\{\varphi_n\}$，它在$[a, b]$上也是一致逐点有界的．由于线性泛函 T 在 $L^p[a, b]$上是有界的，从连续性(7)得到

$$\lim_{n\to\infty}T(\varphi_n)=T(f)$$

另一方面，根据 Lebesgue 控制收敛定理，

$$\lim_{n\to\infty}\int_a^b g\cdot\varphi_n=\int_a^b g\cdot f$$

因此，

$$\text{对}[a,b]\text{上的所有简单函数} f,\quad T(f)=\int_a^b g\cdot f$$

由于 T 是有界的，对$[a, b]$上的所有简单函数 f，

$$\left|\int_a^b g\cdot f\right|=|T(f)|\leqslant\|T\|_*\cdot\|f\|_p$$

根据引理 4，g 属于$L^q[a, b]$．从命题 2 得出线性泛函 $f\mapsto\int_a^b g\cdot f$ 在$L^p[a, b]$上是有界的．该泛函与有界泛函 T 在全体简单函数上一致，根据前一章的命题 9，全体简单函数是$L^p[a, b]$的一个稠密子空间．我们从命题 3 推出这两个泛函在整个 $L^p[a, b]$上一致． ■

$L^p(E)$的对偶的 Riesz 表示定理　*令 E 为可测集，$1\leqslant p<\infty$，而 q 为 p 的共轭．对每个 $g\in L^q(E)$，定义 $L^p(E)$上的有界线性泛函 $\mathcal{R}_g$ 为对 $L^p(E)$中的所有 f，*

$$\mathcal{R}_g(f)=\int_E g\cdot f \tag{14}$$

则对每个 $L^p(E)$上的有界线性泛函 T，存在唯一的函数 $g\in L^q(E)$，使得

$$\mathcal{R}_g=T\text{ 且 }\|T\|_*=\|g\|_q \tag{15}$$

证明　命题 2 告诉我们对每个 $g\in L^q(E)$，$\mathcal{R}_g$ 是$L^p(E)$上使得$\|\mathcal{R}_g\|_*=\|g\|_q$ 的有界线性泛函．根据积分的线性，对每个 g_1，$g_2\in L^q(E)$，

$$\mathcal{R}_{g1}-\mathcal{R}_{g2}=\mathcal{R}_{g1-g2}$$

因此，若 $\mathcal{R}_{g1}=\mathcal{R}_{g1}$，则 $\mathcal{R}_{g1-g2}=0$．于是$\|g_1-g_2\|_q=0$，从而 $g_1=g_2$．因此，对 $L^p(E)$上的有界线性泛函 T，至多存在一个函数 $g\in L^q(E)$使得 $\mathcal{R}_g=T$．剩下来要证明对每个$L^p(E)$上的有界线性泛函 T，存在函数 $g\in L^q(E)$使得 $T=\mathcal{R}_g$．前一个定理告诉我们，对 E 是闭有界区间是如此．我们现在对 $E=\mathbf{R}$ 验证这个结论且接着对一般的可测集 E 验证．

160 令 T 为$L^p(\mathbf{R})$上的有界线性泛函．固定一个自然数 n．定义 $L^p[-n, n]$上的线性泛函 T_n 为对所有 $f\in L^p[-n, n]$，

$$T_n(f)=T(\hat{f})$$

其中$\hat{f}$是 f 在整个 $\mathbf{R}$ 的延拓，它在$[-n, n]$外等于零．则由于$\|f\|_p=\|\hat{f}\|_p$，

$$\text{对所有} f\in L^p[-n,n],\quad |T_n(f)|\leqslant\|T\|_*\|f\|_p$$

因此$\|T_n\|_* \leqslant \|T\|_*$. 前一个定理和命题 2 告诉我们存在一个函数 $g_n \in L^q[-n, n]$使得

$$\text{对所有 } f \in L^p[-n,n], \quad T_n(f) = \int_{-n}^{n} g_n \cdot f \text{ 且} \|g_n\|_q = \|T_n\|_* \leqslant \|T\|_* \tag{16}$$

根据证明开始时关于唯一性的注记，g_{n+1}在$[-n, n]$上的限制与 g_n 在$[-n, n]$上的限制 a.e. 一致. 定义 g 为 $\mathbf{R}$ 上的可测函数，使得对每个 n 与 g_n 在$[-n, n]$上 a.e. 一致. 我们从 T_n 和 g_n 的定义以及(16)左边的等式推出，对所有在有界集外消失的函数 $f \in L^p(\mathbf{R})$，

$$T(f) = \int_{\mathbf{R}} g \cdot f$$

根据(16)右边的不等式，对所有 n，

$$\int_{-n}^{n} |g|^q \leqslant (\|T\|_*)^q$$

因此，根据 Fatou 引理，g 属于 $L^q(\mathbf{R})$. 由于有界线性泛函 $\mathcal{R}_g$ 和 T 在 $L^p(\mathbf{R})$的稠密子空间(该子空间由在有界集外等于零的 $L^p(\mathbf{R})$函数组成)上一致，从命题 3 得出 $\mathcal{R}_g$ 在整个 $L^p(\mathbf{R})$上与 T 一致.

最后，考虑一般的可测集 E，而 T 是 $L^p(E)$上的有界线性泛函. 定义 $L^p(\mathbf{R})$上的线性泛函$\hat{T}$为$\hat{T}(f) = T(f|_E)$. 则$\hat{T}$是 $L^p(\mathbf{R})$上的有界线性泛函. 我们刚才已证明存在函数$\hat{g} \in L^q(\mathbf{R})$使得$\hat{T}$表示 $\mathbf{R}$ 上对应$\hat{g}$的积分. 定义 g 为$\hat{g}$在 E 上的限制. 则 $T = \mathcal{R}_g$. ■

注　在本节的第二个例子中，我们展示了有界变差函数的积分对应 $C[a, b]$上的有界线性泛函. 我们将在第 21 章证明的 Riesz 的一个定理告诉我们，$C[a, b]$上的所有有界线性泛函都具有这种形式. 在 21.5 节，我们刻画了 $C(K)$上的有界线性泛函，$C(K)$是赋予最大值范数的紧拓扑空间 K 上的连续实值函数的线性空间.

注　令$[a, b]$为非退化的闭有界区间. 我们从积分的线性与 Hölder 不等式推出，若 f 属于$L^1[a, b]$，则泛函 $g \mapsto \int_a^b f \cdot g$ 是$L^\infty[a, b]$上的有界线性泛函. 然而，存在不是这种形式的 $L^\infty[a, b]$上的有界线性泛函. 在 19.3 节，我们证明 Kantorovitch 的一个定理，它刻画了 L^∞的对偶空间.

161

习题

1. 验证(8).
2. 证明命题 1.
3. 令 T 为赋范线性空间 X 上的线性泛函. 证明 T 是有界的当且仅当连续性质(7)成立.
4. 赋范线性空间 X 上的泛函 T 称为是 Lipschitz 的，若存在 $c \geqslant 0$ 使得

$$\text{对所有 } g,h \in X, \quad |T(g) - T(h)| \leqslant c\|g-h\|$$

   这样的 c 的下确界称为 T 的 Lipschitz 常数. 证明一个线性泛函是有界的当且仅当它是 Lipschitz 的，在这种情形它的 Lipschitz 常数是$\|T\|_*$.
5. 令 E 为可测集而 $1 \leqslant p < \infty$. 证明 $L^p(E)$中在有界集外消失的函数在 $L^p(E)$中稠密. 证明这对 $L^\infty(\mathbf{R})$不成立.
6. 在 $p=1$ 的情形下证明 Riesz 表示定理. 首先证明，沿用定理证明的记号，函数 Φ 是 Lipschitz 的，因此

是绝对连续的. 接着遵循 $p>1$ 的证明.

7. 对 $l^p(1\leqslant p<\infty)$空间上的有界线性泛函叙述和证明 Riesz 表示定理.
8. 令 c 为收敛到实数的实序列的线性空间，而 c_0 是收敛到 0 的序列组成的 c 的子空间. 赋予这些线性空间以 ℓ^∞ 范数. 确定 c 和 c_0 的对偶空间.
9. 令$[a, b]$为闭有界区间而 $C[a, b]$赋予最大值范数. 令 x_0 属于$[a, b]$. 定义 $C[a, b]$上的线性泛函 T 为 $T(f)=f(x_0)$. 证明 T 是有界的且由对应有界变差函数的 Riemann-Stieltjes 积分给出.
10. 令 f 属于 $C[a, b]$. 证明存在$[a, b]$上的有界变差函数 g 使得
$$\int_a^b f\mathrm{d}g = \|f\|_{\max}\text{ 且 } TV(g)=1$$
11. 令$[a, b]$为闭有界区间而 $C[a, b]$赋予最大值范数. T 为 $C[a, b]$上的有界线性泛函. 对于 $x\in[a, b]$，令 g_x 为 $C[a, b]$的成员，它在$[a, x]$和$[x, b]$上是线性的，其中 $g_x(a)=0$，$g_x(x)=x-a$，而 $g_x(b)=x-b$. 对 $x\in[a, b]$定义 $\Phi(x)=T(g_x)$. 证明 Φ 在$[a, b]$上是 Lipschitz 的.

8.2　L^p 中的弱序列收敛

关于实数的 Bolzano-Weierstrass 定理断言每个有界实数序列有一个收敛的子序列. 该性质可立即推广到每个欧氏空间 $\mathbf{R}^n$ 的有界序列. 该性质在无穷维赋范线性空间中不成立[⊖]. 特别地，以下例子表明对于 $1\leqslant p\leqslant\infty$，有 $L^p[0, 1]$中的有界序列不存在在 $L^p[0, 1]$中收敛的子序列. 在以下例子中定义的函数称为 **Rademacher 函数**.

162

例子　对于 $I=[0, 1]$以及自然数 k 和 n，考虑定义在 I 上的阶梯函数 f_n，
$$f_n(x)=(-1)^k,\quad k/2^n\leqslant x<(k+1)/2^n,\quad \text{其中 } 0\leqslant k<2^n-1$$
固定 $1\leqslant p\leqslant\infty$. 则$\{f_n\}$是 $L^p(I)$中的有界序列：的确，对每个指标 n，$\|f_n\|_p\leqslant 1$. 另一方面，由于对 $n\neq m$，$|f_n-f_m|$在测度为 1/2 的集合上取值 2，$\|f_n-f_m\|_p\geqslant(2)^{1-1/p}$. 因此$\{f_n\}$没有在 $L^p(I)$中是 Cauchy 的子序列，且因此没有在 $L^p(I)$中收敛的子序列. 我们也注意到没有子序列在 I 上几乎处处逐点收敛，这是由于，对 $1\leqslant p<\infty$，若存在这样的子序列，根据有界收敛定理，它将在 $L^p(I)$中收敛.

定义　令 X 为赋范线性空间. X 中的序列$\{f_n\}$称为在 X 中**弱收敛**于 X 中的 f，若
$$\text{对所有 } T\in X^*,\quad \lim_{n\to\infty}T(f_n)=T(f)$$
我们记作：
$$\text{在 } X \text{ 中},\quad \{f_n\}\rightharpoonup f$$
意味着 f 和每个 f_n 属于 X，且$\{f_n\}$在 X 中弱收敛于 f.

我们继续用在 X 中$\{f_n\}\to f$ 表示$\lim\limits_{n\to\infty}\|f_n-f\|=0$，为区别这种模式的收敛与弱收敛，常称这种模式的收敛为在 X 中**强收敛**. 由于对所有 $T\in X^*$，
$$|T(f_n)-T(f)|=|T(f_n-f)|\leqslant\|T\|_*\cdot\|f_n-f\|$$

⊖　13.3 节中证明的 Riesz 定理告诉我们，在每个无穷维赋范线性空间 X 中，存在有界序列，它没有在 X 中收敛的子序列.

若一个序列强收敛，则它弱收敛．反过来不成立．

命题 6　令 E 为可测集，$1\leqslant p<\infty$，而 q 为 p 的共轭．则在 $L^p(E)$ 中，$\{f_n\}\rightharpoonup f$ 当且仅当对所有 $g\in L^q(E)$，

$$\lim_{n\to\infty}\int_E g\cdot f_n=\int_E g\cdot f$$

证明　Riesz 表示定理告诉我们 $L^p(E)$ 上的每个有界线性泛函由 $L^q(E)$ 中的某个函数的积分给出．■

对于可测集 E 与 $1\leqslant p<\infty$，$L^p(E)$ 中的序列至多只能弱收敛于 $L^p(E)$ 中的一个函数．事实上，假定 $\{f_n\}$ 在 $L^p(E)$ 中弱收敛于 f_1 和 f_2．考虑 f_1-f_2 的共轭函数 $(f_1-f_2)^*$．则

$$\int_E(f_1-f_2)^*\cdot f_2=\lim_{n\to\infty}\int_E(f_1-f_2)^*\cdot g_n=\int_E(f_1-f_2)^*\cdot f_1$$

因此

$$\|f_1-f_2\|_p=\int_E(f_1-f_2)^*(f_1-f_2)=0$$

163

于是 $f_1=f_2$，从而弱收敛的极限是唯一的．

定理 7　令 E 为可测集而 $1\leqslant p<\infty$．假定在 $L^p(E)$ 中 $\{f_n\}\rightharpoonup f$．则

$$\{f_n\}\text{ 在 }L^p(E)\text{ 中是有界的且}\|f\|_p\leqslant\liminf\|f_n\|_p \tag{17}$$

证明　令 q 为 p 的共轭而 f^* 为 f 的共轭函数．我们首先证明(17)右边的不等式．我们从 Hölder 不等式推出，对所有 n，

$$\int_E f^*\cdot f_n\leqslant\|f^*\|_q\cdot\|f_n\|_p=\|f_n\|_p$$

由于 $\{f_n\}$ 弱收敛于 f 而 f^* 属于 $L^q(E)$，

$$\|f\|_p=\int_E f^*\cdot f=\lim_{n\to\infty}\int_E f^*\cdot f_n\leqslant\liminf\|f_n\|_p$$

我们用反证法证明 $\{f_n\}$ 在 $L^p(E)$ 中是有界的．假设 $\{\|f_n\|_p\}$ 无界．不失一般性(见习题 18)，通过取一个子序列的数乘，我们假定对所有 n，

$$\|f_n\|_p=n\cdot 3^n \tag{18}$$

我们归纳地选取实数序列 $\{\varepsilon_k\}$ 使得对每个 k，$\varepsilon_k=\pm 1/3$．定义 $\varepsilon_1=1/3$．若 n 是一个自然数使得 ε_1，…，ε_n 已被定义，定义

$$\varepsilon_{n+1}=1/3^{n+1},\quad\text{若}\int_E\Big[\sum_{k=1}^{n}\varepsilon_k(f_n)^*\Big]\cdot f_{n+1}\geqslant 0$$

而 $\varepsilon_{n+1}=-1/3^{n+1}$，若上述积分是负的．因此，根据(18)和共轭函数的定义，对所有 n，

$$\left|\int_E\Big[\sum_{k=1}^{n}\varepsilon_k(f_k)^*\Big]\cdot f_n\right|\geqslant 1/3^n\|f_n\|_p=n\text{ 且}\|\varepsilon_n\cdot(f_n)^*\|_q=1/3^n \tag{19}$$

由于对所有 k，$\|\varepsilon_k\cdot(f_k)^*\|_q=1/3^k$，级数 $\sum_{k=1}^{\infty}\varepsilon_k\cdot(f_k)^*$ 的部分和序列是 $L^q(E)$ 中的

Cauchy 序列．Riesz-Fischer 定理告诉我们 $L^q(E)$ 是完备的．定义函数 $g\in L^q(E)$ 为

$$g=\sum_{k=1}^{\infty}\varepsilon_k\cdot(f_k)^*$$

164 固定自然数 n．我们从三角不等式(19)和 Hölder 不等式推出

$$\begin{aligned}\left|\int_E g\cdot f_n\right| &= \left|\int_E\left[\sum_{k=1}^{\infty}\varepsilon_k\cdot(f_k)^*\right]\cdot f_n\right| \\ &\geqslant \left|\int_E\left[\sum_{k=1}^{n}\varepsilon_k\cdot(f_k)^*\right]\cdot f_n\right| - \left|\int_E\left[\sum_{k=n+1}^{\infty}\varepsilon_k\cdot(f_k)^*\right]\cdot f_n\right| \\ &\geqslant n-\left|\int_E\left[\sum_{k=n+1}^{\infty}\varepsilon_k\cdot(f_k)^*\right]\cdot f_n\right| \\ &\geqslant n-\left[\sum_{k=n+1}^{\infty}1/3^k\right]\cdot\|f_n\|_p \\ &= n-1/3^n\cdot 1/2\cdot\|f_n\|_p=n/2\end{aligned}$$

这是一个矛盾，因为序列 $\{f_n\}$ 在 $L^p(E)$ 中弱收敛而 g 属于 $L^q(E)$，实数序列 $\left\{\int_E g\cdot f_n\right\}$ 收敛，因而是有界的．因此 $\{f_n\}$ 在 L^p 中是有界的． ■

推论 8　*令 E 为可测集，$1\leqslant p<\infty$，而 q 为 p 的共轭．假定 $\{f_n\}$ 在 $L^p(E)$ 中弱收敛于 f，而 $\{g_n\}$ 在 $L^q(E)$ 中强收敛于 g．则*

$$\lim_{n\to\infty}\int_E g_n\cdot f_n=\int_E g\cdot f \tag{20}$$

证明　对每个指标 n，

$$\int_E g_n\cdot f_n-\int_E g\cdot f=\int_E[g_n-g]\cdot f_n+\int_E g\cdot f_n-\int_E g\cdot f$$

根据前一个定理，存在常数 $C\geqslant 0$ 使得对所有 n，

$$\|f_n\|_p\leqslant C$$

因此，根据 Hölder 不等式，对所有 n，

$$\left|\int_E g_n\cdot f_n-\int_E g\cdot f\right|\leqslant C\cdot\|g_n-g\|_q+\left|\int_E g\cdot f_n-\int_E g\cdot f\right|$$

从这些不等式和事实

$$\lim_{n\to\infty}\|g_n-g\|_q=0\text{ 且}\lim_{n\to\infty}\int_E g\cdot f_n=\int_E g\cdot f$$

165 得出(20)成立． ■

提到线性空间 X 的子集 $\mathcal{S}$ 的**线性扩张**，我们指的是由 $\mathcal{S}$ 中函数的所有线性组合组成的线性空间，即形如

$$f=\sum_{k=1}^{n}\alpha_k\cdot f_k$$

的函数的线性空间，其中每个 α_k 是实数，而每个 f_k 属于 $\mathcal{S}$.

命题 9　令 E 为可测集，$1\leqslant p<\infty$，而 q 为 p 的共轭. 假设 $\mathcal{F}$ 是 $L^q(E)$ 的一个子集，其线性扩张在 $L^q(E)$ 中稠密. 令 $\{f_n\}$ 为 $L^p(E)$ 中的有界序列而 f 属于 $L^p(E)$. 则在 $L^p(E)$ 中 $\{f_n\}\rightharpoonup f$ 当且仅当对所有 $g\in\mathcal{F}$,

$$\lim_{n\to\infty}\int_E f_n\cdot g=\int_E f\cdot g \tag{21}$$

证明　命题 6 刻画了 $L^q(E)$ 中的弱收敛. 假设(21)成立. 为验证弱收敛性，令 g_0 属于 $L^q(E)$. 我们证明 $\lim\limits_{n\to\infty}\int_E f_n\cdot g_0=\int_E f\cdot g_0$. 令 $\varepsilon>0$. 我们必须找到自然数 N 使得对 $n\geqslant N$,

$$\left|\int_E f_n\cdot g_0-\int_E f\cdot g_0\right|<\varepsilon \tag{22}$$

观察到对任何 $g\in L^q(E)$ 和自然数 n,

$$\int_E f_n\cdot g_0-\int_E f\cdot g_0=\int_E (f_n-f)\cdot(g_0-g)+\int_E (f_n-f)\cdot g$$

因此，根据 Hölder 不等式，

$$\left|\int_E f_n\cdot g_0-\int_E f\cdot g_0\right|\leqslant\|f_n-f\|_p\cdot\|g-g_0\|_q+\left|\int_E f_n\cdot g-\int_E f\cdot g\right|$$

由于 $\{f_n\}$ 在 $L^q(E)$ 中有界，而 $\mathcal{F}$ 的线性扩张在 $L^q(E)$ 中稠密，该线性扩张中存在函数 g 使得对所有 n，$\|f_n-f\|_p\cdot\|g-g_0\|_q<\varepsilon/2$.

但 g 是 $\mathcal{F}$ 中函数的线性组合，因此我们从(21)推出

$$\lim_{n\to\infty}\int_E f_n\cdot g=\int_E f\cdot g$$

因此存在自然数 N 使得若 $n\geqslant N$,

$$\left|\int_E f_n\cdot g-\int_E f\cdot g\right|<\varepsilon/2$$

根据前一个估计显然(22)对 N 的这个选择成立. ■

166

根据前一章的命题 9，对于 $1<q\leqslant\infty$，$L^p(E)$ 中的简单函数在 $L^p(E)$ 中稠密，且若 $q<\infty$，这些函数有有限支撑. 此外，前一章的命题 10 告诉我们对于闭有界区间 $[a,b]$ 和 $1<q<\infty$，阶梯函数在 $L^q[a,b]$ 中稠密. 因此弱连续性的以下两个刻画从前一个命题得到.

定理 10　令 E 为可测集而 $1\leqslant p<\infty$. 假定 $\{f_n\}$ 是 $L^p(E)$ 中的有界序列而 f 属于 $L^p(E)$. 则在 $L^p(E)$ 中 $\{f_n\}\rightharpoonup f$ 当且仅当对 E 的每个可测子集 A,

$$\lim_{n\to\infty}\int_A f_n=\int_A f \tag{23}$$

若 $p>1$，仅须考虑有限测度集 A.

定理 11　令 $[a,b]$ 为闭有界区间而 $1<p<\infty$. 假定 $\{f_n\}$ 是 $L^p[a,b]$ 中的有界序列而

f 属于 $L^p[a, b]$. 则在 $L^p[a, b]$ 中，$\{f_n\} \rightharpoonup f$ 当且仅当

$$\text{对所有}[a,b]\text{中的 } x,\quad \lim_{n\to\infty}\left[\int_a^x f_n\right] = \int_a^x f \tag{24}$$

由于阶梯函数在 $L^\infty[a, b]$ 中不稠密(见习题 44)，当 $p=1$ 时定理 11 不成立.

例子 (Riemann-Lebesgue 引理)　令 $I=[-\pi, \pi]$ 而 $1<p<\infty$. 对每个自然数 n，对 I 中的 x 定义 $f_n(x)=\sin nx$. 我们宣称 $\{f_n\}$ 在 $L^p(I)$ 中弱收敛于 $f\equiv 0$. 事实上，观察到对每个 n，在 I 上 $|f_n|\leqslant 1$ 且对所有 $x\in I$，

$$\lim_{n\to\infty}\int_\pi^x \sin nt\,\mathrm{d}t = \lim_{n\to\infty} -\frac{1}{n}[\cos nx-(-1)^n] = 0$$

因此，对 $1<p<\infty$，我们从定理 11 推出 $\{f_n\}$ 在 $L^p(I)$ 中弱收敛于 f. 对于 $p=1$ 的情形，弱收敛从定理 10、简单函数在 L^∞ 中的稠密性以及第 2 章的定理 12 得出. 观察到对每个 n，

$$\int_{-\pi}^{\pi} |\sin nt|^2 \mathrm{d}t = \int_{-\pi}^{\pi} \sin^2 nt\ \mathrm{d}t = \pi$$

因此 $\{f_n\}$ 没有在 $L^2(I)$ 中强收敛到 f 的子序列. 类似的估计表明 $\{f_n\}$ 在任何 $L^p(I)(1\leqslant p<\infty)$ 中没有强收敛的子序列.

例子　对于自然数 n，在 $[0, 1]$ 上定义 $f_n=n\cdot\chi_{(0,1/n]}$. 在 $[0, 1]$ 上定义 $f\equiv 0$. 则 $\{f_n\}$ 是 $L^1[0, 1]$ 中的单位函数序列. 它在 $[0, 1]$ 上逐点收敛于 f. 但在 $L^1[0, 1]$ 中 $\{f_n\}$ 不弱收敛于 f，这是由于取 $g=\chi_{[0,1]}\in L^\infty[0, 1]$，

$$\lim_{n\to\infty}\int_0^1 g\cdot f_n = \lim_{n\to\infty}\int_0^1 f_n = 1,\quad \text{而}\int_0^1 g\cdot f = \int_0^1 f = 0$$

例子　定义 $\mathbf{R}$ 上在 $(-1, 1)$ 外消失、在区间 $[-1, 0]$ 和 $[0, 1]$ 上线性且在 $x=0$ 取值为 1 的帐篷函数 f_0. 对每个自然数 n，定义 $f_n(x)=f_0(x-n)$ 且在 $\mathbf{R}$ 上令 $f\equiv 0$. 则在 $\mathbf{R}$ 上逐点地 $f_n\to f$. 令 $1\leqslant p<\infty$. 序列 $\{f_n\}$ 在 $L^p(\mathbf{R})$ 中是有界的. 我们把以下结论的证明留作练习：用测度的连续性证明对有限测度的集合 A，

167

$$\lim_{n\to\infty}\int_A f_n = \int_A f \tag{25}$$

从而从定理 10 推出，对 $1<p<\infty$，在 $L^p(\mathbf{R})$ 中 $\{f_n\}\rightharpoonup f$. 但在 $L^1(\mathbf{R})$ 中 $\{f_n\}$ 不弱收敛于 f，这是由于对 $\mathbf{R}$ 上的函数 $g\equiv 1$，g 属于 $L^\infty(\mathbf{R})$，而 $\left\{\int_{\mathbf{R}} f_n\right\}$ 不收敛于 $\int_{\mathbf{R}} f$.

前两个例子展示了 $L^1(E)$ 中逐点收敛于 $L^1(E)$ 中的函数的有界序列，然而在 $L^1(E)$ 中不弱收敛. 若 $1<p<\infty$，这在 $L^p(E)$ 中不可能发生.

定理 12　令 E 为可测集而 $1<p<\infty$. 假定 $\{f_n\}$ 是 $L^p(E)$ 中在 E 上 a.e. 逐点收敛到 f 的一个有界序列. 则在 $L^p(E)$ 中 $\{f_n\}\rightharpoonup f$.

证明 我们将 Fatou 引理用到序列$\{|f_n|^p\}$，推出 f 属于$L^p(E)$. 定理 10 告诉我们验证弱序列收敛必要且充分的是证明对 E 的每个有限测度的可测子集 A，

$$\lim_{n\to\infty}\int_A f_n = \int_A f \tag{26}$$

令 A 为这样的一个子集. 根据前一章的推论 2，由于序列$\{f_n\}$在 $L^p(E)$中是有界的，它在 E 上是一致可积的. 但 $m(A)<\infty$. 因此根据 Vitali 收敛定理，(26)成立. ■

Radon-Riesz 定理 令 E 为可测集而 $1<p<\infty$. 假定在 $L^p(E)$ 中$\{f_n\}\rightharpoonup f$. 则

$$\text{在 } L^p(E) \text{ 中}\{f_n\}\to f \text{ 当且仅当}\lim_{n\to\infty}\|f_n\|_p=\|f\|_p$$

证明 在任何赋予范数$\|\cdot\|$的线性空间 X 中，我们总是有强收敛蕴涵着依范数收敛. 事实上，这可从三角不等式的以下推论得到：

$$\text{对所有 } X \text{ 中的 } g,h,\quad \big|\|g\|-\|h\|\big|\leqslant\|g-h\|$$

剩下来要证明在 $L^p(E)(1<p<\infty)$空间中，弱收敛和依范数收敛蕴涵在 $L^p(E)$中强收敛. 我们对 $p=2$ 的情形给出证明[⊖]. 令$\{f_n\}$为 $L^2(E)$中的序列，使得

$$\text{在 } L^2(E) \text{ 中}\{f_n\}\rightharpoonup f \text{ 且}\lim_{n\to\infty}\int_E f_n^2=\int_E f^2$$

168

观察到对每个 n，

$$\|f_n-f\|_2^2=\int_E|f_n-f|^2=\int_E(f_n-f)^2=\int_E|f_n|^2-2\cdot\int_E f_n\cdot f+\int_E|f|^2$$

由于 f 属于$L^q(E)=L^2(E)$，

$$\lim_{n\to\infty}\int_E f_n\cdot f=\int_E f^2$$

因此在 $L^2(E)$中$\{f_n\}\to f$. ■

推论 13 令 E 为可测集而 $1<p<\infty$. 假定在 $L^p(E)$中$\{f_n\}\rightharpoonup f$. 则存在$\{f_n\}$的子序列在 $L^p(E)$中强收敛于 f 当且仅当

$$\|f\|_p=\liminf\|f_n\|_p$$

证明 若$\|f\|_p=\liminf\|f_n\|_p$，则存在子序列$\{f_{n_k}\}$使得$\lim_{k\to\infty}\|f_{n_k}\|_p=\|f\|_p$. Radon-Riesz 定理告诉我们$\{f_{n_k}\}$在 $L^q(E)$中强收敛于 f. 反过来，若存在强收敛于 f 的子序列$\{f_{n_k}\}$，则$\lim_{k\to\infty}\|f_{n_k}\|_p=\|f\|_p$. 因此 $\liminf\|f_n\|_p\leqslant\|f\|_p$. (17)右边的不等式是该不等式的反向不等式. ■

如同下面例子所表明的，Radon-Riesz 定理不能推广到 $p=1$ 的情形.

⊖ 对一般 $p>1$ 的证明，等式$(a-b)^2=a^2-2ab+b^2$ 需要替换. 详细的证明在 Frigyes Riesz 和 Bela Sz-Nagy 的《Functional Analysis》[RSN90]78～80 页给出.

例子　对每个自然数 n，在 $I=[-\pi,\pi]$上定义 $f_n(x)=1+\sin(nx)$. 从 Riemann-Lebesgue 引理得出序列$\{f_n\}$在 $L^1(I)$中弱收敛于函数 $f\equiv1$. 由于每个函数 f_n 非负，因此有$\lim\limits_{n\to\infty}\|f_n\|_1=\|f\|_1$. 由于$\{\sin(nx)\}$在 $L^1(I)$中不强收敛于 $f\equiv0$，$\{f_n\}$在 $L^1(I)$中不强收敛于 $f\equiv1$.

注　令 E 为可测集，$1\leqslant p<\infty$，$f\in L^p(E)$，$f\neq0$，而 f^* 为 f 的共轭函数，定义 $T\in(L^p(E))^*$ 为

$$\text{对所有 } h\in L^q(E),\quad T(h)=\int_E f^*\cdot h$$

根据上一章的定理 1 和本章的命题 2，

$$T(f)=\|f\|_p \text{ 且} \|T\|_*=1 \tag{27}$$

在 14.2 节，我们证明 Hahn-Banach 定理，而作为该定理的一个推论，它表明了若 X 是任何赋范线性空间而 f 属于 X，则存在 X^* 中的有界线性算子 T 使得 $T(f)=\|f\|$ 且 $\|T\|_*=1$. 对于 $L^p(E)$空间，对共轭函数的积分给出了该抽象泛函的一个具体表示.

169

习题

12. 证明本节第一个例子中定义的序列对所有 $1\leqslant p<\infty$在 $L^p[0,1]$中不强收敛于 $f\equiv0$.
13. 固定实数 α 和 β. 对每个自然数 k 和 n，考虑定义在 $I=[0,1]$上的阶梯函数$\{f_n\}$：
$$f_n(x)=(1-(-1)^k)\alpha/2+(1+(-1)^k)\beta/2,\text{对于}k/2^n\leqslant x<(k+1)/2^n,0\leqslant k<2^n-1$$
对 $1<p<\infty$，证明$\{f_n\}$在 $L^p(I)$中弱收敛到取值$(\alpha+\beta)/2$ 的常函数. 对于 $\alpha\neq\beta$，证明$\{f_n\}$没有在 $L^p(I)$中强收敛的子序列.
14. 令 h 为定义在整个 $\mathbf{R}$ 上的连续函数，它是以 T 为周期的周期函数且 $\int_0^T h=0$. 令$[a,b]$为闭有界区间且对每个自然数 n，定义$[a,b]$上的函数 f_n 为 $f_n(x)=h(nx)$. 在$[a,b]$上定义 $f\equiv0$. 证明对于 $1\leqslant p<\infty$，在 $L^p[a,b]$中$\{f_n\}\rightharpoonup f$.
15. 令 $1<p<\infty$而 f_0 属于 $L^p(\mathbf{R})$. 对每个自然数 n，对所有 x 定义 $f_n(x)=f_0(x-n)$. 在 $\mathbf{R}$ 上定义 $f\equiv0$. 证明在 $L^p(\mathbf{R})$中$\{f_n\}\rightharpoonup f$. 这对 $p=1$ 成立吗?
16. 令 E 为可测集，$\{f_n\}$是 $L^2(E)$中的序列而 f 属于 $L^2(E)$. 假定
$$\lim_{n\to\infty}\int_E f_n\cdot f=\lim_{n\to\infty}\int_E f_n^2=\int_E f^2$$
证明在 $L^2(E)$中$\{f_n\}$强收敛于 f.
17. 令 E 为可测集而 $1<p<\infty$. 假定$\{f_n\}$是 $L^p(E)$中的有界序列而 f 属于 $L^p(E)$. 考虑以下四个性质：(i)$\{f_n\}$在 E 上几乎处处逐点收敛于 f，(ii)在 $L^p(E)$中$\{f_n\}\rightharpoonup f$，(iii)$\{\|f_n\|_p\}$收敛于$\|f\|_p$，(iv)在 $L^p(E)$中$\{f_n\}\to f$. 若$\{f_n\}$具有这些性质中的两个，是否存在子序列具有所有四个性质?
18. 令 X 为赋范线性空间而在 X 中$\{f_n\}\rightharpoonup f$. 假定$\{\|f_n\|\}$是无界的. 证明通过可能地取子序列以及重新标记，可以假定对所有 n，$\|f_n\|\geqslant\alpha_n=n\cdot3^n$. 接着证明通过可能地取进一步的子序列以及重新标记，可以假定$\{\|f_n\|/\alpha_n\}\to\alpha\in[1,\infty]$. 对每个 n，定义 $g_n=\alpha_n/\|f_n\|\cdot f_n$. 证明$\{g_n\}$弱收敛且对所有 n，$\|g_n\|=n\cdot3^n$.
19. 对 $1\leqslant p<\infty$，令$\{\xi_n\}$为 ℓ^p 中的有界序列且 ξ 属于 ℓ^p. 证明在 ℓ^p 中$\{\xi_n\}\rightharpoonup\xi$当且仅当它依分量收敛，即

对每个指标 k，

$$\lim_{n\to\infty}\xi_n^k = \xi^k，\quad 其中\ \xi_n = <\xi_n^1, \xi_n^2, \cdots>，\quad 而\ \xi = <\xi^1, \xi^2, \cdots>$$

20. 令 $1\leqslant p_1<p_2<\infty$，$\{f_n\}$为 $L^{p_2}[0, 1]$中的序列而 f 属于 $L^{p_2}[0, 1]$. 在 $L^{p_2}[0, 1]$中$\{f_n\}\rightharpoonup f$ 与在 $L^{p_1}[0, 1]$中$\{f_n\}\rightharpoonup f$ 的关系是什么？
21. 对于 $1\leqslant p<\infty$和每个指标 n，令 $e_n\in\ell^p$ 的第 n 个分量为 1，而其他分量等于零. 证明：若 $p>1$，则$\{e^n\}$在 ℓ^p 中弱收敛于 0，但没有强收敛到 0 的子序列. 证明$\{e_n\}$在 ℓ^1 中不弱收敛.
22. 在 ℓ^2 中叙述与证明 Radon-Riesz 定理.

170

23. 令$[a, b]$为闭有界区间. 假定在 $C[a, b]$中$\{f_n\}\rightharpoonup f$. 证明$\{f_n\}$在$[a, b]$上逐点收敛于 f.
24. 令$[a, b]$为闭有界区间. 假定在 $L^\infty[a, b]$中$\{f_n\}\rightharpoonup f$. 证明对所有 $x\in[a, b]$，
$$\lim_{n\to\infty}\int_a^x f_n = \int_a^x f$$
25. 令 X 为赋范线性空间. 假定对每个 $f\in X$，存在有界线性泛函 $T\in X^*$，使得 $T(f)=\|f\|$且$\|T\|_*=1$.
    (1) 证明：若$\{f_n\}$在 X 中弱收敛于 f_1 与 f_2，则 $f_1=f_2$.
    (2) 证明：若在 X 中$\{f_n\}\rightharpoonup f$，则$\|f\|\leqslant\liminf\|f_n\|$.
26. (一致有界原理)令 E 为可测集，$1\leqslant p<\infty$，而 q 是 p 的共轭. 假定$\{f_n\}$是 $L^p(E)$中的序列使得对每个 $g\in L^q(E)$，序列$\left\{\int_E g\cdot f_n\right\}$是有界的，证明$\{f_n\}$在 $L^p(E)$中是有界的.

8.3 弱序列紧性

如同我们在前一节开头观察到的，对于闭有界非退化区间$[a, b]$和 $1\leqslant p\leqslant\infty$，存在 $L^p[a, b]$中的有界序列，它没有任何强收敛的子序列. 然而，对于 $1<p<\infty$，有以下关于弱序列收敛的启发性的定理.

定理 14 *令 E 为可测集而 $1<p<\infty$. 则 $L^p(E)$中的每个有界序列有一个在 $L^p(E)$中弱收敛于 $L^p(E)$中的函数的子序列.*

该弱序列紧性的结果的证明基于下面的定理[⊖].

Helly 定理 *令 X 为可分的赋范线性空间，而$\{T_n\}$是它的对偶空间 X^* 的一个有界序列，即存在 $M\geqslant 0$，使得对所有 X 中的 f 和所有 n，*

$$|T_n(f)|\leqslant M\cdot\|f\| \tag{28}$$

则存在$\{T_n\}$的子序列$\{T_{n_k}\}$和 X^* 中的 T 使得对所有 X 中的 f，

$$\lim_{k\to\infty}T_{n_k}(f) = T(f) \tag{29}$$

证明 令$\{f_j\}_{j=1}^\infty$为在 X 中稠密的可数子集. 我们从(28)推出实数序列$\{T_n(f_1)\}$是有界的. 因此，根据 Bolzano-Weierstrass 定理，存在严格递增的整数序列$\{S(1, n)\}$和一个数 a_1 使得

⊖ 该定理首先被 Eduard Helly 在 1912 年针对赋予最大值范数的 $X=C[a, b]$的特殊情形证明. Stefan Banach 在他 1932 年的书(Ban55)中，观察到该结果对任何可分的赋范线性空间成立. 他给出了一句话的证明.

171

$$\lim_{n\to\infty} T_{s(1,n)}(f_1) = a_1$$

我们又一次用(28)得出实数序列$\{T_{s(1,n)}(f_2)\}$是有界的，因此又一次根据 Bolzano-Weierstrass 定理，存在$\{S(1, n)\}$的子序列$\{S(2, n)\}$和数 a_2 使得

$$\lim_{n\to\infty} T_{s(2,n)}(f_2) = a_2$$

我们归纳地继续这个选取过程，得到了一个严格递增的自然数序列的可数族$\{\{s(j, n)\}\}_{j=1}^{\infty}$以及一个实数序列$\{a_j\}$，使得对每个 j，

$$\{s(j+1,n)\} \text{ 是}\{s(j,n)\}\text{ 的一个子序列}$$

且

$$\lim_{n\to\infty} T_{s(j,n)}(f_j) = a_j$$

对每个指标 k，定义 $n_k=s(k, k)$. 则对每个 j，$\{n_k\}_{k=j}^{\infty}$是$\{s(j, k)\}$的一个子序列，因此对所有 j，

$$\lim_{k\to\infty} T_{n_k}(f_j) = a_j$$

由于$\{T_{n_k}\}$在 X^* 中是有界的，且对 X 的稠密子集的每个 f，$\{T_{n_k}(f)\}$是 Cauchy 序列，对 X 中的所有 f，$\{T_{n_k}(f)\}$是 Cauchy 序列. 实数是完备的. 因此对所有 $f\in X$ 我们可以定义

$$T(f) = \lim_{k\to\infty} T_{n_k}(f)$$

由于每个 T_{n_k} 是线性的，极限泛函 T 是线性的. 由于对所有 k 和所有 $f\in X$，

$$|T_{n_k}(f)| \leqslant M\cdot\|f\|$$

$$\text{对所有 } f\in X,\quad |T(f)| = \lim_{k\to\infty}|T_{n_k}(f)| \leqslant M\cdot\|f\|$$

因此 T 是有界的. ■

定理 14 的证明　令 q 为 p 的共轭. 令$\{f_n\}$为 $L^q(E)$中的有界序列. 定义 $X=L^q(E)$. 令 n 为自然数. 定义 X 上的泛函 T_n 为对 $X=L^q(E)$中的 g，

$$T_n(g) = \int_E f_n\cdot g$$

命题 2(其中 p 与 q 互换以及观察到 p 是 q 的共轭)告诉我们，每个 T_n 是 X 上的有界线性泛函且$\|T_n\|_*=\|f_n\|_p$. 由于$\{f_n\}$是 $L^p(E)$中的有界序列，$\{T_n\}$是 X^* 中的有界序列. 此外，根据第 7 章的定理 11，由于 $1<q<\infty$，$X=L^q(E)$是可分的. 因此，根据 Helly 定理，存在子序列$\{T_{n_k}\}$和 $T\in X^*$ 使得对所有 $X=L^q(E)$中的 g，

$$\lim_{n\to\infty} T_{n_k}(g) = T(g) \tag{30}$$

Riesz 表示定理(其中 p 与 q 互换)告诉我们，存在 $L^p(E)$中的函数 f 使得

$$\text{对 } X = L^q(E)\text{ 中的所有 } g,\quad T(g) = \int_E f\cdot g$$

172

但(30)意味着对所有 $L^q(E)$中的 g，

$$\lim_{n\to\infty}\int_E f_{n_k}\cdot g = \int_E f\cdot g$$

根据命题 6，$\{f_{n_k}\}$在 $L^q(E)$中弱收敛于 f. ■

如同我们在下面例子中看到的，对闭有界的非退化区间$[a, b]$，$L^1[a, b]$中的有界序列可能没有弱收敛的子序列.

例子　对于 $I=[0, 1]$和自然数 n，定义 $I_n=[0, 1/n]$与 $f_n=n\cdot\chi_{I_n}$. 则$\{f_n\}$是$L^1[0, 1]$中的有界序列，这是由于对所有 n，$\|f_n\|_1=1$. 我们宣称$\{f_n\}$没有在 $L^1[0, 1]$中弱收敛的子序列. 事实上，假定不是这样. 则存在在 $L^1[0, 1]$中弱收敛到 $f\in L^1[0, 1]$的子序列$\{f_{n_k}\}$. 对每个$[c, d]\subseteq[0, 1]$，对 $\chi_{[c,d]}$的积分是 $L^1[0, 1]$上的有界线性泛函. 于是，

$$\int_c^d f=\lim_{k\to\infty}\int_c^d f_{n_k}$$

因此对所有 $0<c<d<1$，

$$\int_c^d f=0$$

从第 6 章的引理 13 得出，f 在$[0, 1]$上几乎处处等于零. 因此

$$0=\int_0^1 f=\lim_{k\to\infty}\int_0^1 f_{n_k}=1$$

这个矛盾表明$\{f_n\}$没有弱收敛的子序列.

定义　赋范线性空间 X 的一个子集 K 称为在 X 中是**弱序列紧的**，若 K 中的每个序列$\{f_n\}$有一个弱收敛于 $f\in K$ 的子序列.

定理 15　令 E 为可测集而 $1<p<\infty$. 则

$$\{f\in L^p(E)\mid \|f_n\|_p\leqslant 1\}\text{ 在 } L^p(E)\text{ 中是弱序列紧的}$$

证明　令$\{f_n\}$为 $L^p(E)$中的序列使得对所有 n，$\|f_n\|_p\leqslant 1$. 定理 14 告诉我们存在弱收敛于 $f\in L^p(E)$的子序列$\{f_{n_k}\}$. 此外，$\|f\|_p\leqslant 1$，这是由于，根据(17)，

$$\|f\|_p\leqslant\liminf\|f_n\|_p\leqslant 1$$

■

注　虽然 $L^1(E)$中一般的有界序列没有弱收敛子序列，但我们在 19.5 节证明的 Dunford 和 Pettis 的一个定理告诉我们，若 $m(E)<\infty$，则 $L^1(E)$中的任何一致可积的有界序列有弱收敛的子序列. 若 $m(E)=\infty$，则当人们额外地假设紧性时结果也成立.

173

习题

27. 令$[a, b]$为非退化的闭有界区间. 在赋予最大值范数的 Banach 空间 $C[a, b]$中，找到一个没有任何强收敛子序列的有界序列.
28. 对于 $1\leqslant p\leqslant\infty$，找到 ℓ^p 中的一个没有任何强收敛子序列的有界序列.
29. 令 E 为包含非退化区间的可测集. 证明存在 $L^1(E)$中的有界序列，它没有弱收敛的子序列. 展示一个可测集 E 使得 $L^1(E)$中的每个有界序列具有弱收敛的子序列.
30. 令 X 为赋范线性空间，$\{T_n\}$是 X^* 中的序列，而 T 属于 X^*. 证明关于$\|\cdot\|_*$范数 $T_n\to T$ 当且仅当

$$\text{在}\{f\in X\mid\|f\|\leqslant 1\}\text{ 上一致地}\lim_{n\to\infty}T_n(f)=T(f)$$

31. 本节最后一个例子中定义的序列是一致可积的吗？

32. 对 $p=1$，在哪一点定理 14 的证明不成立？
33. 证明在 $\ell^p(1\leqslant p<\infty)$ 中的每个有界序列具有弱收敛的子序列.
34. 令 $\{f_n\}$ 为 $[0,1]$ 上的函数序列，该序列的每个函数是有界变差的且使得 $\{TV(f_n)\}$ 是有界的. 证明存在具有以下性质的子序列 $\{f_{n_k}\}$：对 $[0,1]$ 上的每个连续函数 g，积分序列 $\left\{\int_0^1 g(x)f_{n_k}(x)\mathrm{d}x\right\}$ 是 Cauchy 的.
35. 令 X 为赋范线性空间，而 $\{T_n\}$ 是 X^* 中的序列，使得存在 $M\geqslant 0$，对所有 n，$\|T_n\|_*\leqslant M$. 令 $\mathcal{S}$ 为 X 的稠密子集使得对所有 $g\in\mathcal{S}$，$\{T_n(g)\}$ 是 Cauchy 的.
    (i) 证明对所有 $g\in X$，$\{T_n(g)\}$ 是 Cauchy 的.
    (ii) 对所有 $g\in X$ 定义 $T(g)=\lim\limits_{n\to\infty}T_n(g)$. 证明 T 是线性的. 接着证明 T 是有界的.
36. 证明 Helly 定理的结论对 $X=L^\infty[0,1]$ 不成立.
37. 令 E 有有限测度而 $1\leqslant p<\infty$. 假定 $\{f_n\}$ 是 $L^p(E)$ 中的有界序列而 f 属于 $L^p(E)$. 若以下性质之一成立，确定是否有子序列具有其他性质. $p=1$ 和 $p>1$ 的情形应分开考虑.
    (i) 在 $L^p(E)$ 中 $\{f_n\}\to f$.
    (ii) 在 $L^p(E)$ 中 $\{f_n\}\rightharpoonup f$.
    (iii) 在 E 上 a. e. 逐点 $\{f_n\}\to f$.
    (iv) 依测度 $\{f_n\}\to f$.

8.4 凸泛函的最小化

L^p 空间由 Frigyes Riesz 引入，用于阐述定义在无穷维空间上的泛函与映射具有的性质，这些性质是定义在有限维空间上的泛函与映射的性质的推广. 最初目标是为分析积分方程提供工具. 该计划对线性泛函和映射特别成功，且线性代数这一学科发展出所谓的线性泛函分析学科. 然而，如同定义在实数的凸集上的凸函数具有十分特殊的性质一样，定义在 L^p 空间的凸子集上的凸泛函也具有特殊的性质. 本节我们讨论凸泛函的最小化原理.

174

令 E 为可测子集而 $1\leqslant p<\infty$. 我们已展示了 $L^p(E)$ 中的弱收敛但没有强收敛的子序列的序列. 有鉴于此，以下定理在某种程度上是令人惊奇的.

Banach-Saks 定理　*令 E 为可测子集而 $1<p<\infty$. 假定在 $L^p(E)$ 中 $\{f_n\}\rightharpoonup f$. 则存在子序列 $\{f_{n_k}\}$ 使得算术平均序列在 $L^p(E)$ 中强收敛于 f，即*

$$\text{在 } L^p(E) \text{ 中强意义下，}\quad \lim_{k\to\infty}\frac{f_{n_1}+f_{n_2}+\cdots+f_{n_k}}{k}=f$$

证明　我们对 $p=2$ 的情形给出证明㊀. 通过用 f_n-f 代替每个 f_n，我们假定 $f=0$. 定理 7 告诉我们 $\{f_n\}$ 在 $L^2(E)$ 中有界. 选取 $M\geqslant 0$ 使得对所有 n，

$$\int_E f_n^2\leqslant M$$

我们将选取子序列 $\{f_{n_j}\}$ 使得对所有 j，

㊀ 关于 $p\neq 2$ 的证明，见 S. Banach 与 S. Saks 1930 年发表在《Studia. Math.》卷 2 上的原始论文.

$$\int_E (f_{n_1} + \cdots + f_{n_j})^2 \leqslant 2j + Mj$$

事实上，定义 $n_1=1$. 假定我们已选取自然数 $n_1<n_2<\cdots<n_k$ 使得对 $j=1, \cdots, k$,

$$\int_E (f_{n_1} + \cdots + f_{n_j})^2 \leqslant 2j + Mj$$

由于 $f_{n_1}+\cdots+f_{n_k}$ 属于 $L^2(E)$ 而 $\{f_n\}$ 在 $L^2(E)$ 中弱收敛于 0，我们可以选取自然数 $n_{k+1}>n_k$ 使得

$$\int_E (f_{n_1} + \cdots + f_{n_k}) \cdot f_{n_{k+1}} \leqslant 1 \tag{31}$$

然而，

$$\int_E (f_{n_1} + \cdots + f_{n_{k+1}})^2 = \int_E (f_{n_1} + \cdots + f_{n_k})^2 + 2\int_E (f_{n_1} + \cdots + f_{n_k}) \cdot f_{n_{k+1}} + \int_E f^2_{n_{k+1}}$$

175

因此，

$$\int_E (f_{n_1} + \cdots + f_{n_{k+1}})^2 \leqslant 2k + Mk + 2 + M = 2(k+1) + M(k+1)$$

子序列 $\{f_{n_k}\}$ 被归纳地选取，使得对所有 k，

$$\int_E \left[\frac{f_{n_1} + f_{n_2} + \cdots + f_{n_k}}{k}\right]^2 \leqslant \frac{(2+M)}{k}$$

因此在 $L^2(E)$ 中 $\{f_{n_k}\}$ 的算术平均序列强收敛于 $f\equiv 0$. ■

定义　线性空间 X 的子集 C 称为是**凸的**，若每当 f 和 g 属于 C 且 $\lambda\in[0, 1]$，则 $\lambda f+(1-\lambda)g$ 也属于 C.

定义　赋范线性空间 X 的子集 C 称为是**闭的**，若每当 $\{f_n\}$ 是在 X 中强收敛于 f 的序列，则若每个 f_n 属于 C，极限 f 也属于 C.

例子　令 E 为可测集，$1\leqslant p<\infty$，g 是 $L^p(E)$ 中的非负函数，定义

$$C = \{f \text{ 在 } E \text{ 上可测} \mid \text{在 } E \text{ 上} |f| \leqslant g \text{ a. e.}\}$$

我们宣称 C 是 $L^p(E)$ 的闭凸子集. 事实上，我们从积分的比较判别法推出 C 中的每个函数属于 $L^p(E)$. 显然 C 是凸的. 为证明 C 是闭的，令 $\{f_n\}$ 为在 $L^p(E)$ 中收敛于 f 的序列. 根据 Riesz-Fischer 定理，存在 $\{f_n\}$ 的子序列在 E 上几乎处处逐点收敛于 f. 从逐点收敛性就得到 f 属于 C.

例子　令 E 为可测集而 $1\leqslant p<\infty$. 则 $B=\{f\in L^p(E) \mid \|f_n\|_p\leqslant 1\}$ 是闭与凸的. 为看到它是凸的，仅观察到若 f 和 g 属于 B 且 $\lambda\in[0, 1]$，则根据 Minkowski 不等式，

$$\|\lambda f + (1-\lambda)g\|_p \leqslant \lambda\|f\|_p + (1-\lambda)\|g\|_p \leqslant 1$$

为看到 B 是闭的，观察到若 $\{f_n\}$ 是 B 中的在 $L^p(E)$ 中收敛到 $f\in L^p(E)$ 的序列，则从 Minkowski 不等式得到对每个 n，$|\|f_n\|_p-\|f\|_p|\leqslant\|f_n-f\|_p$，于是 $\{\|f_n\|_p\}$ 收敛于 $\|f\|_p$.

因此$\|f\|_p\leqslant 1$.

定义　定义在赋范线性空间 X 的凸子集 C 上的实值泛函 T 称为是**连续的**，若每当 C 中的序列$\{f_n\}$强收敛于 $f\in C$，则$\{T(f_n)\}\to T(f)$.

在线性泛函这一非常特殊的情形，连续性等价于有界性．一般来说，这些概念是没有关联的.

定义　定义在赋范线性空间 X 的凸子集 C 上的实值泛函 T 称为是**凸的**，若每当 f 和 g 属于 C 且 $\lambda\in[0,1]$,

176

$$T(\lambda f+(1-\lambda)g)\leqslant\lambda T(f)+(1-\lambda)T(g)$$

在任何赋范线性空间，三角不等式等价于范数的凸性.

例子　令 E 为有限测度而 $1\leqslant p<\infty$．假定 φ 是定义在 $\mathbf{R}$ 上的连续凸实值函数，使得存在常数 a 和 b，满足对所有实数 s，$|\varphi(s)|\leqslant a+b|s|^p$．定义 $L^p(E)$上的泛函 T 为

$$\text{对所有 } f\in L^p(E),\quad T(f)=\int_E\varphi\circ f$$

我们把证明 T 是正确定义的、连续与凸的留作练习(见习题 42).

引理 16　令 E 为可测集而 $1<p<\infty$．假定 C 是$L^p(E)$的闭有界凸子集，而 T 是 C 上的连续凸泛函．若$\{f_n\}$是 C 中在$L^p(E)$中弱收敛于 f 的序列，则 f 也属于C．此外,

$$T(f)\leqslant\liminf T(f_n)$$

证明　根据 Banach-Saks 定理，存在$\{f_n\}$的子序列，其算术平均序列在$L^p(E)$中强收敛于 f．由于 C 是凸的，该算术平均属于 C，而由于 C 是闭的，函数 f 属于 C．此外，存在$\{T(f_n)\}$的收敛到$\alpha=\liminf T(f_n)$的进一步的子序列．因此，我们可以选取子序列使得

$$\text{在 } L^p(E) \text{ 中强意义下，}\quad \lim_{k\to\infty}\frac{f_{n_1}+f_{n_2}+\cdots f_{n_k}}{k}=f$$

且

$$\lim_{k\to\infty}T(f_{n_k})=\alpha$$

由于泛函 T 是连续的,

$$T(f)=\lim_{k\to\infty}T\left(\frac{f_{n_1}+f_{n_2}+\cdots+f_{n_k}}{k}\right)$$

此外，收敛的实数序列的算术平均收敛到同样的极限，且因此,

$$\lim_{k\to\infty}\frac{T(f_{n_1})+T(f_{n_2})+\cdots+T(f_{n_k})}{k}=\alpha$$

另一方面，由于 T 是凸的，对每个 k,

$$T\left(\frac{f_{n_1}+f_{n_2}+\cdots+f_{n_k}}{k}\right)\leqslant\frac{T(f_{n_1})+T(f_{n_2})+\cdots+T(f_{n_k})}{k}$$

于是，

$$T(f)=\lim_{k\to\infty}T\left(\frac{f_{n_1}+f_{n_2}+\cdots+f_{n_k}}{k}\right)$$
$$\leqslant \lim_{k\to\infty}\frac{T(f_{n_1})+T(f_{n_2})+\cdots+T(f_{n_k})}{k}=\alpha$$

177

因此，

$$T(f)\leqslant \alpha = \liminf T(f_n)$$ ■

定理 17　令 E 为可测集而 $1<p<\infty$. 假定 C 是 $L^p(E)$的闭有界凸子集，而 T 是 C 上的连续凸泛函. 则 T 在 C 上取到最小值，即存在函数 $f_0\in C$ 使得对所有 $f\in C$,

$$T(f_0)\leqslant T(f)$$

证明　我们首先证明象 $T(C)$有下界. 否则，存在 C 中的序列$\{f_n\}$使得$\lim_{n\to\infty}T(f_n)=-\infty$. 由于 C 是有界的，通过可能地取子序列，我们用定理 14 假定$\{f_n\}$在 $L^p(E)$中弱收敛于 $L^p(E)$中的函数 f. 我们从前一个引理推出 f 属于 C 且

$$T(f)\leqslant \liminf T(f_n)=-\infty$$

这是一个矛盾. 因此 T 在 C 上有下界. 定义

$$c=\inf\{T(f)\mid f\subseteq C\}$$

选取 C 中的序列$\{f_n\}$使得$\lim_{n\to\infty}T(f_n)=c$. 又一次，通过可能地取子序列我们可以援引定理 14，假定$\{f_n\}$在 $L^p(E)$中弱收敛于 $L^p(E)$中的函数 f_0. 我们从前一个引理推出 f_0 属于 C 且

$$T(f_0)\leqslant \liminf T(f_0)=c$$

因此 $T(f_0)=c$. ■

推论 18　令 E 为有限测度的可测集而 $1<p<\infty$. 假定 φ 是 $\mathbf{R}$ 上的实值连续凸函数，使得存在常数 $c_1\geqslant 0$ 和 $c_2\geqslant 0$，对所有 s，

$$|\varphi(s)|\leqslant c_1+c_2\cdot|s|^p \tag{32}$$

则存在函数 $f_0\in L^p(E)$满足$\|f_0\|_p\leqslant 1$，使得

$$\int_E\varphi\circ f_0=\min_{f\in L^p(E),\ \|f\|_p\leqslant 1}\int_E\varphi\circ f \tag{33}$$

证明　若 f 是 E 上的可测实值函数，由于 φ 是连续的，复合 $\varphi\circ f$ 是可测的. 令 f 属于$L^p(E)$. 由于 f 在 E 上 a. e. 有限，我们从(32)推出，

$$\text{在 } E \text{ 上，}\quad |\varphi\circ f|\leqslant c_1+c_2\cdot|f|^p\ \text{a. e.}$$

因此，根据积分的比较判别法，$\varphi\circ f$ 在 E 上是可积的. 定义 $L^p(E)$上的泛函 T 为对所有 $f\in L^p(E)$，

$$T(f)=\int_E\varphi\circ f$$

178

则 T 是正确定义的且从 φ 继承了凸性. 我们已注意到集合 $C=\{f\in L^p(E)\mid \|f\|_p\leqslant 1\}$是强闭的、有界和凸的. 若我们证明 T 在 $L^p(E)$上是连续的，T 在 C 上的最小值点的存在性将

是前一个定理的推论．令$\{f_n\}$为在$L^p(E)$中强收敛于f的序列．通过取子序列以及重新标记，我们假定$\{f_n\}$是快速 Cauchy 的．因此，根据第 7 章的定理 6，$\{f_n\}$在E上 a. e. 逐点收敛于f．由于φ是连续的，$\{\varphi\circ f_n\}$在E上 a. e. 逐点收敛于$\varphi\circ f$．此外，根据$L^p(E)$的完备性，由于$\{f_n\}$在$L^p(E)$中是快速 Cauchy 的，函数

$$g=|f_1|+\sum_{k=1}^{\infty}|f_{k+1}-f_k|$$

属于$L^p(E)$．由于$f_n=f_1+\sum_{k=1}^{n-1}(f_{k+1}-f_k)$

$$\text{在 } E \text{ 上对所有 } n,\quad |f_n|\leqslant g \text{ a. e.}$$

因此，根据不等式(32)，对所有n，在E上 a. e.

$$|\varphi\circ f_n|\leqslant c_1+c_2\cdot|f_n|^p\leqslant c_1+c_2\cdot g^p$$

我们从控制收敛定理推出，

$$\lim_{n\to\infty}\int_E\varphi\circ f_n=\int_E\varphi\circ f$$

因此T在$L^p(E)$上是连续的．■

注　在第 1 章我们证明了 Bolzano-Weierstrass 定理：实数的每个有界序列有收敛的子序列．该定理是证明闭有界区间上的每个连续实值函数取到最小值的基础．在 19 世纪中叶无批判性地假设类似的论证方法对证明函数空间上的实值泛函的最小值是有效的．Karl Weierstrass 观察到该方法的谬误．比如说，给定$[0,1]$上的连续函数序列$\{f_n\}$，使得对所有n，

$$\int_0^1|f_n|^2\leqslant 1$$

可能不存在子序列$\{f_{n_k}\}$和函数$f\in L^2[0,1]$使得

$$\lim_{k\to\infty}\int_0^1|f_{n_k}-f|^2=0$$

(见习题 45)．许多数学家(包括 David Hilbert)将他们的注意力转向了研究那些可能证明最小值点的存在性的具体的泛函类[⊖]．定理 17 展示了这样的一个泛函类．

179

习题

38. 对$1<p<\infty$和每个指标n，令$e_n\in\ell^p$为第n个分量为 1 而其他分量为 0 的数列．证明$\{e_n\}$在ℓ^p中弱收敛到 0，但没有强收敛到 0 的子序列．找到一个子序列其算术平均在ℓ^p中强收敛到 0.
39. 证明：若实数序列$\{a_n\}$收敛到a，则它的算术平均序列也收敛到a.
40. 在ℓ^2中叙述和证明 Banach-Saks 定理.
41. 令E为可测集而$1\leqslant p<\infty$．令T为$L^p[a,b]$上的连续线性泛函，而$K=\{f\in L^p(E)\mid \|f\|_p\leqslant 1\}$．找到函数$f_0\in K$，使得对所有$K$中的$f$，

⊖ Hilbert 的论文“On the Dirichlet Principle”被 Garrett Birkhoff 翻译成《A Source Book in Classical Analysis》(哈佛大学出版社，1973).

$$T(f_0) \leqslant T(f)$$

42. (Nemytskii)令 E 为可测集而 p_1，p_2 属于$[1, \infty)$. 假定 φ 是定义在 $\mathbf{R}$ 上的连续实值函数，使得存在常数 c_1 和 c_2，对所有实数 s，$|\varphi(s)| \leqslant c_1 + c_2 |s|^{p_1/p_2}$. 令$\{f_n\}$为 $L^{p_1}(E)$中的序列. 证明：

$$\text{若在 } L^{p_1}(E) \text{ 中}\{f_n\} \to f, \quad \text{则在 } L^{p_2}(E) \text{ 中}\{\varphi \circ f_n\} \to \varphi \circ f$$

43. (Beppo Levi)令 E 为可测集，$1 \leqslant p < \infty$，而 C 是 $L^p(E)$的闭有界凸子集. 证明对任何函数 $f_0 \in L^p(E)$，存在 C 中的函数 g_0 使得对所有 C 中的 g，

$$\|g_0 - f_0\|_p \leqslant \|g - f_0\|_p$$

44. (Banach-Saks)对自然数 n，定义$[0, 1]$上的函数 f_n 为

$$\text{对 } k/2^n + 1/2^{2n+1} \leqslant x < (k+1)/2^n \text{ 且 } 0 \leqslant k \leqslant 2^n - 1 \text{ 令 } f_n(x) = 1$$

而在$[0, 1]$上的其余点令 $f_n(x) = 1 - 2^{n+1}$. 在$[0, 1]$上定义 $f \equiv 0$.

(i) 证明对所有 $x \in [0, 1]$和所有 n，

$$\left| \int_0^x f_n \right| \leqslant 1/2^n$$

因此对所有 $x \in [0, 1]$，

$$\lim_{n \to \infty} \int_0^x f_n = \int_0^x f$$

(ii) 定义 E 为$[0, 1]$的子集，使得在其上对所有 n，$f_n = 1$. 证明对所有 n，

$$\int_E f_n = m(E) > 0$$

(iii) 证明对所有 n，$\|f_n\|_1 \leqslant 2$. 从(ii)部分推出$\{f_n\}$是 $L^1[0, 1]$中的有界序列，它在 $L^1[0, 1]$不弱收敛于 f. 这个结论以及(i)部分与定理 11 矛盾吗？

(iv) 对于 $1 < p < \infty$，从(ii)部分推出$\{f_n\}$是 $L^p[0, 1]$中的序列，它在 $L^p[0, 1]$中不弱收敛于 f. 这个结论以及(i)部分与定理 11 矛盾吗？

45. 找到 $L^2[0, 1]$中没有 Cauchy 子序列的序列$\{g_n\}$. 用该子序列和连续函数在 $L^2[0, 1]$中的稠密性找到$[0, 1]$上的连续函数序列，使得它没有子序列在 $L^2[0, 1]$中收敛到 $L^2[0, 1]$中的函数.

180

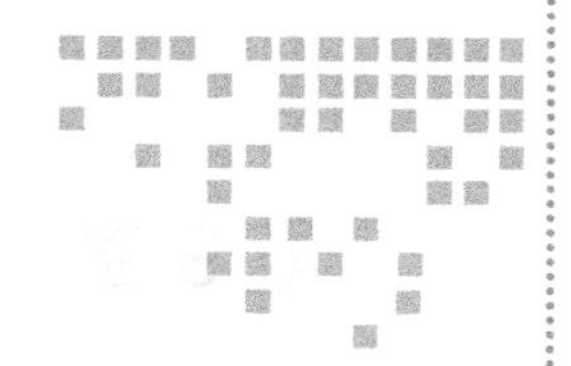

第二部分 Part 2

抽象空间：度量空间、拓扑空间、Banach空间和Hilbert空间

第9章　度量空间：一般性质

在第1章我们建立了实数的三种类型的性质．第一种类型的性质是与加法和乘法相关的代数性质．第二种是正数的性质，通过这种性质我们定义了序和绝对值的概念．利用代数性质与序性质，两个实数之间的距离定义为它们的差的绝对值．实数具有的最后一个性质是完备性：关于实数的完备性公理等价于实数集中的每个 Cauchy 序列收敛到某个实数．在第7章开始的赋范线性空间的研究中，实数的代数性质被推广到了线性空间；绝对值被推广为范数的概念，它诱导了点之间的距离的概念；而实数的序性质被放到一边．我们现在进一步推广概念．本章的目标是研究被称为度量空间的一般空间，对这种空间基本的概念是两点间的距离．它没有线性结构．欧氏空间中开集与闭集的概念就自然地推广到一般的度量空间，序列的收敛以及函数或映射的连续性的概念也如此．我们首先考虑这些一般性的概念，接着研究具有较好结构的度量空间：完备、紧或可分的度量空间．

9.1　度量空间的例子

定义　令 X 为非空集．函数 $\rho: X\times X\to\mathbf{R}$ 称为一个**度量**，若对于所有属于 X 的 x，y 和 z，

(i) $\rho(x, y)\geqslant 0$；

(ii) $\rho(x, y)=0$ 当且仅当 $x=y$；

(iii) $\rho(x, y)=\rho(y, x)$；

(iv) $\rho(x, y)\leqslant\rho(x, z)+\rho(z, y)$．

具有一个度量的非空集合称为**度量空间**．

181～182

我们常将度量空间记为(X, ρ)．性质(iv)即熟知的关于度量的**三角不等式**．度量空间的一个典型例子是具有度量 $\rho(x, y)=|x-y|$ 的全体实数集 $\mathbf{R}$．

赋范线性空间　在7.1节我们把绝对值的概念推广到一般的线性空间．回忆线性空间 X 上的非负实值函数 $\|\cdot\|$ 称为**范数**，若对每个 u，$v\in X$ 和实数 α，满足

(i) $\|u\|=0$ 当且仅当 $u=0$．

(ii) $\|u+v\|\leqslant\|u\|+\|v\|$．

(iii) $\|\alpha u\|=|\alpha|\,\|u\|$．

我们称具有范数的线性空间为赋范线性空间．线性空间 X 上的范数 $\|\cdot\|$ 通过对所有 x，$y\in X$ 定义

$$\rho(x,y)=\|x-y\| \tag{1}$$

诱导了 X 上的度量 ρ.

范数的性质(ii)称为关于范数的三角不等式. 它等价于其诱导的度量的三角不等式. 事实上，对 x，y，$z\in X$，设 $u=x-z$ 与 $v=z-y$ 且观察到

$$\|u+v\|\leqslant\|u\|+\|v\| \text{ 当且仅当 } \rho(x,y)\leqslant\rho(x,z)+\rho(z,y)$$

赋范线性空间的三个重要例子是欧氏空间 $\mathbf{R}^n$、$L^p(E)$空间和 $C[a, b]$. 对于自然数 n，考虑线性空间 $\mathbf{R}^n$，其点为 n 元实数组. 对于 $\mathbf{R}^n$ 中的 $x=(x_1, \cdots, x_n)$，x 的欧氏范数$\|x\|$定义为

$$\|x\|=[x_1^2+\cdots+x_n^2]^{1/2}$$

我们把第 7 章和第 8 章用于赋范线性空间 $L^p(E)$的研究，其中 $1\leqslant p\leqslant\infty$而 E 是一个实数的 Lebesgue 可测集. 对于 $1\leqslant p<\infty$，$L^p(E)$范数的三角不等式称为 Minkowski 不等式. 对于实数的闭有界区间$[a, b]$，考虑$[a, b]$上的连续实值函数的线性空间 $C[a, b]$. $f\in C[a, b]$的最大值范数$\|\cdot\|_{\max}$定义为

$$\|f\|_{\max}=\max\{|f(x)|\mid x\in[a,b]\}$$

最大值范数的三角不等式从实数的绝对值的三角不等式得到.

离散度量　对于任何非空集合 X，定义离散度量 ρ 为：若 $x=y$，则 $\rho(x, y)=0$；而若 $x\neq y$，则 $\rho(x, y)=1$.

度量子空间　对于度量空间(X, ρ)，令 Y 为 X 的非空子集. 则 ρ 在 $Y\times Y$ 上的限制定义了 Y 上的一个度量. 我们称这样的度量空间为度量**子空间**. 因此欧氏空间、$L^p(E)$空间$(1\leqslant p\leqslant\infty)$以及 $C[a, b]$的每个非空子集都是度量空间.

183

度量的乘积　对于度量空间(X_1, ρ_1)和(X_2, ρ_2)，我们定义笛卡儿积 $X_1\times X_2$ 上的乘积度量 τ 为对于 $X_1\times X_2$ 中的(x_1, x_2)和(y_1, y_2)，

$$\tau((x_1,x_2),(y_1,y_2))=\{[\rho_1(x_1,y_1)]^2+[\rho_2(x_2,y_2)]^2\}^{1/2}$$

容易验证 τ 具有度量所要求的所有性质. 这种构造方式可推广到可数乘积(见习题 10).

度量空间的一个特别有趣和有用但不是作为赋范线性空间的度量子空间直接给出的例子是，$\mathbf{R}$ 的 Lebesgue 可测子集的可测子集族上的 Nikodym 度量(见习题 5).

在由多于一点组成的非空集合 X 上存在不同的度量. 例如，若 X 是闭有界区间$[a, b]$上的连续函数的非空族，则 X 是一个关于离散度量、关于最大值范数诱导的度量和关于 $L^p[a, b](1\leqslant p<\infty)$范数诱导的度量的度量空间. 以下关于集合上的度量的等价关系是有用的.

定义　集合 X 上的两个度量 ρ 和 σ 称为**等价的**，若存在正数 c_1 和 c_2，使得对所有 x_1，$x_2\in X$，

$$c_1\cdot\sigma(x_1,x_2)\leqslant\rho(x_1,x_2)\leqslant c_2\cdot\sigma(x_1,x_2)$$

定义　从度量空间(X, ρ)到度量空间(Y, σ)的映射 f 称为**等距映射**，若它将 X 映上 Y 且对所有 x_1，$x_2\in X$，

$$\sigma(f(x_1),f(x_2)) = \rho(x_1,x_2)$$

两个度量空间称为**等距的**，若存在将其中的一个映上另一个的等距映射．等距是度量空间之间的等价关系．从度量空间的观点看，两个等距的度量空间是相同的．等距映射仅相当于点的重新标记．

在集合 X 上的度量 ρ 的定义中，放松条件 $\rho(x, y)=0$ 仅当 $x=y$ 有时是方便的．当我们允许对某个 $x\neq y$ 有 $\rho(x, y)=0$ 时，称 ρ 是一个**伪度量**，而 (X, ρ) 是一个伪度量空间．在这样的空间上，定义关系 $x\cong y$，若 $\rho(x, y)=0$．这是一个等价关系，它将 X 分成不交的等价类族 $X/\cong$．对等价类 $[x]$ 和 $[y]$，定义 $\widetilde{\rho}([x], [y])=\rho(x, y)$．容易看出这个性质定义了 $X/\cong$ 上的一个度量 $\widetilde{\rho}$．当我们在范数的定义中对 $u\neq 0$ 允许 $\|u\|=0$ 时，类似的考虑是适用的．习题 5、7、9 以及 50 考虑了伪度量和伪范数的一些例子．

习题

1. 证明同一个集合 X 上的两个度量 ρ 和 τ 等价，当且仅当存在 $c>0$ 使得对所有 $u, v\in X$，

$$\frac{1}{c}\tau(u,v) \leqslant \rho(u,v) \leqslant c\tau(u,v)$$

184

2. 证明以下定义了 $\mathbf{R}^n$ 上的等价度量．

$$\rho^*(x,y) = |x_1 - y_1| + \cdots + |x_n - y_n|$$
$$\rho^+(x,y) = \max\{|x_1 - y_1|, \cdots, |x_n - y_n|\}$$

3. 找到 $\mathbf{R}^n$ 上与前一个习题中的度量都不等价的度量．
4. 对一个闭有界区间 $[a, b]$，考虑 $[a, b]$ 上的连续实值函数集合 $X=C[a, b]$．证明由最大值范数诱导的度量与由 $L^1[a, b]$ 范数诱导的度量不等价．
5. (Nikodym 度量)令 E 为具有有限测度的实数的 Lebesgue 可测集，X 是 E 的 Lebesgue 可测子集的集合，而 m 是 Lebesgue 测度．对 $A, B\in X$，定义 $\rho(A, B)=m(A\Delta B)$，其中 $A\Delta B=[A\sim B]\cup[B\sim A]$ 是集合 A 和 B 的对称差．证明这是 X 上的伪度量．定义两个可测集为等价，若它们的对称差测度为零．证明 ρ 诱导了等价类族上的度量．最后，证明对于 $A, B\in X$，

$$\rho(A,B) = \int_E |\chi_A - \chi_B|$$

其中 χ_A 和 χ_B 分别是 A 和 B 的特征函数．

6. 证明对于 $a, b, c\geqslant 0$，

$$\text{若 } a \leqslant b + c, \quad \text{则} \frac{a}{1+a} \leqslant \frac{b}{1+b} + \frac{c}{1+c}$$

7. 令 E 为实数的具有有限测度的 Lebesgue 可测集，而 X 为 E 上的 Lebesgue 可测实值函数的集合．对于 $f, g\in X$，定义

$$\rho(f,g) = \int_E \frac{|f-g|}{1+|f-g|}$$

用前一个习题证明这是 X 上的一个伪度量．定义两个可测函数为等价，若它们在 E 上几乎处处相等．证明 ρ 诱导了等价类族上的度量．

8. 对于 $0<p<1$，证明：

$$对所有\ a,b \geqslant 0,\quad (a+b)^p \leqslant a^p + b^p$$

9. 对实数的 Lebesgue 可测集 E，$0<p<1$，g 和 h 是 E 上的 p 次幂可积的 Lebesgue 可测函数，定义

$$\rho_p(h,g) = \int_E |g-h|^p$$

利用前一个习题证明这是 E 上的 p 次幂可积的 Lebesgue 可测函数族上的一个伪度量. 若两个这样的函数在 E 上几乎处处相等，定义它们为等价的. 证明 $\rho_p(\cdot,\ \cdot)$诱导了等价类族上的度量.

185

10. 令$\{(X_n,\ \rho_n)\}_{n=1}^{\infty}$为度量空间的可数族. 利用习题 6 证明 ρ_* 定义了笛卡儿积 $\prod_{n=1}^{\infty} X_n$ 上的度量，其中对于 $\prod_{n=1}^{\infty} X_n$ 中的点 $x=\{x_n\}$和 $y=\{y_n\}$，

$$\rho_*(x,y) = \sum_{n=1}^{\infty} \frac{1}{2^n} \cdot \frac{\rho_n(x_n,y_n)}{1+\rho_n(x_n,y_n)}$$

11. 令$(X,\ \rho)$为度量空间，而 A 是任何集，使得存在将 A 映上 X 的一一映射 f. 证明 A 上存在唯一的度量使得 f 是度量空间之间的等距映射.（这是等距映射仅相当于空间中的点的重新标记的含义）.
12. 证明关于欧氏空间 $\mathbf{R}^n$ 的三角不等式从关于 $L^2[0,\ 1]$的三角不等式得到.

9.2 开集、闭集以及收敛序列

在欧氏空间和一般赋范线性空间中研究的许多概念可自然地、有用地推广到一般的度量空间. 它们不依赖于线性结构.

定义 令$(X,\ \rho)$为度量空间. 对 X 中的点 x 和 $r>0$，集合

$$B(x,r) = \{x' \in X \mid \rho(x',x) < r\}$$

称为中心在 x、半径为 r 的**开球**. X 的子集 $\mathcal{O}$ 称为**开的**，若对每个点 $x\in\mathcal{O}$，存在中心在 x 包含于 $\mathcal{O}$ 的开球. 对于点 $x\in X$，包含 x 的开集称为 x 的**邻域**.

我们必须验证这里的定义是一致的，即开球是开的. 根据开集的定义，要证明 $B(x,\ r)$是开的，仅须证明：

$$若\ x'\in B(x,\ r)\ 且\ r'=r-\rho(x',\ x)，则\ B(x',\ r')\subseteq B(x,\ r)$$

为验证这一点，令 $y\in B(x',\ r')$，则 $\rho(x,\ y')<r'$，因此，根据三角不等式，

$$\rho(y,x) \leqslant \rho(y,x') + \rho(x',x) < r' + \rho(x',x) = r$$

因此 $B(x',\ r')\subseteq B(x,\ r)$.

命题 1 令 X 为度量空间. 全空间 X 和空集$\varnothing$是开的，X 的任何两个开子集的交是开的，X 的任何开子集族的并是开的.

证明 显然 X 和$\varnothing$是开的且开集族的并是开的. 令 $\mathcal{O}_1$ 和 $\mathcal{O}_2$ 为 X 的开子集. 若这两个集合不交，则它们的交集是空集，它自然是开的. 否则，令 x 属于 $\mathcal{O}_1\cap\mathcal{O}_2$. 由于 $\mathcal{O}_1$ 和 $\mathcal{O}_2$ 是包含 x 的开集，存在正数 δ_1 和 δ_2 使得 $B(x,\ \delta_1)\subseteq\mathcal{O}_1$ 且 $B(x,\ \delta_2)\subseteq\mathcal{O}_2$. 定义 $\delta=\min\{\delta_1,\ \delta_2\}$. 则开球 $B(x,\ \delta)$包含于 $\mathcal{O}_1\cap\mathcal{O}_2$. 因此 $\mathcal{O}_1\cap\mathcal{O}_2$ 是开的. ■

186

以下命题的证明留作练习，在度量空间 X 是度量空间 Y 的子空间的情形下，提供了用

Y 的开子集刻画 X 的开子集的描述.

命题 2　令 X 为度量空间 Y 的子空间，而 E 是 X 的子集. 则 E 在 X 中是开的当且仅当 $E=X\cap\mathcal{O}$，其中 $\mathcal{O}$ 在 Y 中是开的.

定义　对于度量空间 X 的子集 E，点 $x\in X$ 称为 E 的**闭包点**，若 x 的每个邻域至少包含 E 中的一个点. E 的全体闭包点称为 E 的**闭包**且记为 $\overline{E}$.

显然我们总是有 $E\subseteq\overline{E}$. 若 E 包含它的所有闭包点，即 $E=\overline{E}$，则称集合 E 为**闭的**. 对于度量空间 (X, ρ) 的点 x 和 $r>0$，集合 $\overline{B}(x, r)\equiv\{x'\in X\mid\rho(x', x)\leqslant r\}$ 称为中心在 x 半径为 r 的**闭球**. 从度量的三角不等式得出 $\overline{B}(x, r)$ 是包含 $B(x, r)$ 的闭集. 在赋范线性空间 X 中，我们称 $B(0, 1)$ 为**开单位球**，而 $\overline{B}(0, 1)$ 为**闭单位球**.

命题 3　对于度量空间 X 的子集 E，它的闭包 $\overline{E}$ 是闭的. 此外，$\overline{E}$ 在以下意义下是 X 的包含 E 的最小闭子集：若 F 是闭集且 $E\subseteq F$，则 $\overline{E}\subseteq F$.

证明　集合 $\overline{E}$ 是闭的，若它包含它的所有闭包点. 令 x 为 $\overline{E}$ 的闭包点. 考虑 x 的邻域 $\mathcal{U}_x$. 存在点 $x'\in\overline{E}\cap\mathcal{U}_x$. 由于 x' 是 E 的闭包点，而 $\mathcal{U}_x$ 是 x' 的一个邻域，存在点 $x''\in E\cap\mathcal{U}_x$. 因此 x 的每个邻域包含 E 的点，从而 $x\in\overline{E}$. 因此集合 $\overline{E}$ 是闭的. 显然，若 $A\subseteq B$，则 $\overline{A}\subseteq\overline{B}$，因此若 F 是闭的且包含 E，则 $\overline{E}\subseteq\overline{F}=F$. ■

命题 4　度量空间 X 的子集是开的当且仅当它在 X 中的补是闭的.

证明　首先假定 E 在 X 中是开的. 令 x 为 $X\sim E$ 的闭包的点. 则 x 不属于 E，这是因为，否则将有 x 的邻域包含于 E，因此与 $X\sim E$ 不交. 因此 x 属于 $X\sim E$，从而 $X\sim E$ 是闭的. 现在假定 $X\sim E$ 是闭的. 令 x 属于 E. 则必有 x 的邻域包含于 E，否则 x 的每个邻域包含 $X\sim E$ 的点，因此 x 是 $X\sim E$ 的闭包的点. 由于 $X\sim E$ 是闭的，x 也属于 $X\sim E$. 这是一个矛盾. ■

由于 $X\sim[X\sim E]=E$，从前一个命题得出一个集合是闭的当且仅当它的补是开的. 因此，根据 De Morgan 等式，命题 1 可通过闭集重述如下.

187

命题 5　令 X 为度量空间. 全空间 X 和空集 $\varnothing$ 是闭的，X 的任何两个闭子集的并是闭的，X 的任何闭子集族的交是闭的.

我们已经定义了赋范线性空间的序列收敛于一点意味着什么. 以下是收敛性在度量空间的自然推广.

定义　度量空间 (X, ρ) 的序列 $\{x_n\}$ 称为**收敛**到点 $x\in X$，若

$$\lim_{n\to\infty}\rho(x_n, x)=0$$

即对每个 $\varepsilon>0$，存在指标 N 使得对每个 $n\geqslant N$，$\rho(x_n, x)<\varepsilon$. 序列收敛的点 x 称为序列的

极限. 我们常以$\{x_n\}\to x$表示$\{x_n\}$收敛于 x.

度量空间中的序列至多收敛到一个点. 事实上，给定度量空间 X 中的两点 u，v，设 $r=\rho(u, v)/2$. 我们从度量 ρ 的三角不等式推出球 $B(u, r)$ 和 $B(v, r)$ 是不交的. 因此一个序列不可能既收敛到 u 又收敛到 v. 此外，收敛性可重述如下：$\{x_n\}$收敛到极限 x，若对 x 的任何邻域 $\mathcal{O}$，除有限项外序列的所有项都属于 $\mathcal{O}$. 自然地，对于 X 的子集 E 和使得对所有 n，x_n 属于 E 的序列$\{x_n\}$，我们说$\{x_n\}$是 E 中的序列.

命题 6 对于度量空间 X 的子集 E，点 $x\in E$ 是 E 的闭包点当且仅当 x 是 E 中的序列的极限. 因此 E 是闭的，当且仅当每当 E 的序列收敛到极限 $x\in X$，该极限 x 属于 E.

证明 仅需证明第一个断言. 首先假定 x 属于 $\overline{E}$. 对每个自然数 n，由于 $B(x, 1/n)\cap E\neq\emptyset$，我们可以选一个点，将它记为 x_n，它属于 $B(x, 1/n)\cap E$. 则$\{x_n\}$是 E 中的序列，且我们断言它收敛到 x. 的确，令 $\varepsilon>0$. 选取指标 N 满足 $1/N<\varepsilon$. 则若 $n\geqslant N$,

$$\rho(x_n, x)<1/n<1/N<\varepsilon$$

因此$\{x_n\}$收敛到 x. 反过来，若 E 中的序列收敛到 x，则每个中心在 x 的球包含该序列的无限多个点，因此包含 E 中的点. 因此 $x\in\overline{E}$. ■

一般来说，集合上的度量的改变将会改变一个集合是开的含义，从而改变一个集合是闭的含义. 序列收敛的含义也会改变. 例如，对于集合 X 上的离散度量，每个子集是开的，每个子集是闭的，且一个序列收敛到一个极限当且仅当除有限项外该序列的所有项都等于该极限. 以下命题的证明留作练习，它告诉我们对于集合上的等价的度量，开集是相同的，因此闭集是相同的且序列的收敛是相同的.

188

命题 7 令 ρ 和 σ 为非空集合 X 上的等价度量. 则 X 的子集在度量空间(X, ρ)中是开的当且仅当它在度量空间(X, σ)中是开的.

习题

13. 在一个度量空间 X 中，对于 $r>0$ 以及 X 中的两个不同点 u 和 v，是否可能有 $B(u, r)=B(v, r)$？在欧氏空间 $\mathbf{R}^n$ 中是否可能？在赋范线性空间中是否可能？
14. 令(X, ρ)为度量空间使得$\{u_n\}\to u$ 且$\{v_n\}\to v$. 证明$\{\rho(u_n, v_n)\}\to\rho(u, v)$.
15. 令 X 为度量空间，x 属于 X 而 $r>0$.
    (i) 证明 $\overline{B}(x, r)$是闭的且包含 $B(x, r)$.
    (ii) 证明在赋范线性空间 X 中闭球 $\overline{B}(x, r)$是开球 $B(x, r)$的闭包，但在一般的度量空间中这不成立.
16. 证明命题 2.
17. 证明命题 7.
18. 令 X 为度量空间 Y 的子空间而 A 是 X 的子集. 证明 A 在 X 中是闭的当且仅当 $A=X\cap F$，其中 F 在 Y 中是闭的.
19. 令 X 为度量空间 Y 的子空间.

(i) 若 $\mathcal{O}$ 是度量空间 X 的开子集，它是 Y 的开子集吗？若 X 是 Y 的开子集呢？

(ii) 若 F 是度量空间 X 的闭子集，它是 Y 的闭子集吗？若 X 是 Y 的闭子集呢？

20. 对于度量空间 X 的子集 E，点 $x \in X$ 称为 E 的内点，若存在中心在 x 包含于 E 的开球；E 的全体内点称为 E 的内部且记为 $\text{int}E$. 证明 $\text{int}E$ 总是开的，而 E 是开的当且仅当 $\text{int}E=E$.
21. 对度量空间 X 的子集 E，点 $x \in X$ 称为 E 的外部点，若存在中心在 x 包含于 $X \sim E$ 的开球；E 的全体外部点称为 E 的外部且记为 $\text{ext}E$. 证明 $\text{ext}E$ 总是开的，E 是闭的当且仅当 $X \sim E=\text{ext}E$.
22. 对于度量空间 X 的子集 E，点 $x \in X$ 称为 E 的边界点，若每个中心在 x 的开球包含 E 与 $X \sim E$ 的点；E 的全体边界点称为 E 的边界且记为 $\text{bd}E$. 证明：(i) $\text{bd}E$ 总是闭的，(ii) E 是开的当且仅当 $E \cap \text{bd}E=\emptyset$，(iii) E 是闭的当且仅当 $\text{bd}E \subseteq E$.
23. 令 A 和 B 为度量空间 X 的子集. 证明：若 $A \subseteq B$，则 $\overline{A} \subseteq \overline{B}$. 证明 $(\overline{A \cup B})=(\overline{A} \cup \overline{B})$ 且 $(\overline{A \cap B}) \subseteq \overline{A} \cap \overline{B}$.
24. 证明对度量空间 X 的子集 E，E 的闭包是 X 的所有包含 E 的闭子集的交.
25. 令 ρ 为集合 X 上的度量. 对所有 u，$v \in X$，定义

$$\tau(u,v)=\frac{\rho(u,v)}{1+\rho(u,v)}$$

189

验证 τ 是 X 上的有界度量，且序列关于度量 ρ 的收敛性与关于度量 τ 的收敛性是相同的. 得出以下结论：关于度量 ρ 是闭的集合关于度量 τ 是闭的，且关于度量 ρ 是开的集合关于度量 τ 是开的. 度量 ρ 和 τ 是等价的吗？

9.3　度量空间之间的连续映射

以下是一元实变量的实值函数的连续性的自然推广.

定义　度量空间 X 到度量空间 Y 的映射 f 称为在点 $x \in X$ 是**连续的**，若对 X 中的任何序列 $\{x_n\}$，

$$\text{若}\{x_n\} \to x, \quad \text{则}\{f(x_n)\} \to f(x)$$

映射 f 称为是**连续的**，若它在 X 中的每个点是连续的.

以下三个命题是一元实变量的实值函数的相应结果的推广. 这些一般结果的证明在本质上与特殊情形是相同的.

关于连续性的 ε-δ 准则　从度量空间 (X, ρ) 到度量空间 (Y, σ) 的映射 f 在点 $x \in X$ 是连续的当且仅当对每个 $\varepsilon>0$，存在 $\delta>0$ 使得若 $\rho(x, x')<\delta$，则 $\sigma(f(x), f(x'))<\varepsilon$，即

$$f(B(x,\delta)) \subseteq B(f(x),\varepsilon)$$

证明　首先假定 $f: X \to Y$ 在 x 连续. 我们用反证法建立 ε-δ 准则. 假设存在某个 $\varepsilon_0>0$ 使得不存在正数 δ，使得 $f(B(x, \delta)) \subseteq B(f(x), \varepsilon_0)$. 特别地，若 n 是一个自然数，$f(B(x, 1/n)) \subseteq B(f(x), \varepsilon_0)$ 不成立. 这意味着存在 X 中的一个点，我们把它记为 x_n，使得 $\rho(x, x_n)<1/n$ 而 $\sigma(f(x), f(x_n)) \geq \varepsilon_0$. 这定义了 X 中的一个收敛于 x 的序列 $\{x_n\}$，而它的象序列 $\{f(x_n)\}$ 不收敛于 $f(x)$. 这与映射 $f: X \to Y$ 在点 x 的连续性矛盾.

为证明逆命题，假设 ε-δ 准则成立. 令 $\{x_n\}$ 为 X 中收敛于 x 的序列. 我们必须证明

$\{f(x_n)\}$收敛于 $f(x)$. 令 $\varepsilon>0$. 我们能选取一个正数 δ 使得 $f(B(x, \delta))\subseteq B(f(x), \varepsilon)$. 此外，由于序列$\{x_n\}$收敛到 x，我们能够选取指标 N 使得对于 $n\geqslant N$，$x_n\in B(x, \delta)$. 因此对于 $n\geqslant N$，$f(x_n)\in B(f(x), \varepsilon)$. 于是序列$\{f(x_n)\}$收敛于 $f(x)$，从而 $f:X\to Y$ 在 x 连续. ■

命题 8　*从度量空间 X 到度量空间 Y 的映射 f 是连续的当且仅当对 Y 的每个开子集 $\mathcal{O}$，$\mathcal{O}$ 在 f 下的原象 $f^{-1}(\mathcal{O})$，是 X 的开子集.*

证明　首先假设映射 f 是连续的. 令 $\mathcal{O}$ 为 Y 的开子集. 令 x 为 $f^{-1}(\mathcal{O})$中的点，我们必须证明存在中心在 x 的开球包含于 $f^{-1}(\mathcal{O})$. 但 $f(x)$是 $\mathcal{O}$ 的点，$\mathcal{O}$ 在 Y 中是开的，因此存在某个正数 r 使得$B(f(x), r)\subseteq\mathcal{O}$. 由于 $f:X\to Y$ 在点 x 连续，根据在一个点连续的ε-δ准则，我们可以选取正数 δ，使得 $f(B(x, \delta))\subseteq B(f(x), r)\subseteq\mathcal{O}$. 从而 $B(x, \delta)\subseteq f^{-1}(\mathcal{O})$，因此 $f^{-1}(\mathcal{O})$在 X 中是开的.

190

为证明逆命题，假定在 f 下每个开集的原象是开的. 令 x 为 X 中的点. 为证明 f 在 x 连续，我们运用连续性的 ε-δ 判别准则. 令 $\varepsilon>0$. 开球 $B(f(x), \varepsilon)$是 Y 的开子集. 于是 $f^{-1}(B(f(x), \varepsilon))$在 X 中是开的. 因此我们能选取一个正数 δ 满足 $B(x, \delta)\subseteq f^{-1}(B(f(x), \varepsilon))$，即 $f(B(x, \delta))\subseteq B(f(x), \varepsilon)$. ■

命题 9　*度量空间之间的连续映射的复合是连续的.*

证明　令 $f:X\to Y$ 是连续的且 $g:Y\to Z$ 是连续的，其中 X，Y 和 Z 是度量空间. 我们运用前一个命题. 令 $\mathcal{O}$ 为 Z 中的开集. 由于 g 是连续的，$g^{-1}(\mathcal{O})$在 Y 中是开的，由于 f 是连续的，$f^{-1}(g^{-1}(\mathcal{O}))=(g\circ f)^{-1}(\mathcal{O})$在 X 中是开的. 因此 $g\circ f$ 是连续的. ■

定义　*从度量空间(X, ρ)到度量空间(Y, σ)的映射 f 称为是***一致连续的***，若对每个 $\varepsilon>0$，存在 $\delta>0$，使得对 u，$v\in X$，*

$$\text{若 } \rho(u,v)<\delta, \quad \text{则 } \sigma(f(u),f(v))<\varepsilon$$

我们从在一个点连续的 ε-δ 准则可以推出一致连续映射是连续的. 反过来不成立.

例子　从度量空间(X, ρ)到度量空间(Y, σ)的映射 f 称为是 **Lipschitz 的**，若存在 $c\geqslant 0$ 使得对所有 u，$v\in X$，

$$\sigma(f(u),f(v))\leqslant c\cdot\rho(u,v)$$

Lipschitz 映射是一致连续的，这是由于考虑到一致连续性的准则，$\delta=\varepsilon/c$ 对应于任何 $\varepsilon>0$ 的挑战.

习题

26. 给出不一致连续的连续映射以及不是 Lipschitz 的一致连续映射.
27. 证明：若 ρ 是离散度量，每个从度量空间(X, ρ)到度量空间(Y, σ)的映射都是连续的.
28. 假定存在从度量空间(X, ρ)到度量空间(Y, σ)的连续的一一映射，其中 σ 是离散度量. 证明 X 的每

个子集是开的.

29. 对于度量空间(X, ρ)，证明度量$\rho: X\times X\rightarrow \mathbf{R}$是连续的，其中$X\times X$具有乘积度量.
30. 令z为度量空间(X, ρ)中的点. 定义函数$f: X\rightarrow \mathbf{R}$为$f(x)=\rho(x, z)$. 证明$f$一致连续.
31. 证明度量空间之间的一致连续映射的复合是一致连续的.

191

32. 证明度量空间之间的连续映射，在定义域与值域换为等价的度量后，仍然是连续的.
33. 对于度量空间(X, ρ)的非空子集E以及点$x\in X$，定义从x到E的距离$\operatorname{dist}(x, E)$如下：

$$\operatorname{dist}(x,E) = \inf\{\rho(x,y) \mid y \in E\}$$

   (i) 证明定义为$f(x)=\operatorname{dist}(x, E)$的距离函数$f: X\rightarrow \mathbf{R}$对于$x\in X$是连续的.

   (ii) 证明$\{x\in X \mid \operatorname{dist}(x, E)=0\}=\overline{E}$.

34. 证明度量空间X的子集E是开的，当且仅当存在X上的连续实值函数f使得$E=\{x\in X \mid f(x)>0\}$.
35. 证明度量空间X的子集E是闭的，当且仅当存在X上的连续实值函数f使得$E=f^{-1}(0)$.
36. 令X和Y为度量空间. 证明$f: X\rightarrow Y$是连续的当且仅当只要C在Y中是闭的，$f^{-1}(C)$在X中是闭的.
37. 令$X=C[a, b]$. 定义函数$\psi: X\rightarrow \mathbf{R}$为

$$\text{对每个 } X \text{ 中的 } f, \quad \psi(x) = \int_a^b f(x)\,\mathrm{d}x$$

   证明ψ在度量空间X上是 Lipschitz 的，其中X具有由最大值范数诱导的度量.

9.4 完备度量空间

度量空间自身的结构太贫瘠而不能在数学分析的有趣问题的研究中富有成果. 然而，值得注意的是，通过考虑仅具有一条额外性质即完备性的度量空间，我们便能够建立大量有趣而重要的结果. 我们将下一章贡献给完备度量空间的三个基本定理.

定义 度量空间(X, ρ)中的序列$\{x_n\}$称为是 **Cauchy 序列**，若对每个$\varepsilon>0$，存在指标N使得

$$\text{若 } n,m \geqslant N, \quad \text{则 } \rho(x_n,x_m) < \varepsilon$$

这推广了我们首先在第 1 章对于实数序列，接着在第 7 章对于赋范线性空间序列考虑过的 Cauchy 序列的概念. 对于一般的度量空间，如同赋范线性空间的情形，一个收敛的序列是 Cauchy 的，而一个 Cauchy 序列是有界的(见习题 38).

定义 度量空间X称为**完备的**，若X中的每个 Cauchy 序列收敛到X中的点.

实数的完备性公理等价于度量空间$\mathbf{R}$的完备性. 由此我们可推断出每个欧氏空间$\mathbf{R}^n$是完备的. 此外，7.3 节证明的 Riesz-Fischer 定理告诉我们，对于实数的 Lebesgue 可测子集E和$1\leqslant p\leqslant\infty$，$L^p(E)$是完备的.

192

命题 10 令$[a, b]$为实数的闭有界区间. 则具有由最大值范数诱导的度量的$C[a, b]$是完备的.

证明 令$\{f_n\}$为$C[a, b]$中的 Cauchy 序列. 首先假定存在收敛的级数$\sum_{k=1}^{\infty} a_k$使得

$$\text{对所有 } k, \|f_{k+1}-f_k\|_{\max} \leqslant a_k \tag{2}$$

由于

$$\text{对所有 } n,k,\quad f_{n+k}-f_n=\sum_{j=n}^{n+k-1}[f_{j+1}-f_j]$$

$$\text{对所有 } n,k, \|f_{n+k}-f_n\|_{\max} \leqslant \sum_{j=n}^{n+k-1}\|f_{j+1}-f_j\|_{\max} \leqslant \sum_{j=n}^{\infty} a_j$$

令 x 属于$[a, b]$. 则

$$\text{对所有 } n,k,\quad |f_{n+k}(x)-f_n(x)| \leqslant \sum_{j=n}^{\infty} a_j \tag{3}$$

级数 $\sum_{k=1}^{\infty} a_k$ 收敛，因此$\{f_n(x)\}$是实数的 Cauchy 序列. 实数集是完备的. 记$\{f_n(x)\}$的极限为 $f(x)$. 在(3)中取 $k\to\infty$的极限，得出

$$\text{对所有 } n \text{ 和所有 } x \in [a,b],\quad |f(x)-f_n(x)| \leqslant \sum_{j=n}^{\infty} a_j$$

我们从该估计式推出$\{f_n\}$在$[a, b]$上一致收敛于 f. 由于每个 f_n 是连续的，f 也如此. 通过注意到若一个 Cauchy 序列有收敛的子序列则它收敛，而 $C[a, b]$中的每个 Cauchy 序列有一个使得(2)成立的子序列，一般的情形可从特殊的情形得到. ■

一般来说，完备度量空间的子空间是不完备的. 例如，实数的开有界区间是不完备的，而 **R** 是完备的. 然而，对那些完备的子空间有以下简单的刻画.

命题 11　*令 E 为完备度量空间 X 的紧子集. 则度量子空间 E 是完备的当且仅当 E 是 X 的闭子集.*

证明　首先假定 E 是 X 的闭子集. 令$\{x_n\}$为 E 中的 Cauchy 序列. 则$\{x_n\}$可被考虑为 X 的 Cauchy 序列而 X 是完备的. 因此$\{x_n\}$收敛到 X 中的点 x. 根据命题 6，由于 E 是 X 的闭子集，E 中的收敛序列的极限属于 E. 于是 x 属于 E，因此 E 是完备度量空间.

为证明逆命题，假定 E 是完备的. 根据命题 6，为证明 E 是 X 的闭子集，我们必须证明 E 中的收敛的序列的极限也属于 E. 令$\{x_n\}$为 E 中收敛到 $x\in X$ 的序列. 但一个收敛的序列是 Cauchy 的. 因此根据 E 的完备性，$\{x_n\}$收敛到 E 中的点. 但度量空间的收敛序列仅有一个极限. 因此 x 属于 E. ■

193

定理 12　*以下是完备度量空间：*

(i) 欧氏空间 $\mathbf{R}^n$ 的每个非空闭子集.

(ii) 对实数的可测子集 E 和 $1\leqslant p\leqslant\infty$，$L^p(E)$的每个非空闭子集.

(iii) $C[a, b]$的每个非空闭子集.

定义　*对于度量空间(X, ρ)的非空子集 E，我们定义 E 的***直径** *$\text{diam}E$ 为*

$$\text{diam}E=\sup\{\rho(x,y) \mid x,y\in E\}$$

我们说 E 是**有界的**，若它有有限的直径. X 的非空子集的递减序列 $\{E_n\}_{n=1}^{\infty}$ 称为**收缩序列**，若

$$\lim_{n\to\infty} \mathrm{diam}(E_n) = 0$$

第 1 章的集套定理告诉我们实数的非空闭集的收缩序列的交由单点组成. 这可推广如下.

Cantor 交定理　令 X 为度量空间. 则 X 是完备的当且仅当只要 $\{F_n\}_{n=1}^{\infty}$ 是 X 的非空闭子集的收缩序列，就存在点 $x\in X$ 使得 $\bigcap_{n=1}^{\infty} F_n=\{x\}$.

证明　首先假设 X 是完备的. 令 $\{F_n\}_{n=1}^{\infty}$ 为 X 的非空闭子集的收缩序列. 对每个指标 n，选取 $x_n\in F_n$. 我们宣称 $\{x_n\}$ 是一个 Cauchy 序列. 事实上，令 $\varepsilon>0$. 存在指标 N 使得 $\mathrm{diam} F_N<\varepsilon$. 由于 $\{F_n\}_{n=1}^{\infty}$ 是下降的，若 n，$m\geqslant N$，则 x_n 和 x_m 属于 F_N，因此 $\rho(x_n, x_m)\leqslant \mathrm{diam} F_N<\varepsilon$. 于是 $\{x_n\}$ 是一个 Cauchy 序列. 由于 X 是完备的，该序列收敛到某个 $x\in X$. 然而，对每个指标 n，F_n 是闭的且对于 $k\geqslant n$，$x_k\in F_n$，于是 x 属于 F_n. 因此 x 属于 $\bigcap_{n=1}^{\infty} F_n$. 这个交集不可能含有两个点，否则，$\lim_{n\to\infty} \mathrm{diam} F_n\neq 0$.

为证明逆命题，假定对任何 X 的非空闭子集的收缩序列 $\{F_n\}_{n=1}^{\infty}$，存在点 $x\in X$ 使得 $\bigcap_{n=1}^{\infty} F_n=\{x\}$. 令 $\{x_n\}$ 为 X 中的 Cauchy 序列. 对每个指标 n 定义 F_n 为非空集 $\{x_k \mid k\geqslant n\}$ 的闭包. 则 $\{F_n\}$ 是非空闭集的下降序列. 由于 $\{x_n\}$ 是 Cauchy 的，序列 $\{F_n\}$ 是收缩的. 因此，根据假设，存在 X 中的点 x 使得 $\{x\}=\bigcap_{n=1}^{\infty} F_n$. 对每个指标 n，x 是 $\{x_k \mid k\geqslant n\}$ 的闭包点，因此任何中心在 x 的球与 $\{x_k \mid k\geqslant n\}$ 有非空交. 因此我们可以归纳地选取一个严格递增的自然数序列 $\{n_k\}$，使得对每个指标 k，$\rho(x, x_{n_k})<1/k$. 子序列 $\{x_{n_k}\}$ 收敛到 x. 由于 $\{x_n\}$ 是 Cauchy 的，整个序列 $\{x_n\}$ 收敛到 x(见习题 39). 因此 X 是完备的. ■

194

Cantor 交定理的一个非常粗略的几何解释是度量空间不完备，因为它有“洞”. 若 X 是不完备的度量空间，它总是可以最小限度地适当放大而成为完备的. 例如，有理数集是不完备的，但它是完备空间 $\mathbf{R}$ 的稠密度量子空间. 作为进一步的例子，令 $X=C[a, b]$，现在考虑范数 $\|\cdot\|_1$，它承袭自 $L^1[a, b]$. 度量空间 (X, ρ_1) 是不完备的. 但它是完备度量空间 $L^1[a, b]$ 的稠密度量子空间. 这两个具体例子有十分抽象的推广意义. 我们在习题 50 中概括以下定理的证明.

定理 13　令 (X, ρ) 为度量空间. 则存在一个完备度量空间 $(\widetilde{X}, \widetilde{\rho})$，使得 X 是 $\widetilde{X}$ 的稠密子集且

$$\text{对所有 } u,v\in X, \rho(u,v)=\widetilde{\rho}(u,v)$$

我们称以上描述的度量空间为(X,ρ)的**完备化**. 在度量空间的背景下完备化是唯一的. 任何两个完备化在 X 上的恒等映射的等距关系下是等距的.

习题

38. 在度量空间 X 中，证明：(i)收敛的序列是 Cauchy 的；(ii)一个 Cauchy 序列是有界的.
39. 在度量空间 X 中，证明一个 Cauchy 序列收敛当且仅当它有一个收敛的子序列.
40. 假定$\{x_n\}$是完备度量空间(X,ρ)的序列且对每个 n，$\rho(x_n, x_{n+1})<1/2^n$. 证明$\{x_n\}$收敛. 若对每个指标 n，$\rho(x_n, x_{n+1})<1/n$，$\{x_n\}$收敛吗?
41. 提供一个实数的非空闭集的下降可数族的例子，其中实数的交集是空集. 这与 Cantor 交定理矛盾吗?
42. 令 ρ 和 σ 为非空集合 X 上的等价度量. 证明(X,ρ)是完备的当且仅当(X,σ)是完备的.
43. 证明两个完备度量空间的乘积是完备的.
44. 对于从度量空间(X,ρ)到度量空间(Y,σ)的映射 f，证明 f 是一致连续的当且仅当对 X 中的任何两个序列$\{u_n\}$和$\{v_n\}$，
$$\text{若}\lim_{n\to\infty}\rho(u_n,v_n)=0,\quad \text{则}\lim_{n\to\infty}\sigma(f(u_n),f(v_n))=0$$
45. 用以下概要证明一致连续映射的延拓性质：令 X 和 Y 为度量空间，其中 Y 是完备的，而 f 是从 X 的子集 E 到 Y 的一致连续映射. 则 f 有唯一的一致连续延拓 $\overline{f}$，$\overline{f}$ 是从 $\overline{E}$ 到 Y 的一致连续映射.
    (i) 证明 f 将 E 中的 Cauchy 序列映到 Y 中的 Cauchy 序列.
    (ii) 对 $x\in\overline{E}$，选取 E 中收敛到 x 的序列$\{x_n\}$且定义 $\overline{f}(x)$为$\{f(x_n)\}$的极限. 用习题 44 证明 $\overline{f}(x)$是恰当定义的.
    (iii) 证明 $\overline{f}$ 在 $\overline{E}$ 上是一致连续的.
    (iv) 证明以上延拓是唯一的，这是由于任何两个这样的延拓在 $\overline{E}$ 上是连续的映射且在 $\overline{E}$ 的稠密子集 E 上取相同的值.

195

46. 考虑度量空间的可数族$\{(X_n,\rho_n)\}_{n=1}^{\infty}$. 对这些空间的笛卡儿积 $Z=\prod_{n=1}^{\infty}X_n$，定义 $Z\times Z$ 上的 σ 为，对 $x=\{x_n\}$，$y=\{y_n\}$，
$$\sigma(x,y)=\sum_{n=1}^{\infty}2^{-n}\rho_n^*(x_n,y_n),\quad \text{其中每个 }\rho_n^*=\rho_n/(1+\rho_n)$$
    (i) 证明 σ 是一个度量.
    (ii) 证明(Z,σ)是完备的当且仅当每个(X_n,ρ_n)是完备的.
47. 对每个指标 n，定义 $f_n(x)=\alpha x^n+\beta\cos(x/n)$，$0\leqslant x\leqslant 1$. 参数 α 和 β 为何值时序列$\{f_n\}$是度量空间 $C[0,1]$中的 Cauchy 序列?
48. 令 $\mathcal{D}$ 为由$(0,1)$上可微的连续函数 $f:[0,1]\to\mathbf{R}$ 组成的 $C[0,1]$的子空间. $\mathcal{D}$ 是完备的吗?
49. 定义 $\mathcal{L}$ 为由 Lipschitz 函数 $f:[0,1]\to\mathbf{R}$ 组成的 $C[0,1]$的子空间. $\mathcal{L}$ 是完备的吗?
50. 对于度量空间(X,ρ)，根据以下概要完成定理 13 的证明：
    (i) 若$\{x_n\}$和$\{y_n\}$是 X 中的 Cauchy 序列. 证明$\{\rho(x_n, y_n)\}$是实数的 Cauchy 序列，且因此收敛.
    (ii) 定义 X'为 X 中的 Cauchy 序列集. 对于 X 中的两个 Cauchy 序列$\{x_n\}$和$\{y_n\}$，定义 $\rho'(\{x_n\},\{y_n\})=\lim\rho(x_n, y_n)$. 证明这定义了 X'上的伪度量 ρ'.
    (iii) 定义 X'的两个成员即 X 中的两个 Cauchy 序列$\{x_n\}$和$\{y_n\}$等价，若 $\rho'(\{x_n\},\{y_n\})=0$. 证明这是 X'中的等价关系且记等价类的集合为 $\hat{X}$. 定义两个等价类的距离 $\hat{\rho}$为这些类的代表之间的距离 ρ'. 证明 $\hat{\rho}$是恰当定义的且是 $\hat{X}$上的一个度量.

(iv) 证明度量空间$(\hat{X},\ \hat{\rho})$是完备的.（提示：若$\{x_n\}$是 X 中的 Cauchy 序列，我们可以假设[通过取子序列]对所有 n，$\rho(x_n,\ x_{n+1})<2^{-n}$. 若$\{\{x_{n,m}\}_{n=1}^{\infty}\}_{m=1}^{\infty}$是表示$\hat{X}$中的Cauchy 序列的这样的 Cauchy 列，则序列$\{x_{n,n}\}_{n=1}^{\infty}$是表示$\hat{X}$中的Cauchy 序列的极限的 X 中的 Cauchy 序列.）

(v) 定义从 X 到$\hat{X}$的映射 h 为对 $x\in X$，$h(x)$为所有项是 x 的常数序列的等价类. 证明 $h(X)$在$\hat{X}$中稠密且对所有 $u,\ v\in X$，$\hat{\rho}(h(u),\ h(v))=\rho(u,\ v)$.

(vi) 定义集合$\widetilde{X}$为 X 与$\hat{X}\sim h(X)$的不交并. 对 $u,\ v\in\widetilde{X}$，定义$\widetilde{\rho}(u,\ v)$如下：若 $u,\ v\in X$，$\widetilde{\rho}(u,\ v)=\rho(u,\ v)$；若 $u,\ v\in\hat{X}\sim h(X)$，$\widetilde{\rho}(u,\ v)=\hat{\rho}(u,\ v)$；而对 $u\in X$，$v\in\hat{X}\sim h(X)$，$\widetilde{\rho}(u,\ v)=\hat{\rho}(h(u),\ v)$. 从前面两部分得出度量空间$(\widetilde{X},\ \widetilde{\rho})$是包含$(X,\ \rho)$作为稠密子空间的完备度量空间.

196

51. 证明度量空间 X 的任何两个完备化是等距的. 该等距关系由 X 上的恒等映射给出.

9.5　紧度量空间

回忆集族$\{E_\lambda\}_{\lambda\in\Lambda}$称为一个集合 E 的**覆盖**，若 $E\subseteq\bigcup_{\lambda\in\Lambda}E_\lambda$. 谈到 E 的覆盖的子覆盖我们指的是该覆盖的子族自身也是 E 的覆盖. 若 E 是度量空间 X 的子集，谈到 E 的**开覆盖**我们指由 X 的开子集组成的 E 的覆盖. 第 1 章讨论过的关于实数集的紧性的概念推广到如下度量空间类.

定义　度量空间 X 称为**紧的**，若 X 的每个开覆盖有有限子覆盖. X 的子集 K 称为紧的，若视为 X 的度量子空间的 K 是紧的.

度量空间 X 的子空间 K 的开子集是 K 与 X 的开集的交. 因此一个度量空间 X 的子集 K 是紧的，当且仅当 K 的每个由 X 的开子集族组成的覆盖有有限的子覆盖.

若 $\mathcal{T}$是度量空间 X 的开子集族，则 $\mathcal{T}$中的集合的补集族 $\mathcal{F}$是闭集的族. 此外，$\mathcal{T}$是一个覆盖当且仅当 $\mathcal{F}$有空的交. 因此，根据 De Morgan 等式，一个度量空间 X 是紧的当且仅当每个具有空交集的闭集族有一个有限子族，其交也是空的. X 中的集族 $\mathcal{F}$称为具有**有限交性质**，若 $\mathcal{F}$的任何有限子族有一个非空的交集. 因此我们可以用闭集族叙述紧性如下.

命题 14　度量空间 X 是紧的，当且仅当 X 的每个具有有限交性质的闭集族 $\mathcal{F}$有非空的交集.

定义　度量空间 X 称为**全有界的**，若对每个 $\varepsilon>0$，空间 X 可被有限个半径为 ε 的开球覆盖. X 的子集 E 称为**全有界**，若考虑 E 为度量空间 X 的子空间，E 是全有界的.

对于度量空间 X 的子集 E，谈到 E 的 **ε-网**我们指的是有限个开球族$\{B(x_k,\ \varepsilon)\}_{k=1}^{n}$，其中心 x_k 属于 X 并覆盖 E. 我们把证明每个度量空间 E 是全有界的，当且仅当对每个 $\varepsilon>0$ 存在 E 的 ε-网留作练习. 该观察的要点在于度量子空间 E 为全有界的准则不必要求该网中的球的中心属于 E.

若一个度量空间 X 是全有界的，则它在直径有限的意义下是有界的. 的确，若 X 被有限个半径为 1 的开球覆盖，则从三角不等式推出 $\text{diam}X\leqslant c$，其中 $c=2+d$，d 是这些覆盖球中心之间的最大距离. 然而，从下面的例子看到，一个有界度量空间不必是全有界的.

例子 令 X 为平方可和序列的 Banach 空间 ℓ^2. 考虑闭单位球 $B=\{\{x_n\}\in\ell^2 \mid \|\{x_n\}\|_2\leqslant 1\}$. 则 B 是有界的. 我们宣称 B 不是全有界的. 事实上，对每个自然数 n，令 e_n 为第 n 个分量为 1 而其余分量为 0 的序列. 若 $m\neq n$，则 $\|e_n-e_m\|_2=\sqrt{2}$. 因而 B 不可能包含于有限个半径为 $r<1/2$ 的球，这是由于这些球中的一个含 $\{e_n\}$ 的两个元素，它们相距 $\sqrt{2}$ 但球的直径小于 1.

197

命题 15 欧氏空间 $\mathbf{R}^n$ 的子集是有界的当且仅当它是全有界的.

证明 全有界度量空间总是有界的. 因此，令 E 为 $\mathbf{R}^n$ 的有界子集. 为简单起见取 $n=2$. 令 $\varepsilon>0$. 由于 E 是有界的，我们可以取 $a>0$ 足够大以使得 E 包含于正方形 $[-a, a]\times[-a, a]$ 中. 令 P_k 为 $[-a, a]$ 的分划，使得每个分割后的区间的长度小于 $1/k$. 则 $P_k\times P_k$ 诱导了 $[-a, a]\times[-a, a]$ 的一个直径至多为 $\sqrt{2}/k$ 的闭矩形的分划. 选取 k 使得 $\sqrt{2}/k<\varepsilon$. 考虑中心在 (x, y)、半径为 ε 的有限球族，其中 x 和 y 是 P_k 的分点. 则该半径为 ε 的有限球族覆盖了正方形 $[-a, a]\times[-a, a]$，因此也覆盖了 E. ■

定义 度量空间 X 称为**序列紧的**，若 X 中的每个序列有收敛到 X 中的点的子序列.

定理 16（度量空间的紧性的刻画） 对于度量空间 X，以下三个断言等价：

(i) X 是完备的与全有界的；

(ii) X 是紧的；

(iii) X 是序列紧的.

为清晰起见，我们将证明分为三个命题.

命题 17 若度量空间 X 是完备的与全有界的，则它是紧的.

证明 我们用反证法讨论. 假定 $\{\mathcal{O}_\lambda\}_{\lambda\in\Lambda}$ 是 X 的开覆盖，其没有有限子覆盖. 由于 X 是全有界的，我们可以选取覆盖 X 的有限个半径小于 1/2 的开球族. 这些球必有一个不能被 $\{\mathcal{O}_\lambda\}_{\lambda\in\Lambda}$ 的有限子族覆盖. 选取这样一个球且将它的闭包记为 F_1. 则 F_1 是闭的且 $\text{diam}\,F_1\leqslant 1$. 又一次用 X 的全有界性，存在覆盖 X 的有限个半径小于 1/4 的开球族. 该族也覆盖 F_1. 这些球必有一个不能被 $\{\mathcal{O}_\lambda\}_{\lambda\in\Lambda}$ 的有限子族覆盖. 定义 F_2 为这样的一个球与 F_1 的交的闭包. 则 F_1 和 F_2 是闭的，$F_2\subseteq F_1$，且 $\text{diam}F_1\leqslant 1$，$\text{diam}F_2\leqslant 1/2$. 以这种方式继续，我们得到非空闭子集的收缩序列 $\{F_n\}$，它具有每个 F_n 不能被 $\{\mathcal{O}_\lambda\}_{\lambda\in\Lambda}$ 的有限子族覆盖的性质. 但 X 是完备的. 根据 Cantor 交定理，存在 X 中的点 x_0 属于交 $\bigcap_{n=1}^{\infty}F_n$. 存在某个 λ_0 使得 $\mathcal{O}_{\lambda_0}$ 包含 x_0，且因为 $\mathcal{O}_{\lambda_0}$ 是开的，存在一个中心在 x_0 的球 $B(x_0, r)$，使得 $B(x_0,$

$r)\subseteq \mathcal{O}_{\lambda_0}$．因为$\lim\limits_{n\to\infty}\text{diam}F_n=0$且$x_0\in\bigcap\limits_{n=1}^{\infty}F_n$，则有一个指标$n$使得$F_n\subseteq\mathcal{O}_{\lambda_0}$．这与$F_n$不能被$\{\mathcal{O}_\lambda\}_{\lambda\in\Lambda}$的有限子族覆盖矛盾．这个矛盾表明$X$是紧的．■

198

命题 18　*若度量空间 X 是紧的，则它是序列紧的.*

证明　令$\{x_n\}$为X中的序列．对每个指标n，令F_n为非空集$\{x_k\mid k\geqslant n\}$的闭包．则$\{F_n\}$是递减的非空闭集序列．根据 Cantor 交定理，存在X中的x_0属于交$\bigcap\limits_{n=1}^{\infty}F_n$．由于对每个$n$，$x_0$属于$\{x_k\mid k\geqslant n\}$的闭包，球$B(x_0,1/k)$与$\{x_k\mid k\geqslant n\}$有非空交．根据归纳我们可以选取一个严格递增的指标序列$\{n_k\}$，使得对每个指标k有$\rho(x_0,x_{n_k})<1/k$．子序列$\{x_{n_k}\}$收敛于x_0．因此X是序列紧的．■

命题 19　*若度量空间 X 是序列紧的，则它是完备与全有界的.*

证明　我们用反证法证明全有界性．假定X不是全有界的．则对某个$\varepsilon>0$，我们不能用有限个半径为ε的开球覆盖X．选取X中的点x_1．由于X不包含于$B(x_1,\varepsilon)$，我们可以选取$x_2\in X$使得$\rho(x_1,x_2)\geqslant\varepsilon$．现在$X$不包含于$B(x_1,\varepsilon)\cup B(x_2,\varepsilon)$，我们可以选取$x_3\in X$使得$\rho(x_3,x_2)\geqslant\varepsilon$，$\rho(x_3,x_1)\geqslant\varepsilon$．以这种方式继续，我们得到$X$中具有当$n>k$时$\rho(x_n,x_k)\geqslant\varepsilon$的性质的序列$\{x_n\}$．则序列$\{x_n\}$没有收敛的子序列，这是由于任何子序列的任何两个不同的项距离ε或更远．因此X不是序列紧的．这个矛盾表明X必须是全有界的．

为证明X是完备的，令$\{x_n\}$为X中的 Cauchy 序列．由于X是序列紧的，$\{x_n\}$的子序列收敛到点$x\in X$．利用 Cauchy 性质不难证明整个序列收敛到x．因此X是完备的．■

这三个命题完成了紧性定理的证明．

由于欧氏空间$\mathbf{R}^n$是完备的，作为度量子空间每个闭子集是完备的．此外，命题 15 断言欧氏空间的子集是有界的当且仅当它是全有界的．因此从紧性定理我们有以下欧氏空间的子空间的紧性刻画．

定理 20　*对于 $\mathbf{R}^n$ 的子集 K，以下三个断言等价：*

(i) K 是闭且有界的.

(ii) K 是紧的.

(iii) K 是序列紧的.

关于该定理，(i)与(ii)的等价性即是已知的 Heine-Borel 定理，而(i)与(iii)的等价性即是 Bolzano-Weierstrass 定理．在第 1 章，我们在$\mathbf{R}=\mathbf{R}^1$情形证明了它们，因为我们在建立实变量函数的 Lebesgue 积分时用到它们．

199

命题 21　*令 f 为从紧度量空间 X 到度量空间 Y 的连续映射．则它的象 $f(X)$ 也是紧的.*

证明　令$\{\mathcal{O}_\lambda\}_{\lambda\in\Lambda}$为$f(X)$的一个开覆盖．则根据$f$的连续性，$\{f^{-1}(\mathcal{O}_\lambda)\}_{\lambda\in\Lambda}$是$X$的一

个开覆盖．根据 X 的紧性，也存在覆盖 X 的有限子族$\{f^{-1}(\mathcal{O}_{\lambda 1}), \cdots, f^{-1}(\mathcal{O}_{\lambda n})\}$．由于 f 将 X 映上 $f(X)$，有限族$\{\mathcal{O}_{\lambda 1}, \cdots, \mathcal{O}_{\lambda n}\}$覆盖了 $f(X)$． ■

在微积分课程以及我们第 1 章证明过的一元实变函数的首要性质之一是，闭有界区间上的连续函数取到最大值与最小值．我们自然尝试对那些使得该极值性质成立的度量空间归类．

定理 22　令 X 为度量空间．则 X 是紧的当且仅当 X 上的每个连续实值函数取到最大值与最小值．

证明　首先假定 X 是紧的．令函数 $f:X\to\mathbf{R}$ 为连续的．前一个命题告诉我们 $f(X)$是实数的紧集．根据定理 20，$f(X)$是闭且有界的．我们从 $\mathbf{R}$ 的完备性推出实数的闭有界非空集有一个最大成员与一个最小成员．

为证明逆命题，假定 X 上的每个连续实值函数取到最大值与最小值．根据定理 20，为证明 X 是紧的，必要与充分的是证明它是全有界与完备的．我们用反证法证明 X 是全有界的．若 X 不是全有界的，则存在 $r>0$ 与 X 的可数无穷子集$\{x_n\}_{n=1}^{\infty}$，使得开球族$\{B(x_n, r)\}_{n=1}^{\infty}$是不交的．对每个自然数 n，定义函数 $f_n:X\to\mathbf{R}$ 为

$$f_n(x)=\begin{cases}\dfrac{r}{2}-\rho(x,x_n) & 若\ \rho(x,x_n)\leqslant\dfrac{r}{2}\\ 0 & 否则\end{cases}$$

定义函数 $f:X\to\mathbf{R}$ 为对所有 $x\in X$，

$$f(x)=\sum_{n=1}^{\infty}n\cdot f_n(x)$$

由于每个 f_n 连续，在 $B(x_n, r/2)$外等于零且族$\{B(x_n, r)\}_{n=1}^{\infty}$是不交的，$f$ 是恰当定义与连续的．但对每个自然数 n，$f(x_n)=n\cdot r/2$，因此 f 无上界，因此取不到最大值．这是一个矛盾．因此 X 是全有界的．剩下来要证明 X 是完备的．令$\{x_n\}$为 X 中的 Cauchy 序列．接着对每个 $x\in X$，我们从三角不等式推出$\{\rho(x, x_n)\}$是实数的 Cauchy 序列，由于 $\mathbf{R}$ 是完备的，该序列收敛到一个实数．定义函数 $f:X\to\mathbf{R}$ 为

$$对所有\ x\in X,\quad f(x)=\lim_{n\to\infty}\rho(x,x_n)$$

200

又一次用三角不等式我们得出 f 是连续的．根据假设，存在 X 中的点 x 使得 f 在该点取到最小值．由于$\{x_n\}$是 Cauchy 的，f 在 X 上的最小值是 0．于是 $f(x)=0$ 且因此$\{x_n\}$收敛到 x．因此 X 是完备的． ■

若$\{\mathcal{O}_\lambda\}_{\lambda\in\Lambda}$是度量空间 X 的开覆盖，则每个点 $x\in X$ 包含于该覆盖的某个成员 $\mathcal{O}_\lambda$，且由于 $\mathcal{O}_\lambda$ 是开的，存在某个 $\varepsilon>0$，使得

$$B(x,\varepsilon)\subseteq\mathcal{O}_\lambda\tag{4}$$

一般来说，ε 依赖于 x 的选取．下面的命题告诉我们，对于紧度量空间这个包含关系在以下意义下一致成立：能够找到与 $x\in X$ 无关的 ε 使得(4)成立．具有这个性质的正数 ε 称为覆盖$\{\mathcal{O}_\lambda\}_{\lambda\in\Lambda}$的 **Lebesgue 数**．

Lebesgue 覆盖引理　令$\{\mathcal{O}_\lambda\}_{\lambda\in\Lambda}$为紧度量空间 X 的开覆盖．则存在数 $\varepsilon>0$，使得对每个 $x\in X$，开球 $B(x, \varepsilon)$包含于该覆盖的某个成员．

证明　我们用反证法讨论．假设没有这样的正 Lebesgue 数．则对每个自然数 n，$1/n$ 不是一个 Lebesgue 数．因此存在 X 中的点，记为 x_n，使得 $B(x_n, 1/n)$不包含于该覆盖的某个成员．这定义了 X 中的一个序列$\{x_n\}$．根据紧性定理，X 是序列紧的．因此子序列$\{x_{n_k}\}$收敛到点 $x_0\in X$．现在存在某个 $\lambda_0\in\Lambda$ 使得 $\mathcal{O}_{\lambda_0}$ 包含 x_0，且由于 $\mathcal{O}_{\lambda_0}$ 是开的，存在中心在 x_0 的球 $B(x_0, r_0)$，使得

$$B(x_0, r_0)\subseteq\mathcal{O}_{\lambda_0}$$

我们可以选取指标 k 使得 $\rho(x_0, x_{n_k})<r_0/2$ 且 $1/n_k<r_0/2$．根据三角不等式，$B(x_{n_k}, 1/n_k)\subseteq\mathcal{O}_{\lambda_0}$，而这与 x_{n_k} 的选取使得 $B(x_{n_k}, 1/n_k)$不包含于$\{\mathcal{O}_\lambda\}_{\lambda\in\Lambda}$的某个成员矛盾．■

命题 23　从紧度量空间(X, ρ)到度量空间(Y, σ)的连续映射是一致连续的．

证明　令 f 为从 X 到 Y 的连续映射．令 $\varepsilon>0$．根据在一个点连续的 ε-δ 准则，对每个 $x\in X$，存在 $\delta_x>0$ 使得若 $\rho(x, x')<\delta_x$，则 $\sigma(f(x), f(x'))<\varepsilon/2$．因此，设 $\mathcal{O}_x=B(x, \delta_x)$，根据关于 σ 的三角不等式，

$$\sigma(f(u),f(v))\leqslant\sigma(f(u),f(x))+\sigma(f(x),f(v))<\varepsilon,\quad u,v\in\mathcal{O}_x \tag{5}$$

令 δ 为开覆盖$\{\mathcal{O}_x\}_{x\in X}$的 Lebesgue 数．则对 $u, v\in X$，若 $\rho(u, v)<\delta$，存在某个 x 使得 $u\in B(v, \delta)\subseteq\mathcal{O}_x$，因此，根据(5)，$\sigma(f(u), f(v))<\varepsilon$．■

201

习题

52. 考虑由有理数组成的具有绝对值度量的度量空间 $\mathbf{Q}$．$\mathbf{Q}$ 的什么子空间是完备的，什么子空间是紧的？
53. 令 $B=B(x, r)$为欧氏空间 $\mathbf{R}^n$ 的开球．用以下步骤证明 B 不是紧的：(i)证明 B 不是序列紧，(ii)找到 B 的一个没有有限子覆盖的开覆盖，(iii)证明 B 不是闭的．
54. 什么时候具有离散度量的非空集 X 是紧度量空间？
55. ρ 和 σ 是非空集 X 上的等价度量．证明度量空间(X, ρ)是紧的当且仅当度量空间(X, σ)是紧的．
56. 证明两个紧度量空间的笛卡儿积也是紧的．
57. 证明两个全有界的度量空间的笛卡儿积也是全有界的．
58. 对于 E 包含于度量空间 X，证明子空间 E 全有界当且仅当对每个 $\varepsilon>0$，E 可被有限个中心在 X、半径为 ε 的开球(在 X 中是开的)覆盖．
59. 令 E 为紧度量空间 X 的子集．证明度量子空间 E 是紧的当且仅当 E 是 X 的一个闭子集．
60. (Frechet 交定理)令$\{F_n\}_{n=1}^\infty$为紧度量空间 X 的非空闭子集的下降可数族．证明 $\bigcap\limits_{n=1}^{\infty}F_n\neq\varnothing$．
61. 对于度量空间 X 的子集 E，证明 E 是全有界的当且仅当它的闭包 $\overline{E}$ 是全有界的．
62. 对于完备度量空间 X 的子集 E，证明 E 是全有界的当且仅当它的闭包 $\overline{E}$ 是紧的．
63. 令 $B=\{\{x_n\}\in\ell^2\mid\sum\limits_{n=1}^{\infty}x_n^2\leqslant1\}$ 为 ℓ^2 的闭单位球．用以下步骤证明 B 不是紧的：(i)证明 B 不是序列紧，(ii)找到 B 的一个没有有限子覆盖的开覆盖，(iii)证明 B 不是全有界的．

64. 令 $B=\{f\in L^2[a,\ b] \mid \|f\|_2\leqslant 1\}$ 为 $L^2[a,\ b]$的闭单位球．用以下步骤证明 B 不是紧的：(i)证明 B 不是序列紧，(ii)找到 B 的一个没有有限子覆盖的开覆盖，(iii)证明 B 不是全有界的．
65. 令 X 为全有界度量空间．
(i) 若 f 是从 X 到度量空间 Y 的一致连续映射，证明 $f(X)$是全有界的．
(ii) 若仅要求 f 连续，(i)仍然成立吗？
66. 令 ρ 为集合 X 上的度量．定义
$$\tau(u,v)=\frac{\rho(u,v)}{1+\rho(u,v)},\quad \text{对所有 } u,v\in X$$
验证 τ 是 X 上的有界度量且关于度量 ρ 与关于度量 τ 的序列收敛性是相同的．得出以下结论：关于度量 ρ 是闭的集合关于度量 τ 是闭的，且关于度量 ρ 是开的集合关于度量 τ 是开的．度量 ρ 和 τ 是等价的吗？
67. 令 E 为欧氏空间 $\mathbf{R}^n$ 的子集．假设 E 的每个连续实值函数取到最小值．证明 E 是闭且有界的．

202

68. 令 E 为欧氏空间 $\mathbf{R}^n$ 的子集．假设 E 的每个连续实值函数是一致连续的．证明 E 是闭且有界的．
69. 假定 f 是欧氏空间 $\mathbf{R}^n$ 上的连续实值函数，其具有以下性质：存在一个数 c 使得对所有 $x\in\mathbf{R}^n$，$|f(x)|\geqslant c\cdot\|x\|$．证明：若 K 是实数的紧集，则它在 f 的原象 $f^{-1}(K)$也是紧的．(具有该性质的映射称为适当的．)
70. 对紧度量空间$(X,\ \rho)$，证明存在点 $u,\ v\in X$ 使得 $\rho(u,\ v)=\operatorname{diam}X$．
71. 令 K 为度量空间$(X,\ \rho)$的紧子集而 x_0 属于 X．证明存在点 $z\in K$ 使得对所有 $x\in K$，$\rho(z,\ x_0)\leqslant\rho(x,\ x_0)$．
72. 令 K 为度量空间 X 的紧子集．对于点 $x\in X\sim K$，证明存在包含 K 的开集 $\mathcal{U}$ 和包含 x 的开集 $\mathcal{O}$ 使得 $\mathcal{U}\cap\mathcal{O}=\varnothing$．
73. 令 A 和 B 为度量空间$(X,\ \rho)$的子集．定义
$$\operatorname{dist}(A,B)=\inf\{\rho(u,v)\mid u\in A,v\in B\}$$
若 A 是紧的而 B 是闭的，证明 $A\cap B=\varnothing$当且仅当 $\operatorname{dist}(A,\ B)>0$．
74. 令 K 为度量空间 X 的紧子集而 $\mathcal{O}$ 是一个包含 K 的开集．利用前一个习题证明存在一个开集 $\mathcal{U}$ 满足 $K\subseteq\mathcal{U}\subseteq\overline{\mathcal{U}}\subseteq\mathcal{O}$．

9.6　可分度量空间

定义　度量空间 X 的子集 D 称为在 X 中**稠密**，若 X 的每个非空开集包含 D 中的点．度量空间 X 称为**可分的**，若 X 存在可数的稠密子集．

观察到 D 在 X 中稠密当且仅当 X 中的每一个点是 D 的闭包点，即 $\overline{D}=X$．数学分析的一个首要结果是，有理数集是可数的且在 $\mathbf{R}$ 中稠密(见第 1 章的定理 2)．因此 $\mathbf{R}$ 是可分的．从这里我们推出每个欧氏空间 $\mathbf{R}^n$ 是可分的．Weierstrass 逼近定理告诉我们多项式在 $C[a,\ b]$中稠密．于是具有有理系数的多项式集是可数的，且在 $C[a,\ b]$中稠密．因此 $C[a,\ b]$是可分的．第 7 章的定理 11 告诉我们对于实数的 Lebesgue 可测集 E 和 $1\leqslant p<\infty$，赋范线性空间 $L^p(E)$是可分的．我们证明 $L^\infty[0,\ 1]$不是可分的．

命题 24　紧度量空间是可分的．

证明　令 X 为紧度量空间，则 X 是全有界的．对每个自然数 n，用有限个半径为 $1/n$

的球覆盖 X. 令 D 为构成该覆盖的每个可数个球的中心组成的点族. 则 D 是可数与稠
203 密的. ■

命题 25 度量空间 X 是可分的，当且仅当存在 X 的开子集的可数族$\{\mathcal{O}_n\}_{n=1}^{\infty}$，使得 X 的任何开子集是$\{\mathcal{O}_n\}_{n=1}^{\infty}$的子族的并.

证明 首先假定 X 是可分的. 令 D 为 X 的可数稠密子集. 若 D 是有限的，则 $X=D$. 假设 D 是可数无穷的. 令$\{x_n\}$为 D 的列举. 则$\{B(x_n, 1/m)\}_{n,m\in N}$是 X 的开子集的可数族. 我们宣称 X 的每个开子集是$\{B(x_n, 1/m)\}_{n,m\in N}$的子族的并. 事实上，令 $\mathcal{O}$ 为 X 的开子集. 令 x 属于 $\mathcal{O}$. 我们必须证明存在自然数 n 和 m 使得

$$x \in B(x_n, 1/m) \subseteq \mathcal{O} \tag{6}$$

由于 $\mathcal{O}$ 是开的，存在自然数 m 使得 $B(x, 2/m)$包含于 $\mathcal{O}$. 由于 x 是 D 的闭包点，我们可以选取一个自然数 n 使得 x_n 属于 $D\cap B(x, 1/m)$. 因此对 n 和 m 的这个选择(6)成立.

为证明逆命题，假定存在开集的可数族$\{\mathcal{O}_n\}_{n=1}^{\infty}$，使得 X 的任何开子集是$\{\mathcal{O}_n\}_{n=1}^{\infty}$的子族的并. 对每个指标 n，选取 $\mathcal{O}_n$ 中的点且将它记为 x_n. 则集合$\{x_n\}_{n=1}^{\infty}$是可数且稠密的，这是由于 X 的每个非空开子集是$\{\mathcal{O}_n\}_{n=1}^{\infty}$的子族的并，并因此包含集合$\{x_n\}_{n=1}^{\infty}$中的点. ■

命题 26 可分度量空间的每个子空间是可分的.

证明 令 E 为可分度量空间 X 的子空间. 根据前一个命题，存在 X 中的开集的可数族$\{\mathcal{O}_n\}_{n=1}^{\infty}$，使得 X 中的每个开集是$\{\mathcal{O}_n\}_{n=1}^{\infty}$的某个子族的并. 因此$\{\mathcal{O}_n\cap E\}_{n=1}^{\infty}$是 E 的子集的可数族，根据命题 2，该族的每个集合是开的. 由于 E 的每个开子集是 E 和 X 的开子集的交，E 的每个开子集是$\{\mathcal{O}_n\cap E\}_{n=1}^{\infty}$的子族的并. 我们从前一个命题推出 E 是可分的. ■

定理 27 以下是可分度量空间：

(i) 欧氏空间 $\mathbf{R}^n$ 的每个非空子集.

(ii) 对实数的 Lebesgue 可测集 E 与 $1\leqslant p<\infty$，$L^p(E)$的每个非空子集.

(iii) $C[a, b]$的每个非空子集.

习题

75. 令 X 为度量空间，它包含有限稠密子集 D. 证明 $X=D$.
76. 证明对于度量空间 X 的子集 D，D 在子空间 $\overline{D}$ 中稠密.
77. 证明：若定义在度量空间 X 上的两个连续映射在一个稠密子集上取相同的值，则它们相等.
78. 证明两个可分度量空间的乘积是可分的.
79. 令 ρ 和 σ 为非空集合 X 上的等价度量. 证明(X, ρ)是可分的当且仅当(X, σ)是可分的.
80. 证明在任何不可数集 X 上存在某个度量使得 X 关于它是不可分的. 204

第 10 章 度量空间：三个基本定理

在本章我们建立在数学分析中广泛使用的三个定理. 这些定理是我们后面研究的 Banach 空间和 Hilbert 空间之间的线性算子以及一般测度空间上的积分的工具.

10.1 Arzelà-Ascoli 定理

在分析学的许多重要问题中，给定连续实值函数序列，知道是否有一致收敛的子序列是有用的. 本节我们的主要结果是 Arzelà-Ascoli 定理，它提供了紧度量空间 X 上的一致有界的连续实值函数序列有一致收敛的子序列的准则. 在证明该定理后，我们将它与找出度量空间的子集为紧的判别准则的一般问题相联系.

对于一个度量空间 X，我们将 X 上的连续实值函数的线性空间记为 $C(X)$. 若 X 是紧的，根据前一章的定理 22，X 上的每个连续函数取到最大值. 对于 $C(X)$ 中的函数 f，定义

$$\|f\|_{\max}=\max_{x\in X}|f(x)|$$

如同我们首先在第 7 章考虑过的特殊情形 $X=[a, b]$那样，这定义了一个范数. 这个最大值范数诱导了度量

$$\rho_{\max}(g,h)=\|g-h\|_{\max}, \quad 对所有\ g,h\in C(X)$$

我们称该度量为**一致度量**，因为 $C(X)$中的序列关于该度量收敛，当且仅当它在 X 上一致收敛. 关于该度量的 Cauchy 序列称为**一致 Cauchy** 序列. $C(X)$的完备性的证明与 $X=[a, b]$的情形的证明并无不同(见前一章的命题 10 的证明).

命题 1 *若 X 是紧度量空间，则 $C(X)$是完备的.*

定义 *度量空间 X 上的实值函数族 $\mathcal{F}$ 称为在点 $x\in X$* **等度连续**，*若对每个 $\varepsilon>0$，存在 $\delta>0$ 使得对每个 $f\in\mathcal{F}$ 和 $x'\in X$，*

$$若\ \rho(x',x)<\delta, \quad 则\ |f(x')-f(x)|<\varepsilon$$

族 $\mathcal{F}$ 称为在 X 上等度连续，若它在 X 的每个点等度连续.

当然，等度连续族中的每个函数是连续的，而任何有限多个连续函数族是等度连续的. 一般说来，无穷多个连续函数的族不是等度连续的. 例如，对每个自然数 n，定义 $f_n(x)=x^n$，$0\leqslant x\leqslant 1$，则$\{f_n\}$是$[0, 1]$上的连续函数的可数族，它在 $x=0$ 不是等度连续的，而在$[0, 1]$的其余点是等度连续的.

例子 对 $M\geqslant 0$，令 $\mathcal{F}$ 为在闭有界区间$[a, b]$上连续，在开区间(a, b)上可微且

$$\text{在}(a,b)\text{上}|f'|\leqslant M$$

的函数族．我们从中值定理推出对所有 u，$v\in[a,b]$，

$$|f(u)-f(v)|\leqslant M\cdot|u-v|$$

因此 $\mathcal{F}$ 是等度连续的，由于考虑到在 X 的每一点等度连续的准则，$\delta=\varepsilon/M$ 对应于 $\varepsilon>0$ 的挑战．

集合 X 上的实值函数序列 $\{f_n\}$ 称为**逐点有界**，若对每个 $x\in X$，序列 $\{f_n(x)\}$ 是有界的；而称为在 X 上**一致有界**，若存在某个 $M\geqslant 0$ 使得对所有 n，在 X 上 $|f_n|\leqslant M$.

引理 2(Arzelà-Ascoli 引理)　令 X 为可分度量空间，而 $\{f_n\}$ 是 $C(X)$ 中的逐点有界的等度连续函数序列．则 $\{f_n\}$ 的一个子序列在整个 X 上逐点收敛到 X 上的实值函数 f.

证明　令 $\{x_j\}_{j=1}^{\infty}$ 为 X 的稠密子集 D 的列举．定义为 $n\to f_n(x_1)$ 的实数序列是有界的．因此，根据 Bolzano-Weierstrass 定理，该序列有收敛的子序列，即存在严格递增的整数序列 $\{s(1,n)\}$ 以及数 a_1 使得

$$\lim_{n\to\infty}f_{s(1,n)}(x_1)=a_1$$

用同样的方法，定义为 $n\mapsto f_{s(1,n)}(x_2)$ 的序列是有界的，且因此存在一个 $\{s(1,n)\}$ 的子序列 $\{s(2,n)\}$ 和数 a_2 使得 $\lim\limits_{n\to\infty}f_{s(2,n)}(x_2)=a_2$．我们归纳地继续这个选取过程以得到一个严格递增的实数序列 $\{\{s(j,n)\}\}_{j=1}^{\infty}$ 和一个数序列 $\{a_j\}$，使得对每个指标 j，

$$\{s(j+1,n)\}\text{ 是 }\{s(j,n)\}\text{ 的子序列且}\lim_{n\to\infty}f_{s(j,n)}(x_j)=a_j$$

206

对于每个指标 j，定义 $f(x_j)=a_j$．考虑通过对每个指标 k 设 $n_k=s(k,k)$ 得到的"对角"序列 $\{f_{n_k}\}$．对每个 j，$\{n_k\}_{k=j}^{\infty}$ 是上面所选的自然数的 j 重子序列，于是，

$$\lim_{k\to\infty}f_{n_k}(x_j)=a_j=f(x_j)$$

因此 $\{f_{n_k}\}$ 在 D 上逐点收敛到 f.

为了记号上的方便，假设整个序列 $\{f_n\}$ 在 D 上逐点收敛到 f．令 x_0 为 X 中的任意一点．我们宣称 $\{f_n(x_0)\}$ 是 Cauchy 的．事实上，令 $\varepsilon>0$．根据 $\{f_n\}$ 在 x_0 点的等度连续性，我们可以选取 $\delta>0$，使得 $|f_n(x)-f_n(x_0)|<\varepsilon/3$，对所有指标 n 和所有满足 $\rho(x,x_0)<\delta$ 的 $x\in X$ 成立．由于 D 是稠密的，存在点 $x\in D$ 使得 $\rho(x,x_0)<\delta$．此外，由于 $\{f_n(x)\}$ 收敛，它必须是一个 Cauchy 序列，因而我们可以选取 N 充分大，使得对所有 m，$n\geqslant N$，

$$|f_n(x)-f_m(x)|<\varepsilon/3$$

则对所有 m，$n\geqslant N$，

$$\begin{aligned}|f_n(x_0)-f_m(x_0)|&\leqslant|f_n(x_0)-f_n(x)|+|f_n(x)-f_m(x)|+|f_m(x_0)-f_m(x)|\\&<\varepsilon/3+\varepsilon/3+\varepsilon/3=\varepsilon\end{aligned}$$

因此 $\{f_n(x_0)\}$ 是一个实数的 Cauchy 序列．由于 $\mathbf{R}$ 是完备的，$\{f_n(x_0)\}$ 收敛．将该极限记为 $f(x_0)$．序列 $\{f_n\}$ 在整个 X 上逐点收敛到 $f:X\to\mathbf{R}$. ■

我们证明了紧度量空间上的连续实值函数是一致连续的．完全同样的证明表明，若 X 是一个紧度量空间，而 $\mathcal{F}$ 是 X 上的等度连续函数族，则 $\mathcal{F}$ 在以下意义下是**一致等度连续**

的：对每个 $\varepsilon>0$，存在 $\delta>0$ 使得对 u，$v\in X$ 和任何 $f\in\mathcal{F}$，

$$若\ \rho(u,v)<\delta,\quad 则\ |f(u)-f(v)|<\varepsilon$$

Arzelà-Ascoli 定理　令 X 为紧度量空间，而 $\{f_n\}$ 是 X 上的一致有界的等度连续的实值函数序列．则 $\{f_n\}$ 有一个在 X 上一致收敛于 X 上的连续函数 f 的子序列．

证明　由于 X 是紧度量空间，根据前一章的命题 24，它是可分的．Arzelà-Ascoli 引理告诉我们 $\{f_n\}$ 的子序列在整个 X 上逐点收敛于实值函数 f．为了记号上的方便，假设整个序列 $\{f_n\}$ 在 X 上逐点收敛．因此，特别地，对 X 中的每个 x，$\{f_n(x)\}$ 是实数的 Cauchy 序列．我们用这个结论和等度连续性证明 $\{f_n\}$ 是 $C(X)$ 中的 Cauchy 序列．

令 $\varepsilon>0$．根据 $\{f_n\}$ 在 X 上的一致等度连续性，存在 $\delta>0$ 使得对所有 n，以及所有使得 $\rho(u,v)<\delta$ 的 u，$v\in X$，

$$|f_n(u)-f_n(v)|<\varepsilon/3 \tag{1}$$

由于 X 是紧度量空间，根据前一章的定理 16，它是全有界的．因此存在 X 中的有限个点 x_1，…，x_k 使得 X 被 $\{B(x_i,\delta)\}_{i=1}^k$ 覆盖．对 $1\leqslant i\leqslant k$，$\{f_n(x_i)\}$ 是 Cauchy 的，因此存在 N 使得对 $1\leqslant i\leqslant k$ 与所有 n，$m\geqslant N$，　207

$$|f_n(x_i)-f_m(x_i)|<\varepsilon/3 \tag{2}$$

现在对 X 中的任何 x，存在 i，$1\leqslant i\leqslant k$，使得 $\rho(x,x_i)<\delta$，因此对 n，$m\geqslant N$，

$$\begin{aligned}|f_n(x)-f_m(x)| &\leqslant |f_n(x)-f_n(x_i)|+|f_n(x_i)-f_m(x_i)|+|f_m(x_i)-f_m(x)|\\ &<\varepsilon/3+\varepsilon/3+\varepsilon/3=\varepsilon\end{aligned}$$

因此 $\{f_n\}$ 是一致 Cauchy 的．于是，由于 $C(X)$ 是完备的，$\{f_n\}$ 在 X 上一致收敛到一个连续函数．■

我们证明了一个度量空间是紧的当且仅当它是序列紧的．此外，对于欧氏空间 $\mathbf{R}^n$ 的子空间 K，Heine-Borel 定理告诉我们 K 是紧的当且仅当 K 是 $\mathbf{R}^n$ 的闭有界子集．在一般的度量空间，闭且有界是紧的必要条件，但不是充分条件．例如，$C[0,1]$ 的闭单位球 $\{f\in C[0,1]\mid \|f\|_{\max}\leqslant 1\}$ 是 $C[0,1]$ 的闭有界子集但不是序列紧的．的确，$[0,1]$ 上对所有 n 定义为 $f_n(x)=x^n$ 的序列 $\{f_n\}$ 没有一致收敛到 $[0,1]$ 上连续函数的子序列．Arzelà-Ascoli 定理可作为确定 $C(X)$ 的闭有界子集是紧的准则来阐述．

定理 3　令 X 为紧度量空间而 $\mathcal{F}$ 是 $C(X)$ 的子集，则 $\mathcal{F}$ 是 $C(X)$ 的紧子集当且仅当 $\mathcal{F}$ 是闭的、一致有界且等度连续．

证明　首先假定 $\mathcal{F}$ 是闭的、一致有界且等度连续．令 $\{f_n\}$ 为 $\mathcal{F}$ 中的序列．根据 Arzelà-Ascoli 定理，$\{f_n\}$ 的一个子序列收敛到函数 $f\in C(X)$．由于 $\mathcal{F}$ 是闭的，所以 f 属于 $\mathcal{F}$．因此 $\mathcal{F}$ 是序列紧度量空间，因此是紧的．

现在假设 $\mathcal{F}$ 是紧的．我们把证明 $\mathcal{F}$ 是 $C(X)$ 的有界闭子集留作练习．我们用反证法证明 $\mathcal{F}$ 是等度连续的．假定 $\mathcal{F}$ 在 X 中的点 x 处不是等度连续的．则存在 $\varepsilon_0>0$ 使得对每个自然数 n，存在 $\mathcal{F}$ 中的函数 f_n 和 X 中的点 x_n 使得

$$|f_n(x_n)-f_n(x)|\geqslant\varepsilon_0 \text{ 而 } \rho(x_n,x)<1/n \tag{3}$$

由于 $\mathcal{F}$ 是紧度量空间，它是序列紧的．因此存在子序列 $\{f_{n_k}\}$ 在 X 上一致收敛到连续函数 f．选取一个指标 K 使得对于 $k\geqslant K$，$\rho_{\max}(f, f_{n_k})<\varepsilon_0/3$．我们从(3)推出对 $k\geqslant K$，

$$|f(x_{n_k})-f(x)|>\varepsilon_0/3 \text{ 而 } \rho(x_{n_k},x)<1/n_k \tag{4}$$

208
这与 f 在点 x 连续矛盾．因此 $\mathcal{F}$ 是等度连续的． ■

注 Arzelà-Ascoli 引理的证明非常类似于第 7 章的 Helly 定理的证明．构成这两个证明的基础的共同技巧是所谓的 Cantor 对角线方法(见习题 14)．

注 第 13 章的 Riesz 定理告诉我们，赋范线性空间的闭单位球是紧的当且仅当线性空间是有限维的．因此，给定一个特定的无穷维赋范线性空间，刻画那些紧的闭有界子集是有趣的．Arzelà-Ascoli 定理给出的关于 $C(X)$ 的子空间的紧性判别准则在 ℓ^p 有对应的结果．不难证明，对于 $1\leqslant p<\infty$，ℓ^p 的闭有界子集是紧的当且仅当它在对每个 $\varepsilon>0$，存在指标 N 使得

$$\text{对所有 } x=\{x_n\}\in S,\quad \sum_{k=N}^{\infty}|x_k|^p<\varepsilon$$

的意义下是等度可和的．

习题

1. 令 E 为度量空间 Y 的紧子空间．证明 E 是 Y 的闭有界子集．
2. 证明紧度量空间上等度连续的实值函数序列是逐点有界的当且仅当它是一致有界的．
3. 证明紧度量空间上连续函数的等度连续族是一致等度连续的．
4. 令 X 为度量空间，$\{f_n\}$ 为 $C(X)$ 中在 X 上一致收敛到 $f\in C(X)$ 的序列．证明 $\{f_n\}$ 是等度连续的．
5. $[0, 1]$ 上的实值函数 f 称为 α 阶 Hölder 连续，若存在常数 C 使得
$$\text{对所有 } x,y\in[0,1],\quad |f(x)-f(y)|\leqslant C|x-y|^\alpha$$
定义 Hölder 范数
$$\|f\|_\alpha=\max\{|f(x)|+|f(x)-f(y)|/|x-y|^\alpha\,|\,x,y\in[0,1],x\neq y\}$$
证明对于 $0<\alpha\leqslant1$，满足 $\|f\|_\alpha\leqslant1$ 的函数集(作为 $C[0, 1]$ 的子集)有紧的闭包．
6. 令 X 为紧度量空间而 $\mathcal{F}$ 是 $C(X)$ 的子集．证明 $\mathcal{F}$ 是等度连续的当且仅当它在 $C(X)$ 的闭包 $\overline{\mathcal{F}}$ 等度连续．$C(X)$ 的子集有紧闭包当且仅当它等度连续且一致有界．
7. 对于闭有界区间 $[a, b]$，令 $\{f_n\}$ 为 $C[a, b]$ 中的序列．若 $\{f_n\}$ 是等度连续的，$\{f_n\}$ 必须有一个一致收敛的子序列吗？若 $\{f_n\}$ 一致有界，$\{f_n\}$ 必须有一个一致收敛的子序列吗？
8. 令 X 为紧度量空间而 Y 是一般的度量空间．记 $C(X, Y)$ 为从 X 到 Y 的连续映射集合．对 $C(X, Y)$ 中的序列叙述和证明 Arzelà-Ascoli 定理．这里 $\{f_n\}$ 逐点有界的假设被对每个 $x\in X$，集合 $\{f_n(x)\,|\,n$ 是自然数$\}$ 的闭包是 Y 的紧子空间的假设代替．
209
9. 令 $\{f_n\}$ 为 $\mathbf{R}$ 上的等度连续、一致有界的连续实值函数序列．证明存在 $\{f_n\}$ 的子序列在 $\mathbf{R}$ 上逐点收敛于 $\mathbf{R}$ 上的某个连续函数，且该收敛在 $\mathbf{R}$ 的每个有界子集是一致的．
10. 对于 $1\leqslant p<\infty$，证明 ℓ^p 的一个子空间是紧的当且仅当它是闭、有界与等度可和的．
11. 对于非负实数序列 $\{c_n\}$，令 $\mathcal{S}$ 为 ℓ^2 的那些使得对所有 n，$|x_n|\leqslant c_n$ 的 $x=\{x_n\}\in\ell^2$ 组成的子集．证明：若 $\{c_n\}$ 属于 ℓ^2，$\mathcal{S}$ 是等度可和的．

12. 对于 $1\leqslant p\leqslant\infty$，证明 Banach 空间 ℓ^p 的闭单位球不是紧的.
13. 对于 $1\leqslant p\leqslant\infty$，证明 Banach 空间 $L^p[0,1]$的闭单位球不是紧的.
14. 令 $\mathcal{S}$ 为可数集而$\{f_n\}$为 $\mathcal{S}$ 上的逐点有界的实值函数序列. 证明$\{f_n\}$有在 $\mathcal{S}$ 上逐点收敛到实值函数的子序列.

10.2 Baire 范畴定理

令 E 为度量空间 X 的子集. 点 $x\in E$ 称为 E 的**内点**，若存在包含于 E 的、中心在 x 的开球. E 的内点全体称为 E 的**内部**且记为 $\text{int}E$. 点 $x\in X\sim E$ 称为 E 的**外点**，若存在包含于$X\sim E$ 的、中心在 x 的开球. E 的外点全体称为 E 的**外部**且记为 $\text{ext}E$. 若点 $x\in X$ 具有每个中心在 x 的球包含 E 与 $X\sim E$ 中的点的性质，则称为 E 的**边界点**；E 的边界点全体称为 E 的**边界**且记为 $\text{bd}E$. 我们把证明对 X 的任何子集 E

$$X=\text{int }E\cup\text{ext }E\cup\text{bd }E\text{ 且这个并是不交的} \tag{5}$$

留作练习.

回忆度量空间 X 的子集 A 称为(在 X 中)**稠密**，若 X 的每个非空开子集包含 A 中的点. 我们称度量空间的子集是(在 X 中)**中空的**[⊖]，若它有空的内部. 观察到对于度量空间 X 的子集 E，

$$E\text{ 在 }X\text{ 中是中空的当且仅当它的补 }X\sim E\text{ 在 }X\text{ 中稠密} \tag{6}$$

对于度量空间 X，点 $x\in X$ 和 $0<r_1<r_2$，由度量的连续性，我们有包含关系 $\overline{B}(x,r_1)\subseteq B(x,r_2)$. 因此 $\overline{B}(x,r_1)$是使得

$$B(x,r_1)\subseteq\overline{B(x,r_1)}\subseteq B(x,r_2)$$

的闭集. 因此，若 $\mathcal{O}$ 是度量空间 X 的开子集，对每个点 $x\in\mathcal{O}$，存在中心在 x 的开球其闭包包含于 $\mathcal{O}$.

Baire 范畴定理 *令 X 为完备度量空间.* [210]

(i)令$\{\mathcal{O}_n\}_{n=1}^{\infty}$为 X 的开稠密子集的可数族. 则交 $\bigcap_{n=1}^{\infty}\mathcal{O}_n$ 也是稠密的.

(ii)令$\{F_n\}_{n=1}^{\infty}$为 X 的闭中空子集的可数族. 则并 $\bigcup_{n=1}^{\infty}F_n$ 也是中空的.

证明 一个集合是稠密的当且仅当它的补是中空的. 一个集合是开的当且仅当它的补是闭的. 我们因此从 De Morgan 等式推出(i)和(ii)是等价的. 我们证明(i). 令 x_0 属于 X 而 $r_0>0$. 我们必须证明 $B(x_0,r_0)$包含 $\bigcap_{n=1}^{\infty}\mathcal{O}_n$ 中的点. 由于 $\mathcal{O}_1$ 在 X 中稠密，集合 $B(x_0,r_0)\cap\mathcal{O}_1$ 是非空的.

令 x_1 属于开集 $B(x_0,r_0)\cap\mathcal{O}_1$. 选取 r_1，$0<r_1<1$，使得若我们定义 $B_1=B(x_1,r_1)$，则

⊖ 形容词“中空”由 Adam Ross 提出.

$$\overline{B}_1 \subseteq B(x_0, r_0) \cap \mathcal{O}_1 \tag{7}$$

假定 n 是自然数且开球的递减族 $\{B_k\}_{k=1}^n$ 已被选取．它具有性质：对 $1 \leqslant k \leqslant n$，$B_k$ 的半径小于 $1/k$ 且 $\overline{B}_k \subseteq \mathcal{O}_k$．由于 $\mathcal{O}_{n+1}$ 在 X 中稠密，集合 $B_n \cap \mathcal{O}_{n+1}$ 是非空的．令 x_{n+1} 属于开集 $B(x_n, r_n) \cap \mathcal{O}_n$．选取 r_{n+1}，$0 < r_{n+1} < 1/(n+1)$，使得若我们定义 $B_{n+1} = B(x_{n+1}, r_{n+1})$，则 $\overline{B}_{n+1} \subseteq B_n \cap \mathcal{O}_{n+1}$．这归纳地定义了收缩的闭集序列 $\{\overline{B}_n\}_{n=1}^\infty$，它具有性质：对每个 n，$\overline{B}_n \subseteq \mathcal{O}_n$．度量空间 X 是完备的．因此我们从 Cantor 交定理推出 $\bigcap_{n=1}^\infty \overline{B}_n$ 是非空的．令 x_* 属于这个交．则 x_* 属于 $\bigcap_{n=1}^\infty \mathcal{O}_n$．另一方面，根据(7)，$x_*$ 也属于 $B(x_0, r_0)$．这完成了(i)的证明．■

度量空间 X 的子集 E 称为**无处稠密的**，若它的闭包 $\overline{E}$ 是中空的．X 的子集 E 是无处稠密的当且仅当对 X 的每个开集 $\mathcal{O}$，$E \cap \mathcal{O}$ 在 $\mathcal{O}$ 中不稠密(见习题 16)．Baire 范畴定理有以下等价的阐述：在一个完备度量空间中，无处稠密集的可数族的并是中空的．

推论 4　*令 X 为完备度量空间，而 $\{F_n\}_{n=1}^\infty$ 是 X 的闭子集的可数族．若 $\bigcup_{n=1}^\infty F_n$ 有非空内部，则至少一个 F_n 有非空内部．特别地，若 $X = \bigcup_{n=1}^\infty F_n$，则至少一个 F_n 有非空内部．*

推论 5　*令 X 为完备度量空间，而 $\{F_n\}_{n=1}^\infty$ 是 X 的闭子集的可数族．则 $\bigcup_{n=1}^\infty \mathrm{bd} F_n$ 是中空的．*

证明　我们把证明 X 的任何闭子集 E 的边界 $\mathrm{bd}E$ 是中空的留作练习．X 的任何子集的边界是闭的．因此，对每个自然数 n，$\mathrm{bd}F_n$ 是闭与中空的．根据 Baire 范畴定理，$\bigcup_{n=1}^\infty \mathrm{bd}F_n$ 是中空的．■

定理 6　*令 $\mathcal{F}$ 为完备度量空间 X 上的连续实值函数族．它在以下意义下逐点有界：对每个 $x \in X$，存在常数 M_x，使得*

211

$$\text{对所有 } f \in \mathcal{F}, \quad |f(x)| \leqslant M_x$$

则存在 X 的非空开子集 $\mathcal{O}$ 使得 $\mathcal{F}$ 在其上是一致有界的：存在常数 M，使得在 $\mathcal{O}$ 上

$$\text{对所有 } f \in \mathcal{F}, \quad |f| \leqslant M \tag{8}$$

证明　对每个指标 n，定义 $E_n = \{x \in X \mid |f(x)| \leqslant n$，对所有 $f \in \mathcal{F}\}$．则 E_n 是闭的，由于 $\mathcal{F}$ 中的函数是连续的而闭集族的交是闭的．由于 $\mathcal{F}$ 逐点有界，对每个 $x \in X$，存在指标 n 使得对所有 $f \in \mathcal{F}$，$|f(x)| \leqslant n$，即 x 属于 E_n．因此 $X = \bigcup_{n=1}^\infty E_n$．由于 X 是完备度量空间，我们从推论 4 得出存在自然数 n 使得 E_n 包含开球 $B(x, r)$．因此(8)对 $\mathcal{O} = B(x, r)$ 和 $M = n$ 成立．■

我们已经看到若连续实值函数序列一致收敛，则极限函数是连续的，而对于逐点收敛这是错的. 然而，对于在完备度量空间上逐点收敛于连续实值函数序列的实值函数，极限函数在其定义域的一个稠密子集的每一点是连续的.

定理 7 令 X 为完备度量空间，而$\{f_n\}$是 X 上的连续实值函数序列. 它在 X 上逐点收敛于实值函数 f. 则存在 X 的稠密子集 D，使得$\{f_n\}$在 D 上等度连续且 f 在 D 的每个点连续.

证明 令 m 和 n 为自然数，定义

$$E(m,n)=\{x\in X\mid |f_j(x)-f_k(x)|\leqslant 1/m,\text{对所有 } j,k\geqslant n\}$$

由于每个函数 $x\to|f_j(x)-f_k(x)|$是连续的，集合 $E(m, n)$作为闭集族的交是闭的. 根据推论 5，

$$D=X\sim\left[\bigcup_{n,m\in\mathbf{N}}\mathrm{bd}E_{m,n}\right]$$

在 X 中稠密. 观察到若 n 和 m 是自然数，且 D 中的点 x 属于 $E(m, n)$，则 x 属于 $E(m, n)$的内部. 我们宣称$\{f_n\}$在 D 的每个点等度连续. 事实上，令 x_0 属于 D. 令 $\varepsilon>0$. 选取自然数 m 使得 $1/m<\varepsilon/4$. 由于$\{f_n(x_0)\}$收敛到实数，$\{f_n(x_0)\}$是 Cauchy 的. 选取自然数 N 使得对所有 j，$k\geqslant N$，

$$|f_j(x_0)-f_k(x_0)|\leqslant 1/m \tag{9}$$

因此 x_0 属于 $E_{m,N}$. 如同我们上面观察到的，x_0 属于 $E(m, N)$的内部. 选取 $r>0$ 使得 $B(x_0, r)\subseteq E(m, N)$，即

$$\text{对所有 } j,k\geqslant N \text{ 和所有 } x\in B(x_0,r),\quad |f_j(x)-f_k(x)|\leqslant 1/m \tag{10}$$

函数 f_N 在 x_0 连续，因此存在 δ，$0<\delta<r$，使得

$$\text{对所有 } x\in B(x_0,\delta),\quad |f_N(x)-f_N(x_0)|\leqslant 1/m \tag{11}$$

212

观察到对每个点 $x\in X$ 和自然数 j，

$$f_j(x)-f_j(x_0)=[f_j(x)-f_N(x)]+[f_N(x)-f_N(x_0)]+[f_N(x_0)-f_j(x_0)]$$

我们从(9)、(10)、(11)以及三角不等式推出

$$\text{对所有 } j\geqslant N \text{ 和所有 } x\in B(x_0,\delta),\quad |f_j(x)-f_j(x_0)|\leqslant 3/m<[3/4]\varepsilon \tag{12}$$

连续函数的有限族$\{f_j\}_{j=1}^{N-1}$显然在 x_0 等度连续. 因此我们从(12)推出$\{f_n\}$在 x_0 等度连续. 这蕴涵 f 在 x_0 的连续性. 的确，在(12)取 $j\to\infty$的极限得到

$$\text{对所有 } x\in B(x_0,\delta),\quad |f(x)-f(x_0)|<\varepsilon \tag{13}$$

■

注 有一个与本节思想相关的标准术语. 度量空间 X 的子集 E 称为**第一范畴的**(或疏朗的)，若 E 是 X 的可数个无处稠密的子集的并. 不是第一范畴的集合称为**第二范畴的**. Baire 范畴定理也可重述为：完备度量空间的非空开子集是第二范畴的.

注 Baire 范畴定理的推论非常多样. 在第 13 章，我们用定理 6 证明开映射定理和一致有界原理，它们是研究线性泛函和算子的两个基石. 在第 18 章，我们用定理 7 证明关于测度收敛的 Vitali-Hahn-Saks 定理，它是描述在 $L^1(E)$中弱收敛的实质要素. 在习题 20 和

21，从 Baire 范畴定理导出连续可微函数的两个有趣性质.

习题

15. 令 E 为完备度量空间 X 的子集. 证明 bd$E$ 是闭的. 证明：若 E 是闭的，则 bd$E$ 的内部是空的.
16. 在一个度量空间 X 中，证明子集 E 无处稠密当且仅当对 X 的每个开子集 $\mathcal{O}$，$E\cap\mathcal{O}$ 不在 $\mathcal{O}$ 中稠密.
17. 在完备度量空间 X 中，无处稠密集的可数族的并也是无处稠密的吗？
18. 令 $\mathcal{O}$ 为开子集而 F 为度量空间 X 的闭子集. 证明 $\overline{\mathcal{O}}\sim\mathcal{O}$ 和 $F\sim\text{int}F$ 是闭与中空的.
19. 在完备度量空间中，第一范畴集的可数族的并也是第一范畴的吗？
20. 令 F_n 为 $C[0,1]$ 的子集，$C[0,1]$ 由函数组成，其中存在 $[0,1]$ 中的点 x_0，使得对所有 $x\in[0,1]$，$|f(x)-f(x_0)|\leqslant n|x-x_0|$. 证明 F_n 是闭的. 通过观察到对 $f\in C[0,1]$ 与 $r>0$，存在分段线性函数 $g\in C[0,1]$ 使得 $\rho_{\max}(f,g)<r$，且 g 在 $[0,1]$ 上的左右导数比 $n+1$ 大，证明 F_n 是中空的. 得出 $C[0,1]\neq\bigcup_{n=1}^{\infty}F_n$ 并证明每个 $h\in C[0,1]\sim\bigcup_{n=1}^{\infty}F_n$ 在 $(0,1)$ 中的任何点不可微.

213

21. 令 f 为度量空间 X 上的实值函数. 证明使得 f 在其上是连续的点集是开集的可数族的交. 得出 $\mathbf{R}$ 上不存在仅在有理点连续的实值函数.
22. 对每个自然数 n，证明 $[0,1]$ 中存在无处稠密的闭集，它的 Lebesgue 测度为 $1-1/n$. 用此构造出 $[0,1]$ 中测度为 1 的第一范畴集.
23. 度量空间 X 中的点 x 称为孤立的，若单点集 $\{x\}$ 在 X 中是开的.
    (i) 证明没有孤立点的完备度量空间有不可数个点.
    (ii) 用(i)部分证明 $[0,1]$ 是不可数的. 将此与 $[0,1]$ 是不可数的(因为它有正的 Lebesgue 测度)的证明做比较.
    (iii) 证明：若 X 是没有孤立点的完备度量空间，而 $\{F_n\}_{n=1}^{\infty}$ 是闭中空集的可数族，则 $X\sim\{F_n\}_{n=1}^{\infty}$ 是稠密与不可数的.
24. 令 E 为完备度量空间 X 的子集. 证明以下断言.
    (i) 若 $X\sim E$ 是稠密的而 F 是包含于 E 的闭子集，则 F 无处稠密.
    (ii) 若 E 和 $X\sim E$ 都是稠密的，则它们中至多有一个是闭集的可数族的并.
    (iii) $[0,1]$ 中的有理数集不是开集的可数族的交.
25. 证明在定理 6 的假设下存在稠密开集 $\mathcal{O}\subset X$，对每个 $x\in\mathcal{O}$ 有邻域 U 使得在其上 $\mathcal{F}$ 是一致有界的.
26. 根据 Hölder 不等式，我们有 $L^2[a,b]\subseteq L^1[a,b]$. 证明 $L^2[a,b]$ 作为完备度量空间 $L^1[a,b]$ 的子集，是第一范畴的.
27. 令 f 为 $\mathbf{R}$ 上的连续实值函数，它具有性质：对每个实数 x，$\lim_{n\to\infty}f(nx)=0$. 证明 $\lim_{x\to\infty}f(x)=0$.
28. 令 f 为 $\mathbf{R}$ 上的连续实值函数. 假定对每个实数 x，存在指标 $n=n(x)$ 使得 $f^{(n)}(x)=0$. 证明 f 是多项式.（提示：用两次 Baire 范畴定理.）

10.3 Banach 压缩原理

定义　X 中的点 x 称为映射 $T:X\to X$ 的**不动点**，若 $T(x)=x$.

这里我们感兴趣的是找到确保映射有不动点的假设. 当然，映射可以有也可以没有任何不动点．例如，映射 $T:\mathbf{R}\to\mathbf{R}$，$T(x)=x+1$ 显然没有不动点．

一元实变函数的不动点对应于使得函数的图像与对角线 $y=x$ 相交的点．这个观察提供了关于不动点存在性的最为初等的结果的几何解释．令$[a, b]$为闭有界区间且假定连续函数 $f:[a, b]\to\mathbf{R}$ 的象包含于$[a, b]$．则 $f:[a, b]\to\mathbf{R}$ 有一个不动点．这从介值定理可以得到．若我们定义 $g(x)=f(x)-x$，则 $g(a)\geqslant 0$ 且 $g(b)\leqslant 0$，因此对$[a, b]$中的某个 x_0，$g(x_0)=0$，这意味着 $f(x_0)=x_0$． [214]

$\mathbf{R}^n$ 的子集 K 称为是凸的，若只要 u 和 v 属于 K，线段$\{tu+(1-t)v \mid 0\leqslant t\leqslant 1\}$就包含于 K．前面的结果可推广到欧氏空间 $\mathbf{R}^n$ 的子集上的映射：若 K 是 $\mathbf{R}^n$ 的紧凸子集且映射 $T:K\to K$ 是连续的，则 T 有一个不动点．这称为 Brouwer 不动点定理[⊖]．这里我们将证明称为 Banach 压缩原理的初等的不动点的结果．它对映射做了更多的限制性假设，但对所处空间的假设非常一般．

定义 *度量空间(X, ρ)到其自身的映射 T 称为* **Lipschitz 的**，*若存在称为映射的 Lipschitz 常数的 $c\geqslant 0$，使得对所有 $u, v\in X$，$\rho(T(u), T(v))\leqslant c\rho(u, v)$．*

*若 $c<1$，该 Lipschitz 映射称为一个***压缩**．

Banach 压缩原理 *令 X 为完备度量空间而映射 $T:X\to X$ 是一个压缩．则 $T:X\to X$ 恰有一个不动点．*

证明 令 c 满足 $0\leqslant c<1$，是映射 T 的 Lipschitz 常数．选取 X 中的点 x_0．现在归纳地定义序列$\{x_k\}$，首先定义 $x_1=T(x_0)$，若 k 是一个自然数使得 x_k 已被定义，定义 $x_{k+1}=T(x_k)$．序列$\{x_n\}$是恰当定义的，因为 $T(X)$是 X 的子集．我们将证明该序列收敛到 T 的不动点．

事实上，根据序列的 Lipschitz 常数 c 的定义，观察到对每个自然数 $k\geqslant 2$，

$$\rho(x_{k+1}, x_k)=\rho(T(x_k),\quad T(x_{k-1}))\leqslant c\rho(x_k, x_{k-1})$$

用归纳法，得到

$$\rho(x_{k+1}, x_k)\leqslant c^k\rho(T(x_0), x_0)$$

[215]

因此，若 m 和 k 是自然数满足 $m>k$，从关于度量 ρ 的三角不等式和几何求和公式[⊜]，得到

$$\begin{aligned}\rho(x_m, x_k)&\leqslant \rho(x_m, x_{m-1})+\rho(x_{m-1}, x_{m-2})+\cdots+\rho(x_{k+1}, x_k)\\&\leqslant [c^{m-1}+c^{m-2}+\cdots+c^k]\rho(T(x_0), x_0)\\&=c^k[1+c+\cdots c^{m-1-k}]\rho(T(x_0), x_0)\\&=c^k\cdot\frac{1-c^{m-k}}{1-c}\cdot\rho(T(x_0), x_0)\end{aligned}$$

因此，由于 $0\leqslant c<1$，

⊖ 该定理的一个优雅的解析证明可在 Lawrence C. Evans 的《Partial Differential Equations, Part I》[Eva98]（441～442 页）找到．

⊜ 若 $c\neq 1$，$\sum_{k=1}^{n}c^k=\frac{1-c^{n+1}}{1-c}$．

$$\text{当 } m>k \text{ 时，}\quad \rho(x_m,x_k)\leqslant\frac{c^k}{1-c}\cdot\rho(T(x_0),x_0)$$

但$\lim\limits_{k\to\infty}c^k=0$，因此从前一个不等式我们得出$\{x_k\}$是一个 Cauchy 序列.

根据假设，度量空间 X 是完备的. 因此存在 X 中的点 x 使得序列$\{x_k\}$收敛到它. 由于 T 是 Lipschitz 的，它是连续的. 因此，

$$T(x)=\lim_{k\to\infty}T(x_k)=\lim_{k\to\infty}x_{k+1}=x$$

因此映射 $T:X\to X$ 至少有一个不动点. 剩下来要检验它仅有一个不动点. 若 u 和 v 是 X 中的点使得 $T(u)=u$ 与 $T(v)=v$，则

$$0\leqslant\rho(u,v)=\rho(T(u),T(v))\leqslant c\rho(u,v)$$

由于 $0\leqslant c<1$，我们必须有 $\rho(u,v)=0$，即 $u=v$. 因此恰有一个不动点. ■

以上 Banach 压缩原理的证明实际上不仅仅证明了唯一的不动点的存在性. 它提供了逼近不动点的算法. 事实上，在 Banach 压缩原理的假设下，若 c 是映射 $T:X\to X$ 的 Lipschitz 常数，$0\leqslant c<1$，而 x_0 是 X 中的任何点，则：(i)由 $x_1=T(x_0)$和 $k>1$ 时 $x_{k+1}=T(x_k)$递归定义的序列$\{x_k\}$收敛到 T 的不动点 x_*；(ii)对每个自然数 k，$\rho(x_*,x_k)\leqslant\frac{c^k}{1-c}\cdot\rho(T(x_0),x_0)$.

216

Banach 压缩原理广泛地用于非线性微分方程的研究中. 我们给出它的应用的一个例子. 假定 $\mathcal{O}$ 是平面 $\mathbf{R}^2$ 的包含点(x_0,y_0)的一个开子集. 给定函数 $g:\mathcal{O}\to\mathbf{R}$，我们的问题是找到包含 x_0 的实数的开区间 I 和可微函数 $f:I\to\mathbf{R}$，使得

$$\text{对所有 } x\in I,\quad f'(x)=g(x,f(x)),\quad f(x_0)=y_0 \tag{14}$$

上述方程的一个非常特殊的情形是 g 与第二个变量无关，所以 $g(x,y)=h(x)$. 即使在这种情形，若函数的象 $h:I\to\mathbf{R}$ 不是一个区间，方程(14)没有解(见习题 42 和 43). 另一方面，若 h 是连续的，则从微积分的基本定理，由

$$f(x)=y_0+\int_{x_0}^{x}h(t)\mathrm{d}t,\quad x\in I$$

给出(14)的唯一解.

因此对一般的二元连续实值函数 g，若连续函数 $f:I\to\mathbf{R}$ 具有性质$(x,f(x))\in\mathcal{O}$(对每个 $x\in I$)，则 f 是(14)的解当且仅当对所有 $x\in I$，

$$f(x)=y_0+\int_{x_0}^{x}g(t,f(t))\mathrm{d}t \tag{15}$$

如同我们在下一个定理的证明中看到的，微分方程(14)与积分方程(15)的等价性允许我们在微分方程的研究中利用不动点定理.

Picard 局部存在定理　*令 $\mathcal{O}$ 为平面 $\mathbf{R}^2$ 的包含点(x_0,y_0)的开子集. 假定函数 $g:\mathcal{O}\to\mathbf{R}^2$ 连续且存在正数 M 使得以下 Lipschitz 性质对第二个变量成立：*

$$\text{对所有 } \mathcal{O} \text{ 中的点}(x,y_1)\text{和}(x,y_2),\quad |g(x,y_1)-g(x,y_2)|\leqslant M|y_1-y_2| \tag{16}$$

则存在包含 x_0 的开区间 I 使得在其上微分方程(14)有唯一解.

证明　对正数 ℓ 定义 I_ℓ 为闭区间$[x_0-\ell, x_0+\ell]$. 根据上面注意到的(14)与(15)的解的等价性，仅须证明 ℓ 可被适当选取，使得恰好存在一个连续函数 $f:I_\ell\to\mathbf{R}$，它具有性质：

$$\text{对所有 } x\in I_\ell,\quad f(x)=y_0+\int_{x_0}^{x} g(t,f(t))\mathrm{d}t$$

由于 $\mathcal{O}$ 是开的，我们可以选取正数 a 和 b 使得闭矩形 $R=[x_0-a, x_0+a]\times[y_0-b, y_0+b]$包含于 $\mathcal{O}$. 现在对每个正数 ℓ，定义 X_ℓ 为度量空间$C(I_\ell)$的子空间，具有性质：$|f(x)-y_0|\leqslant b$，对所有 $x\in I_\ell$. 即

217

$$I_\ell \text{ 上的连续函数图像包含于矩形 } I_\ell\times[y_0-b,y_0+b] \text{ 中}$$

对于 $f\in X_\ell$，定义函数 $T(f)\in C(I_\ell)$为

$$T(f)(x)=y_0+\int_{x_0}^{x} g(t,f(t))\mathrm{d}t,\quad \text{对所有 } x\in I_\ell$$

积分方程(15)的解是映射 $T:X_\ell\to C(I_\ell)$的不动点. 证明的策略如下：由于 $C(I_\ell)$是完备度量空间而 X_ℓ 是 $C(I_\ell)$的闭子集，X_ℓ 也是一个完备度量空间. 我们将证明：若 ℓ 取得充分小，则

$$T(X_\ell)\subseteq X_\ell,\quad T:X_\ell\to X_\ell \text{ 是一个收缩}$$

因此，我们从 Banach 压缩原理推出 $T:X_\ell\to X_\ell$ 有唯一的不动点.

为选取 ℓ 使得 $T(X_\ell)\subseteq X_\ell$，我们首先用闭有界矩形 R 的紧性以及 g 的连续性选取一个正数 K，使得对 R 中的所有点(x, y)，$|g(x, y)|\leqslant K$.

现在对 $f\in X_\ell$ 和 $x\in I_\ell$，

$$|T(f)(x)-y_0|=\left|\int_{x_0}^{x} g(t,f(t))\mathrm{d}t\right|\leqslant \ell K$$

因此当 $\ell K\leqslant b$ 时，$T(X_\ell)\subseteq X_\ell$.

观察到对函数 f_1，$f_2\in X_\ell$ 和 $x\in I_\ell$，我们从(16)推出

$$|g(x,f_1(x))-g(x,f_2(x))|\leqslant M\rho_{\max}(f_1,f_2)$$

因此，用积分的线性和单调性，我们有

$$\begin{aligned}|T(f_1)(x)-T(f_2)(x)| &= \left|\int_{x0}^{x}[g(t,f_1(t))-g(t,f_2(t))]\mathrm{d}t\right| \\ &\leqslant |x-x_0|M\rho_{\max}(f_1,f_2)\leqslant \ell M\rho_{\max}(f_1,f_2)\end{aligned}$$

当 $\ell K\leqslant b$ 时，该不等式以及包含关系 $T(X_\ell)\subseteq X_\ell$ 蕴涵

$$\text{若 } \ell K\leqslant b \text{ 且 } \ell M\leqslant 1,\quad T:X_\ell\to X_\ell \text{ 是一个压缩}$$

定义 $\ell=\min\{b/K, 1/2M\}$. Banach 压缩原理告诉我们映射 $T:X_\ell\to X_\ell$ 有唯一的不动点. ■

218

习题

29. 令 p 为多项式. 证明 $p:\mathbf{R}\to\mathbf{R}$ 是 Lipschitz 的当且仅当 p 的次数小于 2.
30. 固定 $\alpha>0$，对$[0, 1]$中的 x 定义 $f(x)=\alpha x(1-x)$.
    (1) α 为何值时 $f([0, 1])\subseteq[0, 1]$?
    (2) α 为何值时 $f([0, 1])\subseteq[0, 1]$且 $f:[0, 1]\to[0, 1]$是一个收缩?
31. 度量空间到其自身的 Lipschitz 常数小于 1 的 Lipschitz 映射必有一个不动点吗?
32. 完备度量空间到其自身的 Lipschitz 常数为 1 的 Lipschitz 映射必有一个不动点吗?

33. 令 X 为紧度量空间而 T 是从 X 到其自身的映射，使得对所有 u，$v \in X$，

$$\rho(T(u),\quad T(v)) < \rho(u,v)$$

证明 T 有唯一的不动点.

34. 对所有实数 x 定义 $f(x)=\pi/2+x-\arctan x$. 证明：

$$\text{对所有 } u,v \in \mathbf{R},\quad |f(u)-f(v)| < |u-v|$$

证明 f 没有不动点. 这与前一个习题矛盾吗？

35. 在欧氏空间 $\mathbf{R}^n$ 中考虑闭单位球 $B=\{x \in \mathbf{R}^n \mid \|x\| \leqslant 1\}$. 令 f 为将 B 映到 B 的 Lipschitz 常数为 1 的 Lipschitz 映射. 不用 Brouwer 不动点定理，证明 f 有一个不动点.

36. 假定映射 $f:\mathbf{R}^n \to \mathbf{R}^n$ 是一个压缩. 对 $\mathbf{R}^n$ 中的所有 x，定义 $g(x)=x-f(x)$. 证明映射 $g:\mathbf{R}^n \to \mathbf{R}^n$ 既是一对一又是映上的. 也证明 g 和它的逆是连续的.

37. 令 X 为包含点 x_0 的完备度量空间且令 r 为正实数. 定义 $K=\{x \text{ 属于 } X \mid \rho(x,\ x_0) \leqslant r\}$. 假定映射 $T:K \to X$ 是 Lipschitz 常数为 c 的 Lipschitz 映射，且 $cr+\rho(T(x_0),\ x_0) \leqslant r$. 证明 $T(K) \subseteq K$ 且 $T:K \to X$ 有一个不动点.

38. 证明：若函数 $g:\mathbf{R}^2 \to \mathbf{R}$ 有连续的一阶偏导数，则对 $\mathbf{R}^2$ 中的每个点 $(x_0,\ y_0)$ 存在 $(x_0,\ y_0)$ 的邻域 $\mathcal{O}$ 使得在其上 Lipschitz 假设(16)成立.

39. 函数 $g:\mathbf{R}^2 \to \mathbf{R}$ 具有形式 $g(x,\ y)=h(x)+by$，其中函数 $h:\mathbf{R} \to \mathbf{R}$ 是连续的，证明以下是(14)的解的直接表达式：

$$\text{对 } I \text{ 中的所有 } x, f(x) = \mathrm{e}^{b(x-x_0)}y_0 + \int_{x_0}^{x} \mathrm{e}^{b(x-t)}h(t)\,\mathrm{d}t$$

40. 考虑微分方程

$$\text{对所有 } x \in \mathbf{R},\quad f'(x) = 3[f(x)]^{\frac{2}{3}}$$
$$f(0) = 0$$

证明恒等于零的函数 $f:\mathbf{R} \to \mathbf{R}$ 是解，且定义为若 $x<0$ 有 $f(x)=0$ 而若 $x \geqslant 0$ 有 $f(x)=x^3$ 的函数 $f:\mathbf{R} \to \mathbf{R}$ 也是解. 这与 Picard 存在定理矛盾吗？

219

41. 对于正数 ε，考虑微分方程

$$f'(x) = (1/\varepsilon)[1+(f(x))^2],\quad \text{对所有 } x \in \mathbf{R}$$
$$f(0) = 0$$

证明在区间 $I=(-\varepsilon(\pi/2),\ \varepsilon(\pi/2))$ 上存在该微分方程的唯一解 $f(x)=\tan(x/\varepsilon)$ 且在严格包含 I 的区间上不存在解.

42. 令 I 为 $\mathbf{R}$ 中的开区间，假定函数 $h:I \to \mathbf{R}$ 具有性质：存在 I 中的点 $x_1<x_2$ 以及数 c 使得 $h(x_1)<c<h(x_2)$ 但 c 不属于 $h(I)$. 通过证明若 $f:I \to \mathbf{R}$ 是一个解，则连续函数 $f(x)-cx$ 在区间 $[x_1,\ x_2]$ 上取不到最小值，证明微分方程(14)没有解.

43. 用前一个习题叙述与证明 Darboux 的以下定理：令 I 为 $\mathbf{R}$ 中的开区间，假定 $f:I \to \mathbf{R}$ 是可微的. 则导数 $f':I \to \mathbf{R}$ 的象是一个区间.

44. 叙述和证明以下微分方程系统的 Picard 存在性定理：$\mathcal{O}$ 是 $\mathbf{R} \times \mathbf{R}^n$ 的开子集，$g:\mathcal{O} \to \mathbf{R}^n$ 是连续的，点 $(x_0,\ y_0)$ 在 $\mathcal{O}$ 中，微分方程系统是：

$$f'(x) = g(x, f(x)),\quad \text{对所有 } x \in I$$
$$f(x_0) = y_0$$

220

（提示：用 Lipschitz 映射逼近 g，接着用 Arzelà-Ascoli 定理.）

第 11 章　拓扑空间：一般性质

前两章我们研究了度量空间．在这些空间中，我们首先用度量定义开球，再用开球定义开集．我们发现可以仅用与度量相联系的开集表达一些概念．本章我们研究基于开集的空间：其他概念可通过开集定义．这样的空间称为拓扑空间．它们比度量空间更为一般．或许你会问：为什么不停留在度量空间？从分析的观点来看，主要的理由是常常需要在一个比由度量空间所提供的更为一般的框架下研究序列的收敛性或集合的紧性这样的概念．直接的例子是考虑集合上的实值函数族．函数序列一致收敛的概念是一个度量概念．逐点收敛的概念不是一个度量概念．另一个突出的例子来自作为赋范线性空间的集合 X．具有由范数诱导的集合 X 是一个度量空间．关于该度量有序列收敛和集合紧性的概念．但在 X 上有一些重要的概念，如序列的弱收敛性(我们在第 8 章研究过它)和集合的弱紧性，它们不能在度量的框架下阐述．它们可被阐述为拓扑赋范线性空间上的一个称为弱拓扑的拓扑概念．此外，不同拓扑的比较便于我们理解不同模式的序列收敛的微妙之处．

11.1　开集、闭集、基和子基

定义　令 X 为非空集．X 的**拓扑** $\mathcal{T}$ 是 X 的称为开集的子集族，具有以下性质：

(i) 全空间 X 和空集 $\varnothing$ 是开的．

(ii) 任何开集的有限族的交是开的．

(iii) 任何开集族的并是开的．

非空集 X 与 X 上的拓扑一起，称为**拓扑空间**．对于 X 中的点 x，包含 x 的开集称为 x 的**邻域**．

我们有时将拓扑空间记为 $(X, \mathcal{T})$．通常我们仅对给定点集的某个拓扑感兴趣，在这样的情形下我们有时用记号 X 既表示点集又表示拓扑空间 $(X, \mathcal{T})$．当需要更精确时，我们直接写出拓扑．

命题 1　拓扑空间 X 的子集 E 是开的当且仅当对 E 的每个点 x，存在包含于 E 的 x 的邻域．

证明　这立即从邻域的定义和拓扑的性质(开集族的并仍然是开的)得到．　■

度量拓扑　考虑度量空间 (X, ρ)．定义 X 的子集 $\mathcal{O}$ 为开的，若对每个点 $x \in \mathcal{O}$ 存在中心在 x 包含于 $\mathcal{O}$ 的开球．因此开集是开球族的并．第 9 章的命题 1 断言开集族是 X 的拓扑．我们称它为由度量 ρ 诱导的度量拓扑．作为集合上的度量拓扑的特殊情形，我们有由 $\mathbf{R}^n$ 上的欧氏度量诱导的欧氏拓扑[⊖]．

离散拓扑　令 X 为任何非空集．定义 $\mathcal{T}$ 为 X 的所有子集族．则 $\mathcal{T}$ 称为 X 的离散拓扑．对于离散拓扑，每个包含点的集合是该点的一个邻域．离散拓扑由离散度量诱导．

平凡拓扑　令 X 为任何非空集．定义 $\mathcal{T}$ 为 X 的由 $\varnothing$ 和 X 组成的子集族．则 $\mathcal{T}$ 是 X 的拓扑．对于平凡拓扑，一个点的仅有的邻域是整个集合 X．

拓扑子空间　给定拓扑空间 $(X, \mathcal{T})$ 和 X 的非空子集 E，定义 E 的拓扑 $\mathcal{S}$ 为所有形如 $E\cap\mathcal{O}$ 的集合，其中 $\mathcal{O}$ 属于 $\mathcal{T}$．我们称拓扑空间 $(E, \mathcal{S})$ 为 $(X, \mathcal{T})$ 的**子空间**．

在初等分析中我们定义 $\mathbf{R}$ 的子集为开的含义时不需要用到“拓扑”这个词．在第 1 章，我们证明了拓扑空间 $\mathbf{R}$ 具有性质：每个开集是开区间的可数不交族的并．在一个度量空间中，每个开集是开球族的并．

在一般拓扑空间中，区分出一族称为基的开集时常是有用的：它们是拓扑的基石．

定义　对于拓扑空间 $(X, \mathcal{T})$ 和 X 中的点 x，x 的邻域族 $\mathcal{B}_x$ 称为 x 的**拓扑基**，若对 x 的任何邻域 $\mathcal{U}$，存在 $\mathcal{B}_x$ 中的集合 $\mathcal{B}$ 使得 $\mathcal{B}\subseteq\mathcal{U}$．开集族 $\mathcal{B}$ 称为拓扑 $\mathcal{T}$ 的**基**，若它在每一点包含拓扑的基．

222

观察到拓扑的一个子族是该拓扑的基当且仅当每个非空开集是 $\mathcal{B}$ 的子族的并．一旦拓扑的基事先指定，拓扑就完全定义：它由 $\varnothing$ 以及属于基的集合的并组成．拓扑常通过具体化基来定义．以下命题叙述了 X 的子集族成为拓扑的基必须具有的性质．

命题 2　对于非空集 X，令 $\mathcal{B}$ 为 X 的子集族．则 $\mathcal{B}$ 是一个拓扑基当且仅当

(i) $\mathcal{B}$ 覆盖 X，即 $X=\bigcup_{B\in\mathcal{B}} B$．

(ii) 若 B_1 和 B_2 属于 $\mathcal{B}$ 且 $x\in B_1\cap B_2$，则存在 $\mathcal{B}$ 中的集合 B 使得 $x\in B\subseteq B_1\cap B_2$．

以 $\mathcal{B}$ 为基的唯一的拓扑由 $\varnothing$ 以及 $\mathcal{B}$ 的子族的并组成．

证明　假设 $\mathcal{B}$ 具有性质(i)和(ii)．定义 $\mathcal{T}$ 为 $\mathcal{B}$ 的子族的并与 $\varnothing$ 组成的族．我们宣称 $\mathcal{T}$ 是 X 的拓扑．的确，我们从(i)推出集合 X 是 $\mathcal{B}$ 中所有集合的并，因此它属于 $\mathcal{T}$．此外，$\mathcal{T}$ 的子族的并也是 $\mathcal{B}$ 的子族的并，因此属于 $\mathcal{T}$．剩下来要证明：若 $\mathcal{O}_1$ 和 $\mathcal{O}_2$ 属于 $\mathcal{T}$，则交 $\mathcal{O}_1\cap\mathcal{O}_2$ 属于 $\mathcal{T}$．事实上，令 x 属于 $\mathcal{O}_1\cap\mathcal{O}_2$．则存在 $\mathcal{B}$ 中的集合 B_1 与 B_2 使得 $x\in B_1\subseteq\mathcal{O}_1$，$x\in B_2\subseteq\mathcal{O}_2$．用(ii)，选取 $\mathcal{B}$ 中的 B_x 满足 $x\in B_x\subseteq B_1\cap B_2$．则 $\mathcal{O}_1\cap\mathcal{O}_2=\bigcup_{x\in\mathcal{O}}B_x$，是 $\mathcal{B}$ 的子族的并．因此 $\mathcal{T}$ 是以 $\mathcal{B}$ 为基的拓扑．它是唯一的．我们将逆命题的证明留作练习．■

一组基确定唯一的拓扑．然而一般情况下，一个拓扑有许多基．例如，开区间族是 $\mathbf{R}$

⊖ 除非特别声明，否则谈到拓扑空间 $\mathbf{R}^n$，我们意味着具有欧氏拓扑的集合 $\mathbf{R}^n$．在习题中我们在 $\mathbf{R}$ 与 $\mathbf{R}^2$ 上引入更为奇异的拓扑(关于 Sorgenfrey 直线见习题 9，而 Moore 平面见习题 10)．

上欧氏拓扑的一个基，而具有有理端点的开有界区间族也是该拓扑的一个基.

例子　令$(X, \mathcal{T})$和$(Y, \mathcal{S})$为拓扑空间. 在笛卡儿积 $X\times Y$ 上，考虑由乘积 $\mathcal{O}_1\times\mathcal{O}_2$ 组成的集族 $\mathcal{B}$，其中 $\mathcal{O}_1$ 在 X 中是开的且 $\mathcal{O}_2$ 在 Y 中是开的. 我们把检验 $\mathcal{B}$ 是 $X\times Y$ 上的拓扑的基留作练习. 该拓扑称为 $X\times Y$ 上的乘积拓扑.

定义　对于拓扑空间$(X, \mathcal{T})$，$\mathcal{T}$的覆盖 X 的子族 $\mathcal{S}$ 称为拓扑 $\mathcal{T}$的**子基**，若 $\mathcal{S}$ 的有限子族的交是 $\mathcal{T}$的基.

例子　考虑闭有界区间$[a, b]$作为承袭 $\mathbf{R}$ 的拓扑的拓扑空间. 该空间有形如$[a, c)$或$(c, b]$的区间组成的子基，$a<c<b$.

用命题 2 不难看出，$\mathcal{S}$ 的有限子族的交是一个基.

223

定义　对于拓扑空间 X 的子集 E，点 $x\in X$ 称为 E 的**闭包点**，若 x 的每个邻域都包含 E 中的点. E 的闭包点全体称为 E 的**闭包**且记为 $\overline{E}$.

显然我们总是有 $E\subseteq\overline{E}$. 若 E 包含它的所有闭包点，即 $E=\overline{E}$，集合 E 称为闭的.

命题 3　对于拓扑空间 X 的子集 E，它的闭包 $\overline{E}$ 是闭的. 此外，$\overline{E}$ 是包含 E 的最小闭子集，若 F 是闭集且 $E\subseteq F$，则 $\overline{E}\subseteq F$.

证明　集合 $\overline{E}$ 是闭的，若它包含所有的闭包点. 令 x 为 $\overline{E}$ 的闭包点. 考虑 x 的邻域 $\mathcal{U}_x$. 存在点 $x'\in E\cap\mathcal{U}_x$. 由于 x'是 E 的闭包点而 $\mathcal{U}_x$ 是 x'的一个邻域，存在点 $x''\in E\cap\mathcal{U}_x$. 因此 x 的每个邻域包含 E 的点，故 $x\in\overline{E}$. 因此集合 $\overline{E}$ 是闭的. 显然若 $A\subseteq B$，则 $\overline{A}\subseteq\overline{B}$，因此若 F 是闭的且包含 E，则 $\overline{E}\subseteq\overline{F}=F$. ■

命题 4　拓扑空间 X 的子集 E 是开的当且仅当它的补是闭的.

证明　首先假定 E 在 X 中是开的. 令 x 为 $X\sim E$ 的闭包点. 则 x 不属于 E，这是因为否则将有 x 的一个邻域包含于 E，因此与 $X\sim E$ 不交. 因此 x 属于 $X\sim E$. 现在假定 $X\sim E$ 是闭的. 令 x 属于 E. 则必有 x 的邻域包含于 E，否则 x 的每个邻域将包含 $X\sim E$ 中的点，因此 x 将是 $X\sim E$ 的闭包点. 由于 $X\sim E$ 是闭的，x 属于 $X\sim E$. 这是一个矛盾. ■

由于 $X\sim[X\sim E]=E$，从前一个命题得出拓扑空间 X 的子集是闭的当且仅当它的补在 X 中是开的. 因此，根据 De Morgan 等式，拓扑空间的闭子集族具有以下性质.

命题 5　令 X 为拓扑空间. 空集$\varnothing$和全空间 X 是闭的，X 的闭子集的任何有限族的并是闭的，X 的任何闭子集族的交是闭的.

习题

1. 证明非空集 X 的离散拓扑是一个度量拓扑.

2. 证明集合上的离散拓扑有唯一的基.
3. 关于命题 2，证明若 $\mathcal{B}$ 是拓扑的基，则性质(i)和(ii)成立.

224

4. 令 $\mathcal{T}_1$ 和 $\mathcal{T}_2$ 是非空集 X 的拓扑. 证明 $\mathcal{T}_1=\mathcal{T}_2$ 当且仅当存在 $\mathcal{T}_1$ 的基 $\mathcal{B}_1$ 与 $\mathcal{T}_2$ 的基 $\mathcal{B}_2$，在 X 中的每个点 x 以下面方式相联系：对 x 的每个属于 $\mathcal{B}_1$ 的邻域 N_1，存在 x 的属于 $\mathcal{B}_2$ 的邻域 N_2 使得 $N_2\subseteq N_1$，且对 x 的每个属于 $\mathcal{B}_2$ 的邻域 N_2，存在 x 的属于 $\mathcal{B}_1$ 邻域 N_1 使得 $N_1\subseteq N_2$.
5. 令 E 为拓扑空间 X 的子集.
   (i) 点 $x\in X$ 称为 E 的内点，若存在 x 的邻域包含于 E：内点全体称为 E 的内部且记为 $\text{int }E$. 证明 $\text{int }E$ 总是开的且 E 是开的当且仅当 $E=\text{int}E$.
   (ii) 点 $x\in X$ 称为外点，若存在 x 的邻域包含于 $X\sim E$：外点全体称为 E 的外部且记为 $\text{ext}E$. 证明 $\text{ext}E$ 总是开的且 E 是开的当且仅当 $\overline{E}\sim E\subseteq\text{ext}E$.
   (iii) 点 $x\in X$ 称为 E 的边界点，若 x 的每个邻域包含 E 与 $X\sim E$ 中的点：边界点全体称为 E 的边界且记为 $\text{bd}E$. 证明：(i)$\text{bd}E$ 总是闭的，(ii)E 是开的当且仅当 $E\cap\text{bd}E=\varnothing$，(iii)$E$ 是闭的当且仅当 $\text{bd}E\subseteq E$.
6. 令 A 和 B 为拓扑空间 X 的子集. 证明：若 $A\subseteq B$ 则 $\overline{A}\subseteq\overline{B}$. 证明$(\overline{A\cup B})=\overline{A}\cup\overline{B}$ 和$(\overline{A\cap B})\subseteq\overline{A}\cap\overline{B}$.
7. 令 $\mathcal{O}$ 为拓扑空间 X 的开子集. 对于 X 的子集 E，证明 $\mathcal{O}$ 与 E 不交当且仅当它与 $\overline{E}$ 不交.
8. 对非空集 X 的子集族 $\mathcal{S}$，证明存在 X 上的拓扑 $\mathcal{T}$，它包含族 $\mathcal{S}$ 且具有性质：任何包含 $\mathcal{S}$ 的其他拓扑也包含 $\mathcal{T}$：它是包含 $\mathcal{S}$ 的具有最少个数集合的拓扑.
9. (Sorgenfrey 直线)证明形如$[a, b)$(其中 $a<b$)的区间族是实数集 $\mathbf{R}$ 的拓扑的基. 具有该拓扑的实数集 $\mathbf{R}$ 称为 Sorgenfrey 直线.
10. (Moore 平面)考虑上半平面 $\mathbf{R}^{2,+}=\{(x, y)\in\mathbf{R}^2 \mid y\geqslant 0\}$. 对满足 $y>0$ 的点(x, y)，取中心为(x, y)且包含于上半平面的通常的欧氏开球作为点$(x, 0)$的基本开邻域. 取与在$(x, 0)$的实直线相切的上半平面的欧氏开球为基本开邻域. 证明该集族是一个基. 具有该拓扑的集合 $\mathbf{R}^{2,+}$ 称为 Moore 平面.
11. (Kuratowski 14 子集问题)
    (i) 令 E 为拓扑空间 X 的子集. 证明重复用补与闭包至多能从 E 得到 14 个不同的集合.
    (ii) 在 $\mathbf{R}^2$ 中给出从适当的 E 得到 14 个不同的集合.

11.2　分离性质

为了对拓扑空间以及这些空间之间的连续映射建立有趣的结果，有必要丰富原始的拓扑结构. 本节我们对集合 X 上的拓扑考虑分离性质，它确保拓扑区分某种不交的点集，作为一个结果，确保 X 上存在鲁棒的连续实值函数族.

225

在拓扑空间中我们已定义了点的邻域. 对于拓扑空间 X 的子集 K，谈到 **K 的邻域**我们指的是包含 K 的开集. 我们称 X 的两个子集 A 和 B **被不交邻域分离**，若存在 A 和 B 的邻域，它们是不交的. 对于拓扑空间 X 我们考虑以下四种分离性质：

Tychonoff 分离性质　对 X 的两个点 u 和 v，存在 u 的邻域不包含点 v 且存在 v 的邻域不包含点 u.

Hausdorff 分离性质　X 中每两个点可被不交的邻域分离.

正则分离性质　Tychonoff 分离性质成立，且进一步地，每个闭集与不属于该集的点可被不交的邻域分离.

正规分离性质　Tychonoff 分离性质成立，且进一步地，每两个不交的闭集可被不交的邻域分离.

自然地，我们称拓扑空间为 Tychonoff、Hausdorff、正则或正规，若它满足相应的分离性质.

命题 6　*拓扑空间 X 是一个 Tychonoff 空间当且仅当每个单点集是闭的.*

证明　令 x 为 X 中的点. 集合 $\{x\}$ 是闭的当且仅当 $X \sim \{x\}$ 是开的. 现在 $X \sim \{x\}$ 是开的当且仅当对 $X \sim \{x\}$ 中的每个点 y，存在 y 的邻域不包含于 $X \sim \{x\}$，即存在 y 的邻域不包含 x. ■

命题 7　*每个度量空间是正规的.*

证明　令 (X, ρ) 为度量空间. 定义 X 的子集 F 和 X 中的点 x 的距离为

$$\operatorname{dist}(x,F) = \inf\{\rho(x,x') \mid x' \text{ 属于 } F\}$$

令 F_1 和 F_2 为 X 的闭的不交子集. 定义

$$\mathcal{O}_1 = \{x \text{ 在 } X \text{ 中} \mid \operatorname{dist}(x,F_1) < \operatorname{dist}(x,F_2)\} \text{ 和 } \mathcal{O}_2 = \{x \text{ 在 } X \text{ 中} \mid \operatorname{dist}(x,F_2) < \operatorname{dist}(x,F_1)\}$$

由于闭集的补集是开的，若 F 是闭的而 x 不属于 F，则 $\operatorname{dist}(x, F) > 0$. 因此 $F_1 \subseteq \mathcal{O}_1$，$F_2 \subseteq \mathcal{O}_2$，且显然 $\mathcal{O}_1 \cap \mathcal{O}_2 = \emptyset$. 此外，用关于度量的三角不等式，不难看出 $\mathcal{O}_1$ 与 $\mathcal{O}_2$ 是开的. ■

利用显然的记号，前两个命题给出了集合 X 上的拓扑族之间的包含关系链：

$$\mathcal{T}_{\text{度量}} \subseteq \mathcal{T}_{\text{正规}} \subseteq \mathcal{T}_{\text{正则}} \subseteq \mathcal{T}_{\text{Hausdorff}} \subseteq \mathcal{T}_{\text{Tychonoff}}$$

我们用闭集的网邻域重述正规性结束这简短的一节.

226

命题 8　*令 X 为 Tychonoff 拓扑空间. 则 X 是正规的当且仅当只要 $\mathcal{U}$ 是 X 的闭子集 F 的邻域，则存在 $\mathcal{F}$ 的另一个邻域其闭包包含于 $\mathcal{U}$，即存在开集 $\mathcal{O}$ 使得*

$$F \subseteq \mathcal{O} \subseteq \overline{\mathcal{O}} \subseteq \mathcal{U}$$

证明　首先假设 X 是正规的. 由于 F 和 $X \sim \mathcal{U}$ 是不交的闭集，存在不交的开集 $\mathcal{O}$ 和 $\mathcal{V}$ 使得 $\mathcal{F} \subseteq \mathcal{O}$ 且 $X \sim \mathcal{U} \subseteq \mathcal{V}$. 因此 $\mathcal{O} \subseteq X \sim \mathcal{V} \subseteq \mathcal{U}$. 因为 $\mathcal{O} \subseteq X \sim \mathcal{V}$ 且 $X \sim \mathcal{V}$ 是闭的，所以 $\overline{\mathcal{O}} \subseteq X \sim \mathcal{V} \subseteq \mathcal{U}$.

为证明逆命题，假定网邻域性质成立. 令 A 和 B 为 X 的不交的闭子集. 则 $A \subseteq X \sim B$ 且 $X \sim B$ 是开的. 因此存在一个开集 $\mathcal{O}$ 使得 $A \subseteq \mathcal{O} \subseteq \overline{\mathcal{O}} \subseteq X \sim B$. 因此 $\mathcal{O}$ 和 $X \sim \overline{\mathcal{O}}$ 分别是 A 和 B 的不交邻域. ■

习题

12. 证明：若 F 是正规空间 X 的闭子集，则子空间 F 是正规的. F 闭的假设是否必要？

13. 令 X 为拓扑空间. 证明 X 是 Hausdorff 的当且仅当对角线 $D = \{(x_1, x_2) \in X \times X \mid x_1 = x_2\}$ 是 $X \times X$

的闭子集.

14. 考虑具有由空集与形如$(-\infty, c)$，$c\in\mathbf{R}$ 的集合组成的拓扑的实数集. 证明该空间是 Tychonoff 的但不是 Hausdorff 的.
15. (Zariski 拓扑)在 $\mathbf{R}^n$ 中令 $\mathcal{B}$ 为集族$\{x\in\mathbf{R}^n \mid p(x)\neq 0\}$，其中 p 是 n 个变量的多项式. 令 $\mathcal{T}$为 X 上以 $\mathcal{B}$ 为子基的拓扑. 证明 $\mathcal{T}$是 $\mathbf{R}^n$ 的拓扑. 它是 Tychonoff 的但不是 Hausdorff 的.
16. 证明 Sorgenfrey 直线与 Moore 平面是 Hausdorff 的(见习题 9 与 10).

11.3　可数性与可分性

在度量空间中我们已定义了序列收敛的含义. 以下是序列的收敛性在拓扑空间的自然推广.

定义　拓扑空间 X 中的序列$\{x_n\}$称为**收敛**到点 $x\in X$，若对 x 的每个邻域$\mathcal{U}$，存在指标 N 使得若 $n\geqslant N$，则 x_n 属于 $\mathcal{U}$. 点 x 称为该序列的一个**极限**.

在度量空间中，一个序列不可能收敛于两个不同的点. 在一般的拓扑空间中，一个序列可能收敛于两个不同的点. 例如，对于集合上的平凡拓扑，每个序列收敛到每个点. 对于 Hausdorff 空间，序列有唯一的极限.

定义　拓扑空间 X 称为**第一可数的**，若在每一点存在可数基. 空间 X 称为**第二可数的**，若存在该拓扑的可数基.

227　显然第二可数空间是第一可数的.

例子　每个度量空间 X 是第一可数的. 开球的可数族$\{B(x, 1/n)\}_{n=1}^{\infty}$是由度量诱导的拓扑在 x 的基.

我们将以下命题的证明留作练习.

命题 9　令 X 为第一可数拓扑空间. 对于 X 的子集 E，点 $x\in X$ 是 E 的闭包点当且仅当它是 E 中序列的极限. 因此 X 的子集 E 是闭的当且仅当只要 E 中的点收敛到 $x\in X$，点 x 属于 E.

在不是第一可数的拓扑空间，可能一个点是闭包点但没有序列收敛到该点(见习题 22).

定义　拓扑空间 X 的子集 E 称为在 X 中**稠密**，若 X 的每个开集包含 E 的点. 我们称 X 为**可分**的，若它有可数的稠密子集.

显然 E 在 X 中稠密当且仅当 X 中的每个点是 E 的闭包点，即 $\overline{E}=X$.

在第 9 章，我们证明了一个度量空间是第二可数的当且仅当它是可分的. 在一般的拓扑空间，第二可数空间是可分的，但一个可分空间，即使是第一可数的，也可以不是第二可数的(见习题 21).

拓扑空间称为**可度量化的**，若该拓扑可被度量诱导．不是每个拓扑都可被度量诱导．事实上，我们已看到度量空间是正规的，因此当然地，多于一点的集合上的平凡拓扑是不可度量化的．自然要问是否可能识别那些可度量化的拓扑空间．谈到这一点我们意味着用拓扑的开集叙述拓扑可由度量诱导的充分与必要准则．存在这样的准则[⊖]．在拓扑空间 X 是第二可数的情形，存在可度量化的简单的充分与必要准则．

Urysohn 度量化定理 *令 X 为第二可数拓扑空间．则 X 是可度量化的当且仅当它是正规的．*

我们已经证明一个度量空间是正规的．对第二可数拓扑空间，逆命题也成立．我们把它的证明推迟到下一章．

习题

17. 拓扑空间称为 Lindelöf 空间或有 Lindelöf 性质，若 X 的每个开覆盖有可数子覆盖．证明：若 X 是第二可数的，则它是 Lindelöf 的．
18. 令 X 为不可数点集，且令 $\mathcal{T}$ 为 $\varnothing$ 与 X 的所有具有有限补的子集组成的集族．证明 $\mathcal{T}$ 是 X 的拓扑且空间 $(X, \mathcal{T})$ 不是第一可数的．
19. 证明第二可数空间是可分的且第二可数空间的每个子空间是第二可数的．
20. 证明 Moore 平面是可分的(见习题 10)．证明 Moore 平面的子空间 $\mathbf{R}\times\{0\}$ 是不可分的．得出 Moore 平面不是可度量化的且不是第二可数的．

228

21. 证明 Sorgenfrey 直线是第一可数的但不是第二可数的．得出 Sorgenfrey 直线不是可度量化的．
22. 令 $X_1 = N\times N$，其中 N 表示自然数集且取 $X = X_1 \cup \{\omega\}$，其中 ω 不属于 X_1．对每个自然数列 $s=\{m_k\}$ 与自然数 n，定义

$$B_{s,n} = \{\omega\} \cup \{(j,k): \text{对所有 } k \geqslant n, j \geqslant m_k\}$$

    (i) 证明集合 $B_{s,n}$ 与单点集 $\{(j, k)\}$ 一起构成 X 上的拓扑的基．
    (ii) 证明 ω 是 X_1 的闭包点，即使不存在 X_1 中的序列 $\{x_n\}$ 收敛到 ω．
    (iii) 证明空间 X 是可分的但不是第一可数的，从而不是第二可数的．
    (iv) X 是 Lindelöf 空间吗？

11.4 拓扑空间之间的连续映射

我们通过收敛的序列定义度量空间之间的映射的连续性．映射 f 在 x 连续，若序列收敛到 x，则该序列的象收敛到 $f(x)$．我们接着证明这等价于用开球表示的 ε-δ 准则．连续性的概念可用以下自然的方式推广到拓扑空间之间的映射．

定义 *对于拓扑空间 $(X, \mathcal{T})$ 和 $(Y, \mathcal{S})$，映射 $f: X\rightarrow Y$ 称为在点 x_0* **连续**，*若对任何 $f(x_0)$ 的邻域 $\mathcal{O}$，存在 x_0 的邻域 $\mathcal{U}$ 使得 $f(\mathcal{U})\subseteq\mathcal{O}$．若它在 X 的每一点连续，我们称它为连续的．*

⊖ Nagata-Smirnov-Bing 度量化定理是这样的一个结果，见 John Kelley 的《General Topological》的 127 页．

命题 10　拓扑空间 X 和 Y 之间的映射 $f:X\to Y$ 是连续的当且仅当对 Y 中的任何开集 $\mathcal{O}$，它在 f 下的原象 $f^{-1}(\mathcal{O})$ 是 X 的开子集.

证明　首先假定 f 是连续的. 令 $\mathcal{O}$ 在 Y 中是开的. 根据命题 1，为证明 $f^{-1}(\mathcal{O})$ 是开的仅须证明 $f^{-1}(\mathcal{O})$ 的每个点有一个包含于 $f^{-1}(\mathcal{O})$ 的邻域. 令 x 属于 $f^{-1}(\mathcal{O})$. 则根据 f 在 x 的连续性，存在 x 的邻域，它被映射到 $\mathcal{O}$，因此它包含于 $f^{-1}(\mathcal{O})$. 反之，若 f^{-1} 将开集映到开集，f 在整个 X 连续. ■

对于从拓扑空间 X 到拓扑空间 Y 的连续映射 f，根据子空间拓扑的定义，f 到 X 的子空间的限制也是连续的. 我们把下一个命题的证明留作练习.

229

命题 11　拓扑空间之间的连续映射的复合是连续的.

定义　给定集合 X 的两个拓扑 $\mathcal{T}_1$ 和 $\mathcal{T}_2$，若 $\mathcal{T}_2\subseteq\mathcal{T}_1$，我们说 $\mathcal{T}_2$ 比 $\mathcal{T}_1$ **弱**，也说 $\mathcal{T}_1$ 比 $\mathcal{T}_2$ **强**.

给定集合 X 的一个覆盖 $\mathcal{S}$，理解 X 的使得覆盖是开的拓扑是有用的. 当然，$\mathcal{S}$ 关于 X 上的离散拓扑是开的. 事实上，存在 X 的最弱拓扑使得该覆盖是开的：它是以 $\mathcal{S}$ 为子基的唯一拓扑. 我们将以下命题的证明留作练习.

命题 12　令 X 为非空集合而 $\mathcal{S}$ 是覆盖 X 的任何子集族. $\mathcal{S}$ 的有限交组成的 X 的子集族是 X 的拓扑 $\mathcal{T}$ 的基. 它是包含 $\mathcal{S}$ 的最弱拓扑：若 $\mathcal{T}'$ 是 X 的任何其他包含 $\mathcal{S}$ 的拓扑，则 $\mathcal{T}\subseteq\mathcal{T}'$.

定义　令 X 为非空集合而 $\mathcal{F}=\{f_\alpha:X\to X_\alpha\}_{\alpha\in\Lambda}$ 是映射族，其中每个 X_α 是拓扑空间. X 的包含集族

$$\{f_\alpha^{-1}(\mathcal{O}_\alpha)\mid f_\alpha\in\mathcal{F},\mathcal{O}_\alpha\text{ 在 }X_\alpha\text{ 中是开的}\}$$

的最弱拓扑称为 X 的由 $\mathcal{F}$ 诱导的**弱拓扑**.

命题 13　令 X 为非空集合而 $\mathcal{F}=\{f_\lambda:X\to X_\lambda\}_{\lambda\in\Lambda}$ 是映射族，其中每个 X_λ 是拓扑空间. X 的由 $\mathcal{F}$ 诱导的弱拓扑是 X 上的拓扑，使得每个映射 $f_\lambda:X\to X_\lambda$ 是连续的拓扑中具有最少个数的集合.

证明　根据命题 10，对 Λ 中的每个 λ，$f_\lambda:X\to X_\lambda$ 是连续的当且仅当 X_λ 中的每个开集在 f_λ 的原象在 X 中是开的. ■

定义　从拓扑空间 X 到拓扑空间 Y 的连续映射称为是**同胚映射**，若它是一对一的，将 X 映上 Y，且有从 Y 到 X 的连续的逆 f^{-1}.

显然同胚的逆是同胚且同胚的复合是同胚. 两个拓扑空间 X 与 Y 称为是**同胚的**，若它们之间存在同胚映射. 这是拓扑空间之间的等价关系，即它是自反、对称与传递的. 从拓扑的观点，两个同胚的拓扑空间是不可区分的，这是由于根据命题 10，对于 X 映上 Y 的

同胚 f，集合 E 在 X 中是开的当且仅当它的象 $f(E)$ 在 Y 中是开的. 同胚的概念在拓扑空间中所起的作用正如同等距在度量空间中、群同构在群中所起的作用. 但这里要注意. 在下一个例子我们证明，对实数的 Lebesgue 可测集 E，$L^1(E)$ 同胚于 $L^2(E)$[⊖].

230

例子 (Mazur)　令 E 为实数的 Lebesgue 可测集. 对 $L^1(E)$ 中的 f，定义 E 上的函数 $\Phi(f)$ 为 $\Phi(f)(x)=\text{sgn}(f(x))|f(x)|^{1/2}$. 则 $\Phi(f)$ 属于 $L^2(E)$. 我们把证明对任何两个数 a 和 b，

$$\left|\text{sgn}(a)\cdot|a|^{1/2}-\text{sgn}(b)\cdot|b|^{1/2}\right|^2\leqslant 2\cdot|a-b|$$

留作练习.

因此对 $L^1(E)$ 中的所有 f，g，

$$\|\Phi(f)-\Phi(g)\|_2^2\leqslant 2\cdot\|f-g\|_1$$

由此得出 Φ 是将 $L^1(E)$ 映到 $L^2(E)$ 的连续的一一映射. 它也将 $L^1(E)$ 映上 $L^2(E)$ 且它的逆 Φ^{-1} 定义为对 $L^2(E)$ 中的 f，$\Phi^{-1}(f)(x)=\text{sgn}(f(x))|f(x)|^2$. 用习题 38 得出逆映射 Φ^{-1} 是从 $L^2(E)$ 到 $L^1(E)$ 的连续映射. 因此 $L^1(E)$ 同胚于 $L^2(E)$，这些空间的每个具有由 L^p 范数诱导的拓扑.

习题

23. 令 f 为从拓扑空间 X 到拓扑空间 Y 的映射而 $\mathcal{S}$ 是 Y 上的拓扑的子基. 证明 f 是连续的当且仅当 $\mathcal{S}$ 的每个集在 f 下的原象在 X 中是开的.
24. 令 X 为拓扑空间.
    (i) 若 X 具有平凡拓扑，找出所有 X 到 $\mathbf{R}$ 的连续映射.
    (ii) 若 X 具有离散拓扑，找出所有 X 到 $\mathbf{R}$ 的连续映射.
    (iii) 若 X 具有离散拓扑，找出所有 $\mathbf{R}$ 到 X 的连续一一映射.
    (iv) 若 X 具有平凡拓扑，找出所有 $\mathbf{R}$ 到 X 的连续一一映射.
25. 对于拓扑空间 X 和 Y，令 f 将 X 映到 Y. 以下哪些断言与 f 的连续性等价？证明你的答案.
    (i) Y 的每个闭子集在 f 下的原象在 X 中是闭的.
    (ii) 若 $\mathcal{O}$ 在 X 中是开的，则 $f(\mathcal{O})$ 在 Y 中是开的.
    (iii) 若 F 在 X 中是闭的，则 $f(F)$ 在 Y 中是闭的.
    (iv) 对 X 的每个子集 A，$f(\overline{A})\subseteq\overline{f(A)}$.
26. 证明命题 11.
27. 证明命题 12.
28. 定义在拓扑空间 X 上的两个实值连续函数的和与积是连续的.
29. 令 $\mathcal{F}$ 为集合 X 上的实值函数族. 找出 $\mathcal{F}$ 上使得 X 作为具有由 $\mathcal{F}$ 诱导的弱拓扑的拓扑空间是 Ty-

231

⊖ 同样的方法可证明任何两个 $L^p(E)$ 空间是同胚的. 有一个归功于 M. I. Kadets 的非凡的定理告诉我们，任何两个可分无穷维完备赋范线性空间是同胚的(“A Proof of the Topological Equivalence of All Separable Infinite Dimensional Banach Spaces”, Functional Analysis and Applications, 1, 1967). 从拓扑的观点，$L^2[0,1]$ 与 $C[0,1]$ 是不可区分的. 从许多其他视角，这些空间看起来非常不同.

chonoff 的必要与充分条件.

30. 对于拓扑空间 X 和 Y，令 $f:X\to Y$ 为从 X 到 Y 的一对一与映上的映射. 证明以下断言等价：

    (i) f 是 X 映上 Y 的同胚.

    (ii) X 的子集 E 在 X 中是开的当且仅当 $f(E)$ 在 Y 中是开的.

    (iii) X 的子集 E 在 X 中是闭的当且仅当 $f(E)$ 在 Y 中是闭的.

    (iiii) 集合的闭包的象是象的闭包，即对 X 的每个子集 A，$f(\overline{A})=\overline{f(A)}$.

31. 对于拓扑空间 X 和 Y，令 $f:X\to Y$ 为从 X 到 Y 的连续映射. 假定 X 是 Hausdorff 的，Y 是 Hausdorff 的吗？假定 X 是正规的，Y 是正规的吗？

32. 令 ρ_1 与 ρ_2 为集合 X 上的度量，分别诱导出拓扑 $\mathcal{T}_1$ 与 $\mathcal{T}_2$. 若 $\mathcal{T}_1=\mathcal{T}_2$，这两个度量必须是等价的吗？

33. 证明同胚的逆是同胚. 两个同胚的复合是同胚.

34. 假定拓扑空间 X 具有性质：X 上的每个连续实值函数取到最小值. 证明任何同胚于 X 的拓扑空间也具有该性质.

35. 假定拓扑空间 X 具有性质：X 上的每个连续实值函数有区间作为它的象. 证明任何同胚于 X 的拓扑空间也具有该性质.

36. 证明 $\mathbf{R}$ 同胚于开有界区间 $(0,1)$，但不同胚于闭有界区间 $[0,1]$.

37. 令 X 与 Y 为拓扑空间，考虑从 X 到 Y 的映射 f. 假定 $X=X_1\cup X_2$，而 f 在拓扑子空间 X_1 和 X_2 上的限制是连续的. 证明 f 不必在 X 的任何点都连续. 若 X_1 与 X_2 是开的，证明 f 在 X 上是连续的. 将此与可测函数以及从限制的可测性继承可测性的情形比较.

38. 证明对任何两个数 a 和 b，

$$\left|\operatorname{sgn}(a)\cdot|a|^2-\operatorname{sgn}(b)\cdot|b|^2\right|\leqslant 2\cdot|a-b|(|a|+|b|)$$

11.5 紧拓扑空间

我们已对度量空间研究了紧性. 我们给出了紧性的几个刻画且证明了连续映射与定义在紧度量空间上的连续函数的性质. 紧性的概念可被自然且有用地推广到拓扑空间.

回忆集族 $\{E_\lambda\}_{\lambda\in\Lambda}$ 称为是集合 E 的覆盖，若 $E\subseteq\bigcup_{\lambda\in\Lambda}E_\lambda$. 若每个 E_λ 包含于一个拓扑空间，一个覆盖称为是开的，若该覆盖中的每个集合是开的.

232

定义　*拓扑空间 X 称为***紧的***，若 X 的每个开覆盖有有限子覆盖. X 的子集 K 称为紧的，若 K 作为具有继承自 X 的子空间拓扑的拓扑空间是紧的.*

根据子空间拓扑的定义，X 的子集 K 是紧的，若 K 的每个由 X 的开子集族组成的覆盖有有限子覆盖.

关于拓扑空间的紧性的某些结果可直接从度量空间移植过来，例如，紧空间在连续映射下的象也是紧的. 紧度量空间的其他性质，例如，紧性与序列紧性的等价性仅可移植到具有某些有附加拓扑结构的拓扑空间. 紧度量空间的另外一些性质，如全有界性，在拓扑背景下没有简单的对应结果.

回忆集族称为具有**有限交性质**，若它的每个有限子族有非空交. 由于拓扑空间 X 的子集是闭的当且仅当它的补在 X 中是开的，根据 De Morgan 等式，我们先前对度量空间证明过的一个结果在拓扑空间有如下推广.

命题 14　拓扑空间 X 是紧的当且仅当 X 的每个具有有限交性质的闭子集族有非空交.

命题 15　紧拓扑空间 X 的闭子集 K 是紧的.

证明　令$\{\mathcal{O}_\lambda\}_{\lambda\in\Lambda}$为 K 的由 X 中的开子集组成的开覆盖. 由于 $X\sim K$ 是 X 的开子集，$[X\sim K]\cup\{\mathcal{O}_\lambda\}_{\lambda\in\Lambda}$是 X 的开覆盖. 根据 X 的紧性该覆盖有有限子覆盖，通过可能地从该有限子覆盖中去掉集合 $X\sim K$，剩下的族是覆盖 K 的$\{\mathcal{O}_\lambda\}_{\lambda\in\Lambda}$的有限子族. 因此 K 是紧的. ■

命题 16　Hausdorff 拓扑空间 X 的紧子空间 K 是 X 的闭子集.

证明　我们将证明 $X\sim K$ 是开的，因此 K 必须是闭的. 令 y 属于 $X\sim K$. 由于 X 是 Hausdorff 的，对每个 $x\in K$ 分别存在 x 和 y 的不交邻域 $\mathcal{O}_x$ 和 $\mathcal{U}_x$. 则$\{\mathcal{O}_\lambda\}_{\lambda\in K}$是 K 的开覆盖. 由于 K 是紧的，存在有限子覆盖$\{\mathcal{O}_{x_1}, \mathcal{O}_{x_2}, \cdots, \mathcal{O}_{x_n}\}$. 定义 $N=\bigcap_{i=1}^{n}\mathcal{U}_{x_i}$. 则 N 是 y 的邻域，它与每个 $\mathcal{O}_{x_i}$ 不交，因此包含于 $X\sim K$. 因此 $X\sim K$ 是开的. ■

定义　拓扑空间 X 称为**序列紧的**，若 X 中的每个序列有一个收敛到 X 中的点的子序列.

我们已证明了度量空间是紧的当且仅当它是序列紧的. 对第二可数拓扑空间同样的结果成立.

233

命题 17　令 X 为第二可数拓扑空间. 则 X 是紧的当且仅当它是序列紧的.

证明　首先假设 X 是紧的. 令$\{x_n\}$为 X 中的序列. 对每个指标 n，令 F_n 为非空集$\{x_k \mid k\geqslant n\}$的闭包. 则$\{F_n\}$是一个递减的非空闭集序列. 由于$\{F_n\}$具有有限交性质，根据命题 14，$\bigcap_{n=1}^{\infty}F_n\neq\emptyset$，选取这个交集中的点 x_0. 由于 X 是第二可数的，它是第一可数的. 令$\{B_n\}_{n=1}^{\infty}$为拓扑在点 x_0 的拓扑基. 我们可以假设每个 $B_{n+1}\subseteq B_n$. 由于对每个 n，x_0 属于$\{x_k \mid k\geqslant n\}$的闭包，$B_n$ 的邻域与$\{x_k \mid k\geqslant n\}$有非空交. 因此可以归纳地选取严格递增的指标序列$\{n_k\}$使得对每个指标 k，$x_{n_k}\in B_k$. 由于对 x_0 的每个邻域 $\mathcal{O}$，存在指标 N 使得对 $n\geqslant N$，$B_n\subseteq\mathcal{O}$，子序列$\{x_{n_k}\}$收敛到 x_0. 因此 X 是序列紧的.

现在假定 X 是序列紧的. 由于 X 是第二可数的，每个开覆盖有可数子覆盖. 因此为证明 X 是紧的仅须证明 X 的每个可数覆盖有有限子覆盖. 令$\{\mathcal{O}_n\}_{n=1}^{\infty}$为这样的一个覆盖. 我们用反证法. 假设没有有限子覆盖. 则对每个指标 n，存在指标 $m(n)>n$，使得 $\mathcal{O}_{m(n)}\sim\bigcup_{i=1}^{n}\mathcal{O}_i\neq\emptyset$. 对每个自然数 n，选取 $x_n\in\mathcal{O}_{m(n)}\sim\bigcup_{i=1}^{n}\mathcal{O}_i$. 则由于 X 是序列紧的，$\{x_n\}$的一个子序列收敛到 $x_0\in X$. 但$\{\mathcal{O}_n\}_{n=1}^{\infty}$是 X 的一个开覆盖，因此存在某个 $\mathcal{O}_N$ 是 x_0 的邻域. 因

此，有无穷多个指标 n 使得 x_n 属于 $\mathcal{O}_N$. 这是不可能的，由于对 $n>N$，$x_n \notin \mathcal{O}_N$. ■

定理 18　紧 Hausdorff 空间是正规的.

证明　令 X 为紧与 Hausdorff 的. 我们首先证明它是正则的，即每个闭集合与不在该集合中的点可被不交的邻域分开. 令 F 为 X 的闭子集而 x 属于 $X \sim F$. 由于 X 是 Hausdorff 的，对每个 $y \in F$ 存在 x 与 y 的不交邻域 $\mathcal{O}_x$ 与 $\mathcal{U}_y$. 则 $\{\mathcal{U}_y\}_{y\in F}$ 是 F 的开覆盖. 但 F 是紧的. 因此有有限子覆盖 $\{\mathcal{U}_{y_1}, \mathcal{U}_{y_2}, \cdots, \mathcal{U}_{y_n}\}$. 定义 $N=\bigcap_{i=1}^{n} \mathcal{O}_{y_i}$. 则 N 是 y 的邻域，它与 F 的邻域 $\bigcup_{i=1}^{n} U_{y_i}$ 不交. 因此 X 是正则的. 重复这个方法可证明 X 是正规的. ■

命题 19　紧空间 X 映上 Hausdorff 空间 Y 的连续一一映射 f 是一个同胚.

证明　为证明 f 是同胚，仅须证明它将开集映到开集或等价地将闭集映到闭集. 令 F 为 X 的闭子集. 则 F 是紧的，由于 X 是紧的. 因此，根据命题 20，$f(F)$ 是紧的. 因此，根据命题 16，由于 Y 是 Hausdorff，$f(F)$ 是闭的. ■

234

命题 20　紧拓扑空间的连续映射下的象是紧的.

证明　令 f 为紧拓扑空间 X 到拓扑空间 Y 的连续映射. 令 $\{\mathcal{O}_\lambda\}_{\lambda\in\Lambda}$ 为 $f(X)$ 的由 Y 的开子集组成的覆盖. 则根据 f 的连续性，$\{f^{-1}(\mathcal{O}_\lambda)\}_{\lambda\in\Lambda}$ 是 X 的一个开覆盖. 根据 X 的紧性，存在覆盖 X 的有限族 $\{f^{-1}(\mathcal{O}_{\lambda_1}), \cdots, f^{-1}(\mathcal{O}_{\lambda_n})\}$. 有限族 $\{\mathcal{O}_{\lambda_1}, \cdots, \mathcal{O}_{\lambda_n}\}$ 覆盖 $f(X)$. ■

命题 21　映上 Hausdorff 空间 Y 的紧空间 X 的连续一一映射 f 是同胚映射.

证明　为了证明 f 是同胚映射，仅须证明它将开集带入开集，或者等价地它将闭集带入闭集. 令 F 是 X 的闭集. 则 F 是紧的，因为 X 是紧的. 因此，根据命题 20，$f(F)$ 是紧的. 于是，根据命题 16，由于 Y 是 Hausdorff 空间，$f(F)$ 是闭的. ■

推论 22　紧拓扑空间上的连续实值函数取到最大值与最小值.

证明　令 X 为紧的而 $f: X \to \mathbf{R}$ 是连续的. 根据前一个命题，$f(X)$ 是实数的一个紧集. 因此 $f(X)$ 是闭与有界的. 而实数的闭有界集包含最小与最大成员. ■

拓扑空间称为**可数紧的**，若每个可数开覆盖有一个有限子覆盖. 我们在习题 39 与 40 探索这样的空间的性质.

习题

39. 对于第二可数空间 X，证明 X 是紧的当且仅当它是可数紧的.

40. (Frechet 交定理)令 X 为拓扑空间. 证明 X 是可数紧的当且仅当$\{F_n\}$是递减的 X 的非空闭子集序列，交 $\bigcap_{n=1}^{\infty} F_n$ 是非空的.

41. 令 X 为紧的、Hausdorff 的，而$\{F_n\}_{n=1}^{\infty}$是 X 的下降的闭子集族. 令 $\mathcal{O}$ 为交 $\bigcap_{n=1}^{\infty} F_n$ 的邻域. 证明存在指标 N 使得对 $n \geqslant N$，$F_n \subseteq \mathcal{O}$.

42. 证明不可能把实数的闭有界区间表示为闭有界区间的可数族(多于一个成员)的两两不交并.

43. 令 f 为紧空间 X 映上 Hausdorff 空间 Y 的连续映射. 证明任何 Y 映入 Z 的使得 $g \circ f$ 连续的映射 g 自身是连续的.

235

44. 令$(X, \mathcal{T})$为拓扑空间.

(i) 证明：若$(X, \mathcal{T})$是紧的，则对任何比 $\mathcal{T}$ 弱的拓扑 $\mathcal{T}_1$，$(X, \mathcal{T}_1)$是紧的.

(ii) 证明：若$(X, \mathcal{T})$是 Hausdorff 的，则对任何比 $\mathcal{T}$ 强的拓扑 $\mathcal{T}_2$，$(X, \mathcal{T}_2)$是 Hausdorff 的.

(iii) 证明：若$(X, \mathcal{T})$是紧与 Hausdorff 的，则任何严格弱的拓扑不是 Hausdorff 的，而任何严格强的拓扑不是紧的.

45. (紧开拓扑)令 X 与 Y 为 Hausdorff 拓扑空间，而 Y^X 是从 X 到 Y 的映射族. 在 Y^X 上，通过取形如 $\mathcal{U}_{K,\mathcal{O}} = \{f: X \to Y \mid f(K) \subseteq \mathcal{O}\}$的集合为子基，我们定义了称为紧开拓扑的拓扑，其中 K 是 X 的紧子集而 $\mathcal{O}$ 是 Y 的开子集. 因此紧开拓扑是 Y^X 上使得集合 $\mathcal{U}_{K,\mathcal{O}}$是开的最弱拓扑.

(i) 令$\{f_n\}$为 Y^X 中的序列，关于紧开拓扑收敛到 $f \in Y^X$. 证明在 X 上$\{f_n\}$逐点收敛到 f.

(ii) 现在假设 Y 是度量空间. 证明 Y^X 中的序列$\{f_n\}$关于紧开拓扑收敛到 $f \in Y^X$，当且仅当在 X 的每个紧子集 K 上$\{f_n\}$一致收敛到 f.

46. (Dini 定理)令$\{f_n\}$为可数紧空间 X 上的连续实值函数序列. 假定对每个 $x \in X$，序列$\{f_n(x)\}$单调递减到零. 证明$\{f_n\}$一致地收敛到零.

11.6　连通的拓扑空间

拓扑空间 X 的两个非空开集称为**分离** X，若它们不交且它们的并是 X.

若一个拓扑空间不能被这样的一对子集分离，则称为是**连通的**. 由于开集的补是闭的，一个空间的分离中的每个开集也是闭的. 因此一个拓扑空间是连通的当且仅当仅有的既开又闭的子集是全空间和空集.

X 的子集 E 称为连通的，若它是连通的拓扑子空间. 因此 X 的子集 E 是连通的当且仅当不存在 X 的开集 $\mathcal{O}_1$ 与 $\mathcal{O}_2$ 使得

$$\mathcal{O}_1 \cap E \neq \emptyset, \quad \mathcal{O}_2 \cap E \neq \emptyset, \quad E \subseteq \mathcal{O}_1 \cup \mathcal{O}_2 \text{ 且 } E \cap \mathcal{O}_1 \cap \mathcal{O}_2 = \emptyset$$

命题 23　令 f 为从连通空间 X 到拓扑空间 Y 的连续映射. 则它的象 $f(X)$是连通的.

证明　观察到 f 是 X 映上拓扑空间 $f(X)$的连续映射，其中 $f(X)$具有承袭自 Y 的子空间拓扑. 我们用反证法. 假设 $f(X)$不是连通的. 令 $\mathcal{O}_1$ 与 $\mathcal{O}_2$ 为 $f(X)$的分离. 则$f^{-1}(\mathcal{O}_1)$与$f^{-1}(\mathcal{O}_2)$是 X 中的不交非空开集，其并是 X. 因此 X 的这对分离与 X 的连通性矛盾. ■

我们把证明对实数集 C，以下陈述

$$\text{(i) } C \text{ 是区间；(ii) } C \text{ 是凸的；(iii) } C \text{ 是连通的} \tag{1}$$

等价留作练习.

236

定义　拓扑空间 X 称为具有介值性质，若 X 上任何实值连续函数的象是一个区间.

命题 24　拓扑空间具有介值性质当且仅当它是连通的.

证明　根据(1)，实数的连通集是一个区间. 我们从命题 22 推出一个连通拓扑空间具有介值性质. 为证明逆命题，我们假定 X 是不连通的拓扑空间并得出它不具有介值性质. 事实上，由于 X 是不连通的，存在一对 X 的非空开子集 $\mathcal{O}_1$ 和 $\mathcal{O}_2$ 使得 $X=\mathcal{O}_1\cup\mathcal{O}_2$. 定义 X 上的函数 f 为在 $\mathcal{O}_1$ 上取值 0 而在 $\mathcal{O}_2$ 上取值 1. 则 f 是连续的，由于对 $\mathbf{R}$ 的每个子集 A，特别地，对 $\mathbf{R}$ 的每个开子集 A，$f^{-1}(A)$是 X 的开子集. 另一方面，f 不具有介值性质. ■

若一个拓扑空间是不连通的，则对该空间的任何分离，与这个分离中的每个集合有非空交的子空间也是不连通的. 此外，实数区间在连续映射下的象是连通的. 因此拓扑空间 X 是连通的，若对每对点 u，$v\in X$，存在连续映射 $f:[0, 1]\to X$ 使得 $f(0)=u$ 且 $f(1)=v$. 具有该性质的拓扑空间称为**弧连通的**. 而弧连通拓扑空间是连通的，存在不是弧连通的连通空间(见习题 49). 然而，对欧氏空间 $\mathbf{R}^n$ 的开子集，连通性等价于弧连通性(见习题 50).

习题

47. 令$\{C_\lambda\}_{\lambda\in\Lambda}$为拓扑空间 X 的连通子集族且假定它们中的任何两个有公共点. 证明$\{C_\lambda\}_{\lambda\in\Lambda}$的并也是连通的.
48. 令 A 为拓扑空间 X 的连通子集，假定 $A\subseteq B\subseteq\overline{A}$. 证明 B 是连通的.
49. 证明平面的以下子集是连通的但不是弧连通的.
$$X=\{(x,y)\mid x=0,-1\leqslant y\leqslant 1\}\cup\{(x,y)\mid y=\sin 1/x,0<x\leqslant 1\}$$
50. 证明弧连通拓扑空间 X 是连通的. 也证明欧氏空间 $\mathbf{R}^n$ 的每个连通的开子集 $\mathcal{O}$ 是弧连通的.（提示：令 x 属于 $\mathcal{O}$. 定义 C 为 $\mathcal{O}$ 中可在 $\mathcal{O}$ 内通过分段线性的弧连通 x 的点集. 证明 C 在 $\mathcal{O}$ 中既开又闭.）
51. 考虑平面 $\mathbf{R}^2$ 上的圆 $C=\{(x, y)\mid x^2+y^2=1\}$. 证明 C 是连通的.
52. 证明 $\mathbf{R}^n$ 是连通的.
53. 证明紧度量空间(X, ρ)不是连通的，当且仅当存在两个不交非空子集 A 与 B，其并是 X，且存在 $\varepsilon>0$ 使得对所有 $u\in A$，$v\in B$，$\rho(u, v)\geqslant\varepsilon$. 证明对非紧度量空间这不成立.
54. 度量空间(X, ρ)称为是**良链的**，若对每对点 u，$v\in X$ 与 $\varepsilon>0$，存在 X 中的有限个点 $u=x_0$，x_1，…，x_{n-1}，$x_n=v$ 使得对 $1\leqslant i\leqslant n$，$\rho(x_{i-1}, x_i)<\varepsilon$.
   (i) 证明：若 X 是连通的，则它是良链的，但逆命题不成立.
   (ii) 证明：若 X 是紧与良链的，则它是连通的.
   237
   (iii) 证明：若 $\mathbf{R}^n$ 的开子集是良链的，则它是连通的.
55. 证明对平面 $\mathbf{R}^2$ 的任何点(x, y)，子空间 $\mathbf{R}^2\sim\{(x, y)\}$是连通的. 用此证明 $\mathbf{R}$ 不同胚于 $\mathbf{R}^2$.
56. 证明(1)中的三个断言的等价性.

238

第 12 章　拓扑空间：三个基本定理

前一章我们考虑了几个不同的拓扑概念并且讨论了这些概念之间的关系．本章我们聚焦于拓扑学中的三个定理，它们除了其内在趣味，在分析学的多个领域也是不可或缺的工具．

12.1　Urysohn 引理和 Tietze 延拓定理

在度量空间(X, ρ)上有丰富的连续实值函数．事实上，对 X 的非空闭子集 C，称 d_C 为距离 C 的函数，定义为

$$\text{对所有 } x \in X, \quad d_C(x) = \inf_{x' \in C} \rho(x', x)$$

是连续的，而 C 是 0 在 d_C 下的原象．连续性从三角不等式得到．此外，若 A 和 B 是 X 的不交闭子集，存在 X 上的连续实值函数 f 使得

$$f(X) \subseteq [0,1], \quad \text{在 } A \text{ 上 } f = 0, \quad \text{在 } B \text{ 上 } f = 1$$

该函数由 X 上的 $f = \dfrac{d_A}{d_A + d_B}$ 给出．

f 的直接构造依赖于 X 上的度量．然而，下面的基本引理告诉我们，在任何正规的拓扑空间上，特别地，在任何紧的 Hausdorff 空间上，存在这样的函数．

Urysohn 引理　令 A 和 B 是正规拓扑空间 X 的不交闭子集．则对任何实数的闭有界区间$[a, b]$，存在定义在 X 上的在$[a, b]$中取值的连续实值函数 f，满足在 A 上 $f = a$ 而在 B 上 $f = b$.

该引理可考虑为延拓结果：事实上，通过设在 A 上 $f = a$ 而在 B 上 $f = b$ 定义 $A \cup B$ 上的实值函数 f．这是 X 的闭子集 $A \cup B$ 上的连续函数，它在$[a, b]$取值．Urysohn 引理断言该函数可被延拓为整个 X 上的连续函数，它也在$[a, b]$取值．我们注意到若一个 Tychonoff 拓扑空间 X 具有 Urysohn 引理描述的性质，则 X 必须是正规的．事实上，对 X 的非空不交闭子集 A 与 B 以及在 A 上取值 0 而 B 上取值 1 的 X 上的连续函数 f，若 I_1 和 I_2 分别是包含 0 与 1 的不交开区间，则 $f^{-1}(I_1)$与 $f^{-1}(I_2)$分别是 A 和 B 的不交邻域．

若我们引入以下概念并且证明两个预备结果，则 Urysohn 引理的证明就更为清晰．

定义　令 X 为拓扑空间而 Λ 是实数集合．被 Λ 标记的 X 的开子集族$\{\mathcal{O}_\lambda\}_{\lambda \in \Lambda}$称为是**正规上升的**，若对任何$\lambda_1$，$\lambda_2 \in \Lambda$，

$$\text{若 } \lambda_1 < \lambda_2, \quad \text{则} \overline{\mathcal{O}_{\lambda_1}} \subseteq \mathcal{O}_{\lambda_2}$$

例子　令 f 为拓扑空间 X 上的连续实值函数. 令 Λ 为任意实数集，对 $\lambda\in\Lambda$，定义

$$\mathcal{O}_\lambda=\{x\in X\,|\,f(x)<\lambda\}$$

由连续性，显然若 $\lambda_1<\lambda_2$，则

$$\mathcal{O}_{\lambda_1}\subseteq\{x\in X\,|\,f(x)\leqslant\lambda_1\}\subseteq\{x\in X\,|\,f(x)<\lambda_2\}=\mathcal{O}_{\lambda_2}$$

因此开集族 $\{\mathcal{O}_\lambda\}_{\lambda\in\Lambda}$ 是正规上升的.

我们把以下引理的证明留作练习.

引理 1　令 X 为拓扑空间. 对实数的开有界区间 (a,b) 的稠密子集 Λ，令 $\{\mathcal{O}_\lambda\}_{\lambda\in\Lambda}$ 为 X 的开子集的正规上升族. 定义 $f:X\to\mathbf{R}$ 为：在 $X\sim\bigcup_{\lambda\in\Lambda}\mathcal{O}_\lambda$ 上 $f=b$，否则设

$$f(x)=\inf\{\lambda\in\Lambda\,|\,x\in\mathcal{O}_\lambda\}\tag{1}$$

则 $f:X\to[a,b]$ 是连续的.

我们接着给出前一章命题 8 的强的推广.

引理 2　令 X 为正规拓扑空间，F 是 X 的闭子集，而 $\mathcal{U}$ 是 F 的邻域. 则对任何开有界区间 (a,b)，存在 (a,b) 的稠密子集 Λ 与 X 的正规上升的开子集族 $\{\mathcal{O}_\lambda\}_{\lambda\in\Lambda}$，使得对所有 $\lambda\in\Lambda$，

$$F\subseteq\mathcal{O}_\lambda\subseteq\overline{\mathcal{O}_\lambda}\subseteq U\tag{2}$$

证明　由于存在把 $(0,1)$ 映上 (a,b) 的严格递增连续函数，我们可以假设 $(a,b)=(0,1)$. 对 $(0,1)$ 的稠密子集我们选取属于 $(0,1)$ 的二进有理数集：

$$\Lambda=\{m/2^n\,|\,m\text{ 和 }n\text{ 是自然数},1\leqslant m\leqslant 2^n-1\}$$

对每个自然数 n，令 Λ_n 为元素的分母为 2^n 的 Λ 的子集. 我们将归纳地定义正规上升的开集族 $\{\mathcal{O}_\lambda\}_{\lambda\in\Lambda_n}$，其中每个指标是它的前一个指标的延拓.

240

利用前一章的命题 8，我们可以选取开集 $\mathcal{O}_{1/2}$ 使得

$$F\subseteq\mathcal{O}_{1/2}\subseteq\overline{\mathcal{O}_{1/2}}\subseteq\mathcal{U}$$

因此我们定义了 $\{\mathcal{O}_\lambda\}_{\lambda\in\Lambda_1}$. 现在我们再用命题 8 两次，首先是 F 不变而 $\mathcal{U}=\mathcal{O}_{1/2}$，接着 $F=\overline{\mathcal{O}_{1/2}}$ 而 $\mathcal{U}$ 不变，找到开集 $\mathcal{O}_{1/4}$ 与 $\mathcal{O}_{3/4}$ 使得

$$F\subseteq\mathcal{O}_{1/4}\subseteq\overline{\mathcal{O}}_{1/4}\subseteq\mathcal{O}_{1/2}\subseteq\overline{\mathcal{O}}_{1/2}\subseteq\mathcal{O}_{3/4}\subseteq\overline{\mathcal{O}}_{3/4}\subseteq\mathcal{U}$$

因此我们已将正规上升族 $\{\mathcal{O}_\lambda\}_{\lambda\in\Lambda_1}$ 延拓为正规上升族 $\{\mathcal{O}_\lambda\}_{\lambda\in\Lambda_2}$. 现在对每个自然数 n，如何归纳地定义开集的正规上升族 $\{\mathcal{O}_\lambda\}_{\lambda\in\Lambda_n}$ 是显然的. 观察到该可数族的并是由 Λ 参数化的正规上升的开集族. 该族的每个集合是 F 的邻域且有包含于 $\mathcal{U}$ 的紧闭包. ■

Urysohn 引理的证明　根据应用于 $F=A$ 与 $\mathcal{U}=X\sim B$ 的引理 2，我们能够选取 (a,b) 的稠密子集 Λ 与 X 的正规上升的开子集族 $\{\mathcal{O}_\lambda\}_{\lambda\in\Lambda}$，使得

$$\text{对所有 }\lambda\in\Lambda,\quad A\subseteq\mathcal{O}_\lambda\subseteq X\sim B$$

定义函数 $f:X\to[a,b]$ 为在 $X\sim\bigcup_{\lambda\in\Lambda}\mathcal{O}_\lambda$ 上 $f=b$，否则设

$$f(x)=\inf\{\lambda\in\Lambda \mid x\in\mathcal{O}_\lambda\}$$

则在 A 上 $f=a$ 而在 B 上 $f=b$. 引理 1 告诉我们 f 是连续的. ■

我们上面提到可考虑 Urysohn 引理为延拓结果. 我们现在用该引理证明强得多的延拓定理.

Tietze 延拓定理　令 X 为正规拓扑空间，F 是 X 的闭子集，f 是 F 上取值于闭有界区间$[a, b]$的连续实值函数. 则 f 有到整个 X 上的延拓且取值于$[a, b]$.

证明　由于闭有界区间$[a, b]$与$[-1, 1]$是同胚的，考虑$[a, b]=[-1, 1]$的情形是充分也是方便的. 我们通过构造 X 上具有以下两个性质的连续实值函数序列$\{g_n\}$证明：对每个指标 n，

$$\text{在 } X \text{ 上，}\quad |g_n|\leqslant(2/3)^n \tag{3}$$

$$\text{且在 } F \text{ 上，}\quad |f-[g_1+\cdots+g_n]|\leqslant(2/3)^n \tag{4}$$

事实上，暂时假定该函数序列已被构造. 对每个指标 n，定义 X 上的实值函数 s_n 为

$$\text{对 } X \text{ 中的 } x,\quad s_n(x)=\sum_{k=1}^{n}g_n(x)$$

我们从估计式(3)推出，对 X 中的每个 x，$\{s_n(x)\}$是实数的 Cauchy 序列. 由于 $\mathbf{R}$ 是完备的，该序列收敛. 对 X 中的 x 定义 [241]

$$g(x)=\lim_{n\to\infty}s_n(x)$$

由于每个 g_n 在 X 上是连续的，每个 s_n 也如此. 我们可以从估计式(3)推出$\{s_n\}$在 X 上一致收敛于 g. 因此 g 是连续的. 从估计式(4)可知，在 F 上 $f=g$. 因此若我们构造出序列$\{g_n\}$，则定理得证. 我们用归纳法构造.

宣称：对每个 $a>0$ 与满足在 F 上 $|h|\leqslant a$ 的连续函数 $h:F\to\mathbf{R}$，存在连续函数 $g:X\to\mathbf{R}$ 使得

$$\text{在 } X \text{ 上 } |g|\leqslant(2/3)a \text{ 且在 } F \text{ 上 } |h-g|\leqslant(2/3)a \tag{5}$$

事实上，定义

$$A=\{x \text{ 属于 } F \mid h(x)\leqslant-(1/3)a\} \text{ 与 } B=\{x \text{ 属于 } F \mid h(x)\geqslant(1/3)a\}$$

由于 h 在 F 上连续而 F 是 X 的闭子集，A 和 B 是 X 的不交闭子集. 因此，根据 Urysohn 引理，存在 X 上的连续实值函数 g 使得

$$\text{在 } X \text{ 上，}\quad |g|\leqslant(1/3)a,\quad g(A)=-(1/3)a \text{ 而 } g(B)=(1/3)a$$

显然对 g 的这个选取(5)成立. 运用上面的逼近，取 $h=f$ 与 $a=1$，可找到连续函数 $g_1:X\to\mathbf{R}$ 使得

$$\text{在 } X \text{ 上 } |g_1|\leqslant(2/3) \text{ 且在 } F \text{ 上 } |f-g_1|\leqslant(2/3)$$

现在再次运用断言于 $h=f-g_1$ 与 $a=2/3$ 以找到连续函数 $g_2:X\to\mathbf{R}$ 使得

$$\text{在 } X \text{ 上 } |g_2|\leqslant(2/3)^2 \text{ 且在 } F \text{ 上 } |f-[g_1+g_2]|\leqslant(2/3)^2$$

现在如何归纳地选取具有性质(3)和(4)的序列$\{g_n\}$是显然的. ■

Tietze 延拓定理可推广到 X 上的不必有界的实值函数(见习题 8).

作为 Urysohn 引理的第二个应用，我们给出第二可数拓扑空间可度量化的充分与必要准则.

Urysohn 度量化定理　令 X 为第二可数的拓扑空间. 则 X 可度量化当且仅当它是正规的.

证明　我们已证明一个度量空间是正规的. 现在令 X 为第二可数与正规的拓扑空间. 选取该拓扑的可数基$\{\mathcal{U}_n\}_{n\in\mathbf{N}}$. 令 A 为乘积 $\mathbf{N}\times\mathbf{N}$ 的子集. 其定义为

$$A=\{(n,m)\text{ 属于 }\mathbf{N}\times\mathbf{N}\mid\overline{\mathcal{U}}_n\subseteq\mathcal{U}_m\}$$

242 由于 X 是正规的，根据 Urysohn 引理，对 A 中的每对$(m,\ n)$，存在连续实值函数 $f_{n,m}$: $X\to[0,\ 1]$使得

$$\text{在 }\overline{\mathcal{U}}_n\text{ 上 }f_{n,m}=0\text{ 而在 }X\sim\mathcal{U}_m\text{ 上 }f_{n,m}=1$$

对 X 中的 x，y，定义

$$\rho(x,y)=\sum_{(n,m)\in A}\frac{1}{2^{n+m}}|f_{n,m}(x)-f_{n,m}(y)| \tag{6}$$

集合 A 是可数的，因此和式收敛. 不难看出这是一个度量. 我们宣称由 ρ 诱导的拓扑是 X 上的给定拓扑. 为证此有必要比较基. 具体地，必须在每个点 $x\in X$ 证明以下两个性质：

(i) 若 $\mathcal{U}_n$ 包含 x，则存在 $\varepsilon>0$ 使得 $B_\rho(x,\ \varepsilon)\subseteq\mathcal{U}_n$.

(ii) 对每个 $\varepsilon>0$，存在 $\mathcal{U}_n$ 包含 x 且 $\mathcal{U}_n\subseteq B_\rho(x,\ \varepsilon)$.

我们将这些断言的证明留作练习. ■

习题

1. 令 C 为度量空间$(X,\ \rho)$的闭子集. 证明到 C 的距离函数 d_C 是连续的且 $d_C(x)=0$ 当且仅当 x 属于 C.
2. 给出开区间$(0,\ 1)$上的一个连续实值函数，它不能延拓为 $\mathbf{R}$ 上的连续函数. 这与 Tietze 延拓定理矛盾吗?
3. 作为 Tietze 延拓定理的推论导出 Urysohn 定理.
4. 对在 $\mathbf{R}^n$ 取值的函数叙述并证明 Tietze 延拓定理.
5. 假定拓扑空间 X 具有性质：每个闭子集上的连续有界实值函数有到整个 X 的连续延拓. 证明：若 X 是 Tychonoff 的，则它是正规的.
6. 令$(X,\ \mathcal{T})$为正规拓扑空间而 $\mathcal{F}$ 是 X 上的连续实值函数族. 证明 $\mathcal{T}$是由 $\mathcal{F}$ 诱导的弱拓扑.
7. 证明 Urysohn 度量化定理证明中定义的函数 ρ 是一个度量，它定义的拓扑与给定的拓扑相同.
8. 令 X 为正规的拓扑空间，F 是 X 的闭子集，f 是 F 上的连续实值函数. 则 f 有到整个 X 上的连续延拓. 用以下步骤证明它：
   (i) 应用 Tietze 延拓定理得到函数 $f\cdot(1+|f|)^{-1}:F\to[-1,\ 1]$的连续延拓 $h:X\to[-1,\ 1]$；
   (ii) 再次应用 Tietze 延拓定理得到函数 $\phi:X\to[0,\ 1]$，使得在 F 上 $\phi=1$ 而在 $h^{-1}(1)$和 $\mathrm{h}^{-1}(-1)$上 $\phi=0$；
   (iii) 考虑函数 $\overline{f}=\phi\cdot h/(1-\phi\cdot|h|)$.
9. 证明从拓扑空间 X 到拓扑空间 Y 的映射 f 是连续的当且仅当存在 Y 的拓扑子基 $\mathcal{S}$，使得 $\mathcal{S}$ 中的每个集合在 f 下的原象在 X 中是开的. 用此证明：若 Y 是闭有界区间$[a,\ b]$，则 f 是连续的，当且仅当对每个实数 $c\in(a,\ b)$，集合$\{x\in X\mid f(x)<c\}$与$\{x\in X\mid f(x)>c\}$是开的. 243
10. 利用前一个习题证明引理 1.

12.2 Tychonoff 乘积定理

对由集合 Λ 标记的集族 $\{X_\lambda\}_{\lambda\in\Lambda}$，我们定义笛卡儿积 $\prod_{\lambda\in\Lambda} X_\lambda$ 为从指标集 Λ 到 $\bigcup_{\lambda\in\Lambda} X_\lambda$ 的映射族，使得每个指标 $\lambda\in\Lambda$ 被映到 X_λ 的某个成员．对笛卡儿积的成员 x 与指标 $\lambda\in\Lambda$，习惯上记 $x(\lambda)$ 为 x_λ 且称 x_λ 为 x 的第 λ 个分量．对每个参数 $\lambda_0\in\Lambda$，我们定义 λ_0 的投影映射 $\pi_{\lambda_0}:\prod_{\lambda\in\Lambda} X_\lambda\to X_{\lambda_0}$ 为

$$\text{对 } x\in\prod_{\lambda\in\Lambda} X_\lambda,\quad \pi_{\lambda_0}(x)=x_{\lambda_0}$$

我们已定义了两个度量空间的笛卡儿积上的乘积度量．可用明显的方式推广到有限个度量空间的笛卡儿积上的度量．此外，可数个度量空间的笛卡儿积上存在自然的度量(见习题 16)．

拓扑空间的有限族的笛卡儿积上的拓扑有自然的定义．给定拓扑空间族 $\{(X_k,\mathcal{T}_k)\}_{k=1}^n$，乘积族

$$\mathcal{O}_1\times\cdots\mathcal{O}_k\cdots\times\mathcal{O}_n$$

是 $\prod_{1\leqslant k\leqslant n} X_k$ 上的拓扑的基，其中每个 $\mathcal{O}_k$ 属于 $\mathcal{T}_k$．由这些基本集的并组成的笛卡儿积上的拓扑称为 $\prod_{1\leqslant k\leqslant n} X_k$ 上的**乘积拓扑**．

对拓扑空间来说，新颖的地方在于乘积拓扑可在拓扑空间的任意笛卡儿积 $\prod_{\lambda\in\Lambda} X_\lambda$ 上定义．指标集不再要求是有限的，甚至不要求是可数的．

定义　令 $\{(X_\lambda,\mathcal{T}_\lambda)\}_{\lambda\in\Lambda}$ 为由集合 Λ 标记的拓扑空间族．笛卡儿积 $\prod_{\lambda\in\Lambda} X_\lambda$ 上的**乘积拓扑**有形如 $\prod_{\lambda\in\Lambda}\mathcal{O}_\lambda$ 的基集，其中每个 $\mathcal{O}_\lambda\in\mathcal{T}_\lambda$ 且除了有限多个 λ 外，$\mathcal{O}_\lambda=X_\lambda$．

若所有 X_λ 是同一个空间 X，习惯上记 $\prod_{\lambda\in\Lambda} X_\lambda$ 为 X^Λ．特别地，若 $\mathbf{N}$ 表示自然数集，则 $X^{\mathbf{N}}$ 是 X 中的序列全体而 $\mathbf{R}^X$ 是以 X 为定义域的实值函数全体．若 X 是度量空间而 Λ 是可数的，则 X^Λ 上的乘积拓扑由度量诱导(见习题 16)．一般地，若 X 是度量空间而 Λ 是不可数的，乘积拓扑不能通过度量诱导．例如，$\mathbf{R}^{\mathbf{R}}$ 上的乘积拓扑不能通过度量诱导(见习题 17)．我们将以下两个命题的证明留作练习．

命题 3　令 X 为拓扑空间．序列 $\{f_n:\Lambda\to X\}$ 在乘积空间中收敛于 f 当且仅当对每个 Λ 中的 λ，$f_n(\lambda)$ 收敛于 $f(\lambda)$．因此，序列关于乘积拓扑的收敛性是逐点的收敛性．

命题 4　拓扑空间的笛卡儿积 $\prod_{\lambda\in\Lambda} X_\lambda$ 上的乘积拓扑是与投影族 $\{\pi_\lambda:\prod_{\lambda\in\Lambda} X_\lambda\to X_\lambda\}_{\lambda\in\Lambda}$ 相联系的弱拓扑．即它是笛卡儿积上使得所有投影映射连续的拓扑中具有最少集合个数的拓扑．

244

本节的中心部分是 Tychonoff 乘积定理，它告诉我们紧拓扑空间的乘积 $\prod_{\lambda\in\Lambda}X_\lambda$ 是紧的. 该结果对指标空间 Λ 没有限制. 在准备证明该定理前，我们首先证明两个关于具有有限交性质的集族的引理.

引理 5　令 $\mathcal{A}$ 为 X 的具有有限交性质的子集族. 则存在 X 的包含 $\mathcal{A}$ 的子集族 $\mathcal{B}$，它具有有限交性质，且关于该性质是最大的，即不存在真包含 $\mathcal{B}$ 的具有有限交性质的 X 的子集族.

证明　考虑 X 的包含 $\mathcal{A}$ 且具有有限交性质的子集族 $\mathcal{F}$. 用包含关系将 $\mathcal{F}$ 排序. $\mathcal{F}$ 的每个线性序子族 $\mathcal{F}_0$ 有由属于 $\mathcal{F}_0$ 中的任何族的集合组成的上界. 根据 Zorn 引理，存在 $\mathcal{F}$ 的最大元. 该最大元是具有引理结论描述的性质的族. ■

引理 6　令 $\mathcal{B}$ 为 X 的子集族. 它关于有限交性质是最大的. 则 $\mathcal{B}$ 中的有限个集合的交仍然在 $\mathcal{B}$ 中，且 X 的每个与 $\mathcal{B}$ 中的每个集有非空交的子集也属于 $\mathcal{B}$.

证明　令 $\mathcal{B}'$ 为 $\mathcal{B}$ 中集合的有限交所成集合的全体. 则 $\mathcal{B}'$ 是包含 $\mathcal{B}$ 的具有有限交性质的族. 因此根据 $\mathcal{B}$ 关于包含关系的最大性，$\mathcal{B}'=\mathcal{B}$. 现在假定 C 是 X 的子集，它与 $\mathcal{B}$ 的每个成员有非空交. 由于 $\mathcal{B}$ 包含 $\mathcal{B}$ 中集合的有限交，得出 $\mathcal{B}\cup\{C\}$ 具有有限交性质. 根据 $\mathcal{B}$ 关于包含关系的最大性，$\mathcal{B}\cup\{C\}=\mathcal{B}$，因此 C 是 $\mathcal{B}$ 的成员. ■

Tychonoff 乘积定理　令 $\{X_\lambda\}_{\lambda\in\Lambda}$ 为由集合 Λ 标记的紧拓扑空间族. 则具有乘积拓扑的笛卡儿积 $\prod_{\lambda\in\Lambda}X_\lambda$ 也是紧的.

证明　令 $\mathcal{F}$ 为 $X=\prod_{\lambda\in\Lambda}X_\lambda$ 的具有有限交性质的 X 的闭子集族. 我们必须证明 $\mathcal{F}$ 有非空交. 由引理 5，存在 X 的子集族 $\mathcal{B}$(不必是闭的)，它包含 $\mathcal{F}$ 且关于有限交性质是最大的. 固定 $\lambda\in\Lambda$. 定义

$$\mathcal{B}_\lambda=\{\pi_\lambda(B)\mid B\in\mathcal{B}\}$$

则 $\mathcal{B}_\lambda$ 是 X_λ 的具有有限交性质的子集族，$\mathcal{B}_\lambda$ 的成员的闭包族也如此. 根据 X_λ 的紧性，存在点 $x_\lambda\in X_\lambda$ 使得

$$x_\lambda\in\bigcap_{B\in\mathcal{B}}\overline{\pi_\lambda(B)}$$

245　定义 x 为 X 中的点，其第 λ 个坐标是 x_λ. 我们宣称：

$$x\in\bigcap_{F\in\mathcal{F}}F\tag{7}$$

事实上，点 x 具有性质：对每个指标 λ 与每个 $B\in\mathcal{B}$，x_λ 是 $\pi_\lambda(B)$的闭包点. 因此[⊖]

⊖　这里称形如 $\mathcal{O}=\prod_{\lambda\in\Lambda}\mathcal{O}_\lambda$（其中每个 $\mathcal{O}_\lambda$ 是 X_λ 的开子集，而除了某个 λ 外 $\mathcal{O}_\lambda=X_\lambda$）的开集 $\mathcal{O}$ 为次基本集，而称这样集的有限交为基本集是方便的.

$$x \text{ 的每个次基本邻域 } N_x \text{ 与 } \mathcal{B} \text{ 中的每个集合 } B \text{ 有非空交} \tag{8}$$

从 $\mathcal{B}$ 的最大性与引理 6，我们得出 x 的每个次基本邻域属于 $\mathcal{B}$. 再次用引理 6，我们得出 x 的每个基本邻域属于 $\mathcal{B}$. 但 $\mathcal{B}$ 有有限交性质且包含族 $\mathcal{F}$. 令 F 为 $\mathcal{F}$ 中的集合. 则 x 的每个基本邻域与 F 有非空交. 于是 x 是闭集 F 的闭包点，因而 x 属于 F. 因此(7)成立. ■

习题

11. 证明具有乘积拓扑的任意 Tychonoff 空间族的乘积也是 Tychonoff 的.
12. 证明具有乘积拓扑的任意 Hausdorff 空间族的乘积也是 Hausdorff 的.
13. 考虑 $\mathbf{R}$ 的 n 重笛卡儿积.
$$\mathbf{R}^n = \overbrace{\mathbf{R}\times\mathbf{R}\times\cdots\times\mathbf{R}}^{n}$$
证明该乘积拓扑与由欧氏度量诱导的 $\mathbf{R}^n$ 上的度量拓扑相同.
14. 令 (X, ρ_1) 与 (Y, ρ_2) 为两个度量空间. 证明 $X\times Y$ 上的乘积拓扑与由乘积度量
$$\rho((x_1,y_1),(x_2,y_2)) = \sqrt{[\rho_1(x_1,x_2)]^2+[\rho_2(y_1,y_2)]^2}$$
诱导的拓扑相同，其中 X 和 Y 具有由它们相应的度量诱导的拓扑.
15. 证明：若 X 是具有度量 ρ 的度量空间，则
$$\rho^*(x,y) = \frac{\rho(x,y)}{1+\rho(x,y)}$$
也是 X 上的度量且它与 ρ 诱导出相同的拓扑.
16. 考虑度量空间的可数族 $\{(X_n, \rho_n)\}_{n=1}^{\infty}$. 对这些集的笛卡儿积 $X=\prod_{n=1}^{\infty}X_n$，定义 $\rho: X\times X\to\mathbf{R}$ 为
$$p(x,y) = \sum_{n=1}^{\infty}\frac{\rho_n(x_n,y_n)}{2^n[1+\rho_n(x_n,y_n)]}$$
用前一个习题证明 ρ 是 $\prod_{n=1}^{\infty}X_n$ 上的度量，它诱导 X 上的乘积拓扑，其中每个 X_n 具有由度量 ρ_n 诱导的拓扑.

246

17. 考虑具有乘积拓扑的集合 $X=\mathbf{R}^{\mathbf{R}}$. 令 E 为 X 在可数集上取值为 0 而在其他集合上取值为 1 的函数组成的子集. 令 f_0 为恒等于零的函数. 则显然 f_0 是 E 的闭包点. 但 E 中不存在收敛到 f_0 的序列 $\{f_n\}$，由于对 E 中的任何序列 $\{f_n\}$，存在某个 $x_0\in\mathbf{R}$ 使得对所有 n，$f_n(x_0)=1$，从而序列 $\{f_n(x_0)\}$ 不收敛到 $f_0(x_0)$. 这表明，$X=\mathbf{R}^{\mathbf{R}}$ 不是第一可数的且因此不是可度量化的.
18. 令 X 表示具有两个元素的离散拓扑空间. 证明 $X^{\mathbf{N}}$ 同胚于 Cantor 集.
19. 用 Tychonoff 乘积定理与实数的闭有界区间的紧性，证明 $\mathbf{R}^n$ 的任何闭有界子集是紧的.
20. 给出以下断言的直接证明：若 X 是紧的而 I 是闭有界区间，则 $X\times I$ 是紧的. (提示：令 $\mathcal{U}$ 为 $X\times I$ 的开覆盖，且考虑 $t\in I$ 的最小值，使得对每个 $t'<t$ 集合 $X\times[0, t']$ 可被 $\mathcal{U}$ 中的有限个集合覆盖. 用 X 的紧性证明 $X\times[0, t]$ 也可被 $\mathcal{U}$ 中的有限个集合覆盖，且若 $t<1$，则对某个 $t''>t$，$X\times[0, t'']$ 也可被 $\mathcal{U}$ 中的有限个集合覆盖.)
21. 证明可数个序列紧拓扑空间的乘积是序列紧的.
22. 单位区间的乘积 I^A 称为(广义)方体. 证明每个紧 Hausdorff 空间 X 同胚于某个方体的闭子集. (令 $\mathcal{F}$ 为 X 上取值于 $[0, 1]$ 的连续实值函数族. 令 $Q=\prod_{f\in F}I_f$. 则由于 X 是正规的，从 X 到 Q 的将 x 映到第 f 个坐标是 $f(x)$ 的点的映射 g 是一对一、连续且闭的象.)

23. 令 $Q=I^{A}$ 为方体. 令 f 为 Q 上的连续实值函数. 则给定 $\varepsilon>0$，存在 Q 上的连续实值函数 g 使得 $|f-g|<\varepsilon$ 且 g 是仅有有限个坐标的函数.（提示：用有限个长度为 ε 的区间覆盖 f 的值域且观察这些区间的原象.）

12.3 Stone-Weierstrass 定理

以下定理是经典分析的瑰宝之一.

Weierstrass 逼近定理　*令 f 为闭有界区间 $[a,b]$ 上的连续实值函数. 则对每个 $\varepsilon>0$，存在多项式 p 满足*

$$\text{对所有 } x\in[a,b],\quad |f(x)-p(x)|<\varepsilon$$

[247] 本节我们证明该定理的一个深远的推广. 对于紧 Hausdorff 空间 X，考虑 X 上具有最大值范数的连续实值函数空间 $C(X)$. Weierstrass 逼近定理告诉我们多项式在 $C[a,b]$ 中稠密.

现在 $C(X)$ 有了不是所有线性空间都具有的乘积结构，即 $C(X)$ 中的两个函数 f 与 g 的乘积 fg 仍然在 $C(X)$ 中. $C(X)$ 的线性子空间 $\mathcal{A}$ 称为一个**代数**，若 $\mathcal{A}$ 中的任何两个函数的乘积也属于 $\mathcal{A}$. X 上的实值函数族 $\mathcal{A}$ 称为**分离** X 中的点，若对 X 中的任何两个不同的点 u 和 v，存在 $\mathcal{A}$ 中的 f 使得 $f(u)\neq f(v)$. 观察到由于 X 是紧与 Hausdorff 的，根据前一章的定理 18，它是正规的，因此我们可以从 Urysohn 引理推出整个代数 $C(X)$ 分离 X 中的点.

Stone-Weierstrass 逼近定理　*令 X 为紧 Hausdorff 空间. 假定 $\mathcal{A}$ 是 X 上连续实值函数的代数，它分离 X 中的点且包含常数函数. 则 $\mathcal{A}$ 在 $C(X)$ 中稠密.*

观察到这是对 Weierstrass 逼近定理的推广，因为闭有界区间 $[a,b]$ 是紧与 Hausdorff 的空间且多项式族是包含常数与分离点的代数.

在证明定理之前，关于证明策略的一些说明是妥当的[⊖]. 由于 X 是紧与 Hausdorff 的，它是正规的. 我们从 Urysohn 引理可以推断出对 X 中的每对不交闭子集 A 与 B 以及 $\varepsilon\in(0,1/2)$，存在函数 $f\in C(X)$ 使得

$$\text{在 } A \text{ 上 } f=\varepsilon/2,\quad \text{在 } B \text{ 上 } f=1-\varepsilon/2,\quad \text{且在 } X \text{ 上 } \varepsilon/2\leqslant f\leqslant 1-\varepsilon/2$$

因此，若在 X 上 $|h-f|<\varepsilon/2$，则

$$\text{在 } A \text{ 上 } h<\varepsilon,\quad \text{在 } B \text{ 上 } h>1-\varepsilon,\quad \text{且在 } X \text{ 上 } 0\leqslant h\leqslant 1 \tag{9}$$

证明将分两步进行. 首先，我们证明对 X 的每对不交闭子集 A 与 B 以及 $\varepsilon\in(0,1/2)$，存在属于代数 A 的函数 h 使得(9)成立. 我们接着证明 $C(X)$ 的任何函数 f 可被这样的 h 的线性组合一致逼近.

⊖ 我们这里给出的证明归功于 B. Brasowski 与 F. Deutsch. 自从 1937 年 Marshal Stone 给出 Stone-Weierstrass 定理的第一个证明后，许多看起来非常不同的证明相继出现.

引理 7　令 X 为紧 Hausdorff 空间，而 $\mathcal{A}$ 是 X 上的分离点且是包含常数函数的连续函数的代数. 则对 X 的每个闭子集 F 以及属于 $X \sim F$ 的点 x_0，存在 x_0 的邻域 $\mathcal{U}$ 与 F 不交且具有性质：对每个 $\varepsilon>0$，存在函数 $h \in \mathcal{A}$ 使得

$$\text{在 } \mathcal{U} \text{ 上 } h<\varepsilon, \quad \text{在 } F \text{ 上 } h>1-\varepsilon, \quad \text{且在 } X \text{ 上 } 0 \leqslant h \leqslant 1 \tag{10}$$

证明　我们首先断言对每个点 $y \in F$，存在 $\mathcal{A}$ 中的函数 g_y 使得

$$g_y(x_0)=0, \quad g_y(y)>0 \text{ 且在 } X \text{ 上 } 0 \leqslant g_y \leqslant 1 \tag{11}$$

事实上，由于 $\mathcal{A}$ 分离点，存在函数 $f \in \mathcal{A}$ 使得 $f(x_0) \neq f(y)$. 函数

[248]

$$g_y=\left[\frac{f-f(x_0)}{\|f-f(x_0)\|_{\max}}\right]^2$$

属于 $\mathcal{A}$ 且满足(11). 由 g_y 的连续性，存在 y 的邻域 $\mathcal{N}_y$ 使得 g_y 在其上仅取正值. 然而，F 是紧空间 X 的闭子集，从而 F 自身是紧的. 因此我们可以选取这些邻域的有限族 $\{\mathcal{N}_{y_1}, \ldots, \mathcal{N}_{y_n}\}$ 覆盖 F. 定义函数 g 为

$$g=\frac{1}{n} \sum_{i=1}^n g_{y_i}$$

$$\text{则 } g(x_0)=0, \quad \text{在 } F \text{ 上 } g>0, \quad \text{且在 } X \text{ 上 } 0 \leqslant g \leqslant 1 \tag{12}$$

但紧集上的连续函数取到最小值，因此我们可以选取 $c>0$ 使得在 F 上 $g \geqslant c$，通过可能地用正数乘以 g，我们可以假定 $c<1$. 另一方面，g 在 x_0 是连续的，因此存在 x_0 的邻域 $\mathcal{U}$ 使得在 $\mathcal{U}$ 上 $g<c/2$. 因此 g 属于代数 $\mathcal{A}$ 且

$$\text{在 } \mathcal{U} \text{ 上 } g<c/2, \quad \text{在 } F \text{ 上 } g \geqslant c, \quad \text{而在 } X \text{ 上 } 0 \leqslant g \leqslant 1 \tag{13}$$

我们宣称(10)对邻域 $\mathcal{U}$ 的这个选择成立. 令 $\varepsilon>0$. 根据 Weierstrass 逼近定理，我们能够找到多项式 p 使得[⊖]

$$\text{在}[0,c/2] \text{ 上 } p<\varepsilon, \quad \text{在}[c,1] \text{ 上 } p>1-\varepsilon, \quad \text{而在}[0,1] \text{ 上 } 0 \leqslant p \leqslant 1 \tag{14}$$

由于 p 是多项式而 f 属于代数 $\mathcal{A}$，复合 $h=p \circ g$ 也属于 $\mathcal{A}$. 从(13)与(14)我们得出(10)成立. ■

引理 8　令 X 为紧 Hausdorff 空间，$\mathcal{A}$ 是 X 上的分离点且是包含常数函数的连续函数的代数. 则对 X 的每对不交闭子集 A 与 B 以及 $\varepsilon>0$，存在函数 h 使得

$$\text{在 } A \text{ 上 } h<\varepsilon, \quad \text{在 } B \text{ 上 } h>1-\varepsilon, \quad \text{且在 } X \text{ 上 } 0 \leqslant h \leqslant 1 \tag{15}$$

证明　由前一个引理(其中 $F=B$)，对每个点 $x \in A$，存在 x 的邻域 $\mathcal{N}_x$ 与 B 不交且具有性质(10). 然而，A 是紧的，由于它是紧空间 X 的闭子集，因此存在覆盖 A 的有限邻域族 $\{\mathcal{N}_{x_1}, \cdots, \mathcal{N}_{x_n}\}$. 选取 ε_0 使得 $0<\varepsilon_0<\varepsilon$ 且 $(1-\varepsilon_0/n)^n>1-\varepsilon$. 对 $1 \leqslant i \leqslant n$，由于 $\mathcal{N}_{x_i}$ 具有性质(10)，其中 $B=F$，我们选取 $h_i \in \mathcal{A}$ 使得

$$\text{在 } \mathcal{N}_{x_i} \text{ 上 } h_i<\varepsilon_0/n, \quad \text{在 } B \text{ 上 } h_i>1-\varepsilon_0/n, \quad \text{而在 } X \text{ 上 } 0 \leqslant h_i \leqslant 1$$

⊖ 不用 Weierstrass 逼近定理，人们能够证明对形如 $p(x)=1-(1-x^n)^m$ 的多项式(14)成立，其中 m 和 n 是适当选取的自然数.

在 X 上定义

$$h=h_1\cdot h_2\cdots h_n$$

249
则 h 属于代数 $\mathcal{A}$. 由于对每个 i，在 X 上 $0\leqslant h_i\leqslant 1$，我们有在 X 上 $0\leqslant h\leqslant 1$. 对每个 i，在 B 上 $h_i>1-\varepsilon_0/n$，因此在 B 上 $h\geqslant(1-\varepsilon_0/n)^n>1-\varepsilon$. 最后，对 A 中的每个点 x 存在指标 i 使得 x 属于 $\mathcal{N}_{x_i}$. 因此 $h_i(x)<\varepsilon_0/n<\varepsilon$. 由于对其他指标 j，$0\leqslant h_j(x)\leqslant 1$，我们得出 $h(x)<\varepsilon$. ■

Stone-Weierstrass 定理的证明　令 f 属于 $C(X)$. 设 $c=\|f\|_{\max}$. 若我们能用 $\mathcal{A}$ 中的函数任意逼近函数

$$\frac{f+c}{\|f+c\|_{\max}}$$

对 f 我们也能这样做. 因此我们可以假设在 X 上 $0\leqslant f\leqslant 1$. 令 $n>1$ 为自然数. 考虑[0，1]的分为长度为 $1/n$ 的 n 个区间的一致分划$\{0, 1/n, 2/n, \cdots, (n-1)/n, 1\}$. 固定 j，$1\leqslant j\leqslant n$. 定义

$$A_j=\{x\text{ 属于 }X\mid f(x)\leqslant (j-1)/n\}\text{ 与 }B_j=\{x\text{ 属于 }X\mid f(x)\geqslant j/n\}$$

由于 f 是连续的，A_j 和 B_j 都是 X 的闭子集，当然它们是不交的. 根据前一个引理，其中 $A=A_j$，$B=B_j$，而 $\varepsilon=1/n$，存在代数 $\mathcal{A}$ 中的函数 g_j 使得

$$\text{若 } f(x)\leqslant\frac{j-1}{n}, g_j(x)<\frac{1}{n}, \text{若 } f(x)\geqslant j/n, g_j(x)>1-1/n; \text{在 } X \text{ 上 } 0\leqslant g_j\leqslant 1 \tag{16}$$

定义

$$g=\frac{1}{n}\sum_{j=1}^{n}g_j$$

则 g 属于 $\mathcal{A}$. 我们宣称

$$\|f-g\|_{\max}<3/n \tag{17}$$

一旦我们证明了这个断言，证明就完成了，这是由于给定 $\varepsilon>0$，我们简单地选取 n 使得 $3/n<\varepsilon$ 且因此 $\|f-g\|_{\max}<\varepsilon$. 为证明(17)，我们首先证明

$$\text{若 } 1\leqslant k\leqslant n \text{ 且 } f(x)\leqslant k/n, \quad \text{则 } g(x)\leqslant k/n+1/n \tag{18}$$

的确，对 $j=k+1,\ldots, n$，由于 $f(x)\leqslant k/n$，$f(x)\leqslant (j-1)/n$，因此 $g_j(x)\leqslant 1/n$.

因此

$$\frac{1}{n}\sum_{j=k+1}^{n}g_j\leqslant (n-k)/n^2\leqslant 1/n$$

由于对所有 j，$g_j(x)\leqslant 1$，

$$g(x)=\frac{1}{n}\sum_{j=1}^{n}g_j=\frac{1}{n}\sum_{j=1}^{k}g_j+\frac{1}{n}\sum_{j=k+1}^{n}g_j\leqslant\frac{1}{n}\sum_{j=1}^{k}g_j+1/n\leqslant k/n+1/n$$

因此(18)成立. 类似的方法可证明：

$$\text{若 } 1\leqslant k\leqslant n \text{ 且}(k-1)/n\leqslant f(x), \quad \text{则}(k-1)/n-1/n\leqslant g(x) \tag{19}$$

对 $x\in X$ 选取 k，$1\leqslant k\leqslant n$，使得 $(k-1)/n\leqslant f(x)\leqslant k/n$. 从(18)和(19)我们推出 $|f(x)-$

$g(x)|<3/n$. ■

我们以 Stone-Weierstrass 定理与 Urysohn 引理的优雅推论结束本章.

250

定理 9(Borsuk 定理)　令 X 为紧 Hausdorff 拓扑空间. 则 $C(X)$是可分的当且仅当 X 上的拓扑可度量化.

证明　首先假设 X 可度量化. 令 ρ 为诱导 X 上的拓扑的度量. 则作为一个紧度量空间，X 是可分的. 选取 X 的可数稠密子集$\{x_n\}$. 对每个自然数 n，定义 $f_n(x)=\rho(x, x_n)$. 由于 ρ 诱导拓扑，f_n 是连续的. 我们从$\{x_n\}$的稠密性推出$\{f_n\}$分离 X 中的点. 在 X 上定义 $f_0\equiv 1$. 现在令 $\mathcal{A}$ 为 $f_k(0\leqslant k<\infty)$中的有限项，具有实系数的多项式族. 则 $\mathcal{A}$ 是包含常数函数的代数，且它分离 X 中的点，因为它包含每个 f_k. 根据 Stone-Weierstrass 定理，$\mathcal{A}$ 在$C(X)$中稠密. 但 $\mathcal{A}$ 中具有有理系数的多项式 f 构成的函数族是可数集且在 $\mathcal{A}$ 中稠密. 因此$C(X)$是可分的.

反过来，假定 $C(X)$是可分的. 令$\{g_n\}$为 $C(X)$的可数稠密子集. 对每个自然数 n，定义 $\mathcal{O}_n=\{x\in X\mid g_n(x)>1/2\}$. 则$\{\mathcal{O}_n\}_{1\leqslant n<\infty}$是开集的可数族. 我们宣称每个开集是$\{\mathcal{O}_n\}_{1\leqslant n<\infty}$的子族的并，因此 X 是第二可数的. 但 X 是正规的，由于它是紧与 Hausdorff 的. Urysohn 度量化定理告诉我们 X 是可度量化的. 为证明第二可数性，令点 x 属于开集 $\mathcal{O}$. 由于 X 是正规的，存在开集 $\mathcal{U}$ 使得 $x\in\mathcal{U}\subseteq\overline{\mathcal{U}}\subseteq\mathcal{O}$，根据 Urysohn 引理，存在 $C(X)$中的函数 g 使得在 $\mathcal{U}$ 上 $g(x)=1$ 而在 $X\sim\mathcal{O}$ 上 $g=0$. 根据在 $C(X)$中的稠密性，存在自然数 n 使得在 X 上$|g-g_n|<1/2$. 因此 $x\in\mathcal{O}_n\subseteq\mathcal{O}$. 这完成了证明. ■

习题

24. 假定 X 是拓扑空间使得存在 X 上的连续实值函数族. 证明 X 必须是 Hausdorff 的.
25. 令 X 为紧 Hausdorff 空间而 $\mathcal{A}\subseteq C(X)$是包含常数函数的代数. 证明 $\mathcal{A}$ 在 $C(X)$中稠密当且仅当 $\mathcal{A}$ 分离 X 中的点.
26. 令 $\mathcal{A}$ 为紧空间 X 上包含常数函数的实值连续函数的代数. 令 $f\in C(X)$具有性质：对某个常数 c 与实数 α，函数 $\alpha(f+c)$属于 $\overline{\mathcal{A}}$. 证明 f 也属于 $\overline{\mathcal{A}}$.
27. 对 f，$g\in C[a, b]$，证明 $f=g$ 当且仅当对所有 n，$\int_a^b x^n f(x)\mathrm{d}x=\int_a^b x^n g(x)\mathrm{d}x$.
28. 对 $f\in C[a, b]$与 $\varepsilon>0$，证明存在实数 c_0，c_1，…，c_n，使得
$$\text{对所有 } x\in[a,b],\quad \left|f(x)-c_0-\sum_{k=1}^{n}c_k\cdot \mathrm{e}^{kx}\right|<\varepsilon$$
29. 对 $f\in C[0, \pi]$与 $\varepsilon>0$，证明存在实数 c_0，c_1，…，c_n，使得
$$\text{对所有 } x\in[0,\pi],\quad \left|f(x)-c_0-\sum_{k=1}^{n}c_k\cdot \cos kx\right|<\varepsilon$$
30. 令 f 为 $\mathbf{R}$ 上以 2π 为周期的连续实值函数. 对 $\varepsilon>0$，证明存在实数 c_0，a_1，，…，a_n，b_1，…，b_n，使得

251

$$\text{对所有 } x\in\mathbf{R},\quad \left|f(x)-c_0-\sum_{k=1}^{n}[a_k\cos kx+b_k\sin kx]\right|<\varepsilon$$

(提示：周期的连续函数可等同于平面的单位圆上的连续函数，而单位圆是紧的且关于平面的拓扑是 Hausdorff 的.)

31. 令 X 与 Y 为紧 Hausdorff 空间而 f 属于 $C(X\times Y)$. 证明对每个 $\varepsilon>0$，存在 $C(X)$ 中的函数 f_1，…，f_n 与 $C(Y)$ 中的 g_1，…，g_n 使得

$$\text{对所有}(x,y)\in X\times Y,\quad \left|f(x,y)-\sum_{k=1}^{n}f_k(x)\cdot g_k(y)\right|<\varepsilon$$

32. 在 Stone-Weierstrass 定理的证明中不用 Weierstrass 逼近定理，证明存在自然数 m 与 n 使得多项式 $p(x)=1-(1-x^n)^m$ 满足(14). (提示：由于 $p(0)=0$，$p(1)=1$ 且在 $(0,1)$ 上 $p'>0$，仅须选取 m 与 n 使得 $p(c/2)<\varepsilon$ 且 $p(c)>1-\varepsilon$.)

33. 令 $\mathcal{A}$ 为紧 Hausdorff 空间 X 上的分离 X 的点的连续实值函数族. 证明 X 上的每个连续实值函数可被 $\mathcal{A}$ 中有限个函数的多项式任意近地一致逼近.

34. 令 $\mathcal{A}$ 为紧 Hausdorff 空间 X 上的连续实值函数的代数. 证明 $\mathcal{A}$ 的闭包 $\overline{\mathcal{A}}$ 也是代数.

35. 令 $\mathcal{A}$ 为紧 Hausdorff 空间 X 上的分离点的连续实值函数的代数. 证明或者 $\overline{\mathcal{A}}=C(X)$ 或者存在点 $x_0\in X$ 使得 $\overline{\mathcal{A}}=\{f\in C(X)\mid f(x_0)=0\}$. (提示：若 $1\in\overline{\mathcal{A}}$，我们就成功了. 此外，若对每个 $x\in X$ 存在 $f\in\mathcal{A}$ 满足 $f(x)\neq 0$，则存在 $g\in A$，它在 X 上是正的，而这蕴涵 $1\in\overline{\mathcal{A}}$.)

36. 令 X 为紧 Hausdorff 空间，而 $\mathcal{A}$ 是 X 上的分离点且是包含常数函数的连续实值函数的代数.

(1) 给定任何两个数 a 和 b 与点 u，$v\in X$，证明存在 $\mathcal{A}$ 中的函数 f，使得 $f(u)=a$ 且 $f(v)=b$.

(2) 给定任何两个数 a 和 b 与 X 的不交闭子集 A 和 B，是否存在 $\mathcal{A}$ 中的函数 f，使得在 A 上 $f=a$ 而在 B 上 $f=b$?

252

第 13 章　Banach 空间之间的连续线性算子

我们已经讨论了几类具体的重要赋范线性空间．这些空间中最为重要的是：(i)欧氏空间 $\mathbf{R}^n$，n 是自然数；(ii)对实数的 Lebesgue 可测子集 E 与 $1\leqslant p<\infty$，使得 $|f|^p$ 在 E 上可积的 Lebesgue 可测函数 f 所组成的 $L^p(E)$ 空间；(iii)X 是紧拓扑空间，X 上的赋予最大值范数的连续实值函数所组成的线性空间 $C(X)$．

本章和接下来的三章我们将研究一般的赋范线性空间以及它们之间的连续线性算子．对于完备赋范线性空间，我们称之为 Banach 空间．我们得到了最为有趣的结果．我们的基本工具是前 4 章建立的关于度量空间和拓扑空间的结果．

13.1　赋范线性空间

线性空间 X 是一个阿贝尔群．群的加法运算记为＋，给定实数 α 和 $u\in X$，可定义数乘 $\alpha\cdot u\in X$ 使得以下三个性质成立：对于实数 α 和 β 以及 X 中的成员 u 和 v，

$$(\alpha+\beta)\cdot u=\alpha\cdot u+\beta\cdot u$$

$$\alpha\cdot(u+v)=\alpha\cdot u+\alpha\cdot v$$

$$(\alpha\beta)\cdot u=\alpha\cdot(\beta\cdot u)\text{ 且 }1\cdot u=u$$

线性空间也称为向量空间，遵循 $\mathbf{R}^n$，线性空间的成员常称为向量．线性空间的典型例子是任意非空集 D 上的实值函数族，对两个函数 f，$g:D\to\mathbf{R}$ 与实数 λ，加法 $f+g$ 与数乘 $\lambda\cdot f$ 在 D 上逐点定义为

$$\text{对所有 }x\in D,\quad (f+g)(x)=f(x)+g(x)\text{ 而 }(\lambda\cdot f)(x)=\lambda f(x)$$

回忆我们首先在第 7 章研究过的线性空间 X 上的范数概念，定义在线性空间 X 上的非负实值函数 $\|\cdot\|$ 称为范数，若对所有 u，$v\in X$ 与 $\alpha\in\mathbf{R}$，

$$\|u\|=0\text{ 当且仅当 }u=0$$

$$\|u+v\|\leqslant\|u\|+\|v\|$$

$$\|\alpha u\|=|\alpha|\,\|u\|$$

如同我们在第 9 章观察到的，线性空间上的范数诱导了该空间上的度量，其中 u 与 v 之间的距离定义为 $\|u-v\|$．当我们谈到赋范空间的度量性质，如有界性与完备性，我们指的是由范数诱导的度量．类似地，当谈到拓扑性质，如序列收敛或集合的开、闭或紧，我们指的是由上述度量诱导的拓扑．[⊖]

⊖ 在以下各章我们考虑不同于由范数诱导的拓扑的赋范线性空间 X 上的拓扑．当涉及这些其他拓扑的拓扑性质时，我们会明确说明．

定义　线性空间 X 上的两个范数 $\|\cdot\|_1$ 与 $\|\cdot\|_2$ 称为**等价的**，若存在常数 $c_1\geqslant 0$ 和 $c_2\geqslant 0$ 使得

$$\text{对所有 } x\in X,\quad c_1\cdot\|x\|_1\leqslant\|x\|_2\leqslant c_2\cdot\|x\|_1$$

我们立即看到两个范数等价当且仅当它们诱导的度量等价．因此，若线性空间上的一个范数被等价的范数代替，拓扑和度量性质仍然不变．

有限维空间的代数的概念对一般的线性空间也很重要[㊀]．给定线性空间 X 中的向量 x_1，…，x_n 与实数 λ_1，…，λ_n，向量

$$x=\sum_{k=1}^{n}\lambda_k x_k$$

称为 x_i 的**线性组合**．X 的非空子集 Y 称为**线性子空间**或简单地称为子空间，若 Y 中的每个线性组合也属于 Y.

对于 X 的非空子集 S，谈到 S 的**扩张**我们指的是 S 中的向量的所有线性组合：我们将 S 的扩张记为 $\text{span}[S]$．我们把证明 $\text{span}[S]$ 是 X 的线性子空间留作习题．它在以下意义下是包含 S 的最小线性子空间：它包含于任何包含 S 的线性子空间．若 $Y=\text{span}[S]$，我们说 S 张成 Y．考虑 S 的扩张的闭包 $\overline{\text{span}}[S]$ 是有用的．我们把 X 的线性子空间的闭包是线性子空间留作练习．因此 $\overline{\text{span}}[S]$ 是 X 的线性子空间．它在以下意义是包含 S 的最小闭线性子空间：它包含于任何包含 S 的闭线性子空间．我们称 $\overline{\text{span}}[S]$ 为 S 的**闭线性扩张**.

对于线性空间 X 的任何两个非空子集 A 与 B，我们定义 A 与 B 的**和** $A+B$ 为：

$$A+B=\{x+y\mid x\in A,\quad y\in B\}$$

[254] 在 B 是单点集 $\{x_0\}$ 的情形中，我们记 $A+\{x_0\}$ 为 $A+x_0$．称该集为 A 的一个**平移**．对 $\lambda\in\mathbf{R}$，我们定义 λA 为形如 λx（其中 $x\in A$）的所有元素的集合．观察到若 Y 和 Z 是 X 的子空间，则和 $Y+Z$ 也是 X 的子空间．在 $Y\cap Z=\{0\}$ 的情形中，我们记 $Y+Z$ 为 $Y\oplus Z$，且称 X 的这个子空间为 Y 与 Z 的**直和**.

对于赋范线性空间 X，中心在原点、半径为 1 的开球 $\{x\in X\mid \|x\|<1\}$ 称为 X 中的**单位开球**，而 $\{x\in X\mid \|x\|\leqslant 1\}$ 称为 X 中的**单位闭球**．我们称满足 $\|x\|=1$ 的向量 $x\in X$ 为**单位向量**.

几乎所有关于度量空间的重要定理都要求完备性．因此不足为奇的是，在赋范线性空间中那些关于由范数诱导的度量是完备的空间最为重要．

定义　一个赋范线性空间称为 **Banach 空间**，若它作为具有由范数诱导的度量的度量空间是完备的．

Riesz-Fischer 定理告诉我们对于实数的可测集 E 和 $1\leqslant p\leqslant\infty$，$L^p(E)$ 是一个 Banach 空间．我们也证明了对于紧拓扑空间 X，具有最大值范数的 $C(X)$ 是一个 Banach 空间．当然，我们从关于 $\mathbf{R}$ 的完备性公理推出每个欧氏空间 $\mathbf{R}^n$ 是一个 Banach 空间．

㊀ 我们稍后涉及线性代数的一些结果，但本章仅要求知道有限维线性空间的任何两个基有相同数目的向量，因此维数是恰当定义的，有限维线性空间的任何线性无关的向量集是某个基的子集，见 Peter Lax 的《Linear Algebra》[Lax97].

习题

1. 证明线性空间 X 的非空子集 S 是一个子空间当且仅当 $S+S=S$，且对每个 $\lambda\in\mathbf{R}$，$\lambda\neq 0$，$\lambda\cdot S=S$.
2. 若 Y 与 Z 是线性空间 X 的子空间，证明 $Y+Z$ 也是子空间且 $Y+Z=\mathrm{span}[Y\cup Z]$.
3. 令 S 为赋范线性空间 X 的子集.
   (i) 证明 X 的线性子空间族的交也是 X 的线性子空间.
   (ii) 证明 $\mathrm{span}[S]$是 X 的所有包含 S 的线性子空间的交，因此是 X 的一个线性子空间.
   (iii) 证明$\overline{\mathrm{span}}[S]$是 X 的所有包含 S 的闭线性子空间的交，因此是 X 的一个闭线性子空间.
4. 对赋范线性空间 X，证明函数$\|\cdot\|$：$X\to\mathbf{R}$ 是连续的.
5. 对两个赋范线性空间$(X,\ \|\cdot\|_1)$与$(Y,\ \|\cdot\|_2)$，通过令$\lambda\cdot(x,\ y)=(\lambda x,\ \lambda y)$与$(x_1,\ y_1)+(x_2,\ y_2)=(x_1+x_2,\ y_1+y_2)$在笛卡儿积 $X\times Y$ 上定义线性结构. 对 $x\in X$ 与 $y\in Y$ 定义乘积范数$\|\cdot\|$为$\|(x,\ y)\|=\|x\|_1+\|y\|_2$. 证明这是一个范数，序列关于该范数收敛当且仅当两个分量序列都收敛. 进一步地，证明：若 X 和 Y 都是 Banach 空间，则 $X\times Y$ 也是.
6. 令 X 为赋范线性空间.
   (i) 令$\{x_n\}$与$\{y_n\}$为 X 中的序列使得$\{x_n\}\to x$ 且$\{y_n\}\to y$. 证明对任何实数 α 与 β，$\{\alpha x_n+\beta y_n\}\to\alpha x+\beta y$.
   (ii) 用(i)证明：若 Y 是 X 的子空间，则它的闭包$\overline{Y}$也是 X 的线性子空间.
   (iii) 用(i)证明：向量的和是从 $X\times X$ 到 X 的连续映射而数乘是从 $\mathbf{R}\times X$ 到 X 的连续映射.　[255]
7. 证明$[a,\ b]$上的所有多项式组成的集合 $\mathcal{P}$是线性空间. 把 $\mathcal{P}$考虑为赋范线性空间$C[a,\ b]$的子集，证明 $\mathcal{P}$不是闭的. 把 $\mathcal{P}$考虑为赋范线性空间$L^1[a,\ b]$的子集，证明 $\mathcal{P}$不是闭的.
8. 定义在向量空间 X 上的非负实值函数$\|\cdot\|$称为**拟范数**，若$\|x+y\|\leqslant\|x\|+\|y\|$且$\|\alpha x\|=|\alpha|\,\|x\|$. 若$\|x-y\|=0$，定义 $x\cong y$，证明这是一个等价关系. 定义 $X/\cong$为 X 的在$\cong$下的等价类的集合且对 $x\in X$定义$[x]$为 x 的等价类. 若我们定义 $\alpha[x]+\beta[y]$为 $\alpha x+\beta y$ 的等价类且定义$\|[x]\|=\|x\|$，证明 $X/\cong$是赋范向量空间. 用 $X=L^p[a,\ b](1\leqslant p<\infty)$说明这一程序.

13.2　线性算子

定义　令 X 和 Y 是线性空间. 映射 $T:X\to Y$ 称为**线性的**，若对每对 u，$v\in X$，以及实数 α 与 β，

$$T(\alpha u+\beta v)=\alpha T(u)+\beta T(v)$$

线性映射常称为**线性算子**或线性变换. 在线性代数中人们研究有限维线性空间之间的线性算子，在定义域与值域的基选定之后，这些算子由矩阵乘法给出. 在我们对 $1\leqslant p<\infty$ 研究 $L^p(E)$空间时，我们考虑从 L^p到 $\mathbf{R}$ 的连续线性算子. 我们称这些算子为泛函并且证明刻画它们的 Riesz 表示定理.

定义　令 X 与 Y 为赋范线性空间. 线性算子 $T:X\to Y$ 称为是**有界的**，若存在常数 $M\geqslant 0$ 使得

$$\text{对所有 } u\in X,\quad \|T(u)\|\leqslant M\|u\| \tag{1}$$

所有这样的 M 的下确界称为 T 的**算子范数**，记为 $\|T\|$. 从 X 到 Y 的有界算子全体记为 $\mathcal{L}(X, Y)$.

令 X 和 Y 为赋范线性空间而 T 属于 $\mathcal{L}(X, Y)$. 容易看出(1)对 $M=\|T\|$ 成立. 因此，根据 T 的线性，

$$\text{对所有 } u, v \in X, \quad \|T(u)-T(v)\| \leqslant \|T\| \cdot \|u-v\| \tag{2}$$

从这我们推出有界线性算子 T 的连续性质：

$$\text{若在 } X \text{ 中 } \{u_n\} \rightarrow u, \quad \text{则在 } Y \text{ 中 } \{T(u_n)\} \rightarrow T(u) \tag{3}$$

256 事实上，关于线性算子我们有以下基本结果.

定理 1　赋范线性空间之间的线性算子是连续的当且仅当它是有界的.

证明　令 X 和 Y 为赋范线性空间而 $T: X \rightarrow Y$ 是线性的. 若 T 是有界的，(3)告诉我们 T 是连续的. 现在假定 $T: X \rightarrow T$ 是连续的. 由于 T 是线性的，$T(0)=0$. 因此，根据在 $u=0$ 连续的 $\varepsilon-\delta$ 准则，其中 $\varepsilon=1$，我们可以选取 $\delta>0$，使得若 $\|u-0\|<\delta$，则 $\|T(u)-T(0)\|<1$，即若 $\|u\|<\delta$，则 $\|T(u)\|<1$. 对任何 $u \in X$，$u \neq 0$，设 $\lambda=\delta/\|u\|$ 且观察到根据范数的正齐次性，$\|\lambda u\| \leqslant \delta$. 因此 $\|T(\lambda u)\| \leqslant 1$. 由于 $\|T(\lambda u)\|=\lambda\|T(u)\|$，我们得出(1)对 $M=1/\delta$ 成立. ■

定义　令 X 和 Y 是线性空间. 对线性算子 $T: X \rightarrow Y$ 与 $S: X \rightarrow Y$ 以及实数 α, β，我们逐点定义 $\alpha T+\beta S: X \rightarrow Y$ 为

$$\text{对所有 } u \in X, \quad (\alpha T+\beta S)(u)=\alpha T(u)+\beta S(u) \tag{4}$$

在逐点数乘与加法下两个线性空间之间的线性算子族是线性空间.

命题 2　令 X 和 Y 为赋范线性空间. 则从 X 到 Y 的有界线性算子族 $\mathcal{L}(X, Y)$ 是一个赋范线性空间.

证明　令 T 和 S 属于 $\mathcal{L}(X, Y)$. 我们从 Y 上的范数的三角不等式与(2)推出：

$$\begin{aligned}\text{对所有 } u \in X, \quad \|(T+S)(u)\| &\leqslant \|T(u)\|+\|S(u)\| \\ &\leqslant \|T\|\|u\|+\|S\|\|u\|=(\|T\|+\|S\|)\|u\|\end{aligned}$$

因此 $T+S$ 是有界的且 $\|T+S\| \leqslant \|T\|+\|S\|$. 显然对于实数 α，αT 是有界的且 $\|\alpha T\|=|\alpha|\|T\|$，而 $\|T\|=0$ 当且仅当对所有 $u \in X$，$T(u)=0$. ■

定理 3　令 X 和 Y 是赋范线性空间. 若 Y 是 Banach 空间，则 $\mathcal{L}(X, Y)$ 也是.

证明　令 $\{T_n\}$ 为 $\mathcal{L}(X, Y)$ 中的 Cauchy 序列. 令 u 属于 X. 则由(2)，对所有指标 n 和 m，

$$\|T_n(u)-T_m(u)\|=\|(T_n-T_m)u\| \leqslant \|T_n-T_m\| \cdot \|u\|$$

因此 $\{T_n(u)\}$ 是 Y 中的 Cauchy 序列. 根据假设，由于 Y 是完备的，序列 $\{T_n(u)\}$ 收敛到 Y 的某个成员，我们把它记为 $T(u)$. 这定义了映射 $T: X \rightarrow Y$. 我们必须证明 T 属于

$\mathcal{L}(X, Y)$，且在 $\mathcal{L}(X, Y)$ 中 $\{T_n\} \to T$. 为证明线性，观察到对 X 中的每对 u_1，u_2，由于每个 T_n 是线性的，

$$T(u_1) + Tu(u_2) = \lim_{n\to\infty} T_n(u_1) + \lim_{n\to\infty} T_n(u_2) = \lim_{n\to\infty} T_n(u_1 + u_2) = T(u_1 + u_2)$$

类似地，$T(\lambda u) = \lambda T(u)$.

我们同时证明 T 的有界性以及 $\{T_n\}$ 在 $\mathcal{L}(X, Y)$ 中收敛到 T. 令 $\varepsilon > 0$. 选取指标 N 使得对所有 $n \geqslant N$，$k \geqslant 1$，$\|T_n - T_{n+k}\| < \varepsilon/2$. 因此，根据(2)，对所有 $u \in X$，

257

$$\|T_n(u) - T_{n+k}(u)\| = \|(T_n - T_{n+k})u\| \leqslant \|T_n - T_{n+k}\| \cdot \|u\| < \varepsilon/2\|u\|$$

固定 $n \geqslant N$ 与 $u \in X$. 由于 $\lim_{k\to\infty} T_{n+k}(u) = T(u)$ 且范数是连续的，我们得出：

$$\|T_n(u) - T(u)\| \leqslant \varepsilon/2\|u\|$$

特别地，线性算子 $T_N - T$ 是有界的，由于 T_N 也是有界的，所以 T 是有界的. 此外，对 $n \geqslant N$，$\|T_n - T\| < \varepsilon$. 因此在 $\mathcal{L}(X, Y)$ 中 $\{T_n\} \to T$. ■

对于两个赋范线性空间 X 与 Y，算子 $T \in \mathcal{L}(X, Y)$ 称为**同构**，若它是一对一、映上，且有连续的逆. 对 $\mathcal{L}(X, Y)$ 中的 T，若它是一对一与映上的，它的逆是线性的. 要成为同构，要求逆是有界的，即逆属于 $\mathcal{L}(Y, X)$. 两个赋范线性空间是**同构的**，若它们之间存在同构映射. 这是赋范线性空间之间的等价关系. 它对赋范线性空间所起的作用与同胚对拓扑空间所起的作用相同. 保持范数的同构称为**等距同构**：它是一个同构而且是与范数相对应的度量结构的等距映射.

对线性算子 $T: X \to Y$，X 的子空间(其中 $\{x \in X \mid T(x) = 0\}$)称为 T 的**核**，记为 $\ker T$. 观察到 T 是一对一的当且仅当 $\ker T = \{0\}$. 我们将 T 的**象** $T(X)$ 记为 $\mathrm{Im}T$.

习题

9. 令 X 和 Y 为赋范线性空间而 $T: X \to Y$ 是线性的.
   (i) 证明 T 是连续的当且仅当它在 X 中的单点 u_0 连续.
   (ii) 证明 T 是 Lipschitz 的当且仅当它是连续的.
   (iii) 证明：若对 T 没有线性假设，(i)与(ii)都不成立.
10. 令 X 和 Y 为赋范线性空间而 $T \in \mathcal{L}(X, Y)$，证明 $\|T\|$ 是映射 T 的最小 Lipschitz 常数，即最小数 $c \geqslant 0$，使得：
$$\text{对所有 } u, v \in X, \quad \|T(u) - T(v)\| \leqslant c\|u - v\|$$
11. 令 X 和 Y 为赋范线性空间而 $T \in \mathcal{L}(X, Y)$，证明：
$$\|T\| = \sup\{\|T(u)\| \mid u \in X, \|u\| \leqslant 1\}$$
12. 令 X 和 Y 为赋范线性空间，在 $\mathcal{L}(X, Y)$ 中 $\{T_n\} \to T$，且在 X 中 $\{u_n\} \to u$. 证明在 Y 中 $\{T_n(u_n)\} \to T(u)$.
13. 令 X 为 Banach 空间，而 $T \in \mathcal{L}(X, X)$ 满足 $\|T\| < 1$.
   (i) 用压缩映射原理证明 $I - T \in \mathcal{L}(X, X)$ 是一对一与映上的.
   (ii) 证明 $I - T$ 是一个同构.
14. (Neumann 级数)令 X 和 Y 为赋范线性空间而 $T \in \mathcal{L}(X, X)$ 满足 $\|T\| < 1$. 定义 $T^0 = \mathrm{Id}$.

258

   (i) 用 $\mathcal{L}(X, X)$ 的完备性证明 $\sum_{n=0}^{\infty} T^n$ 在 $\mathcal{L}(X, X)$ 中收敛.

(ii) 证明$(I-T)^{-1}=\sum_{n=0}^{\infty} T^n$.

15. 令 X 和 Y 为赋范线性空间而 $T\in\mathcal{L}(Y, X)$，证明 T 是同构当且仅当存在算子 $S\in\mathcal{L}(Y, X)$，使得对每个 $u\in X$ 与 $v\in Y$，
$$S(T(u))=u \text{ 且 } T(S(v))=v$$
16. 令 X 和 Y 为赋范线性空间而 $T\in\mathcal{L}(X, Y)$，证明 $\ker T$ 是 X 的闭子空间且 T 是一对一的当且仅当 $\ker T=\{0\}$.
17. 令(X, ρ)为包含点 x_0 的度量空间．定义$\mathrm{Lip}_0(X)$为 X 上的在 x_0 消失的实值 Lipschitz 函数 f 的集合．通过对 $f\in\mathrm{Lip}_0(X)$定义
$$\|f\|=\sup_{x\neq y}\frac{|f(x)-f(y)|}{\rho(x,y)}$$
证明$\mathrm{Lip}_0(X)$是赋范线性空间．证明$\mathrm{Lip}_0(X)$是 Banach 空间．对每个 $x\in X$，定义$\mathrm{Lip}_0(X)$上的线性泛函 F_x 为 $F_x(f)=f(x)$．证明 F_x 属于 $\mathcal{L}(\mathrm{Lip}_0(X), \mathbf{R})$，且对 $x, y\in X$，$\|F_x-F_y\|=\rho(x, y)$．因此 X 与 Banach 空间 $\mathcal{L}(\mathrm{Lip}_0(X), \mathbf{R})$的子集等距．由于完备度量空间的任何闭子集是完备的，这给出了任何度量空间的完备化的存在性的另一个证明．它也表明了任何度量空间等距于某个赋范线性空间的子集．
18. 用前一个习题证明每个赋范线性空间是 Banach 空间的稠密子空间．
19. 对赋范线性空间 X 以及 $T, S\in\mathcal{L}(X, X)$，证明复合 $S\circ T$ 也属于 $\mathcal{L}(X, X)$且$\|S\circ T\|\leqslant\|S\|\cdot\|T\|$.
20. 令 X 为赋范线性空间而 Y 是 X 的闭线性子空间．证明$\|x\|_1=\inf_{y\in Y}\|x-y\|$定义了 X 上的拟范数．由拟范数$\|\cdot\|_1$(见习题 8)诱导的赋范线性空间记为 X/Y 且称为 X 模 Y 的**商空间**．证明将 X 映上 X/Y 的自然映射 φ 将开集映到开集．
21. 证明：若 X 是 Banach 空间而 Y 是 X 的闭线性真子空间，则商空间 X/Y 也是 Banach 空间，而自然映射$\varphi: X\to X/Y$ 的范数为 1.
22. 令 X 与 Y 为赋范线性空间，$T\in\mathcal{L}(X, Y)$且 $\ker T=Z$．证明存在唯一的从 X/Z 到 Y 的有界线性算子 S，使得 $T=S\circ\varphi$，其中 $\varphi: X\to X/Z$ 是自然映射．此外，证明$\|T\|=\|S\|$.

13.3　紧性丧失：无穷维赋范线性空间

线性空间 X 称为有限维的，若存在 X 的子集$\{e_1, \cdots, e_n\}$张成 X．若不存在真子集也张成 X，我们称集合$\{e_1, \cdots, e_n\}$是 X 的一组基，而称 n 是 X 的维数．若 X 不能被有限向量族张成，则称它是无穷维的．观察到 X 的基$\{e_1, \cdots, e_n\}$在以下意义下是线性无关的：

259

$$\text{若}\sum_{i=1}^{n}x_ie_i=0,\quad \text{则对所有 } 1\leqslant i\leqslant n,\quad x_i=0$$
否则$\{e_1, \cdots, e_n\}$的真子集将张成 X.

定理 4　有限维线性空间上的任何两个范数等价．

证明　由于范数的等价是 X 上的范数集合的一个等价关系．仅须选取 X 上的一个特定范数$\|\cdot\|_*$且证明 X 上的任何范数都等价于$\|\cdot\|_*$．令 $\dim X=n$ 而$\{e_1, \cdots, e_n\}$是 X 的一组基．对任何 $x=x_1e_1+\cdots+x_ne_n\in X$，定义

$$\|x\|_* = \sqrt{x_1^2 + \cdots + x_n^2}$$

由于欧氏范数是 $\mathbf{R}^n$ 上的范数，$\|\cdot\|_*$ 是 X 上的范数.

令$\|\cdot\|$为 X 上的任何范数. 我们宣称它等价于$\|\cdot\|_*$. 首先我们找出$c_1 \geqslant 0$，使得

$$对所有\ x \in X, \quad \|x\| \leqslant c_1 \|x\|_* \tag{5}$$

事实上，对 $x = x_1 e_1 + \cdots + x_n e_n \in X$，根据范数$\|\cdot\|$的次可加性与正齐次性，以及 $\mathbf{R}^n$ 上的 Cauchy-Schwarz 不等式，

$$\|x\| \leqslant \sum_{i=1}^{n} |x_i| \|e_i\| \leqslant c_1 \cdot \|x\|_*, \quad 其中 c_1 = \sqrt{\sum_{i=1}^{n} \|e_i\|^2}$$

我们现在找出$c_2 > 0$，使得

$$对所有\ x \in X, \quad \|x\|_* \leqslant c_2 \cdot \|x\| \tag{6}$$

定义实值函数 $f: \mathbf{R}^n \to \mathbf{R}$ 为

$$f(x_1, \cdots, x_n) = \left\| \sum_{i=1}^{n} x_i e_i \right\|$$

该函数是连续的，由于若把 $\mathbf{R}^n$ 考虑为具有欧氏度量的度量空间，它是具有 Lipschitz 常数c_1 的 Lipschitz 映射. 由于$\{e_1, \cdots, e_n\}$是线性无关的，f 在单位球的边界$S = \left\{ x \in \mathbf{R}^n \mid \sum_{i=1}^{n} x_i^2 = 1 \right\}$上取正值，而 S 是紧的因为它是闭与有界的. 紧拓扑空间上的连续实值函数取到最小值. 令 $m > 0$ 为 f 在 S 上的最小值. 由范数$\|\cdot\|$的齐次性，我们得出：

$$对所有\ x \in X, \quad \|x\| \geqslant m \cdot \|x\|_*$$

因此(6)对$c_2 = 1/m$ 成立. ■

推论 5 任何两个有相同的有限维数的赋范线性空间是同构的.

260

证明 由于同构是赋范线性空间之间的一个等价关系，仅须证明：若 X 是维数为 n 的赋范线性空间，则它同构于欧氏空间 $\mathbf{R}^n$. 令$\{e_1, \cdots, e_n\}$为 X 的一组基. 对 $x = (x_1, \cdots, x_n) \in \mathbf{R}^n$，定义线性映射 $T: \mathbf{R}^n \to X$ 为

$$T(x) = \sum_{i=1}^{n} x_i e_i$$

由于$\{e_1, \cdots, e_n\}$是基，T 是一对一与映上的. 显然 T 是线性的. 剩下来要证明 T 与它的逆是连续的. 由于线性算子是连续的当且仅当它是有界的，这相当于证明存在常数c_1 与c_2，使得对每个 $x \in \mathbf{R}^n$，

$$\|T(x)\| \leqslant c_1 \cdot \|x\|_* \text{ 且 } \|T(x)\| \geqslant c_2 \cdot \|x\|_*$$

其中$\|\cdot\|_*$表示 $\mathbf{R}^n$ 上的欧氏范数. 这两个常数的存在性从观察到 $x \mapsto \|T(X)\|$定义了 $\mathbf{R}^n$ 上的范数得出，这是由于 $\mathbf{R}^n$ 上的所有范数是等价的，都等价于欧氏范数. ■

推论 6 任何有限维赋范线性空间是完备的，因此赋范线性空间的任何有限维子空间都是闭的.

证明　维数是 n 的有限维空间同构于欧氏空间 $\mathbf{R}^n$，由于 $\mathbf{R}$ 是完备的，它也是完备的．由于完备性在同构下保持，每个有限维赋范线性空间是完备的．对于赋范线性空间 X 的有限维子空间 Y，由于 Y 具有承袭自范数诱导的度量，它是完备的，Y 是度量空间 X 的闭子集，其中 X 为具有由范数诱导的度量的度量空间．■

推论 7　有限维赋范线性空间的闭单位球是紧的．

证明　令 X 为维数为 n 的赋范线性空间而 B 是它的单位闭球．令 $T:X\to\mathbf{R}^n$ 为同构．则集合 $T(B)$是有界的，这是由于算子 T 是有界的，且 $T(B)$是闭的由于 T^{-1}是连续的．因此，$T(B)$作为 $\mathbf{R}^n$ 的闭有界子集是紧的．由于连续映射保持紧性而 T^{-1}是连续的，B 是紧的．■

Riesz 定理　赋范线性空间 X 的闭单位球是紧的当且仅当 X 是有限维的．

该定理证明的核心在于以下的引理．

Riesz 引理　令 Y 为赋范线性空间 X 的闭真线性子空间．则对每个 $\varepsilon>0$，存在单位向量 $x_0\in X$，使得

$$对所有\ y\in Y,\quad \|x_0-y\|>1-\varepsilon$$

[261] **证明**　我们考虑 $\varepsilon=1/2$ 的情形而将一般的情形留作练习．由于 Y 是 X 的真子集，我们可以选取 $x\in X\sim Y$．由于 Y 是 X 的闭子集，它的补在 X 中是开的，因此存在与 Y 不交的中心在 x 的球，即

$$\inf\{\|x-y'\|\mid y'\in Y\}=d>0 \tag{7}$$

选取向量 $y_1\in Y$ 使得

$$\|x-y_1\|<2d \tag{8}$$

定义

$$x_0=\frac{x-y_1}{\|x-y_1\|}$$

则 x_0 是一个单位向量．此外，观察到对任何 $y\in Y$，

$$x_0-y=\frac{x-y_1}{\|x-y_1\|}-y=\frac{1}{\|x-y_1\|}\{x-y_1-\|x-y_1\|y\}=\frac{1}{\|x-y_1\|}\{x-y'\}$$

其中 $y'=y_1+\|x-y_1\|y$ 属于 Y．因此，根据(7)和(8)，

$$对所有\ y\in Y,\quad \|x_0-y\|\geqslant\frac{1}{2d}\|x-y'\|\geqslant\frac{1}{2}$$ ■

Riesz 定理的证明　我们已证明了有限维赋范线性空间的闭单位球 B 是紧的．剩下来要证明：若 X 是无穷维的，则 B 不是紧的．假设 $\dim X=\infty$．我们将归纳地选取 B 中的序列$\{x_n\}$，使得对 $n\neq m$，$\|x_n-x_m\|>1/2$．该序列，没有 Cauchy 子序列，因此没有收敛的子序列．因此 B 不是序列紧的，由于 B 是一个度量空间，所以它不是紧的．

剩下来要选取这个序列．选取任意向量 $x_1\in B$．对于自然数 n，假定我们已选取了 B 中的 n 个向量$\{x_1,\cdots,x_n\}$．这些向量的每对距离大于 1/2．令 X_n 为这 n 个向量张成的线

性空间. 则 X_n 是 X 的有限维子空间，因此是闭的. 此外，X_n 是 X 的真子空间由于 $\dim X=\infty$. 根据前一个引理，我们可以选取 B 中的 x_{n+1}，使得对 $1\leqslant i\leqslant n$，$\|x_i-x_{n+1}\|>1/2$. 因此我们已归纳地选取 B 中的序列，该序列的任何两项距离大于 1/2. ■

习题

23. 证明有限维赋范线性空间 X 的子集是紧的当且仅当它是闭与有界的.
24. 对 $\varepsilon\neq 1/2$ 完成 Riesz 引理的证明.
25. 给出 $X=\ell^2$ 的闭单位球的一个没有有限子覆盖的开覆盖. 接着对 $X=C[0,1]$ 与 $X=L^2[0,1]$ 做同样的事情.
26. 对于赋范线性空间 X 和 Y，令 $T:X\to Y$ 是线性的. 若 X 是有限维的，证明 T 是连续的. 若 Y 是有限维的，证明 T 是连续的当且仅当 $\ker T$ 是闭的.
27. (Riesz 定理的另一个证明)令 X 为无穷维赋范线性空间，B 是 X 中的闭单位球，而 B_0 是 X 中的开单位球. 假定 B 是紧的. 则 B 的开覆盖 $\{x+(1/3)B_0\}_{x\in B}$ 有有限子覆盖 $\{x_i+(1/3)B_0\}_{1\leqslant i\leqslant n}$. 用 Riesz 引理(其中 $Y=\text{span}[\{x_1,\cdots,x_n\}]$)导出矛盾.
28. 令 X 为赋范线性空间. 证明 X 是可分的当且仅当存在 X 的紧子集 K 使得 $\overline{\text{span}}[K]=X$.

262

13.4 开映射与闭图像定理

本节我们用 Baire 范畴定理建立分析无穷维 Banach 空间之间的线性算子的两个实质性工具——开映射定理与闭图像定理. Baire 范畴定理被用于证明下面的定理.

定理 8 令 X 和 Y 为 Banach 空间，线性算子 $T:X\to Y$ 是连续的. 则 $T(X)$ 是 Y 的闭子空间当且仅当存在常数 $M>0$，对给定 $y\in T(X)$，存在 $x\in X$ 使得

$$T(x)=y \text{ 且 } \|x\|\leqslant M\|y\| \tag{9}$$

证明 我们首先假定存在 $M>0$ 使得(9)成立. 令 $\{y_n\}$ 为 $T(X)$ 中收敛到 $y_*\in Y$ 的序列. 我们必须证明 y_* 属于 $T(X)$. 若必要的话，通过选取一个子序列，我们可以假设对所有 $n\geqslant 2$，

$$\|y_n-y_{n-1}\|\leqslant 1/2^n$$

根据 M 的选择，对每个自然数 $n\geqslant 2$，存在向量 $u_n\in X$ 使得

$$T(u_n)=y_n-y_{n-1} \text{ 且 } \|u_n\|\leqslant M/2^n$$

因此，对 $n\geqslant 2$，若我们定义 $x_n=\sum_{j=2}^{n}u_j$，则

$$T(x_n)=y_n-y_1 \tag{10}$$

$$\text{且对所有 } k\geqslant 1,\quad \|x_{n+k}-x_n\|\leqslant M\cdot\sum_{j=n}^{\infty}1/2^j \tag{11}$$

但 X 是一个 Banach 空间，因此 Cauchy 序列 $\{x_n\}$ 收敛到向量 $x_*\in X$. 在(10)中取 $n\to\infty$ 的极限且用 T 的连续性推出 $y_*=T(x_*)+y_1$. 由于 y_1 属于 $T(X)$，y_* 也如此. 因此

$T(X)$是闭的.

为证明逆命题，假设 $T(X)$是 Y 的闭子空间. 为了记号上的方便，假设 $Y=T(X)$. 令 B_X 与 B_Y分别表示 X 与 Y 的单位开球. 由于 $T(X)=Y$,

$$Y=\bigcup_{n=1}^{\infty} n\cdot T(B_X)=\bigcup_{n=1}^{\infty} n\cdot \overline{T(B_X)}$$

263

Banach 空间 Y 有非空内部，因此我们从 Baire 范畴定理推出存在自然数 n，使得闭集 $n\cdot \overline{T(B_X)}$包含一个开球，我们将它写为 $y_0+[r_1\cdot B_Y]$. 因此，

$$r_1 B_Y\subseteq n\,\overline{T(B_X)}-y_0\subseteq 2n\,\overline{T(B_X)}$$

因此，若我们设 $r=2n/r_1$，由于$\overline{T(B_X)}$是闭的，我们得到$\overline{B_Y}\subseteq r\cdot \overline{T(B_X)}$. 因此，由于$\overline{B_Y}$是 Y 中的闭单位球，对每个 $y\in Y$ 与 $\varepsilon>0$，存在 $x\in X$ 使得

$$\|y-T(x)\|<\varepsilon \text{ 且 } \|x\|\leqslant r\cdot\|y\| \tag{12}$$

我们宣称(9)对 $M=2r$ 成立. 事实上，令y_*属于 Y，$y_*\neq 0$. 根据(12)，其中 $\varepsilon=1/2\cdot\|y_*\|$而 $y=y_*$，存在向量$u_1\in X$ 使得

$$\|y_*-T(u_1)\|<1/2\|y_*\| \text{ 且 } \|u_1\|\leqslant r\cdot\|y_*\|$$

现在再次用(12)，这次 $\varepsilon=1/2^2\cdot\|y_*\|$而 $y=y_*-T(u_1)$. 存在 X 中的向量u_2 使得

$$\|y_*-T(u_1)-T(u_2)\|<1/2^2\cdot\|y_*\| \text{ 且 } \|u_2\|\leqslant r/2\cdot\|y_*\|$$

我们继续这个过程，归纳地选取 X 中的序列$\{u_k\}$，使得对每个 k,

$$\|y_*-T(u_1)-T(u_2)-\cdots-T(u_k)\|<1/2^k\cdot\|y_*\| \text{ 且 } \|u_k\|\leqslant r/2^{k-1}\cdot\|y_*\|$$

对每个自然数 n，定义 $x_n=\sum_{k=1}^{n} u_k$. 则根据 T 的线性，对每个 n,

$$\|y_*-T(x_n)\|\leqslant 1/2^n\cdot\|y_*\|$$

$$\|x_{n+k}-x_n\|\leqslant r\cdot\|y_*\|\cdot\sum_{j=n}^{\infty}1/2^j \text{ 且 } \|x_n\|\leqslant 2r\cdot\|y_*\|$$

根据假设，X 是完备的. 因此 Cauchy 序列$\{x_n\}$收敛到 X 中的向量 x_*. 由于 T 是连续的且范数是连续的，

$$T(x_*)=y_* \text{ 且 } \|x_*\|\leqslant 2r\cdot\|y_*\|$$

因此(9)对 $M=2r$ 成立. 证明完成了. ■

从拓扑空间 X 到拓扑空间 Y 的映射 $f:X\to Y$ 称为**开的**，若 X 中的每个开集的象在拓扑空间 $f(X)$中是开的，其中 $f(X)$具有承袭自 Y 的子空间拓扑. 因此从 X 到 Y 的连续一一映射 f 是开的，当且仅当 f 是 X 与 $f(X)$之间的拓扑同胚.

开映射定理　令 X 与 Y 为 Banach 空间而线性算子 $T:X\to Y$ 是连续的. 则它的象 $T(X)$是Y 的一个闭子空间当且仅当算子 T 是开的.

264

证明　前一个定理告诉我们，证明 T 是开的当且仅当存在常数 $M>0$ 使得(9)成立. 令 B_X 与 B_Y分别表示 X 与 Y 的开单位球. 我们从 T 与范数的齐次性推出(9)等价于包含关系：

$$\overline{B_Y} \cap T(X) \subseteq M \cdot T(\overline{B_X})$$

根据齐次性，该包含关系等价于使得 $B_Y \cap T(X) \subseteq M' \cdot T(B_X)$ 的常数 M' 的存在性. 因此，我们必须证明 T 是开的，当且仅当存在 $r>0$ 使得

$$[r \cdot B_Y] \cap T(X) \subseteq T(B_X) \tag{13}$$

首先假设算子 T 是开的. 则 $T(B_X) \cap T(X)$ 是 $T(X)$ 的包含 0 的开子集. 因此存在 $r>0$，使得 $r \cdot B_Y \cap T(X) \subseteq T(B_X) \cap T(X) \subseteq T(B_X)$. 因此(13)对 r 的这个选取成立. 为证明反命题，假设(13)成立. 令 $\mathcal{O}$ 为 X 的开子集而 x_0 属于 $\mathcal{O}$. 我们必须证明 $T(x_0)$ 是 $T(\mathcal{O})$ 的内点. 由于 x_0 是 $\mathcal{O}$ 的内点，存在 $R>0$ 使得 $x_0 + R \cdot B_X \subseteq \mathcal{O}$. 我们从(13)推出，$T(X)$ 中的以 $T(x_0)$ 为中心、半径为 $r \cdot R$ 的开球包含于 $T(\mathcal{O})$. 因此 $T(x_0)$ 是 $T(\mathcal{O})$ 的内点. ■

推论 9　令 X 与 Y 为 Banach 空间而 $T \in \mathcal{L}(X, Y)$ 是一对一与映上的. 则 T^{-1} 是连续的.

证明　算子 T^{-1} 是连续的当且仅当算子 T 是开的. ■

推论 10　令 $\|\cdot\|_1$ 与 $\|\cdot\|_2$ 为线性空间 X 上的范数，使得 $(X, \|\cdot\|_1)$ 与 $(X, \|\cdot\|_2)$ 都是 Banach 空间. 假定存在 $c \geqslant 0$，使得

$$\text{在 } X \text{ 上，} \quad \|\cdot\|_2 \leqslant c \cdot \|\cdot\|_1$$

则这两个范数等价.

证明　对所有 $x \in X$，定义恒等算子 $\mathrm{Id}: X \to X$ 为 $\mathrm{Id}(x) = x$. 根据假设，

$$\mathrm{Id}: (X, \|\cdot\|_1) \to (X, \|\cdot\|_2)$$

是 Banach 空间之间的有界算子，因此是连续的算子，当然它既是一对一又是映上的. 根据开映射定理，恒等算子的逆 $\mathrm{Id}: (X, \|\cdot\|_2) \to (X, \|\cdot\|_1)$ 也是连续的，即它是有界的：存在 $M \geqslant 0$，使得

$$\text{在 } X \text{ 上，} \quad \|\cdot\|_1 \leqslant M \cdot \|\cdot\|_2$$

因此这两个范数等价.

定义　赋范线性空间 X 与 Y 之间的线性算子 $T: X \to Y$ 称为**闭的**，只要 $\{x_n\}$ 是 X 中的序列，

$$\text{若 } \{x_n\} \to x_0 \text{ 且 } \{T(x_n)\} \to y_0, \quad \text{则 } T(x_0) = y_0$$

映射 $T: X \to Y$ 的**图像**是集合 $\{(x, T(x)) \in X \times Y \mid x \in X\}$. 因此算子是闭的当且仅当它的图像是乘积空间 $X \times Y$ 的闭子空间. 265

闭图像定理　令 $T: X \to Y$ 为 Banach 空间 X 与 Y 之间的线性算子. 则 T 是连续的当且仅当它是闭的.

证明　显然 T 是闭的，若它是连续的. 为证明反命题，假设 T 是闭的. 引入 X 上的

新范数$\|\cdot\|_*$为

$$\text{对所有 } x\in X,\quad \|x\|_* = \|x\| + \|T(x)\|$$

算子 T 的闭性等价于赋范线性空间$(X, \|\cdot\|_*)$的完备性．另一方面，我们显然有

$$\text{在 } X \text{ 上，}\quad \|\cdot\| \leqslant \|\cdot\|_*$$

由于$(X, \|\cdot\|_*)$与$(X, \|\cdot\|)$都是 Banach 空间，从前一个推论得出存在 $c\geqslant 0$，使得

$$\text{在 } X \text{ 上，}\quad \|\cdot\|_* \leqslant c\cdot\|\cdot\|$$

因此对所有 $x\in X$，

$$\|T(x)\| \leqslant \|x\| + \|T(x)\| \leqslant c\|x\|$$

因此 T 是有界的从而是连续的．■

注　令 X 与 Y 是 Banach 空间而算子 $T:X\to Y$ 是线性的．为证明 T 的连续性，必要的是证明：若在 X 中$\{x_n\}\to x_0$，则在 Y 中$\{T(x_n)\}\to T(x_0)$．闭图像定理提供了这一准则的巨大的简化．它告诉我们为证明 T 的连续性，仅须对 X 中满足$\{x_n\}\to x_0$ 的序列$\{x_n\}$与 Y 中的 Cauchy 序列$\{T(x_n)\}$，检验在 Y 中$\{T(x_n)\}\to T(x_0)$．这一简化的用途体现在即将介绍的定理 11 的证明中．

令 V 为线性空间 X 的线性子空间．用 Zorn 引理的论证(见习题 35)，证明存在 X 的子空间 W 具有以下直和分解：

$$X = V \oplus W \tag{14}$$

我们称 W 为 V 在 X 中的**线性补**．若 X 的子空间在 X 中有有限维的线性补，则它称为在 X 中有**有限余维**．对 $x\in X$ 与分解式(14)，令 $x=v+w$，其中 $v\in V$，$w\in W$．定义 $P(x)=v$．我们把以下证明留作代数的练习．$P:X\to X$ 是线性的，

$$\text{在 } X \text{ 上，}\quad P^2 = P,\quad P(X) = V \text{ 且} (\mathrm{Id}-P)(X) = W \tag{15}$$

我们称 P 为 X 沿 W 映上 V 的**投影**．我们把证明若 $P:X\to X$ 是任何满足$P^2=P$ 的线性算子，则

$$X = P(X) \oplus (\mathrm{Id}-P)(X) \tag{16}$$

留作第二个代数的练习．

266

我们因此称使得$P^2=P$ 的线性算子 $P:X\to X$ 为**投影**．若 P 是投影，则$(\mathrm{Id}-P)^2=\mathrm{Id}-P$．因此 $\mathrm{Id}-P$ 也是投影．

现在假设线性空间 X 是赋范的．使得(14)成立的 X 的闭子空间 W 称为 V 在 X 中的**闭线性补**．一般来说，很难确定一个线性子空间是否有闭线性补．下一章的推论 8 告诉我们赋范线性空间的每个有限维子空间有闭线性补．第 16 章的定理 3 告诉我们 Hilbert 空间的每个闭子空间有闭线性补．关于闭线性补的存在性，从现在开始我们有用投影的连续性刻画的以下准则．

定理 11　令 V 为 Banach 空间 X 的闭子空间．则 V 在 X 中有闭线性补当且仅当存在将 X 映上 V 的连续投影．

证明　假定 P 是定义在 X 上的连续投影，令$\{x_n\}$为 $P(X)$中收敛到 x 的序列．则 $x_n=$

$P(x_n)\to P(x)$，因此 $x=P(x)$. 这表明 $P(X)$是闭的. 现在假设存在 X 映上 V 的连续投影 P. 存在直和分解 $X=V\oplus(\mathrm{Id}-P)(X)$. 由于 $\mathrm{Id}-P$ 是连续投影，$(\mathrm{Id}-P)(X)$是闭的. 为证明反命题，假设存在 X 的闭子空间 W 使得存在直和分解式(14). 定义 P 为 X 沿着 W 映上 V 的投影. 我们宣称 P 是连续的. 闭图像定理告诉我们，为证明此断言仅须证明算子 P 是闭的. 令$\{x_n\}$为 X 中的序列，使得$\{x_n\}\to x_0$ 且$\{P(x_n)\}\to y_0$. 由于$\{P(x_n)\}$是闭集 V 中收敛于y_0 的序列，向量y_0 属于 V. 由于$\{(\mathrm{Id}-P)(x_n)\}$是闭集 W 中收敛于 x_0-y_0 的序列，向量 x_0-y_0 属于 W. 因此 $P(y_0)=y_0$ 且 $P(x_0-y_0)=0$. 因此$y_0=P(x_0)$. 从而算子 P 是闭的. ■

根据定理 8 和它的推论——开映射定理，给出准则确定何时连续线性算子的象是闭的是有趣的. 以下定理给出一个这样的准则.

定理 12 令 X 和 Y 为 Banach 空间而线性算子 $T:X\to Y$ 是连续的. 若 $T(X)$在 Y 中有闭线性补，则 $T(X)$在 Y 中是闭的. 特别地，若 $T(X)$在 Y 中有有限余维，则 $T(X)$在 Y 中是闭的.

证明 令Y_0 为 Y 的闭子空间，使得

$$T(X)\oplus Y_0=Y \tag{17}$$

由于 Y 是 Banach 空间，Y_0 也是. 考虑 Banach 空间$X\times Y_0$，其中笛卡儿积上的线性结构依分量定义，而范数定义为

$$\text{对所有}(x,y)\in X\times Y_0,\quad \|(x,y)\|=\|x\|+\|y\|$$

则$X\times Y_0$ 是 Banach 空间. 定义线性算子 $S:X\times Y_0\to Y$ 为

$$\text{对所有}(x,y)\in X\times Y_0,\quad S(x,y)=T(x)+y$$

则 S 是 Banach 空间$X\times Y_0$ 映上 Banach 空间 Y 的连续线性映射. 从定理 8 得出，存在 $M>0$ 使得对每个 $y\in Y$ 存在$(x,y')\in X\times Y_0$，使得

267

$$T(x)+y'=y\text{ 且}\|x\|+\|y'\|\leqslant M\cdot\|y\|$$

但由于 $T(X)\cap Y_0=\{0\}$，$y'=0$. 因此

$$T(x)=y\text{ 且}\|x\|\leqslant M\cdot\|y\|$$

我们再次用定理 8 得出 $T(X)$是 Y 的闭子空间. 最后，由于赋范线性空间的每个有限维闭子空间是闭的，若 $T(X)$有有限余维，它是闭的. ■

注 有限维赋范线性空间上的所有线性算子是连续的、开的，且有闭的象. 本节的结果仅对定义在无穷维 Banach 空间上的线性算子有意义，在这种情形下算子的连续性不蕴涵象是闭的. 我们把以下证明留作练习：对$\{x_n\}\in\ell^2$，定义为

$$T(\{x_n\})=\{x_n/n\}$$

的算子 $T:\ell^2\to\ell^2$ 是连续的，但没有闭的象且不是开的.

习题

29. 令 X 为有限维赋范线性空间而 Y 是赋范线性空间. 证明每个线性算子 $T:X\to Y$ 是连续与开的.

30. 令 X 为 Banach 空间而 $P\in\mathcal{L}(X, X)$ 是投影. 证明 P 是开的.
31. 令 $T:X\to Y$ 是 Banach 空间 X 与 Y 之间的连续线性映射. 证明 T 是开的当且仅当 X 中的开单位球在 T 下的象在 Y 的原点的邻域是稠密的.
32. 令$\{u_n\}$为 Banach 空间 X 中的序列. 假定 $\sum_{k=1}^{\infty}\|u_k\|<\infty$. 证明存在 $x\in X$ 使得
$$\lim_{n\to\infty}\sum_{k=1}^{n}u_k = x$$
33. 令 T 为赋范线性空间 X 到无穷维赋范线性空间 Y 的线性算子. 证明 T 是连续的当且仅当 $\ker T$ 是 X 的闭子空间.
34. 假定 X 是 Banach 空间，算子 $T\in\mathcal{L}(X, X)$ 是开的而 X_0 是 X 的闭子空间. T 在 X_0 上的限制 T_0 是连续的. T_0 必须是开的吗?
35. 令 V 为线性空间 X 的线性子空间. 用以下方法证明 V 在 X 中有线性补.
    (i) 若 $\dim X<\infty$，令$\{e_i\}_{i=1}^{n}$为 V 的基. 将 V 的这个基延拓得到 X 的基$\{e_i\}_{i=1}^{n+k}$. 接着定义 $W=\text{span}[\{e_{n+1}, \cdots, e_{n+k}\}]$.
    (ii) 若 $\dim X=\infty$，将 Zorn 引理用于所有使得 $V\cap Z=\{0\}$的 X 的子空间 Z 的族 $\mathcal{F}$，用集合的包含关系对该族排序.
36. 证明(15)与(16).
37. 令 Y 为赋范线性空间. 证明 Y 是 Banach 空间当且仅当存在 Banach 空间 X 与将 X 映上 Y 的连续线性开映射.

268

13.5　一致有界原理

作为 Baire 范畴定理的推论，我们证明：若完备度量空间上的连续函数族是逐点有界的，则存在开集使得该族函数在其上是一致有界的. 这有以下富有成效的关于线性算子族的推论.

一致有界原理　*令 X 为 Banach 空间而 Y 是赋范线性空间，考虑算子族 $\mathcal{F}\subseteq\mathcal{L}(X, Y)$. 假定 $\mathcal{F}$ 逐点有界，即对 X 中的每个 x，存在常数 $M_x\geq 0$ 使得*
$$\text{对所有 } T\in\mathcal{F},\quad \|T(x)\|\leq M_x$$
则 $\mathcal{F}$ 在以下意义下是一致有界的：存在常数 $M\geq 0$，使得对所有 $\mathcal{F}$ 中的 T，$\|T\|\leq M$.

证明　对每个 $T\in\mathcal{F}$，定义为 $f_T(x)=\|T(x)\|$ 的实值函数 $f_T:X\to\mathbf{R}$ 是 X 上的一个实值连续函数. 由于该连续函数族在 X 上是逐点有界的而度量空间 X 是完备的，根据第 10 章的定理 6，存在 X 中的开球 $B(x_0, r)$与常数 $C\geq 0$，使得
$$\text{对所有 } x\in B(x_0,r) \text{ 与 } T\in\mathcal{F},\quad \|T(x)\|\leq C$$
因此，对每个 $T\in\mathcal{F}$，
$$\begin{aligned}\text{对所有 } x\in B(0,r),\quad \|T(x)\| &= \|T([x+x_0]-x_0)\|\\ &\leq \|T(x+x_0)\|+\|T(x_0)\|\leq C+M_{x_0}\end{aligned}$$
因此，设 $M=(1/r)(C+M_{x_0})$，对 $\mathcal{F}$ 中的所有 T 我们有 $\|T\|\leq M$. ■

Banach-Saks-Steinhaus 定理　*令 X 为 Banach 空间，Y 是赋范线性空间，而$\{T_n:X\to Y\}$是连续线性算子序列. 假定对每个 $x\in X$，*

$$\lim_{n\to\infty} T_n(x) \text{ 在 } Y \text{ 中存在} \tag{18}$$

则算子序列$\{T_n:X\to Y\}$是一致有界的．此外，对所有 $x\in X$，定义为

$$T(x)=\lim_{n\to\infty} T_n(x)$$

的算子 $T:X\to Y$ 是线性、连续的，且

$$\|T\|\leqslant \liminf\|T_n\|$$

证明　线性算子的逐点极限是线性的．因此 T 是线性的．我们从一致有界原理推出序列$\{T_n\}$是一致有界的．因此 $\liminf\|T_n\|$是有限的．令 x 属于 X．根据 Y 上的范数的连续性，$\lim\limits_{n\to\infty}\|T_n(x)\|\to\|T(x)\|$．由于对所有 n，$\|T_n(x)\|\leqslant\|T_n\|\cdot\|x\|$，我们也有$\|T(x)\|\leqslant \liminf\|T_n\|\cdot\|x\|$．因此 T 是有界的且$\|T\|\leqslant\liminf\|T_n\|$．有界线性算子是连续的．■

在 Y 是 Banach 空间的情形，(18)等价于以下断言：对每个 $x\in X$，$\{T_n(x)\}$是 Y 中的 Cauchy 序列．

269

习题

38. 作为 Baire 范畴定理的一个推论，我们证明作为完备度量空间上的连续映射序列的逐点极限的实值映射，必须在它的定义域的某个稠密子集的所有点连续．调整上面的证明，使得它适用于映入任何度量空间的映射．用此证明 Banach 空间上的连续线性算子序列的逐点极限有一个极限，它在某个点是连续的，因此根据线性它是连续的．
39. 令$\{f_n\}$为 $L^\infty[a,b]$中的序列．假定对每个 $g\in L^1[a,b]$，$\lim\limits_{n\to\infty}\int_a^b g\cdot f_n$ 存在．证明存在函数 $f\in L^\infty[a,b]$，使得对所有 $g\in L^1[a,b]$，$\lim\limits_{n\to\infty}\int_a^b g\cdot f_n=\int_a^b g\cdot f$．
40. 令 X 为定义在 $\mathbf{R}$ 上的所有多项式组成的线性空间．对 $p\in X$，定义$\|p\|$为 p 的系数的绝对值的和．证明这是 X 上的范数．对每个 n，定义$\psi_n:X\to\mathbf{R}$ 为$\psi_n(p)=p^{(n)}(0)$．用 $\mathcal{L}(X,\mathbf{R})$中的序列$\{\psi_n\}$的性质证明 X 不是 Banach 空间．

270

第 14 章 赋范线性空间的对偶

对于一个赋范线性空间 X，我们记 X 上的连续线性实值函数的赋范线性空间为 X^*，且称它为 X 的**对偶空间**. 在本章以及下一章，我们探讨从 $X\times X^*$ 到 $\mathbf{R}$ 的映射定义为

$$\text{对所有 } x\in X,\quad \psi\in X^*,\quad (x,\psi)\mapsto\psi(x)$$

的映射性质，以找出 Banach 空间的分析的、几何的、拓扑的性质. 这一探讨的出发点是 Hahn-Banach 定理. 这是关于未赋范的线性空间的子空间上的某种线性泛函到全空间上的线性泛函的延拓定理. 该定理的初等性质给出了这样的灵活性. 本章我们用它导出线性泛函的三个性质：(i)对赋范线性空间 X，X 的子空间上的任何有界线性泛函可被延拓为整个 X 上的有界线性泛函，而它的范数不增加；(ii)对局部凸拓扑向量空间 X，X 的任何闭凸子集与该子集外的点可被闭超平面分离；(iii)对自反的 Banach 空间 X，X 中的任何有界序列有弱收敛的子序列.

14.1 线性泛函、有界线性泛函以及弱拓扑

令 X 为线性空间. 我们把 X 上的线性实值函数的线性空间记为$X^\#$. 对 $\psi\in X^\#$，$\psi\neq 0$ 及 $x_0\in X$，使得 $\psi(x_0)\neq 0$，我们宣称 X 可被表示为直和：

$$X=[\ker\psi]\oplus\operatorname{span}[x_0] \tag{1}$$

其中 ψ 的核 $\ker\psi$ 是子空间$\{x\in X\mid\psi(x)=0\}$. 事实上，显然，$\ker\psi\cap\operatorname{span}[x_0]=\{0\}$. 另一方面，我们可以将每个 $x\in X$ 写为

$$x=\left[x-\frac{\psi(x)}{\psi(x_0)}\cdot x_0\right]+\frac{\psi(x)}{\psi(x_0)}\cdot x_0,\quad \text{且有 } \psi\left(x-\frac{\psi(x)}{\psi(x_0)}\cdot x_0\right)=0$$

观察到对实数 c，若 x_0 属于 X 且 $\psi(x_0)=c$，则

$$\psi^{-1}(c)=\{x\in X\mid\psi(x)=c\}=\ker\psi+x_0$$

271 因此，由(1)，若 X 是维数为 n 的有限维空间而 ψ 非零，则对每个 $c\in\mathbf{R}$，水平集$\psi^{-1}(c)$是 X 的$(n-1)$维子空间的平移.

若 X 的线性子空间 X_0 具有以下性质：存在某个 $x_0\in X$，$x_0\neq 0$，使得 $X=X_0\oplus\operatorname{span}[x_0]$，则 X_0 称为在 X 中的**余维**是 1. 余维是 1 的子空间的平移称为**超平面**.

命题 1 线性空间 X 的线性子空间 X_0 余维是 1 当且仅当对某个非零 $\psi\in X^\#$，$X_0=\ker\psi$.

证明 我们已观察到非零线性泛函的核的余维是 1. 反过来，假定 X_0 是余维为 1 的子空间. 则存在向量 $x_0\neq 0$ 使得 $X=X_0\oplus\operatorname{span}[x_0]$. 对 $\lambda\in\mathbf{R}$ 与 $x\in X_0$，定义 $\psi(x+\lambda x_0)=\lambda$. 则 $\psi\neq 0$，ψ 是线性的且 $\ker\psi=X_0$. ■

以下命题告诉我们线性空间上的线性泛函是充足的.

命题 2 令 Y 为线性空间 X 的线性子空间. 则 Y 上的每个线性泛函可延拓为整个 X 上的线性泛函. 特别地, 对每个 $x\in X$, $x\neq 0$, 存在 $\psi\in X^{\#}$ 使得 $\psi(x)\neq 0$.

证明 如同我们在前一章观察到的(见该章的习题 36), Y 在 X 中有线性补, 即存在 X 的线性子空间 X_0, 使得以下直和分解

$$X = Y \oplus X_0$$

成立. 令 η 属于$Y^{\#}$. 对 $x\in X$, 我们有 $x=y+x_0$, 其中 $y\in Y$ 而 $x_0\in X_0$. 定义 $\eta(x)=\eta(y)$. 这定义了 η 到整个 X 上的线性泛函的延拓.

现在令 $x\neq 0$ 属于 X. 定义 $\eta:\text{span}[x]\to\mathbf{R}$ 为 $\eta(\lambda x)=\lambda\cdot\|x\|$, 根据证明的第一部分, 线性泛函 η 可延拓为整个 X 上的线性泛函. ■

我们对赋范线性空间 X 以及$X^{\#}$的包含于 X 的对偶空间 X^* 的子空间特别感兴趣, X^* 即关于由范数诱导的拓扑连续的线性泛函的线性空间. 若 X 是有限维赋范线性空间, 则 X 上的每个连续线性泛函都属于 X^*(见习题 4). 该性质刻画了有限维赋范线性空间.

线性空间 X 的子集 $\mathcal{B}$ 称为 X 的 **Hamel 基**, 若 X 中的每个向量可唯一地表示为 $\mathcal{B}$ 中向量的有限线性组合. 我们把用 Zorn 引理推出每个线性空间具有 Hamel 基留作练习(见习题 17).

命题 3 令 X 为赋范线性空间. 则 X 是有限维的当且仅当$X^{\#}=X^*$.

证明 我们把以下证明留作练习: 由于有限维线性空间上的所有范数是等价的, 所以这样的空间上的所有线性泛函是有界的. 假设 X 是无穷维的. 令 $\mathcal{B}$ 为 X 的 Hamel 基. 不失一般性, 我们假设 $\mathcal{B}$ 中的向量是单位向量. 由于 X 是无穷维的, 我们可以选取 $\mathcal{B}$ 的一个可数无穷子集, 我们把它列举为$\{x_k\}_{k=1}^{\infty}$. 对每个自然数 k 与向量 $x\in X$, 定义$\psi_k(x)$ 为 x 在 Hamel 基 $\mathcal{B}$下的展开式中 x_k 的系数. 则每个ψ_k 属于$X^{\#}$. 因此对所有 $x\in X$, 定义为 [272]

$$\psi(x) = \sum_{k=1}^{\infty} k\cdot\psi_k(x)$$

的泛函 $\psi:X\to\mathbf{R}$ 也属于$X^{\#}$. 该线性泛函不是有界的, 由于每个 x_k 是使得 $\psi(x_k)=k\cdot\psi_k(x_k)=k$ 的单位向量. ■

以下线性泛函的代数性质在建立弱拓扑的性质时是有用的.

命题 4 令 X 为线性空间, 泛函 ψ 属于$X^{\#}$, 而$\{\psi_i\}_{i=1}^{n}$包含于$X^{\#}$. 则 ψ 是$\{\psi_i\}_{i=1}^{n}$的线性组合当且仅当

$$\bigcap_{i=1}^{n}\ker\psi_i \subseteq \ker\psi \tag{2}$$

证明 显然，若 ψ 是 $\{\psi_i\}_{i=1}^n$ 的线性组合，则包含关系(2)成立. 我们归纳地证明反命题. 对 $n=1$，假定(2)成立. 我们假设 $\psi\neq 0$，否则没什么可证的. 选取 $x_0\neq 0$ 使得 $\psi(x_0)=1$. 则 $\psi_1(x_0)\neq 0$，由于 $\ker\psi_1\subseteq\ker\psi$. 然而，$X=\ker\psi_1\oplus\operatorname{span}[x_0]$. 因此，若我们定义 $\lambda_1=1/\psi_1(x_0)$，通过直接代换，我们看到，$\psi=\lambda_1\psi_1$. 现在假设：对任何线性空间上的线性泛函，若(2)对 $n=k-1$ 成立，则 ψ 是 ψ_1，…，ψ_{k-1} 的线性组合. 假定(2)对 $n=k$ 成立. 若 $\psi_k=0$，没什么可证的. 因此选取 $x_0\in X$ 满足 $\psi_k(x_0)=1$. 则 $X=Y\oplus\operatorname{span}[x_0]$，其中 $Y=\ker\psi_k$，因此，

$$\bigcap_{i=1}^{k-1}[\ker\psi_i\cap Y]\subseteq\ker\psi\cap Y$$

根据归纳假设，存在实数 λ_1，…，λ_{k-1} 使得

$$\text{在 } Y \text{ 上，}\quad \psi=\sum_{i=1}^{k-1}\lambda_i\cdot\psi_i$$

直接代换表明，若我们定义 $\lambda_k=\psi(x_0)-\sum_{i=1}^{k-1}\lambda_i\cdot\psi_i(x_0)$，则

$$\text{在 } X \text{ 上，}\quad \psi=\sum_{i=1}^{k}\lambda_i\cdot\psi_i$$ ■

273

回忆对集合 X 上的两个拓扑 $\mathcal{T}_1$ 与 $\mathcal{T}_2$，若 $\mathcal{T}_1\subseteq\mathcal{T}_2$，我们说 $\mathcal{T}_1$ 比 $\mathcal{T}_2$ 弱或 $\mathcal{T}_2$ 比 $\mathcal{T}_1$ 强. 观察到 X 上的函数关于 X 上的某个拓扑连续，则它关于 X 上的任何更强的拓扑连续，但可能不关于某个较弱的拓扑连续. 若 $\mathcal{F}$ 是集合 X 上的任何实值函数族，X 上的由 $\mathcal{F}$ 诱导的弱拓扑，或者说 X 上的 $\mathcal{F}$ 弱拓扑，定义为使得 $\mathcal{F}$ 中的每个函数连续的最弱拓扑(具有最少个数的集合的拓扑). X 上的 $\mathcal{F}$ 弱拓扑在 $x\in X$ 的基由形如

$$\mathcal{N}_{\varepsilon,f_1,\cdots,f_n}(x)=\{x'\in X\mid |f_k(x')-f_k(x)|<\varepsilon,1\leqslant k\leqslant n\}\tag{3}$$

的集合组成，其中 $\varepsilon>0$ 而 $\{f_k\}_{k=1}^n$ 是 $\mathcal{F}$ 的有限子族. 对集合上的拓扑，我们知道集合中的序列关于该拓扑收敛于该集合的某个点意味着什么. 容易看出 X 中的序列 $\{x_n\}$ 关于 $\mathcal{F}$ 弱拓扑收敛到 $x\in X$ 当且仅当

$$\text{对所有 } f\in\mathcal{F},\quad \lim_{n\to\infty}f(x_n)=f(x)\tag{4}$$

X 上关于 $\mathcal{F}$ 弱拓扑连续的函数称为 $\mathcal{F}$ 弱连续. 类似地，我们有 $\mathcal{F}$ 弱开集、$\mathcal{F}$ 弱闭集以及 $\mathcal{F}$ 弱紧集.

对线性空间 X，考虑 X 上由 $X^\#$ 的线性子空间 W 诱导的弱拓扑是自然且有用的.

命题 5 *令 X 为线性空间而 W 是 $X^\#$ 的子空间. 则线性泛函 $\psi:X\to\mathbf{R}$ 是 W 弱连续的当且仅当它属于 W.*

证明 根据 W 弱拓扑的定义，W 中的每个线性泛函是 W 弱连续的. 剩下来要证明反命题. 假定线性泛函 $\psi:X\to\mathbf{R}$ 是 W 弱连续的. 根据 ψ 在 0 的连续性，存在 0 的邻域 $\mathcal{N}$，使得若 $x\in\mathcal{N}$，$|\psi(x)|=|\psi(x)-\psi(0)|<1$. W 拓扑在 0 的基有一个包含于 $\mathcal{N}$ 的邻域. 选取 $\varepsilon>0$ 与 W 中的 ψ_1，…，ψ_n，使得 $\mathcal{N}_{\varepsilon,\psi_1,\cdots,\psi_n}\subseteq\mathcal{N}$. 因此，

$$\text{若对所有 } 1\leqslant k\leqslant n,\quad |\psi_k(x)|<\varepsilon,\quad \text{则 } |\psi(x)|<1$$

根据 ψ 与这些ψ_k 的线性，我们有包含关系 $\bigcap_{k=1}^{n}\ker\psi_k\subseteq\ker\psi$. 根据命题 4，$\psi$ 是 ψ_1，…，ψ_n 的线性组合. 因此，由于 W 是线性空间，ψ 属于 W. ■

以上命题建立了$X^{\#}$ 的线性子空间与由这样的子空间诱导的 X 上的弱拓扑的一对一对应.

定义 令 X 为赋范线性空间. 由对偶空间 X^* 诱导的 X 上的弱拓扑称为 X 上的**弱拓扑**.

X 上的弱拓扑在 $x\in X$ 的基由形如

$$N_{\varepsilon,\psi_1,\cdots,\psi_n}(x)=\{x'\in X\mid |\psi_k(x'-x)|<\varepsilon,1\leqslant k\leqslant n\}\tag{5}$$

的集合组成，其中 $\varepsilon>0$ 而$\{\psi_k\}_{k=1}^n$是 X^* 的有限子族. 对与弱拓扑有关的拓扑概念，我们用形容词“弱”，因此我们有弱紧集、弱开集等. 因此 X 中的序列$\{x_n\}$弱收敛到 x 当且仅当

$$\text{对所有 } \psi\in X^*,\quad \lim_{n\to\infty}\psi(x_n)=\psi(x)\tag{6}$$

在 X 中，可以很方便地把 X 中的序列$\{x_n\}$弱收敛于点 $x\in X$ 写为$\{x_n\}\rightharpoonup x$.

274

通常，对赋范线性空间，我们称由范数诱导的拓扑为 X 上的**强拓扑**. 对 X 是赋范线性空间而 W 是 X^* 的子空间，在 X 上的拓扑中存在着以下包含关系：

$$X\text{ 上的 }W\text{ 弱拓扑}\subseteq X\text{ 上的弱拓扑}\subseteq X\text{ 上的强拓扑}$$

我们从命题 5 推出 W 弱拓扑与弱拓扑重合当且仅当 $W=X^*$. 此外，弱拓扑与强拓扑重合当且仅当 X 是有限维的(见习题 6). 与赋范线性空间相应的拓扑概念若没有附加形容词，则隐含假设所涉及的拓扑是强拓扑.

对于作为对偶空间的赋范线性空间，存在除弱拓扑与强拓扑外的第三个重要的拓扑. 事实上，对赋范线性空间 X 与 $x\in X$，我们定义泛函 $J(x):X^*\to\mathbf{R}$ 为

$$\text{对所有 } \psi\in X^*,\quad J(x)[\psi]=\psi(x)$$

显然，估值泛函 $J(x)$是线性的且在 X^* 上是有界的，满足$\|J(x)\|\leqslant\|x\|$. 此外，算子 $J:X\to(X^*)^*$ 是线性的，因此 $J(X)$是$(X^*)^*$ 的线性子空间.

定义 令 X 为赋范线性空间. X^* 上的由 $J(X)\subseteq(X^*)^*$ 诱导的弱拓扑称为 X^* 上的**弱*拓扑**.

X^* 上的弱*拓扑在 $\psi\in X^*$ 的基由形如

$$\mathcal{N}_{\varepsilon,x_1,\cdots,x_n}(\psi)=\{\psi'\in X^*\mid |(\psi'-\psi)(x_k)|<\varepsilon,1\leqslant k\leqslant n\}\tag{7}$$

的集合构成，其中 $\varepsilon>0$ 而$\{x_k\}_{k=1}^n$是 X 的有限子集. X^* 的子集关于弱*拓扑是开的，称为是弱*开的，对其他拓扑概念类似处理. 因此 X^* 中的序列$\{\psi_n\}$弱*收敛到 $\psi\in X^*$ 当且仅当

$$\text{对所有 } x\in X,\quad \lim_{n\to\infty}\psi_n(x)=\psi(x)\tag{8}$$

简单来说，X^* 中的弱*收敛就是逐点收敛. 对赋范线性空间 X，X^* 上的强、弱、弱*拓扑通过以下包含关系相联系：

$$X^*\text{ 上的弱}^*\text{ 拓扑}\subseteq X^*\text{ 上的弱拓扑}\subseteq X^*\text{ 上的强拓扑}$$

定义　令 X 为赋范线性空间. 线性算子 $J:X\to(X^*)^*$ 定义为

$$\text{对所有 } x\in X,\quad \psi\in X^*,\quad J(x)[\psi]=\psi(x)$$

275 称为 X 到 $(X^*)^*$ 的**自然嵌入**. 空间 X 称为是**自反的**，若 $J(X)=(X^*)^*$.

习惯上记 $(X^*)^*$ 为 X^{**}，并称 X^{**} 为 X 的二次对偶.

命题 6　赋范线性空间 X 是自反的当且仅当 X^* 上的弱拓扑与弱 * 拓扑是相同的.

证明　显然若 X 是自反的，则 X^* 上的弱与弱 * 拓扑是相同的. 反过来，假定这两个拓扑是相同的. 令 $\psi:X^*\to\mathbf{R}$ 为连续线性泛函. 根据弱拓扑的定义，ψ 关于 X^* 上的弱拓扑是连续的. 因此它关于弱 * 拓扑是连续的. 我们从命题 5 推出 ψ 属于 $J(X)$. 因此 $J(X)=X^{**}$. ■

目前，我们未证实称 $J:X\to X^{**}$ 为"嵌入"的合法性，因为我们还未证明 J 是一对一的. 事实上，我们甚至未证明在一般的赋范线性空间 X 上存在任何非零的有界线性泛函. 对有界线性泛函我们需要命题 2 的一个变体，即将介绍的 Hahn-Banach 定理提供这个变体且表明 J 是等距. 当然，我们已经研究了某些特殊的赋范线性空间的对偶空间. 例如，若 E 是实数的 Lebesgue 可测集而 $1\leqslant p<\infty$，Riesz 表示定理刻画了 $L^p(E)$ 的对偶.

习题

1. (i) 用 Zorn 引理证明每个线性空间有 Hamel 基.
   (ii) 证明无穷维 Banach 空间的任何 Hamel 基必须是不可数的.
   (iii) 令 X 为定义在 $\mathbf{R}$ 上的所有多项式的线性空间. 证明不存在 X 上的范数，使得关于该范数 X 是 Banach 空间.
2. 在命题 4 的证明中验证两个关于直接代换的断言.
3. 令 X_0 为赋范线性空间 X 的余维为 1 的子空间. 证明 X_0 关于强拓扑是闭的当且仅当对某个 $\psi\in X^*$，$X_0=\ker\psi$.
4. 证明：若 X 是有限维赋范线性空间，则 X 上的每个线性泛函是连续的.
5. 令 X 为维数为 n 的有限维赋范线性空间. 令 $\{e_1,\cdots,e_n\}$ 为 X 的一组基. 对 $1\leqslant i\leqslant n$，定义 $\psi_i\in X^*$ 为：对 $x=x_1e_1+\cdots+x_ne_n\in X$，$\psi_i(x)=x_i$. 证明 $\{\psi_1,\cdots,\psi_n\}$ 是 X^* 的一组基. 因此 $\dim X^*=n$.
6. 令 X 为有限维线性空间. 证明 X 上的弱拓扑与强拓扑是相同的.
7. 证明无穷维赋范线性空间的每个非空弱开子集关于该范数是无界的.
8. 令 X 为有限维线性空间. 证明自然嵌入 $J:X\to X^{**}$ 是一对一的. 接着用习题 5 证明 $J:X\to X^{**}$ 是映上的，因此 X 是自反的.

276

9. 对于欧氏空间 $\mathbf{R}^n$ 的向量 $v\neq0$，直接给出线性泛函 $\psi:\mathbf{R}^n\to\mathbf{R}$ 使得 $\psi(v)=1$.
10. 对于 ℓ^2 中的序列 $\{x_n\}\neq0$，直接给出连续线性泛函 $\psi:\ell^2\to\mathbf{R}$ 使得 $\psi(\{x_n\})=1$.
11. 对 $L^p[a,b](1\leqslant p\leqslant\infty)$ 中的函数 $f\neq0$，直接给出连续线性泛函 $\psi:L^p[a,b]\to\mathbf{R}$ 使得 $\psi(f)=1$.
12. 考虑具有最大值范数的 $C[a,b]$. 对于 $C[a,b]$ 中的函数 $f\neq0$，直接给出连续线性泛函 $\psi:C[a,b]\to\mathbf{R}$ 使得 $\psi(f)=1$.
13. 对 $1<p<\infty$，令 Y 为 $L^p[a,b]$ 的余维为 1 的闭子空间. 证明存在函数 $g\in L^q[a,b]$，其中 q 是 p 的共轭，使得

$$Y=\left\{f\in L^p[a,b] \mid \int_{[a,b]} f\cdot g dm=0\right\}$$

14. 令 X 为有限维赋范线性空间而 ψ 属于 $X^{\#}\sim X^*$. 证明 $\ker\psi$ 关于 X 中的强拓扑是稠密的.
15. 令 X 为限制在 $[a, b]$ 的多项式的赋范线性空间. 对 $p\in X$, 定义 $\psi(p)$ 为 p 的系数的和. 证明 ψ 是线性的. 若 X 有由最大值范数诱导的拓扑, ψ 是连续的吗?
16. 令 X 为仅有有限项非零的实数列的赋范线性空间. 对 $x=\{x_n\}\in X$, 定义 $\psi(x)=\sum_{n=1}^{\infty} x_n$. 证明 ψ 是线性的. 若 X 有由 ℓ^∞ 范数诱导的拓扑, ψ 是连续的吗?
17. 令 X 为线性空间. X 的子集 E 称为是线性独立的, 若每个 $x\in E$ 不是 $E\sim\{x\}$ 中点的有限线性组合. 定义 $\mathcal{F}$ 为线性独立的 X 的非空子集所组成的族. 用集合的包含关系将 $\mathcal{F}$ 排序. 用 Zorn 引理得出 X 有 Hamel 基.
18. 给出从赋范线性空间 X 到赋范线性空间 Y 的不连续线性算子 T 的例子, 使得 T 有闭的图像. (提示: 令 ψ 为赋范线性空间 X 上的不连续线性泛函, 而 $Y=\{y\in X\times\mathbf{R} \mid y=(x, \psi(x))\}$ 是 ψ 的图像.) 这与闭图像定理矛盾吗?

14.2 Hahn-Banach 定理

定义　线性空间 X 上的泛函 $p:X\to[0, \infty)$ 称为是**正齐次的**, 若

$$对所有\ x\in X,\quad \lambda>0,\quad p(\lambda x)=\lambda p(x)$$

称为是**次可加的**, 若

$$对所有\ x,\quad y\in X,\quad p(x+y)\leqslant p(x)+p(y)$$

线性空间上的任何范数既是次可加的(三角不等式)又是正齐次的.

Hahn-Banach 引理　令 p 为线性空间 X 上的正齐次、次可加的泛函而 Y 是 X 的子空间, 存在定义在其上的线性泛函 ψ, 满足

277

$$在\ Y\ 上,\quad \psi\leqslant p$$

令 z 属于 $X\sim Y$. 则 ψ 可被延拓为 $\mathrm{span}[Y+z]$ 上的线性泛函 ψ, 使得

$$在\ \mathrm{span}[Y+z]\ 上,\quad \psi\leqslant p$$

证明　由于 $\mathrm{span}[Y+z]$ 中的每个向量可唯一地表示为 $y+\lambda z$, 其中 $y\in Y$ 而 $\lambda\in\mathbf{R}$, 仅须找到数 $\psi(z)$ 具有以下性质:

$$对所有\ y\in Y\ 与\ \lambda\in\mathbf{R},\quad \psi(y)+\lambda\psi(z)\leqslant p(y+\lambda z) \tag{9}$$

的确, 对这样的数 $\psi(z)$, 对所有 Y 中的 y 与 $\lambda\in\mathbf{R}$ 定义 $\psi(y+\lambda z)=\psi(y)+\lambda\psi(z)$ 就得到所要的延拓.

对任何向量 y_1, $y_2\in Y$, 由于 ψ 是线性的, 在 Y 上 $\psi\leqslant p$ 且 p 是次可加的,

$$\begin{aligned}\psi(y_1)+\psi(y_2)&=\psi(y_1+y_2)\leqslant p(y_1+y_2)\\&=p((y_1-z)+(y_2+z))\leqslant p(y_1-z)+p(y_2+z)\end{aligned}$$

因此,

$$\psi(y_1)-p(y_1-z)\leqslant-\psi(y_2)+p(y_2+z)$$

当y_1与y_2在Y中的所有向量变动，该不等式左边的任何数不大于右边的任何数．根据$\mathbf{R}$的完备性，若我们定义$\psi(z)$为该不等式左边的数的上确界，则$\psi(z)\in\mathbf{R}$．此外，对任何$y\in Y$，根据$\psi(z)$作为上界的选取，$\psi(y)-p(y-z)\leqslant\psi(z)$，由$\psi(z)$作为最小上界的选取，$\psi(z)\leqslant-\psi(y)+p(y+z)$．因此对所有$y\in Y$，

$$\psi(y)-p(y-z)\leqslant\psi(z)\leqslant-\psi(y)+p(y+z) \tag{10}$$

令y属于Y．对$\lambda>0$，在不等式$\psi(z)\leqslant-\psi(y)+p(y+z)$中用$y/\lambda$代替$y$，用$\lambda$乘以每边，且用$p$与$\psi$的正齐次性得到想要的不等式(9)．对$\lambda<0$，在不等式$\psi(y)-p(y-z)\leqslant\psi(z)$中用$-y/\lambda$代替$y$，用$-\lambda$乘以每边，再次用正齐次性得到想要的不等式(9)．因此，若选取数$\psi(z)$使得(10)成立，则(9)成立．■

Hahn-Banach 定理　*令p为线性空间X上的正齐次、次可加的泛函而Y是X的子空间，使得在其上有线性泛函ψ满足*

$$在Y上，\quad \psi\leqslant p$$

则ψ可延拓为整个X上的线性泛函ψ，使得在整个X上$\psi\leqslant p$．

证明　考虑定义在X的子空间Y_η上的所有线性泛函η所组成的族$\mathcal{F}$，使得$Y\subseteq Y_\eta$，在Y上$\eta=\psi$，在Y_η上$\eta\leqslant p$．由ψ的延拓组成的这个特定的族$\mathcal{F}$可通过以下方式定义偏序而成为偏序集：若$Y_{\eta_1}\subseteq Y_{\eta_2}$，$\eta_1<\eta_2$，且在$Y_{\eta_1}$上$\eta_1=\eta_2$．

令$\mathcal{F}_0$为$\mathcal{F}$的全序子族．定义Z为$\mathcal{F}_0$中的泛函的定义域的并．由于$\mathcal{F}_0$是全有序的，任何两个这样的定义域中一个包含于另一个，而由于每个定义域是X的线性子空间，Z也是．对$z\in Y$，选取$\eta\in\mathcal{F}_0$使得$z\in Y_\eta$：定义$\eta^*(z)=\eta(z)$．则根据$\mathcal{F}_0$的全序性，η^*是Z上恰当定义的线性泛函．观察到在Z上$\eta^*\leqslant p$，$Y\subseteq Z$且在Y上$\eta^*=\psi$，由于$\mathcal{F}_0$中的每个泛函具有这三个性质．因此对所有$\eta\in\mathcal{F}_0$，$\eta<\eta^*$．因此$\mathcal{F}$的每个全序子族有上界．因此，根据 Zorn 引理，$\mathcal{F}$有最大元ψ_0．令ψ_0的定义域为Y_0．由定义，$Y\subseteq Y_0$且在Y_0上$\psi_0\leqslant p$．我们从 Hahn-Banach 引理推出最大延拓ψ_0定义在整个X上．■

278

定理 7　*令X_0为赋范线性空间X的线性子空间．则X_0上的每个有界线性泛函ψ可延拓为整个X上的有界线性泛函，延拓后的泛函与ψ有相同的范数．特别地，对每个$x\in X$，存在$\psi\in X^*$使得*

$$\psi(x)=\|x\|且\|\psi\|=1 \tag{11}$$

证明　令$\psi:X_0\to\mathbf{R}$为线性与有界的．定义

$$M=\|\psi\|=\sup\{|\psi(x)|\,|\,x\in X_0,\|x\|\leqslant 1\}$$

定义$p:X\to\mathbf{R}$为

$$对所有\ x\in X,\quad p(x)=M\|x\|$$

泛函p是次可加的与正齐次的．根据M的定义，

$$在\ X_0\ 上，\quad \psi\leqslant p$$

根据 Hahn-Banach 定理，ψ 可以延拓为整个 X 上的连续线性泛函 ψ，且对所有 $x\in X$，$\psi(x)\leqslant p(x)=M\|x\|$. 用 $-x$ 代替 x，我们推出对所有 $x\in X$，$|\psi(x)|\leqslant p(x)=M\|x\|$，因此 ψ 在整个 X 上的延拓有与 $\psi:X_0\to\mathbf{R}$ 相同的范数.

现在令 $x\neq 0$ 属于 X. 定义 $\eta:\text{span}[x]\to\mathbf{R}$ 为 $\eta(\lambda x)=\lambda\|x\|$. 观察到 $\|\eta\|=1$. 注意到 $\eta(x)\neq 0$. 根据证明的第一部分，泛函 η 可延拓为整个 X 上的有界线性泛函，延拓后的泛函也具有范数 1. ■

例子 令 x_0 属于闭有界区间$[a, b]$. 对所有 $f\in C[a, b]$定义

$$\psi(f) = f(x_0)$$

我们考虑 $C[a, b]$为 $L^\infty[a, b]$的子空间(见习题 29). 我们从前一个定理推出 ψ 可延拓为有界线性泛函 $\psi:L^\infty[a, b]\to\mathbf{R}$. 这样的延拓从未直接给出.

例子 定义ℓ^∞上的正齐次、次可加泛函 p 为

$$对所有\{x_n\}\in\ell^\infty,\quad p(\{x_n\}) = \limsup\{x_n\}$$

令 $c\subseteq\ell^\infty$ 为收敛序列的子空间. 定义 c 上的 L 为

$$对所有\{x_n\}\in c,\quad L(\{x_n\}) = \lim_{n\to\infty}x_n$$

由于 L 是线性的且在 c 上 $L\leqslant p$. L 可延拓为ℓ^∞上的线性泛函，使得在ℓ^∞上 $L\leqslant p$. 任何这样的延拓称为 **Banach 极限**. 279

在前一章我们考虑 Banach 空间的闭子空间 X_0 是否有闭线性补. 以下推论告诉我们若 X_0 是有限维的，它确实有.

推论 8 令 X 为赋范线性空间. 若 X_0 是 X 的有限维子空间，则存在 X 的闭线性子空间 X_1，使得 $X=X_0\oplus X_1$.

证明 令 e_1, …, e_n 为 X_0 的基. 对 $1\leqslant k\leqslant n$，定义 $\psi_k:X_0\to\mathbf{R}$ 为 $\psi_k\left(\sum_{i=1}^{n}\lambda_i\cdot e_i\right)=\lambda_k$. 由于 X_0 是有限维的，这些 ψ_k 是连续的. 根据定理 7，每个 ψ_k 有到整个 X 上的延拓 ψ_k'. 因此每个 ψ_k' 有闭的核，使得子空间 $X_1=\bigcap_{k=1}^{n}\ker\psi_k'$ 也是闭的. 容易检验 $X=X_0\oplus X_1$. ■

推论 9 令 X 为赋范线性空间. 则自然嵌入 $J:X\to X^{**}$ 是一个等距.

证明 令 x 属于 X. 观察到根据对偶空间上范数的定义，

$$对所有\ \psi\in X^*,\quad |\psi(x)|\leqslant\|\psi\|\cdot\|x\|$$

因此

$$对所有\ \psi\in X^*,\quad |J(x)(\psi)|\leqslant\|x\|\cdot\|\psi\|$$

因此 $J(x)$是有界的且$\|J(x)\|\leqslant\|x\|$. 另一方面，根据定理 7，存在 $\psi\in X^*$ 使得$\|\psi\|=1$ 且 $J(x)(\psi)=\|x\|$. 因此$\|x\|\leqslant\|J(x)\|$. 我们得出 J 是一个等距. ■

定理 10　令 X_0 为赋范线性空间 X 的子空间．那么 X 中的点 x 属于 X_0 的闭包当且仅当只要泛函 $\psi\in X^*$ 在 X_0 上消失则它也在 x 消失．

证明　显然由连续性可知，若连续泛函在 X_0 上消失，则它在 X_0 的闭包上也消失．为证明反命题，令 x_0 属于 $X\sim\overline{X_0}$．我们必须证明存在 $\psi\in X^*$ 在 X_0 上消失但$\psi(x_0)\neq 0$．定义 $Z=\overline{X_0}\oplus[x_0]$与 $\psi:Z\to\mathbf{R}$ 为：

$$\text{对所有 } x\in\overline{X_0} \text{ 与 } \lambda\in\mathbf{R},\quad \psi(x+\lambda x_0)=\lambda$$

我们宣称 ψ 是有界的．事实上，由于$\overline{X_0}$是闭的，它的补是开的．因此存在 $r>0$ 使得对所有$u\in\overline{X_0}$，$\|u-x_0\|\geqslant r$．因此，对 $x\in\overline{X_0}$ 与 $\lambda\in\mathbf{R}$，

$$\|x+\lambda x_0\|=|\lambda|\,\|(-1/\lambda\cdot x)-x_0\|\geqslant|\lambda|\cdot r$$

从这我们推出 $\psi:X\to\mathbf{R}$ 是有界的且$\|\psi\|\leqslant 1/r$．定理 7 告诉我们 ψ 可延拓为整个 X 上的有界线性泛函．该延拓属于 X^*，在 X_0 上消失而仍然有 $\psi(x_0)\neq 0$．■

280　我们将以下推论的证明留作练习．

推论 11　令 $\mathcal{S}$ 为赋范线性空间 X 的子集．那么 $\mathcal{S}$ 的线性扩张在 X 中稠密当且仅当只要$\psi\in X^*$ 在 $\mathcal{S}$ 上消失则 $\psi=0$．

定理 12　令 X 为赋范线性空间．则 X 中的每个弱收敛序列是有界的．此外，若在 X 上$\{x_n\}\rightharpoonup x$，则

$$\|x\|\leqslant\liminf\|x_n\| \tag{12}$$

证明　令在 X 上$\{x_n\}\rightharpoonup x$．则$\{J(x_n):X^*\to\mathbf{R}\}$是逐点收敛于 $J(x):X^*\to\mathbf{R}$ 的有界泛函序列．一致有界定理告诉我们$\{J(x_n)\}$是 X^* 上的线性泛函的有界序列．由于自然嵌入 J 是等距，序列$\{x_n\}$是有界的．为证明(12)，根据定理 7，存在泛函 $\psi\in X^*$ 使得$\|\psi\|=1$ 而 $\psi(x)=\|x\|$．现在，

$$\text{对所有 } n,\quad |\psi(x_n)|\leqslant\|\psi\|\cdot\|x_n\|=\|x_n\|$$

此外，$|\{\psi(x_n)\}|$收敛到$|\psi(x)|=\|x\|$．因此，

$$\|x\|=\lim_{n\to\infty}|\psi(x_n)|\leqslant\liminf\|x_n\|$$

注　Hahn-Banach 定理有相当平易近人的性质．在它的陈述中需要的数学概念仅仅是线性空间与线性、次可加与正齐次泛函．除了 Zorn 引理外，它的证明仅依赖于实数的初等性质．尽管如此，通过聪明地选取泛函 p，该定理允许我们为泛函分析创造基本的分析、几何、拓扑的工具．我们用 Hahn-Banach 定理证明定理 7，其中 p 选为范数的数乘．在 14.4 节，我们用 Hahn-Banach 定理(其中 p 为与某个凸集相伴随的度规泛函)证明线性空间的不交凸子集可被超平面分离．在下一章，我们用赋范线性空间到它的二次对偶的自然嵌入证明 Banach 空间 X 的闭单位球是弱序列紧的当且仅当 X 是自反的[⊖]．

⊖　Hahn-Banach 定理的更多应用见 Peter Lax 的《Function Analysis》[Lax02]．

习题

19. 令 X 为 $C[0,1]$ 的线性子空间，它是 $L^2[0,1]$ 的闭子集. 证明以下断言来证明 X 有有限维数. 序列 $\{f_n\}$ 属于 X.
    (i) 证明 X 是 $C[0,1]$ 的闭子空间.
    (ii) 证明存在常数 $M\geqslant 0$，使得对所有 $f\in X$，我们有 $\|f\|_2\leqslant\|f\|_\infty$ 与 $\|f\|_\infty\leqslant M\cdot\|f\|_2$.
    (iii) 证明对每个 $y\in[0,1]$，存在 L^2 中的函数 k_y，使得对每个 $f\in X$，我们有 $f(y)=\int_0^1 k_y(x)f(x)\mathrm{d}x$.
    (iv) 证明：若在 L^2 弱意义下 $\{f_n\}\to f$，则在 $[0,1]$ 上逐点地 $\{f_n\}\to f$.
    (v) 证明在 L^2 弱意义下 $\{f_n\}\to f$，则 $\{f_n\}$ 是有界的(在什么意义下?)，因此根据 Lebesgue 控制收敛定理，在 L^2 强意义下 $\{f_n\}\to f$.
    (vi) 得出具有范数 $\|\cdot\|_2$ 的 X 有紧的闭单位球. 因此，根据 Riesz 定理，它是有限维的.

281

20. 令 X 为赋范线性空间，ψ 属于 X^* 而 $\{\psi_n\}$ 属于 X^*. 证明：若 $\{\psi_n\}$ 弱 * 收敛于 ψ，则
$$\|\psi\|\leqslant\liminf\|\psi_n\|$$
21. 为 $X=\mathbf{R}^n$ 赋予欧氏范数，Y 是 X 的子空间，而 $\psi:Y\to\mathbf{R}$ 是线性泛函. 定义 $Y^\perp$ 为由正交于 Y 的向量组成的 $\mathbf{R}^n$ 的线性子空间. 则 $\mathbf{R}^n=Y\oplus Y^\perp$. 对 $x=y+y'$，$y\in Y$，$y'\in Y^\perp$，定义 $\psi(x)=\psi(y)$. 证明该性质定义了 $\psi\in(\mathbf{R}^n)^*$，它是 ψ 到 Y 上的延拓，且与 $\psi|_Y$ 有相同的范数.
22. 令 $X=L^p=L^p[a,b]$，$1<p<\infty$，而 m 是 Lebesgue 测度. 给定 L^p 中的 $f\neq 0$，对所有 $h\in L^p$，定义
$$\psi(h)=\frac{1}{\|f\|_p^{p-1}}\int_{[a,b]}\operatorname{sgn}(f)\cdot|f|^{p-1}\cdot h\mathrm{d}m$$
用 Hölder 不等式证明 $\psi\in(L^p)^*$，$\|\psi\|=1$ 且 $\psi(f)=\|f\|_p$.
23. 对赋范线性空间 X 中的每个点 x，证明
$$\|x\|=\sup\{\psi(x)\mid\psi\in X^*,\|\psi\|\leqslant 1\}$$
24. 令 X 为赋范线性空间而 Y 是 X 的闭子空间. 证明对每个 $x_0\in X\sim Y$，存在 $\psi\in X^*$ 使得：
$$\|\psi\|=1,\quad \text{在 } Y \text{ 上 } \psi=0 \text{ 且 } \psi(x_0)=d,\quad \text{其中 } d=\operatorname{dist}(x_0,Y)=\inf\{\|x_0-y\|\mid y\in Y\}$$
25. 令 Y 为赋范线性空间 X 的线性子空间而 z 是 X 中的向量. 证明
$$\operatorname{dist}(z,Y)=\sup\{\psi(z)\mid\|\psi\|\leqslant 1,\text{在 } Y \text{ 上 } \psi=0\}$$
26. 令 X 为向量空间. X 的子集 C 称为**锥**，若只要 x，y 属于 C 而 $\lambda>0$，则 $x+y\in C$ 且 $\lambda x\in C$. 定义 X 中的偏序 $x\prec y$ 为 $y-x\in C$. X 上的线性泛函 f 称为(关于锥 C)是正的，若在 C 上 $f\geqslant 0$. 令 Y 为 X 的任何具有如下性质的子空间：对每个 $x\in X$，存在 $y\in Y$，使得 $x\prec y$. 假定 f 是 Y 上的线性泛函，它关于锥 $C\cap Y$ 是正的. 证明 f 可被延拓为 X 上的关于 C 是正的线性泛函.（提示：采用 Hahn-Banach 引理且用 Zorn 引理找到最大延拓.）
27. 令 X_0 为度量空间 X 的子集. 用 Tietze 延拓定理证明，X_0 上的每个连续实值函数有到整个 X 的连续延拓当且仅当 X_0 是闭的. 这与定理 7 矛盾吗?
28. 令 (X,ρ) 为包含闭集 F 的度量空间. 证明点 $x\in X$ 属于 F 当且仅当 X 上的每个在 F 上消失的连续泛函在 x 也消失. 能用这证明定理 10 吗?
29. 令 $[a,b]$ 为实数的闭有界区间，考虑 $L^\infty[a,b]$，现在形式上将 $L^\infty[a,b]$ 视为关于关系"本性有界函数几乎处处逐点相等"的等价类族. 令 X 为 $L^\infty[a,b]$ 的包含连续函数的那些等价类组成的子空间. 证明这样的等价类恰好包含一个连续函数. 因此 X 线性同构于 $C[a,b]$，模去等同关系，我们可以考

282

虑 $C[a, b]$为 $L^\infty[a, b]$的线性子空间. 证明 $C[a, b]$是 Banach 空间 $L^\infty[a, b]$的闭子空间.

30. 定义 $\psi: C[a, b]\to\mathbf{R}$ 为对所有 $f\in C[a, b]$有 $\psi(f)=f(a)$. 用定理 7 将 ψ 延拓为整个 $L^\infty[a, b]$上的连续线性泛函(见前一个习题). 证明不存在泛函 $h\in L^1[a, b]$使得

$$\text{对所有 } f\in L^\infty[a,b],\quad \psi(f)=\int_a^b h\cdot f$$

14.3 自反 Banach 空间与弱序列收敛性

定理 13 令 X 为赋范线性空间. 若它的对偶空间 X^* 是可分的, 则 X 也是可分的.

证明 由于 X^* 是可分的, 它的闭单位球 $S^*=\{\psi\in X^* \mid \|\psi\|=1\}$也如此. 令$\{\psi_n\}_{n=1}^\infty$为 S^* 的可数稠密子集. 对每个指标 n, 选取 $x_n\in X$ 使得:

$$\|x_n\|=1 \text{ 且} \psi_n(x_n)>1/2$$

定义 X_0 为集合$\{x_n \mid 1\leqslant n<\infty\}$的闭线性扩张. 则 X_0 是可分的, 由于具有有理系数的 x_n 的有限线性组合是 X_0 的可数稠密子集. 我们宣称 $X_0=X$. 事实上, 若不是这样, 根据定理 10, 我们可以选取 $\psi^*\in X^*$ 使得:

$$\|\psi^*\|=1 \text{ 且在 } X_0 \text{ 上}\quad \psi^*=0$$

由于$\{\psi_n\}_{n=1}^\infty$在 S^* 中稠密, 存在自然数n_0, 使得$\|\psi^*-\psi_{n_0}\|<1/2$. 因此

$$|(\psi_{n_0}-\psi^*)(x_{n_0})|\leqslant\|\psi_{n_0}-\psi^*\|\cdot\|x_{n_0}\|<1/2$$

$$\text{然而有}(\psi_{n_0}-\psi^*)(x_{n_0})=\psi_{n_0}(x_{n_0})>1/2$$

从这个矛盾我们推出 X 是可分的. ■

推论 14 自反 Banach 空间是可分的当且仅当它的对偶是可分的.

证明 令 X 为 Banach 空间. 前一个定理告诉我们, 若 X^* 是可分的, 则 X 也是可分的, 与任何自反性假设无关. 现在假设 X 是自反的与可分的. 因此 $J(X)=X^{**}=(X^*)^*$ 是可分的, 由于 J 是等距. 根据前一个定理, 其中 X 用 X^* 代替, X^* 是可分的. ■

命题 15 自反 Banach 空间的闭子空间是自反的.

283

证明 令 X_0 为自反 Banach 空间 X 的闭子空间. 定义 J 为 X 到它的二次对偶 X^{**} 的自然嵌入. J_0 为 X_0 到它的二次对偶在 X_0^{**} 的自然嵌入. 为证明J_0 是映上的, 令 S 属于 X_0^{**}. 定义 $S'\in X^{**}$ 为:

$$\text{对所有 } \psi\in X^*,\quad S'(\psi)=S(\psi|X_0)$$

则 $S': X_0^*\to\mathbf{R}$ 是线性的且它是有界的, 满足$\|S'\|\leqslant\|S\|$. 根据 X 的自反性, 存在 $x_0\in X$ 使得 $S'=J(x_0)$. 但若 $\psi\in X^*$ 在 X_0 上消失, 则 $S'(\psi)=0$, 因此,

$$\psi(x_0)=J(x_0)[\psi]=S'(\psi)=0$$

定理 10 告诉我们, x_0 属于 X_0. 因此 $S=J_0(x_0)$. ■

我们再次写出在第 8 章证明过的 Helly 定理.

定理 16(Helly 定理)　令 X 为可分赋范线性空间. 则 X^* 中的每个有界序列$\{\psi_n\}$有在 X 上逐点收敛于 $\psi\in X^*$ 的子序列，即$\{\psi_n\}$有关于弱*拓扑收敛到 ψ 的子序列.

定理 17　令 X 为自反 Banach 空间. 则 X 中的每个有界序列有弱收敛的子序列.

证明　令$\{x_n\}$为 X 中的有界序列. 定义 X_0 为集合$\{x_n \mid n\in\mathbf{N}\}$的线性扩张的闭包. 则 X_0 是可分的，由于 x_n 的具有有理系数的有限线性组合是 X_0 的可数稠密子集. 当然 X_0 是闭的. 命题 15 告诉我们 X_0 是自反的. 令J_0 为 X_0 到它的二次对偶 X_0^{**} 的自然嵌入. 从推论 14 得出 X_0^* 也是可分的. 则$\{J_0(x_n)\}$是可分 Banach 空间 X_0^* 上的有界线性泛函的有界序列. 根据 Helly 定理，子序列$\{J_0(x_{n_k})\}$弱*收敛于 $S\in(X_0^*)^*$. 由于 X_0 是自反的，存在某个 $x_0\in X_0$ 使得 $S=J_0(x_0)$. 由于 X^* 中的每个泛函可限制为 X_0^* 上的泛函，$\{J_0(x_{n_k})\}$弱*收敛于$J_0(x_0)$恰好意味着$\{x_{n_k}\}$弱收敛于 x_0. ■

推论 18　令 X 为自反 Banach 空间. 则 X 上的每个连续实值线性泛函在 X 的闭单位球 B 上取到最大值.

证明　令 ψ 属于 X^*. ψ 在 B 上的泛函值的上确界是$\|\psi\|$. 选取 B 中的序列$\{x_n\}$使得 $\lim\limits_{n\to\infty}\psi(x_n)=\|\psi\|$. 根据定理 17，我们可以假设$\{x_n\}$弱收敛到 x_0. 根据(12)，x_0 属于 B. 由于

$$\lim_{n\to\infty}\psi(x_n)=\psi(x_0)$$

ψ 在 x_0 取到 B 上的最大值. ■

定理 17 使得识别哪些经典 Banach 空间是自反的是有趣的.

命题 19　令$[a, b]$为实数的闭有界区间. 则赋予最大值范数的 $C[a, b]$不是自反的.

证明　假设$[a, b]=[0, 1]$. 对 $x\in[0, 1]$，定义估值函数$\psi_x: C[0, 1]\to\mathbf{R}$ 为$\psi_x(f)=f(x)$. 则ψ_x 是 $C[0, 1]$上的有界线性泛函. 因此，若$\{f_n\}$在 $C[0, 1]$上弱收敛于 f，则在$[0, 1]$上逐点地$\{f_n\}\to f$. 对自然数 n，定义 $f_n(x)=x^n$，$x\in[0, 1]$. 则$\{f_n\}$逐点收敛到不连续函数 f. 因此没有子序列逐点收敛到连续函数，且因此没有子序列弱收敛到 $C[0, 1]$中的函数. 我们从定理 17 推出，$C[0, 1]$不是自反的. ■

284

命题 20　对 $1<p<\infty$ 而 E 是实数的 Lebesgue 可测集，$L^p(E)$是自反的.

证明　令 q 为 p 的共轭. 定义从 $L^q(E)$到$(L^p(E))^*$ 的 Riesz 表示映射 $\mathcal{R}$ 为

$$\text{对所有 } g\in L^q(E),\quad f\in L^p(E),\quad \mathcal{R}(g)[f]=\int_W g\cdot f$$

Riesz 表示定理告诉我们 $\mathcal{R}$ 是 $L^q(E)$映上$(L^p(E))^*$ 的同构. 令 T 为$(L^p(E))^*$ 上的有界线性泛函. 我们必须证明存在函数 $f\in L^p(E)$使得 $T=J(f)$，即由于 $\mathcal{R}$ 是映上的，

$$\text{对所有 } g\in L^q(E),\quad T(\mathcal{R}(g))=J(f)[\mathcal{R}(g)]=\mathcal{R}(g)[f]=\int_E g\cdot f \tag{13}$$

然而，复合 $T \circ \mathcal{R}$ 是 $L^q(E)$ 上的有界线性泛函. Riesz 表示定理(其中 p，q 互换)告诉我们，存在函数 $f \in L^p(E)$ 使得：

$$\text{对所有 } g \in L^q(E),\quad (T \circ \mathcal{R})[g] = \int_E f \cdot g$$

因此，

$$\text{对所有 } g \in L^q(E),\quad T(\mathcal{R}(g)) = (T \circ \mathcal{R})[g] = \int_E f \cdot g = \int_E g \cdot f$$

即(13)成立. ■

一般来说，$L^1(E)$ 与 $L^\infty(E)$ 都不是自反的. 考虑 $E=[0, 1]$. 观察到 $L^1[0, 1]$ 是可分的而 $(L^1[0, 1])^*$ 不是可分的，由于它同构于不可分的 $L^\infty[0, 1]$. 我们从推论 14 推出 $L^1[0, 1]$ 不是自反的. 观察到 $C[0, 1]$ 是 $L^\infty[0, 1]$ 的闭子空间(见习题 29). 根据命题 19，$C[0, 1]$ 不是自反的，从而命题 15 告诉我们，$L^\infty[0, 1]$ 也不是自反的.

注　当证明自反性时需要注意. R. C. James 已给出同构于 X^{**} 但不自反的 Banach 空间 X 的例子[⊖]. 自反性不仅要求 X 同构于 X^{**}，它要求 X 到 X^{**} 的自然嵌入 J 是一个同构映射.

注　可积函数空间与连续函数空间的自反性之间的反差是惊人的. 第 19 章的定理 8 告诉我们，对 $1<p<\infty$，最一般的 L^p 空间是自反的. 另一方面，若 K 是任何紧 Hausdorff 空间而 $C(K)$ 赋予最大值范数，则 $C(K)$ 是自反的当且仅当 K 是有限集(见第 15 章的习题 11).

285

习题

31. 证明有界线性函数族是等度连续的当且仅当它是一致有界的.
32. 令 X 为可分赋范线性空间. 证明它的闭单位球 $S=\{x \in X \mid \|x\|=1\}$ 也是可分的.
33. 找到紧度量空间 X，使得赋予最大值范数的 $C(X)$ 是自反的.
34. 令 c_0 为由收敛到 0 的序列组成的 ℓ^∞ 的子空间. 证明 c_0 是 ℓ^∞ 的闭子空间，其对偶空间同构于 ℓ^1. 得出 c_0 不是自反的，因此 ℓ^∞ 也不是自反的.
35. 对 $1 \leqslant p \leqslant \infty$，证明序列空间 ℓ^p 是自反的当且仅当 $1<p<\infty$. (关于 $p=\infty$，见前一个习题.)
36. 考虑定义为

$$\text{对所有 } h \in C[-1,1],\quad \psi(h) = \int_{-1}^{0} h - \int_{0}^{1} h$$

的泛函 $\psi \in (C[-1, 1])^*$. 证明 ψ 在 $C[-1, 1]$ 的闭单位球上取不到最大值. 用此给出 $C[-1, 1]$ 不是自反的另一证明.

37. 对 $1<p<\infty$，证明 ℓ^p 中的有界序列弱收敛当且仅当它依分量收敛.
38. 对 $1 \leqslant p<\infty$，$[a, b]$ 是实数的闭有界区间，证明 $L^p[a, b]$ 中的有界序列 $\{f_n\}$ 弱收敛到 f，当且仅当对 $[a, b]$ 的每个 Lebesgue 可测子集 E，$\left\{\int_E f_n\right\} \to \int_E f$.

⊖ "A non-reflexive Banach space isomorphic to its second dual," *Proc. Nat. Acad. Sci.*, 37, 1951.

39. 对实数的闭有界区间$[a, b]$，证明：若$C[a, b]$中的序列$\{f_n\}$弱收敛，则它逐点收敛.

40. X和Y为赋范线性空间而算子$S\in\mathcal{L}(X, Y)$，定义S的伴随$S^*\in\mathcal{L}(Y^*, X^*)$为

$$\text{对所有 } \psi\in Y^*,\quad x\in X,\quad [S^*(\psi)](x)=\psi(S(x))$$

(i) 证明$\|S^*\|=\|S\|$，且若S是同构则S^*是同构.

(ii) 对$1<p<\infty$与$X=L^p(E)$，其中E是实数的可测集，证明自然嵌入$J:X\to X^{**}$可表示为复合

$$J=[\mathcal{R}_q^*]^{-1}\circ\mathcal{R}_p$$

其中$\mathcal{R}_p$和$\mathcal{R}_q$是 Riesz 表示算子.

41. 令X为自反 Banach 空间而$T:X\to X$是线性算子. 证明T属于$\mathcal{L}(X, X)$当且仅当若$\{x_n\}$弱收敛于x，则$\{T(x_n)\}$弱收敛于$T(x)$.

286

14.4　局部凸拓扑向量空间

向量空间X上有一类非常好的拓扑，具有这种拓扑的X称为局部凸拓扑向量空间，它对我们的目标来说有两个优点：这个类足够大，对于赋范线性空间X，它既包括X上的由范数诱导的强拓扑，又包括X上的由X^*的分离点的任何子空间W诱导的弱拓扑；另一方面，该类拓扑足够小，使得对具有这种拓扑的线性空间，若K是不包含点x_0的闭凸集，存在过x_0且不包含K的点的闭超平面.

对线性空间X中的两个向量u和v，可表示为

$$x=\lambda u+(1-\lambda)v,\quad 0\leqslant\lambda\leqslant 1$$

的向量x称为u和v的**凸组合**. X的子集K称为是**凸**的，若它包含K中向量的所有凸组合. 线性空间的每个线性子空间是凸的，且赋范空间的开球与闭球也是凸的.

定义　**局部凸拓扑向量空间**是一个具有以下性质的 Hausdorff 拓扑的线性空间X：

(i) 向量加法是连续的，即映射$(x, y)\mapsto x+y$是从$X\times X$到X的连续映射.

(ii) 数乘是连续的，即映射$(\lambda, x)\mapsto\lambda\cdot x$是从$\mathbf{R}\times X$到$X$的连续映射.

(iii) 该拓扑在原点有一个由凸集组成的基.

对赋范线性空间X，X^*的子空间W称为**分离**X中的点，若对每对u，$v\in X$，存在$\psi\in W$使得$\psi(u)\neq\psi(v)$. 回忆一下，对X^*的子空间W与点$x\in X$，x关于W弱拓扑的邻域基由形如

$$\mathcal{N}_{\varepsilon,\psi_1,\cdots,\psi_n}(x)=\{x'\in X\mid |\psi_i(x-x')|<\varepsilon, 1\leqslant i\leqslant n\}$$

的集合组成，其中$\varepsilon>0$而每个ψ_i属于W.

命题 21　令X为赋范线性空间. 则线性空间X是关于由范数诱导的拓扑以及由X^*的任何分离X中的点的子空间W诱导的W弱拓扑的局部凸拓扑向量空间.

证明　首先考虑X具有由范数诱导的拓扑. 由于该拓扑由度量诱导，它是 Hausdorff 的. 从范数的次可加性与正齐次性我们推出向量加法与数乘是连续的. 最后，中心在原点的每个开球是凸的，且这样的球族是由范数诱导的拓扑在原点的一个基.

现在令W为X^*的分离点的子空间. 为证明W弱拓扑是Hausdorff的，令u和v为X中的不同向量. 由于W分离点，存在$\psi\in W$使得$|\psi(u)-\psi(v)|=r>0$. 则$\{x\in X \mid |\psi(u)-\psi(x)|<r/2\}$与$\{x\in X \mid |\psi(v)-\psi(x)|<r/2\}$分别是$u$和$v$的不交$W$弱邻域. 为证明向量加法是连续的，令$x_1$和$x_2$属于$X$. 考虑$x_1+x_2$的$W$弱邻域$\mathcal{N}_{\varepsilon,\psi_1,\cdots,\psi_n}(x_1+x_2)$. 则$x_1$与$x_2$的$W$弱邻域$\mathcal{N}_{\varepsilon/2,\psi_1,\cdots,\psi_n}(x_1)$与$\mathcal{N}_{\varepsilon/2,\psi_1,\cdots,\psi_n}(x_2)$具有以下性质：

$$\text{若}(u,v)\in\mathcal{N}_{\varepsilon/2,\psi_1,\cdots,\psi_n}(x_1)\times\mathcal{N}_{\varepsilon/2,\psi_1,\cdots,\psi_n}(x_2),\quad\text{则 } u+v\in\mathcal{N}_{\varepsilon,\psi_1,\cdots,\psi_n}(x_1+x_2)$$

因此向量加法在$(x_1, x_2)\in X\times X$是连续的. 类似的方法可证明数乘是连续的. 最后，原点的基本邻域形如$\mathcal{N}_{\varepsilon,\psi_1,\cdots,\psi_n}(0)$，而该集合是凸的，由于每个$\psi_k$是线性的. ■

定义　令E为线性空间X的子集. 点$x_0\in E$称为E的**内部点**，若对每个$x\in X$，存在某个$\lambda_0>0$，使得当$|\lambda|\leqslant\lambda_0$时$x_0+\lambda\cdot x$属于$E$.

命题22　令X为局部凸拓扑向量空间.

(i) X的子集$\mathcal{N}$是开的当且仅当对每个$x_0\in X$与$\lambda\neq 0$，$x_0+\mathcal{N}$和$\lambda\cdot\mathcal{N}$是开的.

(ii) X的凸子集的闭包是凸的.

(iii) X的开子集$\mathcal{O}$的每个点是$\mathcal{O}$的内部点.

证明　我们首先证明(i). 对$x_0\in X$，定义平移映射$T_{x_0}:X\to X$为$T_{x_0}(x)=x+x_0$. 则由于向量加法是连续的，T_{x_0}是连续的. 映射T_{-x_0}也是连续的且它是T_{x_0}的逆. 因此T_{x_0}是X映上X的同胚. 因此$\mathcal{N}$是开的当且仅当$\mathcal{N}+x_0$是开的. 拓扑在数乘下的不变性的证明类似.

为证明(ii)，令K为X的凸子集. 固定$\lambda\in[0, 1]$. 定义映射$\psi:X\times X\to X$为

$$\text{对所有 } u,v\in X,\quad \psi(u,v)=\lambda u+(1-\lambda)v$$

由于数乘与向量加法是连续的，$\psi:X\times X\to X$是连续的，其中$X\times X$具有乘积拓扑. 连续映射将集合的闭包映到该集合的象的闭包. 因此$\psi\,\overline{(K\times K)}\subseteq\overline{\psi(K\times K)}$. 然而$\overline{(K\times K)}=\overline{K}\times\overline{K}$. 此外，由于$K$是凸的，$\psi(K\times K)\subseteq K$. 因此$\psi(\overline{K}\times\overline{K})\subseteq\overline{K}$. 由于这对所有$\lambda\in[0, 1]$成立，$K$的闭包是凸的.

为证明(iii)，令x_0属于$\mathcal{O}$. 定义$g:\mathbf{R}\times X\to X$为$g(\lambda, x)=\lambda\cdot x+x_0$. 由于数乘是连续的，映射$g$是连续的. 但$g(0, 0)=x_0$而$\mathcal{O}$是$g(0, 0)$的邻域. 因此存在$0\in\mathbf{R}$的邻域$\mathcal{N}_1$与邻域$\mathcal{N}_2$使得$g(\mathcal{N}_1\times\mathcal{N}_2)\subseteq\mathcal{O}$. 选取$\lambda_0>0$使得$[-\lambda_0, \lambda_0]\subseteq\mathcal{N}_1$. 则当$|\lambda|\leqslant\lambda_0$时，$x_0+\lambda\cdot x$属于$\mathcal{O}$. ■

命题23　令X为局部凸拓扑向量空间而$\psi:X\to\mathbf{R}$是线性的. 则ψ是连续的当且仅当存在原点的邻域使得$|\psi|$在其上是有界的，即存在原点的邻域$\mathcal{N}_0$与$M>0$，使得

$$\text{在 }\mathcal{N}_0\text{ 上，}\quad |\psi|\leqslant M \tag{14}$$

证明　首先假定ψ是连续的. 则它在$x=0$是连续的. 由于$\psi(0)=0$，存在0的邻域$\mathcal{N}_0$，使得对$x\in\mathcal{N}_0$，$|\psi(x)|=|\psi(x)-\psi(0)|<1$. 因此$|\psi|$在$\mathcal{N}_0$上是有界的. 为证明逆命题，令$\mathcal{N}_0$为0的邻域而$M>0$使得(14)成立. 对每个$\lambda>0$，$\lambda\cdot\mathcal{N}_0$也是0的邻域且在$\lambda\cdot\mathcal{N}_0$上$|\psi|\leqslant\lambda\cdot M$. 为证明$\psi:X\to\mathbf{R}$的连续性，令$x_0$属于$X$而$\varepsilon>0$. 选取$\lambda$使得

$\lambda \cdot M<\varepsilon$. 则 $x_0+\lambda \cdot \mathcal{N}_0$ 是 x_0 的邻域且若 x 属于 $x_0+\lambda \cdot \mathcal{N}_0$，则 $x-x_0$ 属于 $\lambda \cdot \mathcal{N}_0$，使得

$$|\psi(x)-\psi(x_0)|=|\psi(x-x_0)|\leqslant \lambda \cdot M<\varepsilon$$ ■

对无穷维赋范线性空间 X，下一章的定理 9 告诉我们 X 上的弱拓扑是不可度量化的. 因此在无穷维空间，在用弱序列收敛方法证明弱拓扑性质时需要留意.

例子 (von Neumann) 对每个自然数 n，令 e_n 表示 ℓ^2 中的第 n 个分量是 1 而其他分量是零的序列. 定义

$$E=\{e_n+n \cdot e_m \mid n \text{ 和 } m \text{ 是任何自然数}, m>n\}$$

我们把证明 0 是 E 的关于弱拓扑的闭包点但 E 中不存在弱收敛到 0 的序列留作练习.

注 集合 X 上的两个度量诱导相同的拓扑当且仅当关于一个度量收敛的序列关于另一个度量也收敛. 对局部凸拓扑向量空间，事情是十分不同的. 存在具有不同的局部凸拓扑的线性空间 X，关于这些拓扑序列的收敛是相同的. 序列空间 $X=\ell^1$ 是一个经典的例子. 空间 X 是具有强拓扑与弱拓扑的局部凸拓扑向量空间，且这些拓扑是不同的(见习题 6). 然而，Schur 的一个引理断言序列在 ℓ^1 弱收敛当且仅当它在 ℓ^1 强收敛. ㊀

注 拓扑向量空间定义为具有使得向量的加法与数乘是连续的 Hausdorff 拓扑的线性空间. 在缺乏局部凸性下，这样的空间可能是十分病态的. 例如，若 $0<p<1$，令 X 为所有使得 $|f|^p$ 在 $[0,1]$ 上关于 Lebesgue 测度可积的 Lebesgue 可测的扩充实值函数的线性空间. 对所有 $f, g\in X$，定义

$$\rho(f,g)=\int_{[0,1]}|f-g|^p \mathrm{d}m$$

则将几乎处处相等的函数等同后，ρ 是诱导了 X 上使得向量的加法和数乘是连续的 Hausdorff 拓扑的度量. 但 X 上除了零泛函外没有连续线性泛函(见习题 52). 下一节我们证明局部凸的拓扑向量空间上存在许多连续线性泛函. 289

习题

42. 令 X 为赋范线性空间而 W 是 X^* 的子空间. 证明 X 上的 W 弱拓扑是 Hausdorff 的当且仅当 W 分离 X 中的点.
43. 令 X 为赋范线性空间而 $\psi: X\to\mathbf{R}$ 是线性的. 证明 ψ 关于弱拓扑是连续的当且仅当它关于强拓扑是连续的.
44. 令 X 为局部凸拓扑向量空间而 $\psi: X\to\mathbf{R}$ 是线性的. 证明 ψ 是连续的当且仅当它在原点是连续的.
45. 令 X 为局部凸拓扑向量空间而 $\psi: X\to\mathbf{R}$ 是线性的. 证明 ψ 是连续的当且仅当存在原点的邻域 $\mathcal{O}$ 使得 $f(\mathcal{O})\neq\mathbf{R}$.
46. 令 X 为赋范线性空间而 W 是 X^* 的分离点的子空间. 对任何拓扑空间 Z，证明映射 $f: Z\to X$ 是连续的当且仅当对所有 $\psi\in W$，$\psi\circ f: Z\to\mathbf{R}$ 是连续的，这里 X 具有 W 弱拓扑.
47. 证明有限维局部凸拓扑向量空间上的拓扑由范数诱导.

㊀ 见 Robert E. Megginson 的《An Introduction to Banach Space Theory》[Meg98].

48. 令 X 为局部凸拓扑向量空间．证明所有线性连续泛函 $\psi: X\to\mathbf{R}$ 的线性空间 X' 也有一个拓扑而使它成为局部凸拓扑空间，在该拓扑上，对每个 $x\in X$，线性泛函 $\psi\mapsto\psi(x)$ 是连续的．
49. 令 X 与 Y 为局部凸拓扑向量空间而 $T: X\to Y$ 是线性、一对一与映上的．证明 T 是拓扑同胚当且仅当它将 X 上的拓扑在原点的基映到 Y 上的拓扑在原点的基．
50. 令 X 为线性空间而函数 $\sigma: X\to[0,\infty)$ 有以下性质：对所有 u，$v\in X$，(i) $\sigma(u+v)\leqslant\sigma(u)+\sigma(v)$；(ii) $\sigma(u)=0$ 当且仅当 $u=0$；(iii) $\sigma(u)=\sigma(-u)$．定义 $\rho(u,v)=\sigma(u-v)$．证明 ρ 是 X 上的度量．
51. (Nikodym)令 X 为$[0,1]$上的所有可测实值函数的线性空间．对所有 $f\in X$，定义

$$\sigma(f)=\int_{[0,1]}\frac{|f|}{1+|f|}$$

(i) 将 a. e. 相等的函数等同后，用习题 50 证明 $\rho(u,v)=\sigma(u-v)$ 定义了 X 上的一个度量．

(ii) 证明关于度量 ρ，$\{f_n\}\to f$ 当且仅当依测度 $\{f_n\}\to f$．

(iii) 证明 (X,ρ) 是完备度量空间．

(iv) 证明映射 $(f,g)\mapsto f+g$ 是 $X\times X$ 到 X 的连续映射．

(v) 证明映射 $(\lambda,f)\mapsto\lambda\cdot g$ 是 $\mathbf{R}\times X$ 到 X 的连续映射．

(vi) 证明 X 上不存在非零连续线性泛函 ψ．(提示：令 $\psi: X\to\mathbf{R}$ 为线性与连续的．证明存在 n，使得只要 f 是长度小于 $1/n$ 的区间的特征函数，就有 $\psi(f)=0$．因此对所有阶梯函数 f，$\psi(f)=0$．)

290

52. (Day)对 $0<p<1$，令 X 为$[0,1]$上使得 $|f|^p$ 可积的所有(关于 Lebesgue 测度 m)可测实值函数的线性空间．对所有 $f\in X$，定义

$$\sigma(f)=\int_{[0,1]}|f|^p\,\mathrm{d}m$$

(i) 用习题 50 证明 $\rho(u,v)=\sigma(u-v)$ 定义了 X 上的度量．

(ii) 证明具有由 ρ 确定的拓扑的线性空间 X 是拓扑向量空间．

(iii) 对 X 中的非负函数 f 与自然数 n，证明存在$[0,1]$的分划 $0=x_0<x_1<\cdots<x_n=1$，使得对所有 $1\leqslant k\leqslant n$，$\int_{x_{k-1}}^{x_k}f^p=1/n\int_0^1 f^p$．

(iv) 对 X 中的非负函数 f 与自然数 n，证明存在函数 $f_1,\cdots,f_n$，使得对 $1\leqslant k\leqslant n$，$\rho(f_k,0)<1/n^{1-p}\int_0^1 f^p$ 且

$$f=\sum_{k=1}^n 1/n\cdot f_k$$

(v) 证明 X 上不存在连续的非零线性泛函．

53. 令 $\mathcal{S}$ 为所有实数序列组成的空间，对所有 $x=\{x_n\}\in\mathcal{S}$，定义

$$\sigma(x)=\sum\frac{|x_n|}{2^n[1+|x_n|]}$$

证明 σ 诱导 $\mathcal{S}$ 上的度量，使得 $\mathcal{S}$ 是具有度量拓扑的拓扑向量空间．$\mathcal{S}$ 上的最一般的连续线性泛函是什么？

14.5　凸集的分离与 Mazur 定理

14.1 节我们证明了线性空间 X 中的超平面是 X 上的非零线性泛函的水平集．因此，X 的两个非空子集 A 与 B 可被超平面分离，若存在线性泛函 $\psi: X\to\mathbf{R}$ 与 $c\in\mathbf{R}$ 使得

$$在 A 上\quad \psi<c 且在 B 上 \psi>c$$

观察到若 A 是单点集 $\{x_0\}$，则这恰好意味着

$$\psi(x_0) < \inf_{x\in B}\psi(x)$$

定义　令 K 为线性空间 X 的凸子集，使得原点是内部点. K 的**度规泛函**[1] $p_K : X\to[0,\infty)$ 定义为

$$对所有\ x\in X,\quad p_K(x)=\inf\{\lambda>0\,|\,x\in\lambda\cdot K\}$$

注意到恰好因为原点是凸集 K 的内部点，它的度规泛函是合理定义的. 也注意到赋范线性空间的单位球的度规泛函是范数. 291

命题 24　令 K 为线性空间 X 的包含原点作为内部点的凸子集，而 p_K 是 K 的度规泛函. 则 p_K 是次可加与正齐次的.

证明　我们证明次可加性而将正齐次性的证明留作练习. 令 u，$v\in X$ 且假定对 $\lambda>0$ 与 $\mu>0$，有 $x\in\lambda K$ 与 $y\in\mu K$. 则由于 K 是凸的，

$$\frac{1}{\lambda+\mu}\cdot(x+y)=\frac{\lambda}{\lambda+\mu}\cdot\frac{x}{\lambda}+\frac{\mu}{\lambda+\mu}\cdot\frac{y}{\mu}\in K$$

因此 $x+y\in(\lambda+\mu)K$，使得 $p_K(x+y)\leqslant\lambda+\mu$. 先对所有 λ 接着对所有 μ 取下确界，我们得出 $p_K(x+y)\leqslant p_K(x)+p_K(y)$. ■

超平面分离引理　令 K_1 与 K_2 为线性空间 X 的两个非空不交凸子集，其中一个有内部点. 则存在非零线性泛函 $\psi: X\to\mathbf{R}$ 使得

$$\sup_{x\in K_1}\psi(x)\leqslant\inf_{x\in K_2}\psi(x)\tag{15}$$

证明　令 x_1 是 K_1 的内部点而 x_2 是 K_2 的任何点. 定义

$$z=x_2-x_1\ 与\ K=K_1+[-K_2]+z$$

则 K 是包含原点作为内部点且不包含 z 的凸集. 令 $p=p_K: X\to\mathbf{R}$ 为关于 K 的度规泛函. 定义 $Y=\mathrm{span}[z]$ 与线性泛函 $\psi: Y\to\mathbf{R}$ 为 $\psi(\lambda z)=\lambda$. 因此 $\psi(z)=1$ 且由于 $1\leqslant p(z)$（因为 $z\notin K$），我们得出在 Y 上 $\psi\leqslant p$. 根据前一个命题，p 是次可加的与正齐次的. 因此 Hahn-Banach 定理告诉我们，ψ 可被延拓为整个 X 上的线性泛函使得在整个 X 上 $\psi\leqslant p$. 令 $x\in K_1$ 与 $y\in K_2$. 则 $x-y+z\in K$ 使得 $p(x-y+z)\leqslant 1$，由于 ψ 是线性的且在整个 X 上 $\psi\leqslant p$，

$$\psi(x)-\psi(y)+\psi(z)=\psi(x-y+z)\leqslant p(x-y+z)\leqslant 1$$

由于 $\psi(z)=1$，我们有 $\psi(x)\leqslant\psi(y)$. 这对每个 $x\in K_1$ 与 K_2 中的 y 成立，因此，

$$\sup_{x\in K_1}\psi(x)\leqslant\inf_{y\in K_2}\psi(y)$$

当然，$\psi\neq 0$ 由于 $\psi(z)=1$. 若 K_2 有内部点，我们应用同样方法，但在末尾用 $-\psi$ 代替 ψ. ■

---

[1] 度规泛函常称为 Minkowski 泛函.

超平面分离定理　令 X 为局部凸拓扑向量空间，K 是 X 的非空闭凸子集，x_0 是 X 中落在 K 外的点. 则 K 与 x_0 可被一个闭超平面分离，即存在连续线性泛函 $\psi: X \to \mathbf{R}$ 使得

$$\psi(x_0) < \inf_{x \in K} \psi(x) \tag{16}$$

292

证明　由于 K 是闭的，$X \sim K$ 是开的. 选取 0 的凸邻域 $\mathcal{N}_0$ 使得

$$K \cap [\mathcal{N}_0 + x_0] = \varnothing$$

通过可能地用 $\mathcal{N}_0 \cap -\mathcal{N}_0$ 代替 $\mathcal{N}_0$，我们可以假定 $\mathcal{N}_0$ 关于原点是对称的，即 $\mathcal{N}_0 = -\mathcal{N}_0$. 根据超平面分离引理，存在非零线性泛函 $\psi: X \to \mathbf{R}$ 使得

$$\sup_{x \in \mathcal{N}_0 + x_0} \psi(x) \leqslant \inf_{x \in K} \psi(x) \tag{17}$$

由于 $\psi \neq 0$，我们可以选取 $z \in X$ 使得 $\psi(z) > 0$. 根据命题 22，集合的内点是内部点. 选取 $\lambda > 0$ 使得 $\lambda \cdot z \in \mathcal{N}_0$，由于 $\lambda\psi(z) > 0$ 且 $\lambda z + x_0 \in \mathcal{N}_0 + x_0$，我们从 ψ 的线性与不等式(17)推出：

$$\psi(x_0) < \lambda\psi(z) + \psi(x_0) = \psi(\lambda z + x_0) \leqslant \sup_{x \in \mathcal{N}_0 + x_0} \psi(x) \leqslant \inf_{x \in K} \psi(x)$$

剩下来要证明 ψ 是连续的. 定义 $M = [\inf_{x \in K} \psi(x)] - \psi(x_0)$. 我们从(17)推出在 $\mathcal{N}_0$ 上 $\psi \leqslant M$. 由于 $\mathcal{N}_0$ 是对称的，在 $\mathcal{N}_0$ 上 $|\psi| \leqslant M$. 根据命题 23，ψ 是连续的. ■

推论 25　令 X 为赋范线性空间，K 是 X 的非空强闭凸子集，而 x_0 是 X 中的落在 K 外的点. 则存在泛函 $\psi \in X^*$ 使得

$$\psi(x_0) < \inf_{x \in K} \psi(x) \tag{18}$$

证明　根据命题 21，线性空间 X 是关于强拓扑的局部凸拓扑向量空间. 现在结论从超平面分离定理得出. ■

推论 26　令 X 为赋范线性空间，W 是它的对偶空间 X^* 的分离 X 中的点的子空间. 进一步地，令 K 为 X 的非空 W 弱闭凸子集，而 x_0 是 X 中落在 K 外的点. 则存在泛函 $\psi \in W$ 使得：

$$\psi(x_0) < \inf_{x \in K} \psi(x) \tag{19}$$

证明　根据命题 21，线性空间 X 是关于 W 弱拓扑的局部凸拓扑向量空间. 命题 5 告诉我们，X 上的 W 弱连续线性泛函属于 W. 现在结论从超平面分离定理得出. ■

Mazur 定理　令 K 为赋范线性空间 X 的凸子集. 则 K 是强闭的当且仅当它是弱闭的.

证明　由于每个 $\psi \in X^*$ 关于强拓扑是连续的，每个弱开集是强开的，因此每个弱闭集是强闭的，与任何凸性假设无关. 现在假定 K 是非空、强闭与凸的. 令 x_0 属于 $X \sim K$. 根据推论 25，存在 $\psi \in X^*$ 使得：

$$\psi(x_0) < \alpha = \inf_{x \in K} \psi(x)$$

293

则 $\{x \in X \mid \psi(x) < \alpha\}$ 是 x_0 的弱邻域，它与 K 不交. 因此 $X \sim K$ 是弱开的. 因此它在 X 中

的补 K 是弱闭的.

推论 27 令 K 为赋范线性空间 X 的强闭凸子集. 假定 $\{x_n\}$ 是 K 中弱收敛于 $x \in X$ 的序列. 则 x 属于 K.

证明 K 中的序列的弱极限是 K 的关于弱拓扑的闭包点. 因此 x 属于 K 的弱闭包. 但 Mazur 定理告诉我们 K 的弱闭包是 K 自身. ■

定理 28 令 X 为自反 Banach 空间. 则 X 的每个强闭有界凸子集是弱序列紧的.

证明 定理 17 告诉我们 X 中的每个有界序列有弱收敛的子序列. 因此，根据前一个推论，K 中的每个序列有弱收敛到 K 中的点的子序列. ■

以下是 Banach-Saks 定理的一个变体，它的结论较弱，但它对一般的赋范线性空间成立.

定理 29 令 X 为赋范线性空间而 $\{x_n\}$ 是 X 中的弱收敛到 $x \in X$ 的序列. 则存在强收敛到 x 的序列 $\{z_n\}$ 且每个 z_n 是 $\{x_n, x_{n+1}, \cdots\}$ 的凸组合.

证明 我们用反证法证明. 若结论不成立，则存在自然数 n 与 $\varepsilon>0$，使得若我们定义 K_0 为 $\{x_n, x_{n+1}, \cdots\}$ 的所有凸组合的集合，则

$$\text{对所有 } z \in K_0, \quad \|x-z\| \geq \varepsilon$$

定义 K 为 K_0 的强闭包. 则 x 不属于 K. 凸集的强闭包是凸的. 因此，根据 Mazur 定理，K 是弱闭的. 由于 $\{x_n\}$ 关于弱拓扑收敛到 x，x 是 K 的关于弱拓扑的闭包的点. 但闭集的闭包的点属于该集合. 这个矛盾就结束了定理的证明. ■

以下定理推广了推论 18 与第 8 章的定理 17.

定理 30 令 K 为自反 Banach 空间 X 的强闭有界凸子集. 令函数 $f: K \to \mathbf{R}$ 关于 K 上的强拓扑连续且在以下意义下是凸的：

对 $u, v \in K$ 与 $0 \leq \lambda \leq 1$,

$$f(\lambda u+(1-\lambda) v) \leq \lambda f(u)+(1-\lambda) f(v)$$

则 f 在 K 上取到最小值.

证明 定义 m 为 $f(K)$ 的下确界. 选取 K 中的序列 $\{x_n\}$ 使得 $\{f(x_n)\}$ 收敛到 m. 根据定理 28，K 是弱序列紧的. 我们可以假设 $\{x_n\}$ 弱收敛到 $x \in K$. 首先假设 m 是有限的. 令 $\varepsilon>0$. 选取自然数 N 使得：

$$\text{对所有 } k \geq N, \quad m \leq f(x_k)<m+\varepsilon \tag{20}$$

定理 29 告诉我们存在强收敛到 x 的序列 $\{z_n\}$ 且每个 z_n 是 $\{x_n, x_{n+1}, \cdots\}$ 的凸组合. 根据 f 关于 K 上的强拓扑的连续性，$\{f(z_n)\} \to f(x)$. 另一方面，从 f 的凸性与(20)，

294

$$\text{对所有 } n \geq N, \quad m \leq f(z_n)<m+\varepsilon$$

因此 $m \leq f(x) \leq m+\varepsilon$. 这对所有 $\varepsilon>0$ 成立，因此 f 在点 x 取到在 K 上的最小值. ■

习题

54. 对每个自然数 n，令 e_n 表示 ℓ^2 中的第 n 个分量是 1 而其余分量等于零的序列．定义 $E=\{e_n+n\cdot e_m \mid n$ 和 m 是任何自然数，$m>n\}$．证明 0 是 E 的闭包点但 E 中没有弱收敛到 0 的序列．考虑具有弱拓扑的拓扑空间 $X=E\cup\{0\}$．找到函数 $f:X\to\mathbf{R}$ 在 0 不连续但具有以下性质：只要 E 中的序列$\{x_n\}$弱收敛到 0，它的象序列$\{f(x_n)\}$就收敛到 $f(0)$．
55. 找到平面 $\mathbf{R}^2$ 的子集使得原点是内部点但不是内点．
56. 令 X 为局部凸拓扑向量空间而 V 是关于原点对称(即 $V=-V$)的原点的凸邻域．若 p_V 是 V 的度规泛函而 ψ 是 X 上的线性实值泛函，使得在 X 上 $\psi\leqslant p_V$，证明 ψ 是连续的．
57. 令 X 为局部凸拓扑向量空间，Y 是 X 的闭子空间，而 x_0 属于 $X\sim Y$．证明存在连续泛函 $\psi:X\to\mathbf{R}$ 使得
$$\psi(x_0)\neq 0 \text{ 且在 } Y \text{ 上 } \psi=0$$
58. 令 X 为赋范线性空间而 W 是 X^* 的分离点的真子空间．令 ψ 属于 $X^*\sim W$．证明 $\ker\psi$ 是强闭与凸的但不是 W 弱闭的．(提示：用推论 26，其中 $K=\ker\psi$.)
59. 令 X 为赋范线性空间．证明 X^* 的闭单位球 B^* 是弱*闭的．
60. 证明超平面分离定理可被修改如下：点 x_0 可被与 K 不交的凸集K_0代替，而结论是若K_0是紧的，K 与K_0可被闭超平面分离．若K_0是开的，存在 X 上的连续线性泛函 ψ，使得对所有 $x_0\in K_0$，$\psi(x_0)<\inf\limits_{x\in K}\psi(x)$．
61. 证明无穷维赋范线性空间上的弱拓扑不是第一可数的．
62. 证明赋范线性空间的每个弱紧子集关于该范数是有界的．
63. 令 Y 为自反 Banach 空间 X 的闭子空间．对 $x_0\in X\sim Y$，证明 Y 中存在离 x_0 最近的点．
64. 令 X 为赋范线性空间，W 是 X^* 的有限维子空间而 ψ 是 $X^*\sim W$ 中的泛函．证明存在向量 $x\in X$，使得 $\psi(x)\neq 0$，而对 W 中的所有 φ，$\varphi(x)=0$．(提示：首先证明 X 是有限维的结论成立.)
65. 令 X 为赋范线性空间．证明 $B^*=\{\psi\in X^* \mid \|\psi\|\leqslant 1\}$的任何稠密子集分离 X 中的点．　295
66. 完成命题 24 的证明的最后部分．
67. 找出赋范线性空间 X 的有界子集 A 的例子，$\mathcal{F}$是 X^* 中的包含 $\mathcal{F}_0$ 作为 $\mathcal{F}$的稠密子集的泛函集(稠密在 X^* 上的范数拓扑的意义下理解)，使得 $\mathcal{F}$与 $\mathcal{F}_0$ 生成关于 X 不同但关于 A 相同的弱拓扑．

14.6　Krein-Milman 定理

定义　令 K 为局部凸拓扑向量空间 X 的非空凸子集．K 的非空子集 E 称为 K 的**极子集**[⊖]，若它既是凸的又是闭的，且只要向量 $x\in E$ 且 $x=\lambda u+(1-\lambda)v$(其中 $0<\lambda<1$，u，$v\in K$)，则 u，$v\in E$．点 $x\in K$ 称为 K 的**极值点**，若单点集$\{x\}$是 K 的极子集．

我们把以下证明留作练习：若 K 的极子集族的交是非空的，则该交集是 K 的极子集，以及若 A 是 B 的极子集而 B 是 K 的极子集，则 A 是 K 的极子集．

⊖　K 的极子集也常称为 K 的支撑集．

引理 31 令 K 为局部凸拓扑向量空间 X 的非空紧凸子集而 $\psi: X \to \mathbf{R}$ 是线性与连续的. 则使得 ψ 取到在 K 上的最大值的点集是 K 的极子集.

证明 由于 K 是紧的而 ψ 是连续的，ψ 在 K 上取到最大值 m. 由于 ψ 是连续的，K 的使得 ψ 在 K 上取到最大值的子集 M 是闭的，且由于 ψ 是线性的，M 是凸的. 令 $x \in M$ 且假定存在 K 中的向量 u，v 以及 $0 \leqslant \lambda \leqslant 1$ 使得 $x = \lambda u + (1-\lambda)v$. 由于

$$\psi(u) \leqslant m, \quad \psi(v) \leqslant m \text{ 且 } m = \psi(x) = \lambda\psi(u) + (1-\lambda)\psi(v)$$

我们必须有 $\psi(u) = \psi(v) = m$，即 u，$v \in M$. ■

Krein-Milman 引理 令 K 为局部凸拓扑向量空间 X 的非空紧凸子集. 则 K 有一个极值点.

证明 证明的策略是首先用 Zorn 引理找到 K 的极子集 E，它的真子集都不是 K 的极子集. 我们接着从定理 7 与前一个引理推出 E 是单点集.

考虑 K 的极子集族 $\mathcal{F}$. 则 $\mathcal{F}$ 是非空的由于它包含 K. 我们用包含关系将 $\mathcal{F}$ 排序. 令 $\mathcal{F}_0 \subseteq \mathcal{F}$ 为全有序. 则由于对 $\mathcal{F}_0$ 的任何有限子族 $\mathcal{F}_0$ 有有限交性质，而因为 $\mathcal{F}_0$ 是全序的，该有限子族的一个子集包含于所有其他子集，因此交是非空的. 因此 $\mathcal{F}_0$ 是紧集 K 的具有有限交性质的非空闭子集族. 若我们令 E_0 为 $\mathcal{F}_0$ 中的集合的交，E_0 是非空的. 如同已观察到的，E_0 是 K 的极子集由于它是这样的集合的非空交. 因此 E_0 是 $\mathcal{F}_0$ 的一个下界. 因此 $\mathcal{F}$ 的每个全序子族有下界，根据 Zorn 引理，$\mathcal{F}$ 有最小元，即存在 K 的极子集 E，它不包含真极子集.

296

我们宣称 E 是单点集. 否则我们可以选取 E 中的两个不同点 u 和 v. 从定理 7 得出存在 $\psi \in X^*$ 使得 $\psi(u) < \psi(v)$. 根据引理 31，E 的使得 ψ 取到在 E 上的最大值的子集 M 是 E 的极子集. 由于 E 是 K 的极子集，M 也是 K 的极子集. 显然 $u \notin M$，因此 M 是 E 的真子集. 这与 E 的最小性矛盾. 因此 E 是单点集，从而 K 有极值点. ■

定义 令 K 为局部凸拓扑向量空间 X 的子集. 则 K 的**闭凸包**定义为 X 的所有包含 K 的闭凸子集的交.

我们从 Mazur 定理推出赋范线性空间集合的弱闭凸包等于它的强闭凸包. 显然集合 K 的闭凸包是包含 K 的闭凸集且它包含于任何其他包含 K 的闭凸集.

Krein-Milman 定理 令 K 为局部凸拓扑向量空间 X 的非空紧凸子集. 则 K 是它的极值点的闭凸包.

证明 根据 Krein-Milman 引理，K 的极值点的集合 E 是非空的. 令 C 为 E 的闭凸包. 若 $K \neq C$，选取 $x_0 \in K \sim C$. 根据超平面分离定理，由于 C 是凸与闭的，存在连续线性泛函 $\psi: X \to \mathbf{R}$ 使得

$$\psi(x_0) > \max_{x \in C} \psi(x) \geqslant \max_{x \in E} \psi(x) \tag{21}$$

根据引理 31，若 m 是 ψ 在 K 上取到的最大值，则 $M = \{x \in K \mid \psi(x) = m\}$ 是 K 的极子集.

根据 Krein-Milman 引理，现在 K 被非空紧凸集 M 代替，存在点 $z\in M$，它是 M 的极值点. 如同我们已观察到的，K 的极子集的极值点也是 K 的极值点. 我们从(21)推出 $\psi(z)\geqslant\psi(x_0)>\psi(z)$. 这个矛盾表明 $K=C$. ■

Krein-Milman 定理[⊖]有许多有趣的应用. 在第 22 章，我们用此定理证明保持变换的遍历测度的存在性. Louis de Branges 用此定理给出了 Stone-Weierstrass 定理的一个优雅证明(见第 21 章的习题 53).

习题

68. 找出平面 $\mathbf{R}^2$ 的以下每个子集的极值点.

    (i) $\{(x, y)\mid x^2+y^2\leqslant1\}$；(ii) $\{(x, y)\mid |x|+|y|\leqslant1\}$；(iii) $\{(x, y)\mid \max\{x, y\}\leqslant1\}$

297

69. 以下每个小题，B 表示赋范线性空间 X 的闭单位球.

    (i) 若 X 包含不止一点，证明 B 仅有的可能的极值点的范数是 1.

    (ii) 若 $X=L^p[a, b]$，$1<p<\infty$，证明 B 中的每个单位向量是 B 的极值点.

    (iii) 若 $X=L^\infty[a, b]$，证明 B 的极值点是那些使得在 $[a, b]$ 上 a. e. $|f|=1$ 的函数 $f\in B$.

    (iv) 若 $X=L^1[a, b]$，证明 B 没有任何极值点.

    (v) 若 $X=\ell^p$，$1\leqslant p\leqslant\infty$，$B$ 的极值点是什么？

    (vi) 若 $X=C(K)$，其中 K 是紧 Hausdorff 拓扑空间而 X 赋予最大值范数，则 B 的极值点是什么？

70. 线性空间上的范数称为是严格凸的，若只要 u 和 v 是不同的单位向量而 $0<\lambda<1$，则 $\|\lambda u+(1-\lambda)v\|\leqslant1$.

298

    证明 $\mathbf{R}^n$ 上的欧氏范数与 $L^p[a, b]$ $(1<p<\infty)$ 上的通常范数是严格凸的.

⊖ 见 Peter Lax 的《Functional Analysis》[Lax97].

第 15 章　重新得到紧性：弱拓扑

我们证明了 Riesz 的一个定理，它断言无穷维赋范线性空间的闭单位球关于由范数诱导的强拓扑不是紧的．本章我们证明对于 Banach 空间 X 的闭单位球，如何在弱拓扑下重新得到紧性的精确定理．具体来讲，我们证明：若 B 是 Banach 空间 X 的闭单位球，则以下断言等价：

(i) X 是自反的；

(ii) B 是弱紧的；

(iii) B 是弱序列紧的．

我们建立的第一个紧性结果是 Alaoglu 定理，即 Helly 定理在不可分空间的推广，它告诉我们对于赋范线性空间 X，对偶空间 X^* 的闭单位球关于弱*拓扑是紧的．Tychonoff 乘积定理的一个直接推论使我们能用 Banach 空间到它的二次对偶的自然嵌入 $J:X\to X^{**}$ 来证明(i)和(ii)的等价性．相当令人吃惊的是，对于 B 上的弱拓扑，序列紧性等价于紧性，尽管事实上一般来说，B 上的弱拓扑是不可度量化的．

15.1　Helly 定理的 Alaoglu 推广

令 X 为赋范线性空间，B 是它的闭单位球，而 B^* 是它的对偶空间 X^* 的闭单位球．假设 X 是可分的．选取 B 的稠密子集$\{x_n\}$，且对所有 ψ，$\eta\in B^*$ 定义

$$\rho(\psi,\eta)=\sum_{n=1}^{\infty}\frac{1}{2^n}\cdot|(\psi-\eta)(x_n)|$$

则 ρ 是由 B^* 上的弱*拓扑诱导的度量(见推论 11)．对一个度量空间，紧性与序列紧性是相同的．因此 Helly 定理可重述为：若 X 是可分的赋范线性空间，则它的对偶空间 X^* 的闭单位球 B^* 是弱*紧的．我们现在用 Tychonoff 乘积定理证明可分性的假设是不需要的．

回忆 Tychonoff 乘积定理的特殊情形：令 Λ 为任何集．考虑 Λ 上取值于闭有界区间$[-1,1]$的实值函数族 $\mathcal{F}(\Lambda)$．考虑 $\mathcal{F}(\Lambda)$为具有乘积拓扑的拓扑空间．$\mathcal{F}(\Lambda)$上的乘积拓扑在 $f\in\mathcal{F}(\Lambda)$的基由形如

$$\mathcal{N}_{\epsilon,\lambda_1,\cdots,\lambda_n}(f)=\{f'\in\mathcal{F}(\Lambda)\mid |f'(\lambda_k)-f(\lambda_k)|<\epsilon,\text{且 }1\leqslant k\leqslant n\}$$

的集合构成，其中 $\epsilon>0$ 而 λ_k 属于 Λ．Tychonoff 乘积定理蕴涵具有乘积拓扑的 $\mathcal{F}(\Lambda)$构成的拓扑空间是紧的．因此有了由乘积拓扑诱导的拓扑，$\mathcal{F}(\Lambda)$的每个闭子集 $\mathcal{F}_0(\Lambda)$也是紧的．

Alaoglu 定理　令 X 为赋范线性空间．则它的对偶空间 X^* 的闭单位球 B^* 关于弱*拓扑是紧的．

证明　分别记 X 与 X^* 的闭单位球为 B 与 B^*. 根据前面的讨论，从 B 到$[-1, 1]$的函数组成的具有乘积拓扑的拓扑空间 $\mathcal{F}(B)$是紧的.

ψ 定义限制映射 $R: B^* \to \mathcal{F}(B)$为 $R(\psi)=\psi|_B$. 我们宣称：(i)$R(B^*)$是 $\mathcal{F}(B)$的闭子集；(ii)限制映射 R 是从具有弱*拓扑的 B^* 映上具有乘积拓扑的 $R(B^*)$的拓扑同胚. 暂时假定(i)与(ii)已被证明. 根据前面的讨论，Tychonoff 乘积定理告诉我们 $R(B^*)$是紧的. 因此任何拓扑同胚于 $R(B^*)$的空间是紧的. 特别地，根据(ii)，B^* 是弱*紧的.

剩下来要证明(i)与(ii). 首先观察到 R 是一对一的，由于对于 ψ, $\eta \in B^*$, $\psi \neq \eta$，存在某个 $x \in B$ 使得 $\psi(x) \neq \eta(x)$，因此 $R(\psi) \neq R(\eta)$. 直接比较弱*拓扑的基本开集与乘积拓扑的基本开集揭示了 R 是 B^* 映上 $R(B^*)$的一个同胚. 剩下来要证明 $R(B^*)$关于乘积拓扑是闭的. 令 $f: B \to [-1, 1]$为 $R(B^*)$的关于乘积拓扑的闭包点. 为证明 $f \in R(B^*)$，仅须证明(见习题 1)对所有 u, $v \in B$ 与 $\lambda \in \mathbf{R}$ 且 $u+v$ 与 λu 也属于 B，有

$$f(u+v) = f(u) + f(v) \text{ 且 } f(\lambda u) = \lambda f(u) \tag{1}$$

然而，对任何 $\varepsilon > 0$，f 的弱*邻域 $N_{\varepsilon,u,v,u+v}(f)$包含某个 $R(\psi_\varepsilon)$，由于 ψ_ε 是线性的，我们有 $|f(u+v)-f(u)-f(v)| < 3\varepsilon$. 因此，(1)的第一个等式成立. 第二个等式的证明类似. ■

推论 1　令 X 为赋范线性空间. 则存在紧 Hausdorff 空间 K，使得 X 线性同构于赋予最大值范数的 $C(K)$的线性子空间.

证明　令 K 为具有弱*拓扑的对偶空间的闭单位球. Alaoglu 定理告诉我们 K 是紧的，而我们从第 14 章的定理 7 推出它是 Hausdorff 的. 定义 $\Phi: X \to C(K)$为 $\Phi(x) = J(x)|_K$. 由于自然嵌入 $J: X \to X^{**}$ 是等距，Φ 也是.

300

推论 2　令 X 为赋范线性空间. 则它的对偶空间 X^* 的闭单位球 B^* 有极值点.

证明　我们把 X^* 考虑为具有弱*拓扑的局部凸拓扑空间. 根据 Alaoglu 定理，B^* 是凸与紧的. Krein-Milman 引理告诉我们 B^* 有一个极值点. ■

注　Alaoglu 定理没有告诉我们赋范线性空间的对偶的闭单位球关于弱*拓扑是序列紧的. 例如，对 $X=\ell^\infty$，X^* 的闭单位球 B^* 不是弱*序列紧的. 的确，对每个 n 定义为

$$\text{对所有}\{x_k\} \in \ell^\infty, \quad \psi_n(\{x_k\}) = x_n$$

的序列$\{\psi_n\} \subseteq B^*$ 没有弱*收敛的子序列. Alaoglu 定理是 Helly 定理从紧性而非序列紧性观点的推广. 根据 Helly 定理，若 X 是可分的，B^* 是弱*序列紧的，且即将介绍的推论 6 告诉我们若 X 是自反的，B^* 也是弱*序列紧的.

习题

1. 对赋范线性空间的闭单位球 B，假定函数 $f: B \to [-1, 1]$具有性质：只要 u, v, $u+v$ 与 λu 属于 B，则 $f(u+v)=f(u)+f(v)$且 $f(\lambda u)=\lambda f(u)$. 证明 f 是 X 上属于 X^* 的闭单位球的线性泛函在 B 上的限制.
2. 令 X 为赋范线性空间而 K 是 X^* 的有界凸弱*闭子集. 证明 K 有极值点.
3. 证明无穷维赋范线性空间的任何非空弱开集关于范数是无界的.

4. 用 Baire 范畴定理与前一个习题证明无穷维 Banach 空间上的弱拓扑是不可用完备度量度量化的.
5. 是否每个 Banach 空间同构于某个 Banach 空间的对偶？

15.2　自反性与弱紧性：Kakutani 定理

命题 3　令 X 为赋范线性空间. 则自然嵌入 $J:X\to X^{**}$ 是局部凸拓扑向量空间 X 与 $J(X)$之间的拓扑同胚，其中 X 有弱拓扑而 $J(X)$有弱*拓扑.

证明　令 x_0 属于 X. 弱拓扑在 $x_0\in X$ 的邻域基定义为以下形式的集合：对 $\varepsilon>0$ 与 ψ_1，…，$\psi_n\in X^*$，

$$\mathcal{N}_{\varepsilon,\psi_1\cdots\psi_n}(x_0)=\{x\in X\mid|\psi_i(x-x_0)|<\varepsilon,1\leqslant i\leqslant n\}$$

现在对每个 $x\in X$ 与 $1\leqslant i\leqslant n$，$[J(x)-J(x_0)]\psi_i=\psi_i(x-x_0)$，因此，

$$J(\mathcal{N}_{\varepsilon,\psi_1,\cdots,\psi_n}(x_0))=J(X)\cap\mathcal{N}_{\varepsilon,\psi_1,\cdots,\psi_n}(J(x_0))$$

因此 J 将 X 中的弱拓扑在原点的基映上 $J(X)$中的弱*拓扑在原点的基. 因此 J 是从具有弱拓扑的 X 映上具有弱*拓扑的 $J(X)$的同胚.　301　■

Kakutani 定理　Banach 空间是自反的当且仅当它的闭单位球是弱紧的.

证明　令 X 为 Banach 空间. 记 X 与 X^{**} 的闭单位球分别为 B 与 B^{**}. 假设 X 是自反的. 自然嵌入是同构，因此 J 是将 B 映上 B^{**} 的一一映射. 另一方面，根据命题 3，J 是从具有弱拓扑的 B 到具有弱*拓扑的 B^{**} 的同胚，根据 Alaoglu 定理，其中 X 被 X^* 代替，B^{**} 是弱*紧的，因此任何同胚于它的拓扑空间也是紧的. 特别地，B 是弱紧的.

现在假设 B 是弱紧的. 紧拓扑空间的连续象是紧的. 我们从命题 3 推出 $J(B)$关于弱*拓扑是紧的. 由于弱*拓扑是 Hausdorff 的，因此 $J(B)$是闭的. 显然，$J(B)$是凸的. 为证明 X 的自反性，我们用反证法. 假设 X 不是自反的. 令 T 属于 $B^{**}\sim J(B)$. 应用 X 被 X^* 代替而 $W=J(X^*)$时的超平面分离定理的推论 26，因此存在泛函 $\psi\in X^*$，使得 $\|\psi\|=1$ 且

$$T(\psi)<\inf_{S\in J(B)}S(\psi)=\inf_{x\in B}\psi(x)$$

右边的下确界等于 -1，由于 $\|\psi\|=1$. 因此 $T(\psi)<-1$. 这是一个矛盾，由于 $\|T\|\leqslant 1$ 且 $\|\psi\|=1$. 因此 X 是自反的.　■

推论 4　自反 Banach 空间的每个闭有界凸子集是弱紧的.

证明　令 X 为 Banach 空间. 根据 Kakutani 定理，X 的闭单位球是弱紧的. 因此任何闭球也如此. 根据 Mazur 定理，X 的每个闭凸子集是弱闭的. 因此 X 的任何闭凸有界子集是弱紧集的弱闭子集，因此必须是弱紧的.　■

推论 5　令 X 为自反 Banach 空间. 则它的对偶空间的闭单位球 B^* 关于弱*拓扑是序列紧的.

证明 由于 X 是自反的，B^* 上的弱拓扑与弱*拓扑是相同的．因此，根据 Alaoglu 定理，B^* 是弱紧的．我们从 Kakutani 定理推出 X^* 是自反的．因此从前一章的定理 17 推出 X^* 中的每个有界序列有弱*收敛子序列．但 B^* 是弱*闭的，因此 B^* 关于弱*拓扑是序列紧的． ■

302

习题

6. 证明赋范线性空间的每个弱紧子集关于范数是有界的.
7. 证明 Banach 空间 X 的对偶 X^* 的闭单位球 B^* 有一个极值点.
8. 令 $\mathcal{T}_1$ 与 $\mathcal{T}_2$ 为集合 $\mathcal{S}$ 上的两个紧 Hausdorff 拓扑，满足 $\mathcal{T}_1\subseteq\mathcal{T}_2$．证明 $\mathcal{T}_1=\mathcal{T}_2$.
9. 令 X 为包含子空间 Y 的赋范线性空间．对 $A\subseteq Y$，证明 A 上由 Y^* 诱导的弱拓扑与 A 承袭自 X 的弱拓扑是相同的.
10. 用以下步骤证明 Banach 空间 X 是自反的当且仅当它的对偶空间 X^* 是自反的.
    (i) 若 X 是自反的，证明 B^* 上的弱与弱*拓扑是相同的，从这推出 X^* 是自反的.
    (ii) 若 X^* 是自反的，用(i)部分与第 14 章的命题 15 证明 X 是自反的.
11. 对 Banach 空间 X，根据前一个习题，若 X 是自反的，则 X^* 也是．若存在 X^* 的不是自反的闭子空间，则 X 不是自反的．令 K 为无穷紧 Hausdorff 空间而$\{x_n\}$是 K 的可数无穷子集的列举．定义算子 $T:\ell^1\rightarrow[C(K)]^*$ 为
$$\text{对所有}\{\eta_k\}\in\ell^1\text{ 与 }f\in C(K),\quad [T(\{\eta_k\})](f)=\sum_{k=1}^{\infty}\eta_k\cdot f(x_k)$$
    证明 T 是等距．因此，由于 ℓ^1 不是自反的，$T(\ell^1)$与 $C(K)$也不是．用维数计算方法证明：若 K 是有限集，则 $C(K)$是自反的.
12. 若 Y 是 Banach 空间 X 的线性子空间，我们定义零化子 $Y^\perp$ 为 X^* 的使得在 Y 上 $\psi=0$ 的那些 $\psi\in X^*$ 组成的子空间．若 Y 是 X^* 的子空间，我们定义 Y^0 为 X 中使得对所有 $\psi\in Y$ 满足 $\psi(x)=0$ 的向量的子空间.
    (i) 证明 $Y^\perp$ 是 X^* 的闭线性子空间.
    (ii) 证明 $(Y^\perp)^0=\overline{Y}$.
    (iii) 若 X 是自反的而 Y 是 X^* 的子空间，证明 $Y^\perp=J(Y^0)$.

15.3 紧性与弱序列紧性：Eberlein-Šmulian 定理

定理 6(Goldstine 定理) 令 X 为赋范线性空间，B 为 X 的闭单位球，而 B^{**} 是 X^{**} 的闭单位球．则 $J(B)$的弱*闭包是 B^{**}.

证明 根据前一章的推论 9，J 是等距．因此 $J(B)\subseteq B^{**}$．令 C 为 $J(B)$的弱*闭包．我们把证明 B^{**} 是弱*闭的留作练习．因此 $C\subseteq B^{**}$．由于 B 是凸的而 J 是线性的，$J(B)$是凸的．前一章的命题 22 告诉我们，在局部凸拓扑向量空间，凸集的闭包是凸的．因此 C 关于弱*拓扑是闭的凸集．假定 $C\neq B^{**}$．令 T 属于 $B^{**}\sim C$．现在 X 被$(X^*)^*$代替，而考虑$(X^*)^*$为具有弱*拓扑的局部凸拓扑向量空间的情形下，我们援引超平面分离定理，见前一章的推论 26．因此存在某个 $\psi\in X^*$ 使得$\|\psi\|=1$ 且

303

$$T(\psi) < \inf_{S \in C} S(\psi) \tag{2}$$

观察到由于 C 包含 $J(B)$，

$$\inf_{S \in C} S(\psi) \leqslant \inf_{x \in B} \psi(x) = -1$$

因此，$T(\psi) < -1$. 这是一个矛盾，由于 $\|T\| \leqslant 1$ 而 $\|\psi\| = 1$. 因此 $C = J(B)$，证明完毕．■

引理 7　令 X 为赋范线性空间而 W 是 X^* 的有限维子空间．则存在 X 的有限子集 F 使得

$$\text{对所有 } \psi \in W, \quad \|\psi\|/2 \leqslant \max_{x \in F} \psi(x) \tag{3}$$

证明　由于 W 是有限维的，它的闭单位球 $S^* = \{\psi \in W \mid \|\psi\| = 1\}$ 是紧的，因此是全有界的．选取 S^* 的有限子集 $\{\psi_1, \cdots, \psi_n\}$ 使得 $S^* \subseteq \bigcup_{k=1}^{n} B(\psi_k, 1/4)$. 对 $1 \leqslant k \leqslant n$，选取 X 中的单位向量 x_k 使得 $\psi_k(x_k) > 3/4$. 令 ψ 属于 S^*. 观察到

$$\text{对 } 1 \leqslant k \leqslant n, \psi(x_k) = \psi_k(x_k) + [\psi - \psi_k](x_k) \geqslant 3/4 + [\psi - \psi_k](x_k)$$

若我们选取 k 使得 $\|\psi - \psi_k\| < 1/4$，则由于 $\|x_k\| = 1$，$\psi(x_k) \geqslant 1/2 = 1/2\|\psi\|$. 因此，若 $F = \{x_1, \cdots, x_k\}$ 且对 $\psi \in W$ 有 $\|\psi\| = 1$，则(3)成立．因此它对所有 $\psi \in W$ 成立．■

定理 8(Eberlein-Šmulian 定理)　令 B 为 Banach 空间 X 的闭单位球．则 B 是弱紧的当且仅当它是弱序列紧的．

证明　我们首先假设 B 是紧的．Kakutani 定理告诉我们 X 是自反的．根据前一章的定理 17，X 中的每个有界序列有弱收敛的子序列．由于 B 是弱闭的，B 是弱序列紧的．

为证明反命题，假设 B 是弱序列紧的．根据 Kakutani 定理，为证明 B 是紧的，仅须证明 X 是自反的[⊖]．令 T 属于 B^{**}. Goldstine 定理告诉我们 T 属于 $J(B)$的弱 * 闭包．我们将用前一个引理证明 T 属于 $J(B)$.

选取 $\psi_1 \in B^*$. 由于 T 属于 $J(B)$的弱 * 闭包，可以选取 $x_1 \in B$ 使得 $J(x_1)$属于 $\mathcal{N}_{1,\psi_1}$. 定义 $N(1) = 1$ 与 $W_1 = \text{span}[\{T, J(x_1)\}] \subseteq X^{**}$. 令 n 为自然数使得自然数 $N(n)$、B 的子集 $\{x_k\}_{1 \leqslant k \leqslant n}$、$X^*$ 的子集 $\{\psi_k\}_{1 \leqslant k \leqslant N(n)}$ 已被定义，且已定义 $W_n = \text{span}[\{T, J(x_1), \cdots, J(x_n)\}]$.

304

由于 T 属于 $J(B)$的弱 * 闭包，我们可以选取 $x_{(n+1)} \in B$ 使得

$$J(x_{n+1}) \in \mathcal{N}_{1/(n+1), \psi_1, \cdots, \psi_{N(n)}}(T) \tag{4}$$

定义

$$W_{n+1} = \text{span}[\{T, J(x_1), \cdots, J(x_{n+1})\}] \tag{5}$$

我们从前一个引理(其中 X 被 X^* 代替)推出，存在自然数 $N(n+1) > N(n)$ 与 X^* 的有限子

⊖　闭单位球的序列紧性蕴涵自反性的优雅证明归功于 R. J. Whitely 的"An elementary proof of the Eberlein-Šmulian Theorem"(《Mathematische Annalen》，1967).

集$\{\psi_k\}_{N(n)<k\leqslant N(n+1)}$使得

$$\text{对所有 } S \in W_{n+1}, \quad \|S\|/2 < \max_{N(n)<k\leqslant N(n+1)} S(\psi_k) \tag{6}$$

我们已归纳地定义了严格递增的自然数列$\{N(n)\}$、B中的序列$\{x_n\}$、X^*中的序列$\{\psi_n\}$以及X^{**}的子空间序列$\{W_n\}$，使得(4)与(6)成立．由于$\{W_n\}$是使得对每个指标n(6)成立的上升的序列，

$$\text{对所有 } S \in W = \overline{\text{span}}[\{T, J(x_1), \cdots, J(x_n), \cdots\}], \quad \|S\|/2 \leqslant \sup_{1\leqslant k\leqslant\infty} S(\psi_k) \tag{7}$$

由于(4)对所有n成立，

$$\text{若 } n \leqslant N(m-1), \quad |(T-J(x_m))[\psi_n]| < 1/m \tag{8}$$

由于B是序列紧的，$\{x_n\}$存在弱收敛于$x\in B$的子序列$\{x_{n_k}\}$．Mazur 定理告诉我们序列$\{x_{n_k}\}$中的项的凸组合的序列强收敛于x．该凸组合序列在J下的象在X^{**}中强收敛于$J(x)$．因此$J(x)$属于W．但T也属于W．因此$T-J(x)$属于W．我们宣称$T=J(x)$．根据(7)，为证明该断言必要与充分，要证明：

$$\text{对所有 } n, \quad (T-J(x))[\psi_n] = 0 \tag{9}$$

固定自然数n．观察到对每个指标k，

$$(T-J(x))[\psi_n] = (T-J(x_{n_k})[\psi_n] + (J(x_{n_k})-J(x))[\psi_n]$$

我们从(8)推出，若$N(n_k-1)>n$，则$|(T-J(x_{n_k}))[\psi_n]|<1/n_k$．另一方面，

$$\text{对所有 } k, \quad (J(x_{n_k})-J(x))[\psi_n] = \psi_n(x_{n_k}-x)$$

且$\{x_{n_k}\}$弱收敛于x．因此，

$$(T-J(x))[\psi_n] = \lim_{k\to\infty}(T-J(x_{n_k}))[\psi_n] + \lim_{k\to\infty}(J(x_{n_k})-J(x))[\psi_n] = 0$$ ■

我们把 Kakutani 定理与 Eberlein-Šmulian 定理概括为以下陈述．

弱紧性的刻画 令B为 Banach 空间X的闭单位球．则以下三个断言等价：

(i) X是自反的；

(ii) B是弱紧的；

(iii) B是弱序列紧的．

305

习题

13. 在不可度量化的一般拓扑空间中，序列可能收敛于不止一个点．证明对赋范线性空间上的W弱拓扑，其中W是X^*的分离X中的点的子空间，这不可能发生．
14. 证明$L^\infty[0, 1]$中存在没有弱收敛子序列的有界序列．证明$C[a, b]$的闭单位球不是弱紧的．
15. 令K为具有无穷多个点的紧度量空间．证明$C(K)$中存在没有弱收敛子序列的有界序列(见习题 11)，但$C(K)$上的每个连续线性泛函的有界序列有逐点收敛到$C(K)$上的连续线性泛函的子序列．

15.4 弱拓扑的度量化

若 Banach 空间的闭单位球上的弱拓扑是可度量化的，则 Eberlein-Šmulian 定理是度量空间中的紧性与序列紧性的等价性的直接推论．为更好地理解该定理，我们现在证明弱拓

扑的一些可度量化性质．第一个定理给出分析学者不能仅停留在度量空间的好的理由．

定理 9　令 X 为无穷维赋范线性空间．则 X 上的弱拓扑与 X^* 上的弱 * 拓扑都是不可度量化的.

证明　为证明 X 上的弱拓扑不可度量化，我们用反证法．否则，存在度量 $\rho: X\times X\to[0,\infty]$ 诱导了 X 上的弱拓扑．固定自然数 n．考虑 0 的弱邻域 $\{x\in X\mid\rho(x,0)<1/n\}$．我们可以选取 X^* 的有限子集 F_n 与 $\varepsilon_n>0$ 使得

$$\{x\in X\mid 对所有\ \psi\in F_n, |\psi(x)|<\varepsilon_n\}\subseteq\{x\in X\mid\rho(x,0)<1/n\}$$

定义 W_n 为 F_n 的线性扩张．则

$$\bigcap_{\psi\in W_n}\ker\psi\subseteq\{x\in X\mid\rho(x,0)<1/n\}\tag{10}$$

由于 X 是无穷维的，从 Hahn-Banach 定理得出 X^* 也是无穷维的．选取 $\psi_n\in X^*\sim W_n$．我们从前一章的命题 4 推出，存在 $x_n\in X$ 使得 $\psi_n(x_n)\neq 0$，而对所有 $\psi\in F_n$，$\psi(x_n)=0$．定义 $u_n=n\cdot x_n/\|x_n\|$．观察到 $\|u_n\|=n$，根据(10)，$\rho(u_n,0)<1/n$．因此 $\{u_n\}$ 是 X 中弱收敛到 0 的无界序列．这与前一章的定理 12 矛盾．因此弱拓扑是不可度量化的.

为证明 X^* 上的弱 * 拓扑是不可度量化的，我们再次用反证法．否则，存在度量 $\rho^*: X^*\times X^*\to[0,\infty]$ 诱导了 X^* 上的弱 * 拓扑．固定自然数 n．考虑 0 的弱 * 邻域 $\{\psi\in X^*\mid\rho^*(\psi,0)<1/n\}$．我们可以选取 X 的有限子集 A_n 与 $\varepsilon_n>0$ 使得

$$\{\psi\in X^*\mid 对所有\ x\in A_n,\quad |\psi(x)|<\varepsilon_n\subseteq\{\psi\in X^*\mid\rho^*(\psi,0)<1/n\}$$

定义 X_n 为 A_n 的线性扩张．则

$$\{\psi\in X^*\mid 对所有\ x\in X_n, \psi(x)=0\}\subseteq\{\psi\in X^*\mid\rho^*(\psi,0)<1/n\}\tag{11}$$

由于 X_n 是有限维的，它是闭的且是 X 的真子空间，这是因为 X 是无穷维的．从前一章的推论 11 得出，存在在 X_n 上等于零的非零泛函 $\psi_n\in X^*$．定义 $\varphi_n=n\psi_n/\|\psi_n\|$．观察到 $\|\varphi_n\|=n$，且由(11)，$\rho^*(\varphi_n,0)<1/n$．因此 $\{\varphi_n\}$ 是 X^* 中逐点收敛到 0 的无界序列．这与一致有界定理矛盾．因此 X^* 上的弱 * 拓扑是不可度量化的. ■

306

定理 10　令 X 为赋范线性空间而 W 是 X^* 的分离 X 中的点的可分子空间．X 的闭单位球 B 上的 W 弱拓扑是可度量化的.

证明　由于 W 是可分的，$B^*\cap W$ 也是可分的，其中 B^* 是 X^* 的闭单位球．选取 $B^*\cap W$ 的可数稠密子集 $\{\psi_k\}_{k=1}^{\infty}$．定义 $\rho: B\times B\to\mathbf{R}$ 为

$$对所有\ u,\quad v\in B,\quad \rho(u,v)=\sum_{k=1}^{\infty}\frac{1}{2^k}\cdot|\psi_k(u-v)|$$

由于每个 ψ_k 属于 B^*，这是适当定义的．我们首先宣称 ρ 是 B 上的度量．ρ 的对称性与三角不等式承袭自 ψ_k 的线性．另一方面，由于 W 分离 X 中的点，$B^*\cap W$ 的任何稠密子集也分离 X 中的点．因此，对 u，$v\in B$ 且 $u\neq v$，存在自然数 k 使得 $\psi_k(u-v)\neq 0$，因此 $\rho(u,v)>0$．因此 ρ 是 B 上的度量．观察到对每个自然数 n，由于每个 ψ_k 属于 B^*，

$$\text{对所有 } x \in B,\quad \frac{1}{2^n}\left[\sum_{k=1}^{n} |\psi_k(x)|\right] \leqslant \rho(x,0) \leqslant \sum_{k=1}^{\infty} |\psi_k(x)| + 1/2^n \tag{12}$$

我们把从这些不等式与$\{\psi_k\}_{k=1}^{\infty}$在 $B^* \cap W$ 中的稠密性推出$\{x \in B \mid \rho(x, 0) < 1/n\}$是 B 上的 W 弱拓扑在原点的基留作练习．因此由度量 ρ 诱导的拓扑是 B 上的 W 弱拓扑． ■

推论 11　令 X 为赋范线性空间．

(i) 若 X^* 是可分的，则 X 的闭单位球 B 上的弱拓扑可度量化．

(ii) 若 X 是可分的，则 X^* 的闭单位球 B^* 上的弱*拓扑可度量化．

定理 12　令 X 为自反 Banach 空间．则闭单位球 B 上的弱拓扑可度量化当且仅当 X 是可分的．

证明　由于 X 是自反的，前一章的定理 14 告诉我们若 X 是可分的，X^* 也如此．因此，根据前一个推论，若 X 是可分的，则 B 上的弱拓扑是可度量化的．反过来，假定 B 上的弱拓扑是可度量化的．令 $\rho: B \times B \to [0, \infty]$为 B 上诱导弱拓扑的度量．令 n 为自然数．我们可以选取 X^* 的有限子集 F_n 与 $\varepsilon_n > 0$ 使得

$$\{x \in B \mid \text{对所有 } \psi \in F_n, |\psi(x)| < \varepsilon_n \subseteq \{x \in B \mid \rho(x,0) < 1/n\}$$

307

因此，

$$\left[\bigcap_{\psi \in F_n} \ker\psi\right] \cap B \subseteq \{x \in B \mid \rho(x,0) < 1/n\} \tag{13}$$

定义 Z 为 $\bigcup_{n=1}^{\infty} F_n$ 的闭线性扩张．则 Z 是可分的，由于 $\bigcup_{n=1}^{\infty} F_n$ 中泛函的具有有理系数的有限线性组合是 Z 的可数稠密子集．我们宣称 $Z = X^*$．否则，前一章的推论 11 告诉我们存在非零 $S \in (X^*)^*$，它在 Z 上消失．由于 X 是自反的，存在某个 $x_0 \in X$ 使得 $S = J(x_0)$．因此 $x_0 \neq 0$ 且对所有 $\psi \in Z$，$\psi(x_0) = 0$．根据(13)，对所有 $\rho(x_0, 0) < 1/n$，$x_0 \neq 0$ 但 $\rho(x_0, 0) = 0$．这是一个矛盾．因此 X^* 是可分的．前一章的定理 13 告诉我们 X 也是可分的． ■

习题

16. 证明无穷维赋范线性空间的对偶也是无穷维的．
17. 通过证明不等式(12)蕴涵度量 ρ 诱导 W 弱拓扑，完成定理 10 的证明的最后步骤．
18. 令 X 为 Banach 空间，W 是它的对偶 X^* 的闭子空间，而 ψ_0 属于 $X^* \sim W$．证明：若 W 是有限维的或者 X 是自反的，则存在 X 中的向量 x_0，使得 $\psi_0(x_0) \neq 0$ 但对所有 $\psi \in W$，$\psi(x_0) = 0$．给出 X^* 的一个无穷维闭子空间 W 使得该分离性质不成立．

308

第 16 章 Hilbert 空间上的连续线性算子

欧氏空间 $\mathbf{R}^n$ 中的两个向量 $u=(u_1, \cdots, u_n)$ 与 $v=(v_1, \cdots, v_n)$ 的内积 $\langle u, v\rangle$ 定义为

$$\langle u,v\rangle = \sum_{k=1}^{n} u_k v_k$$

我们称此为欧氏内积. 欧氏范数 $\|\cdot\|$ 由关系式

$$\text{对所有 } u \in \mathbf{R}^n, \quad \|u\| = \sqrt{\langle u,u\rangle}$$

确定. 关于欧氏内积有正交性这一重要概念，它将几何观点带入有限维空间中问题的研究：子空间有正交补且方程组的可解性由正交关系确定. 内积也带来了一些有十分特殊的结构的有趣的线性算子类：其中典型的是对称算子，它有优美的特征向量表示. 本章我们研究具有内积的 Banach 空间 H，如同欧氏空间一样，该内积与范数相关. 这些空间称为 Hilbert 空间. 我们证明：若 V 是 Hilbert 空间 H 的闭子空间，则 H 是 V 与它的正交补的直和. 基于这种结构性质，我们证明了 Riesz-Fréchet 表示定理，它刻画了 Hilbert 空间的对偶空间. 由此我们用 Helly 定理推出，Hilbert 空间中的每个有界序列有弱收敛的子序列. 我们证明了 Bessel 不等式，由此推出可数规范正交集是规范正交基当且仅当它的线性扩张是稠密的. 本章以 Hilbert 空间上的有界对称算子与紧算子的讨论结束，我们准备证明关于紧对称算子的特征值展开的 Hilbert-Schmidt 定理与关于恒等算子的紧扰动的 Fredholm 性质的 Riesz-Schauder 定理.

309

16.1 内积和正交性

定义 令 H 为线性空间. 函数 $\langle\cdot, \cdot\rangle : H\times H\to\mathbf{R}$ 称为 H 上的**内积**，若对所有 x_1, x_2, x 与 $y\in H$ 以及实数 α 和 β,

(i) $\langle \alpha x_1+\beta x_2, y\rangle=\alpha\langle x_1, y\rangle+\beta\langle x_2, y\rangle$.

(ii) $\langle x, y\rangle=\langle y, x\rangle$.

(iii) 若 $x\neq 0$, $\langle x, x\rangle>0$.

具有内积的线性空间 H 称为**内积空间**.

性质(ii)称为**对称性**. 从(i)和(ii)得出 $\langle x, \alpha y_1+\beta y_2\rangle=\alpha\langle x, y_1\rangle+\beta\langle x, y_2\rangle$：该性质与(i)一起称为**双线性**.

在无穷维线性空间中我们立即想起两个内积空间的例子.

对于两个序列 $x=\{x_k\}$ 与 $y=\{y_k\}\in\ell^2$, ℓ^2 内积 $\langle x, y\rangle$ 定义为

$$\langle x,y\rangle = \sum_{k=1}^{\infty} x_k y_k$$

对 E 是实数的可测集以及两个函数 f 和 $g\in L^2(E)$，L^2 内积 $\langle f, g\rangle$ 定义为

$$\langle f,g\rangle = \int_E f\cdot g$$

其中积分是关于 Lebesgue 测度的积分. 从我们在第 7 章得到的作为 Hölder 不等式的特殊情形的 Cauchy-Schwartz 不等式，我们推出内积是恰当定义的. Cauchy-Schwartz 不等式对一般的内积空间成立.

Cauchy-Schwartz 不等式　对于内积空间 H 中的任何两个向量 u，v，

$$|\langle u,v\rangle| \leqslant \|u\|\cdot\|u\|$$

为证明它，观察到：

$$\text{对所有 } t\in\mathbf{R},\quad 0\leqslant \|u+tv\|^2 = \|u\|^2+2t\langle u,v\rangle + t^2\|v\|^2$$

右边定义的 t 的二次多项式没有两个不同的实根，因此它的判别式不是正的，即 Cauchy-Schwartz 不等式成立.

命题 1　对内积空间 H 的向量 h，定义

$$\|h\| = \sqrt{\langle h,h\rangle}$$

则 $\|\cdot\|$ 是 H 上的范数，它称为由内积 $\langle\cdot,\cdot\rangle$ 诱导的范数.

证明　对 $\|\cdot\|$ 来说，仅有范数的三角不等式这一性质不是显然的. 然而它是 Cauchy-Schwartz 不等式的推论，对两个向量 u，$v\in H$，

$$\begin{aligned}\|u+v\|^2 &= \langle u+v,u+v\rangle = \|u\|^2+2\langle u,v\rangle+\|v\|^2\\ &\leqslant \|u\|^2+2\|u\|\|v\|+\|v\|^2 = (\|u\|+\|v\|)^2\end{aligned}$$

■

310

以下等式刻画了由内积诱导的范数，见习题 7.

平行四边形等式　对于内积空间 H 的任何两个向量 u，v，

$$\|u-v\|^2+\|u+v\|^2 = 2\|u\|^2+2\|v\|^2$$

为证明该等式仅须把以下两个等式相加：

$$\|u-v\|^2 = \|u\|^2-2\langle u,v\rangle+\|v\|^2$$

$$\|u+v\|^2 = \|u\|^2+2\langle u,v\rangle+\|v\|^2$$

定义　内积空间 H 称为 **Hilbert 空间**，若它是 Banach 空间且范数由内积诱导.

Riesz-Fischer 定理告诉我们对于实数的可测集 E，$L^2(E)$ 是 Hilbert 空间，作为一个推论，ℓ^2 也如此.

命题 2　令 K 为 Hilbert 空间 H 的非空闭凸子集而 h_0 属于 $H\sim K$. 则恰好存在一个向量 $h_*\in K$，它在

$$\|h_0-h_*\| = \operatorname{dist}(h_0,K) = \inf_{h\in K}\|h_0-h\|$$

的意义下离 h_0 最近.

证明　通过用 K 代替 $K-h_0$，我们可以假设 $h_0=0$. 令 $\{h_n\}$ 为 K 中的序列使得

$$\lim_{n\to\infty}\|h_n\|=\inf_{h\in K}\|h\| \tag{1}$$

我们从平行四边形等式与 K 的凸性推出，对每个 m 和 n，

$$\|h_n\|^2+\|h_m\|^2=2\left\|\frac{h_n+h_m}{2}\right\|^2+2\left\|\frac{h_n-h_m}{2}\right\|^2\geqslant 2\cdot\inf_{h\in K}\|h\|^2+2\cdot\left\|\frac{h_n-h_m}{2}\right\|^2 \tag{2}$$

从(1)和(2)我们推出 $\{h_n\}$ 是 Cauchy 列. 由于 H 是完备的且 K 是闭的，$\{h_n\}$ 强收敛到 $h^*\in K$. 根据范数的连续性，$\|h^*\|=\inf_{h\in K}\|h\|$. K 中离原点最近的点是唯一的. 的确，若 h_* 是 K 中离原点最近的其他点，则我们在不等式(2)中用 h_* 代替 h_n，用 h^* 代替 h_m，则有

$$0=\|h^*\|^2+\|h_*\|^2-2\cdot\inf_{h\in K}\|h\|^2\geqslant 2\cdot\left\|\frac{h^*-h_*}{2}\right\|^2$$

因此 $h^*=h_*$. ■ 311

定义　内积空间 H 中的两个向量 u，v 称为是**正交的**，若 $\langle u,v\rangle=0$. 向量 u 称为**正交于** H 的子集 S，若它正交于 S 中的每个向量. 我们用 $S^\perp$ 表示 H 中与 S 正交的向量的全体.

我们把从 Cauchy-Schwartz 不等式推出若 S 是内积空间 H 的子集，则 $S^\perp$ 是 H 的闭子集留作练习. 以下定理是基本的.

定理 3　令 V 为 Hilbert 空间 H 的闭子空间. 则 H 有正交直和分解：

$$H=V\oplus V^\perp \tag{3}$$

证明　令 h_0 属于 $H\sim V$. 前一个命题告诉我们存在唯一向量 $h^*\in V$ 离 h_0 最近. 令 h 为 V 中的任何向量. 对于实数 t，由于 V 是线性空间，向量 h^*-th 属于 V，因此，

$$\begin{aligned}\langle h_0-h^*,h_0-h^*\rangle&=\|h_0-h\|^2\leqslant\|h_0-(h^*-th)\|^2\\&=\langle h_0-h^*,h_0-h^*\rangle+2t\cdot\langle h_0-h^*,h\rangle+t^2\langle h,h\rangle\end{aligned}$$

因此，

$$\text{对所有 } t\in\mathbf{R},\quad 0\leqslant 2t\cdot\langle h_0-h^*,h\rangle+t^2\langle h,h\rangle$$

从而 $\langle h_0-h^*,h\rangle=0$. 因此向量 h_0-h^* 正交于 V. 观察到 $h_0=h^*+[h_0-h^*]$. 我们得出 $H=V+V^\perp$，且由于 $V\cap V^\perp=\{0\}$，$H=V\oplus V^\perp$. 我们把以下推论的证明留作练习. ■

推论 4　令 S 为 Hilbert 空间 H 的子集. 则 S 的闭线性扩张是整个 H 当且仅当 $S^\perp=\{0\}$.

根据(3)，对 H 的闭子空间 V，我们称 $V^\perp$ 为 V 在 H 中的**正交补**，而称(3)为 H 的**正交分解**. 算子 $P\in L(H)$ 是 H 沿着 $V^\perp$ 到 V 的投影，称为**正交投影**.

命题 5　令 P 为 Hilbert 空间 H 映上 H 的非平凡闭子空间 V 的正交投影. 则 $\|P\|=1$ 且

$$\text{对所有 } u,v\in H,\quad \langle Pu,v\rangle=\langle u,Pv\rangle \tag{4}$$

证明　令向量 u 属于 H. 则

$$\begin{aligned}\|u\|^2 &= \langle P(u)+(\mathrm{Id}-P)(u), P(u)+(\mathrm{Id}-P)(u)\rangle \\ &= \|P(u)\|^2+\|(\mathrm{Id}-P)(u)\|^2 \geqslant \|P(u)\|^2\end{aligned}$$

因此$\|P(u)\|\leqslant\|u\|$. 我们因此有$\|P\|\leqslant 1$. 由于对 V 中的每个非零向量 v，$P(v)=v$，我们得出$\|P\|=1$. 若向量 v 也属于 H，则

$$\langle P(u),(\mathrm{Id}-P)(v)\rangle = \langle(\mathrm{Id}-P)(u),P(v)\rangle = 0$$

312 因此，

$$\langle P(u),v\rangle = \langle P(u),P(v)\rangle = \langle u,P(v)\rangle$$ ■

关于 Banach 空间的许多结果的证明在 Hilbert 空间的特殊情形下简单得多，见习题 11～15.

注　Banach 空间 X 称为是**可补的**，若 X 的每个闭子空间有闭的线性补. Banach 空间 X 称为是**可 Hilbert 的**，若存在 X 上的内积诱导的范数等价于给定的范数. 我们从定理 3 推出一个可 Hilbert 的 Banach 空间是可补的. Joram Lindenstrauss 与 Lior Tzafriri 的一个非凡的定理断言逆定理成立：若 Banach 空间是可补的，则它是可 Hilbert 的[⊖].

习题

以下习题中，H 是 Hilbert 空间.

1. 令$[a, b]$为实数的闭有界区间. 证明 $L^2[a, b]$内积也是 $C[a, b]$上的内积. 具有 $L^2[a, b]$内积的空间 $C[a, b]$是 Hilbert 空间吗?
2. 证明 $C[a, b]$上的最大值范数不是由内积诱导的. ℓ^1 上的通常范数也不是由内积诱导的.
3. 令 H_1 和 H_2 为 Hilbert 空间. 证明具有使得 $H_1\times\{0\}=[\{0\}\times H_2]^\perp$ 的内积的笛卡儿积 $H_1\times H_1$ 也是一个 Hilbert 空间.
4. 证明：若 S 是内积空间 H 的子集，则 $S^\perp$ 是 H 的闭子空间.
5. 令 S 为 H 的子集. 证明 $S=(S^\perp)^\perp$ 当且仅当 S 是 H 的闭子空间.
6. (极化等式)证明对任何两个向量 u，$v\in H$，
$$\langle u,v\rangle = \frac{1}{4}[\|u+v\|^2-\|u-v\|^2]$$
7. (Jordan-von Neumann)令 X 为赋予$\|\cdot\|$的线性空间. 用极化等式证明范数$\|\cdot\|$由内积诱导当且仅当平行四边形等式成立.
8. 令 V 为 H 的闭子空间而 P 是 H 映上 V 的投影. 证明 P 是 H 映上 V 的正交投影当且仅当(4)成立.
9. 令 T 属于 $\mathcal{L}(H)$. 证明 T 是等距当且仅当
$$\text{对所有 } u,v\in H,\quad \langle T(u),T(v)\rangle = \langle u,v\rangle$$
10. 令 V 为 H 的有限维子空间，而 φ_1，…，φ_n 是由单位向量组成的基. 基的每对元素是正交的. 证明 H 的映上 V 的正交投影 P 由
$$P(h) = \sum_{k=1}^{n} < h,\varphi_k > \varphi_k,\quad h\in V$$
313 给出.

[⊖] "On the complemented subspace problem," *Israel Journal of Math.*, 9, 1971.

11. 对 H 中的向量 h，证明函数 $u \mapsto \langle h, u\rangle$ 属于 H^*.
12. 对任何向量 $h\in H$，证明存在有界线性泛函 $\psi\in H^*$ 使得
$$\|\psi\| = 1 \text{ 且 } \psi(h) = \|h\|$$
13. 令 V 为 H 的闭子空间而 P 是 H 映上 V 的正交投影. 对任何赋范线性空间 X 与 $T\in\mathcal{L}(V, X)$，证明 $T\circ P$ 属于 $\mathcal{L}(H, X)$，且它是 $T:V\to X$ 的延拓，使得 $\|T\circ P\| = \|T\|$.
14. 直接用命题 2 证明关于 H 的超平面分离定理，这里 H 考虑为具有强拓扑的局部凸拓扑向量空间.
15. 用命题 2 证明 Hilbert 空间的 Krein-Milman 引理.

16.2　对偶空间和弱序列收敛

对 E 是实数的可测集，$1\leqslant p<\infty$，而 q 是 p 的共轭，关于 $L^p(E)$ 的 Riesz 表示定理直接描述了 $L^q(E)$ 映上 $[L^p(E)]^*$ 的线性等距. 该定理的 $p=2$ 情形可推广到一般的 Hilbert 空间.

Riesz-Fréchet 表示定理　令 H 为 Hilbert 空间. 定义算子 $T:H\to H^*$ 为对每个 $h\in H$ 赋予线性泛函 $T(h):H\to\mathbf{R}$，它定义为
$$\text{对所有 } u\in H,\quad T(h)[u] = \langle h,u\rangle \tag{5}$$
则 T 是 H 映上 H^* 的线性等距.

证明　令 h 属于 H. 则 $T(h)$ 是线性的. 我们从 Cauchy-Schwarz 不等式推出泛函 $T(h):H\to\mathbf{R}$ 是有界的且 $\|T(h)\|\leqslant\|h\|$. 但若 $h\neq 0$，则 $T(h)[h/\|h\|]=\|h\|$. 因此 $\|T(h)\|=\|h\|$. 因此 T 是等距. 显然 T 是线性的. 剩下来要证明 $T(H)=H^*$. 令 $\psi_0\neq 0$ 属于 H^*. 由于 ψ_0 是连续的，它的核是 H 的闭真子空间. 根据定理 3，由于 $\ker\psi_0\neq H$，我们可以选取单位向量 $h^*\in H$，它正交于 $\ker\psi_0$. 定义 $h_0=\psi_0(h_*)h_*$. 我们宣称 $T(h_0)=\psi_0$. 的确，对 $h\in H$，
$$h-\frac{\psi_0(h)}{\psi_0(h_*)}h_*\in\ker\psi_0,\quad \text{因此} < h-\frac{\psi_0(h)}{\psi_0(h_*)}h_*,\quad h_* >= 0$$
所以 $\psi_0(h)=<h_0,\ h>=T(h_0)[h]$. 因此 $T(H)=H^*$. ■

如同在一般的 Banach 空间的情形，对 Hilbert 空间 H 中的序列，我们写 $\{u_n\}\rightharpoonup u$ 意味着 H 中的序列弱收敛于 $u\in H$. 根据 Riesz-Fréchet 表示定理，在 H 中，
$$\{u_n\}\rightharpoonup u \text{ 当且仅当对所有 } h\in H,\quad \lim_{n\to\infty}\langle h,u_n\rangle = \langle h,u\rangle$$

定理 6　Hilbert 空间 H 中的每个有界序列有弱收敛的子序列.　[314]

证明　令 $\{h_n\}$ 为 H 中的有界序列. 定义 H_0 为 $\{h_n\}$ 的闭线性扩张. 则 H_0 是可分的. 对每个自然数 n，定义 $\psi_n\in[H_0]^*$ 为
$$\text{对所有 } h\in H_0,\quad \psi_n(h)=\langle h_n,h\rangle$$
由于 $\{h_n\}$ 是有界的，我们从 Cauchy-Schwarz 不等式推出 $\{\psi_n\}$ 也是有界的. 则 $\{\psi_n\}$ 是可分赋范线性空间 H_0 上的有界线性泛函的有界序列. Helly 定理告诉我们存在 $\{\psi_n\}$ 的子序列

$\{\psi_{n_k}\}$逐点收敛于$\psi_0\in[H_0]^*$. 根据Riesz-Fréchet表示定理，存在向量$h_0\in H_0$，使得$\psi_0=T(h_0)$. 因此，

$$\text{对所有 } h\in H_0,\quad \lim_{k\to\infty}\langle h_{n_k},h\rangle=\langle h_0,h\rangle$$

令P为H映上H_0的正交投影. 对每个指标k，由于$(\mathrm{Id}-P)[H]=P(H)^{\perp}$，

$$\text{对所有 } h\in H,\quad \langle h_{n_k},(Id-P)[h]\rangle=\langle h_0,(Id-P)[h]\rangle=0$$

因此，

$$\text{对所有 } h\in H,\quad \lim_{k\to\infty}\langle h_{n_k},h\rangle=\langle h_0,h\rangle$$

因此$\{h_{n_k}\}$在H中弱收敛于h_0. ■

在以下命题中我们收集了关于弱收敛序列的一些性质，我们先前已对一般的Banach空间证明了这些性质，但因为有了Riesz-Fréchet表示定理，在Hilbert空间的情形下证明它们要简单得多(见习题17).

命题7 在Hilbert空间H中，弱意义下$\{u_n\}\to u$. 则$\{u_n\}$是有界的且

$$\|u\|\leqslant\liminf\|u_n\|$$

此外，若在H中，强意义下$\{v_n\}\to v$，则

$$\lim_{n\to\infty}\langle u_n,v_n\rangle=\langle u,v\rangle \tag{6}$$

以下两个命题描述了Hilbert空间中的弱收敛序列的性质，在第8章我们已注意到它们对$L^p(E)$空间成立，其中E是实数的可测集而$1<p<\infty$，但对一般的Banach空间这些性质不成立.

Banach-Saks定理 在Hilbert空间H中弱意义下$\{u_n\}\to u$. 则存在$\{u_n\}$的子序列$\{u_{n_k}\}$使得

$$\text{在 } H \text{ 中强意义下} \lim_{k\to\infty}\frac{u_{n_1}+\cdots+u_{n_k}}{k}=u \tag{7}$$

证明 用u_n-u代替每个u_n，我们可以假定$u=0$. 由于弱收敛的序列是有界的，我们可以选取$M>0$使得

$$\text{对所有 } n,\quad \|u_n\|^2\leqslant M$$

315 我们将归纳地选取$\{u_n\}$的子序列$\{u_{n_k}\}$，具有性质：对所有k，

$$\|u_{n_1}+\cdots+u_{n_k}\|^2\leqslant(2+M)k \tag{8}$$

对这样的序列，

$$\text{对所有 } k,\quad \left\|\frac{u_{n_1}+\cdots+u_{n_k}}{k}\right\|^2\leqslant\frac{(2+M)}{k} \tag{9}$$

这样就结束了证明.

定义$n_1=1$. 由于$\{u_k\}\rightharpoonup 0$且u_{n_1}属于H，我们能够选取指标n_2使得$|\langle u_{n_1},u_{n_2}\rangle|<1$. 假定我们已选取自然数$n_1<n_2<\cdots<n_k$使得

$$对\ j=1,\cdots,k,\quad \|u_{n_1}+\cdots+u_{n_j}\|^2\leqslant(2+M)j$$

由于$\{u_n\}\rightharpoonup 0$且$u_{n_1}+\cdots u_{n_k}$属于H，我们可以选取$n_{k+1}>n_k$使得

$$|\langle u_{n_1}+\cdots+u_{n_k},u_{n_{k+1}}\rangle|\leqslant 1$$

然而，

$$\|u_{n_1}+\cdots+u_{n_k}+u_{n_{k+1}}\|^2=\|u_{n_1}+\cdots+u_{n_k}\|^2+2\langle u_{n_1}+\cdots+u_{n_k},u_{n_{k+1}}\rangle+\|u_{n_{k+1}}\|^2$$

因此，

$$\|u_{n_1}+\cdots+u_{n_{k+1}}\|^2\leqslant(2+M)k+2+M=(2+M)(k+1)$$

我们已选取子序列使得(8)成立. ■

Radon-Riesz 定理　在 Hilbert 空间 H 中弱意义下$\{u_k\}\to u$. 则在 H 中强意义下$\{u_k\}\to u$ 当且仅当$\lim\limits_{n\to\infty}\|u_n\|=\|u\|$.

证明　由于范数在 H 上关于强拓扑连续，若强意义下$\{u_k\}\to u$，则$\lim\limits_{n\to\infty}\|u_n\|=\|u\|$. 另一方面，若$\lim\limits_{n\to\infty}\|u_n\|=\|u\|$，则由于

$$对所有\ n,\quad \|u_n-u\|^2=\|u_n\|^2-2<u_n,u>+\|u\|^2$$

弱收敛序列$\{u_k\}$是强收敛的. ■

定理 8　令 H 为 Hilbert 空间. 则 H 是自反的. 因此 H 的每个非空强闭有界凸子集 K 是弱紧的，且因此是它的极值点的强闭凸包.

证明　为证明自反性，必须证明自然嵌入 $J:H\to[H^*]^*$ 是映上的. 令 $\psi:H^*\to\mathbf{R}$ 为有界线性泛函. 令 $T:H\to[H]^*$ 为 Riesz-Fréchet 表示定理描述的同构. 则 $\psi\circ T:H\to\mathbf{R}$ 是有界线性算子的复合，故是有界的. Riesz-Fréchet 表示定理告诉我们存在向量 $h_0\in H$ 使得 $\psi\circ T=T(h_0)$. 因此，

$$对所有\ h\in H,\quad \psi(T(h))=T(h_0)[h]=T(h)[h_0]=J(h_0)[T(h)]$$

由于 $T(H)=H^*$，$\psi=J(h_0)$. 因此 H 是自反的. 我们从 Kakutani 定理与 Mazur 定理推出 H 的每个非空强闭有界凸子集 K 是弱紧的. 因此，根据 Krein-Milman 定理与 Mazur 定理的另外一个应用，这样的集合 K 是它的极值点的强闭凸包. ■

316

习题

16. 证明 ℓ^1，ℓ^∞，$L^1[a,b]$，$L^\infty[a,b]$都不是 Hilbert 空间.
17. 证明命题 7.
18. 令 H 为内积空间. 证明由于 H 是 Banach 空间 X 的稠密子集，X 的范数限制在由 H 上的内积诱导的范数，H 上的内积可延拓到 X 上且诱导了 X 上的范数. 因此内积空间有 Hilbert 空间完备化.

16.3　Bessel 不等式与规范正交基

在本节中，设 H 是内积空间.

定义　H 的子集 S 称为**正交的**，若 S 中的每两个向量是正交的. 若这样的集合还具有性质：S 中的每个向量是单位向量，则 S 称为**规范正交的**.

广义的 Pythagoreas 恒等式　若 u_1，u_2，…，u_k 是 H 的规范正交向量，而 α_1，…，α_n 是实数，则

$$\|\alpha_1 u_1 + \cdots + \alpha_n u_n\|^2 = |\alpha_1|^2 + \cdots + |\alpha_n|^2$$

该等式从展开以下等式

$$\|\alpha_1 u_1 + \cdots + \alpha_n u_n\|^2 = \langle \alpha_1 u_1 + \cdots + \alpha_n u_n, \alpha_1 u_1 + \cdots + \alpha_n u_n \rangle$$

的右边得到.

Bessel 不等式　对于 H 中的规范正交序列 $\{\varphi_k\}$ 与 H 中的向量 h，

$$\sum_{k=1}^{\infty} \langle \varphi_k, h \rangle^2 \leqslant \|h\|^2$$

为证明此不等式，固定一个自然数 n 且定义 $h_n = \sum_{k=1}^{n} <\varphi_k, h> \varphi_k$. 则根据广义的 Pythagoreas 恒等式，

$$0 \leqslant \|h - h_n\|^2 = \|h\|^2 - 2\langle h, h_n \rangle + \|h_n\|^2 = \|h\|^2 - 2\sum_{k=1}^{n} \langle h, \varphi_k \rangle \langle h, \varphi_k \rangle + \sum_{k=1}^{n} \langle h, \varphi_k \rangle^2$$

$$= \|h\|^2 - \sum_{k=1}^{n} \langle h, \varphi_k \rangle^2$$

因此

$$\sum_{k=1}^{n} \langle \varphi_k, h \rangle^2 \leqslant \|h\|^2$$

取 $n \to \infty$ 的极限得到 Bessel 不等式.

命题 9　令 $\{\varphi_k\}$ 为 Hilbert 空间 H 中的规范正交序列，而向量 h 属于 H. 则级数 $\sum_{k=1}^{\infty} \langle \varphi_k, h \rangle \varphi_k$ 在 H 中强收敛且向量 $h - \sum_{k=1}^{\infty} \langle \varphi_k, h \rangle \varphi_k$ 正交于每个 φ_k.

317

证明　对自然数 n，定义 $h_n = \sum_{k=1}^{n} \langle \varphi_k, h \rangle \varphi_k$. 根据广义的 Pythagoreas 恒等式，对每对自然数 n 与 k，

$$\|h_{n+k} - h_n\|^2 = \sum_{i=n+1}^{n+k} \langle \varphi_i, h \rangle^2$$

然而，根据 Bessel 不等式，级数 $\sum_{k=1}^{\infty} \langle \varphi_i, h \rangle^2$ 收敛，因此 $\{h_n\}$ 是 H 中的一个 Cauchy 列. 由于 H 是完备的，$\sum_{k=1}^{\infty} \langle \varphi_k, h \rangle \varphi_k$ 强收敛到向量 $h_* \in H$. 固定自然数 m. 观察到若 $n >$

m，则 $h-h_n$ 正交于 φ_m. 根据内积的连续性，$h-h_*$ 正交于 φ_m. ■

定义 Hilbert 空间 H 中的规范正交序列$\{\varphi_k\}$称为是**完全的**，若 H 中的向量仅有 $h=0$ 正交于每个 φ_k.

我们从推论 4 推出 Hilbert 空间 H 中的规范正交序列$\{\varphi_k\}$是完全的当且仅当$\{\varphi_k\}$的闭线性扩张是 H.

定义 Hilbert 空间 H 中的规范正交序列$\{\varphi_k\}$称为是 H 的**规范正交基**，若

$$\text{对所有 } h\in H,\quad h=\sum_{k=1}^{\infty}\langle\varphi_k,h\rangle\varphi_k \tag{10}$$

命题 10 Hilbert 空间 H 中的规范正交序列$\{\varphi_k\}$是完全的当且仅当它是规范正交基.

证明 首先假设$\{\varphi_k\}$是完全的. 根据前一个命题，$h-\sum_{k=1}^{\infty}\langle\varphi_k, h\rangle\varphi_k$ 正交于每个 φ_k. 因此，根据$\{\varphi_k\}$的完全性，(10)成立. 反之，假定(10)成立. 若 $h\in H$ 正交于所有 φ_k，则

$$h=\sum_{k=1}^{\infty}\langle\varphi_k,h\rangle\varphi_k=\sum_{k=1}^{\infty}0\cdot\varphi_k=0$$ ■

例子 由取值为 $1/\sqrt{2\pi}$ 的常数函数与函数$\{1/\sqrt{\pi}\cdot\sin kt,\ 1/\sqrt{\pi}\cdot\cos kt\}_{k=1}^{\infty}$组成的 $L^2[0, 2\pi]$中的函数的可数族是 Hilbert 空间 $L^2[0, 2\pi]$中的完全规范正交序列. 的确，我们从初等的三角恒等式推出该序列是规范正交的. 我们从 Stone-Weierstrass 定理推出该序列的线性扩张关于最大值范数在 Banach 空间 $C[a, b]$中是稠密的. 因此根据 $C[a, b]$在 $L^2[0, 2\pi]$中的稠密性，该序列的线性扩张在 $L^2[0, 2\pi]$中稠密.

若 Hilbert 空间 H 具有规范正交基$\{\varphi_k\}$，则由于这些 φ_k 的有限有理线性组合是 H 的可数稠密子集，H 必须是可分的. 事实证明可分性也是 Hilbert 空间具有规范正交基的充分条件.

定理 11 每个无穷维可分 Hilbert 空间具有规范正交基. 318

证明 令 $\mathcal{F}$为 H 的规范正交的子集族. 用包含关系将 $\mathcal{F}$排序. 对 $\mathcal{F}$的每个线性序子族，该子族中集合的并是这个子族的一个上界. 根据 Zorn 引理，我们可以选取 $\mathcal{F}$的最大子集 S_0. 由于 H 是可分的，S_0 是可数的. 令$\{\varphi_k\}_{k=1}^{\infty}$为 S_0 的列举. 若 $h\in H$，$h\neq 0$，则根据命题 9，$h-\sum_{k=1}^{\infty}\langle\varphi_k, h\rangle\varphi_k$ 正交于每个 φ_k. 因此 $h-\sum_{k=1}^{\infty}\langle\varphi_k, h\rangle\varphi_k=0$，否则 S_0 与 $h-\sum_{k=1}^{\infty}\langle\varphi_k, h\rangle\varphi_k$ 的规范化的并将是真包含 S_0 的规范正交集. 因此$\{\varphi_k\}_{k=1}^{\infty}$是 H 的规范正交基. ■

习题

19. 证明可分 Hilbert 空间 H 的规范正交子集必须是可数的.
20. 令$\{\varphi_k\}$为 Hilbert 空间 H 的规范正交序列. 证明$\{\varphi_k\}$在 H 中弱收敛到 0.
21. 令$\{\varphi_k\}$为可分 Hilbert 空间 H 的规范正交基. 证明在 H 中$\{u_k\}\rightharpoonup u$ 当且仅当$\{u_k\}$是有界的且对每个 k，$\lim\limits_{n\to\infty}\langle u_k, \varphi_k\rangle=\langle u, \varphi_k\rangle$.
22. 证明任何两个无穷维可分 Hilbert 空间是等距同构的且任何这样的同构保持内积.
23. 令 H 为 Hilbert 空间而 V 是 H 的闭可分子空间，使得$\{\varphi_k\}$是规范正交基. 证明 H 映上 V 的正交投影 P 由

$$\text{对所有 } h\in H,\quad P(h)=\sum_{k=1}^{\infty}\langle\varphi_k, h\rangle\varphi_k$$

给出.

24. (Parseval 等式)令$\{\varphi_k\}$为 Hilbert 空间 H 的规范正交基. 证明:

$$\text{对所有 } h\in H,\quad \|h\|^2=\sum_{k=1}^{\infty}\langle\varphi_k, h\rangle^2$$

也证明:

$$\text{对所有 } u,v\in H,\quad \langle u,v\rangle=\sum_{k=1}^{\infty}a_k\cdot b_k$$

其中对每个自然数 k，$a_k=\langle u, \varphi_k\rangle$而 $b_k=\langle v, \varphi_k\rangle$.

25. 证明关于 $L^2[0, 2\pi]$的规范正交基例子中的断言.
26. 用命题 10 与 Stone-Weierstrass 定理证明：对每个 $f\in L^2[-\pi, \pi]$，

$$f(x)=a_0/2+\sum_{k=1}^{\infty}[a_k\cdot\cos kx+b_k\cdot\sin kx]$$

其中收敛依据 $L^2[-\pi, \pi]$范数且每个

$$a_k=\frac{1}{\pi}\int_{-\pi}^{\pi}f(x)\cos kx\,\mathrm{d}x,\quad \text{而 } b_k=\frac{1}{\pi}\int_{-\pi}^{\pi}f(x)\sin kx\,\mathrm{d}x$$

319

16.4 线性算子的伴随与对称性

在本节中，H 始终表示 Hilbert 空间. 我们记 $\mathcal{L}(H, H)$为 $\mathcal{L}(H)$. 令 T 属于 $\mathcal{L}(H)$. 对于 H 中的固定向量 v，映射

$$u\mapsto\langle T(u),v\rangle,\quad u\in H$$

属于 H^*，由于它是线性的，且根据 Cauchy-Schwarz 不等式，有 $|\langle T(u), v\rangle|\leqslant c\cdot\|u\|$，其中 $c=\|T\|\cdot\|v\|$. 根据 Riesz-Fréchet 表示定理，存在唯一向量 $h\in H$ 使得对所有 $u\in H$，$\langle T(u), v\rangle=\langle h, u\rangle=\langle u, h\rangle$. 我们将此向量 h 记为 $T^*(v)$. 这定义了映射 $T^*: H\to H$，它由下面的关系式确定:

$$\text{对所有 } u,v\in H,\quad \langle T(u),v\rangle=\langle u,T^*(v)\rangle \tag{11}$$

我们称 T^* 为 T 的**伴随**.

命题 12　*令 H 为 Hilbert 空间. 若 T 属于 $\mathcal{L}(H)$，则 T^* 也如此，且 $\|T\|=\|T^*\|$.*

证明 显然 T^* 是线性的. 令 h 为 H 中的单位向量. 则根据 Cauchy-Schwarz 不等式,

$$\|T^*(h)\|^2 = \langle T^*(h), T^*(h)\rangle = \langle T(T^*(h)), h\rangle \leqslant \|T\| \|T^*(h)\|$$

因此 T^* 属于 $\mathcal{L}(H)$ 且 $\|T^*\| \leqslant \|T\|$. 但也观察到

$$\|T(h)\|^2 = \langle T(h), T(h)\rangle = \langle T^*(T(h)), h\rangle \leqslant \|T^*\| \|T(h)\|$$

因此 $\|T\| \leqslant \|T^*\|$. ■

我们把证明伴随的以下结构性质留作练习. 对 T, $S \in \mathcal{L}(H)$,

$$(T^*)^* = T, (T+S)^* = T^* + S^* \text{ 且} (T \circ S)^* = S^* \circ T^* \tag{12}$$

命题 13 令 H 为 Hilbert 空间. 假定 T 属于 $\mathcal{L}(H)$ 且有闭的象. 则

$$\operatorname{Im} T \oplus \ker T^* = H \tag{13}$$

证明 由于 $\operatorname{Im} T$ 是闭的, 根据定理 3 仅须证明 $\ker T^* = [\operatorname{Im} T]^{\perp}$. 而这是关系式(11)的一个直接推论.

我们称算子 $T \in \mathcal{L}(H)$ 是**可逆的**, 若它是一对一与映上的.

命题 14 令 H 为 Hilbert 空间. 假定 T 属于 $\mathcal{L}(H)$ 且存在 $c>0$ 使得[⊖]

$$\text{对所有 } h \in H, \quad \langle T(h), h\rangle \geqslant c \cdot \|h\|^2 \tag{14}$$

则 T 是可逆的.

320

证明 不等式(14)蕴涵 $\ker T = \{0\}$. 我们从(14)和 Cauchy-Schwarz 不等式推出

$$\text{对所有 } u, v \in H, \quad \|T(u) - T(v)\| \geqslant c\|u - v\|$$

我们宣称 T 有闭的象. 事实上, 令在 H 中强意义下 $\{T(h_n)\} \to h$. 则 $\{T(h_n)\}$ 是 Cauchy 的. 以上不等式蕴涵 $\{h_n\}$ 是 Cauchy 的. 但 H 是完备的, 因此存在向量 h_* 使得 $\{h_n\}$ 强收敛于它. 根据 T 的连续性, $T(h_*) = h$. 因此 $T(H)$ 是闭的. 我们也宣称 $\ker T^* = \{0\}$. 事实上, 根据(14)、内积的对称性以及伴随的定义,

$$\text{对所有 } h \in H, \quad \langle T^*(h), h\rangle = \langle T(h), h\rangle \geqslant c \cdot \|h\|^2$$

因此 $\ker T^* = \{0\}$. 我们从前一个命题推出 $T(H) = H$. ■

检查 Riesz-Fréchet 表示定理的证明发现没有用到内积的对称性. 该定理的以下重要推广在偏微分方程的研究中有很多应用.

定理 15(Lax-Milgram 引理) 令 H 为 Hilbert 空间. 假定函数 $B: H \times H \to \mathbf{R}$ 有下面三个性质:

(i) 对每个 $u \in H$, H 上的以下两个泛函是线性的: $v \mapsto B(u, v)$ 与 $v \mapsto B(v, u)$

(ii) 存在 $c_1 > 0$ 使得

$$\text{对所有 } u, v \in H, \quad |B(u, v)| \leqslant c_1 \cdot \|u\| \cdot \|v\|$$

(iii) 存在 $c_2 > 0$ 使得

⊖ 使得(14)成立的算子称为正定的.

$$\text{对所有 } h \in H, \quad B(h,h) \geqslant c_2 \cdot \|h\|^2$$

则对每个 $\psi \in H^*$，存在唯一的 $h \in H$ 使得

$$\text{对所有 } u \in H, \quad \psi(u) = B(h,u)$$

证明　令 $T: H \to H^*$ 为 Riesz-Fréchet 表示定理定义的同构，即对每个 $h \in H$，

$$T(h)[u] = \langle h, u \rangle \tag{15}$$

对每个 h，定义泛函 $S(h): H \to \mathbf{R}$ 为

$$\text{对所有 } u \in H, \quad S(h)[u] = B(h,u) \tag{16}$$

我们从假设(i)和(ii)推出每个 $S(h)$ 是 H 上的有界线性泛函．且算子 $S: H \to H^*$ 是线性与连续的．由于 T 是 H 映上 H^* 的同构，则证明 S 是 H 映上 H^* 的同构等价于证明算子 $T^{-1} \circ S \in \mathcal{L}(H)$ 是可逆的．然而，根据假设(iii)，

321

$$\text{对所有 } h \in H, \quad \langle (T^{-1} \circ S)(h), h \rangle = S(h)[h] = B(h,h) \geqslant c_2 \cdot \|h\|^2$$

前一个命题告诉我们 $T^{-1} \circ S \in \mathcal{L}(H)$ 是可逆的．■

定义　算子 $T \in \mathcal{L}(H)$ 称为是**对称的**或**自伴的**，若 $T = T^*$，即

$$\text{对所有 } u, v \in H, \quad \langle T(u), v \rangle = \langle u, T(v) \rangle$$

例子　令 $\{\varphi_k\}$ 为可分 Hilbert 空间 H 的规范正交基而 T 属于 $\mathcal{L}(H)$．则根据内积的连续性，T 是对称的当且仅当

$$\text{对所有 } 1 \leqslant i, j < \infty, \quad \langle T(\varphi_i), \varphi_j \rangle = \langle T(\varphi_j), \varphi_i \rangle$$

特别地，若 H 是欧氏空间 $\mathbf{R}^n$，则 T 是对称的当且仅当在规范正交基下表示 T 的 $n \times n$ 矩阵是对称矩阵．

对称算子 $T \in \mathcal{L}(H)$ 称为是**非负的**，写为 $T \geqslant 0$，若对所有 $h \in H$，$\langle T(h), h \rangle \geqslant 0$．此外，对两个对称算子 $A, B \in \mathcal{L}(H)$，我们写 $A \geqslant B$ 意味着 $A - B \geqslant 0$．非负对称算子的和是非负的与对称的．此外，

$$\text{若 } T \in \mathcal{L}(H) \text{ 是对称与非负的，则对任何 } S \in \mathcal{L}(H), S^* TS \text{ 也是如此} \tag{17}$$

这是由于对每个 $h \in H$，$\langle S^* TS(h), h \rangle = \langle TS(h), S(h) \rangle \geqslant 0$．在习题 37～43 中，我们将探讨对称算子中的这个序关系的一些有趣推论．

极化等式　对于对称算子 $T \in \mathcal{L}(H)$，

$$\text{对所有 } u, v \in H, \quad \langle T(u), v \rangle = \frac{1}{4}[\langle T(u+v), u+v \rangle - \langle T(u-v), u-v \rangle] \tag{18}$$

为证明这个等式，简单地将右边的两个内积展开即可．若我们把算子 $T \in \mathcal{L}(H)$ 与对所有 $u \in H$ 定义为 $Q_T(u) = \langle T(u), u \rangle$ 的**二次型** $Q_T: H \to \mathbf{R}$ 相联系，极化等式告诉我们 T 由 Q_T 完全确定．特别地，在 H 上 $T = 0$ 当且仅当在 H 上 $Q_T = 0$．事实上，以下更精确的结果成立．对 $T \in \mathcal{L}(H)$ 与 $\lambda \in \mathbf{R}$，记 $\lambda \mathrm{Id} - T$ 为 $\lambda - T$，其中恒等映射 $\mathrm{Id}: H \to H$ 定义为对所有 h，$\mathrm{Id}(h) = h$．

命题 16　令 H 为 Hilbert 空间而算子 $T \in \mathcal{L}(H)$ 是对称的．则

$$\|T\| = \sup_{\|u\|=1} |\langle Tu, u\rangle| \tag{19}$$

322

证明 记 $\sup_{\|u\|=1} |\langle T(u), u\rangle|$ 为 η. 若 $\eta=0$，我们从极化等式推出 $T=0$. 因此考虑 $\eta>0$ 的情形. 观察到，根据 Cauchy-Schwarz 不等式，对单位向量 $u\in H$，

$$|\langle T(u), u\rangle| \leqslant \|T(u)\| \|u\| \leqslant \|T\|$$

因此 $\eta\leqslant\|T\|$. 为证明反向的不等式，观察到对称算子 $\eta-T$ 与 $\eta+T$ 是非负的，因此根据(17)，算子

$$(\eta+T)^*(\eta-T)(\eta+T) = (\eta+T)(\eta-T)(\eta+T)$$

与

$$(\eta-T)^*(\eta+T)(\eta-T) = (\eta-T)(\eta+T)(\eta-T)$$

也是非负的，因此它们的和 $2\eta(\eta^2-T^2)$ 也如此. 由于 $2\eta>0$，η^2-T^2 是非负的，即

$$\text{对所有 } u\in H,\quad \|T(u)\|^2 = \langle T(u), T(u)\rangle = \langle T^2(u), u\rangle \leqslant \eta^2\langle u, u\rangle = \eta^2\|u\|^2$$

因此 $\|T\|\leqslant\eta$. ■

在线性算子 $T\in\mathcal{L}(H)$ 的研究中，一个一般的策略是将 H 表示为直和 $H_1\oplus H_2$，使得 $T(H_1)\subseteq H_1$ 且 $T(H_2)\subseteq H_2$. 在这种情况下我们说分解 $H=H_1\oplus H_2$ **约化**算子 T. 一般地，若 $T(H_1)\subseteq H_1$，我们不能推出 $T(H_2)\subseteq H_2$. 然而，对 H 上的对称算子与 H 的正交直和分解，我们有以下简单但非常有用的结果.

命题 17 令 H 为 Hilbert 空间. 假定算子 $T\in\mathcal{L}(H)$ 是对称的而 V 是 H 的子空间使得 $T(V)\subseteq V$. 则 $T(V^\perp)\subseteq V^\perp$.

证明 令 u 属于 $V^\perp$. 则对任何 $v\in V$，$\langle T(u), v\rangle=\langle u, T(v)\rangle$，而 $\langle u, T(v)\rangle=0$，由于 $T(V)\subseteq V$ 且 $u\in V^\perp$. 因此 $T(u)\in V^\perp$. ■

习题

27. 证明(12).
28. 令 T 和 S 属于 $\mathcal{L}(H)$ 且是对称的. 证明 $T=S$ 当且仅当 $Q_T=Q_S$.
29. 证明对称算子全体是 $\mathcal{L}(H)$ 的子空间. 也证明，若 S 和 T 是对称的，则它们的复合 $S\circ T$ 是对称的当且仅当 T 与 S 可交换，即 $S\circ T=T\circ S$.
30. (Hellinger-Toplitz)令 H 为 Hilbert 空间而线性算子 $T: H\to H$ 具有性质：对所有 $u, v\in H$，$\langle T(u), v\rangle=\langle u, T(v)\rangle$. 证明 T 属于 $\mathcal{L}(H)$.
31. 展示一个算子 $T\in\mathcal{L}(\mathbf{R}^2)$ 使得 $\|T\|>\sup_{\|u\|=1}|\langle T(u), u\rangle|$.
32. 令 $\mathcal{L}(H)$ 中的 T 和 S 是对称的. 假设 $S\geqslant T$ 且 $T\geqslant S$. 证明 $T=S$.
33. 令 V 为 Hilbert 空间的非平凡闭子空间，而 P 是 H 映上 V 的正交投影. 证明 $P=P^*$，$P\geqslant 0$，且 $\|P\|=1$.
34. 令 $P\in\mathcal{L}(H)$ 是投影. 证明 P 是 H 映上 $P(H)$ 的正交投影当且仅当 $P=P^*$.

323

35. 令 $\{\varphi_k\}$ 为 Hilbert 空间 H 的规范正交基且对每个自然数 n，定义 P_n 为 H 映上 $\{\varphi_1, \cdots, \varphi_n\}$ 的线性扩

张的正交投影．证明 P_n 是对称的且

$$对所有 n,\quad 0\leqslant P_n\leqslant P_{n+1}\leqslant \mathrm{Id}$$

证明在 H 上 $\{P_n\}$ 逐点收敛到 Id，但在单位球上不一致收敛．

36. 证明：若 $T\in\mathcal{L}(H)$ 是可逆的，$T^*\circ T$ 也如此从而 T^* 也如此．
37. （一般的 Cauchy-Schwarz 不等式）令 $T\in\mathcal{L}(H)$ 为对称与非负的．证明对所有 $u, v\in H$，
$$|\langle T(u),v\rangle|^2\leqslant\langle T(u),u\rangle\cdot\langle T(v),v\rangle$$
38. 用前一个习题证明：若 $S, T\in\mathcal{L}(H)$ 是对称的且 $S\geqslant T$，则对每个 $u\in H$，
$$\|S(u)-T(u)\|^4=\langle(S-T)(u),(S-T)(u)\rangle^2\leqslant|\langle(S-T)(u),u\rangle\|\langle(S-T)^2(u),(S-T)(u)\rangle|$$
因此得出
$$\|S(u)-T(u)\|^4\leqslant|\langle S(u),u\rangle-\langle T(u),u\rangle|\cdot\|S-T\|^3\cdot\|u\|^2$$
39. （关于对称算子的单调收敛定理）$\mathcal{L}(H)$ 中的对称算子序列 $\{T_n\}$ 称为是单调递增的，若对每个 n，$T_{n+1}\geqslant T_n$；称为是有上界的，若存在 $\mathcal{L}(H)$ 中的对称算子 S 使得对所有 n，$T_n\leqslant S$.
   (i) 用前一个习题证明 $\mathcal{L}(H)$ 中的单调递增的对称算子序列 $\{T_n\}$ 逐点收敛于 $\mathcal{L}(H)$ 中的对称算子当且仅当它有上界．
   (ii) 证明 $\mathcal{L}(H)$ 中的对称算子的单调递增序列 $\{T_n\}$ 有上界当且仅当它是逐点有界的，即对每个 $h\in H$，序列 $\{T_n(h)\}$ 是有界的．
40. 令 $S\in\mathcal{L}(H)$ 为非负对称算子使得 $0\leqslant S\leqslant \mathrm{Id}$．令 $T_1=1/2(\mathrm{Id}-S)$，而若 n 是自然数使得 $T_n\in\mathcal{L}(H)$ 被定义，定义 $T_{n+1}=1/2(\mathrm{Id}-S+T_n^2)$，如此定义 $\mathcal{L}(H)$ 中的算子序列 $\{T_n\}$.
   (i) 证明对每个自然数 n，T_n 与 $T_{n+1}-T_n$ 是具有非负系数的 $\mathrm{Id}-S$ 的多项式．
   (ii) 证明 $\{T_n\}$ 是对称算子的单调递增序列，它的上界为 Id.
   (iii) 用前一个习题证明 $\{T_n\}$ 逐点收敛于对称算子 T，使得 $0\leqslant T\leqslant \mathrm{Id}$ 且 $T=1/2(\mathrm{Id}-S+T^2)$.
   (iv) 定义 $A=(\mathrm{Id}-T)$．证明 $A^2=S$.
41. （非负对称算子的平方根）令 $T\in\mathcal{L}(H)$ 为非负对称算子．非负对称算子 $A\in\mathcal{L}(H)$ 称为是 T 的平方根，若 $A^2=T$．用前一个习题的归纳构造证明 T 有平方根 A，它与 $\mathcal{L}(H)$ 中每个与 T 可交换的算子可交换．证明平方根是唯一的：记为 $\sqrt{T}$．最后，证明 T 是可逆的当且仅当 $\sqrt{T}$ 是可逆的． 324
42. 可逆算子 $T\in\mathcal{L}(H)$ 称为是正交的，若 $T^{-1}=T^*$．证明可逆算子是正交的当且仅当它是一个等距．
43. （极分解）令 $T\in\mathcal{L}(H)$ 是可逆的．证明存在正交可逆算子 A 与非负对称可逆算子 B 使得 $T=B\circ A$.（提示：证明 T^*T 是可逆与对称的，且令 $B=\sqrt{T\circ T^*}$.）

16.5 紧算子

定义 算子 $T\in\mathcal{L}(H)$ 称为**紧的**，若 $T(B)$ 关于强拓扑有紧的闭包，其中 B 是 H 中的闭单位球．

任何算子 $T\in\mathcal{L}(H)$ 将有界集映到有界集．算子 $T\in\mathcal{L}(H)$ 是**有限秩的**，若它的象是有限维的．由于有限维空间的有界子集有紧闭包，每个有限秩算子是紧的．特别地，若 H 是有限维的，则 $\mathcal{L}(H)$ 中的每个算子是紧的．另一方面，根据 Riesz 定理（定理 11），若 H 是无穷维的，恒等算子 $\mathrm{Id}:H\to H$ 不是紧的．同理，若 H 是无穷维的，$\mathcal{L}(H)$ 中的可逆算子不是紧的．

在任何度量空间，集合的紧性与序列紧性是相同的. 此外，由于度量空间是紧的当且仅当它是完备与全有界的，完备度量空间的子集有紧闭包当且仅当它是全有界的. 我们因此有以下关于有界线性算子紧性的有用刻画.

命题 18 令 H 为 Hilbert 空间而 K 属于 $\mathcal{L}(H)$. 则以下断言等价：

(i) K 是紧的.

(ii) $K(B)$是全有界的，其中 B 是 H 中的闭单位球.

(iii) 若$\{h_n\}$是 H 中的有界序列，则$\{K(h_n)\}$有强收敛的子序列.

例子 令$\{\varphi_k\}$为可分 Hilbert 空间 H 的规范正交基，而$\{\lambda_k\}$是收敛于 0 的实数序列. 对 $h\in H$ 定义

$$T(h) = \sum_{k=1}^{\infty}\lambda_k\langle h,\varphi_k\rangle\varphi_k$$

我们从 Bessel 不等式与$\{\lambda_k\}$的有界性推出 T 属于 $\mathcal{L}(H)$且我们宣称 T 是紧的. 根据前一个命题，为证明 T 是紧的仅须证明 $T(B)$是全有界的. 令 $\varepsilon>0$. 选取 N 使得对 $k\geqslant N$，$|\lambda_k|<\varepsilon/2$. 定义 $T_N\in\mathcal{L}(H)$为

$$\text{对 } h\in H,\quad T(h) = \sum_{k=1}^{N}\lambda_k\langle h,\varphi_k\rangle\varphi_k$$

我们从 Bessel 不等式推出对 $h\in H$，$\|T(h)-T_N(h)\|<\varepsilon/2\|h\|$. 但 $T_N(B)$是有限维空间的有界子集，因此它是全有界的. 令 $\varepsilon>0$. 存在 $T_N(B)$的有限 $\varepsilon/2$ 网而对该网的每个球的半径加倍我们得到 $T(B)$的有限 ε 网. 325

线性算子 $T:H\to H$ 属于 $\mathcal{L}(H)$当且仅当它将弱收敛序列映到弱收敛序列(见习题 47).

命题 19 令 H 为 Hilbert 空间. 则 $\mathcal{L}(H)$中的算子 T 是紧的当且仅当它将弱收敛序列映到强收敛序列，即

$$\text{若}\{h_n\}\rightharpoonup h,\quad \text{则}\{T(h_n)\}\to T(h)$$

证明 根据前一个命题，算子是紧的当且仅当它将有界序列映到有强收敛子序列的序列. 首先假设 T 是紧的. 观察到对任何算子 $T\in\mathcal{L}(H)$，若$\{u_k\}\rightharpoonup u$，则$\{T(u_k)\}\rightharpoonup T(u)$，这是由于对每个 $v\in H$，

$$\lim_{k\to\infty}\langle T(u_k),v\rangle = \lim_{k\to\infty}\langle u_k,T^*(v)\rangle = \langle u,T^*(v)\rangle = \langle T(u),v\rangle$$

令$\{h_n\}\rightharpoonup h$. 根据 T 的紧性，$\{T(h_n)\}$的每个子序列有强收敛的子序列，根据先前的观察，它的强极限必须是 $T(h)$. 因此整个序列$\{T(h_n)\}$强收敛于 $T(h)$. 为证明反命题，假设 T 将弱收敛序列映到强收敛序列. 令$\{h_n\}$为有界序列. 定理 6 告诉我们$\{h_n\}$有弱收敛的子序列. 该弱收敛子序列的象强收敛. ■

Schauder 定理 Hilbert 空间上的紧线性算子有紧的伴随.

证明 令 $K\in\mathcal{L}(H)$是紧的. 根据前一个命题，仅须证明 K^* 将弱收敛序列映到强收敛

序列．令在 H 中 $\{h_n\} \rightharpoonup h$．对每个 n，

$$\|K^*(h_n)-K^*(h)\|^2=\langle KK^*(h_n)-KK^*(h), h_n-h\rangle \tag{20}$$

由于 K^* 是连续的，$\{K^*(h_n)\}$ 弱收敛于 $K^*(h)$．前一个命题告诉我们在 H 中强意义下 $\{KK^*(h_n)\}\to KK^*(h)$．因此，根据命题 7，

$$\lim_{K\to\infty}\langle KK^*(h_n)-KK^*(h), h_n-h\rangle=0$$

我们从(20)推出 $\{K^*(h_n)\}$ 强收敛于 $K^*(h)$．■

习题

44. 证明：若 H 是无穷维的而 $T\in\mathcal{L}(H)$ 是可逆的，则 T 不是紧的．

326

45. 证明命题 18．
46. 令 $\mathcal{K}(H)$ 表示 $\mathcal{L}(H)$ 中的紧算子集．证明 $\mathcal{K}(H)$ 是 $\mathcal{L}(H)$ 的线性子空间．此外，证明对 $K\in\mathcal{K}(H)$ 与 $T\in\mathcal{L}(H)$，$K\circ T$ 与 $T\circ K$ 都属于 $\mathcal{K}(H)$．
47. 证明线性算子 $T:H\to H$ 是连续的当且仅当它将弱收敛序列映到弱收敛序列．
48. 证明 $K\in\mathcal{L}(H)$ 是紧的当且仅当只要在 H 中，$\{u_n\}\rightharpoonup u$ 且 $\{v_n\}\rightharpoonup v$，就有 $<K(u_n), v_n>\to\langle K(u), v\rangle$．
49. 令 $\{P_n\}$ 为 $\mathcal{L}(H)$ 中的正交投影序列，具有性质：对自然数 n 与 m，$P_n(H)$ 和 $P_m(H)$ 是 H 的正交有限维子空间．令 $\{\lambda_n\}$ 为实数的有界序列．证明：
$$K=\sum_{n=1}^{\infty}\lambda_n\cdot P_n$$
是恰当定义的 $\mathcal{L}(H)$ 中的对称算子，它是紧的当且仅当 $\{\lambda_n\}$ 收敛到 0．
50. X 是 Banach 空间，定义算子 $T\in\mathcal{L}(X)$ 为紧的，若 $T(B)$ 有紧闭包．证明对一般的 Banach 空间命题 18 成立，而对自反的 Banach 空间命题 19 成立．

16.6　Hilbert-Schmidt 定理

非零向量 $u\in H$ 称为是算子 $T\in\mathcal{L}(H)$ 的**特征向量**，若存在某个 $\lambda\in\mathbf{R}$ 使得 $T(u)=\lambda u$．我们称 λ 为 T 的与特征向量 u 相应的**特征值**．线性代数的中心是以下断言：若 H 是有限维 Hilbert 空间而 $T\in\mathcal{L}(H)$ 是对称的，则存在由 T 的特征向量组成的 H 的规范正交基，即若 H 的维数是 n，存在 H 的规范正交基 $\{\varphi_1, \cdots, \varphi_n\}$ 以及数 $\{\lambda_1, \cdots, \lambda_n\}$ 使得对 $1\leqslant k\leqslant n$，$T(\varphi_k)=\lambda_k\varphi_k$．因此，

$$\text{对所有 } h\in H,\quad T(h)=\sum_{k=1}^{n}\lambda_k<h,\quad \varphi_k>\varphi_k \tag{21}$$

当然，在缺乏对称性的情况下，有限维空间上的一个有界线性算子，可能没有任何特征向量．正如以下例子表明的，甚至无穷维 Hilbert 空间上的对称算子可以没有任何特征向量．

例子　定义 $T\in\mathcal{L}(L^2[a, b])$ 为 $[T(f)](x)=xf(x)$，$f\in L^2[a, b]$．对 u，$v\in L^2[a, b]$，

$$\langle T(u), v\rangle = \int_a^b xu(x)v(x)\mathrm{d}x = \langle u, T(v)\rangle$$

因此 T 是对称的，且人们容易检验它没有特征向量.

我们将对称算子 $T\in\mathcal{L}(H)$ 与对所有 $h\in H$ 定义为 $Q_T(h)=\langle T(h), h\rangle$ 的二次型 Q_T: $H\to\mathbf{R}$ 相联系.

定义 T 的 Raleigh 商 $R_T: H\sim\{0\}\to\mathbf{R}$ 为

327

$$\text{对所有 } h\in H\sim\{0\},\quad R_T(h)=\frac{\langle T(h), h\rangle}{\langle h, h\rangle}$$

是有用的.

观察到二次型 Q_T 在单位球面 $S=\{h\in H \mid \|h\|=1\}$ 上的最大值点 h_* 是 Raleigh 商 R_T 在 $H\sim\{0\}$ 上的最大值点.

Hilbert-Schmidt 引理 令 H 为 Hilbert 空间而 $T\in\mathcal{L}(H)$ 是紧与对称的. 则 T 有特征值 λ 使得

$$|\lambda| = \|T\| = \sup_{\|h\|=1} |\langle T(h), h\rangle| \tag{22}$$

证明 若在 H 上 $T=0$，则 H 中的每个非零向量是 T 的具有特征值 $\lambda=0$ 的特征向量. 因此考虑 $T\neq 0$ 的情形. 命题 16 告诉我们，

$$\|T\| = \sup_{\|h\|=1} |\langle T(h), h\rangle|$$

通过用 $-T$ 代替 T 我们可以假定 $\|T\| = \sup\limits_{\|h\|=1}\langle T(h), h\rangle$. 记 $\sup\limits_{\|h\|=1}\langle T(h), h\rangle$ 为 η. 令 $S=\{h\in H \mid \|h\|=1\}$ 为 H 的单位球面.

令 $\{h_k\}$ 为单位向量序列使得 $\lim\limits_{k\to\infty}\langle T(h_k), h_k\rangle=\eta$. 根据定理 6，通过可能地过渡到子序列，我们可以假定 $\{h_k\}$ 弱收敛到 h_*. 我们有 $\|h_*\|\leqslant \liminf\|h_n\|=1$，根据命题 19，由于 T 是紧的，$\{T(h_n)\}$ 强收敛到 $T(h_*)$. 因此，根据命题 7，

$$\lim_{k\to\infty}\langle T(h_k), h_k\rangle = \langle T(h_*), h_*\rangle$$

因此 $\eta=\langle T(h_*), h_*\rangle$. 现在 $h_*\neq 0$，这是由于 $\eta\neq 0$. 此外，h_* 必须是单位向量. 否则 $0<\|h_*\|<1$，在这种情形二次型 Q_T 在 $h_*/\|h_*\|\in S$ 取到大于 η 的值，这与 η 是 Q_T 在 S 上的上界矛盾. 因此 $h_*\in S$ 且对所有 $h\in S$，$Q_T(h)\leqslant Q_T(h_*)$. 因此对 T 的 Raleigh 商 R_T，我们有

$$\text{对所有 } h\in H\sim\{0\},\quad R_T(h)\leqslant R_T(h_*)$$

令 h_0 为 H 中的任何向量. 观察到对 $t\in\mathbf{R}$ 定义为 $f(t)=R_T(h_*+th_0)$ 的函数 f: $\mathbf{R}\to\mathbf{R}$ 在 $t=0$ 有最大值，因此 $f'(0)=0$. 直接计算给出

$$0 = f'(0) = \frac{\langle T(h_0), h_*\rangle + \langle T(h_*), h_0\rangle}{\|h_*\|^2} - \langle T(h_*), h_*\rangle\frac{\langle h_*, h_0\rangle + \langle h_0, h_*\rangle}{\|h_*\|^4}$$

但 T 是对称的，h_* 是单位向量，且 $\eta=\langle T(h_*), h_*\rangle$，因此，

$$\langle T(h_*) - \eta h_*, h_0\rangle = 0$$

由于这对所有 $h_0\in H$ 成立，$T(h_*)=\eta h_*$. ■

328

Hilbert-Schmidt 定理 令 H 为 Hilbert 空间. 假定 $K\in\mathcal{L}(H)$是紧对称算子且不是有限秩的. 则存在$[\ker K]^{\perp}$的规范正交基$\{\psi_k\}$以及非零实数列$\{\lambda_k\}$使得$\lim\limits_{k\to\infty}\lambda_k=0$，且对每个 k，$K(\psi_k)=\lambda_k\psi_k$. 因此，

$$\text{对所有 } h\in H,\quad K(h)=\sum_{k=1}^{\infty}\lambda_k<h,\quad \psi_k>\psi_k \tag{23}$$

证明 令 S 为 H 的单位球面. 根据 Hilbert-Schmidt 引理，我们可以选取向量 $\psi_1\in S$ 与 $\mu_1\in\mathbf{R}$ 使得

$$K(\psi_1)=\mu_1\psi_1 \text{ 且 } |\mu_1|=\sup_{h\in S}|\langle K(h),h\rangle|$$

由于 $K\neq 0$，我们从命题 16 推出 $\mu_1\neq 0$. 定义 $H_1=[\mathrm{span}\{\psi_1\}]^{\perp}$. 由于 $K(\mathrm{span}\{\psi_1\})\subseteq \mathrm{span}\{\psi_1\}$，从命题 17 得出 $K(H_1)\subseteq H_1$. 因此，若我们定义 K_1 为 K 在 H_1 上的限制，则 $K_1\in\mathcal{L}(H_1)$是紧与对称的. 我们再次用 Hilbert-Schmidt 引理选取向量 $\psi_2\in S\cap H_1$ 与 $\mu_2\in\mathbf{R}$ 使得

$$K(\psi_2)=\mu_2\psi_2 \text{ 且 } |\mu_2|=\sup\{\langle K(h),h\rangle \mid h\in S\cap H_1\}$$

观察到$|\mu_2|\leqslant|\mu_1|$. 此外，由于 K 没有有限秩，我们再次用命题 16 得出 $\mu_2\neq 0$. 我们归纳地选取 H 中的正交的单位向量序列$\{\psi_k\}$以及非零实数序列$\{\mu_k\}$，使得对每个指标 k，

$$K(\psi_k)=\mu_k\psi_k \text{ 且 } |\mu_k|=\sup\{|\langle K(h),h\rangle| \mid h\in S\cap[\mathrm{span}\{\psi_1,\cdots,\psi_{k-1}\}]^{\perp}\} \tag{24}$$

观察到$\{|\mu_k|\}$是递减的. 我们宣称$\{\mu_k\}\to 0$. 否则，由于该序列是递减的，存在某个 $\varepsilon>0$ 使得对所有 k，$|\mu_k|\geqslant\varepsilon$. 因此，对自然数 m 和 n，由于 ψ_n 正交于 ψ_m，

$$\|K(\psi_n)-K(\psi_m)\|^2=\mu_n^2\|\psi_n\|^2+\mu_m^2\|\psi_m\|^2\geqslant 2\varepsilon^2$$

因此$\{K(\psi_k)\}$没有强收敛的子序列，这与算子 K 的紧性矛盾. 因此$\{\mu_k\}\to 0$. 定义 H_0 为$\{\psi_k\}_{k=1}^{\infty}$的闭线性扩张. 则根据命题 10，$\{\psi_k\}_{k=1}^{\infty}$是 H_0 的规范正交基. 由于 $K(H_0)\subseteq H_0$，从命题 17 得出 $K(H_0^{\perp})\subseteq H_0^{\perp}$. 但观察到若 $h\in H_0^{\perp}$ 是单位向量，则对每个 k，$h\in S\cap[\mathrm{span}\{\psi_1,\cdots,\psi_{k-1}\}]^{\perp}$，因此$|\langle K(h),h\rangle|\leqslant|\mu_k|$. 由于$\{\mu_k\}\to 0$，$\langle K(h),h\rangle=0$，因此在 $H_0^{\perp}$ 上 $Q_T=0$，根据极化等式，$\ker K=H_0^{\perp}$. 因此 $H_0=[\ker K]^{\perp}$. ■

在对称算子 $T\in\mathcal{L}(H)$有有限秩的情形，定义 H_0 为 T 的象. 则 $\ker T=H_0^{\perp}$. 上面的证明得到了由 T 的特征向量组成的 H_0 的规范正交基，因此重新得到本节开头提到的线性代数的基本结果.

329

习题

51. 令 H 为 Hilbert 空间而 $T\in\mathcal{L}(H)$为紧与对称的算子. 定义

$$\alpha=\inf_{\|h\|=1}\langle T(h),h\rangle \text{ 与 } \beta=\sup_{\|h\|=1}\langle T(h),h\rangle$$

证明：若 $\alpha<0$，则 α 是 T 的特征值；而若 $\beta>0$，则 β 是 T 的特征值. 给出 $\alpha=0$ 然而 α 不是 T 的特征值的例子，即 T 是一对一的.

52. 令 H 为 Hilbert 空间而 $K\in\mathcal{L}(H)$为紧与对称的. 假定

$$\sup_{\|h\|=1} \langle K(h), h\rangle = \beta > 0$$

令$\{h_n\}$为单位向量序列使得 $\lim_{n\to\infty}\langle K(h_n), h_n\rangle=\beta$. 证明$\{h_n\}$的一个子序列强收敛到 T 的对应于特征值 β 的特征向量.

16.7 Riesz-Schauder 定理：Fredholm 算子的刻画

Banach 空间 X 的子空间 X_0 称为是在 X 有**有限余维的**，若它在 X 有有限维的线性补，即存在 X 的有限维子空间 X_1 使得 $X=X_0\oplus X_1$. X_0 的余维，记为 $\operatorname{codim}X_0$，恰当地定义为 X_0 的线性补的维数；所有线性补有同样的维数(见习题 66). 线性代数的基石是断言：若 X 是有限维线性空间而 $T:X\to X$ 是线性的，则 T 的秩与 T 的零空间的维数的和等于 X 的维数，即若 $\dim X=n$,

$$\dim \operatorname{Im}T + \dim \ker T = n$$

因此，由于 $\operatorname{codim} \operatorname{Im} T=n-\dim \operatorname{Im}T$,

$$\dim \ker T = \operatorname{codim} \operatorname{Im} T \tag{25}$$

本节我们的主要目标是证明：若 H 是 Hilbert 空间，而算子 $T\in\mathcal{L}(H)$是恒等算子的紧扰动，则 T 有使得(25)成立的有限维的核与有限余维的象.

命题 20 令 H 为 Hilbert 空间而 $K\in\mathcal{L}(H)$是紧的，则 $\mathrm{Id}+K$ 有有限维的核与闭的象.

证明 假定 $\ker(\mathrm{Id}+K)$是无穷维的. 我们从命题 11 推出，存在包含于 $\ker(\mathrm{Id}+K)$的单位向量的正交序列$\{u_k\}$. 由于若 $m\neq n$，$\|K(u_n)-K(u_m)\|=\|u_n-u_m\|=\sqrt{2}$，序列$\{K(u_n)\}$没有收敛的子序列. 这与算子 K 的紧性矛盾. 因此 $\dim[\ker(\mathrm{Id}+K)]<\infty$. 令 $H_0=[\ker(\mathrm{Id}+K)]^{\perp}$. 我们宣称存在 $c>0$ 使得

$$\text{对所有 } u\in H_0,\quad \|u+K(u)\|\geqslant c\|u\| \tag{26}$$

事实上，若不存在这样的 c，则选取 H_0 中的单位向量序列$\{u_n\}$，使得在 H 中强意义下$\{u_n+K(u_n)\}\to 0$. 由于 K 是紧的，若必要的话过渡到子序列，我们可以假定在强意义下$\{K(u_n)\}\to h_0$. 因此在强意义下$\{u_n\}\to -h_0$. 根据 K 的连续性，$h_0+K(h_0)=0$. 因此，由于 H_0 是闭的，h_0 是既属于$[\ker(\mathrm{Id}+K)]^{\perp}$又属于 $\ker(\mathrm{Id}+K)$的单位向量. 这个矛盾证明了使得(26)成立的 c 的存在性. 我们从(26)与 H_0 的完备性推出$(\mathrm{Id}+K)(H_0)$是闭的. 由于$(\mathrm{Id}+K)(H_0)=(\mathrm{Id}+K)(H)$，$\operatorname{Im}(\mathrm{Id}+K)$是闭的. ■

330

定义 令$\{\varphi_n\}$为可分 Hilbert 空间 H 的**规范正交基**. 对每个 n，定义 $P_n\in\mathcal{L}(H)$为

$$\text{对所有 } h\in H,\quad P_n(h)=\sum_{k=1}^{n}\langle\varphi_k, h\rangle\varphi_k$$

我们称$\{P_n\}$为由$\{\varphi_n\}$诱导的**正交投影序列**.

对由规范正交基$\{\varphi_n\}$诱导的正交投影序列$\{P_n\}$，每个 P_n 是从 H 到 $\operatorname{span}\{\varphi_1, \cdots, \varphi_n\}$的正交投影，因此$\|P_n\|=1$. 此外，根据规范正交基的定义，在 H 上逐点地$\{P_n\}\to\mathrm{Id}$. 因此，对任何 $T\in\mathcal{L}(H)$，$\{P_n\circ T\}$是在 H 上逐点收敛于 T 的有限秩算子序列.

命题 21　令$\{P_n\}$为可分 Hilbert 空间的规范正交基$\{\varphi_n\}$诱导的正交投影序列．则算子$T\in\mathcal{L}(H)$是紧的当且仅当在$\mathcal{L}(H)$中$\{P_n\circ T\}\to T$．

证明　首先假设在$\mathcal{L}(H)$中$\{P_n\circ T\}\to T$．对每个自然数n，$P_n\circ T$有有限维的象，因此$(P_n\circ T)(B)$是全有界的，其中B是H的单位球．由于$\{P_n\circ T\}\to T\in\mathcal{L}(H)$，在$B$上$\{P_n\circ T\}$一致收敛于$T$．因此$T(B)$也是全有界的．我们从命题 18 推出算子$T$是紧的．为证明逆命题，假设$T$是紧的．则集合$\overline{T(B)}$关于强拓扑是紧的．对每个自然数$n$，定义$\psi_n:\overline{T(B)}\to\mathbf{R}$为

$$\text{对所有 } h\in\overline{T(B)},\quad \psi_n(h)=\|P_n(h)-h\|$$

由于每个P_n范数为 1，实值函数序列$\{\psi_n:\overline{T(B)}\to\mathbf{R}\}$是等度连续的、有界的，且在紧集$\overline{T(B)}$上逐点收敛到 0．我们从 Arzelà-Ascoli 定理推出$\{\psi_n:\overline{T(B)}\to\mathbf{R}\}$一致收敛到 0．这正好意味着在$\mathcal{L}(H)$中$\{P_n\circ T\}\to T$．■

命题 22　令H为 Hilbert 空间而$K\in\mathcal{L}(H)$是紧的．若$\mathrm{Id}+K$是一对一的，则它是映上的．

证明　我们把证明存在H的闭可分子空间H_0使得$K(H_0)\subseteq H_0$且在$H_0^{\perp}$上$K=0$留作练习（习题 53），通过用H_0代替H我们可以假定H是可分的．由于$\mathrm{Id}+K$是一对一的，我们看到$\ker(\mathrm{Id}+K)^{\perp}=H$．利用这个事实，如同我们在命题 20 的证明中所做的那样，我们可证明存在$c>0$使得

331

$$\text{对所有 } h\in H,\quad \|h+K(h)\|\geqslant c\|h\| \tag{27}$$

根据定理 11，H有规范正交基$\{\varphi_n\}$．令$\{P_n\}$为由$\{\varphi_n\}$诱导的正交投影序列．对每个自然数n，令H_n为$\{\varphi_1, \cdots, \varphi_n\}$的线性扩张．由于算子$K$是紧的，根据前一个命题，在$\mathcal{L}(H)$中$\{P_n\circ K\}\to K$．选取自然数$N$使得对所有$n\geqslant N$，$\|P_n\circ K\text{-}K\|<c/2$．我们从(27)推出

$$\text{对所有 } u\in H \text{ 与所有 } n\geqslant N,\quad \|u+P_n\circ K(u)\|\geqslant c/2\|u\| \tag{28}$$

为证明$(\mathrm{Id}+K)(H)=H$，令h_*属于H．令$n\geqslant N$．从(28)得出$\mathrm{Id}+P_n\circ K$在H_n上的限制是一对一线性算子．它将有限维空间H_n映到其自身．有限维空间上的一对一线性算子是映上的．因此该限制将H_n映上H_n．因此，存在向量$u_n\in H_n$使得

$$u_n+(P_n\circ K)(u_n)=P_n(h_*) \tag{29}$$

该等式两边取关于$v\in H$的内积且用投影P_n的对称性得出

$$\text{对所有 } n\geqslant N, v\in H,\quad \langle u_n+K(u_n), P_n(v)\rangle=\langle h_*, P_n(v)\rangle \tag{30}$$

我们从(29)与估计式(28)推出

$$\text{对所有 } n\geqslant N,\quad \|h_*\|\geqslant\|P_n(h_*)\|=\|u_n+(P_n\circ K)u_n\|\geqslant c/2\|u_n\|$$

因此序列$\{u_n\}$是有界的．定理 6 告诉我们存在弱收敛于$u\in H$的子序列$\{u_{n_k}\}$．因此$\{u_{n_k}+K(u_{n_k})\}$弱收敛于$u+K(u)$．在(30)取$k\to\infty$的极限，由命题 7 得出

$$\text{对所有 } v\in H,\quad \langle u+K(u), v\rangle=\langle h_*, v\rangle$$

因此$u+K(u)=h_*$．因此$(\mathrm{Id}+K)(H)=H$．■

Riesz-Schauder 定理　令 H 为 Hilbert 空间而 $K\in\mathcal{L}(H)$ 是紧的. 则 $\mathrm{Im}(\mathrm{Id}+K)$ 是闭的且

$$\dim\ker(\mathrm{Id}+K)=\dim\ker(\mathrm{Id}+K^*)<\infty \tag{31}$$

特别地，$\mathrm{Id}+K$ 是一对一的当且仅当它是映上的.

证明　根据命题 20，恒等算子的紧扰动有有限维的核与闭的象. 我们将证明

$$\dim\ker(\mathrm{Id}+K)\geqslant\dim\ker(\mathrm{Id}+K^*) \tag{32}$$

一旦这得到证明，我们用 K^* 代替 K 且观察到 $(K^*)^*=K$，以及关于 K^* 的紧性的 Schauder 定理，得到反向的不等式. 我们用反证法证明(32). 若不是这样，$\dim\ker(\mathrm{Id}+K)<\dim\ker(\mathrm{Id}+K^*)$. 令 P 为 H 映上 $\ker(\mathrm{Id}+K)$ 的正交投影，而 A 是 $\ker(\mathrm{Id}+K)$ 到 $\ker(\mathrm{Id}+K^*)$ 的一对一但不是映上的线性映射. 定义 $K'=K+A\circ P$. 由于 $\mathrm{Id}+K$ 有闭的象，命题 3 告诉我们，

[332]

$$H=\mathrm{Im}(\mathrm{Id}+K)\oplus\ker(\mathrm{Id}+K^*)$$

因此 $\mathrm{Id}+K'$ 是一对一但不是映上的. 另一方面，由于 $A\circ P$ 是有限秩的，它是紧的，因此 K' 也如此. 这两个断言与前一个命题矛盾. 因此(32)得证. 由于 $\mathrm{Id}+K$ 有闭的象，我们从(14)与(32)推出 $\mathrm{Id}+K$ 是一对一的当且仅当它是映上的. ■

推论 23(Fredholm 择一定理)　令 H 为 Hilbert 空间，$K\in\mathcal{L}(H)$ 是紧的而 μ 是非零实数. 则以下结论恰有一个成立：

(i) 方程

$$\mu h-K(h)=0, h\in H$$

有非零解.

(ii) 对每个 $h_0\in H$，方程

$$\mu h-K(h)=h_0, h\in H$$

有唯一解.

定义　令 H 为 Hilbert 空间而 T 属于 $\mathcal{L}(H)$. 则 T 称为是 **Fredholm 的**，若 T 的核是有限维的且 T 的象有有限余维. 对这样的算子，它的指标 $\mathrm{ind}\ T$ 定义为

$$\mathrm{ind}\ T=\dim\ker T-\mathrm{codim}\ \mathrm{Im}\ T$$

在 Riesz-Schauder 定理的证明中，我们首先证明 $\mathrm{Im}\ T$ 是闭的且用此以及(13)来证明 $\mathrm{Im}\ T$ 有等于 $\dim\ker T^*$ 的有限余维. 然而，第 13 章的定理 12 告诉我们，若 H 是 Hilbert 空间而算子 $T\in\mathcal{L}(H)$ 有有限余维的象，则它的象是闭的. 因此每个 Fredholm 算子有闭的象，又一次由(13)，$\mathrm{codim}\ \mathrm{Im}\ T=\dim\ker T^*$.

我们说算子 T 是可逆的，若它是一对一与映上的. 开映射定理告诉我们，可逆算子的逆是连续的，所以可逆算子是一个同构.

定理 24　令 H 为 Hilbert 空间而 T 属于 $\mathcal{L}(H)$. 则 T 是指标为 0 的 Fredholm 算子当且仅当 $T=S+K$，其中 $S\in\mathcal{L}(H)$ 是可逆的而 $K\in\mathcal{L}(H)$ 是紧的.

证明 首先假设 T 是指标为 0 的 Fredholm 算子. 由于 $\text{Im}\,T$ 是闭的，命题 13 告诉我们，

$$H = \text{Im}\,T \oplus \ker T^* \tag{33}$$

由于 $\dim\ker T = \dim\ker T^* < \infty$，我们可以选取将 $\ker T$ 映上 $\ker T^*$ 的一对一算子 A. 令 P 为 H 映上 $\ker T$ 的正交投影算子. 定义 $K = A \circ P \in \mathcal{L}(H)$ 与 $S = T - K$. 则 $T = S + K$. 算子 K 是紧的，由于它是有限秩的，而根据(33)与 P 和 A 的选取，算子 S 是可逆的. 因此 T 是可逆算子的紧扰动.

333

为证明逆命题，假定 $T = S + K$，其中 $S \in \mathcal{L}(H)$ 是可逆的而 $K \in \mathcal{L}(H)$ 是紧的. 观察到

$$T = S \circ [\text{Id} + S^{-1} \circ K] \tag{34}$$

由于 S^{-1} 是连续的且 K 是紧的，$S^{-1} \circ K$ 是紧的. Riesz-Schauder 定理告诉我们 $\text{Id} + S^{-1} \circ K$ 是指标为 0 的 Fredholm 算子. Fredholm 算子与可逆算子的复合也是指标为 0 的 Fredholm 算子(见习题 55). 我们因此从(34)推出 T 是指标为 0 的 Fredholm 算子. ■

我们把下面推论的证明留作练习.

推论 25 令 H 为 Hilbert 空间，而 T 与 S 是 $\mathcal{L}(H)$ 中指标为 0 的 Fredholm 算子. 则复合 $S \circ T$ 也是指标为 0 的 Fredholm 算子.

注 Riesz-Schauder 定理和定理 24 对一般的 Banach 空间上的算子也成立，其中紧线性算子定义为将单位球映到有强紧闭包的集合的算子[㊀]. 然而，证明的一般方法十分不同. 命题 22 的证明要点在于用有限秩的线性算子逼近 $\mathcal{L}(H)$ 中的紧线性算子. Per Enflo 已证明了可分的 Banach 空间上存在不能被有限秩线性算子在 $\mathcal{L}(H)$ 中逼近的线性紧算子[㊁].

习题

53. 令 $K \in \mathcal{L}(H)$ 为紧算子. 证明 $T = K^* K$ 是紧与对称的. 接着用 Hilbert-Schmidt 定理证明：存在 H 的规范正交序列 $\{\varphi_k\}$ 使得对所有 k，$T(\lambda_k \varphi_k) = \lambda_k \varphi_k$，且若 h 正交于 $\{\varphi_k\}_{k=0}^{\infty}$，则 $T(h) = 0$. 得出若 h 正交于 $\{\varphi_k\}_{k=0}^{\infty}$，则
$$\|K(h)\|^2 = \langle K(h), K(h)\rangle = \langle T(h), h\rangle = 0$$
定义 H_0 为 $\{K^m(\varphi_k) \mid m \geqslant 0,\ k \geqslant 1\}$ 的闭线性扩张. 证明 H_0 是闭与可分的，$K(H_0) \subseteq H_0$ 且在 $H_0^{\perp}$ 上 $K = 0$.
54. 令 $K(H)$ 表示 $\mathcal{L}(H)$ 中的紧算子集. 证明 $K(H)$ 是 $\mathcal{L}(H)$ 的闭子空间，它有有限秩算子集作为它的稠密子空间. $K(H)$ 是 $\mathcal{L}(H)$ 的开子集吗？
55. 证明指标为 0 的 Fredholm 算子与可逆算子以两种次序的复合也是指标为 0 的 Fredholm 算子.
56. 证明两个指标为 0 的 Fredholm 算子的复合是指标为 0 的 Fredholm 算子.
57. 证明算子 $T \in \mathcal{L}(H)$ 是指标为 0 的 Fredholm 算子当且仅当它是可逆算子通过有限秩算子的扰动.
58. 用以下方法证明 $\mathcal{L}(H)$ 中的可逆算子全体是 $\mathcal{L}(H)$ 的开子集.

㊀ 见 Peter Lax 的《Functional Analysis》(Lax02)的第 21 章.

㊁ A counterexample to the approximation problem in Banach spaces, *Acta Mathematica*, 130, 1973.

(i) 对满足$\|A\|<1$的$A\in\mathcal{L}(H)$，用$\mathcal{L}(H)$的完备性证明 Neumann 级数$\sum_{n=0}^{\infty}A^n$收敛于$\mathcal{L}(H)$中的算子，该算子是$\mathrm{Id}-A$的逆.

(ii) 对可逆算子$S\in\mathcal{L}(H)$，证明对任何$T\in\mathcal{L}(H)$，$T=S[\mathrm{Id}+S^{-1}(T-S)]$.

(iii) 用(i)和(ii)证明：若$S\in\mathcal{L}(H)$是可逆的，则任何满足$\|S-T\|<1/\|S^{-1}\|$的$T\in\mathcal{L}(H)$也是可逆的.

334

59. 证明指标为 0 的 Fredholm 算子的集合是$\mathcal{L}(H)$的开子集.

60. 用在命题 22 的证明中的正交逼近序列方法给出当H是可分的情形时命题 14 的另一个证明.

61. 对$T\in\mathcal{L}(H)$，假定对所有$h\in H$，$\langle T(h), h\rangle\geqslant\|h\|^2$. 假设$K\in\mathcal{L}(H)$是紧的而$T+K$是一对一的. 证明$T+K$是映上的.

62. 令$K\in\mathcal{L}(H)$是紧的而$\mu\in\mathbf{R}$且$|\mu|>\|K\|$. 证明$\mu-K$是可逆的.

63. 令$S\in\mathcal{L}(H)$满足$\|S\|<1$，$K\in\mathcal{L}(H)$是紧的且$(\mathrm{Id}+S+K)(H)=H$. 证明$\mathrm{Id}+S+K$是一对一的.

64. 令$\mathcal{GL}(H)$表示$\mathcal{L}(H)$中的可逆算子集.

(i) 证明在算子的复合运算下，$\mathcal{GL}(H)$是一个群：它称为H的一般线性群.

(ii) $\mathcal{GL}(H)$中的算子T称为是正交的，若$T^*=T^{-1}$. 证明正交算子集是$\mathcal{GL}(H)$的一个子群：称之为正交群.

65. 令H为 Hilbert 空间，$T\in\mathcal{GL}(H)$是指标为 0 的 Fredholm 算子，而$K\in\mathcal{L}(H)$是紧的. 证明$T+K$是指标为 0 的 Fredholm 算子.

335 ~ 336

66. 令X_0为 Banach 空间X的有限余维子空间. 证明X_0在X中的所有有限维线性补有相同的维数.

第三部分 *Part 3*

测度与积分：一般理论

第 17 章　一般测度空间：性质与构造

本章的第一个目标是抽象出没有任何拓扑的实直线上的 Lebesgue 测度的最重要性质. 通过给出 Lebesgue 测度满足的某些公理，将我们的理论建立在这些公理的基础上. 因此我们的理论适用于每个满足这些给定公理的系统.

为了证明实直线上的 Lebesgue 测度是 σ 代数上的可数可加的集函数，我们仅用了最为初等的集论概念. 通过赋予每个有界区间长度，我们定义了原始的集函数. 将此集函数延拓为对实数的每个子集有定义的外测度集函数后，我们区分出可测集族. 我们证明可测集是 σ 代数. 外测度在其上的限制是一个测度. 我们称此为 Lebesgue 测度的 Carathéodory 构造法. 本章的第二个目标是证明对一般的抽象集合 X，Carathéodory 构造法是可行的. 事实上，我们证明任何定义在 X 的子集族 $\mathcal{S}$ 上的非负集函数 μ 诱导出一个外测度 μ^*. 关于该外测度我们能够确定可测集的 σ 代数 $\mathcal{M}$. μ^* 在 $\mathcal{M}$ 上的限制是一个测度，我们称它为由 μ 诱导的 Carathéodory 测度. 我们以 Carathéodory-Hahn 定理的证明结束本章，该定理告诉我们在非常一般的条件下由集函数 μ 诱导的 Carathéodory 测度是 μ 的一个延拓.

17.1　测度与可测集

回忆一个集合 X 的子集的 σ 代数是 X 的一个子集族，它包含空集且对 X 的补以及可数并封闭，根据 De Morgan 等式，它关于交也是封闭的. 谈到集函数 μ 我们指的是赋予某些集一个扩充的实数的函数.

337
~
338

定义　谈到**可测空间**$(X, \mathcal{M})$，我们指的是由集合 X 与 X 的子集的 σ 代数 $\mathcal{M}$ 组成的一对$(X, \mathcal{M})$. 若 X 的子集 E 属于 $\mathcal{M}$，则 E 称为**可测的**(或关于 $\mathcal{M}$ 可测).

定义　谈到可测空间$(X, \mathcal{M})$上的**测度**，我们指的是扩充实值非负函数 $\mu: \mathcal{M} \to [0, \infty]$，使得 $\mu(\emptyset)=0$ 且在以下意义下是**可数可加的**：对任何可测集的可数不交族$\{E_k\}_{k=1}^{\infty}$，

$$\mu\left(\bigcup_{k=1}^{\infty} E_k\right) = \sum_{k=1}^{\infty} \mu(E_k)$$

谈到**测度空间**$(X, \mathcal{M}, \mu)$，我们指的是可测空间$(X, \mathcal{M})$以及定义在 $\mathcal{M}$ 上的测度 μ.

测度空间的一个例子是$(\mathbf{R}, \mathcal{L}, m)$，其中 $\mathbf{R}$ 是实数集，$\mathcal{L}$ 是实数的 Lebesgue 可测集族，m 是 Lebesgue 测度. 测度空间的第二个例子是$(\mathbf{R}, \mathcal{B}, m)$，其中 $\mathcal{B}$ 是实数的 Borel 集族，而 m 仍然是 Lebesgue 测度. 对任何集合 X，我们定义 $\mathcal{M}=2^X$，即 X 的所有子集组成的族. 通过定义有限集的测度为该集中元素的个数而无穷集的测度为∞，定义了测度 η. 我们称 η 为 X 上的**计数测度**. 对任何 X 的子集的任何 σ 代数 $\mathcal{M}$ 和属于 X 的点 x_0，集中在

x_0 的 **Dirac 测度**，记为δ_{x_0}，赋予 $\mathcal{M}$ 中包含 x_0 的集测度为 1 而不包含 x_0 的集测度为 0：这定义了 Dirac 测度空间$(X, \mathcal{M}, \delta_{x_0})$. 以下是有点奇特的例子：令 X 为任何不可数集，而 $\mathcal{C}$ 是 X 的那些或者是可数集或者是可数集的补集的子集构成的族. 则 $\mathcal{C}$ 是 σ 代数且通过对 X 的每个可数子集 A 设 $\mu(A)=0$ 而对 X 的每个补集是可数的子集 B 设 $\mu(B)=1$，我们定义了 $\mathcal{C}$ 上的测度. 则$(X, \mathcal{C}, \mu)$是一个测度空间.

观察到以下性质是有用的. 对任何测度空间$(X, \mathcal{M}, \mu)$，若 X_0 属于 $\mathcal{M}$，则$(X_0, \mathcal{M}_0, \mu_0)$也是一个测度空间，其中 $\mathcal{M}_0$ 是 $\mathcal{M}$ 的包含于 X_0 的子集族而 μ_0 是 μ 在 $\mathcal{M}_0$ 上的限制.

命题 1　令$(X, \mathcal{M}, \mu)$为测度空间.

(有限可加性)对于可测集的任何有限不交族$\{E_k\}_{k=1}^{\infty}$，

$$\mu\left(\bigcup_{k=1}^{n} E_k\right) = \sum_{k=1}^{n}\mu(E_k)$$

(单调性)若 A 和 B 是可测集且 $A\subseteq B$，则

$$\mu(A) \leqslant \mu(B)$$

(分割性)此外，若 $A\subseteq B$ 且 $\mu(A)<\infty$，则

$$\mu(B \sim A) = \mu(B) - \mu(A)$$

因此，若 $\mu(A)=0$，则

$$\mu(B \sim A) = \mu(B)$$

(可数单调性)对任何覆盖可测集 E 的可测集族$\{E_k\}_{k=1}^{\infty}$，

339

$$\mu(E) \leqslant \sum_{k=1}^{\infty}\mu(E_K)$$

证明　通过对 $k>n$ 设 $E_k=\varnothing$，使得 $\mu(E_k)=0$，有限可加性从可数可加性得到. 根据有限可加性，

$$\mu(B) = \mu(A) + \mu(B \sim A)$$

立即推出单调性与分割性. 为证明可数单调性，定义 $G_1=E_1$ 且对所有 $k\geqslant 2$，定义 $G_k=E_k\sim\left[\bigcup_{i=1}^{k-1} E_i\right]$.

观察到

$$\{G_k\}_{k=1}^{\infty} \text{ 是不交的，} \bigcup_{k=1}^{\infty} G_k = \bigcup_{k=1}^{\infty} E_k \text{，且对所有 } k, G_k \subseteq E_k$$

从 μ 的单调性与可数可加性我们推出

$$\mu(E) \leqslant \left(\bigcup_{k=1}^{\infty} E_k\right) = \mu\left(\bigcup_{k=1}^{\infty} G_k\right) = \sum_{k=1}^{\infty}\mu(G_k) \leqslant \sum_{k=1}^{\infty}\mu(E_k)$$ ■

可数单调性是可数可加性与单调性的混合，它频繁地被援引，故我们单独对它命名.

集合序列$\{E_k\}_{k=1}^{\infty}$称为上升的，若对每个 k，$E_k\subseteq E_{k+1}$；称为下降的，若对每个 k，$E_{k+1}\subseteq E_k$.

命题 2(测度的连续性) 令$(X, \mathcal{M}, \mu)$为测度空间.

(i) 若$\{A_k\}_{k=1}^{\infty}$是上升的可测集序列，则

$$\mu\left(\bigcup_{k=1}^{\infty} A_k\right) = \lim_{k\to\infty}\mu(A_k) \tag{1}$$

(ii) 若$\{B_k\}_{k=1}^{\infty}$是满足$\mu(B_1)<\infty$的下降的可测集序列，则

$$\mu\left(\bigcap_{k=1}^{\infty} B_k\right) = \lim_{k\to\infty}\mu(B_k) \tag{2}$$

测度的连续性的证明与实直线上的 Lebesgue 测度的连续性的证明逐字相同，见 2.5 节定理 15.

对于一个测度空间$(X, \mathcal{M}, \mu)$和X的一个可测子集E，我们说一个性质在E上**几乎处处**成立或对E中的**几乎所有**x成立，若它在$E\sim E_0$上成立，其中E_0是E的可测子集且$\mu(E_0)=0$.

340

Borel-Cantelli 引理 令$(X, \mathcal{M}, \mu)$为测度空间而$\{E_k\}_{k=1}^{\infty}$是满足$\sum_{k=1}^{\infty}\mu(E_k)<\infty$的可数可测集族. 则$X$中的几乎所有$x$属于至多有限个$E_k$.

证明 对每个n，根据μ的可数单调性，$\mu\left(\bigcup_{k=n}^{\infty}E_k\right)\leqslant\sum_{k=n}^{\infty}\mu(E_k)$. 因此根据$\mu$的连续性，

$$\mu\left(\bigcap_{n=1}^{\infty}\left[\bigcup_{k=n}^{\infty}E_k\right]\right) = \lim_{n\to\infty}\mu\left(\bigcup_{k=n}^{\infty}E_k\right) \leqslant \lim_{n\to\infty}\sum_{k=n}^{\infty}\mu(E_k) = 0$$

观察到$\bigcap_{n=1}^{\infty}\left[\bigcup_{k=n}^{\infty}E_k\right]$是$X$中属于无穷多个$E_k$的点集. ■

定义 令$(X, \mathcal{M}, \mu)$为测度空间. 测度μ称为**有限的**，若$\mu(X)<\infty$. 它称为**σ有限的**，若X是可数个有限测度集的并. 可测集E称为具有**有限测度**，若$\mu(E)<\infty$；称为是**σ有限的**，若E是可测集的可数族的并，其中该族的每个集合有有限测度.

考虑到σ有限的准则，由有限测度集组成的可数覆盖可取为不交的. 事实上，若$\{X_k\}_{k=1}^{\infty}$是这样一个覆盖，对$k\geqslant 2$，用$X_k\sim\bigcup_{j=1}^{k-1}X_j$代替每个$X_k$得到了由有限测度集组成的不交覆盖. $[0, 1]$上的 Lebesgue 测度是有限测度的一个例子，而$(-\infty, \infty)$上的 Lebesgue 测度是σ有限测度的一个例子. 不可数集上的计数测度不是σ有限的.

实直线上的 Lebesgue 测度的熟悉性质以及一元实变量的函数的 Lebesgue 积分对任意σ有限测度成立. 抽象测度论的许多处理中限定为σ有限测度. 然而，一般理论的许多部分不要求σ有限的假设，看起来在这个不必要的限制上建立理论不令人满意.

定义 测度空间$(X, \mathcal{M}, \mu)$称为**完备的**，若$\mathcal{M}$包含所有测度为零的子集，即若E属

于 $\mathcal{M}$ 且 $\mu(E)=0$，则 E 的每个子集也属于 $\mathcal{M}$.

我们证明了实直线上的 Lebesgue 测度是完备的. 此外，我们也证明了 Cantor 集，作为一个 Lebesgue 测度为零的 Borel 集，包含不是 Borel 集的子集，见 2.7 节命题 22. 因此限定在 Borel 集的 σ 代数的实直线上的 Lebesgue 测度不是完备的. 以下命题的证明留给读者(习题 9)，它告诉我们每个测度空间可以完备化. 该命题中描述的测度空间$(X, \mathcal{M}_0, \mu_0)$称为$(X, \mathcal{M}, \mu)$的**完备化**.

命题 3 令$(X, \mathcal{M}, \mu)$为测度空间. 定义 $\mathcal{M}_0$ 为 X 的形如 $E=A\cup B$ 的子集族，其中 $B\in\mathcal{M}$，$A\subseteq C$，这里 $C\in\mathcal{M}$，且满足 $\mu(C)=0$. 对这样的集 E 定义 $\mu_0(E)=\mu(B)$. 则 $\mathcal{M}_0$ 是包含 $\mathcal{M}$ 的 σ 代数，μ_0 是 μ 的延拓，而$(X, \mathcal{M}_0, \mu_0)$是完备测度空间.

341

习题

1. 令 f 为 $\mathbf{R}$ 上的非负 Lebesgue 可测函数，对 $\mathbf{R}$ 的每个 Lebesgue 可测子集 E，定义 $\mu(E)=\int_E f$ 为 f 在 E 上的 Lebesgue 积分. 证明 μ 是 $\mathbf{R}$ 的 Lebesgue 可测子集的 σ 代数上的测度.
2. 令 $\mathcal{M}$ 是 X 的子集的 σ 代数，而集函数 $\mu:\mathcal{M}\to[0,\infty)$是有限可加的. 证明 μ 是测度当且仅当只要 $\{A_k\}_{k=1}^{\infty}$是上升的序列就有
$$\mu\left(\bigcup_{k=1}^{\infty}A_k\right)=\lim_{k\to\infty}\mu(A_k)$$
3. 令 $\mathcal{M}$ 为集合 X 的子集的 σ 代数. 对 $\mathcal{M}$ 中集合的递减序列，叙述与证明前一个习题的相应结论.
4. 令$\{(X_\lambda, \mathcal{M}_\lambda, \mu_\lambda)\}_{\lambda\in\Lambda}$为由集合 Λ 参数化的测度空间族. 假设集族$\{X_\lambda\}_{\lambda\in\Lambda}$是不交的. 我们可以构建新的测度空间$(X, \mathcal{B}, \mu)$(称为$\{(X_\lambda, \mathcal{M}_\lambda, \mu_\lambda)\}_{\lambda\in\Lambda}$的并)，方法是：令 $X=\bigcup_{\lambda\in\Lambda}X_\lambda$，$\mathcal{B}$ 为 X 的子集 B 构成的族，满足对每个 $\lambda\in\Lambda$，$B\cap X_\lambda\in\mathcal{M}_\lambda$，且对 $B\in\mathcal{B}$ 定义$\mu(B)=\sum_{\lambda\in\Lambda}\mu_\lambda[B\cap X_\lambda]$.
   (i) 证明 $\mathcal{B}$ 是 σ 代数.
   (ii) 证明 μ 是 σ 测度.
   (iii) 证明 μ 是 σ 有限的当且仅当除可数个测度 μ_λ 外，有 $\mu(X_\lambda)=0$ 且其余测度是 σ 有限的.
5. 令$(X, \mathcal{M}, \mu)$为测度空间. X 的两个子集 E_1 和 E_2 的对称差 $E_1\Delta E_2$ 定义为
$$E_1\Delta E_2=[E_1\sim E_2]\cup[E_2\sim E_1]$$
   (i) 证明：若 E_1 和 E_2 是可测的且 $\mu(E_1\Delta E_2)=0$，则 $\mu(E_1)=\mu(E_2)$.
   (ii) 证明：若 μ 是完备的且 $E_1\in\mathcal{M}$，则 $E_2\in\mathcal{M}$，若 $\mu(E_1\Delta E_2)=0$.
6. 令$(X, \mathcal{M}, \mu)$为测度空间，X_0 属于 $\mathcal{M}$. 定义 $\mathcal{M}_0$ 为 $\mathcal{M}$ 中 X_0 的子集族，而 μ_0 为 μ 在 $\mathcal{M}_0$ 上的限制. 证明$(X_0, \mathcal{M}_0, \mu_0)$是测度空间.
7. 令$(X, \mathcal{M})$为可测空间. 证明：
   (i) 若 μ 和 ν 是定义在 $\mathcal{M}$ 上的测度，则 $\mathcal{M}$ 上定义为 $\lambda(E)=\mu(E)+\nu(E)$的集函数 λ 也是一个测度. 我们记 λ 为 $\mu+\nu$.
   (ii) 若 μ 和 ν 是定义在 $\mathcal{M}$ 上的测度且 $\mu\geqslant\nu$，则存在 $\mathcal{M}$ 上的测度 λ 使得 $\mu=\nu+\lambda$.
   (iii) 若 ν 是 σ 有限的，则(ii)中的测度 λ 是唯一的.
   (iv) λ 一般不唯一但总存在最小的 λ.

342

8. 令$(X, \mathcal{M}, \mu)$为测度空间. 测度μ称为是**半有限的**，若每个具有无穷测度的可测集包含任意大的有限测度的可测集.
   (i) 证明每个σ有限测度是半有限的.
   (ii) 对$E\in\mathcal{M}$，定义$\mu_1(E)=\sup\{\mu(F)\mid F\subseteq E, \mu(F)<\infty\}$. 证明$\mu_1$是半有限测度：它称为$\mu$的半有限部分.
   (iii) 找到$\mathcal{M}$上的测度μ_2，它仅取0与∞值且$\mu=\mu_1+\mu_2$.
9. 证明命题3，即证明$\mathcal{M}_0$是σ代数，μ_0是恰当定义的，而$(X, \mathcal{M}_0, \mu_0)$是完备的. 在什么意义下$\mathcal{M}_0$是最小的？
10. 若$(X, \mathcal{M}, \mu)$是测度空间，我们说X的子集E是**局部可测的**，若对每个满足$\mu(B)<\infty$的$B\in\mathcal{M}$，交$E\cap B$属于$\mathcal{M}$. 测度μ称为**饱和的**，若每个局部可测集是可测的.
    (i) 证明每个σ有限测度是饱和的.
    (ii) 证明局部可测集族$\mathcal{C}$是σ代数.
    (iii) 令$(X, \mathcal{M}, \mu)$为测度空间而$\mathcal{C}$是局部可测集的σ代数. 对$E\in\mathcal{C}$，定义$\overline{\mu}(E)=\mu(E)$，若$E\in\mathcal{M}$；而$\overline{\mu}(E)=\infty$，若$E\notin\mathcal{M}$. 证明$(X, \mathcal{C}, \overline{\mu})$是饱和的测度空间.
    (iv) 若μ是半有限的且$E\in\mathcal{C}$，设$\underline{\mu}(E)=\sup\{\mu(B)\mid B\in\mathcal{M}, B\subseteq E\}$. 证明$(X, \mathcal{C}, \underline{\mu})$是饱和的测度空间而$\underline{\mu}$是$\mu$的延拓. 给出一个例子说明$\overline{\mu}$和$\underline{\mu}$可以不同.
11. 令μ和η为可测空间$(X, \mathcal{M})$上的测度. 对$E\in\mathcal{M}$，定义$\nu(E)=\max\{\mu(E), \eta(E)\}$. ν是$(X, \mathcal{M})$上的测度吗？

17.2　带号测度：Hahn 与 Jordan 分解

观察到若μ_1和μ_2是定义在同一个可测空间$(X, \mathcal{M})$上的测度，则对正数α和β，通过对$\mathcal{M}$中所有E设

$$\mu_3(E)=\alpha\cdot\mu_1(E)+\beta\cdot\mu_2(E)$$

我们可以定义X上的新的测度μ_3. 事实证明，考虑测度的线性组合但系数可以是负的是重要的. 若我们试图定义$\mathcal{M}$上的集函数ν为对$\mathcal{M}$中所有E，

$$\nu(E)=\mu_1(E)-\mu_2(E)$$

会发生什么呢？

第一件可能发生的事情是ν不总是非负. 此外，$\nu(E)$甚至对使得$\mu_1(E)=\mu_2(E)=\infty$的$E\in\mathcal{M}$没有定义. 有了这些考虑我们给出以下定义.

定义　谈到可测空间$(X, \mathcal{M})$上的**带号测度**ν，我们指的是具有以下性质的扩充实值集函数$\nu: \mathcal{M}\to[-\infty, \infty]$：

(i) ν至多取到$+\infty$，$-\infty$中的一个值.

(ii) $\nu(\emptyset)=0$.

343

(iii) 对任何不交可测集的可数族$\{E_k\}_{k=1}^{\infty}$，

$$\nu\Big(\bigcup_{k=1}^{\infty}E_k\Big)=\sum_{k=1}^{\infty}\nu(E_k)$$

其中若$\nu\left(\bigcup_{k=1}^{\infty}E_k\right)$是有限的，级数$\sum_{k=1}^{\infty}\nu(E_k)$绝对收敛.

测度是带号测度的特殊情形. 不难看出两个测度的差是一个带号测度. 事实上，接下来的 Jordan 分解定理将告诉我们，每个带号测度就是两个这样的测度的差.

令ν为带号测度. 我们说一个集合A是**正的**(关于ν)，若A是可测的且对A的每个可测子集E有$\nu(E)\geqslant 0$. ν在正集的可测子集上的限制是一个测度. 类似地，称一个集合B是**负**的(关于ν)，若B是可测的且B的每个可测子集E有非正的ν测度. $-\nu$在负集的可测子集上的限制也是一个测度. 可测子集称为是关于ν的**零集**，若它的每个可测子集的ν测度为零. 读者必须仔细区分零集与测度为零的集合：每个零集的测度必须为零，测度为零的集合可以是两个集合的并，它们的测度不为零但互为相反数. 根据测度的单调性，一个集合关于某个测度是零当且仅当它的测度为零. 由于一个带号测度ν不取$+\infty$和$-\infty$值，对可测集A和B，

$$\text{若 } A\subseteq B \text{ 且 } |\nu(B)|<\infty, \quad \text{则 } |\nu(A)|<\infty. \tag{3}$$

命题 4　令ν为可测空间$(X,\mathcal{M})$上的带号测度. 则正集的每个可测子集的测度是正的且可数个正集的并的测度是正的.

证明　由正集的定义可知第一个陈述平凡成立. 为证明第二个陈述，令A为正集的可数族$\{A_k\}_{k=1}^{\infty}$的并. 令E为A的可测子集. 定义$E_1=E\cap A_1$. 对于$k\geqslant 2$，定义

$$E_k=[E\cap A_k]\sim[A_1\cup\cdots\cup A_{k-1}]$$

则每个E_k是正集A_k的可测子集，因此$\nu(E_k)\geqslant 0$. 由于E是可数不交集族$\{E_k\}_{k=1}^{\infty}$的并，

$$\nu(E)=\sum_{k=1}^{\infty}v(E_k)\geqslant 0$$

因此A是一个正集. ■

Hahn 引理　令ν为可测空间$(X,\mathcal{M})$上的带号测度，而E是满足$0<\nu(E)<\infty$的可测集. 则存在E的正的且有正测度的可测子集A.　[344]

证明　若E本身是正集，则引理得证. 否则，E包含负测度集. 令m_1为使得存在测度小于$-1/m_1$的可测集的最小自然数. 选取可测集$E_1\subseteq E$使得$\nu(E_1)<-1/m_1$. 令n为自然数，其中满足以下条件的自然数m_1，…，m_n与可测集E_1，…，E_n已被选取：对于$1\leqslant k\leqslant n$，m_k是使得$E\sim\bigcup_{j=1}^{k-1}E_j$存在测度小于$-1/m_k$的可测子集的最小自然数，而$E_k$是$\left[E\sim\bigcup_{j=1}^{k-1}E_j\right]$的满足$\nu(E_k)<-1/m_k$的子集.

若该选取过程结束，则完成证明. 否则，定义

$$A=E\sim\bigcup_{k=1}^{\infty}E_k, \quad \text{使得 } E=A\cup\left[\bigcup_{k=1}^{\infty}E_k\right]\text{是 } E \text{ 的一个不交分解}$$

由于$\bigcup_{k=1}^{\infty} E_k$是$E$的可测子集且$|\nu(E)|<\infty$，由(3)和$\nu$的可数可加性，

$$-\infty<\nu\left(\bigcup_{k=1}^{\infty} E_k\right)=\sum_{k=1}^{\infty}\nu(E_k)\leqslant\sum_{k=1}^{\infty}-1/m_k$$

因此$\lim_{k\to\infty} m_k=\infty$．我们宣称$A$是一个正集．事实上，若$B$是$A$的可测子集，则对每个$k$，

$$B\subseteq A\subseteq E\sim\left[\bigcup_{j=1}^{k-1} E_j\right]$$

由m_k的最小选取，$\nu(B)\geqslant-1/(m_k-1)$．由于$\lim_{k\to\infty} m_k=\infty$，有$\nu(B)\geqslant0$．因此$A$是一个正集．剩下来仅须证明$\nu(A)>0$．这可从$\nu$的有限可加性得出，因为$\nu(E)>0$且$\nu(E\sim A)=\nu\left(\bigcup_{k=1}^{\infty} E_k\right)=\sum_{k=1}^{\infty}\nu(E_k)<0$． ■

Hahn 分解定理　令ν为可测空间$(X,\mathcal{M})$上的带号测度．则存在关于ν的正集A和关于ν的负集B，使得

$$X=A\cup B\text{ 且 }A\cap B=\varnothing$$

证明　不失一般性，我们假设$+\infty$是ν取不到的无穷值．令$\mathcal{P}$为X的正子集族且定义$\lambda=\sup\{\nu(E)\mid E\in\mathcal{P}\}$．则$\lambda\geqslant0$，因为$\mathcal{P}$包含空集．令$\{A_k\}_{k=1}^{\infty}$为正集的可数族使得$\lambda=\lim_{k\to\infty}\nu(A_k)$．定义$A=\bigcup_{k=1}^{\infty} A_k$，根据命题 4，集合$A$是一个正集，因而$\lambda\geqslant\nu(A)$．另一方面，对每个$k$，$A\sim A_k\subseteq A$，因而$\nu(A\sim A_k)\geqslant0$．因此，

$$\nu(A)=\nu(A_k)+\nu(A\sim A_k)\geqslant\nu(A_k)$$

于是$\nu(A)\geqslant\lambda$．因此$\nu(A)=\lambda$且$\lambda<\infty$由于ν取不到∞值．

令$B=X\sim A$．我们用反证法证明B是负的．假设B不是负的．则存在B的具有正测度的子集E，根据 Hahn 引理，B的子集E_0既是正的又有正的测度．则$A\cup E_0$是正集且

345

$$\nu(A\cup E_0)=\nu(A)+\nu(E_0)>\lambda$$

这与λ的选取矛盾． ■

将X分解为两个不交集合A和B的并，其中A关于ν是正的，而B是负的，称为关于ν的 **Hahn 分解**．前一个定理告诉我们对每个带号测度的 Hahn 分解的存在性．这样的分解可以不唯一．的确，若$\{A,B\}$是关于ν的 Hahn 分解，则通过从A中去掉一个零集E且将它移到B上，我们得到另一个 Hahn 分解$\{A\sim E,B\cup E\}$．

若$\{A,B\}$是关于ν的 Hahn 分解，通过设

$$\nu^{+}(E)=\nu(E\cap A)\text{ 与 }\nu^{-}(E)=\nu(E\cap B)$$

我们定义了两个测度ν^{+}和ν^{-}．它们满足$\nu=\nu^{+}-\nu^{-}$．$(X,\mathcal{M})$上的两个测度ν_1和ν_2称为**相互奇异的**(记为$\nu_1\perp\nu_2$)，若存在不交可测集A和B使得$X=A\cup B$，$\nu_1(A)=\nu_2(B)=0$．上面定义的测度ν^{+}和ν^{-}是相互奇异的．因此我们已证明了以下命题的存在性部分．唯一性部分的证明留给读者(见习题 13)．

Jordan 分解定理　令 ν 为可测空间 $(X, \mathcal{M})$ 上的带号测度. 则 $(X, \mathcal{M})$ 上存在两个相互奇异的测度 ν^+ 和 ν^- 满足 $\nu=\nu^+-\nu^-$. 此外，仅存在一对这样的相互奇异的测度.

该定理给出的带号测度 ν 的分解称为 ν 的 **Jordan 分解**. 测度 ν^+ 和 ν^- 分别称为 ν 的正部(变差)与负部(变差). 由于 ν 至多取到值 $+\infty$ 和 $-\infty$ 中的一个，ν^+ 或 ν^- 必须是有限的. 若它们都是有限的，我们称 ν 为有限带号测度. $\mathcal{M}$ 上的测度 $|\nu|$ 定义为对所有 $E\in\mathcal{M}$，$|\nu|(E)=\nu^+(E)+\nu^-(E)$.

我们把以下等式的证明留给读者作为练习.

$$|\nu|(X)=\sup\sum_{k=1}^{n}|\nu(E_k)| \tag{4}$$

其中上确界对 X 的可测子集的所有有限不交族 $\{E_k\}_{k=1}^n$ 取，因此 $|\nu|(X)$ 称为 ν 的**全变差**，记为 $\|\nu\|_{\text{var}}$.

例子　令 $f:\mathbf{R}\to\mathbf{R}$ 为 $\mathbf{R}$ 上的 Lebesgue 可积函数. 对于 Lebesgue 可测集 E，定义 $\nu(E)=\int_E f\,\mathrm{d}m$. 我们从积分的可数可加性(4.5 节定理 20)推出，ν 是可测空间 $(\mathbf{R}, \mathcal{L})$ 上的带号测度. 定义 $A=\{x\in\mathbf{R}\mid f(x)\geqslant 0\}$ 和 $B=\{x\in\mathbf{R}\mid f(x)<0\}$，且对 Lebesgue 可测集 E，定义

346

$$\nu^+(E)=\int_{A\cap E}f\,\mathrm{d}m \text{ 与 } \nu^-(E)=-\int_{B\cap E}f\,\mathrm{d}m$$

则 $\{A, B\}$ 是 $\mathbf{R}$ 关于带号测度 ν 的 Hahn 分解. 此外，$\nu=\nu^+-\nu^-$ 是 ν 的 Jordan 分解.

习题

12. 在上面的例子中，令 E 为满足 $0<\nu(E)<\infty$ 的 Lebesgue 可测集. 找到包含于 E 的正集 A 使得 $\nu(A)>0$.
13. 令 μ 为测度而 μ_1 和 μ_2 是测度空间 (X, μ) 上使得 $\mu=\mu_1-\mu_2$ 的相互奇异的测度. 证明 $\mu_2=0$. 用此证明 Jordan 分解定理的唯一性断言.
14. 证明：若 E 是任何可测集，则
$$-\nu^-(E)\leqslant\nu(E)\leqslant\nu^+(E) \text{ 且 } |\nu(E)|\leqslant|\nu|(E)$$
15. 证明：若 ν_1 和 ν_2 是任何两个有限带号测度，则 $\alpha\nu_1+\beta\nu_2$ 也是如此，其中 α 和 β 是实数. 证明
$$|\alpha\nu|=|\alpha||\nu| \text{ 且 } |\nu_1+\nu_2|\leqslant|\nu_1|+|\nu_2|$$
其中 $\nu\leqslant\mu$ 意味着对所有可测集 E，$\nu(E)\leqslant\mu(E)$.
16. 证明(4).
17. 令 μ 和 ν 为有限带号测度. 定义 $\mu\wedge\nu=\frac{1}{2}(\mu+\nu-|\mu-\nu|)$ 与 $\mu\vee\nu=\mu+\nu-\mu\wedge\nu$.
    (i) 证明带号测度 $\mu\wedge\nu$ 比 μ 和 ν 小但比任何小于 μ 和 ν 的其他带号测度大.
    (ii) 证明带号测度 $\mu\vee\nu$ 大于 μ 和 ν 但小于任何大于 μ 和 ν 的其他测度.
    (iii) 若 μ 和 ν 是正测度，证明它们相互奇异当且仅当 $\mu\wedge\nu=0$.

17.3 外测度诱导的 Carathéodory 测度

我们现在定义外测度与集合关于外测度的可测性的一般概念，且证明构造实直线上的 Lebesgue 测度的 Carathéodory 策略一般是可行的.

定义 定义在集合 X 的子集族 $\mathcal{S}$ 上的集函数 $\mu:\mathcal{S}\to[0,\infty]$ 称为**可数单调的**，只要集合 $E\in\mathcal{S}$ 被 $\mathcal{S}$ 中的集合的可数族 $\{E_k\}_{k=1}^{\infty}$ 覆盖，则

$$\mu(E)\leqslant\sum_{k=1}^{\infty}\mu(E_k)$$

347

如同我们已观察到的，测度的单调性和可数可加性告诉我们测度是可数单调的. 若可数单调集函数 $\mu:\mathcal{S}\to[0,\infty]$ 具有性质 $\varnothing$ 属于 $\mathcal{S}$ 且 $\mu(\varnothing)=0$，则 μ 在以下意义下是有限单调的：只要 $E\in\mathcal{S}$ 被 $\mathcal{S}$ 中的集合的有限族 $\{E_k\}_{k=1}^{n}$ 覆盖，则

$$\mu(E)\leqslant\sum_{k=1}^{n}\mu(E_k)$$

为看到这一点，对 $k>n$ 设 $E_k=\varnothing$. 特别地，这样的集函数 μ 在以下意义下是单调的：若 A 和 B 属于 $\mathcal{S}$ 且 $A\subseteq B$，则 $\mu(A)\leqslant\mu(B)$.

定义 集函数 $\mu^*:2^X\to[0,\infty]$ 称为**外测度**，若 $\mu^*(\varnothing)=0$ 且 μ^* 是可数单调的.

受到从实直线上的 Lebesgue 外测度构造 Lebesgue 测度的经验的指引，我们遵循 Constantine Carathéodory 的方法，定义集合的可测性如下.

定义 对于外测度 $\mu^*:2^X\to[0,\infty]$，我们称 X 的子集 E **可测**(关于 μ^*)，若对 X 的每个子集 A，

$$\mu^*(A)=\mu^*(A\cap E)+\mu^*(A\cap E^C)$$

由于 μ^* 是有限单调的，为证明 $E\subseteq X$ 可测仅须对所有使得 $\mu^*(A)<\infty$ 的 $A\subseteq X$ 证明

$$\mu^*(A)\geqslant\mu^*(A\cap E)+\mu^*(A\cap E^C)$$

直接从定义看到，X 的一个集合 E 是可测的当且仅当它在 X 中的补是可测的，且根据 μ^* 的单调性，每个外测度为零的集合是可测的. 在这里以及本节的后面部分，$\mu^*:2^X\to[0,\infty]$ 是外测度且可测指的是关于 μ^* 可测.

命题 5 有限可测集族的并是可测的.

证明 我们首先证明两个可测集的并是可测的. 令 E_1 和 E_2 为可测集. 令 A 为 X 的任何子集. 首先利用 E_1 的可测性，接着用 E_2 的可测性，我们有

$$\mu^*(A)=\mu^*(A\cap E_1)+\mu^*(A\cap E_1^C)$$

$$= \mu^*(A \cap E_1) + \mu^*([A \cap E_1^C] \cap E_2) + \mu^*([A \cap E_1^C] \cap E_2^C)$$

现在用集合等式

$$[A \cap E_1^C] \cap E_2^C = A \cap [E_1 \cup E_2]^C$$

与

348

$$[A \cap E_1] \cup [A \cap E_2 \cap E_1^C] = A \cap [E_1 \cup E_2]$$

以及外测度的有限单调性得到

$$\begin{aligned}\mu^*(A) &= \mu^*(A \cap E_1) + \mu^*(A \cap E_1^C)\\ &= \mu^*(A \cap E_1) + \mu^*([A \cap E_1^C] \cap E_2) + \mu^*([A \cap E_1^C] \cap E_2^C)\\ &= \mu^*(A \cap E_1) + \mu^*([A \cap E_1^C] \cap E_2) + \mu^*(A \cap [E_1 \cup E_2]^C)\\ &\geqslant \mu^*(A \cap [E_1 \cup E_2]) + \mu^*(A \cap [E_1 \cup E_2]^C)\end{aligned}$$

因此 $E_1 \cup E_2$ 是可测的．现在令 $\{E_k\}_{k=1}^n$ 为任何可测集的有限族．对一般的 n，我们用归纳法证明并集 $\bigcup_{k=1}^n E_k$ 的可测性．对于 $n=1$ 这是平凡的．假定当 $n-1$ 时它成立．于是，由于

$$\bigcup_{k=1}^n E_k = \left[\bigcup_{k=1}^{n-1} E_k\right] \cup E_n$$

且两个可测集的并是可测的，集合 $\bigcup_{k=1}^n E_k$ 是可测的． ■

命题 6　令 $A \subseteq X$ 而 $\{E_k\}_{k=1}^n$ 是可测集的有限不交族．则

$$\mu^*\left(A \cap \left[\bigcup_{k=1}^n E_k\right]\right) = \sum_{k=1}^n \mu^*(A \cap E_k)$$

特别地，μ^* 对可测集族的限制是有限可加的．

证明　通过对 n 归纳进行证明．$n=1$ 时命题显然成立，我们假设命题对 $n-1$ 成立．由于族 $\{E_k\}_{k=1}^n$ 是不交的，

$$A \cap \left[\bigcup_{k=1}^n E_k\right] \cap E_n = A \cap E_n$$

且

$$A \cap \left[\bigcup_{k=1}^n E_k\right] \cap E_n^C = A \cap \left[\bigcup_{k=1}^{n-1} E_k\right]$$

因此根据 E_n 的可测性以及归纳假设，我们有

$$\begin{aligned}\mu^*\left(A \cap \left[\bigcup_{k=1}^n E_k\right]\right) &= \mu^*(A \cap E_n) + \mu^*\left(A \cap \left[\bigcup_{k=1}^{n-1} E_k\right]\right)\\ &= \mu^*(A \cap E_n) + \sum_{k=1}^{n-1} \mu^*(A \cap E_k)\\ &= \sum_{k=1}^n \mu^*(A \cap E_k)\end{aligned}$$

■　349

命题 7　可测集的可数族的并是可测的.

证明　令 $E=\bigcup_{k=1}^{\infty}E_k$，其中每个 E_k 是可测的. 由于可测集在 X 中的补是可测的，根据命题 5，可测集的有限族的并是可测的，通过用 $E_k\sim\bigcup_{i=1}^{k-1}E_i$ 代替每个 E_k，我们可以假定 $\{E_k\}_{k=1}^{\infty}$ 是不交的. 令 A 为 X 的任何子集. 固定指标 n. 定义 $F_n=\bigcup_{k=1}^{n}E_k$. 由于 F_n 可测且 $F_n^C\supseteq E^C$，我们有

$$\mu^*(A)=\mu^*(A\cap F_n)+\mu^*(A\cap F_n^C)\geqslant\mu^*(A\cap F_n)+\mu^*(A\cap E^C)$$

根据命题 6，

$$\mu^*(A\cap F_n)=\sum_{k=1}^{n}\mu^*(A\cap E_k)$$

因此，

$$\mu^*(A)\geqslant\sum_{k=1}^{n}\mu^*(A\cap E_k)+\mu^*(A\cap E^C)$$

该不等式的左边与 n 无关，因此，

$$\mu^*(A)\geqslant\sum_{k=1}^{\infty}\mu^*(A\cap E_k)+\mu^*(A\cap E^C)$$

根据外测度的可数单调性，我们推出

$$\mu^*(A)\geqslant\mu^*(A\cap E)+\mu^*(A\cap E^C)$$

因此 E 是可测的. ■

定理 8　令 μ^* 为 2^X 上的外测度. 则关于 μ^* 可测的集族 $\mathcal{M}$ 是一个 σ 代数. 若 $\overline{\mu}$ 是 μ^* 在 $\mathcal{M}$ 上的限制，则 $(X,\mathcal{M},\overline{\mu})$ 是一个完备的测度空间.

证明　我们已经观察到 X 的可测子集在 X 中的补也是可测的. 根据命题 7，可测集的可数族的并是可测的. 因此 $\mathcal{M}$ 是一个 σ 代数. 根据外测度的定义，$\mu^*(\emptyset)=0$，因此 $\emptyset$ 是可测的且 $\overline{\mu}(\emptyset)=0$. 为证明 $\overline{\mu}$ 是 $\mathcal{M}$ 上的测度，还需要证明它是可数可加的. 由于 μ^* 是可数单调的且集函数 μ^* 是 $\overline{\mu}$ 的延拓，集函数 $\overline{\mu}$ 是可数单调的. 因此我们仅须证明：若 $\{E_k\}_{k=1}^{\infty}$ 是可测集的不交族，则

$$\mu^*\Big(\bigcup_{k=1}^{\infty}E_k\Big)\geqslant\sum_{k=1}^{\infty}\mu^*(E_k)\tag{5}$$

350　然而，μ^* 是单调的，在命题 6 中取 $A=X$，我们看到在可测集的有限不交族上 μ^* 是可加的. 因此，对每个 n，

$$\mu^*\Big(\bigcup_{k=1}^{\infty}E_k\Big)\geqslant\mu^*\Big(\bigcup_{k=1}^{n}E_k\Big)=\sum_{k=1}^{n}\mu^*(E_k)$$

不等式的左边与 n 无关，因此(5)成立. ■

17.4 外测度的构造

我们通过首先定义赋予有界区间以它的长度值的原始集函数来构造实直线的子集上的 Lebesgue 外测度．接着定义集合的外测度为覆盖这个集合的可数个有界区间的长度之和的下确界．外测度的这种构造法在一般情形下也奏效．

定理 9 令 $\mathcal{S}$ 为集合 X 的子集族而 $\mu:\mathcal{S}\to[0,\infty]$ 是一个集函数．定义 $\mu^*(\emptyset)=0$，且对 $E\subseteq X$，$E\neq\emptyset$ 定义

$$\mu^*(E)=\inf\sum_{k=1}^{\infty}\mu(E_k)\tag{6}$$

其中下确界对所有覆盖 E 的 $\mathcal{S}$ 中的集合的可数族 $\{E_k\}_{k=1}^{\infty}$ 取[⊖]．则集函数 $\mu^*:2^X\to[0,\infty]$ 是外测度，称为**由 $\boldsymbol{\mu}$ 诱导的外测度**．

证明 为验证可数单调性，令 $\{E_k\}_{k=1}^{\infty}$ 为覆盖集合 E 的 X 的子集族．若对某个 k，$\mu^*(E_k)=\infty$，则 $\mu^*(E_k)\leqslant\sum\limits_{k=1}^{\infty}\mu^*(E_k)=\infty$．因此我们可以假设每个 E_k 具有有限外测度．令 $\varepsilon>0$．对每个 k，存在 $\mathcal{S}$ 中集合的可数族 $\{E_{ik}\}_{i=1}^{\infty}$，它覆盖 E_k 且

$$\sum_{i=1}^{\infty}\mu(E_{ik})<\mu^*(E_k)+\frac{\varepsilon}{2^k}$$

则 $\{E_{ik}\}_{1<k,i<\infty}$ 是 $\mathcal{S}$ 中集合的可数族，它覆盖 $\bigcup\limits_{k=1}^{\infty}E_k$，因此也覆盖 E．由外测度的定义，

$$\mu^*(E)\leqslant\sum_{1\leqslant k,i<\infty}\mu(E_{ik})=\sum_{k=1}^{\infty}\left[\sum_{i=1}^{\infty}\mu(E_{ik})\right]\leqslant\sum_{k=1}^{\infty}\mu^*(E_k)+\sum_{k=1}^{\infty}\varepsilon/2^k=\sum_{k=1}^{\infty}\mu^*(E_k)+\varepsilon$$

由于该不等式对所有成立 $\varepsilon>0$，它对 $\varepsilon=0$ 也成立．■

定义 令 $\mathcal{S}$ 为 X 的子集族，$\mu:\mathcal{S}\to[0,\infty]$ 是一个集函数，而 μ^* 为由 μ 诱导的外测度．μ^* 在 μ^* 可测集的 σ 代数 $\mathcal{M}$ 上的限制得到的测度 $\bar{\mu}$ 称为**由 $\boldsymbol{\mu}$ 诱导的 Carathéodory 测度**．　351

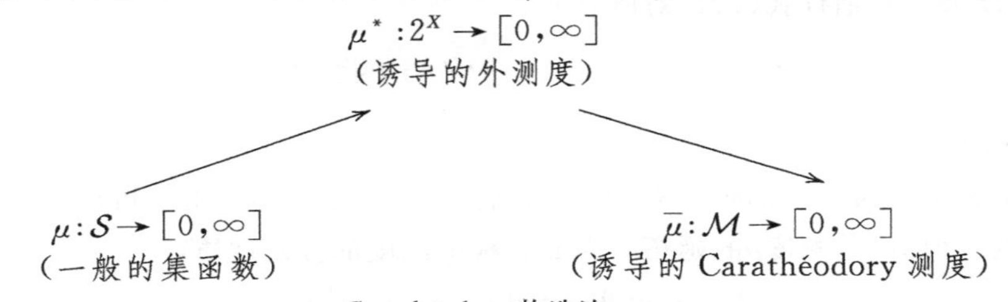

Carathéodory 构造法

对于 X 的子集族 $\mathcal{S}$，我们用 $\mathcal{S}_\sigma$ 表示 $\mathcal{S}$ 中集合的可数并集，而用 $\mathcal{S}_{\sigma\delta}$ 表示 $\mathcal{S}_\sigma$ 中集合的可

⊖ 我们允许 E 的有限覆盖，在这种情形下(6)的和式是有限的．若 X 的子集 E 不能被 $\mathcal{S}$ 的可数子族覆盖，根据定义，它有等于 ∞ 的外测度．

数交集. 观察到若 $\mathcal{S}$ 是实数的开区间族，则 $\mathcal{S}_\sigma$ 是 $\mathbf{R}$ 的开子集族而 $\mathcal{S}_{\sigma\delta}$ 是 $\mathbf{R}$ 的 G_σ 子集族.

我们证明了实数集 E 是 Lebesgue 可测的当且仅当存在 G_δ 集 G 使得 $G\sim E$ 的 Lebesgue 测度为零，见 2.4 节定理 11. 以下命题告诉我们由一般的集函数诱导的 Carathéodory 测度的一个相关性质. 该性质是证明一些重要定理的关键要素，其中有我们下一节要证明的 Carathéodory-Hahn 定理以及即将介绍的 Fubini 与 Tonelli 定理.

命题 10　令 $\mu:\mathcal{S}\to[0,\infty]$ 为定义在集合 X 的子集族 $\mathcal{S}$ 上的集函数，而 $\overline{\mu}:\mathcal{M}\to[0,\infty]$ 为由 μ 诱导的 Carathéodory 测度. 令 E 为 X 的子集，满足 $\mu^*(E)<\infty$. 则存在 X 的子集 A 使得

$$A\in \mathcal{S}_{\sigma\delta},\quad E\subseteq A,\quad \mu^*(E)=\mu^*(A)$$

此外，若 E 和 $\mathcal{S}$ 中的每个集关于 μ^* 可测，则 A 也如此，且

$$\overline{\mu}(A\sim E)=0$$

证明　令 $\varepsilon>0$. 我们宣称存在集 A_ε 满足

$$A_\varepsilon\in\mathcal{S}_\sigma,\quad E\subseteq A_\varepsilon \text{ 且 } \mu^*(A_\varepsilon)<\mu^*(E)+\varepsilon \tag{7}$$

事实上，由于 $\mu^*(E)<\infty$，存在覆盖 E 的 $\mathcal{S}$ 中的集族 $\{E_k\}_{k=1}^\infty$ 使得

$$\sum_{k=1}^\infty \mu(E_k)<\mu^*(E)+\varepsilon$$

定义 $A_\varepsilon=\bigcup\limits_{k=1}^\infty E_k$. 则 A_ε 属于 $\mathcal{S}_\sigma$ 且 $E\subseteq A_\varepsilon$. 此外，由于 $\{E_k\}_{k=1}^\infty$ 是覆盖 A_ε 的 $\mathcal{S}$ 中的集合的可数族，根据外测度 μ^* 的定义，

$$\mu^*(A_\varepsilon)\leqslant\sum_{k=1}^\infty\mu(E_k)<\mu^*(E)+\varepsilon$$

352　因此(7)对 A_ε 的这个选取成立.

定义 $A=\bigcap\limits_{k=1}^\infty A_{1/k}$. 则 A 属于 $\mathcal{S}_{\sigma\delta}$ 且 E 是 A 的子集，因为 E 是每个 $A_{1/k}$ 的子集. 此外，根据 μ^* 的单调性和估计式(7)，对所有 k，

$$\mu^*(E)\leqslant\mu^*(A)\leqslant\mu^*(A_{\frac{1}{k}})\leqslant\mu^*(E)+\frac{1}{k}$$

因此 $\mu^*(E)=\mu^*(A)$.

现在假设 E 是 μ^* 可测的且 $\mathcal{S}$ 中的每个集合是 μ^* 可测的. 由于可测集是 σ 代数，集合 A 是可测的. 但 μ^* 是测度 $\overline{\mu}$ 的延拓. 因此，根据测度的分割性质，

$$\overline{\mu}(A\sim E)=\overline{\mu}(A)-\overline{\mu}(E)=\mu^*(A)-\mu^*(E)=0$$ ■

习题

18. 令 $\mu^*:2^X\to[0,\infty]$ 为外测度. 令 $A\subseteq X$，$\{E_k\}_{k=1}^\infty$ 是可测集的不交可数族，而 $E=\bigcup\limits_{k=1}^\infty E_k$. 证明

$$\mu^*(A \cap E) = \sum_{k=1}^{\infty} \mu^*(A \cap E_k)$$

19. 证明任何由外测度诱导的测度是完备的.
20. 令 X 为任何集. 定义 $\eta: 2^X \to [0, \infty]$，$\eta(\varnothing)=0$，且对 $E \subseteq X$，$E \neq \varnothing$ 定义 $\eta(E)=\infty$. 证明 η 是一个外测度. 证明赋予 X 的每个子集 0 的集函数是一个外测度.
21. 令 X 为一个集合，$\mathcal{S}=\{\varnothing, X\}$，且定义 $\mu(\varnothing)=0$，$\mu(X)=1$. 确定由集函数 $\mu: \mathcal{S} \to [0, \infty)$ 诱导的外测度 μ^* 以及可测集的 σ 代数.
22. 在 $\mathbf{R}$ 的子集族 $\mathcal{S}=\{\varnothing, [1, 2]\}$ 上定义集函数 $\mu: \mathcal{S} \to [0, \infty]$ 如下：$\mu(\varnothing)=0$，$\mu([1, 2])=1$. 确定由 μ 诱导的外测度 μ^* 与可测集的 σ 代数.
23. 在 $\mathbf{R}$ 的所有子集构成的族 $\mathcal{S}$ 上，通过设 $\mu(A)$ 为 A 中的整数个数定义集函数 $\mu: \mathcal{S} \to \mathbf{R}$. 确定由 μ 诱导的外测度 μ^* 与可测集的 σ 代数.
24. 令 $\mathcal{S}$ 为 X 的子集族而 $\mu: \mathcal{S} \to [0, \infty]$ 是一个集函数. $\mathcal{S}$ 中的每个集合关于由 μ 诱导的外测度是可测的吗?

17.5 将预测度延拓为测度：Carathéodory-Hahn 定理

令 $\mu: \mathcal{S} \to [0, \infty]$ 为定义在集合 X 的子集的非空族 $\mathcal{S}$ 上的集函数. 我们问以下问题：为使得由 μ 诱导的测度 $\overline{\mu}$ 是 μ 的延拓，即 $\mathcal{S}$ 中的每个集 E 关于外测度 μ^* 是可测的，$\mu(E)=\mu^*(E)$，$\mathcal{S}$ 和集函数 μ 必须具有什么性质? 我们将确定集函数 μ 必须具有的必要性质，且证明：若 $\mathcal{S}$ 有更好的集论结构，这些性质是充分的.

353

我们称集函数 $\mu: \mathcal{S} \to [0, \infty]$ 是有限可加的，若 $\{E_k\}_{k=1}^n$ 是有限不交集族且 $\bigcup_{k=1}^n E_k$ 也属于 $\mathcal{S}$，则

$$\mu\left(\bigcup_{k=1}^n E_k\right) = \sum_{k=1}^n \mu(E_k)$$

命题 11　*令 $\mathcal{S}$ 为集合 X 的子集族，而 $\mu: S \to [0, \infty]$ 是一个集函数. 为使得由 μ 诱导的 Carathéodory 测度是 μ 的延拓，μ 必须既是有限可加的又是可数单调的，且若 $\varnothing$ 属于 $\mathcal{S}$，$\mu(\varnothing)=0$.*

证明　令 $(X, \mathcal{M}, \overline{\mu})$ 表示由 μ 诱导的 Carathéodory 测度空间且假定 $\overline{\mu}: \mathcal{M} \to [0, \infty]$ 延拓 $\mu: \mathcal{S} \to [0, \infty]$. 观察到若 $\varnothing$ 属于 $\mathcal{S}$，则 $\mu(\varnothing)=\overline{\mu}(\varnothing)=0$，这是由于 $\overline{\mu}$ 是延拓 μ 的测度. 现在令 $\{E_k\}_{k=1}^n$ 为 $\mathcal{S}$ 中集合的不交族，使得 $\bigcup_{k=1}^n E_k$ 也属于 $\mathcal{S}$. 测度是有限可加的，因为它是可数可加的且空集的测度为零. 因此，由于 $\overline{\mu}$ 延拓 μ，

$$\mu\left(\bigcup_{k=1}^n E_k\right) = \overline{\mu}\left(\bigcup_{k=1}^n E_k\right) = \sum_{k=1}^n \overline{\mu}(E_k) = \sum_{k=1}^n \mu(E_k)$$

于是 μ 是有限可加的. 为证明可数单调性，观察到对所有 $E \in \mathcal{S}$，$\mu(E)=\mu^*(E)$ 当且仅当 μ 是可数单调的. 于是，若 $\overline{\mu}$ 延拓 μ，对所有 $E \in \mathcal{S}$，$\mu^*(E)=\overline{\mu}(E)=\mu(E)$，因此 μ 可数单调的. ■

该命题暗示着对以下的集函数类单独命名是有用的.

定义　令 $\mathcal{S}$ 为集合 X 的子集族，而 $\mu:\mathcal{S}\to[0,\infty]$ 是一个集函数. 则称 μ 为**预测度**，若 μ 既是有限可加的又是可数单调的，且若 $\emptyset$ 属于 S，则 $\mu(\emptyset)=0$.

对由 μ 诱导的 Carathéodory 测度来说，成为预测度是它成为 μ 的延拓的一个必要但不充分的条件. 然而，若我们在 $\mathcal{S}$ 上施加更好的集论结构，该必要条件也是充分的.

定义　X 的子集族 $\mathcal{S}$ 称为关于相对补封闭，若 A 与 B 属于 $\mathcal{S}$，相对补 $A\sim B$ 属于 $\mathcal{S}$. 族 $\mathcal{S}$ 称为关于有限交封闭，若 A 与 B 属于 $\mathcal{S}$，交 $A\cap B$ 属于 $\mathcal{S}$.

观察到若子集族 $\mathcal{S}$ 关于相对补封闭，则它关于有限交封闭，这是由于若 A 与 B 属于 $\mathcal{S}$，则

$$A\cap B=A\sim[A\sim B]$$

也如此.

354

也观察到若非空集族 $\mathcal{S}$ 关于相对补封闭，则它包含 $\emptyset$. 的确，$\emptyset=A\sim A$，其中 A 属于 $\mathcal{S}$.

定理 12　令 $\mu:\mathcal{S}\to[0,\infty]$ 为 X 的子集的非空族 $\mathcal{S}$ 上的预测度. 它关于相对补封闭. 则由 μ 诱导的 Carathéodory 测度 $\overline{\mu}:\mathcal{M}\to[0,\infty]$ 是 μ 的延拓：它称为 μ 的 **Carathéodory 延拓**.

证明　令 A 属于 $\mathcal{S}$. 为证明 A 关于由 μ 诱导的外测度可测，仅须令 E 为 X 的任何有限外测度的子集，令 $\varepsilon>0$ 并证明

$$\mu^*(E)+\varepsilon\geqslant\mu^*(E\cap A)+\mu^*(E\cap A^C)\tag{8}$$

根据外测度的定义，存在覆盖 E 的 $\mathcal{S}$ 中的集族 $\{E_k\}_{k=1}^{\infty}$ 满足

$$\mu^*(E)+\varepsilon\geqslant\sum_{k=1}^{\infty}\mu(E_k)\tag{9}$$

然而，对每个 k，由于 $\mathcal{S}$ 关于相对补封闭，$E_k\sim A$ 属于 $\mathcal{S}$ 且 $E_k\cap A=E_k\sim[E_k\sim A]$ 也如此. 预测度是有限可加的. 因此

$$\mu(E_k)=\mu(E_k\cap A)+\mu(E_k\cap A^C)$$

对这些不等式求和得到

$$\sum_{k=1}^{\infty}\mu(E_k)=\sum_{k=1}^{\infty}\mu(E_k\cap A)+\sum_{k=1}^{\infty}\mu(E_k\cap A^C)\tag{10}$$

观察到 $\{E_k\cap A\}_{k=1}^{\infty}$ 和 $\{E_k\cap A^C\}_{k=1}^{\infty}$ 分别是覆盖 $E\cap A$ 与 $E\cap A^C$ 的 $\mathcal{S}$ 中集合的可数族. 因此，根据外测度的定义，

$$\sum_{k=1}^{\infty}\mu(E_k\cap A)\geqslant\mu^*(E\cap A)\text{ 且 }\sum_{k=1}^{\infty}\mu(E_k\cap A^C)\geqslant\mu^*(E\cap A^C)$$

所需要的不等式(8)从这两个不等式以及(9)和(10)得出.

显然 $\mu(E)=\mu^*(E)$ 对每个集合 $E\in\mathcal{S}$ 成立当且仅当 μ 是可数单调的. 因此对每个 $E\in\mathcal{S}$，$\mu(E)=\mu^*(E)$，由于每个集合 $E\in\mathcal{S}$ 是可测的，$\mu(E)=\overline{\mu}(E)$. ■

注　观察到在上述定理的证明中预测度的两个性质扮演了十分不同的角色. 我们用 μ 的有限可加性推出 $\mathcal{S}$ 中的每个集合是 μ^* 可测的. μ 的可数单调性等价于等式 $\mu(E)=\mu^*(E)$ 对所有 $E\in\mathcal{S}$ 成立.

定义　集合 X 的子集的非空族 $\mathcal{S}$ 称为**半环**，若只要 A 和 B 属于 $\mathcal{S}$，$A\cap B$ 就属于 $\mathcal{S}$，且存在 $\mathcal{S}$ 中的集合的有限不交族 $\{C_k\}_{k=1}^n$ 使得

355

$$A\sim B=\bigcup_{k=1}^n C_k$$

命题 13　令 $\mathcal{S}$ 为集合 X 的子集的半环. 定义 $\mathcal{S}'$ 为 $\mathcal{S}$ 中的集合的有限不交族的并. 则 $\mathcal{S}'$ 关于相对补封闭. 此外，$\mathcal{S}$ 上的任何预测度可唯一地延拓为 $\mathcal{S}'$ 上的预测度.

证明　显然 $\mathcal{S}'$ 关于有限并与有限交封闭. 令 $\{A_k\}_{k=1}^n$ 和 $\{B_j\}_{j=1}^m$ 为 $\mathcal{S}$ 中的集合的两个有限不交族. 观察到

$$\left[\bigcup_{k=1}^n A_k\right]\sim\left[\bigcup_{j=1}^m B_j\right]=\bigcup_{k=1}^n\left[\bigcap_{j=1}^m (A_k\sim B_j)\right]\tag{11}$$

由于每个 $A_k\sim B_j$ 属于 $\mathcal{S}'$ 且 $\mathcal{S}'$ 关于有限并与有限交封闭，我们从(11)推出 $\mathcal{S}'$ 关于相对补封闭.

令 $\mu:\mathcal{S}\to[0,\infty]$ 为 $\mathcal{S}$ 上的预测度. 对满足 $E=\bigcup_{k=1}^n A_k$ 的 $E\subseteq X$，其中 $\{A_k\}_{k=1}^n$ 是 $\mathcal{S}$ 中集合的不交族，定义 $\mu'(E)=\sum_{k=1}^n\mu(A_k)$. 为证明 $\mu'(E)$ 是恰当定义的，令 E 也是 $\mathcal{S}$ 中集合的有限族 $\{B_j\}_{j=1}^m$ 的不交并. 我们必须证明

$$\sum_{j=1}^m\mu(B_j)=\sum_{k=1}^n\mu(A_k)$$

然而，根据预测度的有限可加性，

$$\mu(B_j)=\sum_{k=1}^n\mu(B_j\cap A_k),\quad 1\leqslant j\leqslant m$$

且

$$\mu(A_k)=\sum_{j=1}^m\mu(B_j\cap A_k),\quad 1\leqslant k\leqslant n$$

因此

$$\sum_{j=1}^m\mu(B_j)=\sum_{j=1}^m\left[\sum_{k=1}^n\mu(B_j\cap A_k)\right]=\sum_{k=1}^n\left[\sum_{j=1}^m\mu(B_j\cap A_k)\right]=\sum_{k=1}^n\mu(A_k)$$

因此 μ' 在 $\mathcal{S}'$ 上是恰当定义的.

剩下来要证明 μ' 是 $\mathcal{S}'$ 上的预测度. 由于 μ' 是恰当定义的. 它继承了 μ 的有限可加性. 为证明 μ' 的可数单调性，令 $E\in\mathcal{S}'$ 被 $\mathcal{S}'$ 中的集族 $\{E_k\}_{k=1}^\infty$ 覆盖. 不失一般性我们可以假设 $\{E_k\}_{k=1}^\infty$ 是 $\mathcal{S}'$ 中集合的不交族(见习题 31 的(iii)部分). 令 $E=\bigcup_{j=1}^m A_j$，其中并是不交的且每

356

个 A_j 属于 $\mathcal{S}$. 对每个 j，A_j 可被 $\mathcal{S}$ 中集合的可数族 $\bigcup_{k=1}^{\infty}(A_j\cap E_k)$覆盖，根据 μ 的可数单调性，

$$\mu(A_j)\leqslant\sum_{k=1}^{\infty}\mu(A_j\cap E_k)$$

因此根据 μ 的有限单调性，

$$\mu'(E)=\sum_{j=1}^{m}\mu(A_j)\leqslant\sum_{j=1}^{m}\left[\sum_{k=1}^{\infty}\mu(A_j\cap E_k)\right]=\sum_{k=1}^{\infty}\left[\sum_{j=1}^{m}\mu(A_j\cap E_k)\right]$$
$$=\sum_{k=1}^{\infty}\mu(E\cap E_k)\leqslant\sum_{k=1}^{\infty}\mu'(E_k)$$

因此 μ'是可数单调的. 证明完毕. ■

对于 X 的子集族 $\mathcal{S}$，集函数 $\mu:\mathcal{S}\to[0,\infty]$称为是 σ 有限的，若 $X=\bigcup_{k=1}^{\infty}S_k$，其中对每个 k，$S_k\in\mathcal{S}$ 且 $\mu(S_k)<\infty$.

Carathéodory-Hahn 定理　令 $\mu:\mathcal{S}\to[0,\infty]$为 X 的子集的半环 $\mathcal{S}$ 上的预测度. 则由 μ 诱导的 Carathéodory 测度$\overline{\mu}$是 μ 的延拓. 此外，若 μ 是 σ 有限的，则$\overline{\mu}$也如此，且$\overline{\mu}$是 μ^* 可测集的 σ 代数上的延拓 μ 的唯一测度.

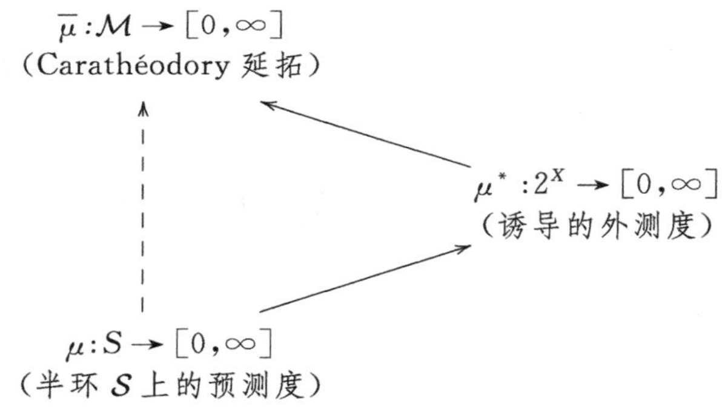

Carathéodory 构造法将半环上的预测度延拓为测度

证明　我们从定理 12 和命题 13 推出$\overline{\mu}$延拓 μ. 现在假设 μ 是 σ 有限的. 为证明唯一性，令 μ_1 为 $\mathcal{M}$ 上的另一个延拓 μ 的测度. 我们把 X 表示为 $X=\bigcup_{k=1}^{\infty}X_k$，其中并是不交的，且对每个 k，X_k 属于 $\mathcal{S}$ 且 $\mu(X_k)<\infty$. 根据测度的可数可加性，为证明唯一性仅须证明$\overline{\mu}$和 μ_1 在包含于每个 X_k 的可测集上一致. 令 E 为可测集且满足 $E\subseteq E_0$，其中 $E_0\in\mathcal{S}$ 且 $\mu(E_0)<\infty$. 我们将证明

357

$$\overline{\mu}(E)=\mu_1(E)\tag{12}$$

根据命题 10，存在集合 $A\in\mathcal{S}_{\sigma\delta}$使得 $E\subseteq A$ 且$\overline{\mu}(A\sim E)=0$. 可以假设 $A\subseteq E_0$. 然而，根据 μ_1 的可数单调性，若 B 是可测的且 $\mu^*(B)=0$，则 $\mu_1(B)=0$. 因此 $\mu_1(A\sim E)=0$. 另一方

面，根据 μ_1 与 $\overline{\mu}$ 的可数可加性，这些测度在 $\mathcal{S}_\sigma$ 上一致，因此根据测度的连续性，它们在 E_0 的属于 $\mathcal{S}_{\sigma\delta}$ 的子集上一致. 因此 $\mu_1(A)=\overline{\mu}(A)$. 于是

$$\mu_1(A\sim E)=\overline{\mu}(A\sim E),\quad \mu_1(A)=\overline{\mu}(A)$$

从而(12)得证.

推论 14 令 $\mathcal{S}$ 为集合 X 的子集族的半环，而 $\mathcal{B}$ 是包含 $\mathcal{S}$ 的 X 的子集的最小 σ 代数. 则 $\mathcal{B}$ 上的两个 σ 有限测度相等当且仅当它们在 $\mathcal{S}$ 中的集合上相等.

我们在 Carathéodory-Hahn 定理中施加在 $\mathcal{S}$ 上的集论限制在一些重要情形中得到满足. 例如，实数的有界区间族以及平面 $\mathbf{R}^2$ 的那些由实数的有界区间的笛卡儿积构成的子集族是半环(见习题 33). 此外，$\mathbf{R}^n$ 中的有界区间族是半环. 这允许我们用 Carathéodory 的方法构造 $\mathbf{R}^n$ 上的 Lebesgue 测度.

我们注意到 Carathéodory-Hahn 定理中的唯一性断言可能不成立，若预测度不假设为 σ 有限的(见习题 32).

对读者来说，熟悉一些与集合 X 的子集族 $\mathcal{S}$ 的性质有关的词汇是有用的. 集族 $\mathcal{S}$ 称为集合的**环**，若它关于有限并与相对补封闭，因此关于有限交封闭. 包含 X 的环称为**代数**，而包含 X 的半环称为**半代数**.

习题

25. 令 X 为多于一点的集合，而 A 是 X 的非空真子集. 定义 $\mathcal{S}=\{A, X\}$ 与集函数 $\mu:\mathcal{S}\to[0,\infty]$ 为 $\mu(A)=1$ 且 $\mu(X)=2$. 证明 $\mu:\mathcal{S}\to[0,\infty]$ 是一个预测度. μ 能延拓为测度吗？X 的关于由 μ 诱导的外测度 μ^* 可测的子集是什么？
26. 考虑 $\mathbf{R}$ 的子集族 $\mathcal{S}=\{\emptyset, [0,1], [0,3], [2,3]\}$，定义 $\mu(\emptyset)=0$，$\mu([0,1])=1$，$\mu([0,3])=1$，$\mu([2,3])=1$. 证明 $\mu:\mathcal{S}\to[0,\infty]$ 是一个预测度. μ 能延拓为测度吗？$\mathbf{R}$ 的什么子集关于由 μ 诱导的外测度 μ^* 是可测的？
27. 令 $\mathcal{S}$ 为集合 X 的子集族，而 $\mu:\mathcal{S}\to[0,\infty]$ 是集函数. 证明 μ 是可数单调的当且仅当 μ^* 是 μ 的延拓.
28. 证明集函数是预测度，若它可延拓为测度.
29. 证明 σ 代数上的集函数是测度当且仅当它是预测度.
30. 令 $\mathcal{S}$ 为关于有限并与有限交封闭的集族.

    (1) 证明 $\mathcal{S}_\sigma$ 关于可数并与有限交封闭.

    (2) 证明 $\mathcal{S}_{\sigma\delta}$ 中的每个集是 $\mathcal{S}_\sigma$ 集的递减序列的交.
31. 令 $\mathcal{S}$ 为集合 X 的子集的半代数，而 $\mathcal{S}'$ 为 $\mathcal{S}$ 中集合的有限不交族的并所构成的族.

    (i) 证明 $\mathcal{S}'$ 是代数.

    (ii) 证明 $\mathcal{S}_\sigma=\mathcal{S}'_\sigma$，因此 $\mathcal{S}_{\sigma\delta}=\mathcal{S}'_{\sigma\delta}$.

    (iii) 令 $\{E'_k\}_{k=1}^\infty$ 为 $\mathcal{S}'$ 的集族. 证明我们能将 $\bigcup_{k=1}^\infty E'_k$ 表示为 $\mathcal{S}$ 中集合的不交并 $\bigcup_{k=1}^\infty E_k$，使得

    $$\sum_{k=1}^\infty \mu'(E'_k)\geqslant\sum_{k=1}^\infty\mu(E_k)$$

    (iv) 令 A 属于 $\mathcal{S}'_{\sigma\delta}$. 证明 A 是 $\mathcal{S}_\sigma$ 中集合的递减序列 $\{A_k\}_{k=1}^\infty$ 的交.

358

32. 令 $\mathbf{Q}$ 为有理数集，而 $\mathcal{S}$ 为形如 $(a, b]\cap\mathbf{Q}$ 的区间的全体有限并，其中 a，$b\in Q$ 且 $a\leqslant b$. 若 $a<b$，定义 $\mu(a, b]=\infty$ 与 $\mu(\varnothing)=0$. 证明 $\mathcal{S}$ 关于相对补是封闭的，而 $\mu:\mathcal{S}\to[0, \infty]$ 是一个预测度. 接着证明 μ 到包含 $\mathcal{S}$ 的最小 σ 代数的延拓不是唯一的.

33. 谈到实数的有界区间，我们指的是对实数 $a\leqslant b$ 得到的形如 $[a, b]$，$[a, b)$，$(a, b]$ 或 (a, b) 的集合. 因此考虑空集与单点集为有界区间. 证明以下三个集族 $\mathcal{S}$ 是半环.

 (i) 令 $\mathcal{S}$ 为实数的所有有界区间构成的族.

 (ii) 令 $\mathcal{S}$ 为 $\mathbf{R}\times\mathbf{R}$ 的由所有实数的有界区间的乘积构成的子集族.

 (iii) 令 n 为自然数，而 X 是 $\mathbf{R}$ 的 n 重笛卡儿积：

$$X=\overbrace{\mathbf{R}\times\cdots\times\mathbf{R}}^{n\text{次}}$$

 令 $\mathcal{S}$ 为 X 的由所有实数的有界区间的 n 重笛卡儿积构成的子集族.

34. 若我们从 2^X 上的外测度 μ^* 开始在 μ^* 可测集上构造诱导测度 $\bar{\mu}$，能将 $\bar{\mu}$ 视为集函数且将由 $\bar{\mu}$ 诱导的外测度记为 μ^+.

 (i) 证明对每个集合 $E\subseteq X$，我们有 $\mu^+(E)\geqslant\mu^*(E)$.

 (ii) 对给定集合 E，证明 $\mu^+(E)=\mu^*(E)$ 当且仅当存在 μ^* 可测集 $A\supseteq E$ 满足 $\mu^*(A)=\mu^*(E)$.

[359] 35. 令 $\mathcal{S}$ 为 X 的子集的 σ 代数，而 $\mu:\mathcal{S}\to[0, \infty]$ 是测度. 令 $\bar{\mu}:\mathcal{M}\to[0, \infty]$ 为通过 Carathéodory 构造法由 μ 诱导的测度. 证明 $\mathcal{S}$ 是 $\mathcal{M}$ 的子族且它可以是真子族.

36. 令 μ 为代数 $\mathcal{S}$ 上的有限预测度，而 μ^* 是诱导的外测度. 证明 X 的子集 E 是 μ^* 可测的当且仅当对每个 $\varepsilon>0$，存在集合 $A\in\mathcal{S}_\sigma$，$A\subseteq E$ 使得 $\mu^*(E\sim A)<\varepsilon$. [360]

第 18 章　一般测度空间上的积分

我们从 18.1 节考虑可测函数开始对一般测度空间上的积分进行研究，许多内容与一元实变量的 Lebesgue 可测函数的研究十分类似. 我们研究一般积分的途径与第 4 章中探求的关于一元实变量函数的 Lebesgue 测度的积分不同. 在 18.2 节，我们首先对非负简单函数定义积分，接着直接定义非负可测函数 f 的积分为满足 $0 \leqslant \psi \leqslant f$ 的非负简单函数 ψ 的积分的上确界. 在这个早期阶段我们证明一般的 Fatou 引理，它是积分理论完全发展的基石，接下来证明与它密切相关的结论——单调收敛定理与 Beppo Levi 引理. 在 18.3 节，我们考虑一般可测函数的积分且证明该积分的线性与单调性、连续性、可数可加性，以及积分比较判别法、Vitali 收敛定理. 在 18.4 节，我们引入一个测度关于另一个测度绝对连续的概念且证明 Rado-Nikodym 定理，它是将一元实变量的绝对连续函数表示为不定积分这一结果的深远推广. 我们也证明了关于测度的 Lebesgue 分解定理. 在本章最后，我们用 Baire 范畴定理证明 Vitali-Hahn-Nikodym 定理，它告诉我们在非常一般的假设下，测度序列的集合态极限仍然是一个测度.

18.1　可测函数

对一个可测空间$(X, \mathcal{M})$，X 上的可测函数的概念等同于一元实变量函数关于 Lebesgue 测度可测的概念. 以下命题的证明与实直线上的 Lebesgue 测度相应结果的证明完全相同，见 3.1 节命题 1.

命题 1　令$(X, \mathcal{M})$为可测空间而 f 是定义在 X 上的扩充实值函数. 则以下陈述等价：

(i) 对每个实数 c，集合$\{x \in X \mid f(x) < c\}$是可测的.

(ii) 对每个实数 c，集合$\{x \in X \mid f(x) \leqslant c\}$是可测的.

(iii) 对每个实数 c，集合$\{x \in X \mid f(x) > c\}$是可测的.

(iv) 对每个实数 c，集合$\{x \in X \mid f(x) \geqslant c\}$是可测的.

这些性质的每个蕴涵对每个实数 c，集合$\{x \in X \mid f(x) = c\}$是可测的.

定义　令$(X, \mathcal{M})$为可测空间. X 上的扩充实值函数 f 称为是**可测的**(关于 $\mathcal{M}$ 可测)，若命题 1 的一个陈述成立，则所有的四个陈述成立.

对于集合 X 和 X 的所有子集的σ 代数 $\mathcal{M} = 2^X$，X 上的每个扩充实值函数关于 $\mathcal{M}$ 都是可测的. 在相反的极端情况下，考虑σ代数 $\mathcal{M} = \{X, \varnothing\}$，仅有的可测函数是常函数. 若 X 是拓扑空间，而 $\mathcal{M}$ 是 X 的包含 X 上的拓扑的σ 代数，则 X 上的每个连续实值函数关于 $\mathcal{M}$ 都是可测的. 在第一部分，我们研究了关于 Lebesgue 可测集的σ代数可测的一元实变量函数.

由于实数的有界开区间是两个无界开区间的交，且实数的开集是开区间族的可数并，我们有以下实值可测函数的刻画(也见习题 1).

命题 2　令$(X, \mathcal{M})$为可测空间，而 f 是定义在 $\mathcal{M}$ 上的扩充实值函数. 则 f 是可测的当且仅当对每个实数的开集 $\mathcal{O}$，$f^{-1}(\mathcal{O})$是可测的.

对一个可测空间$(X, \mathcal{M})$和 X 的可测子集 E，我们称定义在 E 上的扩充实值函数 f 为可测的，若它关于可测空间$(E, \mathcal{M}_E)$是可测的，其中 $\mathcal{M}_E$ 是 $\mathcal{M}$ 中包含于 E 的集合所组成的族. X 上的可测函数在可测集上的限制是可测的. 此外，对 X 的扩充实值函数 f 与 X 的可测子集 E，f 在 E 和 $X \sim E$ 上的限制都是可测的当且仅当 f 在 X 上是可测的.

命题 3　令$(X, \mathcal{M}, \mu)$为完备的测度空间，而 X_0 是 X 的可测子集. 则 X 的扩充实值函数 f 是可测的当且仅当它在 X_0 上的限制是可测的. 特别地，若 g 和 h 是 X 上的扩充实值函数，满足在 X 上几乎处处 $g=h$. 则 g 是可测的当且仅当 h 是可测的.

证明　定义 f_0 为 f 在 X_0 上的限制. 令 c 为实数而 $E=(c, \infty)$. 若 f 是可测的，则 $f^{-1}(E)$是可测的，因此 $f^{-1}(E) \cap X_0 = f_0{}^{-1}(E)$也如此. 所以 f_0 是可测的. 现在假设 f_0 是可测的. 则

$$f^{-1}(E) = f_0^{-1}(E) \cup A$$

362 其中 A 是 $X \sim X_0$ 的子集. 由于$(X, \mathcal{M}, \mu)$是完备的，A 是可测的，因此 $f^{-1}(E)$也如此. 因此函数 f 是可测的. 第二个断言从第一个得到. ■

若测度空间$(X, \mathcal{M}, \mu)$不是完备的，则该命题不成立(见习题 2). 以下定理的证明与实直线上的 Lebesgue 测度的情形的证明相同，见 3.1 节定理 6.

定理 4　令$(X, \mathcal{M})$为可测空间，而 f 和 g 是 X 上的可测实值函数.

(线性)　对任何实数 α 和 β，

$$\alpha f + \beta g \text{ 是可测的}$$

(乘积)

$$f \cdot g \text{ 是可测的}$$

(最大与最小值)

$$\text{函数 } \max\{f, g\} \text{ 与 } \min\{f, g\} \text{ 是可测的}$$

注　两个扩充的实值函数的和在使得函数取符号相反的无穷值的那些点没有定义. 尽管如此，在可积函数的线性空间的研究中有必要考虑扩充实值可测函数的线性组合. 对几乎处处有限的可测函数，如同我们对一元实变量函数所做的那样处理. 事实上，对一个测度空间$(X, \mathcal{M}, \mu)$，考虑 X 上的两个几乎处处有限的扩充实值可测函数 f 和 g. 定义 X_0 为 X 中使得 f 和 g 都有限的点集. 由于 f 和 g 是可测函数，X_0 是可测集. 此外，$\mu(X \sim X_0)=0$. 对实数 α 和 β，线性组合 $\alpha f+\beta g$ 是 X_0 上恰当定义的实值函数. 我们说 $\alpha f+\beta g$ 在 X 上是可测的，

若它在 X_0 上的限制关于可测空间$(X_0, \mathcal{M}_0)$是可测的，其中 $\mathcal{M}_0$ 是 $\mathcal{M}$ 中所有包含于 X_0 的子集的 σ 代数. 若$(X, \mathcal{M}, \mu)$是完备的，命题 3 告诉我们，该定义等价于在 $\alpha f+\beta g$ 中的一个，因此任何到整个 X 上的延拓是 X 上的扩充实值可测函数. 我们将 X 上的函数 $\alpha f+\beta g$ 视为 X 上任何与 $\alpha f+\beta g$ 在 X_0 上一致的可测的扩充实值函数. 类似的考虑适用于 f 和 g 的乘积与它们的最大值与最小值函数. 有了这个约定，若扩充的实值可测函数 f 和 g 在 X 上 a. e. 有限，则前一个定理成立.

我们已经看到实变量 Lebesgue 可测函数的复合不是可测的(见 3.1 节的例子). 然而，以下的复合准则非常有用. 它告诉我们若 f 是可测函数而 $0<p<\infty$，则 $|f|^p$ 也是可测的.

命题 5　令$(X, \mathcal{M})$为可测空间，f 是 X 上的可测实值函数，而 $\varphi:\mathbf{R}\to\mathbf{R}$ 是连续的. 则复合 $\varphi\circ f:X\to\mathbf{R}$ 也是可测的.

证明　令 $\mathcal{O}$ 为实数的开集. 由于 φ 是连续的，$\varphi^{-1}(\mathcal{O})$是开的. 因此，根据命题 2，$f^{-1}(\varphi^{-1}(\mathcal{O}))=(\varphi\circ f)^{-1}(\mathcal{O})$是可测集，所以 $\varphi\circ f$ 是可测函数. ■

如同一元实变量 Lebesgue 可测函数的特殊情形，可测函数的一个基本的重要性质——函数的可测性——在逐点的极限是保持的. 363

定理 6　令$(X, \mathcal{M}, \mu)$为测度空间，而$\{f_n\}$是 X 上的可测函数序列，使得在 X 上 a. e. 逐点地$\{f_n\}\to f$. 若测度空间$(X, \mathcal{M}, \mu)$是完备的或收敛在整个 X 上是逐点的，则 f 是可测的.

证明　根据命题 3，通过可能地从 X 中去掉测度为零的集合，我们假定序列$\{f_n\}$在整个 X 上逐点收敛. 固定实数 c. 我们必须证明集合$\{x\in X\mid f(x)<c\}$是可测的. 观察到对于点 $x\in X$，由于$\lim\limits_{n\to\infty}f_n(x)=f(x)$，$f(x)<c$ 当且仅当存在自然数 n 和 k 使得对所有 $j\geqslant k$，$f_j(x)<c-1/n$. 但对任何自然数 n 和 j，由于函数 f_j 是可测的，集合$\{x\in X\mid f_j(x)<c-1/n\}$是可测的. 由于 $\mathcal{M}$ 关于可数交封闭，对任何 k，

$$\bigcap_{j=k}^{\infty}\{x\in X\mid f_j(x)<c-1/n\}$$

也是可测的. 因此，

$$\{x\in X\mid f(x)<c\}=\bigcup_{1\leqslant k,n<\infty}\left[\bigcap_{j=k}^{\infty}\{x\in X\mid f_j(x)<c-1/n\}\right]$$

是可测的，由于 $\mathcal{M}$ 关于可数并封闭. ■

若测度空间不是完备的，该定理不成立(见习题 3).

推论 7　令$(X, \mathcal{M}, \mu)$为测度空间，而$\{f_n\}$是 X 上的可测函数序列. 则以下函数

$$\sup\{f_n\},\quad \inf\{f_n\},\quad \limsup\{f_n\},\quad \liminf\{f_n\}$$

是可测的.

定义　令$(X, \mathcal{M})$为可测空间．对可测集E，它的**特征函数**χ_E是在E上取值1而在$X\sim E$上取值0的函数．X上的实值函数ψ称为是**简单的**，若存在可测集族$\{E_k\}_{k=1}^n$和相应的实数集$\{c_k\}_{k=1}^n$使得

$$\text{在} X \text{上}，\quad \psi=\sum_{k=1}^n c_k \cdot \chi_{E_k}$$

观察到X上的简单函数是X上取有限个实数值的可测实值函数．

简单逼近引理　令$(X, \mathcal{M})$为可测空间而f是X上的有界可测函数，即存在$M\geqslant 0$使得在X上$|f|\leqslant M$．则对每个$\varepsilon>0$，存在定义在X上的简单函数φ_ε与ψ_ε，它们具有以下逼近性质：

364

$$\text{在} X \text{上}，\quad \varphi_\varepsilon \leqslant f \leqslant \psi_\varepsilon \text{ 且 } 0 \leqslant \psi_\varepsilon-\varphi_\varepsilon<\varepsilon$$

证明　令$[c, d]$为包含X的象$f(X)$的有界区间，而

$$c=y_0<y_1<\cdots<y_{n-1}<y_n=d$$

是闭有界区间$[c, d]$的一个分划，使得对$1\leqslant k\leqslant n$，$y_k-y_{k-1}<\varepsilon$．对$1\leqslant k\leqslant n$定义

$$I_k=(y_{k-1}, y_k) \text{ 与 } X_k=f^{-1}(I_k)$$

由于每个I_k是开区间而函数f是可测的，每个集合X_k是可测的．定义X上的简单函数φ_ε和ψ_ε为

$$\varphi_\varepsilon=\sum_{k=1}^n y_{k-1} \cdot \chi_{X_k} \text{ 与 } \psi_\varepsilon=\sum_{k=1}^n y_k \cdot \chi_{X_k}$$

令x属于X．由于$f(X)\subseteq[c, d]$，存在唯一的k，使得$y_{k-1}\leqslant f(x)<y_k$．因此，

$$\varphi_\varepsilon(x)=y_{k-1} \leqslant f(x)<y_k=\psi_\varepsilon(x)$$

但$y_k-y_{k-1}<\varepsilon$，因此φ_ε与ψ_ε有所要的逼近性质．■

简单逼近定理　令$(X, \mathcal{M}, \mu)$为测度空间而f是X上的可测函数．存在定义在X上的简单函数序列$\{\psi_n\}$，它在X上逐点收敛于f且具有性质：

$$\text{在} X \text{上，对所有} n，\quad |\psi_n| \leqslant |f|$$

(i) 若X是σ有限的，则我们可以选取序列$\{\psi_n\}$使得每个ψ_n在有限测度集外消失．

(ii) 若f是非负的，我们可以选取序列$\{\psi_n\}$为递增的且在X上每个$\psi_n\geqslant 0$．

证明　固定一个自然数n．定义$E_n=\{x\in X \mid |f(x)|\leqslant n\}$．由于$|f|$是可测函数，$E_n$是可测子集，而$f$在$E_n$上的限制是有界可测函数．将简单逼近引理用于$f$在$E_n$上的限制，其中选取$\varepsilon=1/n$，我们可以选取$E_n$上的简单函数$h_n$与$g_n$，它们具有以下逼近性质：

$$\text{在} E_n \text{上}, h_n \leqslant f \leqslant g_n \text{ 且 } 0 \leqslant g_n-h_n<1/n$$

对E_n中的x，若$f(x)=0$，定义$\psi_n(x)=0$；若$f(x)>0$，$\psi_n(x)=\max\{h_n(x), 0\}$；若$f(x)<0$，$\psi_n(x)=\min\{g_n(x), 0\}$．通过定义若$f(x)>n$令$\psi_n(x)=n$，若$f(x)<-n$令$\psi_n(x)=-n$，将$\psi_n$延拓到整个$X$上．这定义了$X$上的简单函数序列$\{\psi_n\}$．如同对实变量Lebesgue可测函数相应结果证明所做的那样（见3.2节），对每个n，在X上，$|\psi_n|\leqslant|f|$

365

且序列$\{\psi_n\}$在 X 上逐点收敛于 f.

若 X 是σ有限的，将 X 表示为可测子集的可数上升族$\{X_n\}_{n=1}^{\infty}$的并，每个具有有限测度. 用$\psi_n \cdot \chi_{X_n}$代替每个ψ_n，从而(i)得证. 若 f 非负，用$\max_{1\leqslant i\leqslant n}|\psi_i|$代替每个$\psi_n$，从而(ii)得证. ■

如同一元实变量 Lebesgue 可测函数的情形，以下一般形式的 Egoroff 定理的证明从测度的连续性与可数可加性得到，见 3.3 节.

Egoroff 定理 *令$(X, \mathcal{M}, \mu)$为有限测度空间，而$\{f_n\}$是 X 上的可测函数序列，它在 X 上 a. e. 逐点收敛于在 X 上 a. e. 有限的函数 f. 则对每个$\varepsilon>0$，存在 X 的可测子集X_ε使得*

$$在\ X_\varepsilon\ 上一致地\{f_n\}\to f, \quad \mu(X\sim X_\varepsilon)<\varepsilon$$

习题

在以下习题中，$(X, \mathcal{M}, \mu)$是参考的测度空间，而可测意味着关于 $\mathcal{M}$ 可测.

1. 证明 X 上的扩充实值函数 f 是可测的当且仅当 $f^{-1}\{\infty\}$和 $f^{-1}\{-\infty\}$是可测的，从而对实数的每个 Borel 集 E，$f^{-1}(E)$也可测.
2. 假定$(X, \mathcal{M}, \mu)$不是完备的. 令 E 为不属于 $\mathcal{M}$ 的测度为零的子集. 在 X 上令 $f=0$ 而 $g=\chi_E$. 证明在 X 上 $f=g$ a. e.，但 f 是可测的而 g 不是.
3. 假定$(X, \mathcal{M}, \mu)$不是完备的. 证明存在 X 上的可测函数序列$\{f_n\}$，它在 X 上 a. e. 逐点收敛于不可测函数 f.
4. 令 E 为 X 的可测子集而 f 是 X 上的扩充实值函数. 证明 f 是可测的当且仅当它在 E 和 $X\sim E$ 上的限制都是可测的.
5. 证明 X 上的扩充实值函数 f 是可测的当且仅当对每个有理数 c，$\{x\in X \mid f(x)<c\}$是可测集.
6. 考虑 X 上的两个在 X 上 a. e. 有限的扩充实值函数 f 和 g. 定义 X_0 为 X 的使得 f 和 g 都有限的点集. 证明 X_0 是可测的且 $\mu(X\sim X_0)=0$.
7. 令 X 为非空集. 证明 X 上的每个扩充实值函数关于可测空间$(X, 2^X)$是可测的.
   (i) 令 x_0 属于 X 而δ_{x_0}是2^X 上在 x_0 的 Dirac 测度. 证明 X 的两个函数 a. e. $[\delta_{x_0}]$相等当且仅当它们在 x_0 取同样的值.
   (ii) 令 η 为2^X 上的计数测度. 证明 X 上的两个函数 a. e. $[\eta]$相等当且仅当它们在 X 中的每个点取同样的值.
8. 令 X 为拓扑空间，而 $\mathcal{B}(X)$是包含 X 上的拓扑的最小σ代数. $\mathcal{B}(X)$称为与拓扑空间 X 伴随的 Borel σ代数. 证明 X 上的任何连续实值函数关于 Borel 可测空间$(X, \mathcal{B}(X))$是可测的.
9. 若 $\mathbf{R}$ 上的实值函数关于 Lebesgue 可测集的σ代数可测，它必须关于 Borel 可测空间$(\mathbf{R}, \mathcal{B}(\mathbf{R}))$可测吗？ 366
10. 验证命题 1 和定理 4 的证明可从实直线上的 Lebesgue 测度的相应结果的证明得出.
11. 证明推论 7.
12. 证明 Egoroff 定理. 若不假设极限函数是 a. e. 有限的，Egoroff 定理成立吗？
13. 令$\{f_n\}$为 X 上的实值可测函数序列，使得对每个自然数 n，$\mu\left\{x\in X \,\middle|\, |f_n(x)-f_{n+1}(x)|>\dfrac{1}{2^n}\right\}<\dfrac{1}{2^n}$.

证明在 X 上 $\{f_n\}$ a.e. 逐点收敛于 f.（提示：用 Borel-Cantelli 引理.）

14. 在 Egoroff 定理的假设下，证明 $X=\bigcup_{k=0}^{\infty}X_k$，其中每个 X_k 是可测的，$\mu(X_0)=0$ 且对 $k\geqslant 1$ 在 X_k 上 $\{f_n\}$ 一致收敛到 f.
15. X 上的可测实值函数序列 $\{f_n\}$ 称为依测度收敛到可测函数 f，若对每个 $\eta>0$，
$$\lim_{n\to\infty}\mu\{x\in X\mid |f_n(x)-f(x)|>\eta\}=0$$
可测函数序列 $\{f_n\}$ 称为是依测度 Cauchy 的，若对每个 $\varepsilon>0$ 与 $\eta>0$，存在指标 N 使得对每个 m，$n\geqslant N$，
$$\mu\{x\in X\mid |f_n(x)-f_m(x)|>\eta\}<\varepsilon$$
(i) 证明：若 $\mu(X)<\infty$ 且 $\{f_n\}$ 在 X 上 a.e. 逐点收敛到可测函数 f，则 $\{f_n\}$ 依测度收敛到 f.（提示：用 Egoroff 定理.）
(ii) 证明：若 $\{f_n\}$ 依测度收敛到 f，则存在 $\{f_n\}$ 的子序列在 X 上 a.e. 逐点收敛到 f.（提示：用 Borel-Cantelli 引理.）
(iii) 证明：若 $\{f_n\}$ 是依测度 Cauchy 的，则存在可测函数 f 使得 $\{f_n\}$ 依测度收敛到 f.
16. 假设 $\mu(X)<\infty$. 证明依测度 $\{f_n\}\to f$ 当且仅当 $\{f_n\}$ 的每个子序列有一个子序列在 X 上 a.e. 逐点收敛于 f. 用此证明对两个依测度收敛的序列，乘积序列也依测度收敛到极限的乘积.

18.2　非负可测函数的积分

在第 4 章我们对实变量的 Lebesgue 可测函数建立了关于 Lebesgue 测度的积分. 我们首先定义有限 Lebesgue 测度集上的简单函数的积分. 第二步是对有限测度集上的有界函数定义可积性与积分的概念且用简单逼近引理证明，在有限 Lebesgue 测度集外消失的有界可测函数是可积的，这样的积分具有所预期的线性、单调性以及在区域上的可加性. 我们接着定义任意 Lebesgue 可测集 E 上的非负 Lebesgue 函数 f 的 Lebesgue 积分为：当 g 取遍所有在有限 Lebesgue 可测集外消失的、在 E 上满足 $0\leqslant g\leqslant f$ 的 Lebesgue 可测函数时，$\int_E g\,\mathrm{d}\mu$ 的上确界. 这个途径对一般测度空间的情形是不适宜的. 事实上，对于测度空间 $(X,\mathcal{M},\mu)$，若 $\mu(X)=\infty$，我们当然要 $\int_X 1\mathrm{d}\mu=\infty$. 然而，若 X 是非空的，$\mathcal{M}=\{X,\varnothing\}$，而测度 μ 通过令 $\mu(\varnothing)=0$ 与 $\mu(X)=\infty$ 定义，则仅有的在有限测度集外消失的可测函数 g 是 $g\equiv 0$，因此 $\int_X g\,\mathrm{d}\mu$ 在这样的函数上的上确界是零. 为克服这个困难，对一般的积分，我们首先定义非负简单函数的积分，接着直接根据非负简单函数的积分定义非负可测函数的积分. 我们几乎立即建立一般版本的 Fatou 引理，它将成为进一步发展的基石. 我们将本节用于建立非负可测函数的积分.

367

定义　令 $(X,\mathcal{M},\mu)$ 为测度空间，而 ψ 是 X 上的非负简单函数. 定义 ψ 在 X 上的积分 $\int_X\psi\mathrm{d}\mu$ 如下：若在 X 上，$\psi=0$，则定义 $\int_X\psi\mathrm{d}\mu=0$. 否则，令 c_1，c_2，…，c_n 为 ψ 在 X 上取的正值，对 $1\leqslant k\leqslant n$，定义 $E_k=\{x\in X\mid\psi(x)=c_k\}$. 定义

$$\int_X\psi\mathrm{d}\mu=\sum_{k=1}^{n}c_k\cdot\mu(E_k)\tag{1}$$

若对某个 k，$\mu(E_k)=\infty$，则约定右边是∞. 对 X 的可测子集 E，ψ 在 E 上关于 μ 的积分定义为 $\int_X \psi\cdot\chi_E \mathrm{d}\mu$，记为 $\int_E \psi \mathrm{d}\mu$.

命题 8　令$(X, \mathcal{M}, \mu)$为测度空间，而 φ 和 ψ 是 X 上的非负简单函数. 若 α 和 β 是正实数，则

$$\int[\alpha\cdot\psi+\beta\cdot\varphi]\mathrm{d}\mu=\alpha\cdot\int_X\psi\mathrm{d}\mu+\beta\cdot\int_X\psi\mathrm{d}\mu \tag{2}$$

若 A 和 B 是 X 的不交可测子集，则

$$\int_{A\cup B}\psi\mathrm{d}\mu=\int_A\psi\mathrm{d}\mu+\int_B\psi\mathrm{d}\mu \tag{3}$$

特别地，若 $X_0\subseteq X$ 是可测的且 $\mu(X\sim X_0)=0$，则

$$\int_X\psi\mathrm{d}\mu=\int_{X_0}\psi\mathrm{d}\mu \tag{4}$$

此外，若在 X 上，$\psi\leqslant\varphi$ a. e.，则

$$\int_X\psi\mathrm{d}\mu\leqslant\int_X\varphi\mathrm{d}\mu \tag{5}$$

证明　若 ψ 或 φ 在无穷测度集上是正的，则线性组合 $\alpha\psi+\beta\varphi$ 有相同的性质，因此(2)的两边都是无穷的. 于是，假设 ψ 和 φ 都在有限测度集外消失，因此线性组合 $\alpha\psi+\beta\varphi$ 也如此. 在这种情形(2)的证明恰好与一元实变量函数的 Lebesgue 积分完全相同(见 4.2 节引理 1 与命题 2 的证明). 在区域上的可加性从(2)与以下观察得出：由于 A 和 B 是不交的，

$$\text{在 } X \text{ 上，}\quad \psi\cdot\chi_{A\cup B}=\psi\cdot\chi_A+\psi\cdot\chi_B$$

368

为证明(5)，首先观察到由于简单函数在测度为零的集合上的积分是零，由(3)我们可以假设在 X 上 $\psi\leqslant\varphi$. 观察到由于 φ 和 ψ 仅取有限个实数值，我们可以将 X 表示为 $\bigcup_{k=1}^n X_k$，可测集的不交并使得 φ 和 ψ 在每个 X_k 上都是常数. 因此，

$$\psi=\sum_{k=1}^n a_k\cdot\chi_{X_k}\text{ 且 }\quad\varphi=\sum_{k=1}^n b_k\cdot\chi_{X_k},\quad\text{其中 }1\leqslant k\leqslant n,a_k\leqslant b_k \tag{6}$$

但(2)可推广为非负简单函数的有限线性组合，因此(5)从(6)得出. ■

定义　令$(X, \mathcal{M}, \mu)$为测度空间，而 f 是 X 上的非负扩充实值可测函数. f 在 X 上关于 μ 的**积分**记为 $\int_X f\mathrm{d}\mu$，定义为取遍所有在 X 上满足 $0\leqslant\varphi\leqslant f$ 的简单函数时积分 $\int_X\varphi\mathrm{d}\mu$ 的上确界. 对 X 的可测子集 E，f 在 E 上关于 μ 的积分定义为 $\int_X f\cdot\chi_E\mathrm{d}\mu$，记为 $\int_E f\mathrm{d}\mu$.

我们把非负可测函数的积分的以下三个性质的验证留作练习. 令$(X, \mathcal{M}, \mu)$为测度空间，g 和 h 是 X 上的非负可测函数，X_0 是 X 的可测子集而 α 是正实数. 则

$$\int_X\alpha\cdot g\mathrm{d}\mu=\alpha\cdot\int_X g\mathrm{d}\mu \tag{7}$$

$$\text{若在 } X \text{ 上 a.e. } g \leqslant h, \quad \text{则} \int_X g \, d\mu \leqslant \int_X h \, d\mu \tag{8}$$

$$\text{若 } \mu(X \sim X_0) = 0, \quad \text{则} \int_X g \, d\mu = \int_{X_0} g \, d\mu \tag{9}$$

Chebychev 不等式　令$(X, \mathcal{M}, \mu)$为测度空间，f 是 X 上的非负可测函数，而 λ 是正实数．则

$$\mu\{x \in X \mid f(x) \geqslant \lambda\} \leqslant \frac{1}{\lambda} \int_X f \, d\mu \tag{10}$$

证明　定义 $X_\lambda = \{x \in X \mid f(x) \geqslant \lambda\}$ 与 $\varphi = \lambda \cdot \chi_{X_\lambda}$．观察到在 X 上 $0 \leqslant \varphi \leqslant f$ 且 φ 是一个简单函数．因此，根据定义，

$$\lambda \cdot \mu(X_\lambda) = \int_X \varphi \, d\mu \leqslant \int_X f \, d\mu$$

369　除以 λ 得到 Chebychev 不等式．■

命题 9　令$(X, \mathcal{M}, \mu)$为测度空间，而 f 是 X 上的非负可测函数，满足 $\int_X f \, d\mu < \infty$．则 f 在 X 上是 a.e. 有限的且集合$\{x \in X \mid f(x) > 0\}$是 σ 有限的．

证明　定义 $X_\infty = \{x \in X \mid f(x) = \infty\}$，考虑简单函数 $\psi_n = n \cdot \chi_{X_\infty}$，根据定义，$\int_X \psi_n \, d\mu = n \cdot \mu(X_\infty)$．由于在 X 上，$0 \leqslant \psi \leqslant f$，$n \cdot \mu(X_\infty) \leqslant \int_X f \, d\mu < \infty$．因此 $\mu(X_\infty) = 0$．现在定义 $X_n = \{x \in X \mid f(x) \geqslant \frac{1}{n}\}$，根据 Chebychev 不等式，

$$\mu(X_n) \leqslant n \cdot \int_X f \, d\mu < \infty$$

此外，

$$\{x \in X \mid f(x) > 0\} = \bigcup_{n=1}^{\infty} X_n$$

因此集合$\{x \in X \mid f(x) > 0\}$是 σ 有限的．■

Fatou 引理　令$(X, \mathcal{M}, \mu)$为测度空间，而$\{f_n\}$是 X 上的非负可测函数序列，使得在 X 上 a.e. 逐点地$\{f_n\} \to f$．假设 f 是可测的．则

$$\int_X f \, d\mu \leqslant \liminf \int_X f_n \, d\mu \tag{11}$$

证明　令 X_0 为 X 的可测子集使得 $\mu(X \sim X_0) = 0$ 且在 X_0 上逐点地$\{f_n\} \to f$．根据(9)，若 X 换为 X_0，(11)的两边仍然不变．我们因此假设 $X = X_0$．根据 $\int_X f \, d\mu$ 作为上确界的定义，为证明(11)，充分且必要的是证明：若 φ 是任何满足 $0 \leqslant \varphi \leqslant f$ 的简单函数，则

$$\int_X \psi \mathrm{d}\mu \leqslant \liminf \int_X f_n \mathrm{d}\mu \tag{12}$$

令 φ 为这样的函数．若 $\int_X \varphi \mathrm{d}\mu = 0$ 该不等式显然成立．假设 $\int_X \varphi \mathrm{d}\mu > 0$.

情形 1：$\int_X \varphi \mathrm{d}\mu = \infty$．则存在可测集 $X_\infty \subseteq X$ 和 $a>0$，使得 $\mu(X_\infty)=\infty$ 且在 X_∞ 上 $\varphi = a$．对每个自然数 n，定义

$$A_n = \{x \in X \mid \text{对所有 } k \geqslant n, f_k(x) \geqslant a/2\}$$

则 $\{A_n\}_{n=1}^{\infty}$ 是 X 的可测子集的上升序列．由于 $X_\infty \subseteq \bigcup_{n=1}^{\infty} A_n$，根据测度的连续性与单调性，

$$\lim_{n\to\infty}\mu(A_n) = \mu\Big(\bigcup_{n=1}^{\infty} A_n\Big) \geqslant \mu(X_\infty) = \infty$$

然而，根据 Chebychev 不等式，对每个自然数 n，

$$\mu(A_n) \leqslant \frac{2}{a}\int_{A_n} f_n \mathrm{d}\mu \leqslant \frac{2}{a}\int_X f_n \mathrm{d}\mu$$

因此，$\lim_{n\to\infty}\int_X f_n \mathrm{d}\mu = \infty = \int_X \varphi \mathrm{d}\mu$.

370

情形 2：$0 < \int_X \varphi \mathrm{d}\mu < \infty$．通过从 X 中去掉 φ 取 0 值的集合，(12)的左边仍然不变而右边不增加．因此我们可以假定在 X 上 $\varphi > 0$．因此，由于 φ 是简单的且 $\int_X \varphi \mathrm{d}\mu < \infty$，$\mu(X) < \infty$．为证明(12)，选取 $\varepsilon > 0$．对每个自然数 n，定义

$$X_n = \{x \in X \mid \text{对所有 } k \geqslant n,\quad f_k(x) > (1-\varepsilon)\varphi(x)\}$$

则 $\{X_n\}$ 是 X 的可测子集的上升序列，其并等于 X．因此 $\{X \sim X_n\}$ 是 X 的可测子集的下降序列，其交为空．由于 $\mu(X) < \infty$，根据测度的连续性，$\lim_{n\to\infty}\mu(X\sim X_n)=0$．选取指标 N 使得对所有 $n \geqslant N$，$\mu(X\sim X_n) < \varepsilon$．定义 $M>0$ 为 φ 在 X 上取的有限个值中的最大值．我们从关于非负可测函数的积分的单调性与正齐次性、(8)与(7)、关于非负简单函数的积分在区域上的可加性与单调性质、(3)与(5)以及 $\int_X \varphi \mathrm{d}\mu$ 的有限性推出，对 $n \geqslant N$，

$$\begin{aligned}
\int_X f_n \mathrm{d}\mu \geqslant \int_{X_n} f_n \mathrm{d}\mu \geqslant (1-\varepsilon)\int_{X_n} \varphi \mathrm{d}\mu &= (1-\varepsilon)\int_X \varphi \mathrm{d}\mu - (1-\varepsilon)\int_{X\sim X_n} \varphi \mathrm{d}\mu \\
&\geqslant (1-\varepsilon)\int_X \varphi \mathrm{d}\mu - \int_{X\sim X_n} \varphi \mathrm{d}\mu \\
&\geqslant (1-\varepsilon)\int_X \varphi \mathrm{d}\mu - \varepsilon \cdot M \\
&= \int_X \varphi \mathrm{d}\mu - \varepsilon\Big[\int_X \varphi \mathrm{d}\mu + M\Big]
\end{aligned}$$

因此，

$$\liminf \int_X f_n \mathrm{d}\mu \geqslant \int_X \varphi \mathrm{d}\mu - \varepsilon\Big[\int_X \varphi \mathrm{d}\mu + M\Big]$$

该不等式对所有 $\varepsilon>0$ 成立，由于 $\int_X \varphi \mathrm{d}\mu + M$ 是有限的，它对 $\varepsilon=0$ 也成立. ■

在 Fatou 引理中，我们假设极限函数 f 是可测的. 当 $\{f_n\}$ 在整个 X 上逐点收敛于 f 或测度空间是完备的时，定理 6 告诉我们 f 是可测的.

在实直线上的 Lebesgue 积分中，我们已看到不等式(11)可以是严格的. 例如，对 $X=[0, 1]$ 上的 Lebesgue 测度与 $f_n = n \cdot \chi_{[0,1/n]}$，它是严格的. 对 $X=\mathbf{R}$ 上的 Lebesgue 测度与 $f_n=\chi_{[n,n+1]}$，它也是严格的. 然而，对在 X 上逐点收敛于 f 的可测函数序列 $\{f_n\}$ 在一元实变量函数的 Lebesgue 积分的情形，我们建立了一些在积分号下取极限的准则，即

371

$$\lim_{n\to\infty}\left[\int_X f_n \mathrm{d}\mu\right] = \int_X \left[\lim_{n\to\infty} f_n\right] \mathrm{d}\mu$$

这些准则在一般的积分理论中有相应的推广. 我们首先证明一般的单调收敛定理.

单调收敛定理 令 $(X, \mathcal{M}, \mu)$ 为测度空间，而 $\{f_n\}$ 是 X 上递增的非负可测函数序列. 对每个 $x\in X$ 定义 $f(x)=\lim_{n\to\infty} f_n(x)$. 则

$$\lim_{n\to\infty}\int_X f_n \mathrm{d}\mu = \int_X f \mathrm{d}\mu$$

证明 定理 6 告诉我们 f 是可测的. 根据 Fatou 引理，

$$\int_X f \mathrm{d}\mu \leqslant \liminf \int_X f_n \mathrm{d}\mu$$

然而，对每个 n，在 X 上 $f_n \leqslant f$，因此，根据(8)，$\int_X f_n \mathrm{d}\mu \leqslant \int_X f \mathrm{d}\mu$. 因此

$$\limsup \int_X f_n \mathrm{d}\mu \leqslant \int_X f \mathrm{d}\mu$$

因此

$$\int_X f \mathrm{d}\mu = \lim_{n\to\infty}\int_X f_n \mathrm{d}\mu$$ ■

Beppo Levi 引理 令 $(X, \mathcal{M}, \mu)$ 为测度空间，而 $\{f_n\}$ 是 X 上递增的非负可测函数序列. 若积分序列 $\left\{\int_X f_n \mathrm{d}\mu\right\}$ 是有界的，则 $\{f_n\}$ 在 X 上逐点收敛到在 X 上 a. e. 有限的可测函数 f 且

$$\lim_{n\to\infty}\int_X f_n \mathrm{d}\mu = \int_X f \mathrm{d}\mu < \infty$$

证明 对每个 $x\in X$ 定义 $f(x)=\lim_{n\to\infty} f_n(x)$. 单调收敛定理告诉我们 $\left\{\int_X f_n \mathrm{d}\mu\right\} \to \int_X f \mathrm{d}\mu$. 因此，由于实数序列 $\left\{\int_X f_n \mathrm{d}\mu\right\}$ 是有界的，它的极限是有限的，因而 $\int_X f \mathrm{d}\mu < \infty$. 从命题 9 得出 f 在 X 上是 a. e. 有限的. ■

命题 10　令$(X, \mathcal{M}, \mu)$为测度空间，而 f 是 X 上的非负可测函数. 则存在 X 上的递增简单函数序列$\{\psi_n\}$，它在 X 上逐点收敛于 f 且

$$\lim_{n\to\infty}\int_X \psi_n \mathrm{d}\mu = \int_X f \mathrm{d}\mu \tag{13}$$

证明　应用简单逼近定理和单调收敛定理. ■

[372]

命题 11　令$(X, \mathcal{M}, \mu)$为测度空间，而 f 和 g 是 X 上的非负可测函数. 若 α 和 β 是正实数，则[⊖]

$$\int_X [\alpha \cdot f + \beta \cdot g] \mathrm{d}\mu = \alpha \cdot \int_X f \mathrm{d}\mu + \beta \cdot \int_X g \mathrm{d}\mu \tag{14}$$

证明　根据(7)，仅须对 $\alpha=\beta=1$ 证明(14). 根据前一个定理，存在 X 上的递增非负简单函数序列$\{\psi_n\}$与$\{\varphi_n\}$，分别在 X 上逐点收敛于 f 和 g，

$$\lim_{n\to\infty}\int_X \psi_n \mathrm{d}\mu = \int_X g \mathrm{d}\mu, \quad \lim_{n\to\infty}\int_X \varphi_n \mathrm{d}\mu = \int_X f \mathrm{d}\mu$$

则$\{\varphi_n+\psi_n\}$是在 X 上逐点收敛于 $f+g$ 的递增简单函数序列. 根据非负简单函数积分的线性、实数列收敛的线性以及单调收敛定理，

$$\begin{aligned}\int_X [f+g] \mathrm{d}\mu &= \lim_{n\to\infty}\int_X [\varphi_n+\psi_n] \mathrm{d}\mu = \lim_{n\to\infty}\left[\int_X \varphi_n \mathrm{d}\mu + \int_X \psi_n \mathrm{d}\mu\right] \\ &= \lim_{n\to\infty}\int_X \varphi_n \mathrm{d}\mu + \lim_{n\to\infty}\int_X \psi_n \mathrm{d}\mu = \int_X f \mathrm{d}\mu + \int_X g \mathrm{d}\mu\end{aligned}$$ ■

我们已定义非负可测函数的积分，但至今并未定义对这样的一个函数可积意味着什么.

定义　令$(X, \mathcal{M}, \mu)$为测度空间，而 f 是 X 上的非负可测函数. 若 $\int_X f \mathrm{d}\mu < \infty$，则说 f 在 X 上关于 μ **可积**.

前一个命题告诉我们非负可积函数的和是可积的，而命题 9 告诉我们非负可积函数是 a. e. 有限的且在 σ 有限集外消失.

习题

以下习题中，$(X, \mathcal{M}, \mu)$是测度空间，可测意味着关于 $\mathcal{M}$ 可测，而可积意味着关于 μ 可积.

17. 证明(7)和(8). 用(8)证明(9).

[373]

18. 令$\{u_n\}$为 X 上的非负可测函数序列. 对 $x\in X$，定义 $f(x)=\sum_{n=1}^{\infty} u_n(x)$. 证明：

$$\int_X f \mathrm{d}\mu = \sum_{n=1}^{\infty}\left[\int_X u_n \mathrm{d}\mu\right]$$

19. 证明：若 f 是 X 上的非负可测函数，则

$$\int_X f \mathrm{d}\mu = 0 \text{ 当且仅当在 } X \text{ 上 } f=0 \text{ a. e.}$$

⊖ 由于 α 和 β 是正的，而 f 和 g 是非负扩充实值函数，$\alpha f+\beta g$ 是在整个 X 上逐点恰当定义的扩充实值函数.

20. 对 ψ 和 φ 在有限测度集外消失的情形证明(2).

21. 令 f 和 g 为 X 上的非负可测函数使得在 X 上 a. e. $g\leqslant f$. 证明在 X 上 $f=g$ a. e. 当且仅当 $\int_X g\,\mathrm{d}\mu=\int_X f\,\mathrm{d}\mu$.

22. 假定 f 和 g 是 X 上的非负可测函数使得 f^2 和 g^2 在 X 上关于 μ 可积. 证明在 X 上 fg 也关于 μ 可积.

23. 令 X 为可测集的可数上升序列 $\{X_n\}$ 的并，而 f 是 X 上的非负可测函数. 证明 f 在 X 上可积当且仅当存在 $M\geqslant 0$ 使得对所有 n, $\int_{X_n} f\,\mathrm{d}\mu\leqslant M$.

24. 证明一般测度空间上的非负可测函数的积分的定义与一元实变量函数的 Lebesgue 积分的定义一致.

25. 令 η 为自然数集 $\mathbf{N}$ 上的计数测度. 刻画在 $\mathbf{N}$ 上关于 η 可积的非负实值函数(即序列)与 $\int_{\mathbf{N}} f\,\mathrm{d}\eta$ 的值.

26. 令 x_0 为集合 X 中的点，而 δ_{x_0} 是集中在 x_0 的 Dirac 测度. 刻画 X 上关于 δ_{x_0} 可积的非负实值函数与 $\int_X f\,\mathrm{d}\,\delta_{x_0}$ 的值.

18.3 一般可测函数的积分

令 $(X,\mathcal{M})$ 为可测空间而 f 是 X 上的可测函数. f 的正部 f^+ 与负部 f^- 定义为

$$f^+=\max\{f,0\},\quad f^-=\max\{-f,0\}$$

f^+ 和 f^- 都是 X 上的可测函数，满足在 X 上，

$$f=f^+-f^- \text{ 且 } |f|=f^++f^-$$

由于在 X 上，$0\leqslant f^+\leqslant |f|$ 且 $0\leqslant f^-\leqslant |f|$，我们从(8)推出，若 $|f|$ 在 X 上是可积的，则 f^+ 与 f^- 也如此. 反过来，根据非负函数积分的线性，若 f^+ 和 f^- 在 X 上可积，$|f|$ 也如此.

374

定义 令 $(X,\mathcal{M},\mu)$ 为测度空间. X 上的可测函数 f 称为在 X 上关于 μ **可积**，若 $|f|$ 在 X 上关于 μ 是可积的. 对这样的函数，我们定义 f 在 X 上关于 μ 的积分为

$$\int_X f\,\mathrm{d}\mu=\int_X f^+\,\mathrm{d}\mu-\int_X f^-\,\mathrm{d}\mu$$

对于 X 的可测子集 E，f 称为是在 E 上可积的，若 $f\cdot\chi_E$ 在 X 上关于 μ 是可积的. f 在 E 上的积分定义为 $\int_X f\cdot\chi_E\,\mathrm{d}\mu$ 且记为 $\int_E f\,\mathrm{d}\mu$.

积分的比较判别法 令 $(X,\mathcal{M})$ 为测度空间而 f 是 X 上的可测函数. 若 g 在 X 上可积且在 X 上 a. e. $|f|\leqslant g$ 的意义下控制 f，则 f 在 X 上可积且

$$\left|\int_X f\,\mathrm{d}\mu\right|\leqslant\int_X |f|\,\mathrm{d}\mu\leqslant\int_X g\,\mathrm{d}\mu \tag{15}$$

证明 不等式(8)告诉我们 $|f|$ 在 X 上可积. 我们援引命题 11 以及再次援引不等式(8)得出

$$\left|\int_X f\,\mathrm{d}\mu\right|=\left|\int_X f^+\,\mathrm{d}\mu-\int_X f^-\,\mathrm{d}\mu\right|\leqslant\int_X f^+\,\mathrm{d}\mu+\int_X f^-\,\mathrm{d}\mu=\int_X |f|\,\mathrm{d}\mu\leqslant\int_X g\,\mathrm{d}\mu \qquad ■$$

注　令$(X, \mathcal{M}, \mu)$为测度空间而 f 在 X 上可积. 我们从命题 9 用于 f 的正部与负部推出 f 在 X 上 a.e. 有限. 因此，若 g 和 h 在 X 上可积，根据 18.1 节的“注”采用的约定，定义 g 和 h 在 X 上的和 $g+h$. 此外，通过(9)用于 $g+h$ 的正部与负部，得出若 X_0 是 X 中使得 g 和 h 都有限的点集，则

$$\int_X [g+h]\mathrm{d}\mu = \int_{X_0} [g+h]\mathrm{d}\mu$$

因此 $h+g$ 在 X 上的积分是恰当定义的，即它不依赖于在 X 中的那些点处 $h+g$ 的函数值的选取，在那些点处，h 和 g 取相反符号的无穷值.

定理 12　令$(X, \mathcal{M}, \mu)$为测度空间而 f 和 g 在 X 上可积.

(线性)对实数 α 和 β，$\alpha f+\beta g$ 在 X 上可积且

$$\int_X [\alpha f+\beta g]\mathrm{d}\mu = \alpha\int_X f\,\mathrm{d}\mu + \beta\int_X g\,\mathrm{d}\mu$$

(单调性)若在 X 上 a.e. $f\leqslant g$，则

$$\int_X f\,\mathrm{d}\mu \leqslant \int_X g\,\mathrm{d}\mu$$

(在区域上的可加性)若 A 和 B 是 X 的不交可测子集，则

375

$$\int_{A\cup B} f\,\mathrm{d}\mu = \int_A f\,\mathrm{d}\mu + \int_B f\,\mathrm{d}\mu$$

证明　我们对系数 $\alpha=\beta=1$ 证明线性而将一般系数的情形留作练习. $|f|$ 和 $|g|$ 在 X 上都是可积的. 根据命题 11，和 $|f|+|g|$ 在 X 上也是可积的. 由于在 X 上，$|f+g|\leqslant |f|+|g|$，我们从(8)推出 $|f+g|$ 在 X 上是可积的. 因此 f，g 与 $f+g$ 的正部与负部在 X 上是可积的. 根据命题 9，通过从 X 中去掉测度为零的集合且用(9)，我们可以假设 f 和 g 在 X 上是有限的. 为证明线性必须证明：

$$\int_X [f+g]^+\,\mathrm{d}\mu - \int_X [f+g]^-\,\mathrm{d}\mu = \left[\int_X f^+\,\mathrm{d}\mu - \int_X f^-\,\mathrm{d}\mu\right] + \left[\int_X g^+\,\mathrm{d}\mu - \int_X g^-\,\mathrm{d}\mu\right] \quad (16)$$

但在 X 上，

$$(f+g)^+ - (f+g)^- = f+g = (f^+ - f^-) + (g^+ - g^-)$$

由于这六个函数都在 X 上取实值，

$$\text{在 } X \text{ 上，}\quad (f+g)^+ + f^- + g^- = (f+g)^- + f^+ + g^+$$

我们从命题 11 推出

$$\int_X (f+g)^+\,\mathrm{d}\mu + \int_X f^-\,\mathrm{d}\mu + \int_X g^-\,\mathrm{d}\mu = \int_X (f+g)^-\,\mathrm{d}\mu + \int_X f^+\,\mathrm{d}\mu + \int_X g^+\,\mathrm{d}\mu$$

由于 f，g 与 $f+g$ 在 X 上可积，这六个积分都是有限的. 重新排列这些积分以得到(16). 我们已证明积分的线性. 单调性由线性得出，由于若在 X 上 a.e. $f\leqslant g$，则在 X 上 $g-f\geqslant 0$ a.e. 因此，

$$0 \leqslant \int_X (g-f)\mathrm{d}\mu = \int_X g\,\mathrm{d}\mu - \int_X f\,\mathrm{d}\mu$$

区域上的可加性从线性以及观察到由于 A 和 B 是不交的，

$$\text{在 } X \text{ 上，}\quad f\cdot\chi_{A\cup B}=f\cdot\chi_A+f\cdot\chi_B$$ ■

得出.

正如我们在实变量函数的 Lebesgue 积分的情形中看到的，可积函数的乘积一般不是可积的. 在下一章，我们证明一般的 Hölder 不等式且描述函数的乘积的可积性.

定理 13（积分在区域上的可数可加性）　令$(X, \mathcal{M}, \mu)$为测度空间而 f 在 X 上可积，而$\{X_n\}_{n=1}^{\infty}$是可测集的不交可数族，其并是 X. 则

376

$$\int_X f\,\mathrm{d}\mu=\sum_{n=1}^{\infty}\int_{X_n} f\,\mathrm{d}\mu \tag{17}$$

证明　我们假设 $f\geqslant 0$. 一般情形通过考虑 f 的正部与负部得到. 对每个自然数 n，在 X 上定义 $f_n=\sum_{k=1}^{n} f\cdot\chi_{X_n}$.

求和公式(17)现在由单调收敛定理与积分的线性得到. ■

对于 X 上的非负可积函数 g，该定理告诉我们集函数 $E\mapsto\int_E g\,\mathrm{d}\mu$ 定义了 $\mathcal{M}$ 上的有限测度[⊖]，因此具有测度的连续性质. 这个用于可积函数的正部与负部的观察，提供了以下定理的证明.

定理 14（积分的连续性）　令$(X, \mathcal{M}, \mu)$为测度空间而函数 f 在 X 上可积.

(i) 若$\{X_n\}_{n=1}^{\infty}$是 X 的可测子集的上升可数族，其并是 X，则

$$\int_X f\,\mathrm{d}\mu=\lim_{n\to\infty}\int_{X_n} f\,\mathrm{d}\mu \tag{18}$$

(ii) 若$\{X_n\}_{n=1}^{\infty}$是 X 的可测子集的下降可数族，则

$$\int_{\bigcap_{n=1}^{\infty}X_n} f\,\mathrm{d}\mu=\lim_{n\to\infty}\int_{X_n} f\,\mathrm{d}\mu \tag{19}$$

至今仅有的可积函数类是在有限测度集外消失的简单函数. 以下定理给出了大得多的可积函数的线性空间.

定理 15　令$(X, \mathcal{M}, \mu)$为测度空间而 f 是 X 上的可测函数. 若 f 在 X 上是有界的且在有限测度集外消失，则 f 在 X 上可积.

证明　我们假设在 X 上 $f\geqslant 0$. 一般情形通过考虑 f 的正部与负部得出. 令 X_0 为有限测度集使得 f 在 $X\sim X_0$ 上消失. 选取 $M\geqslant 0$ 使得在 X 上 $0\leqslant f\leqslant M$. 定义 $\varphi=M\cdot\chi_{X_0}$. 则在 X 上，$0\leqslant f\leqslant\varphi$. 我们从(8)推出

$$\int_X f\,\mathrm{d}\mu\leqslant\int_X\varphi\,\mathrm{d}\mu=M\cdot\mu(X_0)<\infty$$ ■

⊖ 空集上的积分定义为零.

推论 16　令 X 为紧拓扑空间而 $\mathcal{M}$ 是 X 的子集的 σ 代数，它包含 X 上的拓扑. 若 f 是 X 上的连续实值函数而 $(X, \mathcal{M}, \mu)$ 是有限测度空间，则 f 在 X 上关于 μ 可积.

证明　由于 f 是连续的，对每个实数的开集 $\mathcal{O}$，$f^{-1}(\mathcal{O})$ 在 X 上是开的，因此属于 $\mathcal{M}$. 因此 f 是可测的. 另一方面，由于 X 是紧的，f 是有界的. 根据假设，$\mu(X)<\infty$. 前一个定理告诉我们 f 在 X 上关于 μ 可积. ■

377

我们现在回到对逐点收敛于极限函数的可积函数序列建立积分号下取极限的合理性准则.

Lebesgue 控制收敛定理　令 $(X, \mathcal{M}, \mu)$ 为测度空间，而 $\{f_n\}$ 是 X 上的可测函数列，使得在 X 上 a.e. 逐点地 $\{f_n\}\to f$，而函数 f 是可测的. 假设存在 X 上可积的非负函数 g 在以下意义下控制序列 $\{f_n\}$，

$$\text{对所有 } n, \text{在 } X \text{ 上 a.e. } |f_n| \leqslant g$$

则 f 在 X 上可积且

$$\lim_{n\to\infty}\int_X f_n \mathrm{d}\mu = \int_X f \mathrm{d}\mu$$

证明　对每个自然数 n，非负函数 $g-f_n$ 与 $g+f_n$ 是可测的. 根据积分的比较判别法，对每个 n，f 和 f_n 在 X 上是可积的. 将 Fatou 引理与积分的线性用于非负可测函数序列 $\{g-f_n\}$ 与 $\{g+f_n\}$ 得出：

$$\int_X g \mathrm{d}\mu - \int_X f \mathrm{d}\mu = \int_X [g-f]\mathrm{d}\mu \leqslant \liminf \int_X [g-f_n]\mathrm{d}\mu = \int_X g \mathrm{d}\mu - \limsup \int_X f_n \mathrm{d}\mu$$

$$\int_X g \mathrm{d}\mu + \int_X f \mathrm{d}\mu = \int_X [g+f]\mathrm{d}\mu \leqslant \liminf \int_X [g+f_n]\mathrm{d}\mu = \int_X g \mathrm{d}\mu + \liminf \int_X f_n \mathrm{d}\mu$$

因此

$$\limsup \int_X f_n \mathrm{d}\mu \leqslant \int_X f \mathrm{d}\mu \leqslant \liminf \int_X f_n \mathrm{d}\mu$$ ■

我们对一元实变量函数的 Lebesgue 积分证明了 Vitali 收敛定理，首先对有限 Lebesgue 测度集上的积分(见 4.6 节定理 26)，然后对无穷 Lebesgue 测度集上的积分(见 5.1 节). 我们现在对一般积分证明该定理的一个小的变动.

定义　令 $(X, \mathcal{M}, \mu)$ 为测度空间，而 $\{f_n\}$ 是 X 上的函数序列，它们在 X 上可积. 序列 $\{f_n\}$ 称为在 X 上**一致可积**，若对每个 $\varepsilon>0$，存在 $\delta>0$ 使得对任何自然数 n 和 X 的可测子集 E，

$$\text{若 } \mu(E)<\delta, \quad \text{则} \int_E |f_n| \mathrm{d}\mu < \varepsilon \tag{20}$$

序列 $\{f_n\}$ 称为在 X 上是**紧的**，若对每个 $\varepsilon>0$，存在 X 的有限测度的子集 X_0，对任何自然数 n，

378

$$\int_{X\sim X_0}|f_n|\,\mathrm{d}\mu<\varepsilon$$

命题 17　令$(X,\mathcal{M},\mu)$为测度空间，而函数 f 在 X 上可积．则对每个 $\varepsilon>0$，存在 $\delta>0$ 使得对 X 的任何可测子集 E，

$$\text{若 }\mu(E)<\delta,\quad \text{则}\int_E|f|\,\mathrm{d}\mu<\varepsilon \tag{21}$$

此外，对每个 $\varepsilon>0$，存在 X 的具有有限测度的子集 X_0，使得

$$\int_{X\sim X_0}|f|\,\mathrm{d}\mu<\varepsilon \tag{22}$$

证明　我们假设在 X 上 $f\geqslant0$．一般情形从考虑 f 的正部与负部得到．令 $\varepsilon>0$．由于 $\int_X f\,\mathrm{d}\mu$ 是有限的，根据非负函数的积分的定义，存在 X 上的简单函数 ψ 使得

$$\text{在 } X \text{ 上，}\quad 0\leqslant\psi\leqslant f \text{ 且 } 0\leqslant\int_X f\,\mathrm{d}\mu-\int_X\psi\,\mathrm{d}\mu<\varepsilon/2$$

选取 $M>0$ 使得在 X 上 $0\leqslant\psi\leqslant M$．因此，根据积分的线性与单调性，若 $E\subseteq X$ 是可测的，则

$$\int_E f\,\mathrm{d}\mu=\int_E\psi\,\mathrm{d}\mu+\int_E[f-\psi]\,\mathrm{d}\mu\leqslant\int_E\psi\,\mathrm{d}\mu+\varepsilon/2\leqslant M\cdot\mu(E)+\varepsilon/2$$

因此(21)对 $\delta=\varepsilon/2M$ 成立．由于简单函数 ψ 在 X 上可积，可测集 $X_0=\{x\in X\mid\psi(x)>0\}$有有限测度．此外，

$$\int_{X\sim X_0}f\,\mathrm{d}\mu=\int_{X\sim X_0}[f-\psi]\,\mathrm{d}\mu\leqslant\int_X[f-\psi]\,\mathrm{d}\mu<\varepsilon$$

证明完毕． ■

Vitali 收敛定理　令$(X,\mathcal{M},\mu)$为测度空间，而$\{f_n\}$是 X 上的函数序列，它在 X 上既是一致可积又是紧的．假设在 X 上 a. e. 逐点地$\{f_n\}\to f$，而函数 f 在 X 上可积．则

$$\lim_{n\to\infty}\int_E f_n\,\mathrm{d}\mu=\int_X f\,\mathrm{d}\mu$$

证明　观察到对所有 n，在 X 上，$|f-f_n|\leqslant|f|+|f_n|$ a. e.．因此，根据积分比较法与积分在区域上的可加性和单调性，若 X_0 和 X_1 是 X 的满足$X_1\subseteq X_0$ 的可测子集，则对所有 n，由于 X 是不交并 $X=X_1\cup[X_0\sim X_1]\cup[X\sim X_0]$，

$$\left|\int_X[f_n-f]\,\mathrm{d}\mu\right|\leqslant\int_{X_1}|f_n-f|\,\mathrm{d}\mu+\int_{X_0\sim X_1}[|f_n|+|f|]\,\mathrm{d}\mu+\int_{X\sim X_0}[|f_n|+|f|]\,\mathrm{d}\mu \tag{23}$$

379　令 $\varepsilon>0$．根据前一个命题、$\{f_n\}$的紧性以及积分的线性，存在 X 的有限测度的可测子集 X_0 使得

$$\text{对所有 } n,\quad \int_{X\sim X_0}[|f_n|+|f|]\,\mathrm{d}\mu=\int_{X\sim X_0}|f_n|\,\mathrm{d}\mu+\int_{X\sim X_0}|f|\,\mathrm{d}\mu<\varepsilon/3 \tag{24}$$

根据前一个命题、$\{f_n\}$的一致可积性以及积分的线性，存在 $\delta>0$ 使得对 X 的任何可测子集 E，

$$\text{若 } \mu(E)<\delta, \quad \text{则对所有 } n, \quad \int_E [|f_n|+|f|]d\mu=\int_E |f_n|d\mu+\int_E |f|d\mu<\varepsilon/3 \tag{25}$$

根据假设，f 在 X 上可积. 因此 f 在 X 上 a. e. 有限. 此外，$\mu(X_0)<\infty$. 我们可以运用 Egoroff 定理推出，存在 X_0 的可测子集 X_1 使得 $\mu(X_0\sim X_1)<\delta$ 且$\{f_n\}$在 X_1 上一致收敛于 f. 从(25)得出对所有 n，

$$\int_{X_0\sim X_1}[|f_n|+|f|]d\mu<\varepsilon/3 \tag{26}$$

另一方面，根据在有限测度集 X_1 上$\{f_n\}$一致收敛到 f，存在 N 使得

$$\text{对所有 } n\geqslant N, \quad \int_{X_1}|f_n-f|d\mu\leqslant \sup_{x\in X_1}|f_n(x)-f(x)|\cdot\mu(X_1)<\varepsilon/3 \tag{27}$$

从不等式(23)，以及三个估计(24)、(26)、(27)，我们得出

$$\text{对所有 } n\geqslant N, \quad \left|\int_X [f_n-f]d\mu\right|<\varepsilon$$

证明完毕. ■

关于一般测度空间的 Vitali 收敛定理与实直线上的 Lebesgue 测度的特殊情形不同. 在一般情形，我们需要假设极限函数 f 在 E 上是可积的. f 的可积性不能像实直线上的 Lebesgue 测度那样从$\{f_n\}$的可积性和紧性得出(见习题 36 与 37). 事实上，令 X 为包含适当的非空集合 E 的集合. 考虑 σ 代数 $\mathcal{M}=\{\emptyset, E, X\sim E, X\}$，定义 $\mu(\emptyset)=0$，$\mu(E)=\mu(X\sim E)=1/2$ 而 $\mu(X)=1$. 对每个自然数 n，定义 $f_n=n\cdot\chi_E-n\cdot\chi_{X\sim E}$. 序列$\{f_n\}$是一致可积与紧的，在 X 上逐点收敛于函数 f，f 在 E 上取常值∞，而在 $X\sim E$ 上取$-\infty$. 极限函数在 X 上关于 μ 不是可积的.

我们将以下推论的证明留作练习.

推论 18　令$(X, \mathcal{M}, \mu)$为测度空间，而$\{h_n\}$是 X 上的非负可积函数序列. 假定对 X 中的几乎所有 x，$\{h_n(x)\}\to 0$. 则

$$\lim_{n\to\infty}\int_X h_n d\mu=0 \text{ 当且仅当}\{h_n\}\text{是一致可积与紧的}$$

380

习题

在以下习题中，$(X, \mathcal{M}, \mu)$是参考的测度空间，可测意味着关于 $\mathcal{M}$ 可测，可积意味着关于 μ 可积.

27. 对集合 X，令 $\mathcal{M}$ 为 X 的所有子集的 σ 代数.
    (i) 令 η 为 $\mathcal{M}$ 的计数测度. 刻画 X 上关于 η 可积的实值函数与 $\int_X f d\eta$ 的值.
    (ii) 令 x_0 为 X 的成员，而δ_{x_0}是集中在 x_0 的 Dirac 测度. 刻画 X 上关于δ_{x_0}可积的实值函数与 $\int_X f d\delta_{x_0}$ 的值.
28. 证明：若 f 在 X 上可积，则 f 在 X 的每个可测子集上可积.

29. 令 f 为 X 上的可测函数，而 A 和 B 是 X 的可测子集，使得 $X=A\cup B$ 且 $A\cap B=\varnothing$. 证明 f 在 X 上可积当且仅当它在 A 和 B 上都可积.
30. 令 X 为可测集 $\{X_n\}_{n=1}^{\infty}$ 的不交并. 对 X 上的可测函数 f，用 f 在这些 X_n 上的可积性刻画 f 在 X 上的可积性.
31. 令 $(X, \mathcal{M}, \mu)$ 为测度空间使得 $\mu(X)=0$，而函数 f 在 X 上取常值 ∞. 证明 $\int_X f\mathrm{d}\mu=0$.
32. 令 f 在 X 上关于 μ 可积. 证明对 X 的每个可测子集 E，$\int_E f\mathrm{d}\mu=0$ 当且仅当在 X 上 $f=0$ a. e..
33. 令 $(X, \mathcal{M}, \mu)$ 为测度空间，而 f 是 X 上在有限测度集外消失的有界可测函数. 证明：
$$\int_X f\mathrm{d}\mu=\sup\int_X \psi\mathrm{d}\mu=\inf\int_X \varphi\mathrm{d}\mu$$
其中 ψ 取遍 X 上满足 $\psi\leqslant f$ 的所有简单函数，而 φ 取遍 X 上满足 $f\leqslant\varphi$ 的所有简单函数.
34. 令 $(X, \mathcal{M}, \mu)$ 为测度空间，而 f 是在有限测度集外消失的有界函数. 假设
$$\sup\int_X \psi\mathrm{d}\mu=\inf\int_X \varphi\mathrm{d}\mu$$
其中 ψ 取遍 X 上满足 $\psi\leqslant f$ 的所有简单函数，而 φ 取遍 X 上满足 $f\leqslant\varphi$ 的所有简单函数.
证明 f 关于 $(X, \mathcal{M}, \mu)$ 的完备化可测.
35. 对一般系数 α 和 β 证明积分的线性性质.
36. 令 $\{f_n\}$ 为 X 上的一致可积的可积函数序列. 假定在 X 上逐点地 $\{f_n\}\to f$，而 f 是可测的且在 X 上 a. e. 有限. 证明 f 在 X 上可积.
37. 令 $\{f_n\}$ 为 X 上的一致可积的可积函数序列. 假定在 X 上 a. e. 逐点地 $\{f_n\}\to f$，而 f 是可测的. 假设测度空间具有性质：对每个 $\varepsilon>0$，X 是可测集的有限族的并，该族中每个集合的测度至多为 ε. 证明 f 在 X 上可积.

381

38. 证明推论 18.
39. 从 Vitali 收敛定理导出 Lebesgue 控制收敛定理.
40. 证明在 Lebesgue 控制收敛定理与 Vitali 收敛定理中，几乎处处收敛可被依测度收敛代替.
41. 令 $\{f_n\}$ 为 X 上的函数序列，该序列的每个函数在 X 上可积. 证明 $\{f_n\}$ 是一致可积的当且仅当对每个 $\varepsilon>0$，存在 $\delta>0$ 使得对任何自然数 n 与 X 的可测子集 E，
$$\text{若 } \mu(E)<\delta, \quad \text{则 } \left|\int_E f_n\mathrm{d}\mu\right|<\varepsilon$$
42. 令 η 为 $\mathcal{M}$ 上的测度. 对 X 上关于可测空间 $(X, \mathcal{M})$ 可测的扩充实值函数 f，在什么条件下，
$$\int_X f\mathrm{d}[\mu+\eta]=\int_X f\mathrm{d}\mu+\int_X f\mathrm{d}\eta$$
43. 令 $\mathcal{M}_0$ 为包含于 $\mathcal{M}$ 的 σ 代数，μ_0 是 μ 在 $\mathcal{M}_0$ 上的限制，而 f 是关于 $\mathcal{M}_0$ 可测的非负函数. 证明 f 关于 $\mathcal{M}$ 可测且
$$\int_X f\mathrm{d}\mu_0\leqslant\int_X f\mathrm{d}\mu$$
该不等式是严格的吗?
44. 令 ν 为 $(X, \mathcal{M})$ 上的带号测度. 若 f 在 X 上关于 ν^+ 和 ν^- 都可积，我们定义 f 在 X 上关于带号测度 ν 的积分为
$$\int_X f\mathrm{d}\nu=\int_X f\mathrm{d}\nu^+-\int_X f\mathrm{d}\nu^-$$
证明：若在 X 上 $|f|\leqslant M$，则

$$\left|\int_X f \mathrm{d}\nu\right| \leqslant M|\nu|(X)$$

此外，若 $|\nu|(X)<\infty$，证明存在 X 上的可测函数 f，满足在 X 上 $|f|\leqslant 1$，使得

$$\int_X f \mathrm{d}\nu = |\nu|(X)$$

45. 令 g 为在 X 上可积的非负函数. 对所有 $E\in\mathcal{M}$ 定义

$$\nu(E) = \int_E g \mathrm{d}\mu$$

(i) 证明 ν 是可测空间 $(X, \mathcal{M})$ 上的测度.

(ii) 令 f 为 X 上关于 $\mathcal{M}$ 可测的非负函数. 证明

$$\int_X f \mathrm{d}\nu = \int_X fg \mathrm{d}\mu$$

(提示：首先对 f 是简单的情形证明，接着用简单逼近引理与单调收敛定理.)

382

46. 令 $\nu:\mathcal{M}\to[0,\infty)$ 为有限可加集函数. 证明：若 f 是 X 上的有界可测函数，则 f 在 X 上关于 ν 的积分 $\int_X f \mathrm{d}\nu$ 可被恰当定义，使得 $\int_X \chi_E \mathrm{d}\nu=\nu(E)$，若 E 是可测的，积分是线性的、单调的，对有界可测函数是可加的.

47. 令 μ 为代数 $\mathcal{S}$ 上的有限预测度，而 $\overline{\mu}$ 是它的 Carathéodory 延拓. 令 E 为 μ^* 可测. 证明对每个 $\varepsilon>0$，存在 $A\in\mathcal{S}$，使得

$$\overline{\mu}([A\sim E]\cup[E\sim A])<\varepsilon$$

48. 令 $\mathcal{S}$ 为集合 X 的子集的代数. 我们说函数 $\varphi:X\to\mathbf{R}$ 是 $\mathcal{S}$ 简单的，若 $\varphi=\sum_{k=1}^{n} a_k\cdot\chi_{A_k}$，其中每个 $A_k\in\mathcal{S}$. 令 μ 为 $\mathcal{S}$ 上的预测度，而 $\overline{\mu}$ 是它的 Carathéodory 延拓. 给定 $\varepsilon>0$ 与在 X 上关于 $\overline{\mu}$ 可积的函数 f，证明存在 $\mathcal{S}$ 简单的函数 φ 使得

$$\int_X |f-\varphi| \mathrm{d}\overline{\mu}<\varepsilon$$

18.4 Radon-Nikodym 定理

令 $(X, \mathcal{M})$ 为可测空间. 对 $(X, \mathcal{M})$ 上的测度 μ 和 X 上关于 $\mathcal{M}$ 可测的非负函数 f，定义 $\mathcal{M}$ 上的集函数 ν 为对所有 $E\in\mathcal{M}$，

$$\nu(E) = \int_E f \mathrm{d}\mu \tag{28}$$

我们从积分的线性和单调收敛定理推出，ν 是可测空间 $(X, \mathcal{M})$ 上的测度，且它具有性质

$$\text{若 } E\in\mathcal{M} \text{ 且 } \mu(E)=0, \quad \text{则 } \nu(E)=0 \tag{29}$$

本节标题命名的定理断言：若 μ 是 σ 有限的，则 $(X, \mathcal{M})$ 上每个具有性质(29)的 σ 有限测度 ν 由对 X 上关于 $\mathcal{M}$ 可测的某个非负函数 f 的积分(28)给出. 测度 ν 称为关于 μ **绝对连续**，若(29)成立. 我们用符号 $\nu\ll\mu$ 表示 ν 关于 μ 绝对连续. 以下命题用熟悉的连续性准则的形式改写绝对连续性.

命题 19　令 $(X, \mathcal{M}, \mu)$ 为测度空间，而 ν 是可测空间 $(X, \mathcal{M})$ 上的有限测度. 则 ν 关于 μ 绝对连续当且仅当对每个 $\varepsilon>0$，存在 $\delta>0$ 使得对任何集合 $E\in\mathcal{M}$，

$$\mu(E)<\delta, \quad \text{则 } \nu(E)<\varepsilon \tag{30}$$

383

证明 显然 ϵ-δ 准则(30)蕴涵 ν 关于 μ 绝对连续，与 ν 的有限性无关. 为证明逆命题，我们用反证法. 假定 ν 关于 μ 绝对连续但 ϵ-δ 准则(30)不成立. 则存在ϵ_0 和 $\mathcal{M}$ 中的集列 $\{E_n\}$使得对每个 n，$\mu(E_n)<1/2^n$ 而$\nu(E_n)\geqslant\epsilon_0$. 对每个 n，定义 $A_n=\bigcup_{k=n}^{\infty}E_k$. 则$\{A_n\}$是 $\mathcal{M}$ 中集合的递减序列. 根据 ν 的单调性和 μ 的可数次可加性，

$$\text{对所有 } n,\quad \nu(A_n)\geqslant\epsilon_0 \text{ 而 } \mu(A_n)\leqslant 1/2^{n-1}$$

定义 $A_\infty=\bigcap_{k=1}^{\infty}A_n$. 根据测度 μ 的单调性，$\mu(A_\infty)=0$. 由于$\nu(A_1)\leqslant\nu(X)<\infty$，对所有 n，$\nu(A_n)\geqslant\epsilon_0$，我们从测度 ν 的连续性推出$\nu(A_\infty)\geqslant\epsilon_0$. 这与 ν 关于 μ 绝对连续矛盾. ■

Radon-Nikodym 定理 令$(X,\mathcal{M},\mu)$为 σ 有限测度空间，而 ν 是定义在可测空间$(X,\mathcal{M})$上的 σ 有限测度，它关于 μ 绝对连续. 则存在 X 上的非负函数 f，它关于 $\mathcal{M}$ 可测，使得对所有 $E\in\mathcal{M}$，

$$\nu(E)=\int_E f\,\mathrm{d}\mu \tag{31}$$

函数 f 在以下意义下是唯一的：若 g 是任何 X 上也有该性质的非负可测函数，则 $g=f$ a. e. $[\mu]$.

证明 我们假设 μ 和 ν 都是有限测度而将推广到 σ 有限的情形留作练习. 若对所有 $E\in M$，$\nu(E)=0$，则(31)对 X 上的 $f\equiv 0$ 成立. 因此假设 ν 在整个 $\mathcal{M}$ 上不消失. 我们首先证明存在 X 上的非负可测函数 f 使得

$$\text{对所有 } E\in M,\quad \int_E f\,\mathrm{d}\mu>0,\quad \int_E f\,\mathrm{d}\mu\leqslant\nu(E) \tag{32}$$

对$\lambda>0$，考虑有限带号测度 $\nu-\lambda\mu$. 根据 Hahn 分解定理，存在 $\nu-\lambda\mu$ 的 Hahn 分解$\{P_\lambda,N_\lambda\}$，即 $X=P_\lambda\cup N_\lambda$ 且$P_\lambda\cap N_\lambda=\emptyset$，其中$P_\lambda$是关于$\nu$-$\lambda\mu$ 的正集而 N_λ是负集. 我们宣称：存在某个 $\lambda>0$，使得 $\mu(P_\lambda)>0$. 假设不是这样. 令 $\lambda>0$，则 $\mu(P_\lambda)=0$. 因此 $\mu(E)=0$. 根据绝对连续性，$\nu(E)=0$. 由于 N_λ是关于$\nu-\lambda\mu$ 的负集，

$$\text{对所有 } E\in M \text{ 与所有 } \lambda>0,\quad \nu(E)\leqslant\lambda\mu(E) \tag{33}$$

我们从这些不等式推出：若 $\mu(E)>0$，$\nu(E)=0$. 当然，根据绝对连续性，若 $\mu(E)=0$，则 $\nu(E)=0$. 由于 $\mu(X)<\infty$，对所有 $E\in M$，$\nu(E)=0$. 这是一个矛盾. 因此我们可以选取λ_0使得 $\mu(P_{\lambda_0})>0$. 定义 f 为λ_0 乘P_{λ_0} 的特征函数. 观察到 $\int_X f\,\mathrm{d}\mu>0$ 且由于 ν-$\lambda_0\mu$ 在P_{λ_0} 上是正的，对所有 $E\in\mathcal{M}$，

$$\int_E f\,\mathrm{d}\mu=\lambda_0\mu(P_{\lambda_0}\cap E)\leqslant\nu(P_{\lambda_0}\cap E)\leqslant\nu(E)$$

384

因此(32)对 f 的这个选取成立. 定义 $\mathcal{F}$ 为 X 上使得对所有 $E\in\mathcal{M}$，

$$\int_E f\,\mathrm{d}\mu\leqslant\nu(E)$$

的非负可测函数族. 接着定义

$$M = \sup_{f \in \mathcal{F}} \int_X f \mathrm{d}\mu \tag{34}$$

我们证明存在 $f \in \mathcal{F}$ 使得 $\int_X f \mathrm{d}\mu = M$，而(31)对任何这样的 f 成立. 若 g 和 h 属于 $\mathcal{F}$，则 $\max\{g, h\}$ 也如此. 事实上，对任何可测集 E，将 E 分解为 $E_1 = \{x \in X \mid g(x) < h(x)\}$ 与 $E_2 = \{x \in X \mid g(x) \geqslant h(x)\}$ 的不交并且观察到

$$\int_E \max\{g, h\} \mathrm{d}\mu = \int_{E_1} h \mathrm{d}\mu = \int_{E_2} g \mathrm{d}\mu \leqslant \nu(E_1) + \nu(E_2) = \nu(E)$$

选取 $\mathcal{F}$ 中的序列 $\{f_n\}$ 使得 $\lim_{n \to \infty} \int_X f_n \mathrm{d}\mu = M$. 我们假设 $\{f_n\}$ 在 X 上是逐点递增的，否则，用 $\max\{f_1, \cdots, f_n\}$ 代替每个 f_n. 对每个 $x \in X$，定义 $f(x) = \lim_{n \to \infty} f_n(x)$. 我们从单调收敛定理推出 $\int_X f \mathrm{d}\mu = M$，从而 f 属于 $\mathcal{F}$. 对所有 $E \in \mathcal{M}$，定义

$$\eta(E) = \nu(E) - \int_E f \mathrm{d}\mu \tag{35}$$

根据假设 $\nu(X) < \infty$，因此 $\int_X f \mathrm{d}\mu \leqslant \nu(X) < \infty$，根据积分的可数可加性，$\eta$ 是一个带号测度. 它是一个测度，由于 f 属于 $\mathcal{F}$，且它关于 μ 绝对连续. 我们宣称在 $\mathcal{M}$ 上 $\eta = 0$，因此(31)对 f 的这个选取成立. 事实上，若不是这样，我们用刚才的方法(其中 ν 被 η 代替)得出，存在非负可测函数 $\hat{f}$ 使得

$$\text{对所有 } E \in \mathcal{M}, \int_X \hat{f} \mathrm{d}\mu > 0 \text{ 且} \int_E \hat{f} \mathrm{d}\mu \leqslant \eta(E) = \nu(E) - \int_E f \mathrm{d}\mu \tag{36}$$

因此 $f + \hat{f}$ 属于 $\mathcal{F}$，$\int_X [f + \hat{f}] \mathrm{d}\mu > \int_X f \mathrm{d}\mu = M$ 与 f 的选取矛盾. 剩下来要证明唯一性. 若存在两个可积函数 f_1 与 f_2 使得(31)成立，则根据积分的线性，对所有 $E \in \mathcal{M}$，

$$\int_E [f_1 - f_2] \mathrm{d}\mu = 0$$

因此在 X 上 $f_1 = f_2$ a. e. $[\mu]$. ■

在习题 59 中我们概述了归功于 John von Neumann 的 Radon-Nikodym 定理的另一个证明：它依赖于关于 Hilbert 空间的对偶的 Riesz-Fréchet 表示定理.

例子 在 Radon-Nikodym 定理中 σ 有限的假设是必要的. 事实上，考虑可测空间 $(X, \mathcal{M})$，其中 $X = [0, 1]$ 而 $\mathcal{M}$ 是 $[0, 1]$ 的 Lebesgue 可测子集族. 定义 μ 为 $\mathcal{M}$ 上的计数测度，因此若 E 是有限的，$\mu(E)$ 是 E 中点的个数，否则 $\mu(E) = \infty$. 仅有的测度为零的集是空集. 因此 $\mathcal{M}$ 上的每个测度关于 μ 绝对连续. 定义 m 为 $\mathcal{M}$ 上的 Lebesgue 测度. 我们把证明不存在 X 上的非负 Lebesgue 可测函数 f 使得 [385]

$$\text{对所有 } E \in \mathcal{M}, m(E) = \int_E f \mathrm{d}\mu$$

留作练习. 回忆可测空间 $(X, \mathcal{M})$ 上的带号测度 ν，存在 Jordan 分解 $\nu = \nu_1 - \nu_2$，其中 ν_1 和

ν_2 是 $\mathcal{M}$ 上的测度，它们中的一个是有限的．我们定义测度 $|\nu|$ 为 $\nu_1+\nu_2$．若 μ 是 $\mathcal{M}$ 上的测度，带号测度 ν 称为关于 μ 绝对连续，若 $|\nu|$ 关于 μ 绝对连续，它等价于 ν_1 和 ν_2 都关于 μ 绝对连续．从带号测度的这个分解以及 Radon-Nikodym 定理，我们有以下关于有限带号测度的同样的定理．

推论 20 令 $(X,\ \mathcal{M},\ \mu)$ 为 σ 有限测度空间，而 ν 是可测空间 $(X,\ \mathcal{M})$ 上的有限带号测度，它关于 μ 绝对连续．则存在函数 f，它在 X 上关于 μ 可积且

$$\text{对所有 } E\in\mathcal{M},\nu(E)=\int_E f\,d\mu$$

回忆给定可测空间 $(X,\ \mathcal{M})$ 上的两个测度 μ 和 ν，我们说 μ 和 ν 是相互奇异的（写为 $\mu\perp\nu$），若 $\mathcal{M}$ 中存在不交的集合 A 和 B，使得 $X=A\cup B$ 且 $\nu(A)=\mu(B)=0$．

Lebesgue 分解定理 令 $(X,\ \mathcal{M},\ \mu)$ 为 σ 有限测度空间，而 ν 是可测空间 $(X,\ \mathcal{M})$ 上的 σ 有限测度．则存在 $\mathcal{M}$ 上的测度 ν_0（它关于 μ 奇异）以及 $\mathcal{M}$ 上的测度 ν_1（它关于 μ 绝对连续），使得 $\nu=\nu_0+\nu_1$．测度 ν_0 和 ν_1 是唯一的．

证明 定义 $\lambda=\mu+\nu$．我们把证明若 g 是非负的且关于 $\mathcal{M}$ 可测，则

$$\text{对所有 } E\in\mathcal{M},\quad \int_E g\,d\lambda=\int_E g\,d\mu+\int_E g\,d\nu$$

留作练习．

由于 μ 和 ν 是 σ 有限测度，测度 λ 也是．此外，μ 关于 λ 绝对连续．Radon-Nikodym 定理告诉我们存在非负可测函数 f 使得

$$\text{对所有 } E\in\mathcal{M},\quad \mu(E)=\int_E f\,d\lambda=\int_E f\,d\mu+\int_E f\,d\nu \tag{37}$$

定义 $X_+=\{x\in X\,|\,f(x)>0\}$ 与 $X_0=\{x\in X\,|\,f(x)=0\}$．由于 f 是可测函数，$X=X_0\cup X_+$ 是 X 的可测集的不交分解，因此 $\nu=\nu_0+\nu_1$ 是 ν 的作为相互奇异测度的和的表达式，其中对所有 $E\in\mathcal{M}$，

$$\nu_0(E)=\nu(E\cap X_0)\ \text{而}\ \nu_1(E)=\nu(E\cap X_+)$$

386

现在 $\mu(X_0)=\int_{X_0} f\,d\lambda=0$，由于在 X_0 上 $f=0$，$\nu_0(X_+)=\nu(X_+\cap X_0)=\nu(\emptyset)=0$．因此 μ 与 ν_0 相互奇异．剩下来仅须证明 ν_1 关于 μ 绝对连续．令 $\mu(E)=0$．我们必须证明 $\nu_1(E)=0$．然而，由于 $\mu(E)=0$，$\int_E f\,d\mu=0$．因此根据(37)与积分在区域上的可加性，

$$\int_E f\,d\nu=\int_{E\cap X_0} f\,d\nu+\int_{E\cap X_+} f\,d\nu=0$$

但在 $E\cap X_0$ 上 $f=0$，在 $E\cap X_+$ 上 $f>0$，因此 $\nu(E\cap X_+)=0$，即 $\nu_1(E)=0$． ■

对以下关系做一些说明：一个测度关于另一个测度绝对连续的概念及其积分表示与我们在第 6 章证明的绝对连续函数表示为其导数的不定积分．令 $[a,\ b]$ 为闭有界区间，而 $[a,\ b]$ 上的实值函数 h 是绝对连续的．根据第 6 章的定理 10，

$$\text{对所有}[c,d]\subseteq[a,b],\quad h(d)-h(c)=\int_c^d h'\mathrm{d}\mu \tag{38}$$

我们宣称这足以证明 $X=[a,b]$，$\mathcal{M}$ 是$[a,b]$的 Borel 子集的 σ 代数，而 μ 是 $\mathcal{M}$ 上的 Lebesgue 测度的情形时的 Radon-Nikodym 定理．事实上，令 ν 为可测空间$([a,b],\mathcal{M})$上的有限测度，它关于 Lebesgue 测度绝对连续．定义$[a,b]$上的函数 h 为

$$\text{对所有 } x\in[a,b],\quad h(x)=\nu([a,x]) \tag{39}$$

函数 h 称为与 ν 相联系的累积分布函数．函数 h 从测度 ν 继承了绝对连续性．因此，根据(38)，

$$\text{对所有 } E=[c,d]\subseteq[a,b],\quad \nu(E)=\int_E h'\mathrm{d}\mu$$

然而，我们从前一章的推论 14 推出，两个 σ 有限测度在$[a,b]$的闭有界子区间相等，则包含这些区间的最小 σ 代数，即包含于$[a,b]$的 Borel 集相等．因此

$$\text{对所有 } E\in\mathcal{M},\quad \nu(E)=\int_E h'\mathrm{d}\mu$$

Radon-Nikodym 定理是绝对连续函数表示为导数的不定积分的深远推广．使得(31)成立的函数 f 称为 ν 关于 μ 的 **Radon-Nikodym 导数**．它常记为$\dfrac{\mathrm{d}\nu}{\mathrm{d}\mu}$.

习题

49. 证明关于有限测度 μ 和 ν 的 Radon-Nikodym 定理蕴涵关于 σ 有限测度 μ 和 ν 的 Radon-Nikodym 定理.
50. 证明 Radon-Nikodym 定理中函数 f 的唯一性.
51. 令$[a,b]$为闭有界区间，函数 f 在$[a,b]$上为有界变差函数．证明存在$[a,b]$上的绝对连续函数 g 以及$[a,b]$上满足 $h'=0$ a. e. 的有界变差函数 h，使得 $f=g+h$．接着证明除了加上常数外该分解是唯一的. 387
52. 令$(X,\mathcal{M},\mu)$为有限测度空间，$\{E_k\}_{k=1}^n$是可测集族，而$\{c_k\}_{k=1}^n$是实数集．对 $E\in\mathcal{M}$，定义

$$\nu(E)=\sum_{k=1}^n c_k\cdot\mu(E\cap E_k)$$

证明 ν 关于 μ 绝对连续，并找出它的 Radon-Nikodym 导数$\dfrac{\mathrm{d}\mu}{\mathrm{d}\nu}$.

53. 令$(X,\mathcal{M},\mu)$为测度空间，f 是在 X 上关于 μ 可积的非负函数，对 $E\in\mathcal{M}$，定义测度 ν 为$\nu(E)=\int_E f\mathrm{d}\mu$，找出测度 ν 关于 μ 的 Lebesgue 分解.
54. 令 μ，ν 以及 λ 为可测空间$(X,\mathcal{M})$上的 σ 有限测度.

(i) 若 $\nu\ll\mu$，而 f 是 X 上关于 $\mathcal{M}$ 可测的非负函数，证明

$$\int_X f\mathrm{d}\nu=\int_X f\left[\frac{\mathrm{d}\nu}{\mathrm{d}\mu}\right]\mathrm{d}\mu$$

(ii) 若 $\nu\ll\mu$ 且 $\lambda\ll\mu$，证明

$$\frac{\mathrm{d}(\nu+\lambda)}{\mathrm{d}\mu}=\frac{\mathrm{d}\nu}{\mathrm{d}\mu}+\frac{\mathrm{d}\lambda}{\mathrm{d}\mu}\text{a. e. }[\mu]$$

(iii) 若 $\nu\ll\mu\ll\lambda$，证明

$$\frac{\mathrm{d}\nu}{\mathrm{d}\lambda}=\frac{\mathrm{d}\nu}{\mathrm{d}\mu}\cdot\frac{\mathrm{d}\mu}{\mathrm{d}\lambda}\text{a. e. }[\lambda]$$

(iv) 若 $\nu \ll \mu$ 且 $\mu \ll \nu$，证明

$$\frac{\mathrm{d}\nu}{\mathrm{d}\mu} \cdot \frac{\mathrm{d}\mu}{\mathrm{d}\nu} = 1 \text{a. e.} [\mu]$$

55. 令 μ，ν，ν_1 以及ν_2 为可测空间$(X, \mathcal{M})$上的测度.

(i) 证明：若 $\nu \perp \mu$ 且 $\nu \ll \mu$，则 $\nu = 0$.

(ii) 证明：若ν_1 与ν_2 关于 μ 奇异，则对任何 $\alpha \geqslant 0$，$\beta \geqslant 0$，测度$\alpha\nu_1 + \beta\nu_2$ 也如此.

(iii) 证明：若ν_1 与ν_2 关于 μ 绝对连续，则对任何 $\alpha \geqslant 0$，$\beta \geqslant 0$，测度$\alpha\nu_1 + \beta\nu_2$ 也如此.

(iv) 证明 Lebesgue 分解中的唯一性断言.

56. 分别刻画测度空间$(X, \mathcal{M}, \mu)$，使得 $\mathcal{M}$ 上的计数测度关于 μ 绝对连续，对给定的 $x_0 \in X$，定义的 $\mathcal{M}$ 上的 Dirac 测度δ_{x_0} 关于 μ 绝对连续.

388

57. 令$\{\mu_n\}$为可测空间$(X, \mathcal{M})$上的测度序列，使得存在常数 $c > 0$ 满足对所有 n，$\mu_n(X) \leqslant c$. 定义 μ: $\mathcal{M} \to [0, \infty]$为

$$\mu = \sum_{n=1}^{\infty} \frac{\mu_n}{2^n}$$

证明 μ 是 $\mathcal{M}$ 上的测度且每个 μ_n 关于 μ 绝对连续.

58. 令 μ 和 ν 为可测空间$(X, \mathcal{M})$上的测度且定义 $\lambda = \mu + \nu$. 令 X 上的非负函数 f 关于$(X, \mathcal{M})$可测. 证明 f 在 X 上关于λ 可积当且仅当它在 X 上关于 μ 和 ν 都可积. 再证明：若 f 在 X 上关于λ 可积，则

$$\text{对所有 } E \in \mathcal{M}, \quad \int_E f \mathrm{d}\lambda = \int_E f \mathrm{d}\mu + \int_E f \mathrm{d}\nu$$

59. (Radon-Nikodym 定理的 von Neumann 证明)该证明的基础是以下断言，它是关于 Hilbert 空间的对偶的 Riesz-Fréchet 表示定理的一个推论：对测度空间$(X, \mathcal{M}, \lambda)$，令 $L^2(X, \lambda)$为使得 f^2 在 X 上关于 λ 可积的可测函数 f 组成的族. 假定泛函 $\psi: L^2(X, \lambda) \to \mathbf{R}$ 是线性的，且在以下意义下是有界的：存在某个 $c > 0$ 使得

$$\text{对所有 } f \in L^2(X,\lambda), \quad |\psi(f)|^2 \leqslant c \cdot \int_X f^2 \mathrm{d}\lambda$$

则存在函数 $g \in L^2(X, \lambda)$使得

$$\text{对所有 } f \in L^2(X,\lambda), \quad \psi(f) = \int_X f \cdot g \mathrm{d}\lambda$$

假设这个表示结果成立，证明 Radon-Nikodym 定理的另一个证明中的以下断言，其中 μ 和 ν 是可测空间$(X, \mathcal{M})$上的有限测度，而 ν 关于 μ 绝对连续.

(i) 定义可测空间$(X, \mathcal{M})$上的测度 $\lambda = \mu + \nu$ 与 $L^2(X, \lambda)$上的泛函 ψ 为

$$\text{对所有} \in L^2(X,\lambda), \quad \psi(f) = \int_X f \mathrm{d}\mu$$

证明 ψ 是 $L^2(X, \lambda)$上的有界线性泛函.

(ii) 通过上面的表示结果，选取函数 $g \in L^2(X, \lambda)$使得

$$\text{对所有 } f \in L^2(X,\lambda), \quad \int_X f \mathrm{d}\mu = \int_X f \cdot g \mathrm{d}\lambda$$

得出

$$\text{对所有 } f \in L^2(X,\lambda), \quad \int_X f \mathrm{d}\mu = \int_X f \cdot g \mathrm{d}\mu + \int_X f \cdot g \mathrm{d}\nu$$

389

因此

$$\text{对所有 } E \in \mathcal{M}, \quad \mu(E) = \int_E g \mathrm{d}\mu + \int_E g \mathrm{d}\nu$$

从最后的等式得出，在 X 上 $g>0$ a.e.$[\lambda]$，接着用关于 μ 的绝对连续性得出 $\lambda\{x\in X \mid g(x)=0\}=0$.

(iii) 利用(ii)，不失一般性，假设在 X 上 $g>0$. 固定自然数 n，在 X 上定义 $f=\chi_E/[g+1//n]$. 证明 f 属于 $L^2(X, \lambda)$. 得出

$$\text{对所有 } n, \quad \int_E \frac{1}{g+1/n}\mathrm{d}\mu = \int_E \frac{1}{g+1/n}\cdot g\mathrm{d}\mu + \int_E \frac{1}{g+1/n}\cdot g\mathrm{d}\nu$$

证实在该等式的两边取 $n\to\infty$ 极限的合理性，得出

$$\text{对所有 } E\in\mathcal{M}, \quad \nu(E) = \int_E\left[\frac{1}{g}-1\right]\mathrm{d}\mu$$

60. 令 $X=[0, 1]$，$\mathcal{M}$ 是$[0, 1]$上的 Lebesgue 可测子集族，ν 为 Lebesgue 测度，而 μ 为 $\mathcal{M}$ 的计数测度. 证明 ν 是有限的且关于 μ 绝对连续，但不存在函数 f 使得对所有 $E\in\mathcal{M}$，$\nu(E)=\int_E f\mathrm{d}\mu$.

18.5 Nikodym 度量空间：Vitali-Hahn-Saks 定理

令$(X, \mathcal{M}, \mu)$为有限测度空间. 回忆两个可测集 A 与 B 的对称差 $A\Delta B$ 定义为

$$A\Delta B \equiv [A\sim B]\cup[B\sim A] = [A\cup B]\sim[A\cap B]$$

我们把以下集合等式的证明留作练习：

$$(A\Delta B)\Delta(B\Delta C) = A\Delta C \tag{40}$$

通过对满足 $\mu(A\Delta B)=0$ 的 A，B 定义 $A\simeq B$，我们引入 $\mathcal{M}$ 上的关系$\simeq$. 以上等式蕴涵着该关系是传递的，而它显然是自反与对称的. 因此，等价关系$\simeq$诱导了 $\mathcal{M}$ 的一个等价类分解. 对 A，记 A 的等价类为$[A]$. 在 $\mathcal{M}/_{\simeq}$上定义 Nikodym 度量ρ_μ为

$$\text{对所有 } A,B\in\mathcal{M}, \quad \rho_\mu([A],[B]) = \mu(A\Delta B)$$

我们从等式(40)推出ρ_μ是恰当定义的且三角不等式成立：度量的其余两个性质是显然的. 我们称$(\mathcal{M}/_{\simeq}, \rho_\mu)$为与测度空间$(X, \mathcal{M}, \mu)$相联系的 **Nikodym 度量空间**. 现在令 ν 为 $\mathcal{M}$ 上的有限测度. 它关于 μ 绝对连续. 对满足 $A\simeq B$ 的 A，$B\in\mathcal{M}$，由于 $\mu(A\Delta B)=0$，$\nu(A\Delta B)=0$，因此

$$\begin{aligned}\nu(A)-\nu(B) &= [\nu(A\cap B)+\nu(A\sim B)]-[\nu(A\cap B)+\nu(B\sim A)] \\ &= \nu(A\sim B)-\nu(B\sim A) = 0\end{aligned}$$

于是我们定义 $\mathcal{M}/_{\simeq}$上的 ν 为

$$\text{对所有 } A\in\mathcal{M}, \quad \nu([A]) = \nu(A)$$

如同我们对 L^p 空间所做的那样，为简明起见，我们将集合与等价类等同起来，将$(\mathcal{M}/_{\simeq}, \rho_\mu)$记为$(\mathcal{M}, \rho_\mu)$. [390]

Baire 范畴定理的一个推论(第 10 章的定理 7)告诉我们，若完备度量空间上的实值函数序列逐点收敛于某个实值函数，则存在该空间的一个点使得序列在该点是等度连续的. 为了在绝对连续测度序列的研究中使用这个结果，我们现在证明$(\mathcal{M}, \rho_\mu)$是完备度量空间且 $\mathcal{M}$ 上关于 μ 绝对连续的测度诱导了$(\mathcal{M}, \rho_\mu)$上的一致连续函数.

在第 7 章，我们赋予实数的 Lebesgue 可测集上的 Lebesgue 可测函数的线性空间(该空间记为 L^1)以范数，证明了 Riesz-Fischer 定理. 它告诉我们 L^1 是完备的且 L^1 中的每个收敛的序列有 a.e. 逐点收敛的子序列. 在 19.1 节，对一般的测度空间$(X, \mathcal{M}, \mu)$，我们以

明显的方式定义 $L^1(X,\mu)$且证明一般的 Riesz-Fischer 定理.

定理 21　令$(X,\mathcal{M},\mu)$为有限测度空间. 则 Nikodym 度量空间$(\mathcal{M},\rho_\mu)$是完备的，即每个 Cauchy 序列收敛.

证明　观察到对 A，$B\in\mathcal{M}$，

$$\mu(A\Delta B)=\int_X|\chi_A-\chi_B|\,\mathrm{d}\mu \tag{41}$$

定义算子 $T:\mathcal{M}\to L^1(X,\mu)$为 $T(E)=\chi_E$. 则(41)断言算子 T 是等距的，即

$$\text{对所有 } A,B\in\mathcal{M},\quad \rho_\mu(A,B)=\|T(A)-T(B)\|_1 \tag{42}$$

令$\{A_n\}$为$(\mathcal{M},\rho_\mu)$中的 Cauchy 序列. 则$\{T(A_n)\}$是 $L^1(X,\mu)$中的 Cauchy 序列. Riesz-Fischer 定理告诉我们，存在函数 $f\in L^1(X,\mu)$使得在 $L^1(X,\mu)$中$\{T(A_n)\}\to f$ 且$\{T(A_n)\}$的子序列在 X 上几乎处处逐点收敛到 f. 由于每个 $T(A_n)$取值 0 和 1，若我们定义 A_0 为 X 中那些使得逐点收敛的子序列收敛到 1 的点，则在 X 上几乎处处 $f=\chi_{A_0}$. 因此，根据(41)，在$(\mathcal{M},\rho_\mu)$中 $A_n\to A_0$. 证明完毕. ■

引理 22　令$(X,\mathcal{M},\mu)$为有限测度空间而 ν 是 $\mathcal{M}$ 上的有限测度. 令 E_0 为可测集而 $\varepsilon>0$ 与 $\delta>0$，使得对任何可测集 E，

$$\text{若}\rho_\mu(E,E_0)<\delta,\quad \text{则}\,|\nu(E)-\nu(E_0)|<\varepsilon/4 \tag{43}$$

则对任何可测集 A 和 B，

$$\text{若}\rho_\mu(A,B)<\delta,\quad \text{则}\,|\nu(A)-\nu(B)|<\varepsilon \tag{44}$$

证明　我们首先证明：

$$\text{若 }\rho_\mu(A,\varnothing)<\delta,\quad \text{则 }\nu(A)<\varepsilon/2 \tag{45}$$

391

观察到若 $D\subseteq C$，则 $C\Delta D=C\sim D$. 令 A 属于 $\mathcal{M}$ 且$\rho_\mu(A,\varnothing)=\mu(A)<\delta$. 观察到，

$$[E_0\sim A]\Delta E_0=E_0\sim[E_0\sim A]=E_0\cap A\subseteq A$$

因此$\rho_\mu(E_0\sim A,E_0)=\mu([E_0\sim A]\triangle E_0)\leqslant\mu(A)<\delta$，根据假设(43)，

$$\nu(E_0)-\nu[E_0\sim A]<\varepsilon/4$$

我们从 ν 的分割性质推出

$$\nu(A\cap E_0)=\nu(E_0)-\nu(E_0\sim A)<\varepsilon/4$$

现在观察到

$$E_0\Delta[E_0\cup[A\sim E_0]]=[E_0\cup[A\sim E_0]]\sim E_0=A\sim E_0\subseteq A$$

因此，用上面的方法，

$$\nu(A\sim E_0)=\nu(E_0\cup[A\sim E_0])-\nu(E_0)<\varepsilon/4$$

因此，

$$\nu(A)=\nu(A\cap E_0)+\nu(A\sim E_0)<\varepsilon/2$$

(45)得证.

但对任何两个可测集，由于 ν 是实值的与有限可加的，

$$\begin{aligned}\nu(A)-\nu(B) &= [\nu(A\sim B)+\nu(A\cap B)]-[\nu(B\sim A)+\nu(A\cap B)]\\ &= \nu(A\sim B)-\nu(B\sim A)\end{aligned}$$

因此(45)蕴涵(44). ■

命题 19 告诉我们 $\mathcal{M}$ 上的有限测度 ν 关于 μ 绝对连续当且仅当对每个 $\varepsilon>0$，存在 $\delta>0$ 使得若 $\mu(E)<\delta$，则 $\nu(E)<\varepsilon$. 这意味着若 ν 是有限的，则 ν 关于 μ 绝对连续当且仅当集函数 ν 关于 Nikodym 度量在 $\emptyset$ 处连续. 然而，我们从前一个引理推出，若 $\mathcal{M}$ 上的有限测度 ν 关于 Nikodym 度量在 $\mathcal{M}$ 中的某个集合 E_0 处连续，则它在 $\mathcal{M}$ 上是一致连续的. 我们因此证明了以下命题.

命题 23　令$(X, \mathcal{M}, \mu)$为有限测度空间，而 ν 是 $\mathcal{M}$ 上关于 μ 绝对连续的有限测度. 则 ν 诱导了在与$(X, \mathcal{M}, \mu)$相联系的 Nikodym 度量空间上恰当定义的一致连续函数.

定义　令$(X, \mathcal{M})$为可测空间. $\mathcal{M}$ 上的测度序列$\{\nu_n\}$称为在 $\mathcal{M}$ 上**集合态地收敛**到集函数 ν，若

$$对所有\ E\in\mathcal{M},\quad \nu(E)=\lim_{n\to\infty}\nu_n(E)$$

定义　令$(X, \mathcal{M}, \mu)$为有限测度空间. $\mathcal{M}$ 上的有限测度序列$\{\nu_n\}$称为关于 μ **一致绝对连续**，其中每个关于 μ 绝对连续[1]，若对每个 $\varepsilon>0$，存在 $\delta>0$，使得对任何可测集 E 和任何自然数 n，

$$若\ \mu(E)<\delta,\quad 则\ \nu_n(E)<\varepsilon$$

392

不难看出，用引理 22，$\mathcal{M}$ 的有限测度序列$\{\nu_n\}$关于 μ 一致绝对连续当且仅当函数序列$\{\nu_n:\mathcal{M}\to\mathbf{R}\}$关于 Nikodym 度量 ρ_μ 是等度连续的[2]. 此外，对每个自然数 n，Radon-Nikodym 定理告诉我们，存在非负可积函数 f_n，μ 关于 ν_n 的 Radon-Nikodym 导数，使得

$$对所有\ E\in\mathcal{M},\quad \nu_n(E)=\int_E f_n\,\mathrm{d}\mu$$

显然函数序列$\{f_n\}$在 X 上关于 μ 一致可积当且仅当测度序列$\{\nu_n\}$关于 μ 一致绝对连续. 我们因此有以下命题.

命题 24　令$(X, \mathcal{M}, \mu)$为有限测度空间，而$\{\nu_n\}$是 $\mathcal{M}$ 的有限测度序列，其中每个关于 μ 绝对连续. 则以下命题等价：

(i) 测度序列$\{\nu_n\}$关于测度 μ 一致绝对连续.

(ii) 函数序列$\{\nu_n:\mathcal{M}\to\mathbf{R}\}$关于 Nikodym 度量 ρ_μ 等度连续.

(iii) Radon-Nikodym 导数序列$\left\{\dfrac{\mathrm{d}\mu}{\mathrm{d}\nu_n}\right\}$在 X 上关于测度 μ 是一致可积的.

---

[1] 我们这里所说的“一致绝对连续”也可以称为等度绝对连续. 没有标准的术语.

[2] 回忆度量空间(S, ρ)上的函数序列 $h_n:S\to\mathbf{R}$ 称为在点 $u\in S$ 等度连续，若对每个 $\varepsilon>0$，存在 $\delta>0$ 使得对 $v\in S$ 与自然数 n，若 $\rho(u, v)<\delta$，则 $|h_n(u)-h_n(v)|<\varepsilon$. 序列$\{h_n:S\to\mathbf{R}\}$称为等度连续，若它在 S 中的每一点等度连续.

定理 25　令$(X, \mathcal{M}, \mu)$为有限测度空间，而$\{\nu_n\}$是$\mathcal{M}$上关于μ一致绝对连续的有限测度序列．若$\{\nu_n\}$在$\mathcal{M}$上集合态地收敛到ν，则ν是$\mathcal{M}$的关于μ绝对连续的测度．

证明　显然，ν是非负集函数．有限可加集函数的集合态极限是有限可加的．因此ν是有限可加的．我们必须证明它是可数可加的．令$\{E_k\}_{k=1}^{\infty}$为可测集的不交族．我们必须证明：

$$\nu\Big(\bigcup_{k=1}^{\infty} E_k\Big) = \sum_{k=1}^{\infty}\nu(E_k) \tag{46}$$

393

若存在k使得$\nu(E_k)=\infty$，则根据ν的单调性，(46)成立，由于两边都是无穷的．我们因此假设对所有k，$\nu(E_k)<\infty$．根据ν的有限可加性，

$$\text{对每个自然数 } n,\quad \nu\Big(\bigcup_{k=1}^{\infty} E_k\Big) = \sum_{k=1}^{n}\nu(E_k) + \nu\Big(\bigcup_{k=n+1}^{\infty} E_k\Big) \tag{47}$$

令$\varepsilon>0$．根据序列$\{\nu_n\}$关于μ的一致绝对连续性，存在$\delta>0$使得对可测集E与任何自然数n，

$$\text{若 } \mu(E) < \delta,\quad \text{则 } \nu_n(E) < \varepsilon/2 \tag{48}$$

因此，

$$\text{若 } \mu(E) < \delta,\quad \text{则 } \nu(E) < \varepsilon$$

由于$\mu(X)<\infty$而μ是可数可加的，存在自然数N使得

$$\mu\Big(\bigcup_{k=N+1}^{\infty} E_k\Big) < \delta$$

根据δ的这个选择、(47)以及每个$\nu(E_k)$的有限性我们得出：

$$\nu\Big(\bigcup_{k=1}^{\infty} E_k\Big) - \sum_{k=1}^{\infty}\nu(E_k) < \varepsilon$$

因此(46)得证．因此ν是测度，且我们从(48)推出，若$\mu(E)=0$，则$\nu(E)=0$．因此ν关于μ是绝对连续的．

以下非凡的定理告诉我们，在前一个定理的叙述中，若序列$\{\nu_n(E)\}$是有界的，我们可以不用假设序列是一致绝对连续的：一致绝对连续性是集合态收敛的结果．该定理的证明是在一致有界原理、开映射定理之后 Baire 范畴定理的杰出成果．■

Vitali-Hahn-Saks 定理　令$(X, \mathcal{M}, \mu)$为有限测度空间，而$\{\nu_n\}$是$\mathcal{M}$上的有限测度序列，每个关于μ绝对连续．假定$\{\nu_n(X)\}$是有界的且$\{\nu_n\}$在$\mathcal{M}$上集合态地收敛于ν．则序列$\{\nu_n\}$关于μ一致绝对连续．此外，ν是$\mathcal{M}$上关于μ绝对连续的有限测度．

证明　根据定理 21，Nikodym 度量空间是完备的，而$\{\nu_n\}$诱导在该度量空间上逐点收敛(即集合态)于函数ν的连续函数序列．ν是实值的，由于$\{\nu_n(X)\}$是有界的．我们从第 10 章的定理 7(Baire 范畴定理的一个推论)推出，存在集合$E_0\in M$使得函数序列$\{\nu_n:\mathcal{M}\to\mathbf{R}\}$在$E_0$等度连续，即对每个$\varepsilon>0$，存在$\delta>0$，使得对每个可测子集$E$与每个自然数$n$，

394

$$\text{若 } \rho_\mu(E, E_0) < \delta,\quad \text{则 } |\nu_n(E) - \nu_n(E_0)| < \varepsilon$$

由于这对每个 $\varepsilon>0$ 成立且每个 ν_n 是有限的，我们从引理 22 推出对每个 $\varepsilon>0$，存在 $\delta>0$ 使得对每个可测子集 E 与每个自然数 n，

$$\text{若}\rho_\mu(E)<\delta,\quad \text{则}\ \mu_n(E)<\varepsilon$$

因此 $\{\nu_n\}$ 是一致绝对连续的. 根据前一个定理，ν 是关于 μ 绝对连续的有限测度. ■

注 当然，sigma 代数不是线性空间而测度不是线性算子. 虽然如此，但是 Vitali-Hahn-Saks 定理与连续线性算子序列的逐点极限的连续性却惊人相似，而 Baire 范畴定理是证明这些结果的基础. 我们也观察到引理 22 与在一点连续的线性算子的一致连续性的相似性.

定理 26(Nikodym) 令 $(X,\mathcal{M})$ 为可测空间，而 $\{\nu_n\}$ 是 $\mathcal{M}$ 上集合态地收敛到集函数 ν 的有限测度序列. 假设 $\{\nu_n(X)\}$ 是有界的，则 ν 是 $\mathcal{M}$ 上的测度.

证明 对可测集 E，定义

$$\mu(E)=\sum_{n=1}^{\infty}\frac{1}{2^n}\cdot\nu_n(E) \tag{49}$$

我们把证明 μ 是 $\mathcal{M}$ 上的有限测度留作练习. 显然，每个 ν_n 关于 μ 绝对连续. 结论现在从 Vitali-Hahn-Saks 定理得出. ■

习题

61. 对有限测度空间 $(X,\mathcal{M},\mu)$ 中的可测集 A 和 B，证明：
$$\rho_\mu(A,B)=\mu(A)+\mu(B)-2\cdot\mu(A\cap B)$$
62. 令 $\{A_n\}$ 为关于 Nikodym 度量收敛到可测集 A_0 的可测集序列. 证明 $A_0\approx\bigcup_{n=1}^{\infty}\left[\bigcap_{k=n}^{\infty}A_k\right]$.
63. 令 $(X,\mathcal{M},\mu)$ 为有限测度空间而 $\nu:\mathcal{M}\to[0,\infty)$ 是有限可加集函数，它具有以下性质：对每个 $\varepsilon>0$，存在 $\delta>0$ 使得对可测集 E，若 $\mu(E)<\delta$，则 $\nu(E)<\varepsilon$. 证明 ν 是 $\mathcal{M}$ 上的测度.
64. 令 $(X,\mathcal{M})$ 为可测空间而 $\{\nu_n\}$ 是 $\mathcal{M}$ 上的有限测度序列，它在 $\mathcal{M}$ 上集合态地收敛于 ν，令 $\{E_k\}$ 为具有空的交的递减可测集序列. 证明对每个 $\varepsilon>0$，存在自然数 k 使得对所有 n，$\nu_n(E_k)<\varepsilon$.
65. 给出可测空间上递减的测度序列 $\{\mu_n\}$，使得定义为 $\mu(E)=\lim\mu_n(E)$ 的集函数 μ 不是一个测度.
66. 令 $(X,\mathcal{M})$ 为可测空间而 $\{\mu_n\}$ 是 $\mathcal{M}$ 上的测度序列，使得对每个 $E\in\mathcal{M}$，$\mu_{n+1}(E)\geqslant\mu_n(E)$. 对每个 $E\in\mathcal{M}$，定义 $\mu(E)=\lim\mu_n(E)$. 若 $\mu(X)<\infty$，证明 μ 是 $\mathcal{M}$ 上的测度.
67. 对带号测度叙述和证明 Vitali-Hahn-Saks 定理.

395

第19章　一般的 L^p 空间：完备性、对偶性和弱收敛性

对于测度空间$(X, \mathcal{M}, \mu)$与$1 \leqslant p \leqslant \infty$，如同在第一部分对实直线上的Lebesgue测度所做的那样，我们定义线性空间$L^p(X, \mu)$. 用非常类似于实直线上的Lebesgue测度情形的方法，我们证明了Hölder与Minkowski不等式成立且$L^p(X, \mu)$是Banach空间. 19.1节介绍以上内容以及相关的题材. 本章的其余部分用于建立那些证明思想超出第一部分给出的思想之外的结果. 在19.2节，我们用Radon-Nikodym定理证明关于$L^p(X, \mu)$的对偶空间的Riesz表示定理，其中$1 \leqslant p < \infty$，而μ是σ有限测度. 在19.3节，我们证明关于$L^\infty(X, \mu)$的对偶的Kantorovitch表示定理. 在19.4节，我们证明对于$1 < p < \infty$，Banach空间$L^p(X, \mu)$是自反的，因此有自反空间具有的弱序列紧性质. 19.5节研究对非自反的Banach空间$L^1(X, \mu)$的弱序列紧性. 我们用Vitali-Hahn-Saks定理证明Dunford-Pettis定理，它告诉我们，若$\mu(\mathrm{X}) < \infty$，则$L^1(\mathrm{X}, \mu)$中的每个一致可积的有界序列有弱收敛的子序列.

19.1　$L^p(X, \mu)(1 \leqslant p \leqslant \infty)$的完备性

令$(X, \mathcal{M}, \mu)$为测度空间. 定义$\mathcal{F}$为X上几乎处处有限的可测扩充实值函数全体. 由于X上的可积函数在X上是a.e.有限的，若f是X上的可测函数且存在$(0, \infty)$中的p使得$\int_X |f|^p d\mu < \infty$，则$f$属于$\mathcal{F}$. 定义$\mathcal{F}$中的两个函数$f$和$g$为等价的，若在$X$上$f = g$ a.e.，记为$f \cong g$. 这是一个等价关系，即它是自反、对称与传递的. 因此它诱导了$\mathcal{F}$的一个等价类的不交族的分解. 我们记该等价类族为$\mathcal{F}/\cong$. $\mathcal{F}/\cong$上存在自然的线性结构. 给定两个等价类$[f]$与$[g]$以及实数α和β，我们定义线性组合$\alpha[f] + \beta[g]$为属于$\mathcal{F}$的在X_0上取值$\alpha f(x) + \beta g(x)$的函数的等价类，其中X_0是X中使得f和g都有限的点的集合. 观察到等价类的线性组合是恰当定义的，而与等价类的代表的选取无关. 该线性空间的零元是在X上几乎处处消失的函数的等价类.

396

对$1 \leqslant p < \infty$，令$L^p(X, \mu)$为使得

$$\int_E |f|^p < \infty$$

的等价类$[f]$的全体.

这是恰当定义的，由于若$f \cong f_1$，则在X上$|f|^p$可积当且仅当$|f_1|^p$如此. 我们从不等式

$$\text{对所有 } a, b \in \mathbf{R}, \quad |a + b|^p \leqslant 2^p [|a|^p + |b|^p]$$

和积分比较判别法推出 $L^p(X,\mu)$ 是线性空间．对 $L^p(X,\mu)$ 中的等价类 $[f]$，我们定义 $\|[f]\|_p$ 为

$$\|[f]\|_p=\left[\int_X |f|^p\mathrm{d}\mu\right]^{1/p}$$

这是恰当定义的．显然 $\|[f]\|_p=0$ 当且仅当 $[f]=0$，且对每个实数 α，$\|\alpha[f]\|_p=\alpha\|[f]\|_p$．

我们称等价类 $[f]$ 为**本性有界的**，若存在 $M\geqslant 0$，使得

$$\text{在 } X \text{ 上，}\quad |f|\leqslant M \text{ a. e.}$$

M 称为 $[f]$ 的**本性上界**．

这也是恰当定义的，即不依赖于等价类的代表的选取．我们定义 $L^\infty(X,\mu)$ 为使得 f 本性有界的等价类 $[f]$ 的全体．则 $L^\infty(X,\mu)$ 也是 $\mathcal{F}/\cong$ 的一个线性子空间．对 $[f]\in L^\infty(X,\mu)$，定义 $\|[f]\|_\infty$ 为 f 的本性上界的下确界．这是恰当定义的．容易看出 $\|[f]\|_\infty$ 是 f 的最小本性上界．此外，$\|[f]\|_\infty=0$ 当且仅当 $[f]=0$，且对每个实数 α，$\|\alpha[f]\|_\infty=\alpha\|[f]\|_\infty$．我们从关于实数的三角不等式推出关于 $\|\cdot\|_\infty$ 的三角不等式．因此 $\|\cdot\|_\infty$ 是一个范数．

为简单与方便起见，我们将 $\mathcal{F}/\cong$ 中的等价类视为函数，记为 f 而非 $[f]$．因此写 $f=g$ 意味着对几乎所有 $x\in X$，$f(x)=g(x)$．

回忆 $(1,\infty)$ 中的数 p 的共轭 q 由关系式 $1/p+1/q=1$ 定义，我们也称 1 是 ∞ 的共轭而 ∞ 是 1 的共轭．

本节结果的证明非常类似于一元实变量函数的 Lebesgue 积分的相应结果的证明．

定理 1　令 $(X,\mathcal{M},\mu)$ 为测度空间，$1\leqslant p<\infty$，而 q 是 p 的共轭．若 f 属于 $L^p(X,\mu)$ 而 g 属于 $L^q(X,\mu)$，则它们的积 fg 属于 $L^1(X,\mu)$．

Hölder 不等式

$$\int_X |f\cdot g|\,\mathrm{d}\mu=\|f\cdot g\|_1\leqslant\|f\|_p\cdot\|g\|_q$$

此外，若 $f\neq 0$，函数 $f^*=\|f\|_p^{1-p}\cdot\operatorname{sgn}(f)\cdot|f|^{p-1}$ 属于 $L^q(X,\mu)$，且

$$\int_X ff^*\,\mathrm{d}\mu=\|f\|_p \text{ 且 } \|f^*\|_q=1 \tag{1}$$

397

Minkowski 不等式　对于 $1\leqslant p\leqslant\infty$ 与 $f,\ g\in L^p(X,\mu)$，

$$\|f+g\|_p\leqslant\|f\|_p+\|g\|_p$$

因此 $L^p(X,\mu)$ 是一个赋范线性空间．

Cauchy-Schwarz 不等式　令 f 和 g 为 X 上使得 f^2 和 g^2 在 X 上可积的可测函数．则它们的乘积 $f\cdot g$ 在 X 上也是可积的，此外，

$$\int_X |f\cdot g|\,\mathrm{d}\mu\leqslant\sqrt{\int_X f^2\mathrm{d}\mu}\cdot\sqrt{\int_X g^2\mathrm{d}\mu}$$

证明　若 $p=1$，则 Hölder 不等式从积分的单调性与齐次性，以及观察到 $\|g\|_\infty$ 是 g 的本性上界得出．等式(1)是显然的．假设 $p>1$．Young 不等式断言对非负实数 a 和 b，

$$ab<\frac{1}{p}\cdot a^p+\frac{1}{q}\cdot b^q$$

定义 $\alpha=\int_X |f|^p d\mu$ 和 $\beta=\int_X |g|^q d\mu$. 假设 α 和 β 是正的. 函数 f 和 g 在 X 上是 a. e. 有限的. 若 $f(x)$ 和 $g(x)$ 是有限的，在 Young 不等式中 a 用 $|f(x)|/\alpha^{1/p}$ 代入，b 用 $|g(x)|/\beta^{1/q}$ 代入，得出对几乎所有 $x\in X$,

$$\frac{1}{\alpha^{1/p}\beta^{1/q}}|f(x)g(x)|\leqslant \frac{1}{p}\frac{1}{\alpha}|f(x)|^p+\frac{1}{q}\frac{1}{\beta}|g(x)|^q$$

对这个不等式积分，运用积分的单调性与线性，且对所得到的不等式乘以 $\alpha^{1/p}\beta^{1/q}$，我们得到 Hölder 不等式. 等式(1)的验证是关于 p 和 q 的算术练习. 为证明 Minkowski 不等式，由于我们已证明了 $f+g$ 属于 $L^p(X,\mu)$，可以考虑 $L^q(X,\mu)$ 中使得(1)成立的相应函数 $(f+g)^*$，其中 f 被 $f+g$ 代替.

根据 Hölder 不等式，函数 $f\cdot(f+g)^*+g\cdot(f+g)^*$ 在 X 上可积. 因此，根据积分的线性与 Hölder 不等式,

$$\begin{aligned}\|f+g\|_p&=\int_X(f+g)\cdot(f+g)^*\,d\mu\\&=\int_X f\cdot(f+g)^*\,d\mu+\int_X g\cdot(f+g)^*\,d\mu\\&\leqslant\|f\|_p\cdot\|(f+g)^*\|_q+\|g\|_p\cdot\|(f+g)^*\|_q\\&=\|f\|_p+\|g\|_p\end{aligned}$$

398 显然，Cauchy-Schwarz 不等式是 Hölder 不等式在 $p=q=2$ 的情形. ■

推论 2　令 $(X,\mathcal{M},\mu)$ 为有限测度空间而 $1\leqslant p_1<p_2\leqslant\infty$. 则 $L^{p_2}(X,\mu)\subseteq L^{p_1}(X,\mu)$. 此外,

$$\text{对} p_2<\infty \text{令} c=[\mu(X)]^{\frac{p_2-p_1}{p_1p_2}},\quad \text{对} p_2=\infty \text{令} c=[\mu(X)]^{\frac{1}{p_1}} \tag{2}$$

$$\text{对所有} L^{p_2}(X,\mu) \text{中的} f,\quad \|f\|_{p_1}\leqslant c\|f\|_{p_2} \tag{3}$$

证明　对于 $f\in L^{p_2}(X,\mu)$，$p=p_2$ 与 X 上的 $g=1$ 运用 Hölder 不等式，可证实(3)对由(2)定义的 c 成立. ■

推论 3　令 $(X,\mathcal{M},\mu)$ 为测度空间而 $1<p\leqslant\infty$. 若 $\{f_n\}$ 是 $L^p(X,\mu)$ 中函数的有界序列，则 $\{f_n\}$ 在 X 上一致可积.

证明　令 $M>0$ 使得对所有 n，$\|f\|_p\leqslant M$. 若 $p=\infty$ 定义 $\gamma=1$，若 $p<\infty$ 定义 $\gamma=(p-1)/p$. 运用前一个推论(其中 $p_1=1$，$p_2=p$ 而 $X=E$)以及 X 的有限测度的可测子集，得出对 X 的有限测度的可测子集 E 和任何自然数 n,

$$\int_E|f_n|\,d\mu\leqslant M\cdot[\mu(E)]^\gamma$$

因此 $\{f_n\}$ 在 X 上一致可积. ■

对赋予范数 $\|\cdot\|$ 的线性空间 V，我们称 V 中的序列 $\{v_k\}$ 为快速 Cauchy 序列，若存在

收敛的正项级数 $\sum_{k=1}^{\infty} \varepsilon_k$ 使得

$$\text{对所有自然数 } k,\quad \|\nu_{k+1} - \nu_k\| \leqslant \varepsilon_k{}^2$$

早些时候我们观察到每个快速 Cauchy 序列是 Cauchy 的，每个 Cauchy 序列有一个快速 Cauchy 子序列.

引理 4　令 $(X, \mathcal{M}, \mu)$ 为测度空间而 $1 \leqslant p \leqslant \infty$. 则 $L^p(X, \mu)$ 中的每个快速 Cauchy 序列关于 $L^p(X, \mu)$ 范数在 X 上几乎处处逐点收敛到 $L^p(X, \mu)$ 中的函数.

证明　我们将 $p=\infty$ 的情形留作练习. 假设 $1 \leqslant p < \infty$. 令 $\sum_{k=1}^{\infty} \varepsilon_k$ 为收敛的正项级数使得

$$\text{对所有自然数 } k,\quad \|f_{k+1} - f_k\|_p \leqslant \varepsilon_k^2 \tag{4}$$

则

$$\text{对所有自然数 } n \text{ 和 } k, \int_X |f_{n+k} - f_n|^p \mathrm{d}\mu \leqslant \left[\sum_{j=n}^{\infty} \varepsilon_j^2\right]^p \tag{5}$$

固定一个自然数 k. 根据 Chebychev 不等式，

$$\mu\{x \in X \mid |f_{k+1}(x) - f_k(x)|^p \geqslant \varepsilon_k^p\} \leqslant \frac{1}{\varepsilon_k^p} \cdot \int_X |f_{k+1} - f_k|^p \mathrm{d}\mu = \frac{1}{\varepsilon_k^p} \cdot \|f_{k+1} - f_k\|_p^p \tag{6}$$

因此，

399

$$\text{对所有自然数 } k,\quad \mu\{x \in X \mid |f_{k+1}(x) - f_k(x)| \geqslant \varepsilon_k\} \leqslant \varepsilon_k^p$$

由于 $p \geqslant 1$，级数 $\sum_{k=1}^{\infty} \varepsilon_k^p$ 收敛. Borel-Cantelli 引理告诉我们，存在 X 的子集 X_0 使得 $\mu(X \sim X_0)=0$，且对每个 $x \in X_0$，存在指标 $K(x)$ 使得

$$\text{对所有 } k \geqslant K(x),\quad |f_{k+1}(x) - f_k(x)| < \varepsilon_k$$

因此，对 $x \in X_0$，

$$\text{对所有 } n \geqslant K(x) \text{ 和所有 } k,\quad |f_{n+k}(x) - f_n(x)| \leqslant \sum_{j=n}^{\infty} \varepsilon_j \tag{7}$$

级数 $\sum_{j=1}^{\infty} \varepsilon_j$ 收敛，因此实数序列 $\{f_k(x)\}$ 是 Cauchy 的. 实数是完备的. 记 $\{f_k(x)\}$ 的极限为 $f(x)$. 对 $x \in X \sim X_0$ 定义 $f(x)=0$. 在(5)取 $k \to \infty$ 的极限，我们从 Fatou 引理推出，

$$\text{对所有 } n,\quad \int_X |f - f_n|^p \mathrm{d}\mu \leqslant \left[\sum_{j=n}^{\infty} \varepsilon_j^2\right]^p$$

由于级数 $\sum_{k=1}^{\infty} \varepsilon_k^2$ 收敛，f 属于 $L^p(X)$ 且在 $L^p(X)$ 中，$\{f_n\} \to f$. 我们构造 f 作为 $\{f_n\}$ 在 X 上几乎处处逐点收敛的极限. ■

Riesz-Fischer 定理　令 $(X, \mathcal{M}, \mu)$ 为测度空间而 $1 \leqslant p \leqslant \infty$. 则 $L^p(X, \mu)$ 是 Banach

空间．此外，若 $L^p(X, \mu)$ 中的序列在 $L^p(X, \mu)$ 中收敛到 L^p 中的函数 f，则它有一个子序列在 X 上 a. e. 逐点收敛到 f.

证明　令 $\{f_n\}$ 为 $L^p(X, \mu)$ 中的 Cauchy 序列．为证明该序列收敛到 $L^p(X, \mu)$ 中的函数，仅须证明它有收敛到 $L^p(X, \mu)$ 中的函数的子序列．选取 $\{f_{n_k}\}$ 为 $\{f_n\}$ 的快速 Cauchy 子序列．前一个引理告诉我们 $\{f_{n_k}\}$ 关于 $L^p(X, \mu)$ 范数在 X 上几乎处处逐点收敛到 $L^p(X, \mu)$ 中的函数．最后，每个在 $L^p(X, \mu)$ 中收敛的序列有快速 Cauchy 子序列且这样的子序列在 X 上 a. e. 逐点收敛于同一个极限函数．■

定理 5　令 $(X, \mathcal{M}, \mu)$ 为测度空间而 $1 \leqslant p < \infty$．则 X 上在有限测度集外消失的简单函数的子空间在 $L^p(X, \mu)$ 中稠密．

证明　令 f 属于 $L^p(X, \mu)$．根据前一章的命题 9，$\{x \in X \mid f(x) \neq 0\}$ 是 σ 有限的．我们因此假设 X 是 σ 有限的．简单逼近定理告诉我们存在 X 上的简单函数序列 $\{\psi_n\}$，该序列的每个函数在有限测度集外消失，该序列在 X 上逐点收敛于 f 且对所有 n，在 X 上 $|\psi_n| \leqslant |f|$．则

$$\text{对所有 } n, \text{在 } X \text{ 上}, \quad |\psi_n - f|^p \leqslant 2^p \, |f|^p$$

由于 $|f|^p$ 在 X 上是可积的，我们从 Lebesgue 控制收敛定理推出序列 $\{\psi_n\}$ 在 $L^p(X, \mu)$ 中收敛于函数 f．■

400

我们把 Vitali 收敛定理的以下推论的证明留作练习(见前一章的推论 18)．

Vitali L^p 收敛准则　令 $(X, \mathcal{M}, \mu)$ 为测度空间而 $1 \leqslant p < \infty$．假定 $\{f_n\}$ 是 $L^p(X, \mu)$ 中 a. e. 逐点收敛到 f 的序列而 f 也属于 $L^p(X, \mu)$．则在 $L^p(X, \mu)$ 中，$\{f_n\} \to f$ 当且仅当 $\{|f_n|^p\}$ 是一致可积与紧的．

习题

1. 对 $1 \leqslant p < \infty$ 与自然数 n，当 $0 \leqslant x \leqslant 1/n$ 时定义 $f_n(x) = n^{1/p}$，而当 $1/n < x \leqslant 1$ 时定义 $f_n(x) = 0$．令 f 在 $[0, 1]$ 上恒等于零．证明 $\{f_n\}$ 逐点收敛于 f 但在 L^p 中不收敛于 f．L^p 中的 Vitali 收敛准则在哪里不成立？
2. 对 $1 \leqslant p < \infty$ 与自然数 n，令 f_n 为 $[n, n+1]$ 的特征函数．令 f 在 $\mathbf{R}$ 上恒等于零．证明 $\{f_n\}$ 逐点收敛于 f 但在 L^p 中不收敛于 f．Vitali-L^p 收敛准则在哪里不成立？
3. 证明以上的 Vitali-L^p 收敛准则．
4. 对测度空间 $(X, \mathcal{M}, \mu)$ 和 $0 < p < 1$，定义 $L^p(X, \mu)$ 为 X 上使得 $|f|^p$ 可积的可测函数族．证明 $L^p(X, \mu)$ 是线性空间．对 $f \in L^p(X, \mu)$，定义 $\|f\|_p^p = \int_X |f|^p \mathrm{d}\mu$.

   (i) 证明 $\|\cdot\|_p$ 一般不是范数，由于 Minkowski 不等式可能不成立．

   (ii) 对所有 $f, g \in L^p(X, \mu)$，定义

   $$\rho(f,g) = \int_X |f-g|^p \mathrm{d}\mu$$

   证明 ρ 是度量，且关于该度量 $L^p(X, \mu)$ 是完备的．

5. 令 $(X, \mathcal{M}, \mu)$ 为测度空间而 $\{f_n\}$ 是 $L^\infty(X, \mu)$ 中的 Cauchy 序列. 证明存在 X 的可测子集 X_0 使得 $\mu(X \sim X_0)=0$，且对每个 $\varepsilon>0$，存在指标 N，使得

$$\text{对所有 } n, \quad m \geqslant N, \quad \text{在 } X_0 \text{ 上}, \quad |f_n - f_m| \leqslant \varepsilon$$

用此证明 $L^\infty(X, \mu)$ 是完备的.

19.2 关于 $L^p(X, \mu)(1 \leqslant p < \infty)$ 的对偶的 Riesz 表示定理

对于 $1 \leqslant p < \infty$，令 f 属于 $L^p(X, \mu)$，其中 q 是 p 的共轭. 定义线性泛函 $T_f: L^p(X, \mu) \to \mathbf{R}$ 为 ⊖

$$\text{对所有 } g \in L^p(X,\mu), \quad T_f(g) = \int_X f \cdot g \mathrm{d}\mu \tag{8}$$

Hölder 不等式告诉我们 T_f 是 L^p 上的有界线性泛函且它的范数至多为 $\|f\|_q$，而(1)告诉我们该范数实际上等于 $\|f\|_q$. 因此 $T: L^q(X, \mu) \to (L^p(X, \mu))^*$ 是等距. 在 X 是实数的 Lebesgue 可测集而 μ 是 Lebesgue 测度的情形中，我们证明了 T 将 $L^q(X, \mu)$ 映上 $(L^p(X, \mu))^*$，即 $L^p(X, \mu)$ 上的每个有界线性泛函由对 $L^q(X, \mu)$ 中的函数的积分给出. 这个基本结果对一般的 σ 有限测度空间成立. [401]

关于 $L^p(X, \mu)$ 的对偶的 Riesz 表示定理　令 $(X, \mathcal{M}, \mu)$ 为 σ 有限测度空间，$1 \leqslant p < \infty$，而 q 为 p 的共轭. 对 $f \in L^q(X, \mu)$，通过(8)定义 $T_f \in (L^p(X, \mu))^*$. 则 T 是 $L^q(X, \mu)$ 映上 $(L^p(X, \mu))^*$ 的等距同构.

在证明定理之前，对比闭有界区间情形的证明与一般情形的证明是妥当的. 在 $X=[a, b]$ 为实数的闭有界区间，μ 为 X 上的 Lebesgue 测度 m 的情形中，Riesz 表示定理的证明核心在于，若 S 是 $L^p([a, b], m)$ 上的有界线性泛函，则实值函数 $x \mapsto h(x)=S(\chi_{[a,x]})$ 在 $[a, b]$ 上是绝对连续的. 一旦这得到证明，我们从刻画绝对连续函数的不定积分推出，

$$\text{对所有 } x \in [a,b], \quad S(\chi_{[a,x]}) = h(x) = \int_{[a,b]} h' \mathrm{d}m$$

从这我们证明 h' 属于 L^q 且

$$\text{对所有 } g \in L^p([a,b],m), \quad S(g) = \int_{[a,b]} h' \cdot g \mathrm{d}m$$

在一般有限测度空间的情形，若 S 是 $L^p(X, \mu)$ 上的有界线性泛函，我们将证明集函数 $E \mapsto \nu(E)=S(\chi_E)$ 是关于 μ 绝对连续的测度. 我们接着定义 f 为 ν 关于 μ 的 Radon-Nikodym 导数，即

$$\text{对所有 } E \in \mathcal{M}, \quad S(\chi_E) = \int_E f \mathrm{d}\mu$$

我们将证明 f 属于 L^q 且

⊖ 记住"函数"事实上是函数的等价类. 该泛函是恰当定义的，由于若在 X 上 $f=\hat{f}$ 且 $g=\hat{g}$ a. e.，则

$$\int_X f \cdot g \mathrm{d}\mu = \int_X \hat{f} \cdot \hat{g} \mathrm{d}\mu$$

$$\text{对所有 } g \in L^p(X,\mu), \quad S(g) = \int_X f \cdot g \mathrm{d}\mu$$

引理 6　令$(X, \mathcal{M}, \mu)$为σ有限测度空间而$1 \leqslant p < \infty$．对于X上的可积函数f，假定存在$M \geqslant 0$使得对于X上在有限测度集外消失的简单函数g，

$$\left| \int_X f \cdot g \mathrm{d}\mu \right| \leqslant M \cdot \|g\|_p \tag{9}$$

则f属于$L^q(X, \mu)$，其中q是p的共轭．此外，$\|f\|_q \leqslant M$.

402　**证明**　首先考虑$p>1$的情形．由于$|f|$是一个非负可测函数而测度空间为σ有限的，根据简单逼近定理，存在一个简单函数序列$\{\varphi_n\}$，该序列中的每个函数在有限测度集外消失，在X上逐点收敛于$|f|$，且对所有n，$0 \leqslant \varphi_n \leqslant |f|$．由于在$X$上$\{\varphi_n^q\}$逐点收敛于$|f|^q$，Fatou 引理告诉我们为证明$|f|^q$是可积的且$\|f\|_q \leqslant M$，仅须证明对所有$n$，

$$\int_X \varphi_n^q \mathrm{d}\mu \leqslant M^q \tag{10}$$

固定自然数n．为验证(10)，我们估计泛函值φ_n^q如下：

$$\text{在 } X \text{ 上}, \quad \varphi_n^q = \varphi_n \cdot \varphi_n^{q-1} \leqslant |f| \cdot \varphi_n^{q-1} = f \cdot \mathrm{sgn}(f) \cdot \varphi_n^{q-1} \tag{11}$$

定义简单函数g_n为

$$\text{在 } X \text{ 上}, \quad g_n = \mathrm{sgn}(f) \cdot \varphi_n^{q-1}$$

我们从(11)和(9)推出

$$\int_X \varphi_n^q \mathrm{d}\mu \leqslant \int_X f \cdot g_n \mathrm{d}\mu \leqslant M \cdot \|g_n\|_p \tag{12}$$

由于p与q共轭，$p(q-1)=q$，因此，

$$\int_X |g_n|^p \mathrm{d}\mu = \int_X \varphi_n^{p(q-1)} \mathrm{d}\mu = \int_X \varphi_n^q \mathrm{d}\mu$$

因此我们将(12)重写为

$$\int_X \varphi_n^q \mathrm{d}\mu \leqslant M \cdot \left[\int_X \varphi_n^q \mathrm{d}\mu\right]^{1/p}$$

对每个n，φ_n^q是在有限测度集外消失的简单函数，因此它是可积的．因此前一个积分不等式可重写为

$$\left[\int_X \varphi_n^q \mathrm{d}\mu\right]^{1-1/p} \leqslant M$$

由于$1-1/p=1/q$，我们证明了(10)．

剩下来要考虑$p=1$的情形．我们必须证明M是f的本性上界．用反证法．若M不是本性上界，则存在某个$\varepsilon>0$使得集合$X_\varepsilon=\{x \in X \mid |f(x)|>M+\varepsilon\}$的测度非零．由于$X$是$\sigma$有限的，我们可以选取$X_\varepsilon$的具有有限正测度的子集．若令$g$为这样的集合的特征函数，得到与(9)矛盾的结论．■

403　**Riesz 表示定理的证明**　我们将$p=1$的情形留作练习(见习题6)．假设$p>1$．我们首先考虑$\mu(X)<\infty$的情形．令$S: L^p(X, \mu) \to \mathbf{R}$为有界线性泛函．定义可测集族$\mathcal{M}$上的集

函数 ν 为

$$\text{对 } E \in \mathcal{M},\quad \nu(E) = S(\chi_E)$$

这是恰当定义的，由于 $\mu(X)<\infty$，因此每个可测集的特征函数属于 $L^p(X, \mu)$. 我们断言 ν 是一个带号测度. 事实上，令 $\{E_k\}_{k=1}^{\infty}$ 为可测集的可数不交族而 $E=\bigcup_{k=1}^{\infty} E_k$. 根据测度 μ 的可数可加性，

$$\mu(E) = \sum_{k=1}^{\infty} \mu(E_k) < \infty$$

因此，

$$\lim_{n\to\infty} \sum_{k=n+1}^{\infty} \mu(E_k) = 0$$

从而，

$$\lim_{n\to\infty} \| \chi_E - \sum_{k=1}^{n} \chi_{E_k} \|_p = \lim_{n\to\infty} \Big[\sum_{k=n+1}^{\infty} \mu(E_k) \Big]^{1/p} = 0 \tag{13}$$

但 S 在 $L^p(X, \mu)$ 上既是线性又是连续的，因此，

$$S(\chi_E) = \sum_{k=1}^{\infty} S(\chi_{E_k})$$

即

$$\nu(E) = \sum_{k=1}^{\infty} \nu(E_k)$$

为证明 ν 是一个带号测度必须证明右边的级数绝对收敛. 然而，若对每个 k，我们设 $c_k = \text{sgn}(S(\chi_{E_k}))$，则用上面的论证方法得出级数 $\sum_{k=1}^{\infty} S(c_k \cdot \chi_{E_k})$ 是 Cauchy 的，因此收敛，从而 $\sum_{k=1}^{\infty} |\nu(E_k)| = \sum_{k=1}^{\infty} S(c_k \cdot \chi_{E_k})$ 收敛. 因此 ν 是带号测度. 我们宣称 ν 关于 μ 绝对连续. 事实上，若 $E\in\mathcal{M}$ 有 $\mu(E)=0$，则 χ_E 是 $L^p(X, \mu)$ 的零元的代表，由于 S 是线性的，$\mu(E)=S(\chi_E)=0$. 根据第 18 章的推论 20——Radon-Nikodym 定理的一个推论，存在函数 f 在 X 上可积且对所有 $E\in\mathcal{M}$，

$$S(\chi_E) = \nu(E) = \int_E f \mathrm{d}\mu$$

对每个简单函数 φ，根据 S 和积分的线性，由于每个简单函数属于 $L^p(X, \mu)$，

$$S(\varphi) = \int_X f \cdot \varphi \mathrm{d}\mu$$

由于泛函 S 在 $L^p(X, \mu)$ 上有界，对每个 $g \in L^p(X, \mu)$，$|S(g)| \leqslant \|S\| \|g\|_p$. 因此，

404

$$\text{对每个简单函数 } \varphi,\quad \left| \int_X f\varphi \mathrm{d}\mu \right| = |S(\varphi)| \leqslant \|S\| \|\varphi\|_p$$

根据引理 6，f 属于 L^q. 从 Hölder 不等式和 S 在 $L^p(X, \mu)$ 上的连续性，我们推出泛函

$$g \mapsto S(g) - \int_X f \cdot g \mathrm{d}\mu, \quad g \in L^p(X,\mu)$$

是连续的. 然而，它在简单函数的线性空间上消失，根据定理 5，简单函数空间是 $L^p(X, \mu)$的稠密子空间. 因此 $S - T_f$在整个$L^p(X, \mu)$上消失，即 $S=T_f$.

现在考虑 X 是σ 有限的情形. 令$\{X_n\}$为具有有限测度的可测集的上升序列，它的并是 X. 固定 n. 我们已证明存在 $L^q(X, \mu)$中的函数 f_n 使得

$$\text{在 } X \sim X_n \text{ 上 } f_n = 0, \quad \int_X |f_n|^q \mathrm{d}\mu \leqslant \|S\|^q$$

而

$$\text{若} g \in L^p(X,\mu) \text{ 且在 } X \sim X_n \text{ 上 } g = 0, \quad S(g) = \int_{X_n} f_n \cdot g \mathrm{d}\mu = \int_X f_n \cdot g \mathrm{d}\mu$$

由于具有如上性质的函数 f_n 除了在测度为零的集合上函数值改变外在 X_n 上唯一确定，且由于 f_{n+1}在 X_n 上的限制也具有该性质，我们可以假设在 X_n 上 $f_{n+1}=f_n$. 对 $x\in X=\bigcup_{n=1}^{\infty} X_n$，若 x 属于 X_n，设 $f(x)=f_n(x)$. 则 f 是 X 上恰当定义的可测函数且序列$\{|f_n|^q\}$逐点收敛于 $|f|^q$. 根据 Fatou 引理，

$$\int_X |f|^q \mathrm{d}\mu \leqslant \liminf \int_X |f_n|^q \mathrm{d}\mu \leqslant \|S\|^q$$

因此 f 属于L^q. 令 g 属于 $L^p(X, \mu)$. 对每个 n，在 X_n 上定义 $g_n=g$，在$X\sim X_n$ 上定义 $g_n=0$. 根据 Hölder 不等式，$|fg|$在 X 上是可积的且在 X 上 a. e. $|fg_n|\leqslant|fg|$，根据 Lebesgue 控制收敛定理，

$$\lim_{n\to\infty} \int_X f \cdot g_n \mathrm{d}\mu = \int_X f \cdot g \mathrm{d}\mu \tag{14}$$

另一方面，在 X 上 a. e. 逐点地$\{|g_n-g|^p\}\to 0$，且对所有 n 在 X 上 a. e. $|g_n-g|^p\leqslant |g|^p$. 再次援引 Lebesgue 控制收敛定理，我们得出在 $L^p(X, \mu)$中$\{g_n\}\to g$. 由于泛函 S 在$L^p(X, \mu)$上是连续的，

$$\lim_{n\to\infty} S(g_n) = S(g) \tag{15}$$

然而，对每个 n，

$$S(g_n) = \int_{X_n} f_n \cdot g_n \mathrm{d}\mu = \int_X f \cdot g_n \mathrm{d}\mu$$

因此根据(14)与(15)，$S(g)=\int_X f \cdot g \mathrm{d}\mu$. ■

405

习题

6. 通过调整 $p>1$ 的情形的证明，证明 $p=1$ 的情形的 Riesz 表示定理.
7. 证明对非平凡闭有界区间$[a, b]$上的 Lebesgue 测度的情形，Riesz 表示定理不能推广到 $p=\infty$的情形.
8. 找到一个测度空间$(X, \mathcal{M}, \mu)$使得 Riesz 表示定理不能推广到 $p=\infty$的情形.

19.3 关于 $L^\infty(X, \mu)$的对偶的 Kantorovitch 表示定理

在上一节，对于 $1\leqslant p<\infty$以及 σ 有限测度空间$(X, \mathcal{M}, \mu)$，我们刻画了 $L^p(X, \mu)$的

对偶. 我们现在刻画 $L^\infty(X,\mu)$的对偶.

定义　令$(X,\mathcal{M})$为可测空间而集函数 $\nu:\mathcal{M}\to\mathbf{R}$ 是有限可加的. 对于 $E\in\mathcal{M}$，ν 在 E 上的全变差$|\nu|(E)$定义为

$$|\nu|(E)=\sup\sum_{k=1}^{n}|\nu(E_k)| \tag{16}$$

其中上确界对 $\mathcal{M}$ 中包含于 E 的集合的有限不交族$\{E_k\}_{k=1}^n$取. 若$|\nu|(X)<\infty$，我们称 ν 为**有界有限可加带号测度**. ν 在 X 上的全变差记为$\|\nu\|_{\text{var}}$，定义为$|\nu|(X)$.

注　若 $\nu:\mathcal{M}\to\mathbf{R}$ 是一个测度，则$\|\nu\|_{\text{var}}=\nu(X)$. 若 $\nu:\mathcal{M}\to\mathbf{R}$ 是一个带号测度，我们已经观察到的全变差为$\|\nu\|_{\text{var}}$，由

$$\|\nu\|_{\text{var}}=|\nu|(X)=\nu^+(X)+\nu^-(X)$$

给出，其中 $\nu=\nu^+-\nu^-$ 是 ν 的作为测度的差的 Jordan 分解(见 17.2 节). 对于实值带号测度 ν，分析(我们这里不给出)由(16)定义的$|\nu|$表明$|\nu|$是一个测度. 观察到$|\nu|-\nu$也是一个测度而 $\nu=|\nu|-[|\nu|-\nu]$. 这给出了关于有限带号测度的 Jordan 分解定理的不同证明.

若 $\nu:\mathcal{M}\to\mathbf{R}$ 是 $\mathcal{M}$ 上的有界有限可加带号测度，简单函数 $\varphi=\sum_{k=1}^{\infty}c_k\cdot\chi_{E_k}$ 关于 $\mathcal{M}$ 可测，我们定义 φ 在 X 上关于 ν 的积分为

$$\int_X\varphi\,\mathrm{d}\nu=\sum_{k=1}^{n}c_k\cdot\nu(E_k)$$

该积分是恰当定义的，关于被积函数线性且

$$\left|\int_X\varphi\,\mathrm{d}\nu\right|\leqslant\|\nu\|_{\text{var}}\cdot\|\varphi\|_\infty \tag{17}$$

的确，在我们建立关于测度 μ 的积分的过程中，为证明积分是恰当定义的，在简单函数的线性空间上是线性、单调的泛函，仅须证明 μ 的有限可加性. [406]

令 $f:X\to\mathbf{R}$ 为在 X 上有界的可测函数. 根据简单逼近引理，存在 X 上的简单函数序列$\{\psi_n\}$和$\{\varphi_n\}$使得

$$\text{在 } X \text{ 上对所有 } n,\ \varphi_n\leqslant\varphi_{n+1}\leqslant f\leqslant\psi_{n+1}\leqslant\psi_n,\quad \text{且 } 0\leqslant\psi_n-\varphi_n\leqslant 1/n.$$

因此序列$\{\varphi_n\}$在 X 上一致收敛到 f. 我们从(17)推出对所有自然数 n 和 k，

$$\left|\int_X\varphi_{n+k}\,\mathrm{d}\nu-\int_X\varphi_n\,\mathrm{d}\nu\right|\leqslant\|\nu\|_{\text{var}}\cdot\|\varphi_{n+k}-\varphi_n\|_\infty$$

我们定义 f 在 X 上关于 ν 的积分为

$$\int_X f\,\mathrm{d}\nu=\lim_{n\to\infty}\int_X\varphi_n\,\mathrm{d}\nu$$

它不依赖于在 X 上一致收敛到 f 的简单函数序列的选取. 现在令$(X,\mathcal{M},\mu)$为测度空间. 对于我们想对 $f\in L^\infty(X,\mu)$定义 $\int_X f\,\mathrm{d}\nu$，现在形式上视 $L^\infty(X,\mu)$为关于 a. e. $[\mu]$相等关

系的本性有界可测函数的等价类的线性空间．这要求若在 X 上 $f=f_1$ a.e. $[\mu]$，则 $\int_X f\,\mathrm{d}\nu=\int_X f_1\,\mathrm{d}\nu$．若存在集合 $E\in\mathcal{M}$ 使得 $\mu(E)=0$ 但 $\nu(E)\neq 0$，则上述性质显然不成立．我们因此挑出有界有限可加带号测度类．

定义 令 $(X,\mathcal{M},\mu)$ 为测度空间．我们用 $\mathcal{BFA}(X,\mathcal{M},\mu)$ 表示有界有限可加带号测度的赋范线性空间．$\nu\in\mathcal{BFA}(X,\mathcal{M},\mu)$ 的范数是全变差范数 $\|\nu\|_{\mathrm{var}}$．

显然，若 ν 属于 $\mathcal{BFA}(X,\mathcal{M},\mu)$，而 φ 和 ψ 是在 X 上 a.e. $[\mu]$ 相等的简单函数，则 $\int_X\varphi\,\mathrm{d}\nu=\int_X\psi\,\mathrm{d}\nu$，因此对 X 上 a.e. $[\mu]$ 相等的本性有界的可测函数，同样的结论成立．因此 $L^\infty(X,\mu)$ 函数(即函数类)在 X 上关于 ν 的积分是恰当定义的，且

$$\text{对所有 } f\in L^\infty(X,\mu) \text{ 与 } \nu\in\mathcal{BFA}(X,\mathcal{M},\mu),\quad \left|\int_X f\,\mathrm{d}\nu\right|\leqslant\|\nu\|_{\mathrm{var}}\cdot\|f\|_\infty \tag{18}$$

定理 7(Kantorovitch 表示定理)　令 $(X,\mathcal{M},\mu)$ 为测度空间．对 $\nu\in\mathcal{BFA}(X,\mathcal{M},\mu)$，定义 $T_\nu:L^\infty(X,\mu)\to\mathbf{R}$ 为

$$\text{对所有 } f\in L^\infty(X,\mu),\quad T_\nu(f)=\int_X f\,\mathrm{d}\nu \tag{19}$$

407 则 T 是一个赋范线性空间 $\mathcal{BFA}(X,\mathcal{M},\mu)$ 映上 $L^\infty(X,\mu)$ 的对偶的等距同构．

证明 我们首先证明 T 是一个等距．根据不等式(18)，仅须证明 $\|\nu\|_{\mathrm{var}}\leqslant\|T_\nu\|$．事实上，令 $\{E_k\}_{k=1}^n$ 为 $\mathcal{M}$ 中集合的不交族．对于 $1\leqslant k\leqslant n$，定义 $c_k=\mathrm{sgn}(\nu(E_k))$，接着定义 $\varphi=\sum_{k=1}^{\infty}c_k\cdot\chi_{E_k}$．则 $\|\varphi\|_\infty=1$．因此，

$$\sum_{k=1}^{n}\left|\nu(E_k)\right|=\int_X\varphi\,\mathrm{d}\nu=T_\nu(\varphi)\leqslant\left\|T_\nu\right\|$$

于是 $\|\nu\|_{\mathrm{var}}\leqslant\|T_\nu\|$，因此 T 是一个等距．剩下来要证明 T 是映上的．令 S 属于 $L^\infty(X,\nu)$ 的对偶．定义 $\nu:\mathcal{M}\to\mathbf{R}$ 为

$$\text{对所有 } E\in\mathcal{M},\quad \nu(E)=S(\chi_E) \tag{20}$$

函数 χ_E 属于 $L^\infty(X,\nu)$，因此 ν 是恰当定义的．此外，ν 是有限可加的，由于 S 是线性的．我们宣称 ν 是关于 μ 绝对连续的．的确，令 $E\in\mathcal{M}$ 有 $\mu(E)=0$．因此 $\nu(E)=S(\chi_E)=0$．[⊖] 我们从 S 和关于 ν 的积分的线性推出，

$$\text{对 } L^\infty(X,\mu) \text{ 中的所有简单函数，}\quad \int_X f\,\mathrm{d}\nu=S(f)$$

⊖ 这里我们需要回到 $L^\infty(X,\mu)$ 作为关于几乎处处 $[\mu]$ 相等的等价关系的函数的等价类的形式定义上，且认识到 S 是定义在这些等价类上的．由于 χ_E 是零等价类的代表而 S 是线性的，$S(\chi_E)=0$．

简单逼近引理告诉我们简单函数在 $L^\infty(X, \mu)$ 中稠密．因此，由于 S 和关于 ν 的积分在 $L^\infty(X, \mu)$ 上都是连续的，$S=T_\nu$． ■

注　令 $[a, b]$ 为实数的闭有界区间，考虑 Lebesgue 测度空间 $([a, b], \mathcal{L}, m)$．

$$\text{对所有} g \in L^1([a,b],m) \text{ 与 } f \in L^\infty([a,b],m),\quad T_g(f) = \int_{[a,b]} g \cdot f \mathrm{d}m$$

给出的算子 $T:L^1([a, b], m)\to(L^\infty([a, b], m))^*$ 是线性同构．此外，$L^1([a, b], m)$ 是可分的，因此 $T(L^1([a, b], m))$ 也如此．另一方面，$L^\infty([a, b], m)$ 是不可分的．根据第 14 章的定理 13，若 Banach 空间 V 的对偶是可分的，则 V 本身也是可分的．因此 $T(L^1([a, b], m))$ 是 $(L^\infty([a, b], m))^*$ 的真子空间．我们因此从 Kantorovitch 表示定理推出，存在 $\mathcal{M}$ 上的有界有限可加带号测度 ν，它关于 m 绝对连续，但不存在函数 $g\in L^1([a, b], m)$ 使得

$$\text{对所有 } f \in L^\infty([a,b],m),\quad \int_{[a,b]} f\mathrm{d}\nu = \int_{[a,b]} g \cdot f\mathrm{d}m \tag{21}$$

集函数 ν 不可能是可数可加的，由于若它是，根据推论 20，必有 $L^1([a, b], m)$ 函数 g 使得(21)成立．因此 ν 是 $[a, b]$ 的 Lebesgue 可测子集的有界集函数，它关于 Lebesgue 测度是绝对连续、有限可加的，但不是可数可加的．这样的函数尚未被直接构造出来．

408

习题

以下习题中 $(X, \mathcal{M}, \mu)$ 是完备测度空间．

9. 证明 $\mathcal{BFA}(X, \mathcal{M}, \mu)$ 是线性空间，$\|\cdot\|_{\text{var}}$ 是它上面的范数．接着证明该赋范线性空间是 Banach 空间．

10. 令 $\nu:\mathcal{M}\to\mathbf{R}$ 为带号测度而 $(X, \mathcal{M}, \mu)$ 是 σ 有限的．证明存在函数 $f\in L^1(X, \mu)$，使得

$$\text{对所有 } g \in L^\infty(X,\mu),\quad \int_X g\,\mathrm{d}\nu = \int_X g \cdot f\mathrm{d}\mu$$

11. 令 $\{\nu_n\}$ 为 $\mathcal{BFA}([\mathrm{a}, \mathrm{b}], \mathcal{L}, m)$ 中的有界序列．证明存在子序列 $\{\nu_{n_k}\}$ 与 $\nu\in \mathcal{BFA}([a, b], \mathcal{L}, m)$，使得

$$\text{对所有 } f \in L^1(X,\mu),\quad \lim_{k\to\infty}\int_X f\,\mathrm{d}\,\nu_{n_k} = \int_X f\,\mathrm{d}\nu$$

12. 令 $\{\mu_n\}$ 为 Lebesgue 可测空间 $([a, b], \mathcal{L})$ 上的测度序列，使得 $\{\mu_n([a, b])\}$ 是有界的，且每个 μ_n 关于 Lebesgue 测度 m 是绝对连续的．证明存在 $\{\mu_n\}$ 的子序列在 $\mathcal{M}$ 上集合态地收敛到 $([a, b], \mathcal{L})$ 上关于 m 绝对连续的测度．

19.4　$L^p(X, \mu)(1<p<\infty)$ 的弱序列紧性

回忆对于赋范线性空间 X，X 上的有界线性泛函组成的 X 的对偶空间记为 X^*，而 X^* 的对偶记为 X^{**}．定义自然嵌入 $J:X\to X^{**}$ 为

$$\text{对所有 } x \in X,\quad \psi \in X^*,\quad J(x)[\psi] = \psi(x)$$

我们从 Hahn-Banach 定理推出，自然嵌入是一个等距且称 X 是自反的，若自然嵌入将 X 映上 X^{**}．第 14 章的定理 17 告诉我们自反 Banach 空间中的每个有界序列有弱收敛的子序列．

定理 8　令$(X, \mathcal{M}, \mu)$为σ有限测度空间而$1<p<\infty$. 则$L^p(X, \mu)$是一个自反的Banach空间.

证明　Riesz表示定理告诉我们对共轭数$r, s\in(1, \infty)$，算子$T_r: L^r\to(L^s)^*$定义为

$$\text{对所有 } h\in L^r \text{ 与 } g\in(L^s)^*,\quad [T_r(h)](g)=\int_X g\cdot h\mathrm{d}\mu$$

409

是一个从L^r映上$(L^s)^*$的等距同构. 为证明L^p的自反性，我们令$S:(L^p)^*\to\mathbf{R}$为连续线性泛函且寻找函数$f\in L^p$使得$S=J(f)$. [⊖]观察到$S\circ T_q: L^q\to\mathbf{R}$作为连续线性算子的复合，也是一个连续线性泛函. 根据Riesz表示定理，它将L^p映上$(L^q)^*$，因此存在函数$f\in L^p$使得$S\circ T_q=T_p(f)$，即

$$\text{对所有 } g\in L^q,\quad (S\circ T_q)[g]=T_p(f)[g]$$

因此，

$$\text{对所有 } g\in L^q,\quad S(T_q(g))=T_p(f)[g]=T_q(g)[f]=J(f)(T_q(g))$$

由于T_q将L^q映上$(L^p)^*$，$S=J(f)$. ■

Riesz 弱紧性定理　令$(X, \mathcal{M}, \mu)$为σ有限测度空间而$1<p<\infty$. 则$L^p(X, \mu)$中的每个有界序列有一个弱收敛子列，即若$\{f_n\}$是$L^p(X, \mu)$中的有界序列，则存在$\{f_n\}$的子序列$\{f_{n_k}\}$和$L^p(X, \mu)$中的函数f使得

$$\text{对所有 } g\in L^q(X,\mu),\quad \lim_{k\to\infty}\int_X f_{n_k}\cdot g\mathrm{d}\mu=\int_X f\cdot g\mathrm{d}\mu,\quad \text{其中 } 1/p+1/q=1$$

证明　前一个定理断言$L^p(X, \mu)$是自反的. 然而，根据第14章的定理17，自反Banach空间的每个有界序列有一个弱收敛的子序列. 现在结论从关于$L^p(X, \mu)$的对偶的Riesz表示定理得出. ■

在第8章，我们研究了$L^p(E, m)$中的弱收敛，其中E是实数的Lebesgue可测集而m是Lebesgue测度. 在第14章，我们研究了一般的Banach空间中的弱收敛序列的性质，当然，这些性质对$L^p(X, \mu)$中的弱收敛成立. 我们这里不加证明地记下三个关于$L^p(X, \mu)$中的弱收敛的一般结果，这里$1<p<\infty$，而$(X, \mathcal{M}, \mu)$为一般的σ有限测度空间. 它们的证明与实直线上的Lebesgue测度的情形相同.

Radon-Riesz 定理　令$(X, \mathcal{M}, \mu)$为σ有限测度空间，$1<p<\infty$，而$\{f_n\}$是$L^p(X, \mu)$中弱收敛于f的序列. 则

$$\{f_n\} \text{ 在 } L^p(X,\mu) \text{ 中强收敛于 } f$$

当且仅当

$$\lim_{n\to\infty}\|f_n\|_p=\|f\|_p$$

⊖ 我们重复早些时候关于自反性的告诫. 为使得赋范空间X是自反的，X同构于它的二次对偶X^{**}是不充分的；自然嵌入是X映上X^{**}的同构是必要的. 见R. C. James的论文“A non-reflexive Banach space isometric to its second dual”，*Proc. Nat. Acad. Sci. U. S. A.* 37(1951).

推论 9　令$(X, \mathcal{M}, \mu)$为 σ 有限测度空间，$1<p<\infty$，而$\{f_n\}$是 $L^p(X, \mu)$中弱收敛于 f 的序列．则$\{f_n\}$的子序列在 $L^p(X, \mu)$强收敛于 f 当且仅当

$$\|f\|_p=\liminf\|f_n\|_p$$

Banach-Saks 定理　令$(X, \mathcal{M}, \mu)$为 σ 有限测度空间，$1<p<\infty$，而$\{f_n\}$是 $L^p(X, \mu)$中弱收敛于 f 的序列．则存在子序列$\{f_{n_k}\}$使得 Cesaro 平均序列在 $L^p(X, \mu)$中强收敛于 f，即

$$\text{在 } L^p(X,\mu) \text{ 强意义下，}\quad \lim_{k\to\infty}\frac{f_{n_1}+f_{n_2}+\cdots+f_{n_k}}{k}=f \tag{22}$$

410

习题

13. 线性泛函 $S:L^p(X, \mu)\to\mathbf{R}$ 称为是正的，若对每个 $L^p(X, \mu)$中的非负函数 g，$S(g)\geqslant 0$．对 $1\leqslant p<\infty$ 与 σ 有限测度 μ，证明 $L^p(X, \mu)$上的每个线性泛函是有界正线性泛函的差．
14. 在 $p=2$ 的情形证明 Radon-Riesz 定理与 Banach-Saks 定理．
15. 令 X 为 $L^\infty(\mathbf{R}, m)$的子空间，其中 m 是 Lebesgue 测度，它由当 $x\to\infty$ 时有有限极限的连续函数 f 组成．对 $f\in X$ 定义 $S(f)=\lim\limits_{x\to\infty}f(x)$．用 Hahn-Banach 定理延拓 S 为 $L^\infty(\mathbf{R}, m)$上的有界线性泛函．证明不存在 $L^1([a, b], m)$中的函数 f 使得对所有 $g\in L^\infty(\mathbf{R}, m)$
$$S(g)=\int_{\mathbf{R}}f\cdot g\,\mathrm{d}m$$
这与 Riesz 表示定理矛盾吗？
16. 令 μ 为自然数集 $\mathbf{N}$ 上的计数测度．
    (i) 对 $1\leqslant p\leqslant\infty$，证明 $L^p(\mathbf{N}, \mu)=\ell^p$，从而对 $1\leqslant p<\infty$ 刻画 ℓ^p 的对偶空间．
    (ii) 对 $1\leqslant p<\infty$，讨论 $L^p(X, \mu)$的对偶，其中 μ 是不一定可数的集合 X 上的计数测度．
17. 找出测度空间$(X, \mathcal{M}, \mu)$使得本节的所有定理在 $p=1$ 的情形成立．
18. 证明对实数的闭有界区间$[a, b]$上的 Lebesgue 测度与 $p=1$，Riesz 弱紧性定理、Radon-Riesz 定理都不成立．

19.5　$L^1(X, \mu)$的弱序列紧性：Dunford-Pettis 定理

对一个测度空间$(X, \mathcal{M}, \mu)$，一般来说，Banach 空间 $L^1(X, \mu)$不是自反的．根据 Eberlein-Šmulian 定理，$L^1(X, \mu)$中存在没有弱收敛子序列的有界序列．因此确认使得 $L^1(X, \mu)$中的有界序列具有弱收敛的子序列的充分条件是重要的．本节我们证明 Dunford-Pettis 定理，它告诉我们当 $\mu(X)<\infty$ 时，若 $L^1(X, \mu)$中的有界序列$\{f_n\}$是一致可积的，则它有一个弱收敛的子序列．回忆 $L^1(X, \mu)$中的一个序列$\{f_n\}$称为是一致可积的，若对每个 $\varepsilon>0$，存在 $\delta>0$ 使得对任何可测集 E，

$$\text{若 } \mu(E)<\delta,\quad \text{则对所有 } n,\quad \int_E|f_n|\,\mathrm{d}\mu<\varepsilon$$

对于有限测度空间，我们有一致可积性的以下刻画．

命题 10　对于有限测度空间$(X, \mathcal{M}, \mu)$和$L^1(X, \mu)$中的有界序列$\{f_n\}$，以下两个性质等价：

(i) $\{f_n\}$在X上是一致可积的.

411

(ii) 对每个$\varepsilon>0$，存在$M>0$使得对所有n，

$$\int_{\{x\in X \mid |f_n(x)|\geqslant M\}} |f_n| < \varepsilon \tag{23}$$

证明　由于$\{f_n\}$是有界的，我们可以选取$C>0$使得对所有n，$\|f_n\|_1\leqslant C$. 首先假设(i)成立. 令$\varepsilon>0$. 选取$\delta>0$使得若E是可测的且$\mu(E)<\delta$，则对所有n，$\int_E |f_n| \mathrm{d}\mu<\varepsilon$. 根据 Chebychev 不等式，

$$\text{对所有 } n,\quad \mu\{x\in X \mid |f_n(x)|\geqslant M\}\leqslant\frac{1}{M}\int_X |f_n| \mathrm{d}\mu\leqslant\frac{C}{M}$$

因此若$M>C/\delta$，则对所有n，$\mu\{x\in X \mid |f_n(x)|\geqslant M\}<\delta$. 从而(23)成立. 现在假设(ii)成立. 令$\varepsilon>0$. 选取$M>0$使得对所有n，

$$\int_{\{x\in X \mid |f_n(x)|\geqslant M\}} |f_n| < \varepsilon/2$$

定义$\delta=\varepsilon/2M$. 则根据M和δ的选取方式，对任何可测集E，若$\mu(X)<\delta$且n是任何自然数，则

$$\int_E |f_n| \mathrm{d}\mu = \int_{\{x\in E \mid |f_n(x)|\geqslant M\}} |f_n| \mathrm{d}\mu + \int_{\{x\in E \mid |f_n(x)|<M\}} |f_n| \mathrm{d}\mu < \varepsilon/2 + M\cdot\mu(E) < \varepsilon$$

因此$\{f_n\}$在X上一致可积. ■

对X上的扩充实值可测函数f与$\alpha>0$，定义f在X上的**水平为α的截断**为

$$f^{[\alpha]}(x) = \begin{cases} 0 & \text{若 } f(x)>\alpha \\ f(x) & \text{若 } -\alpha\leqslant f(x)\leqslant\alpha \\ 0 & \text{若 } f(x)<-\alpha \end{cases}$$

观察到若$\mu(X)<\infty$，则对$f\in L^1(X, \mu)$与$\alpha>0$，$f^{[\alpha]}$属于$L^1(X, \mu)$且有下面的逼近性质：

$$\left|\int_X \left[f-f^{[\alpha]}\right]\mathrm{d}\mu\right| \leqslant \int_{\{x\in X \mid |f(x)|>\alpha\}} |f| \mathrm{d}\mu \tag{24}$$

引理 11　对于有限测度空间$(X, \mathcal{M}, \mu)$与$L^1(X, \mu)$中的有界一致可积序列$\{f_n\}$，存在子序列$\{f_{n_k}\}$使得对X的每个可测子集E，

$$\left\{\int_E f_{n_k} \mathrm{d}\mu\right\}\text{是 Cauchy 的} \tag{25}$$

证明　我们首先描述证明的中心部分. 若$\{g_n\}$是$L^1(X, \mu)$中的任何有界序列而$\alpha>0$，

412

则由于$\mu(X)<\infty$，截断序列$\{g_n^{[\alpha]}\}$在$L^2(X, \mu)$中有界. Riesz 弱紧性定理告诉我们存在子序列$\{g_{n_k}^{[\alpha]}\}$在$L^2(X, \mu)$中弱收敛. 由于$\mu(X)<\infty$，在固定可测集上的积分是$L^2(X, \mu)$上的有界线性泛函. 因此对X的每个可测子集E，$\left\{\int_E g_{n_k}^{[\alpha]} \mathrm{d}\mu\right\}$是 Cauchy 的. 完整的证明用

这个观察以及对角线方法.

事实上，令 $\alpha=1$. 存在$\{f_n\}$的子序列，其水平为 1 的截断在 $L^2(X,\mu)$中弱收敛. 我们接着取第一个序列的子序列使得其水平为 2 的截断在 $L^2(X,\mu)$中弱收敛. 我们继续归纳地找出一个序列的序列，每个序列是前一个序列的子序列且第 k 个子序列的水平为 k 的截断在$L^2(X,\mu)$中弱收敛. 记对角序列为$\{h_n\}$. 则$\{h_n\}$是$\{f_n\}$的子序列，且对每个自然数 k 和 X 的可测子集 E，

$$\left\{\int_E h_n^{[k]}\mathrm{d}\mu\right\}\text{是 Cauchy 的}\tag{26}$$

令 E 是可测集. 我们宣称

$$\left\{\int_E h_n\mathrm{d}\mu\right\}\text{是 Cauchy 的}\tag{27}$$

令 $\varepsilon>0$. 观察到对自然数 k，n 和 m，

$$h_n-h_m=\left[h_n^{[k]}-h_m^{[k]}\right]+\left[h_m^{[k]}-h_m\right]+\left[h_n-h_n^{[k]}\right]$$

因此，由(24)，

$$\left|\int_E[h_n-h_m]\mathrm{d}\mu\right|\leqslant\left|\int_E\left[h_n^{[k]}-h_m^{[k]}\right]\mathrm{d}\mu\right.$$
$$+\int_{\{x\in E\,|\,|h_m|(x)>k\}}|h_m|\mathrm{d}\mu+\int_{\{x\in E\,|\,|h_n|(x)>k\}}|h_n|\mathrm{d}\mu\tag{28}$$

我们从$\{f_n\}$的一致可积性和命题 10 推出，可以选取自然数k_0 使得

$$\text{对所有 } n,\quad \int_{\{x\in E\,|\,|h_n|(x)>k_0\}}|h_n|\mathrm{d}\mu<\varepsilon/3\tag{29}$$

另一方面，由(26)，其中 $k=k_0$，存在指标 N 使得

$$\text{对所有 } n,\quad m\geqslant N,\quad \left|\int_E[h_n^{[k_0]}-h_m^{[k_0]}]\mathrm{d}\mu\right|<\varepsilon/3\tag{30}$$

我们从(28)、(29)与(30)推出，

$$\text{对所有 } n,\quad m\geqslant N,\quad \left|\int_E[h_n-h_m]\mathrm{d}\mu\right|<\varepsilon$$

因此(27)成立，从而定理的证明完成. ■

413

定理 12(Dunford-Pettis 定理)　*对于有限测度空间$(X,\mathcal{M},\mu)$和 $L^1(X,\mu)$中的有界序列$\{f_n\}$，以下两个性质等价：*

(i) $\{f_n\}$在 X 上一致可积.

(ii) $\{f_n\}$的每个子序列有在 $L^1(X,\mu)$中弱收敛的子序列.

证明　首先假设(i). 仅须证明$\{f_n\}$有在 $L^1(X,\mu)$中弱收敛的子序列. 不失一般性，通过考虑正部和负部，我们假设每个 f_n 是非负的. 根据前一个引理，存在$\{f_n\}$的一个子序列，记为$\{h_n\}$，使得对 X 的每个可测子集 E，

$$\left\{\int_E h_n\mathrm{d}\mu\right\}\text{是 Cauchy 的}\tag{31}$$

对每个 n，定义 $\mathcal{M}$ 上的集函数ν_n 为

$$\text{对所有 } E \in \mathcal{M}, \quad \nu_n(E) = \int_E h_n \mathrm{d}\mu$$

则根据积分在区域上的可数可加性，ν_n 是一个测度且它关于 μ 绝对连续．此外，对每个 $E\in\mathcal{M}$，$\{\nu_n(E)\}$是 Cauchy 的．实数是完备的，因此我们定义 $\mathcal{M}$ 上的实值集函数 ν 为

$$\text{对所有 } E \in \mathcal{M} \quad \lim_{n\to\infty} \nu_n(E) = \nu(E)$$

由于$\{h_n\}$在 $L^1(X, \mu)$中是有界的，序列$\{\nu_n(X)\}$是有界的．因此 Vitali-Hahn-Saks 定理告诉我们 ν 是$(X, \mathcal{M})$上关于 μ 绝对连续的测度．根据 Radon-Nikodym 定理，存在函数 $f\in L^1(X, \mu)$使得

$$\text{对所有 } E \in \mathcal{M}, \quad \nu(E) = \int_E f \mathrm{d}\mu$$

由于

$$\text{对所有 } E \in \mathcal{M}, \quad \lim_{n\to\infty} \int_E f_n \mathrm{d}\mu = \int_E f \mathrm{d}\mu$$

所以

$$\text{对每个简单函数 } \varphi, \quad \lim_{n\to\infty} \int_E f_n \cdot \varphi \mathrm{d}\mu = \int_E f \cdot \varphi \mathrm{d}\mu \tag{32}$$

根据假设，$\{f_n\}$在 $L^1(X, \mu)$中是有界的．此外，根据简单逼近引理，简单函数在 $L^\infty(X, \mu)$中稠密．因此对所有 $g\in L^\infty(X, \mu)$，

$$\lim_{n\to\infty} \int_X f_n \cdot g \mathrm{d}\mu = \int_X f \cdot g \mathrm{d}\mu \tag{33}$$

即$\{f_n\}$在 $L^1(X, \mu)$中弱收敛于 f．

剩下来要证明(ii)蕴涵(i)．我们用反证法．假定$\{f_n\}$满足(ii)但不是一致可积的．则存在 $\varepsilon>0$、$\{f_n\}$的子序列$\{h_n\}$以及可测集序列$\{E_n\}$使得

414

$$\lim_{n\to\infty} \mu_n(E_n) = 0, \quad \text{但对所有 } n, \quad \int_{E_n} |h_n| \mathrm{d}\mu \geqslant \varepsilon_0 \tag{34}$$

根据假设(ii)，我们可以假设$\{h_n\}$在 $L^1(X, \mu)$中弱收敛于 h．对每个 n，定义 $\mathcal{M}$ 上的测度ν_n 为

$$\text{对所有 } E \in \mathcal{M}, \quad \nu_n(E) = \int_E h_n \mathrm{d}\mu$$

则每个带号测度ν_n 关于 μ 绝对连续与$\{h_n\}$在 $L^1(X, \mu)$中弱收敛到 h 蕴涵

$$\text{对所有 } E \in \mathcal{M}, \quad \{\nu_n(E)\} \text{ 是 Cauchy 的}$$

Vitali-Hahn-Saks 定理告诉我们$\{\nu_n(E)\}$关于 μ 一致绝对连续而这与(34)矛盾．因此(ii)蕴涵(i)．证明完毕． ■

推论 13　令$(X, \mathcal{M}, \mu)$为有限测度空间而$\{f_n\}$是 $L^1(X, \mu)$中的序列，它在以下意义下被函数 $g\in L^1(X, \mu)$控制：

$$\text{在 } E \text{ 上对所有 } n, \quad |f_n| \leqslant g \text{ a.e.}$$

则$\{f_n\}$有在 $L^1(X, \mu)$中弱收敛的子序列．

证明　序列$\{f_n\}$在 $L^1(X, \mu)$中是有界与一致可积的．应用 Dunford-Pettis 定理． ■

习题

19. 对自然数 n，令 e_n 为第 n 项是 1 而其他项是 0 的序列．对 $p(1\leqslant p<\infty)$的什么值，$\{e_n\}$在ℓ^p 中弱收敛？
20. 找到 $L^1([a, b], m)$中没有弱收敛子序列的有界序列，这里 m 是 Lebesgue 测度．
21. 找到测度空间$(X, \mathcal{M}, \mu)$使得 $L^1(X, \mu)$中的每个有界序列有弱收敛的子序列．
22. 将前一章的引理 22 推广到 ν 是有限带号测度的情形．用此把 Vitali-Hahn-Saks 定理推广到有限带号测度的情形，从而完成 Dunford-Pettis 定理的证明的最后部分．

415

第 20 章 特定测度的构造

在第 17 章我们考虑了测度的 Carathéodory 构造．本章我们首先用 Carathéodory-Hahn 定理构造乘积测度并证明经典的 Fubini 与 Tonelli 定理．接着用该定理构造欧氏空间 $\mathbf{R}^n$ 上的 Lebesgue 测度且证明这是一个乘积测度，因此累次积分是合理的．我们通过简短地考虑其他一些精选的测度结束．

20.1 乘积测度：Fubini 与 Tonelli 定理

在本节，$(X, \mathcal{A}, \mu)$和$(Y, \mathcal{B}, \nu)$为两个参考的测度空间．考虑 X 和 Y 的笛卡儿积 $X\times Y$．若 $A\subseteq X$ 且 $B\subseteq Y$，我们称 $A\times B$ 为矩形．若 $A\in\mathcal{A}$，$B\in\mathcal{B}$，且$\mu(A)<\infty$，$\nu(B)<\infty$，我们称 $A\times B$ 为**可测矩形**．

引理 1 令$\{A_k\times B_k\}_{k=1}^{\infty}$为可测矩形的可数不交族，其并也是一个可测矩形 $A\times B$．则

$$\mu(A)\times\nu(B)=\sum_{k=1}^{\infty}\mu(A_k)\times\nu(B_k)$$

证明 固定点 $x\in A$．对每个 $y\in B$，点(x, y)恰好属于一个 $A_k\times B_k$．因此我们有下面的不交并：

$$B=\bigcup_{\{k \mid x\in A_k\}} B_k$$

根据测度 ν 的可数可加性，

$$\nu(B)=\sum_{\{k \mid x\in A_k\}}\nu(B_k)$$

用特征函数重写该等式如下：

$$\text{对所有 } x\in A,\quad \nu(B)\cdot\chi_A(x)=\sum_{k=1}^{\infty}\nu(B_k)\cdot\chi_{A_k}(x)$$

416 由于每个 A_k 包含于A，该不等式显然对 $x\in X\setminus A$ 也成立．因此，

$$\text{在 } X \text{ 上，}\quad \nu(B)\cdot\chi_A=\sum_{k=1}^{\infty}\nu(B_k)\cdot\chi_{A_k}$$

根据单调收敛定理，

$$\mu(A)\times\nu(B)=\int_X\nu(B)\cdot\chi_A\,\mathrm{d}\mu=\sum_{k=1}^{\infty}\int_X\nu(B_k)\cdot\chi_{A_k}\,\mathrm{d}\mu=\sum_{k=1}^{\infty}\mu(A_k)\times\nu(B_k)\qquad\blacksquare$$

命题 2 令 $\mathcal{R}$ 为 $X\times Y$ 中的可测矩形族且对可测矩形 $A\times B$，定义

$$\lambda(A \times B) = \mu(A) \cdot \nu(B)$$

则 $\mathcal{R}$ 是半环而 $\lambda: \mathcal{R} \to [0, \infty]$ 是一个预测度.

证明 显然两个可测矩形的交是可测矩形. 两个可测矩形的相对补是两个可测矩形的不交并. 事实上, 令 A 和 B 为 X 的可测子集, 而 C 和 D 为 Y 的可测子集. 观察到

$$(A \times C) \sim (B \times D) = [(A \sim B) \times C] \cup [(A \cap B) \times (C \sim D)]$$

右边的并是两个可测矩形的不交并.

剩下来要证明 λ 是预测度. λ 的有限可加性从前一个引理得到. 显然 λ 是单调的. 为证明 λ 的可数单调性, 令可测矩形 E 被可测矩形族 $\{E_k\}_{k=1}^{\infty}$ 覆盖. 由于 $\mathcal{R}$ 是半环, 不失一般性, 可以假设 $\{E_k\}_{k=1}^{\infty}$ 是可测矩形的不交族. 因此,

$$E = \bigcup_{k=1}^{\infty} E \cap E_k$$

这个并是不交的且每个 $E \cap E_k$ 是可测矩形. 我们从前一个引理和 λ 的单调性推出,

$$\lambda(E) = \sum_{k=1}^{\infty} \lambda(E \cap E_k) \leqslant \sum_{k=1}^{\infty} \lambda(E_k)$$

因此 λ 是可数单调的. 证明完毕. ■

该命题允许我们援引 Carathéodory-Hahn 定理以做出乘积测度的以下定义, 它赋予可测矩形 $A \times B$ 以自然测度 $\mu(A) \cdot \nu(B)$.

定义 令 $(X, \mathcal{A}, \mu)$ 和 $(Y, \mathcal{B}, \nu)$ 为测度空间, $\mathcal{R}$ 是包含于 $X \times Y$ 的可测矩形所组成的族, λ 是 $\mathcal{R}$ 上的预测度, 其定义为 [417]

$$\text{对 } A \times B \in \mathcal{R}, \quad \lambda(A \times B) = \mu(A) \cdot \nu(B)$$

谈到**乘积测度** $\lambda = \mu \times \nu$, 我们意味着 $\lambda: \mathcal{R} \to [0, \infty]$ 的 Carathéodory 延拓, 它定义在 $X \times Y$ 的 $(\mu \times \nu)^*$ 可测子集的 σ 代数上. 令 E 为 $X \times Y$ 的子集而 f 是 E 上的函数. 对点 $x \in X$, 我们称集合

$$E_x = \{y \in Y \mid (x, y) \in E\} \subseteq Y$$

为 E 的 x 截面, 而 E_x 上定义为 $f(x, \cdot) = f(x, y)$ 的函数 $f(x, \cdot)$ 称为 f 的 **x 截面**. 现在我们的目标是确定以下断言: 对于 $x \in X$ 取 $f(x, \cdot)$ 在 E_x 上关于 ν 的积分值的函数来说, f 在 $X \times Y$ 上关于 $\mu \times \nu$ 的积分等于该函数在 X 上关于 μ 的积分. 这称为**累次积分**. 以下是关于累次积分的两个基本结果中的第一个[⊖].

Fubini 定理 令 $(X, \mathcal{A}, \mu)$ 和 $(Y, \mathcal{B}, \nu)$ 为两个测度空间而 ν 是完备的. 令 f 在 $X \times Y$ 上关于乘积测度 $\mu \times \nu$ 可积. 则对几乎所有 $x \in X$, f 的 x 截面 $f(x, \cdot)$ 在 Y 上关于 ν 可

⊖ 令 X_0 为 X 的可测子集使得 $\mu(X \sim X_0) = 0$. 对 X_0 上的可测函数 h, 我们写 $\int_X h\,d\mu$ 表示 $\int_{X_0} h\,d\mu$, 若后一个积分有定义. 对 h 到 X 的每个可测延拓, $\int_X h\,d\mu$ 与 $\int_{X_0} h\,d\mu$ 相等使得这个约定是合理的.

积且

$$\int_{X\times Y} f\,\mathrm{d}(\mu\times\nu)=\int_X\left[\int_Y f(x,y)\,\mathrm{d}\nu(y)\right]\mathrm{d}\mu(x) \tag{1}$$

可积函数在 σ 有限集外消失．因此，根据简单逼近定理和单调收敛定理，一般非负可积函数的积分可被在有限测度集外消失的非负简单函数(即有限测度集的特征函数的线性组合)的积分任意近地逼近．因此证明 Fubini 定理的自然初始步骤是对 $X\times Y$ 的具有有限测度的可测子集 E 证明该定理．观察到对这样的集合，若我们令 f 为 E 的特征函数，则

$$\int_{X\times Y} f\,\mathrm{d}(\mu\times\nu)=(\mu\times\nu)(E)$$

另一方面，对每个 $x\in X$，$f(x,\ \cdot)=\chi_{E_x}$，因此若 E 的 x 截面 E_x 是 ν 可测的，则

$$\int_Y f(x,y)\,\mathrm{d}\nu(y)=\nu(E_x)$$

因此对 $f=\chi_E$，(1)归结为

$$(\mu\times\nu)(E)=\int_X \nu(E_x)\,\mathrm{d}\mu(x)$$

418　第 17 章的命题 10 告诉我们，可测集 $E\subseteq X\times Y$ 包含于 $\mathcal{R}_{\sigma\delta}$ 集 A 使得 $(\mu\times\nu)(A\sim E)=0$．我们因此先对 $\mathcal{R}_{\sigma\delta}$ 集接着对乘积测度为零的集合证明以上等式．

引理 3　令 $E\subseteq X\times Y$ 为 $\mathcal{R}_{\sigma\delta}$ 集使得 $(\mu\times\nu)(E)<\infty$．则对所有 X 中的 x，E 的 x 截面 E_x 是 Y 的 ν 可测子集，函数 $x\mapsto\nu(E_x)(x\in X)$ 是 μ 可测函数且

$$(\mu\times\nu)(E)=\int_X \nu(E_x)\,\mathrm{d}\mu(x) \tag{2}$$

证明　首先考虑 $E=A\times B$ 为可测矩形的情形．则对 $x\in X$，

$$E_x=\begin{cases}B & 若\ x\in A\\ \varnothing & 若\ x\notin A\end{cases}$$

因此 $\nu(E_x)=\nu(B)\cdot\chi_A(x)$．从而

$$(\mu\times\nu)(E)=\mu(A)\cdot\nu(B)=\nu(B)\cdot\int_X\chi_A\,\mathrm{d}\mu=\int_X\nu(E_x)\,\mathrm{d}\mu(x)$$

我们接着证明：若 E 是 $\mathcal{R}_\sigma$ 集，(2)成立．由于 $\mathcal{R}$ 是半环，存在可测矩形的不交族 $\{A_k\times B_k\}_{k=1}^\infty$，其并为 E．固定 $x\in X$．观察到

$$E_x=\bigcup_{k=1}^\infty (A_k\times B_k)_x$$

因此 E_x 是 ν 可测的，由于它是这些 B_k 的可数并且该并是不交的，根据 ν 的可数可加性，

$$\nu(E_x)=\sum_{k=1}^\infty \nu((A_k\times B_k)_x)$$

因此，根据单调收敛定理、(2)对每个可测矩形 $A_k\times B_k$ 成立以及测度 $\mu\times\nu$ 的可数可加性，

$$\int_X\nu(E_x)\,\mathrm{d}\mu(x)=\sum_{k=1}^\infty\int_X\nu((A_k\times B_k)_x)\,\mathrm{d}\mu$$

$$= \sum_{k=1}^{\infty}\mu(A_k)\times\nu(B_k) = (\mu\times\nu)(E)$$

因此，若 E 是$\mathcal{R}_\sigma$集，(2)成立．最后，我们考虑 E 属于$\mathcal{R}_{\sigma\delta}$的情形且用 E 有有限测度的假设．由于 $\mathcal{R}$ 是半环，存在$\mathcal{R}_\sigma$ 中的集合的递减序列$\{E_k\}_{k=1}^{\infty}$，其交是 E．测度 $\mu\times\nu$ 通过 $\mathcal{R}$ 上的预测度 $\mu\times\nu$ 诱导的外测度定义，且由于$(\mu\times\nu)(E)<\infty$，我们可以假定$(\mu\times\nu)(E_1)<\infty$．由测度 $\mu\times\nu$ 的连续性，

419

$$\lim_{k\to\infty}(\mu\times\nu)(E_k) = (\mu\times\nu)(E) \tag{3}$$

由于 E_1 是$\mathcal{R}_\sigma$集，

$$(\mu\times\nu)(E_1) = \int_X \nu((E_1)_x)\mathrm{d}\mu(x)$$

因此，由于$(\mu\times\nu)(E_1)<\infty$，

$$\text{对几乎所有 } x\in X,\quad \nu((E_1)_x)<\infty \tag{4}$$

现在对每个 $x\in X$，E_x 是 ν 可测的，由于它是递减 ν 可测集序列$\{(E_k)_x\}_{k=1}^{\infty}$的交，此外根据测度 ν 的连续性与(4)，对几乎所有 $x\in X$，

$$\lim_{k\to\infty}\nu((E_k)_x) = \nu(E_x)$$

此外，函数 $x\mapsto\nu((E_1)_x)$是非负可积的，对每个 k，几乎处处控制函数 $x\mapsto\nu((E_k)_x)$．因此根据 Lebesgue 控制收敛定理、(2)对每个$\mathcal{R}_\sigma$集 E_k 成立以及连续性质(3)，

$$\int_X\nu(E_x)\mathrm{d}\mu(x)=\lim_{k\to\infty}\int_X\nu((E_k)_x)\mathrm{d}\mu = \lim_{k\to\infty}(\mu\times\nu)(E_k) = (\mu\times\nu)(E)$$

证明完毕． ■

引理 4　假设测度 ν 是完备的．令 $E\subseteq X\times Y$ 关于 $\mu\times\nu$ 可测．若$(\mu\times\nu)(E)=0$，则对几乎所有 $x\in X$，E 的 x 截面 E_x 是 ν 可测的且 $\nu(E_x)=0$．因此，

$$(\mu\times\nu)(E) = \int_X\nu(E_x)\mathrm{d}\mu(x)$$

证明　由于$(\mu\times\nu)(E)<\infty$，从第 17 章的命题 10 得出存在$\mathcal{R}_{\sigma\delta}$中的集合 A 满足 $E\subseteq A$ 且$(\mu\times\nu)(A)=0$．根据前一个引理，对所有 $x\in X$，A 的 x 截面 A_x 是 ν 可测的且

$$(\mu\times\nu)(A) = \int_X\nu(A_x)\mathrm{d}\mu(x)$$

因此对几乎所有 $x\in X$，$\nu(A_x)=0$．然而，对所有 $x\in X$，$E_x\subseteq A_x$．因此我们从 ν 的完备性推出，对几乎所有 $x\in X$，E_x 是 ν 可测的且 $\nu(E_x)=0$． ■

命题 5　假设测度 ν 是完备的．令 $E\subseteq X\times Y$ 关于 $\mu\times\nu$ 可测且$(\mu\times\nu)(E)<\infty$．则对 X 中的几乎所有 x，E 的 x 截面 E_x 是 Y 的 ν 可测子集，函数 $x\mapsto\nu(E_x)(x\in X)$是 μ 可测函数，且

420

$$(\mu\times\nu)(E) = \int_X\nu(E_x)\mathrm{d}\mu(x) \tag{5}$$

证明　由于$(\mu\times\nu)(E)<\infty$，从第 17 章的命题 10 得出存在$\mathcal{R}_{\sigma\delta}$中的集合 A 满足 $E\subseteq A$

且$(\mu\times\nu)(E\sim A)=0$. 根据测度$\mu\times\nu$的分割性质，$(\mu\times\nu)(E)=(\mu\times\nu)(A)$. 根据前一个引理，

$$\text{对几乎所有 } x\in X,\quad \nu(A_x)=\nu(E_x)+\nu((A\sim E)_x)=\nu(E_x)$$

再次用前一个引理，我们得出

$$(\mu\times\nu)(E)=(\mu\times\nu)(A)=\int_X\nu(A_x)\mathrm{d}\mu(x)=\int_X\nu(E_x)\mathrm{d}\mu(x)$$

证明完毕. ■

定理 6 假设测度ν是完备的. 令$\varphi:X\times Y\to\mathbf{R}$为在$X\times Y$上关于$\mu\times\nu$可积的简单函数. 则对几乎所有$x\in X$，$\varphi$的$x$截面$\varphi(x,\ \cdot)$在$Y$上关于$\nu$可积且

$$\int_{X\times Y}\varphi\mathrm{d}(\mu\times\nu)=\int_X\left[\int_Y\varphi(x,y)\mathrm{d}\nu(y)\right]\mathrm{d}\mu(x) \tag{6}$$

证明 前一个命题告诉我们，若φ是$X\times Y$的具有有限测度的子集的特征函数，(6)成立. 由于φ是简单与可积的，它是这样的集合的特征函数的线性组合. 因此(6)从前一个命题以及积分的线性得出. ■

Fubini 定理的证明 由于积分是线性的，我们假设f是非负的. 简单逼近定理告诉我们存在在$X\times Y$上逐点收敛于f的递增的简单函数序列$\{\varphi_k\}$，且对每个k，在$X\times Y$上，$0\leqslant\varphi_k\leqslant f$. 由于$f$在$X\times Y$上是可积的，每个$\varphi_k$在$X\times Y$上是可积的. 根据前一个命题，对每个$k$，

$$\int_{X\times Y}\varphi_k\mathrm{d}(\mu\times\nu)=\int_X\left[\int_Y\varphi_k(x,y)\mathrm{d}\nu(y)\right]\mathrm{d}\mu(x)$$

此外，根据单调收敛定理，

$$\int_{X\times Y}f\mathrm{d}(\mu\times\nu)=\lim_{k\to\infty}\int_{X\times Y}\varphi_k\mathrm{d}(\mu\times\nu)$$

421 剩下来要证明

$$\lim_{k\to\infty}\int_X\left[\int_Y\varphi_k(x,y)\mathrm{d}\nu(y)\right]\mathrm{d}\mu(x)=\int_X\left[\int_Y f(x,y)\mathrm{d}\nu(y)\right]\mathrm{d}\mu(x) \tag{7}$$

若我们从$X\times Y$中删去$\mu\times\nu$测度为零的集合，则(7)的右边仍然不变，根据引理4，左边也如此. 因此，通过可能地从$X\times Y$中删去$\mu\times\nu$测度为零的集合，我们可以假定对所有$x\in X$和所有k，$\varphi_k(x,\ \cdot)$在Y上关于ν可积.

固定$x\in X$，则$\{\varphi_k(x,\ \cdot)\}$是在Y上逐点收敛于$f(x,\ \cdot)$的递增的简单ν可测函数序列. 因此$f(x,\ \cdot)$是ν可测的，根据单调收敛定理，

$$\int_Y f(x,y)\mathrm{d}\nu(y)=\lim_{k\to\infty}\int_Y\varphi_k(x,y)\mathrm{d}\nu(y) \tag{8}$$

对每个$x\in X$，定义$h(x)=\int_Y f(x,\ y)\mathrm{d}\nu(y)$与$h_k(x)=\int_Y\varphi_k(x,\ y)\mathrm{d}\nu(y)$. 根据前一个定理，每个$h_k:X\to\mathbf{R}$在$X$上关于$\mu$是可积的. 由于$\{h_k\}$是在$X$上逐点收敛于$h$的非负可测函数的递增序列，根据单调收敛定理，

$$\lim_{k\to\infty}\int_X\left[\int_Y\varphi_k(x,y)\mathrm{d}\nu(y)\right]\mathrm{d}\mu(x)=\lim_{k\to\infty}\int_X h_k\mathrm{d}\mu=\int_X\left[\int_Y f(x,y)\mathrm{d}\nu(y)\right]\mathrm{d}\mu(x)$$

因此(7)得证．证明完毕． ■

为了应用 Fubini 定理，人们必须首先证明 f 关于 $\mu\times\nu$ 可积，即人们必须证明 f 是 $X\times Y$ 上的可测函数且 $\int|f|d(\mu\times\nu)<\infty$．$f$ 在 $X\times Y$ 上的可测性有时难以证明，但在许多情形下，我们可通过拓扑的考虑来证明(见习题 9)．一般地，从(1)右边的累次积分的存在性与有限性，我们不能推出 f 在 $X\times Y$ 上是可积的(见习题 6)．然而，我们可从以下定理推出若 ν 是完备的，测度 μ 和 ν 是 σ 有限的，而 f 是非负的且关于 $\mu\times\nu$ 可测，则(1)的右边的累次积分的有限性蕴涵 f 在 $X\times Y$ 上可积且等式(1)成立．

Tonelli 定理 令$(X,\ \mathcal{A},\ \mu)$和$(Y,\ \mathcal{B},\ \nu)$为两个 σ 有限测度空间而 ν 是完备的．令 f 为 $X\times Y$ 上的非负$(\mu\times\nu)$可测函数．则对几乎所有 $x\in X$，f 的 x 截面 $f(x,\ \cdot)$是 ν 可测的，且通过 $x\mapsto f(x,\ \cdot)$在 Y 上关于 ν 的积分在 X 上几乎处处被定义的函数是 μ 可测的．此外，

$$\int_{X\times Y}f\mathrm{d}(\mu\times\nu)=\int_X\left[\int_Y f(x,y)\mathrm{d}\nu(y)\right]\mathrm{d}\mu(x)\tag{9}$$

证明 简单逼近定理告诉我们存在递增的简单函数序列$\{\varphi_k\}$在 $X\times Y$ 上逐点收敛于 f，且对每个 k，在 $X\times Y$ 上，$0\leqslant\varphi_k\leqslant f$．在 Fubini 定理的证明中的这个地方，我们援引非负函数$|f|$的可积性以得出 $0\leqslant\varphi_k\leqslant|f|$，每个$\varphi_k$ 可积且我们能运用定理 6 于每个φ_k．这里我们观察到由于 μ 和 ν 都是 σ 有限的，乘积测度 $\mu\times\nu$ 是 σ 有限的．因此我们可以援引简单逼近定理(i)部分的断言以选取序列$\{\varphi_k\}$具有额外的性质：每个φ_k 在有限测度集外消失，因此是可积的．从这点上该定理的证明与 Fubini 定理的证明完全相同． ■

[422]

关于 Tonelli 定理的两个注记．首先，(9)的每个积分可以是无穷的．若它们中的一个是有限的，另外一个也如此．其次，若 μ 是完备的，则(9)右边的积分可被反序的累次积分代替．事实上，我们考虑累次积分为首先关于 y 其次关于 x．当然，若人们以相反的次序积分，所有这些结果成立，假设在要求 ν 的完备性的地方现在我们要求 μ 的完备性．

推论 7(Tonelli) 令$(X,\ \mathcal{A},\ \mu)$与$(Y,\ \mathcal{B},\ \nu)$为两个 σ 有限的完备测度空间，而 f 是 $X\times Y$ 上的非负 $\mu\times\nu$ 可测函数．则有：(i)对几乎所有 $x\in X$，f 的 x 截面 $f(x,\ \cdot)$是 ν 可测的且通过 $x\mapsto f(x,\ \cdot)$在 Y 上关于 ν 的积分在 X 上几乎处处被定义的函数是 μ 可测的．(ii)对几乎所有 $y\in Y$，f 的 y 截面 $f(\cdot,\ y)$是 μ 可测的且通过 $y\mapsto f(\cdot,\ y)$在 X 上关于 μ 的积分在 Y 上几乎处处被定义的函数是 ν 可测的．若

$$\int_X\left[\int_Y f(x,y)\mathrm{d}\nu(y)\right]\mathrm{d}\mu(x)<\infty\tag{10}$$

则 f 在 $X\times Y$ 上关于 $\mu\times\nu$ 可积且

$$\int_Y\left[\int_X f(x,y)\mathrm{d}\mu(x)\right]d\nu(y)=\int_{X\times Y}f\mathrm{d}(\mu\times\nu)=\int_X\left[\int_Y f(x,y)\mathrm{d}\nu(y)\right]\mathrm{d}\mu(x)\tag{11}$$

证明　Tonelli 定理告诉我们 f 在 $X\times Y$ 上关于 $\mu\times\nu$ 是可积的，因此我们有(11)右边的等式. 因此 f 在 $X\times Y$ 上关于 $\mu\times\nu$ 可积. 现在我们用 Fubini 定理证明(11)左边的等式. ■

习题中的例子表明，我们不能略去 Fubini 定理中的 f 的可积性假设且在 Tonelli 定理中不能略去 σ 有限或非负性的假设(见习题 5 和 6). 在习题 5 中我们展示了有限测度空间的乘积 $X\times Y$ 上的有界函数 f 使得

$$\int_X\left[\int_Y f(x,y)\mathrm{d}\nu(y)\right]\mathrm{d}\mu(x)\neq\int_Y\left[\int_X f(x,y)\mathrm{d}\mu(x)\right]\mathrm{d}\nu(y)$$

即便这些累次积分的每个是恰当定义的.

我们以关于建立乘积测度的不同途径的一些评注结束本节. 给定两个测度空间$(X, \mathcal{A}, \mu)$与$(Y, \mathcal{B}, \nu)$，包含可测矩形的 $X\times Y$ 的子集的最小 σ 代数记为 $\mathcal{A}\times\mathcal{B}$. 因此乘积测度定义在包含 $\mathcal{A}\times\mathcal{B}$ 的 σ 代数上. 这两个测度通过第 17 章的命题 10 联系起来，它告诉我们具有有限 $\mu\times\nu$ 测度的 $\mu\times\nu$ 可测集是那些与 $\mathcal{A}\times\mathcal{B}$ 中的集合仅在 $\mu\times\nu$ 测度为零的集合上不同的集合. 许多作者倾向于定义乘积测度为 $\mu\times\nu$ 在 $\mathcal{A}\times\mathcal{B}$ 上的限制. 我们所定义的乘积测度的优点是，正如我们将在下一节证明的，m 维 Lebesgue 测度与 k 维 Lebesgue 测度的乘积是 $m+k$ 维 Lebesgue 测度，因此累次积分是合理的. 由于在 Fubini 定理与 Tonelli 定理的假设中仅要求函数关于乘积测度可测，它们比要求关于 $\mathcal{A}\times\mathcal{B}$ 可测弱. 此外，关于 $\mathcal{A}\times\mathcal{B}$ 可积的函数也关于我们所定义的乘积测度可积.

423

乘积测度由外测度诱导，因此是完备的. 但为证明若 $E\subseteq X\times Y$ 关于乘积测度是可测的，则 E 的几乎所有 x 截面是 ν 可测的，需要假设 ν 是完备的. 然而，若 E 关于 $\mathcal{A}\times\mathcal{B}$ 可测，则 E 的所有 x 截面属于 $\mathcal{A}$，即便 ν 不是完备的. 这从观察到 $X\times Y$ 的那些所有 x 截面都属于 $\mathcal{B}$ 的子集构成的族是包含可测矩形的 σ 代数得到.

习题

1. 令 $A\subseteq X$ 且令 B 为 Y 的 ν 可测子集. 若 $A\times B$ 关于乘积测度 $\mu\times\nu$ 是可测的，则 A 必须关于 μ 是可测的吗?
2. 令 $\mathbf{N}$ 为自然数集，$M=2^{\mathbf{N}}$，c 是计数测度，定义为：若 E 是有限的 $c(E)$ 等于 E 中点的个数，若 E 是无穷集则等于∞. 证明每个函数 $f:\mathbf{N}\to\mathbf{R}$ 关于 c 可测且 f 在 $\mathbf{N}$ 上关于 c 可积当且仅当级数 $\sum_{k=1}^{\infty}f(k)$ 绝对收敛，在这种情形下，
$$\int_{\mathbf{N}}f\mathrm{d}c=\sum_{k=1}^{\infty}f(k)$$
3. 令$(X, \mathcal{A}, \mu)=(Y, \mathcal{B}, \nu)=(\mathbf{N}, \mathcal{M}, c)$为前一个习题定义的测度空间. 对这种情形直接叙述 Fubini 定理与 Tonelli 定理.
4. 令$(\mathbf{N}, \mathcal{M}, c)$为习题 2 定义的测度空间而$(X, \mathcal{A}, \mu)$是一般的测度空间. 考虑具有乘积测度 $c\times\mu$ 的 $\mathbf{N}\times X$.
   (i) 证明 $\mathbf{N}\times X$ 的子集 E 关于 $c\times\mu$ 可测当且仅当对每个自然数 k，$E_k=\{x\in X\mid(k, x)\in E\}$ 关于 μ 是可测的.
   (ii) 证明函数 $f:\mathbf{N}\times X\to\mathbf{R}$ 关于 $c\times\mu$ 可测当且仅当对每个自然数 k，$f(k, \cdot):X\to\mathbf{R}$ 关于 μ 是可测的.

(iii) 证明函数 $f:\mathbf{N}\times X\to\mathbf{R}$ 在 $\mathbf{N}\times X$ 上关于 $c\times\mu$ 可积当且仅当对每个自然数 k，$f(k,\ \cdot):X\to\mathbf{R}$ 在 X 上关于 μ 是可积的且

$$\sum_{k=1}^{\infty}\int_X |f(k,x)|\,\mathrm{d}\mu(x)<\infty$$

(iv) 证明：若函数 $f:\mathbf{N}\times X\to\mathbf{R}$ 在 $\mathbf{N}\times X$ 上关于 $c\times\mu$ 是可积的，则

$$\int_{\mathbf{N}\times X} f\,\mathrm{d}(c\times\mu)=\sum_{k=1}^{\infty}\int_X f(k,x)\,\mathrm{d}\mu(x)<\infty$$

5. 令$(X,\ \mathcal{M},\ \mu)=(Y,\ \mathcal{B},\ \nu)=(\mathbf{N},\ \mathcal{M},\ c)$为习题 2 定义的测度空间．定义 $f:\mathbf{N}\times\mathbf{N}\to\mathbf{R}$ 为

424

$$f(x,y)=\begin{cases}2-2^{-x} & \text{若 } x=y\\ -2+2^{-x} & \text{若 } x=y+1\\ 0 & \text{否则}\end{cases}$$

证明 f 关于乘积测度 $c\times c$ 可测．也证明

$$\int_{\mathbf{N}}\left[\int_{\mathbf{N}} f(m,n)\,\mathrm{d}c(m)\right]\mathrm{d}c(n)\neq\int_{\mathbf{N}}\left[\int_{\mathbf{N}} f(m,n)\,\mathrm{d}c(n)\right]\mathrm{d}c(m)$$

这与 Fubini 定理或 Tonelli 定理矛盾吗？

6. 令 $X=Y$ 为区间$[0,\ 1]$，其中 $\mathcal{A}=\mathcal{B}$ 是 Borel 集类．令 μ 为 Lebesgue 测度而 $\nu=c$ 是计数测度．证明对角线 $\Delta=\{(x,\ y)\mid x=y\}$关于乘积测度 $\mu\times c$ 是可测的．证明：若 $f=\chi_\Delta$，则

$$\int_{[0,1]\times[0,1]} f\,\mathrm{d}(\mu\times c)\neq\int_{[0,1]}\left[\int_{[0,1]} f(x,y)\,\mathrm{d}c(y)\right]\mathrm{d}\mu(x)$$

这与 Fubini 定理或 Tonelli 定理矛盾吗？

7. 证明 Tonelli 定理的结论成立，若一个空间是习题 2 定义的空间$(\mathbf{N},\ \mathcal{M},\ c)$，而另一个空间是不需要 σ 有限的一般测度空间．

8. 在 Fubini 定理的证明中，证实从 $X\times Y$ 中删除 $\mu\times\nu$ 测度为零的集合的合理性．

9. 令 $X=Y=[0,\ 1]$，而令 $\mu=\nu$ 为 Lebesgue 测度．证明 $X\times Y$ 中的每个开集是可测的，$X\times Y$ 中的每个 Borel 集是可测的．$[0,\ 1]\times[0,\ 1]$上的每个连续函数关于该乘积测度是可测的吗？

10. 令 h 和 g 为 X 和 Y 上的可测函数，定义 $f(x,\ y)=h(x)g(y)$．证明 f 在 $X\times Y$ 上关于乘积测度可积，则

$$\int_{X\times Y} f\,\mathrm{d}(\mu\times\nu)=\int_X h\,\mathrm{d}\mu\int_Y g\,\mathrm{d}\nu$$

(注意我们不假设 μ 与 ν 是 σ 有限的.)

11. 证明 Tonelli 定理仍然成立，若不假设 μ 与 ν 是 σ 有限的，而仅假设$\{(x,\ y)\mid f(x,\ y)\neq 0\}$是 σ 有限测度集.

12. 对两个测度空间$(X,\ \mathcal{A},\ \mu)$与$(Y,\ \mathcal{B},\ \nu)$我们已定义 $\mathcal{A}\times\mathcal{B}$ 为包含可测矩形的最小 σ 代数.

(i) 证明：若两个测度都是 σ 有限的，则 $\mu\times\nu$ 是对每个可测矩形 $A\times B$ 赋予值 $\mu(A)\nu(B)$的唯一测度．若没有 σ 有限性，这个唯一性可能不成立.

(ii) 证明：若 $E\in\mathcal{A}\times\mathcal{B}$，则对每个 x，$E_x\in\mathcal{B}$.

(iii) 证明：若 f 关于 $\mathcal{A}\times\mathcal{B}$ 可测，则对每个 $f(x,\ \cdot)$关于 $\mathcal{B}$ 可测.

13. 若$\{(X_k,\ A_k,\ \mu_k)\}_{k=1}^{n}$是测度空间的有限族，通过从对形如 $R=A_1\times\cdots\times A_n$ 的矩形半环定义 $\mu(R)=\prod\mu_k(A_k)$开始，我们能够构造空间 $X_1\times\cdots\times X_n$ 上的乘积测度 $\mu_1\times\cdots\times\mu_n$．证明 μ 是预测度且定义乘积测度为 μ 的 Carathéodory 延拓．证明：若我们将$(X_1\times\cdots\times X_p)\times(X_{p+1}\times\cdots\times X_n)$等同于 $X_1\times\cdots\times X_n$，则$(\mu_1\times\cdots\times\mu_p)\times(\mu_{p+1}\times\cdots\times\mu_n)=\mu_1\times\cdots\times\mu_n$.

425

14. 满足 $\mu(X)=1$ 的测度空间 $(X, \mathcal{M}, \mu)$ 称为概率测度空间．令 $\{(X_\lambda, \mathcal{A}_\lambda, \mu_\lambda)\}_{\lambda\in\Lambda}$ 为由集合 Λ 参数化的概率测度空间族．证明我们能够在笛卡儿积 $\prod_{\lambda\in\Lambda} X_\lambda$ 的适当 σ 代数上定义概率测度

$$\mu = \prod_{\lambda\in\Lambda}\mu_\lambda$$

使得当 $A=\prod_{\lambda\in\Lambda}A_\lambda$ 时，

$$\mu(A) = \prod_{\lambda\in\Lambda}\mu_\lambda(A_\lambda)$$

（注意到仅当除可数个 A_λ 外所有 A_λ 满足 $\mu(A_\lambda)=1$，$\mu(A)$ 不为零．）

20.2　欧氏空间 $\mathbf{R}^n$ 上的 Lebesgue 测度

对自然数 n，我们记 n 元有序实数组 $x=(x_1, \cdots, x_n)$ 全体为 $\mathbf{R}^n$．则 $\mathbf{R}^n$ 是线性空间且存在如下定义的双线性形式 $\langle\cdot, \cdot\rangle:\mathbf{R}^n\times\mathbf{R}^n\to\mathbf{R}$：

$$\text{对所有 } x,y\in\mathbf{R}^n,\quad \langle x,y\rangle = \sum_{k=1}^n x_k\cdot y_k$$

该双线性形式称为内积或数量积．它诱导了 $\mathbf{R}^n$ 上的范数：

$$\text{对所有 } x\in\mathbf{R}^n,\quad \|x\| = \sqrt{\langle x,x\rangle} = \sqrt{\sum_{k=1}^n x_k^2}$$

从而诱导了 $\mathbf{R}^n$ 上的拓扑．该范数称为欧氏范数．具有该内积与它所诱导的范数和拓扑的线性空间 $\mathbf{R}^n$ 称为 n 维欧氏空间．

谈到 $\mathbf{R}$ 中的有界区间，我们意味着形如 $[a, b]$，$[a, b)$，$(a, b]$ 或 (a, b) 的集合，这里实数 $a\leqslant b$．我们考虑空集和由单点组成的集合为有界区间．对于端点为 a 与 b 的有界区间 I，我们定义它的长度 $\ell(I)$ 为 $b-a$．

定义　谈到 $\mathbf{R}^n$ 中的**有界区间**，我们指由 n 个实数的有界区间的笛卡儿积构成的集合 I，

$$I = I_1\times I_2\times\cdots\times I_n$$

定义 I 的**体积** $\mathrm{vol}(I)$ 为

$$\mathrm{vol}(I) = \ell(I_1)\cdot\ell(I_2)\cdots\ell(I_n)$$

426

定义　我们称 $\mathbf{R}^n$ 中的点为**整点**，若它的每个坐标都是整数，对 $\mathbf{R}^n$ 中的有界区间 I，我们定义它的**整点计数** $\mu^{\text{integral}}(I)$ 为 I 中的整点个数．

引理 8　对每个 $\varepsilon>0$，定义扩张 $T_\varepsilon:\mathbf{R}^n\to\mathbf{R}^n$ 为 $T_\varepsilon(x)=\varepsilon\cdot x$．则对 $\mathbf{R}^n$ 中的每个有界区间 I，

$$\lim_{\varepsilon\to\infty}\frac{\mu^{\text{integral}}(T_\varepsilon(I))}{\varepsilon^n} = \mathrm{vol}(I) \tag{12}$$

证明　对于 $\mathbf{R}$ 中具有端点 a 和 b 的有界区间 I，关于 I 的整点计数，我们有以下估计（见习题 18）：

$$(b-a)-1 \leqslant \mu^{\text{integral}}(I) \leqslant (b-a)+1 \tag{13}$$

因此对于区间 $I=I_1 \times I_2 \times \cdots \times I_n$，由于

$$\mu^{\text{integral}}(I) = \mu^{\text{integral}}(I_1)\cdots\mu^{\text{integral}}(I_n)$$

若每个区间 I_k 具有端点a_k 与b_k，我们有估计

$$[(b_1-a_1)-1]\cdots[(b_n-a_n)-1] \leqslant \mu^{\text{integral}}(I) \leqslant [(b_1-a_1)+1]\cdots[(b_n-a_n)+1] \tag{14}$$

对 $\varepsilon>0$，我们用扩张区间$T_\varepsilon(I)$代替区间 I 得到估计

$$\begin{aligned}[\varepsilon\cdot(b_1-a_1)-1]\cdots[\varepsilon\cdot(b_n-a_n)-1] &\leqslant \mu^{\text{integral}}(T_\varepsilon(I)) \\ &\leqslant [\varepsilon\cdot(b_1-a_1)+1]\cdots[\varepsilon\cdot(b_n-a_n)+1]\end{aligned} \tag{15}$$

不等式除以ε^n 且取 $\varepsilon\to\infty$的极限我们得到(12). ■

我们将以下命题的证明留作归纳法的练习，证明中用到两个半环的笛卡儿积是半环这一性质(见习题 25).

命题 9 $\mathbf{R}^n$ 中的有界区间族 $\mathcal{I}$ 是半环.

命题 10 体积集函数 $\mathrm{vol}:\mathcal{I}\to[0,\infty)$是 $\mathbf{R}^n$ 中的有界区间构成的半环 $\mathcal{I}$ 上的预测度.

证明 我们首先证明体积在有界区间的有限不交并上是有限可加的. 令 I 为 $\mathbf{R}^n$ 中的有界区间，它是有界区间的有限不交有限族$\{I^k\}_{k=1}^m$的并. 则对每个 $\varepsilon>0$，有界区间$T_\varepsilon(I)$是有限个不交有界区间$\{T_\varepsilon(I^k)\}_{k=1}^m$的并. 显然 μ^{integral}是有限可加的. 因此，

$$\text{对所有 } \varepsilon>0, \quad \mu^{\text{integral}}(T_\varepsilon(I)) = \sum_{k=1}^m \mu^{\text{integral}}(T_\varepsilon(I^k))$$

每边除以ε^n 取 $\varepsilon\to\infty$的极限，由(12)得到

$$\mathrm{vol}(I) = \sum_{k=1}^m \mathrm{vol}(I^k)$$

因此体积是有限可加的.

427

剩下来要证明体积的可数单调性. 令 I 为 $\mathbf{R}^n$ 中的有界区间，它被可数个有界区间$\{I^k\}_{k=1}^\infty$覆盖. 我们首先考虑 I 是闭区间且每个I^k 是开的情形. 根据 Heine-Borel 定理，我们可以选取自然数 m 使得 I 可被有限子族$\{I^k\}_{k=1}^m$覆盖. 显然整点计数 μ^{integral}是单调与有限可加的，因为区间族是半环、有限单调的. 因此，

$$\mu^{\text{integral}}(I) \leqslant \sum_{k=1}^m \mu^{\text{integral}}(I^k)$$

扩张这些区间. 因此，

$$\text{对所有 } \varepsilon>0, \quad \mu^{\text{integral}}(T_\varepsilon(I)) \leqslant \sum_{k=1}^m \mu^{\text{integral}}(T_\varepsilon(I^k))$$

每边除以ε^n 取 $\varepsilon\to\infty$的极限，由(12)得到

$$\mathrm{vol}(I) \leqslant \sum_{k=1}^{m} \mathrm{vol}(I^k) \leqslant \sum_{k=1}^{\infty} \mathrm{vol}(I^k)$$

剩下来要考虑覆盖区间 I 的一般有界区间族 $\{I^k\}_{k=1}^{\infty}$ 的情形．令 $\varepsilon>0$．选取闭区间 $\hat{I}$ 包含于 I 与开区间族 $\{\hat{I}^k\}_{k=1}^{\infty}$ 使得每个 $I^m \subseteq \hat{I}^m$，此外，

$$\text{对所有 } m, \mathrm{vol}(I) - \mathrm{vol}(\hat{I}) < \varepsilon \text{ 且 } \mathrm{vol}(\hat{I}^m) - \mathrm{vol}(I^m) < \varepsilon / 2^m$$

根据刚考虑过的情形，

$$\mathrm{vol}(\hat{I}) \leqslant \sum_{k=1}^{\infty} \mathrm{vol}(\hat{I}^k)$$

因此，

$$\mathrm{vol}(I) \leqslant \sum_{k=1}^{\infty} \mathrm{vol}(I^k) + 2\varepsilon$$

由于这对所有 $\varepsilon>0$ 成立，它对 $\varepsilon=0$ 也成立．因此体积集函数是预测度． ■

定义　由 $\mathbf{R}^n$ 中的有界区间的半环上的体积预测度诱导的外测度 μ_n^* 称为 $\mathbf{R}^n$ 上的 **Lebesgue 外测度**．μ_n^* 可测集族记为 $\mathcal{L}^n$，该族中的集合称为 Lebesgue 可测集．μ_n^* 在 $\mathcal{L}^n$ 上的限制称为 $\mathbf{R}^n$ 上的 **Lebesgue 测度**或 n 维 Lebesgue 测度，记为 μ_n．

定理 11　$\mathbf{R}^n$ 的 Lebesgue 可测子集的 σ 代数 $\mathcal{L}^n$ 包含 $\mathbf{R}^n$ 中的有界区间，以及 $\mathbf{R}^n$ 的 Borel 子集．此外，测度空间 $(\mathbf{R}^n, \mathcal{L}^n, \mu_n)$ 是 σ 有限与完备的且对 $\mathbf{R}^n$ 中的有界区间 I，

$$\mu_n(I) = \mathrm{vol}(I)$$

[428] **证明**　根据前一个命题，体积是 $\mathbf{R}^n$ 中的有界区间的半环上的预测度．它显然是 σ 有限的．因此 Carathéodory-Hahn 定理告诉我们，Lebesgue 测度是体积的延拓，而测度空间 $(\mathbf{R}^n, \mathcal{L}^n, \mu_n)$ 既是 σ 有限又是完备的．剩下来要证明每个 Borel 集是 Lebesgue 可测的．由于 Borel 集族是包含开集的最小 σ 代数，仅须证明 $\mathbf{R}^n$ 的每个开子集 $\mathcal{O}$ 是 Lebesgue 可测的．令 $\mathcal{O}$ 为 $\mathbf{R}^n$ 中的开集．$\mathcal{O}$ 中具有有理坐标的点族是 $\mathcal{O}$ 的可数稠密子集．令 $\{z_k\}_{k=1}^{\infty}$ 为该族的一个列举．对每个 k，考虑中心在 z_k、长度为 $1/m$ 的开方体[⊖] $I_{k,m}$．我们把证明

$$\mathcal{O} = \bigcup_{I_{k,m} \subseteq \mathcal{O}} I_{k,m} \tag{16}$$

留作练习．因此每个 $I_{k,m}$ 是可测的，作为这些集的可数并 $\mathcal{O}$ 也是可测的． ■

推论 12　令 E 为 $\mathbf{R}^n$ 的 Lebesgue 可测子集，而 $f: E \to \mathbf{R}$ 是连续的．则 f 关于 n 维 Lebesgue 测度是可测的．

证明　令 $\mathcal{O}$ 为实数的开集．则根据 f 在 E 上的连续性，$f^{-1}(\mathcal{O}) = E \cap \mathcal{U}$，其中 $\mathcal{U}$ 在 $\mathbf{R}^n$ 中是开的．根据前一个定理，$\mathcal{U}$ 是可测的，因此 $f^{-1}(\mathcal{O})$ 是可测的． ■

Lebesgue 测度的正则性　以下定理和它的推论把 $\mathbf{R}^n$ 上的 Lebesgue 测度与 $\mathbf{R}^n$ 上由欧

⊖ 谈到 $\mathbf{R}^n$ 中的方体，我们意味着作为 n 个等长区间的笛卡儿积的区间．

氏范数诱导的拓扑紧密地联系起来.

定理 13 令 E 为 $\mathbf{R}^n$ 的 Lebesgue 可测子集. 则

$$\mu_n(E) = \inf\{\mu_n(\mathcal{O}) \mid E \subseteq \mathcal{O}, \mathcal{O}\text{ 是开的}\} \tag{17}$$

且

$$\mu_n(E) = \sup\{\mu_n(K) \mid K \subseteq E, K\text{ 是紧的}\} \tag{18}$$

证明 我们考虑 E 是有界的，因此有有限 Lebesgue 测度的情形，而将推广到无界的 E 作为练习. 我们首先证明(17). 令 $\varepsilon>0$. 由于 $\mu_n(E)=\mu_n^*(E)<\infty$，根据 Lebesgue 外测度的定义，我们可以选取 $\mathbf{R}^n$ 中的有界区间的可数族$\{I^m\}_{m=1}^{\infty}$，它覆盖 E 且

$$\sum_{m=1}^{\infty}\mu_n(I^m) < \mu_n(E) + \varepsilon/2$$

对每个 m，选取包含I^m且测度小于 $\mu_n(I^m)+\varepsilon/[2^{m+1}]$的开区间. 该开区间族的并是开集，我们把它记为 $\mathcal{O}$. 则 $E\subseteq\mathcal{O}$，且根据测度的可数单调性，$\mu_n(\mathcal{O})<\mu_n(E)+\varepsilon$. 因此(17)得证.

我们现在证明(18). 由于 E 是有界的，我们可以选取包含 E 的闭有界集 K'. 由于 $K'\sim E$ 是有界的，我们从证明的第一部分推出存在开集 $\mathcal{O}$ 使得 $K'\sim E\subseteq\mathcal{O}$，根据 μ_n 的分割性质，

429

$$\mu_n(\mathcal{O}\sim[K'\sim E]) < \varepsilon \tag{19}$$

定义

$$K = K' \sim \mathcal{O}$$

则 K 是闭有界的，因此是紧的. 从包含关系 $K'\sim E\subseteq\mathcal{O}$ 与 $E\subseteq K'$我们推出，

$$K = K' \sim \mathcal{O} \subseteq K' \sim [K' \sim E] = K' \cap E \subseteq E$$

因此 $K\subseteq E$. 另一方面，从包含关系 $E\subseteq K'$我们推出，

$$E \sim K = E \sim [K' \sim \mathcal{O}] = E \cap \mathcal{O}$$

与

$$E \cap \mathcal{O} \subseteq \mathcal{O} \sim [K' \sim E]$$

因此根据测度的分割性与单调性以及(19)，

$$\mu_n(E) - \mu_n(K) = \mu_n(E \sim K) \leqslant \mu_n(\mathcal{O} \sim [K' \sim E]) < \varepsilon$$

于是(18)得证. 定理证毕. ■

$\mathbf{R}^n$ 的每个 Borel 子集是 Lebesgue 可测的，因此任何G_δ或 F_σ集也如此. 此外，每个 Lebesgue 外测度为零的集合是 Lebesgue 可测的. 因此前一个定理以及测度的连续性与分割性质，给出了 Lebesgue 可测集的相对简单的刻画. 它应该与第 17 章的命题 10 相比较.

推论 14 对 $\mathbf{R}^n$ 的子集 E，以下假设是等价的：

(i) E 关于 n 维 Lebesgue 测度是可测的.

(ii) 存在 $\mathbf{R}^n$ 的G_δ子集 G 使得

$$E \subseteq G\text{ 且 }\mu_n^*(G \sim E) = 0$$

(iii) 存在 $\mathbf{R}^n$ 的 F_σ 子集 F 使得

$$F\subseteq E \text{ 且 } \mu_n^*(E\sim F)=0$$

从上面的 Lebesgue 可测集的刻画推出 Lebesgue 测度是**平移不变的**：对 $E\subseteq\mathbf{R}^n$ 与 $z\in\mathbf{R}^n$，定义 E 的 z 平移为

$$E+z=\{x+z\mid x\in E\}$$

430 若 E 是 μ_n 可测的，$E+z$ 也如此，且

$$\mu_n(E)=\mu_n(E+z)$$

作为乘积测度的 Lebesgue 测度　对满足 $n=m+k$ 的自然数 n，m 与 k，考虑集合 $\mathbf{R}^n$、$\mathbf{R}^m$、$\mathbf{R}^k$ 与 $\mathbf{R}^m\times\mathbf{R}^k$ 以及定义为

$$\text{对所有 } x\in\mathbf{R}^n, \varphi(x_1,\cdots,x_n)=((x_1,\cdots,x_m),(x_{m+1},\cdots,x_{m+k})) \tag{20}$$

的映射

$$\varphi:\mathbf{R}\to\mathbf{R}^m\times\mathbf{R}^k$$

该映射是一对一与映上的．每个集合 $\mathbf{R}^n$、$\mathbf{R}^m$ 与 $\mathbf{R}^k$ 有线性结构、拓扑结构、测度结构，乘积空间 $\mathbf{R}^m\times\mathbf{R}^k$ 从成员空间继承了线性结构、拓扑结构与测度结构．映射 φ 关于线性结构与拓扑结构是同构的．以下命题告诉我们从测度的观点，映射 φ 也是同构．

命题 15　对于由(20)定义的映射 $\varphi:\mathbf{R}^n\to\mathbf{R}^m\times\mathbf{R}^k$，$\mathbf{R}^n$ 的子集 E 关于 n 维 Lebesgue 测度是可测的当且仅当它的象 $\varphi(E)$ 关于 $\mathbf{R}^m\times\mathbf{R}^k$ 上的乘积测度 $\mu_m\times\mu_k$ 是可测的，且

$$\mu_n(E)=(\mu_m\times\mu_k)(\varphi(E))$$

证明　定义 $\mathcal{I}_n$ 为 $\mathbf{R}^n$ 中的区间族而 vol_n 是定义在 $\mathcal{I}_n$ 上的体积集函数．由于 vol_n 是 σ 有限预测度，从 Carathéodory-Hahn 定理的唯一性部分得出，Lebesgue 测度 μ_n 是 L^n 上的延拓 $\mathrm{vol}_n:\mathcal{I}_n\to[0,\infty]$ 的唯一测度．

显然，

$$\text{对所有 } I\in\mathcal{I}_n,\quad \mu_n(I)=(\mu_m\times\mu_k)(\varphi(I)) \tag{21}$$

我们把证明这蕴涵外测度被 φ 保持，因此 E 属于 L^n 当且仅当 $\varphi(E)$ 是 $(\mu_m\times\mu_k)$ 可测的留给读者作为练习．由于 φ 是一对一与映上的，若我们对所有 $E\in L^n$ 定义

$$\mu'(E)=(\mu_m\times\mu_k)(\varphi(E))$$

则 μ' 是 $\mathcal{L}^n$ 上的延拓 $\mathrm{vol}_n:\mathcal{I}_n\to[0,\infty]$ 的测度．因此根据以上关于 μ_n 的唯一性断言，

$$\text{对所有 } E\in\mathcal{L}^n,\quad \mu_n(E)=\mu'(E)=(\mu_m\times\mu_k)(\varphi(E))$$

这完成了证明．■

从该命题、Lebesgue 测度的 σ 有限性与完备性以及 Fubini 定理与 Tonelli 定理，我们有关于 $\mathbf{R}^n$ 上的 Lebesgue 测度的积分的定理．

431 **定理 16**　对使得 $n=m+k$ 的自然数 n，m 与 k，考虑由(20)定义的映射 $\varphi:\mathbf{R}^n\to\mathbf{R}^m\times\mathbf{R}^k$．函数 $f:\mathbf{R}^m\times\mathbf{R}^k\to\mathbf{R}$ 关于乘积测度 $\mu_m\times\mu_k$ 可测当且仅当复合 $f\circ\varphi:\mathbf{R}^n\to\mathbf{R}$ 关于 Lebesgue 测度 μ_n 可测．若 f 在 $\mathbf{R}^n$ 上关于 Lebesgue 测度 μ_n 可积，则

$$\int_{\mathbf{R}^n} f\,\mathrm{d}\mu_n = \int_{\mathbf{R}^k}\left[\int_{\mathbf{R}^m} f(x,y)\,\mathrm{d}\mu_m(x)\right]\mathrm{d}\mu_k(y) \tag{22}$$

此外，若 f 非负且关于 Lebesgue 测度 μ_n 可测，则上面的等式也成立.

Lebesgue 积分与线性换元 我们记 $L(\mathbf{R}^n)$为线性算子 $T:\mathbf{R}^n\to\mathbf{R}^n$ 的线性空间，记 $GL(n, R)$为$L(\mathbf{R}^n)$的那些由可逆线性算子 $T:\mathbf{R}^n\to\mathbf{R}^n$(即一对一与映上的线性算子)组成的子集. 可逆算子的逆是线性的. 在算子的复合下，$GL(n, \mathbf{R})$是一个群，它称为 $\mathbf{R}^n$ 的**一般线性群**. 对 $1\leqslant k\leqslant n$，我们把 $\mathbf{R}^n$ 中的 k 重坐标是 1 而其他坐标是 0 的点记为 e_k. 则$\{e_1, \cdots, e_n\}$是 $L(\mathbf{R}^n)$的典范基. 观察到一旦 $T(e_k)$给定，$1\leqslant k\leqslant n$，则线性算子 $T:\mathbf{R}^n\to\mathbf{R}^n$ 被唯一确定，这是由于若 $x=(x_1, \cdots, x_n)$，则

$$\text{对所有 } x\in\mathbf{R}^n,\quad T(x)=T(x_1e_1+\cdots+x_ne_n)=x_1T(e_1)+\cdots+x_nT(e_n)$$

我们仅须线性算子的一个分析性质：它是 Lipschitz 的.

命题 17 线性算子 $T:\mathbf{R}^n\to\mathbf{R}^n$ 是 Lipschitz 的.

证明 令 x 属于 $\mathbf{R}^n$. 正如我们已观察到的，根据 T 的线性，

$$\text{对所有 } x\in\mathbf{R}^n,\quad T(x)=x_1T(e_1)+\cdots+x_nT(e_n)$$

因此，根据范数的次可加性与正齐次性，

$$\|T(x)\|=\|x_1T(e_1)\|+\cdots+x_nT(e_n)\|\leqslant\sum_{k=1}^n|x_k|\cdot\|T(e_k)\|$$

因此，若我们定义 $c=\sqrt{\sum_{k=1}^n\|T(e_k)\|^2}$，根据 Cauchy-Schwarz 不等式，

$$\|T(x)\|\leqslant c\cdot\|x\|$$

对任何 u，$v\in\mathbf{R}^n$，设 $x=u-v$. 则根据 T 的线性，$T(x)=T(u-v)=T(u)-T(v)$，因此，

$$\|T(u)-T(\nu)\|\leqslant c\cdot\|u-\nu\|$$

■

在直线上的 Lebesgue 测度的研究中，我们已观察到连续函数一般不将 Lebesgue 可测集映到 Lebesgue 可测集. 然而，连续 Lipschitz 映射将 Lebesgue 可测集映到 Lebesgue 可测集. [432]

命题 18 令映射 $\Psi:\mathbf{R}^n\to\mathbf{R}^n$ 为 Lipschitz 的. 若 E 是 $\mathbf{R}^n$ 的 Lebesgue 可测子集，则 $\Psi(E)$也是. 特别地，线性算子 $T:\mathbf{R}^n\to\mathbf{R}^n$ 将 Lebesgue 可测集映到 Lebesgue 可测集.

证明 $\mathbf{R}^n$ 的子集是紧的当且仅当它是闭有界的且连续函数将紧集映到紧集. 由于 Ψ 是 Lipschitz 的，它是连续的. 因此 Ψ 将有界 F_σ集映到 F_σ集.

令 E 为 $\mathbf{R}^n$ 的 Lebesgue 可测子集. 由于 $\mathbf{R}^n$ 是有界可测集的可数族的并，我们可以假设 E 是有界的. 根据推论 14，$E=A\cup D$，其中 A 是 $\mathbf{R}^n$ 的 F_σ子集，而 D 的 Lebesgue 外测度为零. 我们刚观察到 $\Psi(A)$是 F_σ集. 因此，为证明 $\Psi(E)$是 Lebesgue 可测的，仅须证明 $\Psi(D)$有零 Lebesgue 外测度.

令 $c>0$ 使得

$$\text{对所有 } u,v\in \mathbf{R}^n,\quad \|\Psi(u)-\Psi(v)\|\leqslant c\|u-v\|$$

存在仅依赖于 c 与 n 的常数 c'（见习题 24）使得对 $\mathbf{R}^n$ 中的任何区间 I，

$$\mu_n^*(\Psi(I))\leqslant c'\cdot \mathrm{vol}(I) \tag{23}$$

令 $\varepsilon>0$. 由于 $\mu_n^*(D)=0$，存在 $\mathbf{R}^n$ 中覆盖 D 的区间的可数族 $\{I^k\}_{k=1}^\infty$ 使得 $\sum_{k=1}^\infty \mathrm{vol}(I^k)<\varepsilon$. 则 $\{\Psi(I^k)\}_{k=1}^\infty$ 是 $\Psi(D)$ 的可数覆盖. 因此根据估计式(23)与外测度的可数单调性，

$$\mu_n^*(\Psi(I))\leqslant \sum_{k=1}^\infty \mu_n^*(\Psi(I_k))\leqslant \sum_{k=1}^\infty c'\cdot \mathrm{vol}(I_k)<c'\cdot\varepsilon$$

由于这对所有 $\varepsilon>0$ 成立，它对 $\varepsilon=0$ 也成立. ■

推论 19　令函数 $f:\mathbf{R}^n\to\mathbf{R}$ 关于 Lebesgue 测度可测，而算子 $T:\mathbf{R}^n\to\mathbf{R}^n$ 是线性与可逆的. 则复合 $f\circ T:\mathbf{R}^n\to\mathbf{R}$ 关于 Lebesgue 测度也是可测的.

证明　令 $\mathcal{O}$ 为 $\mathbf{R}$ 的开子集. 我们必须证明 $(f\circ T)^{-1}(\mathcal{O})$ 是 Lebesgue 可测的. 然而，

$$(f\circ T)^{-1}(\mathcal{O})=T^{-1}(f^{-1}(\mathcal{O}))$$

函数 f 是可测的，因此集合 $f^{-1}(\mathcal{O})$ 是可测的. 另一方面，映射 T^{-1} 是线性的，根据前一个命题，它将 Lebesgue 可测集映到 Lebesgue 可测集. 因此 $(f\circ T)^{-1}(\mathcal{O})$ 是 Lebesgue 可测的. ■

433

我们将从维数 $n=1$ 与 $n=2$ 开始证明关于 $\mathbf{R}^n$ 上的 Lebesgue 积分的一般换元公式.

命题 20　令 $f:\mathbf{R}\to\mathbf{R}$ 在 $\mathbf{R}$ 上关于一维 Lebesgue 测度可积. 若 α，$\beta\in\mathbf{R}$，$\alpha\neq 0$，则

$$\int_{\mathbf{R}} f\mathrm{d}\mu_1=|\alpha|\cdot\int_{\mathbf{R}} f(\alpha x)\mathrm{d}\mu_1(x),\quad \int_{\mathbf{R}} f\mathrm{d}\mu_1=\int_{\mathbf{R}} f(x+\beta)\mathrm{d}\mu_1(x) \tag{24}$$

证明　根据积分的线性，可以假设 f 是非负的. 用递增的简单可积函数序列逼近 f，因此可用单调收敛定理将证明归结为 f 是有限 Lebesgue 测度集的特征函数的情形. 对这样的函数，公式是显然的. ■

命题 21　令 $f:\mathbf{R}^2\to\mathbf{R}$ 在 $\mathbf{R}^2$ 上关于 Lebesgue 测度 μ_2 可积而 $c\neq 0$ 为实数. 对所有 $(x,y)\in\mathbf{R}^2$，定义 $\varphi:\mathbf{R}^2\to\mathbf{R}$，$\psi:\mathbf{R}^2\to\mathbf{R}$ 和 $\eta:\mathbf{R}^2\to\mathbf{R}$ 为

$$\varphi(x,y)=f(y,x),\quad \psi(x,y)=f(x,x+y)\text{ 和 }\eta(x,y)=f(cx,y)$$

则 φ，ψ 与 η 在 $\mathbf{R}^2$ 上关于 Lebesgue 测度 μ_2 可积. 此外，

$$\int_{\mathbf{R}^2} f\mathrm{d}\mu_2=\int_{\mathbf{R}^2}\varphi\mathrm{d}\mu_2=\int_{\mathbf{R}^2}\psi\mathrm{d}\mu_2$$

且

$$\int_{\mathbf{R}^2} f\mathrm{d}\mu_2=|c|\cdot\int_{\mathbf{R}^2}\eta\mathrm{d}\mu_2$$

证明　我们从推论 19 推出函数 φ，ψ 与 η 都是 μ_2 可测的. 由于积分是线性的，我们可以假设 f 是非负的. 我们比较 f 与 φ 的积分且将其余两个积分的比较留作练习. 由于 f 是

μ_2 可测的，我们从定理 16 表述的 Fubini 定理推出，

$$\int_{\mathbf{R}^2} f \mathrm{d}\mu_2 = \int_{\mathbf{R}}\left[\int_{\mathbf{R}} f(x,y)\mathrm{d}\mu_1(x)\right]\mathrm{d}\mu_1(y)$$

然而，根据函数 φ 的定义，对几乎所有 $y\in\mathbf{R}$，

$$\int_{\mathbf{R}} f(x,y)\mathrm{d}\mu_1(x) = \int_{\mathbf{R}} \varphi(y,x)\mathrm{d}\mu_1(x)$$

因此

$$\int_{\mathbf{R}}\left[\int_{\mathbf{R}} f(x,y)\mathrm{d}\mu_1(x)\right]\mathrm{d}\mu_1(y) = \int_{\mathbf{R}}\left[\int_{\mathbf{R}} \varphi(y,x)\mathrm{d}\mu_1(x)\right]\mathrm{d}\mu_1(y)$$

由于 φ 是非负的与 μ_2 可测的，我们从定理 16 表述的 Tonelli 定理推出，

$$\int_{\mathbf{R}}\left[\int_{\mathbf{R}} \varphi(y,x)\mathrm{d}\mu_1(x)\right]\mathrm{d}\mu_1(y) = \int_{\mathbf{R}^2} \varphi \mathrm{d}\mu_2$$

因此

434

$$\int_{\mathbf{R}^2} f \mathrm{d}\mu_2 = \int_{\mathbf{R}^2} \varphi \mathrm{d}\mu_2$$

■

目前为止我们所用到的线性映射仅有的分析性质是，这样的映射是 Lipschitz 的．我们现在需要线性代数的两个结果．第一个是每个算子 $T\in GL(n,\ \mathbf{R})$ 可表示为以下三种初等类型的线性算子的复合：

类型 1：$T(e_j)=ce_j$ 且对 $k\neq j$，$T(e_k)=e_k$.

类型 2：$T(e_j)=e_{j+1}$，$T(e_{j+1})=e_j$ 且对 $k\neq j,\ j+1$，$T(e_k)=e_k$.

类型 3：$T(e_j)=e_j+e_{j+1}$ 且对 $k\neq j$，$T(e_k)=e_k$.

每个可逆线性算子可表示为初等算子的复合是根据线性算子的矩阵的性质做出的断言：每个可逆 $n\times n$ 矩阵可从单位矩阵的行运算得到.

我们需要的线性算子的第二个性质是：对每个线性算子 $T:\mathbf{R}^n\to\mathbf{R}^n$，存在与之相应的称为 T 的**行列式**(记为 $\det T$)的实数，它具有以下三个性质：

(i) 对任何两个线性算子 T，$S:\mathbf{R}^n\to\mathbf{R}^n$

$$\det(S\circ T) = \det S\cdot\det T \tag{25}$$

(ii) 若 T 是类型 1，$\det T=c$；若 T 是类型 2，$\det T=-1$；若 T 是类型 3，$\det T=1$.

(iii) 若 $T(e_n)=e_n$ 且 T 将子空间 $\{x\in\mathbf{R}^n\mid x=(x_1,\ x_2,\ \cdots,\ x_{n-1},\ 0)\}$ 映到其自身，则 $\det T=\det T'$，其中 $T':\mathbf{R}^{n-1}\to\mathbf{R}^{n-1}$ 是 T 在 $\mathbf{R}^{n-1}$ 上的限制.

定理 22　令线性算子 $T:\mathbf{R}^n\to\mathbf{R}^n$ 可逆．假定函数 $f:\mathbf{R}^n\to\mathbf{R}$ 在 $\mathbf{R}^n$ 上关于 Lebesgue 测度可积．则复合 $f\circ T:\mathbf{R}^n\to\mathbf{R}$ 也在 $\mathbf{R}^n$ 上关于 Lebesgue 测度可积且

$$\int_{\mathbf{R}^n} f\circ T\mathrm{d}\mu_n = \frac{1}{|\det T|}\cdot\int_{\mathbf{R}^n} f\mathrm{d}\mu_n \tag{26}$$

证明　积分是线性的．我们因此假定 f 是非负的．根据行列式的可乘性与将可逆算子分解为初等算子的复合，我们可以假定 T 是初等的．$n=1$ 的情形被(24)涵盖．根据命题 21，(26)对 $n=2$ 也成立．我们现在用归纳法．假设我们已对 $m\geqslant 2$ 证明了(26)且考虑 $n=$

$m+1$ 的情形. 由于 T 是初等的且 $n\geqslant 3$，或者(i) $T(e_n)=e_n$ 且 T 将子空间 $\{x\in\mathbf{R}^n \mid x=(x_1, x_2, \cdots, x_{n-1}, 0)\}$ 映到其自身，或者(ii) $T(e_1)=e_1$ 且 T 将子空间 $\{x\in\mathbf{R}^n \mid x=(0, x_2, \cdots, x_n)\}$ 映到其自身. 我们考虑情形(i)且将类似的情形(ii)留作练习. 令 T' 为由 T 在 $\mathbf{R}^{n-1}$ 上诱导的算子. 观察到 $|\det T'|=|\det T|$. 我们现在再次用命题 21 的证明中的方法.

435

函数 $f\circ T$ 是 μ_n 可测的. 因此我们从定理 16 中对 Lebesgue 测度阐述的 Fubini 定理与 Tonelli 定理以及(26)对 $m=n-1$ 成立推出，

$$\begin{aligned}\int_{\mathbf{R}^n} f\circ T\mathrm{d}\mu_n &= \int_{\mathbf{R}}\left[\int_{\mathbf{R}^{n-1}} f\circ T(x_1,x_2,\cdots,x_n)\mathrm{d}\mu_{n-1}(x_1,\cdots,x_{n-1})\right]\mathrm{d}\mu_1(x_n)\\ &= \int_{\mathbf{R}}\left[\int_{\mathbf{R}^{n-1}} f(T'(x_1,\cdots,x_{n-1}),x_n)\mathrm{d}\mu_{n-1}(x_1,\cdots,x_{n-1})\right]\mathrm{d}\mu_1(x_n)\\ &= \frac{1}{|\det T'|}\int_{\mathbf{R}}\left[\int_{\mathbf{R}^{n-1}} f(x_1,x_2,\cdots,x_n)\mathrm{d}\mu_{n-1}(x_1,\cdots,x_{n-1})\right]\mathrm{d}\mu_1(x_n)\\ &= \frac{1}{|\det T|}\int_{\mathbf{R}^n} f\mathrm{d}\mu_n\end{aligned}$$

■

推论 23　令线性算子 $T:\mathbf{R}^n\to\mathbf{R}^n$ 是可逆的. 则对 $\mathbf{R}^n$ 的每个 Lebesgue 可测子集 E，$T(E)$ 是Lebesgue 可测的且

$$\mu_n(T(E)) = |\det(T)|\cdot\mu_n(E) \tag{27}$$

证明　我们假设 E 是有界的而将无界的情形留作练习. 由于 T 是 Lipschitz 的，$T(E)$ 是有界的. 我们从命题 18 推出 $T(E)$ 是 Lebesgue 可测的，且由于它是有界的，它具有有限 Lebesgue 测度. 因此函数 $f=\chi_{T(E)}$ 在 $\mathbf{R}^n$ 上关于 Lebesgue 测度是可积的. 观察到 $f\circ T=\chi_E$. 因此，

$$\int_{\mathbf{R}^n} f\circ T\mathrm{d}\mu_n = \mu_n(E)\ \text{且}\int_{\mathbf{R}^n} f\mathrm{d}\mu_n = \mu_n(T(E))$$

因此对 f 的这个特定选取，(27)从(26)得到. ■

谈到 $\mathbf{R}^n$ 的**刚体运动**，我们意味着将 $\mathbf{R}^n$ 映上 $\mathbf{R}^n$ 且保持点之间的欧氏距离的映射 ψ，即

$$\text{对所有 } u,v\in\mathbf{R}^n,\quad \|\Psi(u)-\Psi(v)\| = \|u-v\|$$

Mazur 与 Ulam 的一个定理[⊖]告诉我们，每个刚体运动是线性刚体运动的常数扰动，即存在 $\mathbf{R}^n$ 中的点 x_0 与线性算子 $T:\mathbf{R}^n\to\mathbf{R}^n$ 使得对所有 $x\in\mathbf{R}^n$，$\Psi(x)=T(x)+x_0$，其中 T 是线性刚体运动. 然而，由于线性刚体运动将原点映到原点，T 保持范数，即对所有 $u\in\mathbf{R}^n$，

$$\|Tu\| = \|u\|$$

436

因此以下极化等式(见习题 28)

$$\text{对所有 } u,v\in\mathbf{R}^n,\quad \langle u,v\rangle = \frac{1}{4}\{\|u+v\|^2-\|u-v\|^2\} \tag{28}$$

告诉我们线性刚体运动 T 保持内积，即

⊖ 见 Peter Lax 的《Functional Analysis》[Lax02]的第 49～51 页.

$$对所有 u,\nu \in \mathbf{R}^n,\quad \langle T(u),T(\nu)\rangle = \langle u,\nu\rangle$$

该等式意味着 $T^* T=\mathrm{Id}$. 从行列式的乘性以及事实 $\det T=\det T^*$，我们得出 $|\det T|=1$. 因此根据 Lebesgue 测度的平移不变性(见习题 20)和(27)，我们有以下有趣的几何结果：若欧氏空间上的映射保持点的距离不变，则它保持 Lebesgue 测度.

推论 24　令 $\Psi:\mathbf{R}^n\to\mathbf{R}^n$ 为刚体运动. 则对 $\mathbf{R}^n$ 的每个 Lebesgue 可测子集 E,

$$\mu_n(\Psi(E))=\mu_n(E)$$

从 Lebesgue 外测度 μ_n^* 的定义得出，$\mathbf{R}^n$ 的子空间 $V=\{x\in\mathbf{R}^n\mid x=(x_1, x_2, \cdots, x_{n-1}, 0)\}$的 n 维 Lebesgue 测度为零. 我们从(27)推出 $\mathbf{R}^n$ 的任何真子空间 W 的 n 维 Lebesgue 测度为零，由于它可被 $GL(n, \mathbf{R})$中的算子映到 V 的子空间. 由此得出若线性算子 $T:\mathbf{R}^n\to\mathbf{R}^n$不是可逆的，则由于它的值域落在维数小于 n 的子空间，它将 $\mathbf{R}^n$ 的每个子集映到 n 维 Lebesgue 测度为零的集合. 这可重述为(27)对不可逆算子 T 仍然成立.

习题

15. 考虑三角形 $\Delta=\{(x, y)\in\mathbf{R}^2\mid 0\leqslant x\leqslant a, 0\leqslant y\leqslant[b/a]x\}$. 用矩形的有限族覆盖 Δ 且用测度的连续性，确定 Δ 的 Lebesgue 测度.
16. 令$[a, b]$为实数的闭有界区间. 假定 $f:[a, b]\to\mathbf{R}$ 是有界与 Lebesgue 可测的. 证明 f 的图像关于平面的 Lebesgue 测度为零. 将此推广到多个实变量的有界实值函数.
17. 实数的每个开子集是可数个不交开区间的并. 平面的开子集$\{(x, y)\in\mathbf{R}^2\mid 0<x, y<1\}$是可数个不交开球的并吗?
18. 证明不等式(13).
19. 证明集合等式(16).
20. 令 $E\subseteq\mathbf{R}^n$ 而 $z\in\mathbf{R}^n$.
    (i) 证明：若 E 是开的，$E+z$ 也是开的.
    (ii) 证明：若 E 是G_δ集，$E+z$ 也是G_δ集.
    (iii) 证明 $\mu_n^*(E+z)=\mu_n^*(E)$.
    (iv) 证明 E 是 μ_n 可测的当且仅当 $E+z$ 是 μ_n 可测的.
21. 对每个自然数 n，证明 $\mathbf{R}^n$ 的每个具有正外 Lebesgue 测度的子集包含一个不是 Lebesgue 可测的子集.
22. 对每个自然数 n，证明存在 $\mathbf{R}^n$ 的子集，它不是 Borel 集但却是 μ_n 可测的.
23. 若(27)对 $\mathbf{R}^n$ 中的每个区间成立，用 Carathéodory-Hahn 定理的唯一性断言直接证明它对 $\mathbf{R}^n$ 的每个可测子集也成立.
24. 令 $\Psi:\mathbf{R}^n\to\mathbf{R}^n$ 为具有 Lipschitz 常数 c 的 Lipschitz 映射. 证明存在常数 c'使得估计式(23)成立.
25. 证明两个半环的笛卡儿积是半环. 以此为基础用归纳法证明 $\mathbf{R}^n$ 的区间族是半环.
26. 证明：若函数 $f:[0, 1]\times[0, 1]\to\mathbf{R}$ 关于每个变量分别连续，则它关于 Lebesgue 测度 μ_2 可测.
27. 令 $g:\mathbf{R}\to\mathbf{R}$ 为 $\mathbf{R}$ 映上 $\mathbf{R}$ 的映射使得存在常数 $c>0$,
$$对所有 u,v\in\mathbf{R}, |g(u)-g(v)|\geqslant c\cdot|u-v|$$
    证明：若 $f:\mathbf{R}\to\mathbf{R}$ 是 Lebesgue 可测的，则复合 $f\circ g:\mathbf{R}\to\mathbf{R}$ 也如此.
28. 用内积的双线性形式证明(28).

437

29. 令映射 $T:\mathbf{R}^n\to\mathbf{R}^n$ 为线性的. 定义 $c=\sup\{\|T(x)\| \mid \|x\|\leqslant 1\}$. 证明 c 是 T 的最小 Lipschitz 常数.

30. 证明 $\mathbf{R}^n$ 的维数小于 n 的子空间 W 的 n 维 Lebesgue 测度为零，首先对子空间 $\{x\in\mathbf{R}^n \mid x_n=0\}$ 证明这个结论.

31. 首先对有限测度集的特征函数，接着对有限测度集外消失的简单函数，最后对一元实变量的非负可积函数证明换元公式(24).

32. 对 $\mathbf{R}$ 的子集 E，定义

$$\sigma(E)=\{(x,y)\in\mathbf{R}^2 \mid x-y\in E\}$$

(i) 若 E 是 $\mathbf{R}$ 的 Lebesgue 可测子集，证明 $\sigma(E)$ 是 $\mathbf{R}^2$ 的 Lebesgue 可测子集.（提示：考虑 E 是开，E 是G_δ，E 的测度为零，E 是可测的情形.）

(ii) 若 f 是 $\mathbf{R}$ 上的 Lebesgue 可测函数，证明函数 $F(x, y)=f(x-y)$是 $\mathbf{R}^2$ 上的 Lebesgue 可测函数.

(iii) 若 f 和 g 属于$L^1(\mathbf{R}, \mu_1)$，证明对 $\mathbf{R}$ 中的几乎所有 x，由 $\varphi(y)=f(x-y)g(y)$给出的函数 φ 属于 $L^1(\mathbf{R}, \mu_1)$. 若我们记它的积分为 $h(x)$，证明 h 是可积的且

$$\int_{\mathbf{R}}|h|\,\mathrm{d}\mu_1\leqslant\int_{\mathbf{R}}|f|\,\mathrm{d}\mu_1\cdot\int_{\mathbf{R}}|g|\,\mathrm{d}\mu_1$$

33. 令 f 和 g 为 $L^1(\mathbf{R}, \mu_1)$中的函数，定义 $\mathbf{R}$ 上的 $f*g$ 为

$$(f*g)(y)=\int_{\mathbf{R}}f(y-x)g(x)\mathrm{d}\mu_1(x)$$

(i) 证明 $f*g=g*f$.

438

(ii) 证明对每个 $h\in L^1(\mathbf{R}, \mu_1)$，$(f*g)*h=f*(g*h)$.

34. 令 f 为在 $\mathbf{R}$ 上关于 μ_1 可积的非负函数. 证明

$$\mu_2\left\{(x,y)\in\mathbf{R}^2 \mid 0\leqslant y\leqslant f(x)\right\}=\mu_2\left\{(x,y)\in\mathbf{R}^2 \mid 0<y<f(x)\right\}=\int_{\mathbf{R}}f(x)\mathrm{d}x$$

对每个 $t\geqslant 0$，定义 $\varphi(t)=\mu_1\{x\in\mathbf{R} \mid f(x)\geqslant t\}$. 证明 φ 是递减函数且

$$\int_0^\infty\varphi(t)\mathrm{d}\mu_n(t)=\int_{\mathbf{R}}f(x)\mathrm{d}\mu_1(x)$$

20.3　累积分布函数与 Borel 测度

令 $I=[a, b]$为实数的闭有界区间而 $\mathcal{B}(I)$是 I 的 Borel 子集族. 我们称 $\mathcal{B}(I)$上的有限测度 μ 为 **Borel 测度**. 对这样的测度，定义函数 $g_\mu:I\to\mathbf{R}$ 为

$$\text{对所有 } I \text{ 中的 } x,\quad g_\mu(x)=\mu[a,x]$$

函数 g_μ称为 μ 的**累积分布函数**.

命题 25　令 μ 为 $\mathcal{B}(I)$上的 Borel 测度. 则它的累积分布函数 g_μ是递增与右连续的. 反过来，每个递增与右连续的函数 $g:I\to\mathbf{R}$ 是 $\mathcal{B}(I)$上唯一的 Borel 测度 μ_g 的累积分布函数.

证明　首先令 μ 为 $\mathcal{B}(I)$上的 Borel 测度. 它的累积分布函数当然是递增与有界的. 令 x_0 属于$[a, b)$而$\{x_k\}$是属于$(x_0, b]$且收敛于 x_0 的递减序列. 则 $\bigcap_{k=1}^{\infty}(x_0, x_k]=\emptyset$. 因此，由于 μ 是有限的，根据测度的连续性，

$$0=\mu(\emptyset)=\lim_{k\to\infty}\mu(x_0,x_k]=\lim_{k\to\infty}[g_\mu(x_k)-g_\mu(x_0)]$$

因此 g_μ 在 x_0 右连续.

为证明反命题，令 $g:I\to\mathbf{R}$ 为递增的右连续函数. 考虑空集、单点集 $\{a\}$ 以及所有 I 的所有形如 $(c,\ d]$ 的子区间组成的子集族 $\mathcal{S}$. 则 $\mathcal{S}$ 是半环. 考虑集函数 $\mu:\mathcal{S}\to\mathbf{R}$，它定义为 $\mu(\varnothing)=0$，$\mu\{a\}=g(a)$ 且

$$\text{对}(c,d]\subseteq I,\mu(c,d]=g(d)-g(c)$$

我们将以下结论的证明留作练习：若 $(c,\ d]\subseteq I$ 是有限不交族 $\bigcup_{k=1}^{n}(c_k,\ d_k]$ 的并，则

$$g(d)-g(c)=\sum_{k=1}^{n}[g(d_k)-g(c_k)]$$

439

且若 $(c,\ d]\subseteq I$ 被可数族 $\bigcup_{k=1}^{\infty}(c_k,\ d_k]$ 覆盖，则

$$g(d)-g(c)\leqslant\sum_{k=1}^{\infty}[g(d_k)-g(c_k)] \tag{29}$$

这意味着 μ 是半环 $\mathcal{S}$ 上的预测度. 根据 Carathéodory-Hahn 定理，由 μ 诱导的 Carathéodory 测度 $\overline{\mu}$ 是 μ 的延拓. 特别地，$[a,\ b]$ 的每个开子集是 μ^* 可测的. 根据 Borel σ 代数的最小性，μ^* 可测集的 σ 代数包含 $\mathcal{B}(I)$. 函数 g 是 $\overline{\mu}$ 在 $\mathcal{B}(I)$ 上的限制的累积分布函数. 由于对每个 $x\in[a,\ b]$

$$\mu[a,x]=\mu\{a\}+\mu(a,x]=g(a)+[g(x)-g(a)]=g(x)$$ ■

将 Borel 测度的连续性与它的累积分布函数的连续性联系在一起是自然的. 我们有以下令人满意的关系，其证明留作练习.

命题 26　*令 μ 为 $\mathcal{B}(I)$ 上的 Borel 测度而 g_μ 是它的累积分布函数. 则测度 μ 关于 Lebesgue 测度绝对连续当且仅当函数 g_μ 是绝对连续的.*

对于 $[a,\ b]$ 上的有界 Lebesgue 可测函数 f，Lebesgue 积分有定义，其中 m 表示 Lebesgue 测度. 对于 $[a,\ b]$ 上的有界函数 f，其不连续点的集合的 Lebesgue 测度为零，我们证明 Riemann 积分 $\int_a^b f(x)\mathrm{d}x$ 有定义且

$$\int_{[a,b]}f\mathrm{d}m=\int_a^b f(x)\mathrm{d}x$$

这些积分有两个推广——Lebesgue-Stieltjes 积分与 Riemann-Stieltjes 积分，我们现在简要地讨论它们.

令函数 $g:I\to\mathbf{R}$ 为递增与右连续的. 对有界 Borel 可测函数 $f:I\to\mathbf{R}$，我们定义 f 在 $[a,\ b]$ 上关于 g 的 Lebesgue-Stieltjes 积分 $\int_{[a,b]}f\mathrm{d}g$ 为

$$\int_{[a,b]}f\mathrm{d}g=\int_{[a,b]}f\mathrm{d}\mu_g \tag{30}$$

现在假定 f 是有界 Borel 可测函数而 g 是递增与绝对连续的. 则 g' 是 $[a,\ b]$ 上的 Lebesgue 可积函数，而 fg' 也如此. 我们有

$$\int_{[a,b]} f \mathrm{d} g=\int_{[a,b]} f g^{\prime} \mathrm{d} m \tag{31}$$

440 其中右边的积分是 fg' 关于 Lebesgue 测度 m 的积分. 为证明这个公式，观察到它对 f 是 Borel 简单函数成立，接着根据简单逼近定理与 Lebesgue 控制收敛定理，它对有界 Borel 可测函数 f 成立. 在这种情形，由命题 26，μ_g 关于 m 是绝对连续的. 我们把证明函数 g' 是 μ_g 的关于 m 的 Radon-Nikodym 导数留给读者(见习题 44).

Riemann-Stieltjes 积分以与 Lebesgue-Stieltjes 积分推广 Lebesgue 积分相同的方式推广 Riemann 积分. 我们简要地描述这个推广[1]. 若 $P=\{x_0, x_1, \cdots, x_n\}$ 是 $[a, b]$ 的分划，我们令 $\|P\|$ 表示由 P 确定的区间的最大长度，而令 $C=\{c_1, \cdots, c_n\}$，其中每个 c_i 属于 $[x_{i-1}, x_i]$. 对两个有界函数 $f:[a, b]\rightarrow\mathbf{R}$ 与 $g:[a, b]\rightarrow\mathbf{R}$，考虑形如

$$S(f, g, P, C)=\sum_{k=1}^{n} f(c_i) \cdot[g(x_i)-g(x_{i-1})]$$

的和式. 若存在实数 A 使得对每个 $\varepsilon>0$，存在 $\delta>0$ 使得

$$\text{若 } \|P\|<\delta, \quad \text{则 } |S(f, g, P, C)-A|<\varepsilon,$$

则可以认为 f 在 I 上关于 g Riemann-Stieltjes 可积且设

$$A=\int_a^b f(x) \mathrm{d} g(x)$$

显然，若对所有 $x\in[a, b]$，$g(x)=x$，则 f 关于 g 的 Riemann-Stieltjes 积分就是 f 的 Riemann 积分. 此外，若 f 是连续的而 g 是单调的，则 f 在 I 上关于 g 是 Riemann-Stieltjes 可积的. [2]Camille-Jordan 的定理告诉我们有界变差函数是递增函数的差. 因此 I 上的连续函数关于有界变差函数在 I 上是 Riemann-Stieltjes 可积的. Lebesgue-Stieltjes 积分与 Riemann-Stieltjes 积分对不同的函数类定义. 然而，若 f 连续而 g 递增且绝对连续，这两种积分都有定义，在这种情形它们是相等的，即

$$\int_a^b f(x) \mathrm{d} g(x)=\int_{[a,b]} f \mathrm{d} g$$

因为(见习题 36 与 37)每个积分等于 $\int_{[a,b]} f g^{\prime} \mathrm{d} m$，即 fg' 在 $[a, b]$ 上关于 Lebesgue 测度 m 的 Lebesgue 积分.

习题

35. 证明命题 26.
36. 假定 f 是 $[a, b]$ 上的有界 Borel 可测函数，而 g 在 $[a, b]$ 上是递增与绝对连续的. 证明：若 m 表示 Lebesgue 测度，则

$$\int_{[a,b]} f \mathrm{d} g=\int_{[a,b]} f g^{\prime} \mathrm{d} m$$

---

[1] 在 Richard Wheedon 与 Antoni Zygmund 的《Measure and Integral》[WZ77]的第 23～31 页有 Riemann-Stieltjes 积分的精确表述.

[2] 该结论的证明是连续函数的 Riemann 可积性的证明的小的变体.

37. 假定 f 是$[a, b]$上的连续函数，g 在$[a, b]$上是递增与绝对连续的. 证明：若 m 表示 Lebesgue 测度，则

$$\int_a^b f(x)\mathrm{d}g(x) = \int_{[a,b]} fg'\mathrm{d}m$$

38. 令 f 和 g 为$[-1, 1]$上的函数使得在$[-1, 0]$上 $f=0$，在$(0, 1)$上 $f=1$. 证明 f 关于 g 在$[-1, 1]$上不是 Riemann-Stieltjes 可积的，但在$[-1, 0]$与$[0, 1]$上关于 g 是 Riemann-Stieltjes 可积的.

441

39. 证明不等式(29). (提示：选取 $\varepsilon>0$. 根据 g 的右连续性，选取$\eta_i>0$ 使得 $g(b_i+\eta_i)<g(b_i)+\varepsilon 2^{-i}$，且选取 $\delta>0$ 使得 $g(a+\delta)<g(a)+\varepsilon$. 则开区间$(a_i, b_i+\eta_i)$覆盖闭区间$[a+\delta, b]$.)
40. 对递增函数 $g:[a, b]\to\mathbf{R}$，定义

$$g^*(x) = \lim_{y\to x+} g(y)$$

证明 g^* 是右连续的递增函数且在 g 的右连续点与 g 一致. 除可数个点外，$g=g^*$. 证明$(g^*)^*=g^*$，以及若 g 和 G 是递增函数且在使得它们都连续的点相等，则 $g^*=G^*$. 若 f 是$[a, b]$上的有界 Borel 可测函数，证明

$$\int_{[a,b]} f\mathrm{d}g = \int_{[a,b]} f\mathrm{d}g^*$$

41. (i) 证明每个有界变差的有界函数 g 对应有限带号 Borel 测度 ν，使得

$$对所有(c,d] \subseteq [a,b],\quad \nu(c,d] = g(d^+) - g(c^+)$$

(ii) 将 Lebesgue-Stieltjes 积分$\int_{[a,b]} f\mathrm{d}g$ 的定义推广到有界变差函数 g 与有界 Borel 可测函数 f.

(iii) 证明：若在$[a, b]$上$|f|\leqslant M$ 且若 g 的全变差是 T，则$\left|\int_{[a,b]} f\mathrm{d}g\right|\leqslant MT$.

42. 令 g 为$[a, b]$上的递增函数，满足 $g(a)=c$，$g(b)=d$，且令 f 为$[c, d]$上的非负 Borel 可测函数. 证明

$$\int_{[a,b]} f\circ g\mathrm{d}g = \int_{[c,b]} f\mathrm{d}m$$

43. 令 g 为$[a, b]$上的递增函数. 找到 $\mathcal{B}([a, b])$上的 Borel 测度 μ 使得

$$对所有 f \in C[a,b],\quad \int_a^b f(x)\mathrm{d}g(x) = \int_{[a,b]} f\mathrm{d}\mu$$

44. 若 Borel 测度 μ 关于 Lebesgue 测度绝对连续，证明它的 Radon-Nikodym 导数是它的累积分布函数的导数.
45. 对 $\mathbf{R}$ 的所有 Borel 子集所成的族 $\mathcal{B}(\mathbf{R})$上的有限测度 μ，定义 $g:\mathbf{R}\to\mathbf{R}$ 为 $g(x)=\mu(-\infty, x]$. 证明每个满足$\lim\limits_{x\to-\infty} g(x)=0$ 的有界递增右连续函数 $g:\mathbf{R}\to\mathbf{R}$ 是 $\mathcal{B}(\mathbf{R})$上唯一的有限 Borel 测度的累积分布函数.

442

20.4 度量空间上的Carathéodory 外测度与 Hausdorff 测度

欧氏空间 $\mathbf{R}^n$ 上的 Lebesgue 外测度具有以下性质：若 A 和 B 是 $\mathbf{R}^n$ 的子集且存在 $\delta>0$ 使得对所有的 $u\in A$ 与 $v\in B$，满足$\|u-v\|\geqslant\delta$，则

$$\mu_n^*(A\cup B) = \mu_n^*(A) + \mu_n^*(B)$$

我们在这简短的一节研究以下测度：具有该性质的由度量空间上的外测度诱导的测度以及称为 Hausdorff 测度的一类这样的测度.

令 X 为集合而Γ 是 X 上的实值函数族. 了解在何种条件下外测度 μ^* 具有以下性质：

Γ 中的每个函数关于由 μ^* 通过 Carathéodory 构造法诱导的测度是可测的，常常是有趣的. 我们给出一个充分性的准则. X 的两个子集 A 和 B 称为是被 X 上的实值函数 f 分离，若存在实数 a 和 b 满足 $a<b$，使得在 A 上 $f\leqslant a$ 而在 B 上 $f\geqslant b$.

命题 27 令 φ 为集合 X 上的实值函数而 $\mu^*:2^X\to[0,\infty]$ 是外测度，它具有以下性质：只要 X 的两个子集 A 和 B 可被 φ 分离，就有

$$\mu^*(A\cup B)=\mu^*(A)+\mu^*(B)$$

则 φ 关于由 μ^* 诱导的测度是可测的.

证明 令 a 为实数. 我们必须证明集合

$$E=\{x\in X\,|\,\varphi(x)>a\}$$

是 μ^* 可测的，即对任何 $\varepsilon>0$ 与 X 的任何有限外测度的子集 A，

$$\mu^*(A)+\varepsilon\geqslant\mu^*(A\cap E)+\mu^*(A\cap E^C)\tag{32}$$

定义 $B=A\cap E$ 与 $C=A\cap E^C$. 对每个自然数 n，定义

$$B_n=\{x\in B\,|\,\varphi(x)>a+1/n\}\ \text{与}\ R_n=B_n\sim B_{n-1}$$

我们有

$$B=B_n\cup\left[\bigcup_{k=n+1}^{\infty}R_k\right]$$

现在在 B_{n-2} 上我们有 $\varphi>a+1/(n-2)$，而在 R_n 上我们有 $\varphi\leqslant a+1/(n-1)$. 因此 φ 分离 R_n 与 B_{n-2}，于是分离 R_{2k} 与 $\bigcup_{j=1}^{k-1}R_{2j}$. 由于后者包含于 B_{2k-2}，因此，我们用归纳法证明对每个 k，

$$\mu^*\left[\bigcup_{j=1}^{k}R_{2j}\right]=\mu^*(R_{2k})+\mu^*\left[\bigcup_{j=1}^{k-1}R_{2j}\right]=\sum_{j=1}^{k}\mu^*(R_{2j})$$

443

由于 $\sum_{j=1}^{k}R_{2j}\subseteq B\subseteq A$，我们有 $\sum_{j=1}^{k}\mu^*(R_{2j})\leqslant\mu^*(A)$，从而级数 $\sum_{j=1}^{\infty}\mu^*(R_{2j})$ 收敛. 类似地，级数 $\sum_{j=1}^{\infty}\mu^*(R_{2j+1})$ 收敛，且因此级数 $\sum_{k=1}^{\infty}\mu^*(R_k)$ 收敛. 选取 n 充分大使得 $\sum_{k=n+1}^{\infty}\mu^*(R_k)<\varepsilon$. 则根据 μ^* 的可数单调性，

$$\mu^*(B)\leqslant\mu^*(B_n)+\sum_{k=n+1}^{\infty}\mu^*(R_k)<\mu^*(B_n)+\varepsilon$$

或

$$\mu^*(B_n)>\mu^*(B)-\varepsilon$$

现在

$$\mu^*(A)\geqslant\mu^*(B_n\cup C)=\mu^*(B_n)+\mu^*(C)$$

因为 φ 分离 B_n 与 C. 因此，

$$\mu^*(A)\geqslant\mu^*(B)+\mu^*(C)-\varepsilon$$

我们证明了所要的不等式(32). ■

令(X, ρ)为度量空间. 回忆对 X 的两个子集 A 和 B，我们定义 A 和 B 的距离 $\rho(A, B)$为

$$\rho(A,B) = \inf_{u\in A, v\in B} \rho(u,v)$$

谈到与该度量空间相应的 Borel σ 代数，记为 $\mathcal{B}(X)$，我们指的是包含由该度量诱导的拓扑的最小 σ 代数.

定义　令(X, ρ)为度量空间. 外测度 $\mu^*: 2^X \to [0, \infty]$称为 **Carathéodory 外测度**，若只要 A 和 B 是 X 的两个子集使得 $\rho(A, B)>0$，就有

$$\mu^*(A \cup B) = \mu^*(A) + \mu^*(B)$$

定理 28　令 μ^* 为度量空间(X, ρ)上的 Carathéodory 外测度. 则 X 的每个 Borel 子集关于 μ^* 是可测的.

证明　Borel 集族是包含闭集的最小 σ 代数且可测集是 σ 代数. 因此仅须证明每个闭集是可测的. 然而，X 的每个闭子集 F 可表示为 $F=f^{-1}(0)$，其中 f 是 X 上的连续函数，定义为 $f(x)=\rho(F, \{x\})$. 因此仅须证明每个连续函数是可测的. 为此，我们运用命题 27. 事实上，令 A 和 B 为 X 的子集使得存在 X 上的连续函数和实数 $a<b$ 满足在 A 上 $f\leqslant a$ 而在 B 上 $f\geqslant b$. 根据 f 的连续性，$\rho(A, B)>0$. 因此，根据假设，$\mu^*(A\cup B)=\mu^*(A)+\mu^*(B)$. 根据命题 27，每个连续函数是可测的. 证明完毕. ■

我们现在将注意力转向度量空间(X, ρ)上特定的外测度族. 首先回忆我们定义 X 的子集 A 的直径 $\mathrm{diam}(A)$为

$$\mathrm{diam}(A) = \sup_{u,v\in A} \rho(u,v)$$

固定 $\alpha>0$. 对每个正实数 α，我们定义 Borel 代数 $\mathcal{B}(X)$上称为 X 上的 α 维 Hausdorff 测度 H_α. 这些测度对欧氏空间 $\mathbf{R}^n$ 特别重要，在这种情形下它们给出了 n 维 Lebesgue 测度为零的集合的尺寸的分级. [444]

固定 $\alpha>0$. 取 $\varepsilon>0$ 且对 X 的子集 E，定义

$$H_\alpha^{(\varepsilon)}(E) = \inf \sum_{k=1}^{\infty} [\mathrm{diam}(A_k)]^\alpha$$

其中$\{A_k\}_{k=1}^{\infty}$是覆盖 E 的 X 的子集的可数族，且每个 A_k 有小于 ε 的直径. 观察到$H_\alpha^{(\varepsilon)}$随着 ε 减少而增加. 定义

$$H_\alpha^*(E) = \sup_{\varepsilon>0} H_\alpha^{(\varepsilon)}(E) = \lim_{\varepsilon\to 0} H_\alpha^{(\varepsilon)}(E)$$

命题 29　令(X, ρ)为度量空间而 α 是正实数. 则集函数 $H_\alpha^*: 2^X \to [0, \infty]$是 Carathéodory 外测度.

证明　容易证明H_α^*是2^X上的可数单调集函数且$H_\alpha^*(\emptyset)=0$. 因此H_α^*是2^X上的外测度. 我们宣称它是 Carathéodory 外测度. 事实上，令 E 和 F 为 X 的两个子集，满足 $\rho(E, F)>\delta$. 则只要 $\varepsilon<\delta$，

$$H_\alpha^{(\varepsilon)}(E \cup F) \geqslant H_\alpha^{(\varepsilon)}(E) + H_\alpha^{(\varepsilon)}(F)$$

若$\{A_k\}$是覆盖$E\cup F$的可数集族，每个的直径至多为ε，没有A_k与E和F都有非空交. 取当$\varepsilon\to 0$时的极限我们有

$$H_\alpha^*(E\cup F)\geqslant H_\alpha^*(E)+H_\alpha^*(F)$$ ■

我们从定理 28 推出H_α^*诱导了包含X的 Borel 子集的σ代数上的一个测度. 我们记该测度在$\mathcal{B}(X)$上的限制为H_α，且称它为度量空间X上的**Hausdorff α 维测度**.

命题 30　令(X,ρ)为度量空间，A是X的 Borel 子集，α，β是正实数，其中$\alpha<\beta$. 若$H_\alpha(A)<\infty$，则$H_\beta(A)=0$.

证明　令$\varepsilon>0$. 选取$\{A_k\}_{k=1}^\infty$为A的直径小于ε的集合的覆盖，使得

$$\sum_{k=1}^\infty[\operatorname{diam}(A_k)]^\alpha\leqslant H_\alpha(A)+1$$

则

$$H_\beta^{(\varepsilon)}(A)\leqslant\sum_{k=1}^\infty[\operatorname{diam}(A_k)^\beta]\leqslant\varepsilon^{\beta-\alpha}\cdot\sum_{k=1}^\infty[\operatorname{diam}(A_k)]^\alpha\leqslant\varepsilon^{\beta-\alpha}\cdot[H_\alpha(A)+1]$$

445　取$\varepsilon\to 0$的极限得出$H_\beta(A)=0$. ■

对$\mathbf{R}^n$的子集E，我们定义E的 Hausdorff 维数$\dim_H(E)$为

$$\dim_{\mathrm{H}}(E)=\inf\{\beta\geqslant 0\mid H_\beta(E)=0\}$$

Hausdorff 测度对欧氏空间$\mathbf{R}^n$特别有意义. 在$n=1$的情形，H_1等于 Lebesgue 测度. 为看到这一点，令$I\subseteq\mathbf{R}$为区间. 给定$\varepsilon>0$，区间I可表示为长度小于ε的子区间的不交并，且每个子区间的直径是它的长度. 因此H_1与 Lebesgue 测度在实数区间的半环上一致. 于是，根据这些测度的构造，这些测度在 Borel 集上也一致. 因此$H_1^{(\varepsilon)}$是E的 Lebesgue 外测度. 对$n>1$，H_n不等于 Lebesgue 测度(见习题 48)，但可证明它是常数乘以n维 Lebesgue 测度(见习题 55). 从上面命题得出，若A是具有正 Lebesgue 测度的$\mathbf{R}^n$的子集，则$\dim_H(A)=n$. 欧氏空间的子集的 Hausdorff 维数有许多具体的计算. 例如，可以证明 Cantor 集的 Hausdorff 维数是 log 2/log 3. 关于 Hausdorff 测度的进一步结果，包括 Hausdorff 维数的具体计算，可以在 Yakov Pesin 的书《Dimension Theory and Dynamical System》[Pes98]中找到.

习题

46. 证明在 Hausdorff 测度的定义中人们可取用开集或闭集的覆盖.
47. 证明外 Hausdorff 测度H_α^*这一集函数是可数单调的.
48. 在平面$\mathbf{R}^2$中证明有界集可被有相同直径的球包含. 以此证明对$\mathbf{R}^2$的有界子集A，$H_2(A)\geqslant 4/\pi\cdot\mu_2(A)$，其中$\mu_2$是$\mathbf{R}^2$上的 Lebesgue 测度.
49. 令(X,ρ)为度量空间而$\alpha>0$. 对$E\subseteq X$，定义

$$H_\alpha'(E)=\inf\sum_{k=1}^\infty[\operatorname{diam}(A_k)]^\alpha$$

其中$\{A_k\}_{k=1}^\infty$是覆盖E的X的子集的可数族：在覆盖中对集合的直径没有限制. 比较集函数H_α'

与 H_α.

50. 证明欧氏空间 $\mathbf{R}^n$ 上的每个 Hausdorff 测度 H_α 关于刚体运动不变.
51. 直接证明：若 I 是 $\mathbf{R}^n$ 中的非平凡区间，则 $H_n(I)>0$.
52. 证明在任何度量空间，H_0 是计数测度.
53. 令$[a, b]$为实数的闭有界区间且考虑定义为 $R=\{(x, y)\in\mathbf{R}^2 \mid a\leqslant x\leqslant b, y=0\}$的平面的子集. 证明 $H_2(R)=0$. 接着证明 $H_1(R)=b-a$. 得出 R 的 Hausdorff 维数是 1.
54. 令 $f:[a, b]\to\mathbf{R}$ 为闭有界区间$[a, b]$上的连续有界函数，它在开区间(a, b)上有连续有界导数. 考虑 f 的图像 G 为平面的子集. 证明 $H_1(G)=\int_a^b\sqrt{1+|f'(x)|^2}\,dx$.
55. 令 J 为 $\mathbf{R}^n$ 中的区间，每条边的长度为 1. 定义$\gamma_n=H_n(J)$. 证明：若 I 是 $\mathbf{R}^n$ 中的任何有界区间，则 $H_n(I)=\gamma_n\cdot\mu_n(I)$. 用 Carathéodory-Hahn 定理的唯一性断言由此推出在 $\mathbf{R}^n$ 的 Borel 子集上 $H_n=\gamma_n\cdot\mu_n$.

446

447

第21章　测度与拓扑

在欧氏空间 $\mathbf{R}^n$ 特别是实直线上的 Lebesgue 测度 μ_n 与 Lebesgue 积分的研究中，我们考察了 Lebesgue 测度与拓扑以及可测函数与连续函数的联系．Borel σ 代数 $\mathcal{B}(\mathbf{R}^n)$是包含于 Lebesgue 可测集的代数．因此，若我们定义 $C_c(\mathbf{R}^n)$为 $\mathbf{R}^n$ 上在闭有界集外消失的连续实值函数的线性空间，算子

$$\text{对所有} f \in C_c(\mathbf{R}^n),\quad f \mapsto \int_{\mathbf{R}^n} f \, d\mu_n$$

是恰当定义的、正的与线性的[⊖]．此外，对 $\mathbf{R}^n$ 的闭有界子集 K，算子

$$\text{对所有} f \in C_c(K),\quad f \mapsto \int_K f \, d\mu_n$$

是恰当定义的、正的，且若 $C(K)$有最大值范数，它是有界线性算子．

本章我们考虑一般的局部紧拓扑空间$(X, \mathcal{T})$、由包含拓扑 $\mathcal{T}$的最小 σ 代数组成的 Borel σ 代数 $\mathcal{B}(X)$、关于 Borel 测度 $\mu: \mathcal{B}(X) \to [0, \infty)$的积分．本章有两个中心．第一个是 Riesz-Markov 定理，它告诉我们，若$C_c(X)$表示在紧集外消失的 X 上连续实值函数的线性空间，则 $C_c(X)$上的每个正线性泛函由关于 $\mathcal{B}(X)$上的 Borel 测度的积分给出．Riesz-Markov 定理使我们能够证明 Riesz 表示定理，它告诉我们，对紧 Hausdorff 拓扑空间 X，赋予最大值范数的线性空间 $C(X)$上的每个有界线性泛函由关于带号 Borel 测度的积分给出．

此外，在这些表示定理中可以选取表示测度属于一类 Borel 测度，我们把它命名为 Radon 测度，在该类中表示测度是唯一的．Riesz 表示定理提供了将 Alaoglu 定理、Helly 定理和 Krein-Milman 定理应用于 Borel 测度族的机会．

448

这两个表示定理的证明需要探讨集合上的拓扑以及与该拓扑相关的 Borel 集上的测度之间的关系．我们构造表示泛函的 Borel 测度所用的技巧与构造欧氏空间上的 Lebesgue 测度所用的技巧相同：研究定义在 X 的特定子集族 $\mathcal{S}$ 上的预测度的 Carathéodory 延拓，现在取 $\mathcal{S}=\mathcal{T}$，即 X 上的拓扑．本章我们从局部紧拓扑空间的预备知识开始．21.2 节讨论将这类空间的所有性质写成一个定理并且对 X 是局部紧度量空间的情形给出该定理非常简单的证明[⊜]．

21.1　局部紧拓扑空间

拓扑空间 X 称为是局部紧的，若 X 中的每个点有紧闭包的邻域．每个紧空间是局部紧

⊖ 集合 X 的实值函数空间上的线性泛函 L 称为正的，若在 X 上 $f \geqslant 0$，则 $L(f) \geqslant 0$．但对线性泛函，正性意味着若在 X 上有 $h \geqslant g$，则 $L(h) \geqslant L(g)$．因此鉴于我们对积分的单调性质的持续依赖性，形容词“单调”当然比“正的”好．然而，我们尊重使用“正的”形容词的习惯．

⊜ 读者第一次读的时候考虑度量空间的情形跳过 21.1 节对理解拓扑与测度的交互没有影响．

的，而欧氏空间 $\mathbf{R}^n$ 是局部紧的但不是紧的空间的例子. Riesz 定理告诉我们具有由范数诱导的拓扑的无穷维赋范线性空间不是局部紧的. 本节我们证明局部紧空间的性质，它们是我们接下来对测度与拓扑的研究的基础.

Urysohn 引理的变体　回忆我们推广邻域这个词的意义，对拓扑空间 X 的子集 K，称包含 K 的开集为 K 的邻域.

引理 1　*令 x 为局部紧 Hausdorff 空间 X 的点而 $\mathcal{O}$ 是 x 的邻域. 则存在 x 的邻域 $\mathcal{V}$，它具有包含于 $\mathcal{O}$ 的紧闭包，即*

$$x \in \mathcal{V} \subseteq \overline{\mathcal{V}} \subseteq \mathcal{O} \text{ 且 } \overline{\mathcal{V}} \text{ 是紧的}$$

证明　令 $\mathcal{U}$ 为 x 的具有紧闭包的邻域. 则拓扑空间 $\overline{\mathcal{U}}$ 是紧 Hausdorff 的，因此是正规的. 集合 $\mathcal{O}\cap\mathcal{U}$ 是 x 的关于 $\overline{\mathcal{U}}$ 拓扑的一个邻域. 因此由 $\overline{\mathcal{U}}$ 的正规性，存在 x 的邻域 $\mathcal{V}$，它有包含于 $\mathcal{O}\cap\mathcal{U}$ 的紧闭包. 这里邻域与闭包都是关于 $\overline{\mathcal{U}}$ 拓扑的. 由于 $\mathcal{O}$ 与 $\mathcal{U}$ 在 X 中是开的，从子空间拓扑的定义得出 $\mathcal{V}$ 在 X 中是开的且 $\overline{\mathcal{V}}\subseteq\mathcal{O}$，其中闭包是关于 X 的拓扑.　■

命题 2　*令 K 为局部紧 Hausdorff 空间 X 的紧子集而 $\mathcal{O}$ 是 K 的邻域. 则存在 K 的邻域 $\mathcal{V}$，具有包含于 $\mathcal{O}$ 的紧闭包，即*

$$K \subseteq \mathcal{V} \subseteq \overline{\mathcal{V}} \subseteq \mathcal{O} \text{ 且 } \overline{\mathcal{V}} \text{ 是紧的}$$

证明　根据前一个引理，每个点 $x\in K$ 有一个邻域 $\mathcal{N}_x$ 具有包含于 $\mathcal{O}$ 的紧闭包. 则 $\{\mathcal{N}_x\}_{x\in K}$ 是紧集 K 的开覆盖. 选取 K 的有限子覆盖 $\{\mathcal{N}_{x_i}\}_{i=1}^n$. 集合 $\mathcal{V}=\bigcup_{i=1}^n \mathcal{N}_{x_i}$ 是 K 的邻域且

449

$$\overline{\mathcal{V}} \subseteq \bigcup_{i=1}^n \overline{\mathcal{N}}_{xi} \subseteq \mathcal{O}$$

集合 $\bigcup_{i=1}^n \overline{\mathcal{N}}_{x_i}$ 作为紧集的有限族的并是紧的，因此 $\overline{\mathcal{V}}$ 也如此，这是由于它是紧空间的闭子集.　■

对拓扑空间 X 上的连续函数 f，f 的**支撑**，我们记为 supp f，定义[⊖]为集合 $\{x\in X \mid f(x)\neq 0\}$ 的闭包，即

$$\text{suup} f = \overline{\{x \in X \mid f(x) \neq 0\}}$$

我们记由具有紧支撑的连续函数 $f: X\to\mathbf{R}$ 组成的集合为 $C_c(X)$. 因此函数属于 $C_c(X)$ 当且仅当它是连续的且在紧集外消失.

命题 3　*令 K 为局部紧 Hausdorff 空间 X 的子集而 $\mathcal{O}$ 是 K 的邻域. 则存在属于 $C_c(X)$ 的函数 f 使得*

$$\text{在 } K \text{ 上 } f=1, \quad \text{在 } X\sim\mathcal{O} \text{ 上 } f=0, \text{在 } X \text{ 上 } 0\leqslant f\leqslant 1 \tag{1}$$

⊖ 这与可测集的讨论中支撑的定义不同，在那里 f 的支撑定义为集合 $\{x\in X \mid f(x)\neq 0\}$，而非它的闭包.

证明　根据前一个命题，存在 K 的邻域 $\mathcal{V}$，它有包含于 $\mathcal{O}$ 的紧闭包．由于 $\overline{\mathcal{V}}$ 是紧的与 Hausdorff 的，它是正规的．此外，K 与 $\overline{\mathcal{V}} \sim \mathcal{V}$ 是 $\overline{\mathcal{V}}$ 的不交闭子集．根据 Urysohn 引理，存在 $\overline{\mathcal{V}}$ 上的连续实值函数 f 使得

$$\text{在 } K \text{ 上 } f = 1, \text{在 } \overline{\mathcal{V}} \sim \mathcal{V} \text{ 上 } f = 0, \text{在 } \overline{\mathcal{V}} \text{ 上 } 0 \leqslant f \leqslant 1$$

则 f 属于 $C_c(X)$ 且有(1)描述的性质．■

回忆拓扑空间的子集称为 G_δ 集，若它是可数个开集的交．

推论 4　*令 K 为局部紧 Hausdorff 空间 X 的紧 G_δ 子集．则存在函数 $f \in C_c(X)$ 使得*

$$K = \{x \in X \mid f(x) = 1\}$$

证明　根据命题 2，存在 K 的具有紧闭包的邻域 $\mathcal{U}$．由于 K 是 G_δ 集，存在开集的可数族 $\{\mathcal{O}_k\}_{k=1}^{\infty}$，其交是 K．

[450] 我们可以假设对所有 k，$\mathcal{O}_k \subseteq \mathcal{U}$．根据前一个命题，对每个 k 存在 X 上的连续实值函数 f_k 使得

$$\text{在 } K \text{ 上 } f_k = 1, \text{在 } X \sim \overline{\mathcal{O}}_k \text{ 上 } f_k = 0, \quad \text{在 } X \text{ 上 } 0 \leqslant f_k \leqslant 1$$

X 上定义为

$$f = \sum_{k=1}^{\infty} 2^{-k} f_k$$

的函数 f 具有所要的性质．■

单位分解

定义　*令 K 为拓扑空间 X 的子集，它可被开集 $\{\mathcal{O}_k\}_{k=1}^{n}$ 覆盖．X 上的连续实值函数族 $\{\varphi_k\}_{k=1}^{n}$ 称为是 K 的从属于 $\{\mathcal{O}_k\}_{k=1}^{n}$ 的* **单位分解**，*若*

$$\text{在 } X \text{ 上对 } 1 \leqslant i \leqslant n, \quad \operatorname{supp} \varphi_i \subseteq \mathcal{O}_i, \quad 0 \leqslant \varphi_i \leqslant 1$$

且

$$\text{在 } K \text{ 上}, \varphi_1 + \varphi_2 + \cdots + \varphi_n = 1$$

命题 5　*令 K 为局部紧 Hausdorff 空间 X 的紧子集，而 $\{\mathcal{O}_k\}_{k=1}^{n}$ 是 K 的有限开集覆盖．则存在 K 的从属于该有限覆盖的单位分解 $\{\varphi_k\}_{k=1}^{n}$ 且每个 φ_k 有紧支撑．*

证明　我们首先宣称存在 K 的开覆盖 $\{U_k\}_{k=1}^{n}$ 使得对每个 k，$\overline{U}_k$ 是 $\mathcal{O}_k$ 的紧子集．事实上，应用命题 2 n 次，对每个 $x \in K$，存在 x 的具有紧闭包的邻域 $\mathcal{N}_x$，且使得若 $1 \leqslant j \leqslant n$ 而 x 属于 $\mathcal{O}_j$ 则 $\overline{\mathcal{N}}_x \subseteq \mathcal{O}_j$．开集族 $\{\overline{\mathcal{N}}_x\}_{x \in K}$ 是 K 的覆盖而 K 是紧的．因此存在有限个点 $\{x_k\}_{k=1}^{n}$ 使得 $\{\overline{\mathcal{N}}_{x_k}\}_{1 \leqslant k \leqslant n}$ 也覆盖 K．对 $1 \leqslant k \leqslant n$，令 $\mathcal{U}_k$ 为包含于 $\mathcal{O}_k$ 的那些 $\overline{\mathcal{N}}_{x_j}$ 的并．则 $\{\mathcal{U}_1, \cdots, \mathcal{U}_n\}$ 是 K 的开覆盖且对每个 k，$\overline{\mathcal{U}}_k$ 是 $\mathcal{O}_k$ 的紧子集，由于它是这样的集合的有限并．我们从命题 3 推出对每个 $k(1 \leqslant k \leqslant n)$，存在函数 $f_k \in C_c(X)$，在 $\overline{\mathcal{U}}_k$ 上 $f_k = 1$ 而在 $X \sim \mathcal{O}_k$ 上 $f = 0$．同一个命题告诉我们存在函数 $h \in C(X)$，使得在 K 上 $h = 1$ 而在 $X \sim \bigcup_{k=1}^{n} \mathcal{U}_k$ 上 $h = 0$．在 X 上定义

$$f=\sum_{k=1}^{n} f_k$$

观察到在 X 上 $f+[1-h]>0$ 而在 K 上 $h=0$. 因此若我们在 X 上对 $1\leqslant k\leqslant n$ 定义

$$\varphi_k=\frac{f_k}{f+[1-h]}$$

$\{\varphi_k\}_{k=1}^{n}$是 K 的从属于$\{\mathcal{O}_k\}_{k=1}^{n}$的单位分解且每个$\varphi_k$ 有紧支撑. ■

Alexandroff 单点紧化定理 *若 X 是局部紧 Hausdorff 空间，通过把不属于 X 的单点 ω 加入 X，且定义 X^* 中的集合为开的(若它是 X 中的开集或它是 X 中的紧子集的补集)，我们能够建立一个新的空间 X^*. 则 X^* 是紧 Hausdorff 空间，X 到 X^* 的恒等映射是 X 与 $X^*\sim\{\omega\}$的同胚. 空间 X^* 称为 X 的* **Alexandroff 单点紧致化**，*而 ω 常称为 X^* 中的***无穷远点**.

451

以下的 Tietze 延拓定理针对局部紧 Hausdorff 空间的变体的证明很好地说明了 Alexandroff 紧致化的用途.

定理 6 *令 K 为局部紧 Hausdorff 空间 X 的紧子集而 f 是 K 上的连续实值函数. 则 f 可延拓为整个 X 上的连续实值函数.*

证明 X 的 Alexandroff 紧致化 X^* 是紧 Hausdorff 空间. 此外，K 是 X^* 的闭子集，这是由于它的补在 X^* 中是开的. 紧 Hausdorff 空间是正规的. 因此我们从 Tietze 延拓定理推出 f 可被延拓为整个 X^* 上的连续实值函数. 该延拓在 X 上的限制是 f 到整个 X 的连续延拓. ■

习题

1. 令 X 为局部紧 Hausdorff 空间，而 F 是与 X 的每个紧子集有闭的交的集合. 证明 F 是闭的.
2. 关于命题 3 的证明：
   (i) 证明 F 与 $\overline{\mathcal{V}}\sim\mathcal{V}$是 $\overline{\mathcal{V}}$ 的闭子集.
   (ii) 证明函数 f 是连续的.
3. 令 X 为局部紧 Hausdorff 空间而 X^* 是 X 的 Alexandroff 单点紧致化：
   (i) 证明 X^* 的那些或者是 X 的开子集或者是 X 的紧子集的补集的子集是 X^* 的拓扑.
   (ii) 证明从 X 到子空间 $X^*\sim\{\omega\}$的恒等映射是同胚.
   (iii) 证明 X^* 是紧与 Hausdorff 的.
4. 证明 $\mathbf{R}^n$ 的 Alexandroff 单点紧致化同胚于 n 维球面 $S^n=\{x\in\mathbf{R}^{n+1}\mid \|x\|=1\}$.
5. 证明具有子空间拓扑的局部紧 Hausdorff 空间的开子集是局部紧的.
6. 证明具有子空间拓扑的局部紧空间的闭子集是局部紧的.
7. 证明局部紧 Hausdorff 空间 X 是紧的当且仅当由无穷远点构成的集合是 X 的 Alexandroff 单点紧致化 X^* 的开子集.
8. 令 X 为局部紧 Hausdorff 空间. 证明 Alexandroff 单点紧致化 X^* 是可分的当且仅当 X 是可分的.

452

9. 考虑由实数集组成的拓扑空间 X. 它的拓扑以可数集的补集作为基. 证明 X 不是局部紧的.

10. 将 Urysohn 引理用于 X 的 Alexandroff 单点紧致化给出命题 3 的证明.
11. 令 f 为将局部紧 Hausdorff 空间 X 映上拓扑空间 Y 的连续映射. Y 必须是局部紧的吗?
12. 令 X 为拓扑空间，f 是 X 的有紧支撑的连续函数. 定义 $K=\{x\in X \mid f(x)=1\}$. 证明 K 是紧G_δ集.
13. 令 $\mathcal{O}$ 为紧 Hausdorff 空间 X 的开子集. 证明 X 到 $\mathcal{O}$ 的 Alexandroff 单点紧致化的映射是连续的，它在 $\mathcal{O}$ 上是恒等映射而将 $X\sim\mathcal{O}$ 的每一点映到 ω.
14. 令 X 和 Y 为局部紧 Hausdorff 空间，而 f 是 X 到 Y 的连续映射. 令 X^* 和 Y^* 为 X 和 Y 的 Alexandroff 单点紧致化，而 f^* 是从 X^* 映上 Y^* 的映射，其限制在 X 上是 f 且将 X^* 的无穷远点映到 Y^* 的无穷远点. 证明 f^* 是连续的当且仅当只要 $K\subseteq Y$ 是紧的，$f^{-1}(K)$就是紧的. 具有该性质的映射 f 称为是适当的.
15. 令 X 为局部紧 Hausdorff 空间. 证明 X 的子集 F 是闭的当且仅当对 X 的每个紧子集 K，$F\cap K$ 是闭的. 此外，证明：若空间是第一可数而非局部紧，则同样的等价关系也成立.
16. 令 $\mathcal{F}$ 为局部紧 Hausdorff 空间 X 上的实值连续函数族. 它有以下性质：

    (i) 若 $f\in\mathcal{F}$ 且 $g\in\mathcal{F}$，则 $f+g\in\mathcal{F}$.

    (ii) 若 $f\in\mathcal{F}$ 且 $g\in\mathcal{F}$，则 $f/g\in\mathcal{F}$，假定 $\operatorname{supp} f\subseteq\{x\in X \mid g(x)\neq 0\}$.

    (iii) 给定点 $x_0\in X$ 的邻域 $\mathcal{O}$，存在 $f\in\mathcal{F}$ 满足 $f(x_0)=1$，$0\leqslant f\leqslant 1$ 且 $\operatorname{supp} f\subseteq\mathcal{O}$.

    证明命题 5 仍然成立，若我们要求单位分解中的函数属于 $\mathcal{F}$.
17. 令 K 为局部紧 Hausdorff 空间 X 的紧G_δ子集. 证明存在 X 上的递减的连续非负实值函数序列，它在 X 上逐点地收敛到 K 的特征函数.
18. Baire 范畴定理断言完备度量空间开稠密子集的可数族的交也是稠密的. 它的证明核心在于 Cantor 交定理. 证明在给出以下断言的证明时，Fréchet 交定理是 Cantor 交定理的足够强的替代. 可先对 X 是紧的情形证明：令 X 为局部紧 Hausdorff 空间.

    (i) 若$\{F_n\}_{n=1}^{\infty}$是 X 的闭子集的可数族，使得每个 F_n 有空的内部，则并 $\bigcup_{n=1}^{\infty}F_n$ 也有空的内部.

    (ii) 若$\{\mathcal{O}_n\}_{n=1}^{\infty}$是 X 的开稠密子集的可数族，则交 $\bigcap_{n=1}^{\infty}\mathcal{O}_n$ 也是稠密的.

453

19. 用前一个习题证明：令 X 为局部紧 Hausdorff 空间. 若 $\mathcal{O}$ 是 X 的开子集，它包含于 X 的闭子集的可数并 $\bigcup_{n=1}^{\infty}F_n$，则它们的内部的并 $\bigcup_{n=1}^{\infty}\operatorname{int}F_n$ 是 $\mathcal{O}$ 的开稠密子集.
20. 对映射 $f:X\to Y$ 与 Y 的子集族 $\mathcal{C}$ 定义 X 的子集族 $f^*\mathcal{C}$ 为

$$f^*\mathcal{C}=\{E \mid E=f^{-1}[C],\quad C\in\mathcal{C}\}$$

    证明：若 $\mathcal{A}$ 是由 $\mathcal{C}$ 生成的 σ 代数，则 $f^*\mathcal{A}$ 是由 $f^*\mathcal{C}$ 生成的 σ 代数.
21. 对映射 $f:X\to Y$ 与 X 的子集族 $\mathcal{C}$，令 $\mathcal{A}$ 为 $\mathcal{C}$ 生成的 σ 代数. 若对每个 $C\in\mathcal{C}$，$f^{-1}[f[C]]=C$，证明对每个 $A\in\mathcal{A}$，$f^{-1}[f[A]]=A$.

21.2 集合分离与函数延拓

我们将在以下定理中罗列局部紧 Hausdorff 空间的三个性质. 它们将用在即将介绍的表示定理的证明中.

定理 7 令$(X, \mathcal{T})$为 Hausdorff 空间. 则以下四个性质等价：

(i) $(X, \mathcal{T})$是局部紧的.

(ii) 若 $\mathcal{O}$ 是 X 的紧子集 K 的一个邻域，则存在 K 的邻域 $\mathcal{U}$ 具有包含于 $\mathcal{O}$ 的紧闭包.

(iii) 若 $\mathcal{O}$ 是 X 的紧子集 K 的一个邻域，则 K 上取值为 1 的常值函数可被延拓为 $C_c(X)$ 中的函数 f 使得在 X 上 $0\leqslant f\leqslant 1$ 且 f 在 $\mathcal{O}$ 外消失.

(iv) 对 X 的紧子集 K 与 K 的有限开覆盖 $\mathcal{F}$，存在由紧支撑的函数组成的从属于 $\mathcal{F}$ 的单位分解.

证明 我们首先证明(i)和(ii)的等价性. 假设(ii)成立. 令 x 为 X 中的点. 则 X 是紧集$\{x\}$的邻域. 根据性质(ii)$\{x\}$，有具有紧闭包的邻域. 因此 X 是局部紧的. 现在假设 X 是局部紧的. 命题 2 告诉我们(ii)成立.

接下来，我们证明(i)和(iii)的等价性. 假设(iii)成立. 令 x 为 X 中的点. 则 X 是紧集$\{x\}$的邻域. 根据性质(iii)，存在$C_c(X)$中的函数 f 在 x 取值 1. 则 $\mathcal{O}=f^{-1}(1/2, 3/2)$是 x 的邻域且它有紧闭包，由于 f 有紧支撑且 $\overline{\mathcal{O}}\subseteq f^{-1}[1/2, 3/2]$. 因此 X 是局部紧的. 现在假设 X 是局部紧的. 命题 3 告诉我们(iii)成立.

最后，我们证明(i)和(iv)的等价性. 假设性质(iv)成立. 令 x 为 X 中的点. 则 X 是紧集$\{x\}$的邻域. 由性质(iv)，存在单个函数 f，它是从属于紧集$\{x\}$的由单个开集 X 覆盖的单位分解. 则 $\mathcal{O}=f^{-1}(1/2, 3/2)$是 x 的邻域且它有紧闭包. 因此 X 是局部紧的. 现在假设 X 是局部紧的. 命题 5 告诉我们(iv)成立. ■

454

以上定理的实质性推论是局部紧 Hausdorff 空间具有性质(ii)、(iii)和(iv). 我们在前一节给出的证明依赖于 Urysohn 引理. 然而，若 X 是局部紧度量空间，则非常直接的证明表明 X 具有性质(ii)、(iii)和(iv)，注意到这一点是有趣的. 事实上，假定存在度量 $\rho: X\times X\to\mathbf{R}$ 诱导拓扑 $\mathcal{T}$，而 X 是局部紧的.

性质(ii)的证明 对每个 $x\in K$，由于 $\mathcal{O}$ 是开的而 X 是局部紧的，存在包含于 $\mathcal{O}$ 的紧闭包的开球 $B(x, r_x)$. 则$\{B(x, r_x/2)\}_{x\in K}$是 K 的开覆盖. 集合 K 是紧的. 因此存在 K 中的有限个点 $x_1, \cdots, x_n$，使得$\{B(x, r_{x_k}/2)\}_{1\leqslant k\leqslant n}$覆盖 K. 则 $\mathcal{U}=\bigcup_{1\leqslant k\leqslant n} B(x, r_{x_k}/2)$是 K 的邻域，由于 $\overline{\mathcal{U}}\subseteq\bigcup_{1\leqslant k\leqslant n}\overline{B}(x, r_{x_k}/2)$有包含于 $\mathcal{O}$ 的闭包.

性质(iii)的证明 对 X 的子集 A，定义到 A 的距离函数$\text{dist}_A: X\to[0, \infty)$为

$$\text{对 } x\in X,\quad \text{dist}_A(x)=\inf_{y\in A}\rho(x,y)$$

函数dist_A是连续的；的确，它是具有 Lipschitz 常数 1 的 Lipschitz 函数(见习题 25). 此外，若 A 是 X 的闭子集，则$\text{dist}_A(x)=0$ 当且仅当 $x\in A$. 对于紧集 K 的邻域 $\mathcal{O}$，根据(i)部分，可以选取 $\mathcal{U}$ 为 K 的具有包含于 $\mathcal{O}$ 的紧闭包的邻域. 在 X 上定义

$$f=\frac{\text{dist}_{X\sim\mathcal{U}}}{\text{dist}_{X\sim\mathcal{U}}+\text{dist}_K}$$

则 f 属于$C_c(X)$，在$[0, 1]$上取值，在 K 上 $f=1$，而在 $X\sim\mathcal{O}$ 上 $f=0$.

性质(iv)的证明 如同 X 是 Hausdorff 但不是可度量化的情形，这从性质(ii)与(i)得出，见命题 5 的证明.

我们看到性质(ii)等价于以下断言：X 的两个不交闭子集，其中一个是紧的，可被不交的邻域分离．我们因此将性质(ii)称为**局部紧分离性质**．称(iii)为**局部紧延拓性质**是方便的．

习题

22. 证明欧氏空间 $\mathbf{R}^n$ 是局部紧的．
23. 证明对 $1\leqslant p\leqslant\infty$，$\ell^p$ 不是局部紧的．
24. 证明具有由最大值范数诱导的拓扑的 $C([0, 1])$ 不是局部紧的．
25. 令 $\rho: X\times X\to\mathbf{R}$ 为集合 X 上的度量．对 $A\subseteq X$，考虑距离函数
$$\mathrm{dist}_A: X\to[0,\infty)$$
(i) 证明函数 dist_A 是连续的．
455
(ii) 若 $A\subseteq X$ 是闭的而 x 是 X 中的点，证明 $\mathrm{dist}_A(x)=0$ 当且仅当 x 属于 A．
(iii) 若 $A\subseteq X$ 是闭的而 x 是 X 中的点，证明可能不存在 A 中的点 x_0 使得 $\mathrm{dist}_A(x)=\rho(x, x_0)$，但若 K 是紧的，则存在这样的点 x_0．
26. 证明定理 7 陈述中的性质(ii)等价于以下断言：X 的两个不交闭子集，其中一个是紧的，可被不交的邻域分离．

21.3　Radon 测度的构造

令$(X, \mathcal{T})$为拓扑空间．本节的目标是构造 Borel σ 代数 $\mathcal{B}(X)$上的测度，$\mathcal{B}(X)$是包含拓扑 $\mathcal{T}$的最小 σ 代数．自然地从考虑定义在拓扑 $\mathcal{T}$上的预测度 $\mu:\mathcal{T}\to[0, \infty]$且由 μ 诱导的 Carathéodory 测度开始．若我们能证明每个开集关于 μ^* 是可测的，根据在所有包含开集的 σ 代数中 Borel σ 代数的最小性，每个 Borel 集是 μ^* 可测的且 μ^* 在 $\mathcal{B}(X)$上的限制是 μ 的延拓．我们问以下问题：为保证每个开集关于由 μ 诱导的外测度 μ^* 是可测的，$\mu:\mathcal{T}\to[0, \infty]$ 必须具备什么性质？这里援引 Carathéodory-Hahn 定理是无用的．一般地，一个拓扑不是半环．的确，不难看出 Hausdorff 拓扑 $\mathcal{T}$是一个半环当且仅当 $\mathcal{T}$是离散拓扑，即 X 的每个子集是开的(见习题 27)．

引理 8　令$(X, \mathcal{T})$为拓扑空间，$\mu:\mathcal{T}\to[0, \infty]$为预测度，而 μ^* 为由 μ 诱导的外测度．则对 X 的任何子集 E，
$$\mu^*(E)=\inf\{\mu(\mathcal{U})\mid \mathcal{U}\text{ 是 }E\text{ 的邻域}\}\tag{2}$$
此外，E 是 μ^* 可测的当且仅当
$$\text{对每个使得 }\mu(\mathcal{O})<\infty\text{ 的开集 }\mathcal{O},\quad \mu(\mathcal{O})\geqslant\mu^*(\mathcal{O}\cap E)+\mu^*(\mathcal{O}\sim E)\tag{3}$$

证明　由于任何开集族的并是开的，(2)从 μ 的可数单调性得到．令 E 为 X 的使得(3)成立的子集．为证明 E 是 μ^* 可测的，令 A 为 X 的满足 $\mu^*(A)<\infty$的子集且令 $\varepsilon>0$．我们必须证明
$$\mu^*(A)+\varepsilon\geqslant\mu^*(A\cap E)+\mu^*(A\sim E)\tag{4}$$
根据外测度的以上刻画(2)，存在开集 $\mathcal{O}$ 使得
$$A\subseteq\mathcal{O}\text{ 且 }\mu^*(A)+\varepsilon\geqslant\mu^*(\mathcal{O})\tag{5}$$

另一方面，根据(3)和 μ^* 的单调性，

$$\mu^*(\mathcal{O}) \geqslant \mu^*(\mathcal{O}\cap E)+\mu^*(\mathcal{O}\sim E) \geqslant \mu^*(A\cap E)+\mu^*(A\sim E) \tag{6}$$

不等式(4)从不等式(5)和(6)得到. ■

命题 9 令$(X, \mathcal{T})$为拓扑空间而$\mu:\mathcal{T}\to[0, \infty]$为预测度. 假设对每个满足$\mu(\mathcal{O})<\infty$的开集 $\mathcal{O}$,

456

$$\mu(\mathcal{O}) = \sup\{\mu(\mathcal{U})\mid \mathcal{U}\text{是开的且}\overline{\mathcal{U}}\subseteq \mathcal{O}\} \tag{7}$$

则每个开集是 μ^* 可测的且测度 $\mu^*:\mathcal{B}(X)\to[0, \infty]$是 μ 的一个延拓.

证明 预测度是可数单调的. 因此，对每个开集 $\mathcal{V}$，$\mu^*(\mathcal{V})=\mu(\mathcal{V})$. 因此，根据 $\mathcal{B}(X)$ 的最小性，为完成定理的证明仅须证明每个开集是 μ^* 可测的.

令 $\mathcal{V}$ 为开的. 为证明 $\mathcal{V}$ 的 μ^* 可测性，根据上一个引理，仅须令 $\mathcal{O}$ 为开的，满足 $\mu(\mathcal{O})<\infty$，令 $\varepsilon>0$，证明

$$\mu(\mathcal{O})+\varepsilon \geqslant \mu(\mathcal{O}\cap\mathcal{V})+\mu^*(\mathcal{O}\sim\mathcal{V}) \tag{8}$$

然而，$\mathcal{O}\cap\mathcal{V}$是开的，根据 μ 的单调性，$\mu(\mathcal{O}\cap\mathcal{V})<\infty$. 根据假设(7)，存在开集 $\mathcal{U}$ 使得 $\overline{\mathcal{U}}\subseteq\mathcal{O}\cap\mathcal{V}$ 且

$$\mu(\mathcal{U}) > \mu(\mathcal{O}\cap\mathcal{V})-\varepsilon$$

$\mathcal{U}$ 与 $\mathcal{O}\sim\overline{\mathcal{U}}$ 这对集合是 $\mathcal{O}$ 的不交开子集. 根据预测度 μ 的单调性和有限可加性，

$$\mu(\mathcal{O}) \geqslant \mu(\mathcal{U}\cup[\mathcal{O}\sim\overline{\mathcal{U}}]) = \mu(\mathcal{U})+\mu(\mathcal{O}\sim\overline{\mathcal{U}})$$

另一方面，由于 $\overline{\mathcal{U}}\subseteq\mathcal{O}\cap\mathcal{V}$,

$$\mathcal{O}\sim\mathcal{V} = \mathcal{O}\sim[\mathcal{O}\cap\mathcal{V}]\subseteq\mathcal{O}\sim\overline{\mathcal{U}}$$

因此，根据外测度的单调性，

$$\mu(\mathcal{O}\sim\overline{\mathcal{U}}) \geqslant \mu^*(\mathcal{O}\sim\overline{\mathcal{V}})$$

因此，

$$\begin{aligned}\mu(\mathcal{O}) &\geqslant \mu(\mathcal{U})+\mu(\mathcal{O}\sim\overline{\mathcal{U}}) \geqslant \mu(\mathcal{O}\cap\mathcal{V})-\varepsilon+\mu(\mathcal{O}\sim\overline{\mathcal{U}})\\ &\geqslant \mu(\mathcal{O}\cap\mathcal{V})-\varepsilon+\mu^*(\mathcal{O}\sim\overline{\mathcal{V}})\end{aligned}$$

我们证明了(8). 定理证毕. ■

定义 令$(X, \mathcal{T})$为拓扑空间. 我们称 Borel σ 代数 $\mathcal{B}(X)$ 上的测度 μ 是 **Borel 测度**，若 X 的每个紧子集有有限测度. Borel 测度 μ 被称为 **Radon 测度**，若它满足：

(i)（外正则性）对 X 的每个 Borel 子集 E,

$$\mu(E) = \inf\{\mu(\mathcal{U})\mid \mathcal{U}\text{是 } E \text{ 的邻域}\}$$

(ii)（内正则性）对 X 的每个开子集 $\mathcal{O}$,

457

$$\mu(\mathcal{O}) = \sup\{\mu(K)\mid K\text{ 是 }\mathcal{O}\text{ 的紧子集}\}$$

我们证明欧氏空间 $\mathbf{R}^n$ 上的 Lebesgue 测度在 Borel 集上的限制是 Radon 测度. 拓扑空间上的 Dirac δ 测度是 Radon 测度.

虽然性质(7)是预测度 $\mu:\mathcal{T}\to[0, \infty]$可延拓为测度 $\mu^*:\mathcal{B}\to[0, \infty]$的充分条件，但若

X 是局部紧 Hausdorff 空间，要将 μ 延拓为 Radon 测度，则 μ 必须是我们称作 Radon 预测度的测度(见习题 35).

定义　令 $(X, \mathcal{T})$ 为拓扑空间. 预测度 $\mu:\mathcal{T}\to[0, \infty]$ 称为 **Radon 预测度**[⊖]，若
(i)对每个有紧闭包的开集 $\mathcal{U}$，$\mu(\mathcal{U})<\infty$；
(ii) 对每个开集 $\mathcal{O}$，

$$\mu(\mathcal{O}) = \sup\{\mu(\mathcal{U}) \mid \mathcal{U}\text{ 是开的且 }\overline{\mathcal{U}}\text{ 是 }\mathcal{O}\text{ 的紧子集}\}$$

定理 10　令 $(X, \mathcal{T})$ 为局部紧 Hausdorff 空间而 $\mu:\mathcal{T}\to[0, \infty]$ 是 Radon 预测度. 则由 μ 诱导的 Carathéodory 外测度 μ^* 在 Borel σ 代数 $\mathcal{B}(X)$ 上的限制是延拓 μ 的 Radon 测度.

证明　Hausdorff 空间 X 的紧子集是闭的，因此假设(ii)蕴涵性质(7). 根据命题 9，集函数 $\mu^*:\mathcal{B}(X)\to[0, \infty]$ 是延拓 μ 的测度. 假设(i)与 X 具有的局部紧分离性质蕴涵若 K 是紧的，则 $\mu^*(K)<\infty$. 因此 $\mu^*:\mathcal{B}(X)\to[0, \infty]$ 是 Borel 测度. 由于 μ 是预测度，引理 8 告诉我们 X 的每个子集，特别地，X 的每个 Borel 子集关于 μ^* 是外正则的. 剩下来仅须证明每个开集关于 μ^* 的内正则性. 这从假设(ii)与 μ^* 的单调性得出. ■

拓扑空间上的自然函数是连续的. 当然拓扑空间 X 上的每个连续函数关于 Borel σ 代数 $\mathcal{B}(X)$ 可测. 对 $\mathbf{R}$ 上的 Lebesgue 测度，我们证明了 Lusin 定理，它正是 J. E. Littlewood 第二原理的精确表述：可测函数是“接近连续的”. 我们把证明以下一般版本的 Lusin 定理留作练习(见习题 39).

Lusin 定理　令 X 为局部紧 Hausdorff 空间，$\mu:\mathcal{B}(X)\to[0, \infty)$ 是 Radon 测度，而 $f:X\to\mathbf{R}$ 是在有限测度集外消失的 Borel 可测函数. 则对每个 $\varepsilon>0$，存在 X 的 Borel 子集 X_0 与函数 $g\in C_c(X)$，使得

$$\text{在 } X_0 \text{ 上 } f = g \text{ 且 } \mu(X\sim X_0)<\varepsilon$$

458

习题

27. 令 $(X, \mathcal{T})$ 为 Hausdorff 拓扑空间. 证明 $\mathcal{T}$ 是半环当且仅当 $\mathcal{T}$ 是离散拓扑.
28. (Tyagi)令 $(X, \mathcal{T})$ 为拓扑空间而 $\mu:\mathcal{T}\to[0, \infty]$ 是预测度. 若 $\mathcal{O}$ 是开的且 $\mu(\mathcal{O})<\infty$，则 $\mu(\text{bd}\mathcal{O})=0$. 证明每个开集是 μ^* 可测的.
29. 证明限制在 Borel σ 代数的实直线上的 Lebesgue 测度是 Radon 测度.
30. 证明限制在 Borel σ 代数的 $\mathbf{R}^n$ 上的 Lebesgue 测度是 Radon 测度.
31. 证明拓扑空间上的 Dirac σ 测度是 Radon 测度.
32. 令 X 为具有离散拓扑的不可数集而 $\{x_k\}_{1\leqslant k<\infty}$ 是 X 的可数子集. 对 $E\subseteq X$，定义

$$\mu(E) = \sum_{\{n \mid x_n\in E\}} 2^{-n}$$

⊖ 这里所说的 Radon 测度常称为正则 Borel 测度或拟正则 Borel 测度. 这里所说的 Radon 预测度有时称为容量、内容量或体积.

证明$2^X=\mathcal{B}(X)$且$\mu:\mathcal{B}(X)\to[0, \infty]$是 Radon 测度.

33. 证明两个 Radon 测度的和也是 Radon 测度.
34. 令μ和ν为$\mathcal{B}(X)$上的 Borel 测度，其中X是紧拓扑空间，假设μ关于ν绝对连续. 若ν是 Radon 的，证明μ也是 Radon 的.
35. 令$(X, \mathcal{T})$为局部紧 Hausdorff 空间而$\mu:\mathcal{T}\to[0, \infty]$是预测度，使得$\mu^*$在$\mathcal{B}(X)$上的限制是 Radon 测度. 证明$\mu$是 Radon 预测度.
36. 令X为局部紧 Hausdorff 空间而$\mu:\mathcal{B}(X)\to[0, \infty]$是 Radon 测度. 证明任何有限测度 Borel 集E在
$$\mu(E)=\sup\{\mu(K)\mid K\subseteq E,\quad K\text{ 是紧的}\}$$
的意义下是内正则的. 若μ是σ有限的，则每个 Borel 集是内正则的.
37. 令X为拓扑空间，$\mu:\mathcal{B}(X)\to[0, \infty]$为$\sigma$有限 Radon 测度，$E\subseteq X$是 Borel 集. 证明存在$X$的$G_\delta$子集$A$与$X$的$F_\sigma$子集$\mathcal{B}$使得
$$A\subseteq E\subseteq B\text{ 且 }\mu(B\sim E)=\mu(E\sim A)=0$$
38. 对度量空间X，证明$\mathcal{B}(X)$是使得X上的所有连续实值函数可测的最小σ代数.
39. 用以下方法证明 Lusin 定理：
(i) 通过用开集的内正则性与局部紧延拓性质对简单函数证明它.
(ii) 用(i)部分、Egoroff 定理以及简单逼近定理完成证明.

459

21.4 $C_c(X)$上的正线性泛函的表示：Riesz-Markov 定理

令X为拓扑空间. $C(X)$上的实值泛函ψ称为是**单调的**，若在X上$g\geqslant h$，则$\psi(g)\geqslant\psi(h)$；称为是**正的**，若在X上$f\geqslant 0$，则$\psi(f)\geqslant 0$. 若ψ是线性的，$\psi(g-h)=\psi(g)-\psi(h)$. 并且，若$f=g-h$，则在$X$上$f\geqslant 0$当且仅当在$X$上$g\geqslant h$. 因此，对一个线性泛函，正性等同于单调性.

命题 11　*令X为局部紧 Hausdorff 空间，而μ_1和μ_2是$\mathcal{B}(X)$上的 Radon 测度，使得*
$$\text{对所有 }f\in C_c(X),\quad \int_X f\,\mathrm{d}\mu_1=\int_X f\,\mathrm{d}\mu_2$$
则$\mu_1=\mu_2$.

证明　根据每个 Borel 集的外正则性，这些测度相等当且仅当它们在开集上相等，因此根据每个开集的内正则性，当且仅当它们在紧集上相等. 令K为X的紧子集. 我们将证明
$$\mu_1(K)=\mu_2(K)$$
令$\varepsilon>0$. 根据μ_1和μ_2的外正则性以及测度的分割性与单调性，存在K的邻域$\mathcal{O}$使得
$$\mu_1(\mathcal{O}\sim K)<\varepsilon/2\text{ 且 }\mu_2(\mathcal{O}\sim K)<\varepsilon/2\tag{9}$$
由于X是局部紧和 Hausdorff 的，它有局部紧的延拓性质. 因此存在函数$f\in C_c(X)$，满足在X上$0\leqslant f\leqslant 1$，在$X\sim\mathcal{O}$上$f=0$且在K上$f=1$. 对于$i=1, 2$，
$$\int_X f\,\mathrm{d}\mu_i=\int_{\mathcal{O}} f\,\mathrm{d}\mu_i=\int_{\mathcal{O}\sim K} f\,\mathrm{d}\mu_i+\int_K f\,\mathrm{d}\mu_i=\int_{\mathcal{O}\sim K} f\,\mathrm{d}\mu_i+\mu_i(K)$$
根据假设，

$$\int_X f\,\mathrm{d}u_1=\int_X f\,\mathrm{d}u_2$$

因此

$$\mu_1(K)-\mu_2(K)=\int_{\mathcal{O}\sim K} f\,\mathrm{d}\mu_1-\int_{\mathcal{O}\sim K} f\,\mathrm{d}\mu_2$$

但在 X 上 $0\leqslant f\leqslant 1$，我们有测度估计(9). 因此，根据积分的单调性，

$$|\mu_1(K)-\mu_2(K)|\leqslant\int_{\mathcal{O}\sim K} f\,\mathrm{d}\mu_1+\int_{\mathcal{O}\sim K} f\,\mathrm{d}\mu_2<\varepsilon$$

因此 $\mu_1(K)=\mu_2(K)$. 证明完毕. ■

[460] **Riesz-Markov 定理**　*令 X 为局部紧 Hausdorff 空间，$\mathcal{B}(X)$ 是与 X 上的拓扑相伴随的 Borel σ 代数，而 I 是 $C_c(X)$ 上的正线性泛函. 则存在 $\mathcal{B}(X)$ 上的唯一的 Radon 测度 $\hat{\mu}$ 使得*

$$\text{对所有 } f\in C_c(X),\quad I(f)=\int_X f\,\mathrm{d}\,\hat{\mu}\tag{10}$$

证明[⊖]　定义 $\mu(\varnothing)=0$. 对 X 的每个非空开子集 $\mathcal{O}$，定义

$$\mu(\mathcal{O})=\sup\{I(f)\mid f\in C_c(X),\quad 0\leqslant f\leqslant 1,\operatorname{supp}f\subseteq\mathcal{O}\}$$

我们的策略是首先证明 μ 是 Radon 预测度. 因此，根据定理 10，若我们记 $\hat{\mu}$ 为由 μ 诱导的外测度在 Borel 集上的限制，则 $\hat{\mu}$ 是延拓 μ 的 Radon 测度. 我们接着证明关于 $\hat{\mu}$ 的积分表示了泛函 I. 唯一性的断言是前一个命题的推论.

由于 I 是正的，μ 在 $[0,\infty]$ 上取值. 我们从证明 μ 是预测度开始. 为证明可数单调性，令 $\{\mathcal{O}_k\}_{k=1}^{\infty}$ 为覆盖开集 $\mathcal{O}$ 的 X 的开子集族. 令 f 为 $C_c(X)$ 中满足 $0\leqslant f\leqslant 1$ 且 $\operatorname{supp}f\subseteq\mathcal{O}$ 的函数. 定义 $K=\operatorname{supp}f$. 根据 K 的紧性，存在覆盖 K 的有限族 $\{\mathcal{O}_k\}_{k=1}^{n}$. 根据命题 5，存在从属于该有限覆盖的单位分解，即存在 $C_c(X)$ 中的函数 $\varphi_1,\cdots,\varphi_n$ 使得

$$\text{在 } K \text{ 上} \sum_{i=1}^{n}\varphi_i=1,\text{且对 } 1\leqslant k\leqslant n,\quad 0\leqslant\varphi_k\leqslant 1,\quad \operatorname{supp}\varphi_k\subseteq\mathcal{O}_k$$

则由于在 $X\sim K$ 上 $f=0$，

$$f=\sum_{k=1}^{n}\varphi_k\cdot f,\text{且对 } 1\leqslant k\leqslant n,\quad 0\leqslant\varphi_k\leqslant 1,\quad \operatorname{supp}(\varphi_k\cdot f)\subseteq\mathcal{O}_k$$

根据泛函 I 的线性和 μ 的定义，

$$I(f)=I\Big(\sum_{k=1}^{n}\varphi_k\cdot f\Big)=\sum_{k=1}^{n}I(\varphi_k\cdot f)\leqslant\sum_{k=1}^{n}\mu(\mathcal{O}_k)\leqslant\sum_{k=1}^{\infty}\mu(\mathcal{O}_k)$$

对所有这样的 f 取上确界得出

$$\mu(\mathcal{O})\leqslant\sum_{k=1}^{\infty}\mu(\mathcal{O}_k)$$

⊖ 为证明该定理我们需要通过知道某种函数的“积分”来确定集合的测度. 证明：若 μ 是 $\mathbf{R}$ 的 Lebesgue 测度而 $I=(a,b)$ 是开有界区间，则

$$\mu(I)=b-a=\sup\Big\{\int_{\mathbf{R}} f\mathrm{d}\mu\,\Big|\,f\in C_c(\mathbf{R}),0\leqslant f\leqslant 1,\operatorname{supp}f\subseteq I\Big\}$$

这是一个富有启发性的练习.

因此 μ 是可数单调的.

461

由于 μ 是可数单调的，根据定义，$\mu(\emptyset)=0$，μ 是有限单调的. 因此，为证明 μ 是有限可加的，用归纳法，仅须令 $\mathcal{O}=\mathcal{O}_1\cup\mathcal{O}_2$ 为两个开集的并，证明

$$\mu(\mathcal{O})\geqslant\mu(\mathcal{O}_1)+\mu(\mathcal{O}_2) \tag{11}$$

令函数 f_1，f_2 属于$C_c(X)$，具有以下性质：对 $1\leqslant k\leqslant 2$，

$$0\leqslant f_k\leqslant 1 \text{ 且 } \operatorname{supp}\varphi_k\subseteq\mathcal{O}_k$$

则函数 $f=f_1+f_2$ 的支撑包含于 $\mathcal{O}$，且由于$\mathcal{O}_1$ 和$\mathcal{O}_2$ 是不交的，$0\leqslant f\leqslant 1$. 再次用 I 的线性和 μ 的定义，我们有

$$I(f_1)+I(f_2)=I(f)\leqslant\mu(\mathcal{O})$$

若我们首先对所有这样的 f_1 取上确界，然后对所有这样的 f_2 取上确界，我们有

$$\mu(\mathcal{O}_1)+\mu(\mathcal{O}_2)\leqslant\mu(\mathcal{O})$$

因此我们证明了(11)，从而证明了 μ 的有限可加性. 因此 μ 是预测度.

我们接着证明 Radon 预测度的内正则性. 令 $\mathcal{O}$ 为开的. 假定 $\mu(\mathcal{O})<\infty$. 我们将$\mu(\mathcal{O})=\infty$的情形留作练习(见习题 43). 令 $\varepsilon>0$. 我们必须证明存在开集$\mathcal{U}$，它有包含于 $\mathcal{O}$ 的紧闭包且 $\mu(\mathcal{U})>\mu(\mathcal{O})-\varepsilon$. 事实上，根据 μ 的定义，存在函数 $f_\varepsilon\in C_c(X)$，其支撑包含于 $\mathcal{O}$ 且 $I(f_\varepsilon)>\mu(\mathcal{O})-\varepsilon$. 令 $K=\operatorname{supp}f$. 但 X 是局部紧与 Hausdorff 的，因此有局部紧分离性质. 选取$\mathcal{U}$为 K 的包含于 $\mathcal{O}$ 的紧闭包的邻域. 则

$$\mu(\mathcal{U})\geqslant I(f_\varepsilon)>\mu(\mathcal{O})-\varepsilon$$

剩下来仅须证明：若 $\mathcal{O}$ 是有紧闭包的开集，则 $\mu(\overline{\mathcal{O}})<\infty$. 但 X 是局部紧与 Hausdorff 的，因此有局部紧延拓性质. 选取$C_c(X)$中在 $\overline{\mathcal{O}}$ 上取常值 1 的函数. 因此，由于 I 是正的，$\mu(\mathcal{O})\leqslant I(f)<\infty$. 这完成了 μ 是 Radon 预测度的证明.

定理 10 告诉我们由 μ 诱导的 Carathéodory 测度限制在 $\mathcal{B}(X)$上得到的测度$\hat{\mu}$是延拓 μ 的 Radon 测度. 我们宣称(10)对$\hat{\mu}$成立. 观察到连续函数关于任何 Borel 测度是可测的且紧支撑的连续函数关于这样的测度是可积的，这是由于紧集有有限测度而紧集上的连续函数是有界的. 根据 I 与关于给定测度的积分的线性以及每个 $f\in C_c(X)$可表示为$C_c(X)$中的非负函数的差，为证明(10)，仅须证明对所有满足 $0\leqslant f\leqslant 1$ 的 $f\in C_c(X)$，

$$I(f)=\int_X f\,\mathrm{d}\,\hat{\mu} \tag{12}$$

令 f 属于$C_c(X)$满足 $0\leqslant f\leqslant 1$. 固定一个自然数 n. 对 $1\leqslant k\leqslant n$，定义函数$\varphi_k:X\to[0,1]$如下：

462

$$\varphi_k(x)=\begin{cases}1 & \text{若 } f(x)>\dfrac{k}{n}\\ nf(x)-(k-1) & \text{若}\dfrac{k-1}{n}<f(x)\leqslant\dfrac{k}{n}\\ 0 & \text{若 } f(x)\leqslant\dfrac{k-1}{n}\end{cases}$$

函数φ_k 是连续的. 我们宣称：

$$在 X 上，\quad f=\frac{1}{n}\sum_{k=1}^{n}\varphi_k \tag{13}$$

为证明这个断言，令 x 属于 X. 若 $f(x)=0$，则对 $1\leqslant k\leqslant n$，$\varphi_k(x)=0$ 且因此(13)成立. 否则，选取k_0 使得 $1\leqslant k_0\leqslant n$ 且$\frac{k_0-1}{n}<f(x)\leqslant\frac{k_0}{n}$. 则

$$\varphi_k(x)=\begin{cases}1 & 若 1\leqslant k\leqslant k_0-1\\ nf(x)-(k_0-1) & 若 k=k_0\\ 0 & 若 k_0<k\leqslant n\end{cases}$$

因此(13)成立.

由于 X 是局部紧与 Hausdorff 的，它具有局部紧分离性质. 因此，由于 $\text{supp}f$ 是紧的，我们可以选取紧闭包的开集 $\mathcal{O}$ 使得 $\text{supp}f\subseteq\mathcal{O}$. 定义$\mathcal{O}_0=\mathcal{O}$，$\mathcal{O}_{n+1}=\varnothing$且对 $1\leqslant k\leqslant n$，定义

$$\mathcal{O}_k=\left\{x\in\mathcal{O}\,\middle|\,f(x)>\frac{k-1}{n}\right\}$$

根据构造，

$$\text{supp}\,\varphi_k\subseteq\overline{\mathcal{O}}\subseteq\mathcal{O}_{k-1}\ 且在\,\mathcal{O}_{k+1}\ 上\,\varphi_k=1$$

因此，根据 I 与关于$\hat{\mu}$的积分的单调性以及 μ 的定义，

$$\mu(\mathcal{O}_{k+1})\leqslant I(\varphi_k)\leqslant\mu(\mathcal{O}_{k-1})=\mu(\mathcal{O}_k)+[\mu(\mathcal{O}_{k-1})-\mu(\mathcal{O}_k)]$$

且

$$\mu(\mathcal{O}_{k+1})\leqslant\int_X\varphi_k\,\mathrm{d}\,\hat{\mu}\leqslant\mu(\mathcal{O}_{k-1})=\mu(\mathcal{O}_k)+[\mu(\mathcal{O}_{k-1})-\mu(\mathcal{O}_k)]$$

然而，

$$\mu(\mathcal{O})=\mu(\mathcal{O}_0)\geqslant\mu(\mathcal{O}_1)\geqslant\cdots\geqslant\mu(\mathcal{O}_{n-1})\geqslant\cdots\geqslant\mu(\mathcal{O}_n)=0$$

因此，由于 $\overline{\mathcal{O}}$ 的紧性蕴涵 $\mu(\mathcal{O})$的有限性，我们有

$$-\mu(\mathcal{O})-\mu(\mathcal{O})\leqslant\sum_{k=1}^{n}\left[I(\varphi_k)-\int_X\varphi_k\,\mathrm{d}\,\hat{\mu}\right]\leqslant\mu(\mathcal{O})+\mu(\mathcal{O})$$

该不等式除以 n，用 I 和积分的线性，以及(13)得到

$$\left|I(f)-\int_X f\,\mathrm{d}\,\hat{\mu}\right|\leqslant\frac{4}{n}\mu(\mathcal{O})$$

463　这对所有自然数 n 成立且 $\mu(\mathcal{O})<\infty$. 因此(10)成立. ■

习题

40. 令 X 为局部紧 Hausdorff 空间，而$C_0(X)$为$C_c(X)$中的函数的一致极限的空间.
    (i) 证明 X 上的连续实值函数 f 属于$C_0(X)$当且仅当对每个 $\alpha\geqslant 0$，集合$\{x\in X\mid |f(x)|\geqslant\alpha\}$是紧的.
    (ii) 令 X^* 为 X 的单点紧致化. 证明$C_0(X)$恰好由 $C(X^*)$中那些在无穷远点消失的函数在 X 上的限制组成.
41. 令 X 为具有离散拓扑的不可数集.
    (i) $C_c(X)$是什么?

(ii) X 的 Borel 子集是什么？

(iii) 令 X^* 为 X 的单点紧致化. $C(X^*)$是什么？

(iv) X^* 的 Borel 子集是什么？

(v) 证明存在 X^* 上的 Borel 测度 μ，使得 $\mu(X^*)=1$ 且对每个$C_c(X)$中的 f，$\int_X f\mathrm{d}\mu=0$.

42. 令 X 和 Y 为两个局部紧 Hausdorff 空间.

(i) 证明每个 $f\in C_c(X\times Y)$是形如

$$\sum_{i=1}^{n}\varphi_i(x)\psi_i(y)$$

的和式的极限，其中$\varphi_i\in C_c(X)$而$\psi_i\in C_c(Y)$.（Stone-Weiestrass 定理是有用的.）

(ii) 证明 $\mathcal{B}(X\times Y)\subseteq\mathcal{B}(X)\times\mathcal{B}(Y)$.

(iii) 证明 $\mathcal{B}(X\times Y)=\mathcal{B}(X)\times\mathcal{B}(Y)$当且仅当 X 或 Y 是紧子集的可数族的并.

43. 在 Riesz-Markov 定理的证明中，在 $\mu(\mathcal{O})=\infty$的情形证明内正则性.

44. 令 $k(x,y)$为 $X\times Y$ 上的有界 Borel 可测函数，且令 μ 和 ν 为 X 和 Y 上的 Radon 测度.

(i) 证明对所有 $\varphi\in C_c(X)$和 $\psi\in C_c(Y)$，

$$\iint_{X\times Y}\varphi(x)k(x,y)\psi(y)\mathrm{d}(\mu\times\nu)=\int_Y\left[\int_X\varphi(x)k(x,y)\mathrm{d}\mu\right]\psi(y)\mathrm{d}\nu$$
$$=\int_X\varphi(x)\left[\int_Y k(x,y)\psi(y)\mathrm{d}\nu\right]\mathrm{d}\mu$$

(ii) 若对所有$C_c(X)$和$C_c(Y)$中的 φ 与 ψ，(i)中的积分是零，证明 $k=0$ a. e. $[\mu\times\nu]$.

45. 令 X 为紧 Hausdorff 空间而 μ 是 $\mathcal{B}(X)$上的 Borel 测度. 证明存在常数 $c>0$ 使得对所有 $f\in C(X)$，

$$\left|\int_X f\mathrm{d}\mu\right|\leqslant c\|f\|_{\max}$$

464

21.5 $C(X)$的对偶的表示：Riesz-Kakutani 表示定理

令 X 为紧 Hausdorff 空间而 $C(X)=C_c(X)$是 X 上的实值连续函数空间. 上一节，我们描述了 $C(X)$上的正线性泛函. 我们现在考虑 $C(X)$为具有最大值范数的赋范线性空间且刻画 $C(X)$上的连续线性泛函. 首先观察到每个正线性泛函是连续的，即是有界的. 的确，若 L 是 $C(X)$上的正线性泛函且 $f\in C(X)$，满足$\|f\|\leqslant 1$，则在 X 上$-1\leqslant f\leqslant 1$，根据 L 的正齐次性和正性，$-L(1)\leqslant L(f)\leqslant L(1)$，即$|L(f)|\leqslant L(1)$. 因此 L 是有界的且泛函 L 的范数的值等于 L 在常值函数 1 上的值，即

$$\|L\|=L(1)$$

Jordan 定理告诉我们，有界变差函数可以表示为递增函数的差. 因此，对 $X=[a,b]$，关于有界变差函数的 Lebesgue-Stieltjes 积分可表示为正线性泛函的差. 根据 Jordan 分解定理，一个带号测度可表示为两个测度的差. 因此，关于带号测度的积分可表示为正线性泛函的差. 以下命题是这些分解性质在 $C(X)$的一般连续线性泛函上的变体.

命题 12 令 X 为紧 Hausdorff 空间而 $C(X)$是 X 上的赋予最大值范数的连续实值函数空间. 则对 $C(X)$上的每个线性泛函 L，存在两个 $C(X)$上的正线性泛函L_+和L_-使得

$$L = L_+ - L_- \text{ 且} \|L\| = L_+(1) + L_-(1)$$

证明　对满足 $f \geqslant 0$ 的 $f \in C(X)$，定义

$$L_+(f) = \sup_{0 \leqslant \psi \leqslant f} L(\psi)$$

由于泛函 L 是有界的，$L_+(f)$是一个实数．我们首先证明对 $f \geqslant 0$，$g \geqslant 0$ 以及 $c \geqslant 0$，

$$L_+(cf) = cL_+(f) \text{ 且} L_+(f+g) = L_+(f) + L_+(g).$$

事实上，根据 L 的正齐次性，对 $c \geqslant 0$，$L_+(cf) = cL_+(f)$．令 f 和 g 为 $C(X)$中的两个非负函数．若 $0 \leqslant \varphi \leqslant f$ 且 $0 \leqslant \psi \leqslant g$，则 $0 \leqslant \varphi + \psi \leqslant f + g$，从而，

$$L(\varphi) + L(\psi) = L(\varphi + \psi) \leqslant L_+(f+g)$$

首先对所有这样的 φ 然后对所有这样的 ψ 取上确界，我们得到

$$L_+(f) + L_+(g) \leqslant L_+(f+g)$$

另一方面，若 $0 \leqslant \psi \leqslant f + g$，则 $0 \leqslant \min\{\psi, f\} \leqslant f$，因此 $0 \leqslant \psi - \min\{\psi, f\} \leqslant g$，于是，

$$L(\psi) = L(\min\{\psi, f\}) + L(\psi - [\min\{\psi, f\}]) \leqslant L_+(f) + L_+(g)$$

465　对所有这样的 ψ 取上确界，我们得到

$$L_+(f+g) \leqslant L_+(f) + L_+(g)$$

因此，

$$L_+(f+g) = L_+(f) + L_+(g)$$

令 f 为 $C(X)$中的任意函数，且令 M 和 N 为使得 $f+M$ 与 $f+N$ 非负的两个非负常数．则

$$L_+(f+M+N) = L_+(f+M) + L_+(N) = L_+(f+N) + L_+(M)$$

因此，

$$L_+(f+M) - L_+(M) = L_+(f+N) - L_+(N)$$

因此$L_+(f+M) - L_+(M)$的值与 M 的选取无关，我们定义$L_+(f)$为这个值．

显然，$L_+ : C(X) \to \mathbf{R}$ 是正的且我们宣称它是线性的．的确，显然$L_+(f+g) = L_+(f) + L_+(g)$．对 $c \geqslant 0$，我们也有$L_+(cf) = cL_+(f)$．另一方面，$L_+(-f) + L_+(f) = L_+(0) = 0$，因此有$L_+(-f) = -L_+(f)$．因此对所有 c，$L_+(cf) = cL_+(f)$．于是L_+是线性的．

定义$L_- = L_+ - L$．则L_-是 $C(X)$上的线性泛函且它是正的，这是由于根据L_+的定义，对 $f \geqslant 0$，$L(f) \leqslant L_+(f)$．我们已将 L 表示为$C(X)$上的两个正线性泛函的差$L_+ - L_-$．

我们总是有$\|L\| \leqslant \|L_+\| + \|L_-\| = L_+(1) + L_-(1)$．为证明反向的不等式，令 φ 为 $C(X)$中满足 $0 \leqslant \varphi \leqslant 1$ 的任何函数．则$\|2\varphi - 1\| \leqslant 1$ 且因此

$$\|L\| > L(2\varphi - 1) = 2L(\varphi) - L(1)$$

对所有这样的 φ 取上确界，我们有

$$\|L\| \geqslant 2L_+(1) - L(1) = L_+(1) + L_-(1)$$

因此$\|L\| = L_+(1) + L_-(1)$．■

对于紧拓扑空间 X，我们称 $\mathcal{B}(X)$上的带号测度为**带号 Radon 测度**，若它是 Radon 测度的差．我们记 Radon(X)为 X 上带号 Radon 测度的赋范线性空间，$\nu \in$ Radon(X)的范数

由它的全变差$\|\nu\|_{var}$给出，它可表示为

$$\|\nu\|_{var}=\nu^+(X)+\nu^-(X)$$

其中$\nu=\nu^+-\nu^-$是ν的 Jordan 分解. 我们把证明$\|\cdot\|_{var}$是带号 Radon 测度的线性空间上的范数留作练习.

466

Riesz-Kakutani 表示定理　令 X 为紧 Hausdorff 空间而 $C(X)$ 为 X 上赋予最大值范数的连续实值函数的线性空间. 定义算子 T:Radon$(X)\to[C(X)]^*$ 为

$$对所有 C(X) 中的 f,\quad T_\nu(f)=\int_X f\mathrm{d}\nu$$

则 T 是 Radon(X)映上$[C(X)]^*$的线性等距同构.

证明　算子 T 是线性的且我们从命题 11 推出它是一对一的. 为证明 T 是映上的，令 L 为$C(X)$上的有界线性泛函. 根据前一个命题，我们可以选取$C(X)$上的正线性泛函L_1 和 L_2 使得 $L=L_1-L_2$ 且$\|L\|=L_+(1)+L_-(1)$. 根据 Riesz-Markov 定理，存在 X 上的 Radon 测度 μ_1 和 μ_2 使得

$$对所有 f\in C(X),\quad L_1(f)=\int_X f\mathrm{d}\mu_1 且 L_2(f)=\int_X f\mathrm{d}\mu_2.$$

定义$\mu=\mu_1-\mu_2$. 则 μ 是使得 $L=T_\mu$ 的带号 Radon 测度. 因此 T 是映上的. 此外，由于

$$\|L\|=L_1(1)+L_2(1)=\mu_1(X)+\mu_2(X)=|\mu|(X)$$

$\|L\|=\|\mu\|_{var}$. 因此 T 是一个同构. ■

推论 13　令 X 为紧 Hausdorff 空间而 K^* 是 Radon(X)的弱 * 闭有界子集. 则 K^* 是弱 * 紧的. 此外，若 K^* 是凸的，则 K^* 是它的极值点的弱 * 闭凸包.

证明　Alaoglu 定理告诉我们$[C(X)]^*$中的每个闭球是弱 * 紧的. 紧拓扑空间的闭子集是紧的. 因此 K^* 是弱 * 紧. 我们将 Krein-Milman 定理应用于具有弱 * 拓扑的局部凸拓扑空间$[C(X)]^*$推出，若 K^* 是凸的，则 K^* 是它的极值点的弱 * 闭凸包. ■

1909 年 Frigyes Riesz 对 $C(X)$的对偶(其中 $X=[a,b]$)证明了原始的 Riesz 表示定理. X 是紧 Hausdorff 空间的一般情形在 1941 年被 Shizuo Kakutani 证明. 有两个中间的定理：1913 年 Johann Radon 对 X 是欧氏空间的方体证明了定理，而 1937 年 Stefan Banach 对 X 是紧度量空间证明了定理⊖. 在这两个定理中，表示测度是 Borel 集上的有限测度且在这样的测度中是唯一的：没有提到正则性假设. 以下定理解释了为什么这样.

定理 14　令 X 为紧度量空间而 μ 是 Borel σ 代数 $\mathcal{B}(X)$上的有限测度. 则 μ 是一个

⊖ Albrecht Pietsch 的《History of Banach spaces and Fuctional Analysis》[Pie07]包含了一般的 Riesz 表示定理的前身的令人增长见识的讨论. 进一步的有趣历史信息参见 Nelson Dunford 与 Jacob Schwartz 的《Linear Operators》[DS71]第一部分的章注记.

467 Radon测度.

证明　定义泛函 $I:C(X)\to\mathbf{R}$ 为

$$\text{对所有 } f\in C(X),\quad I(f)=\int_X f\,\mathrm{d}\mu$$

则 I 是 $C_c(X)=C(X)$ 上的正线性泛函. Riesz-Markov 定理告诉我们，存在 Radon 测度 $\mu_0:\mathcal{B}(X)\to[0,\infty)$ 使得

$$\text{对所有 } f\in C(X),\quad \int_X f\,\mathrm{d}\mu=\int_X f\,\mathrm{d}\mu_0 \tag{14}$$

我们将证明 $\mu=\mu_0$. 首先，考虑开集 $\mathcal{O}$. 对每个自然数 n，令 $K_n=\{x\in X\mid \mathrm{dist}_{X\sim\mathcal{O}}(x)\geqslant 1/n\}$. 则 $\{K_n\}$ 是 $\mathcal{O}$ 的紧子集的上升序列，其并为 $\mathcal{O}$. 由于 X 是紧的，它是局部紧的，且因此具有局部紧延拓性质. 选取 $C(X)$ 中的函数序列 $\{f_n\}$ 使得在 K_n 上每个 $f_n=1$ 且在 $X\sim\mathcal{O}$ 上 $f_n=0$. 在(14)中用 f_n 代换 f. 则

$$\text{对所有 } n,\quad \mu(K_n)+\int_{\mathcal{O}\sim K_n} f_n\,\mathrm{d}\mu=\mu_0(K_n)+\int_{\mathcal{O}\sim K_n} f_n\,\mathrm{d}\mu_0$$

我们从测度 μ 与 μ_0 的连续性以及在 f_n 上的一致有界性推出，对每个开集 $\mathcal{O}$，

$$\mu(\mathcal{O})=\lim_{n\to\infty}\mu(K_n)=\lim_{n\to\infty}\mu_0(K_n)=\mu_0(\mathcal{O})$$

现在令 F 为闭子集. 对每个自然数 n，定义

$$\mathcal{O}_n=\bigcup_{x\in F}B(x,1/n)$$

则 $\mathcal{O}_n$ 作为开球的并，是开的. 另一方面，由于 $\mathcal{F}$ 是紧的，

$$F=\bigcap_{n=1}^{\infty}\mathcal{O}_n$$

根据测度 μ 和 μ_0 的连续性以及它们在开集上相等，

$$\mu(F)=\lim_{n\to\infty}\mu(\mathcal{O}_n)=\lim_{n\to\infty}\mu_0(\mathcal{O}_n)=\mu_0(F)$$

我们得出对每个闭集 F，$\mu(F)=\mu_0(F)$.

现在令 E 为 Borel 集. 我们把证明紧度量空间 X 上的 Radon 测度 μ_0 具有以下逼近性质留作练习(见习题 51)：对每个 $\varepsilon>0$，存在开集 $\mathcal{O}_\varepsilon$、闭集 F_ε 使得

$$F_\varepsilon\subseteq E\subseteq\mathcal{O}_\varepsilon \text{ 且 } \mu_0(\mathcal{O}_\varepsilon\sim F_\varepsilon)<\varepsilon \tag{15}$$

468 因此，根据测度的分割性质，

$$\mu(\mathcal{O}_\varepsilon\sim F_\varepsilon)=\mu(\mathcal{O}_\varepsilon)-\mu(F_\varepsilon)<\varepsilon$$

从这两个估计我们推出 $|\mu_0(E)-\mu(E)|<2\varepsilon$. 因此两个测度在 Borel 集上一致，因此是相等的. ■

推论 15　令 X 为紧度量空间而 $\{\mu_n:\mathcal{B}(X)\to[0,\infty)\}$ 为 Borel 测度序列，使得序列 $\{\mu_n(X)\}$ 是有界的. 则存在子序列 $\{\mu_{n_k}\}$ 和 Borel 测度 μ 使得

$$\text{对所有 } f\in C(X),\quad \lim_{k\to\infty}\int_X f\,\mathrm{d}\mu_{n_k}=\int_X f\,\mathrm{d}\mu$$

证明　Borsuk 定理告诉我们 $C(X)$ 是可分的. Riesz-Kakutani 表示定理和前面的正则

性定理告诉我们 $C(X)$ 上的所有有界线性泛函通过借助于有限带号 Borel 测度的积分给出. 弱 * 序列紧性的结论从 Helly 定理得出. ■

1909 年 Riesz 对 $C[a, b]$ 的对偶证明了以下形式的以其名字命名的表示定理：对 $C[a, b]$ 上的每个有界线性泛函 L，存在有界变差函数 $g:[a, b]\to\mathbf{R}$ 使得

$$\text{对所有 } f\in C[a,b],\quad L(f)=\int_a^b f(x)\mathrm{d}g(x)$$

积分在 Riemann-Stieltjes 意义下定义. 根据 Jordan 定理，任何有界变差函数是两个递增函数的差. 因此给定 $[a, b]$ 上的递增函数 g，确定与 g 的性质有关的唯一的 Borel 测度 μ，使得对所有 $f\in C[a, b]$，

$$\int_a^b f(x)\mathrm{d}g(x)=\int_{[a,b]} f\mathrm{d}\mu \tag{16}$$

是有趣的.

对闭有界区间 $[a, b]$，令 $\mathcal{S}$ 为由单点集 $\{a\}$ 以及形如 $(c, d]$ 的子区间组成的 $[a, b]$ 的子集的半环. 则 $\mathcal{B}[a, b]$ 是包含 $\mathcal{S}$ 的最小 σ 代数. 我们从 Carathéodory-Hahn 定理的唯一性断言推出 $\mathcal{B}[a, b]$ 上的 Borel 测度通过它在 $\mathcal{S}$ 上的值唯一确定. 因此以下命题刻画了表示关于给定递增函数的 Lebesgue-Stieltjes 积分的 Borel 测度. 对闭有界区间 $[a, b]$ 上的递增实值函数与 $a<c<b$，我们定义

$$f(c^+)=\inf_{c<x\leqslant b} f(x) \text{ 与 } f(c^-)=\sup_{a\leqslant x<c} f(x)$$

用明显的方式定义 $f(a^+)$ 与 $f(b^-)$，且设 $f(a^-)=f(a)$，$f(b^+)=f(b)$. 函数 f 称为在 $x\in[a, b)$ 右连续，若 $f(x)=f(x^+)$.

命题 16 令 g 为闭有界区间 $[a, b]$ 上的递增函数，而 μ 是使得(16)成立的唯一的 Borel 测度. 则 $\mu\{a\}=g(a^+)-g(a)$ 且

469

$$\text{对所有}(c,d]\subseteq(a,b],\quad \mu(c,d]=g(d^+)-g(c^+) \tag{17}$$

证明 我们首先证明：

$$\text{对所有 } c\in(a,b],\quad \mu[c,d]=g(b)-g(c^-) \tag{18}$$

固定自然数 n. 增函数 g 除 $[a, b]$ 中的可数个点外是连续的. 选取点 $c_n\in(a, c)$ 使得 g 在 c_n 是连续的且 $c-c_n<1/n$. 现在选取点 $c'_n\in(a, c_n)$ 使得 g 在 c'_n 是连续的且 $g(c_n)-g(c'_n)<1/n$. 构造 $[a, b]$ 上的连续函数 f_n，使得在 $[a, b]$ 上 $0\leqslant f_n\leqslant 1$，在 $[c_n, b]$ 上 $f_n=1$，而在 $[a, c'_n]$ 上 $f_n=0$. 根据 Riemann-Stieltjes 积分在区间上的可加性，

$$\int_a^b f(n)(x)\mathrm{d}g(x)=\int_{c'n}^{c_n} f_n(x)\mathrm{d}g(x)+[g(b)-g(c_n)]$$

根据关于 μ 的积分在 Borel 集的有限不交并上的可加性，

$$\int_{[a,b]} f_n\mathrm{d}\mu=\int_{(c'_n,c_n)} f_n\mathrm{d}\mu+\mu[c_n,b]$$

将 $f=f_n$ 代入(16)得出

$$\int_{c'_n}^{c_n} f_n(x)\mathrm{d}g(x)+[g(b)-g(c_n)]=\int_{(c'_n,c_n)} f_n\mathrm{d}\mu+\mu[c_n,b] \tag{19}$$

然而，由于在$[a, b]$上，$0\leqslant f_n\leqslant 1$，

$$\left|\int_{(c'_n, c_n)} f_n(x)\mathrm{d}g(x)\right| \leqslant g(c_n)-g(c'_n) < 1/n$$

且

$$\left|\int_{c_n}^{c'_n} f_n \mathrm{d}\mu\right| \leqslant \mu(c'_n, c_n) \leqslant \mu(c'_n, c)$$

在(19)中取$n\to\infty$的极限，用测度的连续性得出(18)成立. 用类似的方法可证明$\mu\{a\}=g(a^+)-g(a)$且

$$\text{对所有 } c\in(a,b),\quad \mu\{c\}=g(c^+)-g(c^-) \tag{20}$$

最后，我们从(18)、(20)以及μ的有限可加性推出，对$a<c<d\leqslant b$，

$$\mu(c,d]=\mu[c,d]-\mu[d,b]-\mu\{c\}+\mu\{d\}=g(d^+)-g(c^+)$$

证明完毕. ■

470

我们有如下 1909 年给出的稍加改动的原始 Riesz 表示定理.

定理 17(Riesz)　*令$[a, b]$为闭有界区间而$\mathcal{F}$是$[a, b]$上在$[a, b]$上有有界变差、在(a, b)上右连续且在a消失的实值函数全体. 则对$C[a, b]$上的每个有界线性泛函ψ，存在属于$\mathcal{F}$的唯一函数g，使得对所有$f\in C[a, b]$，*

$$\psi(f)=\int_a^b f(x)\mathrm{d}g(x) \tag{21}$$

证明　为证明存在性，根据 Riesz-Markov 定理，仅须对$C[a, b]$上的正有界线性泛函ψ证明. 对这样的ψ，Riesz 表示定理告诉我们存在 Borel 测度μ使得对所有$f\in C[a, b]$，$\psi(f)=\int_a^b f\mathrm{d}\mu$.

考虑$[a, b]$上定义为$g(a)=0$和$g(x)=\mu(a, x]+\mu\{a\}(x\in(a, b])$的递增实值函数$g$. 函数$g$在$(a, b)$中每一点的右连续性承袭自测度$\mu$的连续性. 因此$g$属于$\mathcal{F}$. 我们从命题 16 推出，

$$\text{对所有 } f\in C[a,b],\quad \int_a^b f\mathrm{d}\hat{\mu}=\int_a^b f(x)\mathrm{d}g(x)$$

其中$\hat{\mu}$是$\mathcal{B}[a, b]$上使得对

$$\text{所有 } c\in(a,b),\quad \hat{\mu}(c,b]=g(b)-g(c^+)=g(b)-g(c)$$

且$\hat{\mu}\{a\}=g(a^+)-g(a)$的唯一的 Borel 测度. 然而，测度$\mu$有这些性质. 这完成了存在性的证明.

为证明唯一性，根据将有界变差函数表示为两个递增函数的差的 Jordan 定理，仅须令g_1，$g_2\in\mathcal{F}$为对所有$f\in C[a, b]$，

$$\psi(f)=\int_a^b f(x)\mathrm{d}g_1(x)=\int_a^b f(x)\mathrm{d}g_2(x)$$

的递增函数，且证明$g_1=g_2$. 在该积分等式中取$f\equiv 1$得到

$$g_1(b)=g_1(b)-g_1(a)=g_2(b)-g_2(a)=g_2(b)$$

将 ψ 用关于 Borel 测度 μ 的积分表示．我们从命题 16 以及 g_1 与 g_2 在(a, b)中的每个点的右连续性推出，若 x 属于(a, b)，则

$$g_1(b) - g_1(x) = \mu(x,b] = g_2(b) - g_2(x)$$

且因此 $g_1(x)=g_2(x)$．因此在$[a, b]$上，$g_1=g_2$． ■ 471

习题

46. 令 x_0 为紧 Hausdorff 空间 X 中的点．对每个 $f\in C(X)$，定义 $L(f)=f(x_0)$．证明 L 是 $C(X)$上的有界线性泛函．找出表示 L 的带号 Radon 测度．
47. 令 X 为紧 Hausdorff 空间而 μ 是 $\mathcal{B}(X)$上的 Borel 测度．证明存在 Radon 测度 μ_0 使得对 $C(X)$中的所有 f，
$$\int_X f\,\mathrm{d}\mu = \int_X f\,\mathrm{d}\mu_0$$
48. 令 g_1 和 g_2 为闭有界区间$[a, b]$上在端点相等的两个递增函数．证明对所有 $f\in C(X)$，$\int_a^b f(x)\mathrm{d}g_1(x)=\int_a^b f(x)\mathrm{d}g_2(x)$当且仅当对所有 $a\leqslant x<b$，$g_1(x^+)=g_2(x^+)$．
49. 令 X 为紧 Hausdorff 空间．证明关于 $\mathcal{B}(X)$上的带号 Borel 测度的 Jordan 分解定理可从关于 $C(X)$的对偶的 Riesz-Kakutani 表示定理与命题 12 得出．
50. 带号 Radon 测度的线性空间 Radon(X)的单位球的极值点是什么，其中 X 是紧 Hausdorff 空间？
51. 对紧度量空间 X 的 Borel 子集 E 与 $\mathcal{B}(X)$上的 Radon 测度 μ 证明(15)．
52. 令 X 为紧度量空间．在定理 17 叙述的函数的线性空间 $\mathcal{F}$ 上，定义函数的范数为它的全变差．证明赋予这个范数的 $\mathcal{F}$ 是一个 Banach 空间．
53. (Stone-Weiestrass 定理的另一个证明(de Branges))令 $\mathcal{A}$ 为紧空间 X 上的实值连续函数的代数．它分离点且包含常数．令 $\mathcal{A}^{\perp}$ 为 X 上使得 $|\mu(X)|\leqslant 1$ 且对所有 $f\in\mathcal{A}$，$\int_X f\mathrm{d}\mu=0$ 的带号 Radon 测度的集合．
   (i) 用 Hahn-Banach 定理以及 Riesz 表示定理证明：若 $\mathcal{A}^{\perp}$ 仅包含零测度，则 $\overline{\mathcal{A}}=C(X)$．
   (ii) 用 Krein-Milman 定理以及单位球的弱 * 紧性证明：若零测度是 $\mathcal{A}^{\perp}$ 仅有的极值点，则 $\mathcal{A}^{\perp}$ 仅包含零测度．
   (iii) 令 μ 为 $\mathcal{A}^{\perp}$ 的极值点．令 f 属于 $\mathcal{A}$，满足 $0\leqslant f\leqslant 1$．对 $E\in\mathcal{B}(X)$定义测度 μ_1 与 μ_2 为
   $$\mu_1(E) = \int_E f\,\mathrm{d}\mu \text{ 与 } \mu_2(E) = \int_E (1-f)\,\mathrm{d}\mu$$
   证明 μ_1 与 μ_2 属于 $\mathcal{A}^{\perp}$．此外，$\|\mu_1\|+\|\mu_2\|=\|\mu\|$，$\mu_1+\mu_2=\mu$．由于 μ 是极值点，得出存在某个常数 c，使得 $\mu_1=c\mu$．
   (iv) 证明在 μ 的支撑上 $f=c$．
   (v) 由于 $\mathcal{A}$ 分离点，证明 μ 的支撑至多包含一个点．由于 $\int_X 1\mathrm{d}\mu=0$，得出 μ 的支撑是空的，因此 μ 是零测度． 472

21.6 Baire 测度的正则性

定义 令 X 为拓扑空间．Baire **σ 代数**，记为 $\mathcal{B}a(X)$，定义为使得 $C_c(X)$中的函数可

测的 X 的子集的最小 σ 代数. 显然

$$\mathcal{B}a(x) \subseteq \mathcal{B}(X)$$

存在紧 Hausdorff 空间使得该包含关系是严格的(见习题 58). 即将介绍的定理 20 告诉我们，若 X 是紧度量空间，则这两个 σ 代数是相同的. $\mathcal{B}a(X)$上的测度称为 **Baire 测度**，若它在紧集上是有限的. 给定 Borel σ 代数 $\mathcal{B}(X)$上的 Borel 测度 μ，我们定义 μ_0 为 μ 在 Baire σ 代数 $\mathcal{B}a(X)$上的限制. 则 μ_0 是 Baire 测度. 此外，每个函数 $f \in C_c(X)$在 X 上关于 μ_0 是可积的，由于它关于 $\mathcal{B}a(X)$是可测的、有界的，在有限测度集外消失. 由于 $\mathcal{B}a(X) \subseteq \mathcal{B}(X)$，

$$\text{对所有 } f \in C_c(X), \int_X f \, d\mu = \int_X f \, d\mu_0 \tag{22}$$

我们将对 Baire 测度证明正则性质. 由此我们得到 Baire 表示的比 Riesz-Markov 与 Riesz-Kakutani 表示定理中的 Borel 表示更好的唯一性质.

令 X 为拓扑空间，$\mathcal{S}$ 是 X 的子集的 σ 代数，而 $\mu: \mathcal{S} \to [0, \infty]$是一个测度. 集合 $E \in \mathcal{S}$ 称为是**外正则的**，若

$$\mu(E) = \inf\{\mu(\mathcal{O}) \mid \mathcal{O} \text{ 是开的}, \mathcal{O} \in \mathcal{S}, E \subseteq \mathcal{O}\}$$

称为是**内正则的**，若

$$\mu(E) = \sup\{\mu(K) \mid K \text{ 是紧的}, K \in \mathcal{S}, K \subseteq E\}$$

既是内正则又是外正则的集合称为关于 μ 是**正则的**. 测度 $\mu: \mathcal{S} \to [0, \infty]$称为正则的，若 $\mathcal{S}$ 中的每个集合是正则的.

我们证明欧氏空间 $\mathbf{R}^n$ 上的 Lebesgue 测度是正则的. 我们定义 Borel 测度是 Radon 的，若每个 Borel 集是外正则的且每个开集是内正则的.

命题 18　*令 X 为局部紧 Hausdorff 空间，而 μ_1 和 μ_2 是 $\mathcal{B}a(X)$上的两个正则的 Baire 测度. 假定对所有 $f \in C_c(X)$，*

$$\int_X f \, d\mu_1 = \int_X f \, d\mu_2$$

则 $\mu_1 = \mu_2$.

473

证明　该证明与关于 Radon 测度的积分的唯一性完全相同. ■

命题 19　*令 X 为紧 Hausdorff 空间，$\mathcal{S}$ 是 X 的子集的 σ 代数，而 $\mu: \mathcal{S} \to [0, \infty]$是有限测度. 则 $\mathcal{S}$ 中关于 μ 正则的集族是 σ 代数.*

证明　定义 $\mathcal{F}$ 为 $\mathcal{S}$ 中关于 μ 正则的集族. 由于 X 是紧与 Hausdorff 的，X 的子集是开的当且仅当它在 X 中的补是紧的. 因此，由于 μ 是有限的，根据测度的分割性质，集合属于 $\mathcal{F}$ 当且仅当它在 X 中的补属于 $\mathcal{F}$. 我们把证明两个正则集的并是正则的留作练习. 因此正则集关于有限并、有限交与相对补封闭. 剩下来要证明 F 关于可数并封闭. 令 $E = \bigcup_{n=1}^{\infty} E_n$，其中每个 E_n 是正则集. 通过用 $E_n \sim \bigcup_{i=1}^{n-1} E_i$ 代替 E_n，我们可以假设这些 E_n 是不交的.

令 $\varepsilon>0$. 对每个 n，根据 E_n 的外正则性，我们可以选取 E_n 的邻域 $\mathcal{O}_n$，它属于 $\mathcal{S}$ 且 $\mu(\mathcal{O}_n)<\mu(E_n)+\varepsilon/2^n$. 定义 $\mathcal{O}=\bigcup_{n=1}^{\infty}\mathcal{O}_n$. 则 $\mathcal{O}$ 是 E 的邻域，$\mathcal{O}$ 属于 $\mathcal{S}$，且由于

$$\mathcal{O}\sim E\subseteq\bigcup_{n=1}^{\infty}[\mathcal{O}_n\sim K_n]$$

根据测度 μ 的分割性与可数单调性，

$$\mu(\mathcal{O})-\mu(E)=\mu(\mathcal{O}\sim E)\leqslant\sum_{n=1}^{\infty}\mu(\mathcal{O}_n\sim E_n)<\varepsilon$$

因此 E 是外正则的. 用类似方法可证明 E 的内正则性. 这完成了证明. ■

定理 20 令 X 为使得每个闭集是 G_δ 集的紧 Hausdorff 空间. 则 Borel σ 代数等于 Baire σ 代数且每个 Borel 测度是正则的. 特别地，若 X 是紧度量空间，则 Borel σ 代数等于 Baire σ 代数且每个 Borel 测度是正则的.

证明 为证明 Baire σ 代数等于 Borel σ 代数，必要与充分的是证明每个闭集是 Baire 集. 令 K 为 X 的闭子集. 则 K 是紧的，且根据假设，是 G_δ 集. 根据命题 4，存在函数 $f\in C_c(X)$ 使得 $K=\{x\in X\mid f(x)=1\}$. 由于 f 属于 $C_c(X)$，集合 $\{x\in X\mid f(x)=1\}$ 是 Baire 集.

令 μ 为 $\mathcal{B}(X)$ 上的 Borel 测度. 前一个命题告诉我们正则 Borel 集族是 σ 代数. 因此，为证明 $\mathcal{B}(X)$ 的正则性，必要与充分的是证明每个闭集关于 Borel σ 代数是正则的. 令 K 为 X 的闭子集. 则由于 X 是紧的，K 是紧的，且因此 K 是内正则的. 由于 K 是 G_δ 集且 $\mu(X)<\infty$，我们从测度的连续性推出 K 关于 Borel σ 代数是外正则的.

为完成证明，假设 X 是紧度量空间. 令 K 为 X 的闭子集. 我们将证明 K 是 G_δ 集. 令 n 为自然数. 定义 $\mathcal{O}_n=\bigcup_{x\in K}B(x, 1/n)$. 则 $\mathcal{O}$ 是紧集 K 的邻域. 根据局部紧延拓性质，在 K 上取值为 1 的函数可被延拓为支撑包含于 $\mathcal{O}_n$ 的函数 $f_n\in C_c(X)$. 定义 $\mathcal{U}_n=f_n^{-1}(-1/n, 1/n)$. 则 $\mathcal{U}_n$ 是开 Baire 集. 根据 K 的紧性，$K=\bigcup_{n=1}^{\infty}\mathcal{U}_n$. 我们从测度的连续性推出 K 是外正则的. ■ 474

在上一节我们用 Riesz-Markov 定理证明了若 X 是紧度量空间，则 $\mathcal{B}(X)$ 上的每个 Borel 测度是 Radon 测度.

命题 21 令 X 为局部紧 Hausdorff 空间. Baire σ 代数 $\mathcal{B}a(X)$ 是包含所有 X 的紧 G_δ 集的最小 σ 代数.

证明 定义 $\mathcal{F}$ 为包含所有紧 G_δ 集的最小 σ 代数. 令 K 为紧 G_δ 集. 根据命题 4，存在函数 $f\in C_c(X)$ 使得 $K=\{x\in X\mid f(x)=1\}$. 因此 K 属于 $\mathcal{F}$. 因此 $\mathcal{F}\subseteq\mathcal{B}a(X)$. 为证明反向的包含关系，我们令 f 属于 $C_c(X)$ 且证明它关于 Baire σ 代数是可测的. 对不包含 0 的闭有界区间$[a, b]$，由于 f 是连续的且有紧支撑，$f^{-1}[a, b]$是紧的且等于 $\bigcap_{n=1}^{\infty}(a-1/n, b+1/n)$.

由于 $\mathcal{F}$ 关于可数并封闭，若 I 是任何不包含 0 的区间，$f^{-1}(I)$ 也属于 $\mathcal{F}$. 最后，由于

$$f^{-1}\{0\} = X \sim [f^{-1}(-\infty,0) \cup f^{-1}(0,\infty)]$$

我们推出任何非空区间在 f 下的原象属于 $\mathcal{F}$，因此 f 关于 Baire σ 代数可测. ■

命题 22　令 X 为紧 Hausdorff 空间. 则 $\mathcal{B}a(X)$ 上的每个 Baire 测度是正则的.

证明　令 μ 为 $\mathcal{B}a(X)$ 上的 Baire 测度. 命题 19 告诉我们关于 μ 正则的 $\mathcal{B}a(X)$ 的子集族是 σ 代数. 我们从命题 21 推出，为证明命题，仅须证明 X 的每个紧 G_δ 子集 K 是正则的. 令 K 为这样的集合. 显然 K 是内正则的. 由于 $\mu(X)<\infty$ 而 K 是 G_δ 集，根据测度的连续性，K 是外正则的. ■

我们有以下关于 Riesz-Kakutani 表示定理的唯一性的小的改进.

定理 23　令 X 为紧 Hausdorff 空间，而 $I:C(X)\to\mathbf{R}$ 是有界线性泛函. 则存在唯一的带号 Baire 测度 μ 使得对所有 $f\in C_c(X), I(f)=\int_X f\,\mathrm{d}\mu$.

475

证明　Riesz-Kakutani 表示定理告诉我们 I 由借助于 X 的 Borel 子集上的 Radon 测度 μ' 的积分给出. 令 μ 为 μ' 在 Baire σ 代数上的限制. 则如同我们在证明(22)中所做的那样，对 μ 积分可将 I 表示出来. 唯一性的断言从命题 18 和前一个正则性结果得出. ■

定义　一个拓扑空间 X 称为是 **σ 紧的**，若它是紧子集的可数并.

每个欧氏空间 $\mathbf{R}^n$ 是 σ 紧的. 不可数空间上的离散拓扑不是 σ 紧的. 本章我们的最后目标是对局部紧、σ 紧的 Hausdorff 空间上的 Baire 测度证明正则性. 为此我们需要以下三个引理，其证明留作练习.

引理 24　令 X 为局部紧 Hausdorff 空间而 $F\subseteq X$ 是闭 Baire 集. 则对 $A\subseteq F$，

$$A\in\mathcal{B}a(X) \text{ 当且仅当 } A\in\mathcal{B}a(F)$$

引理 25　令 X 为局部紧 Hausdorff 空间而 $E\subseteq X$ 是有紧闭包的 Baire 集. 则 E 关于任何 $\mathcal{B}a(X)$ 上的 Baire 测度 μ 是正则的.

引理 26　令 X 为局部紧、σ 紧的 Hausdorff 空间而 $A\subseteq X$ 是 Baire 集. 则 $A=\bigcup_{k=1}^{n}A_k$，其中每个 A_k 是有紧闭包的 Baire 集.

定理 27　令 X 为局部紧、σ 紧的 Hausdorff 空间. 则 $\mathcal{B}a(X)$ 上的每个 Baire 测度是正则的.

证明　由于 X 是局部紧的，引理 25 告诉我们任何紧闭包的 Baire 集是正则的. 此外，根据前一个引理，由于 X 是 σ 紧的，每个 Baire 集是有紧闭包的 Baire 集的可数族的并. 因此为完成证明，仅须证明具有紧闭包的 Baire 集的可数并是正则的.

令 $E=\bigcup_{k=1}^{\infty}E_k$，其中每个 E_k 是紧闭包的 Baire 集. 由于 Baire 集是代数，我们可以假定这些 E_k 是不交的. 令 $\varepsilon>0$. 对每个 k，根据 E_k 的正则性，我们可以选取 Baire 集 $\mathcal{O}_k$ 和 K_k，其中 K_k 是紧的而 $\mathcal{O}_k$ 是开的，使得

$$K_k\subseteq E_k\subseteq\mathcal{O}_k$$

且

$$\mu(E_k)-\varepsilon/2^k<\mu(K_k)\leqslant\mu(\mathcal{O}_k)<\mu(E_k)+\varepsilon/2^k$$

若 $\mu(E)=\infty$，则 E 是外正则的. 此外，由于

$$\mu\Big(\bigcup_{k=1}^{\infty}E_k\Big)=\mu(E)=\infty\text{ 且 }\mu\Big(\bigcup_{k=1}^{\infty}K_k\Big)=\lim_{n\to\infty}\mu\Big(\bigcup_{k=1}^{n}K_k\Big)$$

E 包含形如 $\bigcup_{k=1}^{N}K_k$ 的紧 Baire 集，它有任意大的测度，因此 E 是内正则的.

476

现在假定 $\mu(E)<\infty$. 则 $\mathcal{O}=\bigcup_{k=1}^{\infty}\mathcal{O}_k$ 是开的 Baire 集，且由于

$$\mathcal{O}\sim E\subseteq\bigcup_{k=1}^{\infty}[\mathcal{O}_k\sim E_k]$$

根据测度的可数单调性与分割性质，

$$\mu(\mathcal{O})-\mu(E)=\mu(\mathcal{O}\sim E)\leqslant\sum_{k=1}^{\infty}\mu(\mathcal{O}_k\sim E_k)<\varepsilon$$

因此 E 是外正则的. 为证明内正则性，观察到

$$\mu(E)=\lim_{N\to\infty}\sum_{k=1}^{N}\mu(E_k)\leqslant\lim_{N\to\infty}\sum_{k=1}^{N}\mu(K_k)+\varepsilon$$

因此 E 包含形如 $\bigcup_{k=1}^{N}K_k$ 的紧 Baire 子集，它的测度任意接近 E 的测度. 因此 E 是内正则的.

■

我们有以下关于 σ 紧空间的 Riesz-Markov 定理的唯一性的小的改进.

定理 28 *令 X 为局部紧、σ 紧的 Hausdorff 空间，而 $I:C_c(X)\to\mathbf{R}$ 是正线性泛函. 则存在唯一的 Baire 测度 μ 使得*

$$\text{对所有 }f\in C_c(X),\quad I(f)=\int_X f\mathrm{d}\mu$$

读者应被告诫关于 Baire 或 Borel 的集合与测度的标准术语还未确立. 关于 Radon 测度的术语也如此. 一些作者取 Baire 集为使得 X 上的所有连续实值函数可测的最小 σ 代数. 其他一些作者不假设每个 Borel 或 Baire 测度在每个紧集上有限. 另外一些作者限制 Borel 集类为包含紧集的最小 σ 代数. 在环上而非代数上做测度的作者(如 Halmos)取 Baire 集为包含紧 G_δ 的最小环而 Borel 集为包含紧集的最小环. 当读到关于 Baire 与 Borel 集或测度以及 Radon 测度时，要仔细检查作者的定义. 一个给定的陈述在一种用法下成立而在其他

用法下则是错的.

习题

54. 令 X 为可分的紧 Hausdorff 空间. 证明每个闭集是 G_δ 集.
55. 令 X 为局部紧 Hausdorff 空间，$\mu:\mathcal{B}(X)\to[0,\infty]$是 σ 有限 Borel 测度. 证明 μ 是 Radon 测度当且仅当它是正则的.
56. 证明 Hausdorff 空间 X 既是局部紧又是 σ 紧的，当且仅当存在 X 的覆盖$\{\mathcal{O}_k\}_{k=1}^{\infty}$是 X 的开子集的上升可数族，且对每个 k，

477

$$\overline{\mathcal{O}_k} \text{ 是 } \mathcal{O}_{k+1} \text{ 的紧子集}$$

57. 令 x_0 为局部紧 Haus δ 空间 X 中的点. 集中在 x_0 的 Dirac δ 测度 δ_{x_0} 是正则 Baire 测度吗?
58. 令 X 为具有离散拓扑的不可数集而 X^* 是它的 Alexandroff 紧致化，其中 x^* 是无穷远点. 证明单点集$\{x^*\}$是 Borel 集但不是 Baire 集.
59. 令 X 为局部紧 Hausdorff 空间. 证明 Borel 测度 $\mu:\mathcal{B}(X)\to[0,\infty]$是 Radon 的当且仅当每个 Borel 集关于由预测度 $\mu:\mathcal{B}(X)\to[0,\infty]$诱导的 Carathéodory 测度是可测的.
60. 证明引理 24、25 与 26.
61. 令 X 为紧 Hausdorff 空间，f_1，…，f_n 是 X 上的连续实值函数. 令 ν 为 X 上的带号 Radon 测度，满足$|\nu|(X)\leqslant 1$ 且对 $1\leqslant i\leqslant n$，令 $c_i=\int_X f_i\,\mathrm{d}\nu$.

    (i) 证明存在 X 上的带号 Radon 测度 μ 满足$|\mu|(X)\leqslant 1$，使得

    $$\int_X f_i\,\mathrm{d}\mu = c_i$$

    且对任何满足$|\lambda|(X)\leqslant 1$ 和$\int_X f_i\,\mathrm{d}\lambda=c_i\ (1\leqslant i\leqslant n)$的带号 Radon 测度 λ，不等式$\int_X g\,\mathrm{d}\mu\leqslant\int_X g\,\mathrm{d}\lambda$ 对所有 $g\in C(X)$成立.

    (ii) 假定存在 X 上的 Radon 测度 ν 满足 $\nu(X)=1$，且对每个 i，$1\leqslant i\leqslant n$，$\int_X f_i\,\mathrm{d}\nu=c_i$. 证明存在 X 上的 Radon 测度 μ 满足 $\mu(X)=1$，$\int_X f_i\,\mathrm{d}\mu=c_i$，$1\leqslant i\leqslant n$，它在所有满足这些条件的 Radon 测度中最小化$\int_X g\,\mathrm{d}\mu$.

478

第22章 不变测度

一个拓扑群是群 G 与 G 上的 Hausdorff 拓扑一起使得群运算和逆是连续的. 我们证明 John von Neumann 的一个重要定理，它告诉我们在任何紧拓扑群 G 上存在唯一的测度 μ，称为 Haar 测度，它在群的作用下不变，即

$$\text{对所有 } g \in G,\quad E \in \mathcal{B}(G),\quad \mu(g \cdot E) = \mu(E)$$

唯一性从 Fubini 定理得出；存在性是 Shizuo Kakutani 不动点定理的一个推论，它断言对一个紧群 G，存在泛函 $\psi \in [C(G)]^*$ 使得对所有 $g \in G$，$f \in C(G)$，

$$\psi[f \equiv 1] = 1 \text{ 且 } \psi[x \mapsto f(x)] = \psi[x \mapsto f(g \cdot x)]$$

在这个不动点定理的证明中 Alaoglu 定理是关键的. Haar 测度的存在性的证明细节在 G 到 $(C(G))^*$ 的一般线性群的群同态背景下构建. 我们也考虑紧度量空间 X 到其自身的映射 f 与 $\mathcal{B}(X)$上的有限测度. 基于 Helly 定理，我们证明了 Bogoliubov-Krilov 定理. 它告诉我们，若 f 是紧度量空间 X 上的连续映射，则存在 $\mathcal{B}(X)$上的测度 μ 满足

$$\mu(X) = 1 \text{ 且对所有 } \varphi \in L^1(X,\mu),\quad \int_X \varphi \circ f \, d\mu = \int_X \varphi \, d\mu$$

基于 Krein-Milman 定理，我们证明了上述的 μ 可以恰当选取使得 f 关于 μ 是遍历的，即若 A 属于 $\mathcal{B}(X)$且 $\mu([A \sim f(A)] \cup [f(A) \sim A]) = 0$，则 $\mu(A)=0$ 或 $\mu(A)=1$.

22.1 拓扑群：一般线性群

考虑群 $\mathcal{G}$ 以及 $\mathcal{G}$ 上的 Hausdorff 拓扑. 对 $\mathcal{G}$ 的两个成员 g_1 与 g_2，记群运算为$g_1 \cdot g_2$，记群的成员 g 的逆为 g^{-1}，且令 e 为群的单位元. 我们称 $\mathcal{G}$ 是**拓扑群**，若从 $\mathcal{G} \times \mathcal{G}$ 到 $\mathcal{G}$ 的映射$(g_1, g_2) \mapsto g_1 \cdot g_2$ 是连续的，其中 $\mathcal{G} \times \mathcal{G}$ 具有乘积拓扑，且从 $\mathcal{G}$ 到 $\mathcal{G}$ 的映射 $g \mapsto g^{-1}$ 是连续的. 谈到**紧群**我们意味着拓扑群作为拓扑空间是紧的. 对 $\mathcal{G}$ 的子集 $\mathcal{G}_1$ 和 $\mathcal{G}_2$，我们定义 $\mathcal{G}_1 \cdot \mathcal{G}_2 = \{g_1 \cdot g_2 \mid g_1 \in \mathcal{G}_1, g_2 \in \mathcal{G}_2\}$ 与 $\mathcal{G}_1^{-1} = \{g^{-1} \mid g \in \mathcal{G}_1\}$. 若 $\mathcal{G}_1$ 只有一个成员 g，我们记$\{g\} \cdot \mathcal{G}_2$ 为 $g \cdot \mathcal{G}_2$.

令 E 为 Banach 空间，而 $\mathcal{L}(E)$为 E 上的连续线性算子的 Banach 空间[⊖]. $\mathcal{L}(E)$中的两个算子的复合也属于 $\mathcal{L}(E)$，且显然对算子 T，$S \in \mathcal{L}(E)$，

$$\|S \circ T\| \leqslant \|S\| \cdot \|T\| \tag{1}$$

定义 GL(E)为 $\mathcal{L}(E)$中的可逆算子族. $\mathcal{L}(E)$中的算子是可逆的当且仅当它是一对一与映上的；根据开映射定理，它的逆是连续的. 观察到对 T，$S \in \mathrm{GL}(E)$，$(S \circ T)^{-1} =$

⊖ 回忆算子 $T \in \mathcal{L}(E)$的范数$\|T\|$定义为$\|T\| = \sup\{\|T(x)\| \mid x \in E, \|x\| \leqslant 1\}$.

$T^{-1}\circ S^{-1}$. 因此，在复合的运算下，$\mathrm{GL}(E)$是一个群，称为 E 的**一般线性群**. 我们将它的单位元记为 Id. 它也是一个拓扑空间，其中拓扑由算子范数诱导.

引理 1 令 E 为 Banach 空间而算子 $C\in\mathcal{L}(E)$满足$\|C\|<1$. 则 $\mathrm{Id}-C$ 是可逆的且

$$\|(\mathrm{Id}-C)^{-1}\|\leqslant(1-\|C\|)^{-1} \tag{2}$$

证明 我们从(1)推出对每个自然数 k，$\|C^k\|\leqslant\|C\|^k$. 因此，由于$\|C\|<1$，实数级数 $\sum_{k=0}^{\infty}\|C^k\|$ 收敛. 赋范线性空间 $\mathcal{L}(E)$是完备的. 因此算子级数[⊖] $\sum_{k=0}^{\infty}C^k$ 在 $\mathcal{L}(E)$中收敛于连续线性算子. 观察到对所有 n，

$$(\mathrm{Id}-C)\circ\left(\sum_{k=0}^{n}C^k\right)=\left(\sum_{k=0}^{n}C^k\right)\circ(\mathrm{Id}-C)=\mathrm{Id}-C^{n+1}$$

因此级数 $\sum_{k=0}^{\infty}C^k$ 收敛到 $\mathrm{Id}-C$ 的逆. 估计式(2)从 $\mathrm{Id}-C$ 的逆的级数表示得出. ■

定理 2 令 E 为 Banach 空间. 则 E 的一般线性群 $\mathrm{GL}(E)$是拓扑群，群运算是复合，而拓扑由 $\mathcal{L}(E)$上的算子范数诱导.

证明 对 $\mathrm{GL}(E)$中的算子 T，T'，S，S'，观察到

$$T\circ S-T'\circ S'=T\circ(S-S')+(T-T')\circ S'$$

因此，根据算子范数的三角不等式和不等式(1)，

$$\|T\circ S-T'\circ S'\|\leqslant\|T\|\cdot\|S-S'\|+\|T-T'\|\cdot\|S'\|$$

复合的连续性从该不等式得到.

480

若 S 属于 $\mathrm{GL}(E)$且$\|S-\mathrm{Id}\|<1$，则从等式

$$S^{-1}-\mathrm{Id}=(\mathrm{Id}-S)S^{-1}=(\mathrm{Id}-S)[\mathrm{Id}-(\mathrm{Id}-S)]^{-1}$$

以及不等式(1)和(2)，我们推出

$$\|S^{-1}-\mathrm{Id}\|\leqslant\frac{\|S-\mathrm{Id}\|}{1-\|S-\mathrm{Id}\|} \tag{3}$$

因此逆在单位元是连续的. 现在令 T 和 S 属于 $\mathrm{GL}(E)$且$\|S-T\|<\|T^{-1}\|^{-1}$. 则

$$\|T^{-1}S-\mathrm{Id}\|=\|T^{-1}(S-T)\|\leqslant\|T^{-1}\|\cdot\|S-T\|<1$$

因此，若在(3)中用 $T^{-1}S$ 代替 S，有

$$\|S^{-1}T-\mathrm{Id}\|\leqslant\frac{\|T^{-1}S-\mathrm{Id}\|}{1-\|T^{-1}S-\mathrm{Id}\|}$$

从这个不等式以及等式

$$S^{-1}-T^{-1}=(S^{-1}T-\mathrm{Id})T^{-1} \text{ 与 } T^{-1}S-\mathrm{Id}=T^{-1}(S-T)$$

我们推出，

⊖ 级数 $\sum_{k=0}^{\infty}C^k$ 称为 $I-C$ 的逆的 Neumann 级数.

$$\|S^{-1}-T^{-1}\| \leqslant \frac{\|T^{-1}\|^2 \cdot \|T-S\|}{1-\|T^{-1}\| \cdot \|T-S\|}$$

逆在 T 的连续性从该不等式推出. ■

在 E 是欧氏空间 $\mathbf{R}^n$ 的情形，记 $\mathrm{GL}(E)$ 为 $\mathrm{GL}(n, \mathbf{R})$. 若选定了 $\mathbf{R}^n$ 的基，则 $\mathrm{GL}(n, \mathbf{R})$上的拓扑满足以下要求：表示该基的算子的 $n\times n$ 矩阵的每个元素是连续函数.

拓扑群的具有子空间拓扑的子群也是一个拓扑群. 例如，若 H 是 Hilbert 空间，则 $\mathrm{GL}(H)$的那些在内积下保持不变的算子组成的子集是一个拓扑群，它称为 H 的正交线性群且记为 $\mathcal{O}(H)$.

习题

在以下习题中，$\mathcal{G}$ 是具有单位元 e 的拓扑群而 E 是 Banach 空间.

1. 若 $\mathcal{T}_e$ 是拓扑在 e 的基，证明$\{g\cdot\mathcal{O} \mid \mathcal{O}\in\mathcal{T}_e\}$是拓扑在 $g\in\mathcal{G}$ 的基.
2. 证明：若 K_1 和 K_2 是 $\mathcal{G}$ 的紧子集，则 $K_1\cdot K_2$ 是紧的.
3. 令 $\mathcal{O}$ 为 e 的邻域. 证明存在 e 的邻域 $\mathcal{U}$ 使得 $\mathcal{U}=\mathcal{U}^{-1}$ 且 $\mathcal{U}\cdot\mathcal{U}\subseteq\mathcal{O}$.
4. 证明子群 H 的闭包是 $\mathcal{G}$ 的子群.
5. 令 $\mathcal{G}_1$ 和 $\mathcal{G}_2$ 为拓扑群而 $h:\mathcal{G}_1\to\mathcal{G}_2$ 是群同态. 证明 h 是连续的当且仅当它在 $\mathcal{G}_1$ 的单位元是连续的. 481
6. 用压缩映射原理证明引理 1.
7. 用 $\mathcal{L}(E)$的完备性证明：若 $C\in\mathcal{L}(E)$且$\|C\|<1$，则 $\sum_{k=0}^{\infty}C^k$ 在 $\mathcal{L}(E)$中收敛.
8. 证明行列式为 1 的 $n\times n$ 可逆实矩阵的集合是一个拓扑群，若群运算是矩阵的乘法且拓扑是使得矩阵的每个元素是连续函数的拓扑. 该拓扑群称为特殊线性群，记为 $\mathrm{SL}(n, \mathbf{R})$.
9. 令 H 为 Hilbert 空间. 证明 $\mathrm{GL}(H)$中的算子保持范数当且仅当它保持内积.
10. 考虑具有欧氏内积与范数的 $\mathbf{R}^n$. 刻画在规范正交基下表示正交算子的那些 $n\times n$ 矩阵.
11. 证明 $\mathrm{GL}(E)$在 $\mathcal{L}(E)$中是开的.
12. 证明 $\mathrm{GL}(E)$中由恒等算子的线性紧扰动组成的算子集是 $\mathrm{GL}(E)$的子群. 它记为 $\mathrm{GL}_C(E)$.

22.2 Kakutani 不动点定理

对两个群 $\mathcal{G}$ 和 $\mathcal{H}$，映射 $\varphi:\mathcal{G}\to\mathcal{H}$ 称为**群同态**，若对 $\mathcal{G}$ 中的每对元素 g_1，g_2，$\varphi(g_1\cdot g_2)=\varphi(g_1)\cdot\varphi(g_2)$.

定义　*令 $\mathcal{G}$ 为拓扑群而 E 为 Banach 空间. 群同态 $\pi:\mathcal{G}\to\mathrm{GL}(E)$ 称为 $\mathcal{G}$ 在 E 上的* **表示**[⊖].

与通常一样，对 Banach 空间 E，它的对偶空间，即 E 上的有界线性泛函空间，记为 E^*. 回忆 E^* 上的弱 * 拓扑是使得对每个 $x\in X$，E^* 上的泛函 $\psi\mapsto\psi(x)$连续的拓扑中具有

⊖ 观察到对于表示我们没有做连续性假设. 把它视为纯代数对象，而在特定的背景有需要时再施加连续性假设是方便的.

最少集合个数的拓扑. Alaoglu 定理告诉我们 E^* 的闭单位球关于弱 * 拓扑是紧的.

定义　令 $\mathcal{G}$ 为拓扑群而 E 为 Banach 空间，$\pi:\mathcal{G}\to\mathrm{GL}(E)$ 是 $\mathcal{G}$ 在 E 上的表示. **伴随表示** $\pi^*:\mathcal{G}\to\mathrm{GL}(E^*)$ 是 $\mathcal{G}$ 在 E^* 上的表示，它对 $g\in\mathcal{G}$ 定义为

$$\text{对所有 } \psi\in E^*,\quad \pi^*(g)\psi=\psi\circ\pi(g^{-1}) \tag{4}$$

我们把证明 π^* 是一个群同态留作练习.

回忆向量空间 V 上的度规或 Minkowski 泛函是一个正齐次的次可加泛函 $p:V\to\mathbf{R}$. 这样的泛函确定了局部凸拓扑向量空间 V 的拓扑在原点的基. 在有了紧群 $\mathcal{G}$ 在 Banach 空间 E 上的表示 π 的条件下，以下引理建立了 E^* 上的一族由 $\mathcal{G}$ 参数化的正齐次、次可加的泛函的存在性，该族中的每个泛函在 π^* 下不变且当限制在 E^* 的有界子集上时，关于弱 * 拓扑是连续的.

482

引理 3　令 $\mathcal{G}$ 为紧群，E 为 Banach 空间，而 $\pi:\mathcal{G}\to\mathrm{GL}(E)$ 是 $\mathcal{G}$ 在 E 上的表示. 令 x_0 属于 E. 假设从 $\mathcal{G}$ 到 E 的映射 $g\mapsto\pi(g)x_0$ 是连续的，其中 E 有范数拓扑. 定义 $p:E^*\to\mathbf{R}$ 为

$$\text{对 } \psi\in E^*,\quad p(\psi)=\sup_{g\in G}|\psi(\pi(g)x_0)|$$

则 p 是 E^* 上的正齐次、次可加泛函. 它在 π^* 下是不变的，即

$$\text{对所有 } \psi\in E^* \text{ 与 } g\in G,\quad p(\pi^*(g)\psi)=p(\psi)$$

此外，p 在 E^* 的任何有界子集上的限制关于 E^* 上的弱 * 拓扑是连续的.

证明　由于 $\mathcal{G}$ 是紧的，对 $\psi\in\mathcal{G}$，泛函 $g\mapsto\psi(\pi(g)x_0)$ 在 $\mathcal{G}$ 上是连续的. $p:E^*\to\mathbf{R}$ 是恰当定义的. 显然 p 是正齐次、次可加的，且关于 π^* 不变. 令 B^* 为 E^* 的有界子集. 为证明 $p:B^*\to\mathbf{R}$ 的弱 * 连续性，仅须证明对每个 $\psi_0\in B^*$ 和 $\varepsilon>0$，存在 ψ_0 的弱 * 邻域 $\mathcal{N}(\psi_0)$ 使得

$$\text{对所有 } \psi\in\mathcal{N}(\psi_0)\cap B^* \text{ 与 } g\in\mathcal{G},\ |\psi(\pi(g)x_0)-\psi_0(\pi(g)x_0)|<\varepsilon \tag{5}$$

令 ψ_0 属于 B^* 而 $\varepsilon>0$. 选取 $M>0$ 使得对所有 $\psi\in B^*$，$\|\psi\|\leqslant M$. 映射 $g\mapsto\pi(g)(x_0)$ 是连续的而 $\mathcal{G}$ 是紧的. 因此存在 $\mathcal{G}$ 中的有限个点 $\{g_1,\cdots,g_n\}$ 使得对每个 k，$1\leqslant k\leqslant n$，存在 g_k 的邻域 $\mathcal{O}_k$ 使得 $\{\mathcal{O}_{g_k}\}_{k=1}^n$ 覆盖 $\mathcal{G}$ 且对 $1\leqslant k\leqslant n$，对所有 $g\in\mathcal{O}_{g_k}$，

$$\|\pi(g)x_0-\pi(g_k)x_0\|<\varepsilon/4M \tag{6}$$

定义 ψ_0 的弱 * 邻域 $\mathcal{N}(\psi_0)$ 为

$$\mathcal{N}(\psi_0)=\{\psi\in E^*\mid |(\psi-\psi_0)(\pi(g_k)x_0)|<\varepsilon/2,1\leqslant k\leqslant n\}$$

观察到对任何 $g\in\mathcal{G}$，$\psi\in E^*$，$1\leqslant k\leqslant n$，

$$\psi(\pi(g)x_0)-\psi_0(\pi(g)x_0)=(\psi-\psi_0)[\pi(g_k)x_0]+(\psi-\psi_0)[\pi(g)x_0-\pi(g_k)x_0] \tag{7}$$

为证明(5)，令 g 属于 $\mathcal{G}$ 而 ψ 属于 $\mathcal{N}(\psi_0)\cap B^*$. 选取 k，$1\leqslant k\leqslant n$，使得 g 属于 $\mathcal{O}_k$. 则 $|(\psi-\psi_0)[\pi(g)x_0]|<\varepsilon/2$，因为 ψ 属于 $\mathcal{N}(\psi_0)$. 另一方面，由于 $\|\psi-\psi_0\|\leqslant 2M$，我们从(6)推出 $|(\psi-\psi_0)[\pi(g)x_0-\pi(g_k)x_0]|<\varepsilon/2$. 因此，根据(7)，(5)对 $\mathcal{N}(\psi_0)$ 成立. ■

定义　令 $\mathcal{G}$ 为拓扑群，E 为 Banach 空间，而 $\pi:\mathcal{G}\to\mathrm{GL}(E)$ 是 $\mathcal{G}$ 在 E 上的表示. E 的子

集 K 称为是在 π 下**不变的**，若对所有 $g\in\mathcal{G}$，$\pi(g)K\subseteq K$. 点 $x\in E$ 称为在 π 下**不动的**，若对所有 $g\in\mathcal{G}$，$\pi(g)x=x$.

定理 4 令 $\mathcal{G}$ 为拓扑群，E 为 Banach 空间，而 $\pi:\mathcal{G}\to\mathrm{GL}(E)$ 是 $\mathcal{G}$ 在 E 上的表示. 假设对每个 $x\in E$，从 $\mathcal{G}$ 到 E 的映射 $g\to\pi(g)x$ 是连续的，其中 E 有范数拓扑. 假设存在 E^* 的非空凸弱紧子集 K^* 在 π 下不变. 则存在 K^* 中的泛函 ψ 在 π^* 下是不动的.

证明 令 $\mathcal{F}$ 为 K^* 的在 π^* 下不变的非空、凸、弱 * 闭子集全体. 族 $\mathcal{F}$ 是非空的，因为 K^* 属于 $\mathcal{F}$. 用集合的包含关系对 $\mathcal{F}$ 排序. 这定义了 $\mathcal{F}$ 上的偏序. 由于 K^* 属于 $\mathcal{F}$，$\mathcal{F}$ 是非空的. 每个全序子集有有限交性质. 但对任何紧拓扑空间，具有有限交性质的非空闭子集族有非空交. 任何凸集族的交是凸的且任何 π^* 不变集族的交是 π^* 不变的. 因此 $\mathcal{F}$ 的每个全有序子族以它的非空交作为下界. 我们从 Zorn 引理推出，存在 $\mathcal{F}$ 中的集合K_0^* 关于包含关系是最小的，即K_0^* 没有属于 $\mathcal{F}$ 的真子集. 这个最小子集是弱 * 闭的，因此是弱 * 紧的. 我们重新标记且假设 K^* 自身是这个最小子集.

483

我们宣称 K^* 由单个泛函组成. 否则，选取 K^* 中的两个不同泛函ψ_1 与ψ_2. 选取 $x_0\in E$ 使得$\psi_1(x_0)\neq\psi_2(x_0)$. 定义泛函 $p:K^*\to\mathbf{R}$ 为

$$\text{对 } \psi\in K^*,\quad p(\psi)=\sup_{g\in\mathcal{G}}|\psi(\pi(g)x_0)|$$

由于 K^* 是弱 * 紧的，一致有界原理告诉我们 K^* 是有界的. 根据前一个引理，p 关于弱 * 拓扑是连续的. 因此，若对 $r>0$ 与 $\eta\in K^*$，我们定义

$$B_0(\eta,r)=\{\psi\in K^*\mid p(\psi-\eta)<r\}\text{ 与}\overline{B_0}(\eta,r)=\{\psi\in K^*\mid p(\psi-\eta)\leqslant r\}\tag{8}$$

则 $B_0(\eta, r)$关于 K^* 上的弱 * 拓扑是开的，而$\overline{B_0}(\eta, r)$关于同一个拓扑是闭的. 这些集合的每个是凸的，因为根据前一个引理，p 是正齐次与次可加的.

定义 $d=\sup\{p(\psi-\varphi)\mid\psi, \varphi\in K^*\}$. 则 d 是有限的，由于 p 在弱 * 紧集 K^* 上是连续的，且 $d>0$，因为 $p(\psi_1-\psi_2)>0$. 由于 K^* 是弱 * 紧的且每个 $B_0(\eta, r)$是弱 * 开的，我们可以选取 K^* 的有限子集$\{\psi_k\}_{k=1}^n$使得

$$K^*=\bigcup_{k=1}^n B_0(\psi_k,d/2)$$

定义

$$\psi^*=\frac{\psi_1+\cdots+\psi_k+\cdots+\psi_n}{n}$$

由于 K^* 是凸的，泛函 ψ^* 属于 K^*. 令 ψ 为 K^* 中的任何泛函. 根据 d 的定义，对 $1\leqslant k\leqslant n$，$p(\psi-\psi_k)\leqslant d$. 由于$\{B_0(\psi_k, d/2)\}_{k=1}^n$覆盖 K^*，ψ 属于某个 $B_0(\psi_{k_0}, d/2)$. 因此，根据 p 的正齐次性与次可加性，

$$p(\psi-\psi^*)\leqslant d',\text{其中 } d'=\frac{n-1}{n}d+\frac{d}{2}<d$$

定义

$$K'=\bigcap_{\psi\in K^*}\overline{B}_0(\psi,d')$$

则 K'是 K^* 的弱 * 闭，因此是 K^* 的弱 * 紧凸子集．由于它包含泛函 ψ^*，它是非空的．我

484

们宣称 K'在 π^* 下是不动的．为证实这一点，对 $\eta \in K'$，$\psi \in K^*$ 与 $g \in G$，我们必须证明 $p(\pi^*(g)\eta - \psi) \leqslant d'$．由于 p 是 π^* 不动的且 $p(\eta - \pi^*(g^{-1})\psi) \leqslant d'$，

$$p(\pi^*(g)\eta - \psi) = p(\eta - \pi^*(g^{-1})\psi) \leqslant d'$$

根据 K^* 的最小性，$K^* = K'$．这是一个矛盾，由于根据 d 的定义，存在 K^* 中的泛函 ψ'与 ψ''使得 $p(\psi' - \psi'') > d'$，因此 ψ''不属于$\overline{B}_0(\psi', d')$．我们从这个矛盾推出 K^* 由单个泛函组成．证明完毕． ■

定义　令 $\mathcal{G}$ 为紧群，而 $C(\mathcal{G})$ 为 g 上赋予最大值范数的连续实值函数的 Banach 空间．谈到 $C(\mathcal{G})$上的**正则表示** $\pi: \mathcal{G} \to \mathrm{GL}(C(\mathcal{G}))$，我们意味着：

$$\text{对所有 } f \in C(\mathcal{G}),\quad x \in g \text{ 与 } g \in \mathcal{G},\quad [\pi(g)f](x) = f(g^{-1} \cdot x)$$

我们把证明正则表示的确是一个表示留作练习．以下引理表明紧群 $\mathcal{G}$ 在 $C(\mathcal{G})$上的正则表示具有施加在定理 4 上的连续性.

引理 5　令 $\mathcal{G}$ 为紧群而 $\pi: \mathcal{G} \to \mathrm{GL}(C(\mathcal{G}))$ 是 $\mathcal{G}$ 到 $C(\mathcal{G})$ 上的正则表示．则对每个 $f \in C(\mathcal{G})$，从 $\mathcal{G}$到 $C(\mathcal{G})$的映射 $g \mapsto \pi(g)f$ 是连续的，其中 $C(\mathcal{G})$有由最大值范数诱导的拓扑.

证明　令 f 属于$C(\mathcal{G})$．仅须检验映射 $g \mapsto \pi(g)f$ 在单位元 $e \in \mathcal{G}$ 是连续的．令 $\varepsilon > 0$．我们宣称存在单位元的邻域 U 使得

$$\text{对所有 } g \in \mathcal{U},\quad x \in \mathcal{G},\quad |f(g \cdot x) - f(x)| < \varepsilon \tag{9}$$

令 x 属于 $\mathcal{G}$．选取 x 的邻域$\mathcal{O}_x$ 使得对所有 $x' \in O_x$，

$$|f(x') - f(x)| < \varepsilon/2$$

因此，

$$\text{对所有 } x',\quad x'' \in \mathcal{O}_x\, |f(x') - f(x'')| < \varepsilon \tag{10}$$

根据群运算的连续性，我们可以选取单位元的邻域$\mathcal{U}_x$ 和 x 的邻域$\mathcal{V}_x$ 使得$\mathcal{V}_x \subseteq \mathcal{O}_x$ 且 $\mathcal{U}_x \cdot \mathcal{V}_x \subseteq \mathcal{O}_x$．根据 g 的紧性，存在覆盖 $\mathcal{G}$ 的有限族$\{\mathcal{V}_{xk}\}_{k=1}^n$．定义 $\mathcal{U} = \bigcap_{k=1}^n \mathcal{U}_{x_k}$．则 $\mathcal{U}$是 $\mathcal{G}$ 中的单位元的邻域．我们宣称(9)对 $\mathcal{U}$ 的这个选取成立．事实上，令 g 属于 $\mathcal{U}$而 x 属于 $\mathcal{G}$．则 x 属于某个$\mathcal{V}_{x_k}$．因此，

$$x \in \mathcal{V}_{x_k} \subseteq \mathcal{O}_{x_k} \text{ 且 } g \cdot x \in \mathcal{U} \times \mathcal{V}_{x_k} \subseteq \mathcal{U}_{x_k} \times \mathcal{V}_{x_k} \subseteq \mathcal{O}_{x_k}$$

因此 x 和 $g \cdot x$ 都属于 $\mathcal{O}_{x_k}$．于是根据(10)，$|f(g \cdot x) - f(x)| < \varepsilon$．因此(9)得证．用 $\mathcal{U} \cap \mathcal{U}^{-1}$代替 $\mathcal{U}$．因此，

$$\text{对所有 } g \in \mathcal{U},\quad x \in \mathcal{G},\quad |f(g^{-1} \cdot x) - f(x)| < \varepsilon$$

即

$$\text{对所有 } g \in \mathcal{U},\quad \|\pi(g)f - \pi(e)f\|_{\max} < \varepsilon$$

485

这证明了所要的连续性. ■

对紧群 $\mathcal{G}$，我们称泛函 $\psi \in [C(\mathcal{G})]^*$ 为**概率泛函**，若它在常函数 $f=1$ 取值 1 且在以下意义下是正的：对 $f \in C(\mathcal{G})$，若在 $\mathcal{G}$ 上 $f \geqslant 0$，则 $\psi(f) \geqslant 0$.

定理 6(Kakutani) 令 $\mathcal{G}$ 为紧群而 $\pi:\mathcal{G}\to \mathrm{GL}(C(\mathcal{G}))$ 是 $\mathcal{G}$ 在 $C(\mathcal{G})$ 上的正则表示. 则存在概率泛函 $\psi\in[C(\mathcal{G})]^*$ 在伴随作用 π^* 下不动，即

$$\text{对所有 } f\in C(\mathcal{G}) \text{ 与 } g\in \mathcal{G},\quad \psi(f)=\psi(\pi(g)f) \tag{11}$$

证明 根据 Alaoglu 定理，$[C(\mathcal{G})]^*$ 的闭单位球是弱 * 紧的. 令 K^* 为 $C(\mathcal{G})$ 上的正概率泛函族. 观察到若 ψ 是概率泛函而 f 属于 $C(\mathcal{G})$ 满足 $\|f\|_{\max}\leqslant 1$，则根据 ψ 的正性和线性，由于 $-1\leqslant f\leqslant 1$，

$$-1=\psi(-1)\leqslant \psi(f)\leqslant \psi(1)=1$$

因此 $|\psi(f)|\leqslant 1$，且因此 $\|\psi\|\leqslant 1$. 因此 K^* 是 E^* 的闭单位球的凸子集. 我们宣称 K^* 是弱 * 闭的. 事实上，对每个非负函数 $f\in C(\mathcal{G})$，集合 $\{\psi\in[C(\mathcal{G})]^* \mid \psi(f)\geqslant 0\}$ 是弱 * 闭的，在常函数 $f\equiv 1$ 取值 1 的泛函 ψ 的集合也如此. 集合 K^* 是弱 * 闭集的交，因此是弱 * 闭的. 作为紧集的闭子集，K^* 是弱 * 紧的. 最后，集合 K^* 是非空的，这是因为，若 x_0 是 $\mathcal{G}$ 中的任何点，在属于 K^* 的每个 $f\in C(\mathcal{G})$ 处取值 $f(x_0)$ 的 Dirac 泛函属于 K^*.

显然 K^* 在 π^* 下是不变的. 前一个引理告诉我们正则表示具有应用定理 4 所需要的连续性. 根据该定理，存在泛函 $\psi\in K^*$ 在 π^* 下是不动的，即(11)成立. ■

习题

13. 证明表示的伴随也是表示.
14. 证明概率泛函的范数是 1.
15. 令 E 为自反 Banach 空间而 K^* 是 E^* 的凸子集，关于由范数诱导的度量是闭的. 证明 K^* 是弱 * 闭的. 另一方面，证明：若 E 不是自反的，则 E 的闭单位球在 $(E^*)^*=E^{**}$ 的自然嵌入下的象是 E^{**} 的凸闭子集，它关于由范数诱导的度量是有界的但不是弱 * 闭的.
16. 令 $\mathcal{G}$ 为紧群，E 为自反 Banach 空间，$\pi:\mathcal{G}\to \mathrm{GL}(E)$ 是表示. 假定对每个 $x\in E$，映射 $g\mapsto\pi(g)x$ 是连续的. 假设存在 E 的在 π 下不变的非空强闭、有界、凸子集 K. 证明 K 包含在 π 下不动的点.
17. 令 $\mathcal{G}$ 为拓扑群而 E 为 Banach 空间，$\pi:\mathcal{G}\to \mathrm{GL}(E)$ 是表示. 对 $x\in E$，证明映射 $g\mapsto\pi(g)x$ 是连续的当且仅当它在 e 处是连续的.
18. 假定 $\mathcal{G}$ 为拓扑群而 X 为拓扑空间，而 $\varphi:\mathcal{G}\times X\to X$ 是映射. 对 $g\in\mathcal{G}$，定义映射 $\pi(g):X\to X$ 为对所有 $x\in X$，$\pi(g)(x)=\varphi(g,x)$. 为使得 π 是 $\mathcal{G}$ 在 $C(X)$ 上的表示，φ 必须具有什么性质？为使得对每个 $x\in X$，映射 $g\mapsto\pi(g)x$ 是连续的，φ 必须具有什么进一步的性质？

486

22.3 紧群上的不变 Borel 测度：von Neumann 定理

紧拓扑空间 X 上的 Borel 测度是 $\mathcal{B}(X)$ 上的有限测度，$\mathcal{B}(X)$ 即为包含 X 上的拓扑的最小 σ 代数. 我们现在考虑紧群上的 Borel 测度以及它们与群运算的关系.

引理 7 令 $\mathcal{G}$ 为紧群而 μ 是 $\mathcal{B}(\mathcal{G})$ 上的 Borel 测度. 对 $g\in\mathcal{G}$，定义集函数 $\mu_g:\mathcal{B}(\mathcal{G})\to[0,\infty)$ 为

$$\text{对所有 } A\in\mathcal{B}(\mathcal{G}),\quad \mu_g(A)=\mu(g\cdot A)$$

则 μ_g 是 Borel 测度．若 μ 是 Radon 的，μ_g 也是．此外，若 π 是 $\mathcal{G}$ 在 $C(\mathcal{G})$ 上的正则表示[⊖]，则

$$\text{对所有 } f\in C(\mathcal{G}),\quad \int_{\mathcal{G}}\pi(g)f\mathrm{d}\mu=\int_{\mathcal{G}}f\mathrm{d}\mu_g \tag{12}$$

证明　令 g 属于 $\mathcal{G}$．观察到用 g 做左乘定义了 $\mathcal{G}$ 映上 $\mathcal{G}$ 的拓扑同胚．由此我们推出 A 是 Borel 集当且仅当 $g\cdot A$ 是 Borel 集．因此集函数 μ_g 在 $B(\mathcal{G})$ 上是适当定义的．显然，μ_g 继承了 μ 的可数可加性，由于 $\mu_g(\mathcal{G})=\mu(\mathcal{G})<\infty$，$\mu_g$ 是 Borel 测度．现在假定 μ 是 Radon 测度．为证明 μ_g 的内正则性，令 $\mathcal{O}$ 为 $\mathcal{G}$ 中的开集而 $\varepsilon>0$．由于 μ 是内正则的，$g\cdot\mathcal{O}$ 是开的，存在包含于 $g\cdot\mathcal{O}$ 的紧集 K 使得 $\mu(g\cdot\mathcal{O}\sim K)<\varepsilon$．因此 $K'=g^{-1}\cdot K$ 是紧的，包含于 $\mathcal{O}$ 且 $\mu_g(\mathcal{O}\sim K')<\varepsilon$．因此 μ_g 是内正则的．用类似的方法可证明 μ_g 是外正则的．因此 μ_g 是 Radon 测度．

我们现在证明(12)．积分是线性的．因此，若(12)对 Borel 集的特征函数成立，它对简单 Borel 函数也成立．我们从简单逼近定理和有界收敛定理推出，若(12)对简单 Borel 函数成立，则它对所有 $f\in C(\mathcal{G})$ 成立．因此仅须对 Borel 集 A 的特征函数 $f=\chi_A$ 的情形证明(12)．然而，对这样的函数，

$$\int_{\mathcal{G}}\pi(g)f\mathrm{d}\mu=\mu(g\cdot A)=\int_{\mathcal{G}}f\mathrm{d}\mu_g$$

■

定义　令 $\mathcal{G}$ 为紧群．Borel 测度 $\mu:\mathcal{B}(\mathcal{G})\to[0,\infty)$ 称为是**左不变的**，若

$$\text{对所有 } g\in\mathcal{G} \text{ 与 } A\in\mathcal{B}(\mathcal{G}),\mu(A)=\mu(g\cdot A) \tag{13}$$

它称为是**概率测度**，若 $\mu(\mathcal{G})=1$．

487

右不变测度可类似定义．若考虑 $\mathbf{R}^n$ 为加法运算的拓扑群，我们证明 $\mathbf{R}^n$ 上的 Lebesgue 测度限制在 $\mathcal{B}(\mathbf{R}^n)$ 上关于加法是左不变的，即对 $\mathbf{R}^n$ 的每个 Borel 子集 E 与每个点 $x\in\mathbf{R}^n$，$\mu_n(E+x)=\mu_n(E)$．当然，这对 $\mathbf{R}^n$ 的任何 Lebesgue 可测子集 E 也成立．

命题 8　在每个紧群 $\mathcal{G}$ 上，存在 $\mathcal{B}(\mathcal{G})$ 上的左不变的 Radon 概率测度，也存在右不变的 Radon 概率测度．

证明　定理 6 告诉我们存在概率泛函 $\psi\in[C(\mathcal{G})]^*$，它在 $\mathcal{G}$ 在 $C(\mathcal{G})$ 上的正则表示的伴随下是不动的．这意味着 $\psi(1)=1$ 且

$$\text{对所有 } f\in C(\mathcal{G}) \text{ 与 } g\in\mathcal{G},\quad \psi(f)=\psi(\pi(g^{-1})f) \tag{14}$$

另一方面，根据 Riesz-Markov 定理，$B(\mathcal{G})$ 上存在唯一的 Radon 测度 μ，在

$$\text{对所有 } f\in C(\mathcal{G}),\quad \psi(f)=\int_{\mathcal{G}}f\mathrm{d}\mu \tag{15}$$

的意义下表示 ψ．

⊖ 拓扑空间上的连续函数关于空间上的 Borel σ 代数是可测的，若空间是紧的而测度是 Borel 的，它关于该测度是可积的．因此下面公式的每边是恰当定义的，这是因为，对每个 $f\in C(\mathcal{G})$ 与 $g\in\mathcal{G}$，f 和 $\pi(g)f$ 都是紧拓扑空间 $\mathcal{G}$ 上的连续函数，而 μ 和 μ_g 都是 Borel 测度．

因此，根据(14)，对所有 $f\in C(\mathcal{G})$和 $g\in\mathcal{G}$,

$$\psi(f)=\psi(\pi(g^{-1})f)=\int_{\mathcal{G}}\pi(g^{-1})f\mathrm{d}\mu \tag{16}$$

因此，根据引理 7，对所有 $f\in C(\mathcal{G})$和 $g\in\mathcal{G}$,

$$\psi(f)=\int_{\mathcal{G}}f\mathrm{d}\mu_{g^{-1}}$$

同样由引理 7，$\mu_{g^{-1}}$是 Radon 测度. 我们从泛函 ψ 表示的唯一性推出，

$$\text{对所有 } g\in\mathcal{G},\quad \mu=\mu_{g^{-1}}$$

因此 μ 是左不变 Radon 测度. 因为 ψ 是概率泛函，μ 是概率测度，所以，

$$1=\psi(1)=\int_{\mathcal{G}}\mathrm{d}\mu=\mu(\mathcal{G})$$

对偶方法(见习题 25)证明了右不变 Radon 概率测度的存在性. ■

定义 令 $\mathcal{G}$ 为拓扑群. $\mathcal{B}(\mathcal{G})$上的 Radon 测度称为是 **Haar 测度**，若它是左不变的概率测度.

定理 9(Von Neumann) 令 $\mathcal{G}$ 为紧群. 则 $\mathcal{B}(\mathcal{G})$上存在唯一的 Haar 测度 μ. 测度 μ 也是右不变的.

证明 根据前一个命题，$\mathcal{B}(\mathcal{G})$上存在左不变的 Radon 概率测度 μ 和右不变的 Radon 概率测度 ν. 我们宣称：

488

$$\text{对所有 } f\in C(\mathcal{G}),\quad \int_{\mathcal{G}}f\mathrm{d}\mu=\int_{\mathcal{G}}f\mathrm{d}\nu \tag{17}$$

一旦这得到证实，我们从由对 Radon 测度的积分给出的 $C(\mathcal{G})$上有界线性泛函的表示的唯一性推出 $\mu=\nu$. 因此每个左不变的 Radon 测度等于 ν. 因此仅有一个左不变的 Radon 测度且它是右不变的.

为证明(17)，令 f 属于 $C(\mathcal{G})$. 对$(x, y)\in\mathcal{G}\times\mathcal{G}$定义 $h:\mathcal{G}\times\mathcal{G}\to\mathbf{R}$ 为 $h(x, y)=f(x\cdot y)$. 则 h 是 $\mathcal{G}\times\mathcal{G}$上的连续函数. 此外，乘积测度 $\mu\times\nu$ 定义在 $\mathcal{G}\times\mathcal{G}$ 的包含 $\mathcal{B}(\mathcal{G}\times\mathcal{G})$的子集的 σ 代数上. 因此，由于 h 是可测的且在有限 $\mu\times\nu$ 测度集 $\mathcal{G}\times\mathcal{G}$上有界，它关于 $\mathcal{G}\times\mathcal{G}$上的乘积测度 $\mu\times\nu$ 是可积的. 为证明(17)，仅须证明：

$$\int_{\mathcal{G}\times\mathcal{G}}h\mathrm{d}[\nu\times\mu]=\int_{\mathcal{G}}f\mathrm{d}\mu \text{ 与}\int_{\mathcal{G}\times\mathcal{G}}h\mathrm{d}[\mu\times\nu]=\int_{\mathcal{G}}f\mathrm{d}\nu \tag{18}$$

然而，由 Fubini 定理[⊖]，

$$\int_{\mathcal{G}\times\mathcal{G}}h\mathrm{d}[\nu\times\mu]=\int_{\mathcal{G}}\left[\int_{\mathcal{G}}h(x,\cdot)\mathrm{d}\mu(y)\right]\mathrm{d}\nu(x)$$

根据 μ 的左不变性和(12)，

$$\text{对所有 } x\in\mathcal{G},\quad \int_{\mathcal{G}}h(x,\cdot)\mathrm{d}\mu(y)=\int_{\mathcal{G}}f\mathrm{d}\mu$$

⊖ 关于为什么对 Borel 测度与连续函数 h 的乘积不需要假设测度 μ 是完备的，Fubini 定理的结论成立的解释见 20.1 节的最后一段.

因此，由于$\nu(\mathcal{G})=1$，

$$\int_{\mathcal{G}\times\mathcal{G}} h\,\mathrm{d}[\mu\times\nu]=\int_{\mathcal{G}} f\,\mathrm{d}\mu\cdot\nu(\mathcal{G})=\int_{\mathcal{G}} f\,\mathrm{d}\mu$$

类似的方法可证明(18)右边的等式，因此完成了定理的证明. ■

我们这里的方法可被推广用于证明任何局部紧群$\mathcal{G}$上存在左不变的 Haar 测度，虽然它可以不是右不变的. 这里我们研究拓扑群上的拓扑，确定它的测度论性质. 当然，研究测度对拓扑的影响也是有趣的. 这一轮有趣的思想的进一步研究，读 John von Neumann 的经典讲义《Invariant Measures》[vN91]是有益的.

489

习题

19. 令μ为紧群$\mathcal{G}$上的 Borel 概率测度. 证明μ是 Haar 测度当且仅当

$$\text{对所有 } g\in\mathcal{G},\quad f\in C(\mathcal{G}),\quad \int_{\mathcal{G}} f\circ\varphi_g\,\mathrm{d}\mu=\int_{\mathcal{G}} f\,\mathrm{d}\mu$$

其中对所有$g'\in\mathcal{G}$，$\varphi_{\mathcal{G}}(g')=g\cdot g'$.

20. 令μ为紧群$\mathcal{G}$上的 Haar 测度. 证明$\mu\times\mu$是$\mathcal{G}\times\mathcal{G}$上的 Haar 测度.

21. 令$\mathcal{G}$为紧群，其拓扑由度量给出. 证明存在$\mathcal{G}$不变度量.（提示：利用前两个习题且平均群$\mathcal{G}\times\mathcal{G}$上的度量.）

22. 令μ为紧群$\mathcal{G}$上的 Haar 测度. 若$\mathcal{G}$有无穷多成员，证明对每个$g\in\mathcal{G}$，$\mu(\{g\})=0$. 若$\mathcal{G}$是有限的，直接描述μ.

23. 证明：若μ是紧群上的 Haar 测度，则对$\mathcal{G}$的每个开子集$\mathcal{O}$，$\mu(\mathcal{O})>0$.

24. 令$S^1=\{\mathcal{Z}=\mathrm{e}^{i\theta}\mid\theta\in\mathbf{R}\}$为具有复数乘法的群运算与承袭自欧氏圆盘的拓扑的圆周.

(i) 证明S^1是拓扑群.

(ii) 定义$\Lambda=\{(\alpha,\beta)\mid\alpha,\beta\in\mathbf{R},\ 0<\beta-\alpha<2\pi\}$. 对$\lambda=(\alpha,\beta)\in\Lambda$，定义$I_\alpha=\{\mathrm{e}^{i\theta}\mid\alpha<\theta<\beta\}$. 证明$S^1$的每个真开子集是形如$I_\lambda(\lambda\in\Lambda)$的集合的可数不交并.

(iii) 对$\lambda=(\alpha,\beta)\in\Lambda$，定义$\mu(I_\alpha)=(\beta-\alpha)/2\pi$. 定义$\mu(S^1)=1$. 用(ii)部分将$\mu$延拓为定义在$S^1$的拓扑$\mathcal{T}$上的集函数. 接着用前一章的命题 9 证明$\mu$可被延拓为$\mathcal{B}(S^1)$上的 Borel 测度.

(iv) 证明(ii)部分定义的测度是S^1上的 Haar 测度.

(v) 圆环$\mathcal{T}^n$是由具有乘积拓扑与群结构的S^1的n重笛卡儿积组成的拓扑群. $\mathcal{T}^n$上的 Haar 测度是什么?

25. 令μ为拓扑群$\mathcal{G}$上的 Borel 测度. 对于 Borel 集E，定义$\mu'(E)=\mu(E^{-1})$，其中$E^{-1}=\{g^{-1}\mid g\in E\}$. 证明$\mu'$也是 Borel 测度. 此外，证明$\mu$是左不变的当且仅当$\mu'$是右不变的.

22.4　测度保持变换与遍历性：Bogoliubov-Krilov 定理

对可测空间$(X,\mathcal{M})$，映射$T:X\to X$称为是**可测变换**，若对每个可测集E，$T^{-1}(E)$也是可测的. 观察到对映射$T:X\to X$，

$$T\text{ 是可测的当且仅当只要函数 } g \text{ 是可测的，} g\circ T \text{ 就可测}\tag{19}$$

对测度空间$(X,\mathcal{M},\mu)$，可测变换映射$T:X\to X$称为是**保测的**，若

$$\text{对所有 } A\in\mathcal{M},\mu(T^{-1}(A))=\mu(A)$$

命题 10 令$(X, \mathcal{M}, \mu)$为有限测度空间而映射 $T:X\to X$ 是可测变换. 则 T 是保测的当且仅当只要 g 在 X 上是可积的, $g\circ T$ 就在 X 上可积, 且

490

$$\text{对所有 } g\in L^1(X,\mu),\quad \int_X g\circ T\mathrm{d}\mu=\int_X g\,\mathrm{d}\mu \tag{20}$$

证明 首先假设(20)成立. 对 $A\in\mathcal{M}$, 由于 $\mu(X)<\infty$, 函数 $g=\chi_A$ 属于 $L^1(X, \mu)$且 $g\circ T=\chi_{T^{-1}(A)}$. 我们从(20)推出 $\mu(T^{-1}(A))=\mu(A)$.

反过来, 假设 T 保持测度. 令 g 在 X 上可积. 若 g^+ 是 g 的正部, 则$(g\circ T)^+=g^+\circ T$. 对负部, 类似的等式成立. 因此我们可以假设 g 是非负的. 对简单函数 $g=\sum_{k=1}^{n}c_k\cdot\chi_{A_k}$, 由于 T 是保持测度的,

$$\int_X g\circ T\mathrm{d}\mu=\int_X\left[\sum_{k=1}^{n}c_k\cdot\chi_{A_k}\circ T\right]\mathrm{d}\mu=\int_X\left[\sum_{k=1}^{n}c_k\cdot\chi_{T^{-1}(A_k)}\right]\mathrm{d}\mu$$

$$=\sum_{k=1}^{n}c_k\cdot\mu(A_k)=\int_X g\,\mathrm{d}\mu$$

因此对简单函数 g, (20)成立. 根据简单逼近定理, 存在 X 上的逐点收敛于 g 的简单函数序列$\{g_n\}$. 因此$\{g_n\circ T\}$是 X 上的逐点收敛于 $g\circ T$ 的简单函数序列. 用单调收敛定理两次和(20)对简单函数成立, 有

$$\int_X g\circ T\mathrm{d}\mu=\lim_{n\to\infty}\left[\int_X g_n\circ T\mathrm{d}\mu\right]=\lim_{n\to\infty}\left[\int_X g_n\mathrm{d}\mu\right]=\int_X g\,\mathrm{d}\mu$$ ■

对测度空间$(x, \mathcal{M}, \mu)$和可测变换 $T:X\to X$, 可测集 A 称为在 T 下**不变**(关于 μ), 若

$$\mu(A\sim T^{-1}(A))=\mu(T^{-1}(A)\sim A)=0$$

即模掉测度为零的集合, $T^{-1}(A)=A$. 显然,

$$A \text{ 在 } T \text{ 下是不变的当且仅当在 } X \text{ 上 a.e. } \chi_A\circ T=\chi_A \tag{21}$$

若$(x, \mathcal{M}, \mu)$也是一个概率空间, 即 $\mu(X)=1$, 变换 T 称为是**遍历的**, 若对任何在 T 下不变的集合 A, 有 $\mu(A)=0$ 或 $\mu(A)=1$.

命题 11 令$(X, \mathcal{M}, \mu)$为概率空间而 $T:X\to X$ 是保测变换. 则在 X 上的实值可测函数 g 中,

$$T \text{ 是遍历的当且仅当只要在 } X \text{ 上 a.e. } g\circ T=g,\quad g \text{ 就在 } X \text{ 上 a.e. 是常数} \tag{22}$$

证明 首先假设只要在 X 上 a.e. $g\circ T=g$, g 就在 X 上 a.e. 是常数. 令 $A\in\mathcal{M}$ 在 T 下不变. 则 $g=\chi_A$(A 的特征函数)是可测的, 且在 X 上 a.e. $\chi_A\circ T=\chi_A$. 因此χ_Aa.e. 是常数, 即 $\mu(A)=0$ 或 $\mu(A)=1$.

反过来, 假设 T 是遍历的. 令 g 为 X 上的可测实值函数使得在 X 上 a.e. $g\circ T=g$. 令 k 为整数. 定义 $X_k=\{x\in X\mid k\leqslant g(x)<k+1\}$. 则 X_k 是在 T 下不变的可测集. 由 T 的遍历性, 或者 $\mu(X_k)=0$ 或者 $\mu(X_k)=1$. 可数族$\{X_k\}_{k\in\mathbf{Z}}$是不交的且它的并是 X. 由于

491

$\mu(X)=1$ 且 μ 是可数可加的，$\mu(X_k)=0$. 定义 $I_1=[k', k'+1]$. 则 $\mu\{x\in X|g(x)\in I_1\}=1$ 且 I_1 的长度 $\ell(I_1)$是 1.

令 n 为自然数使得下降的闭有界区间族$\{I_k\}_{k=1}^n$对 $1\leqslant k\leqslant n$ 已定义，满足

$$\ell(I_k)=1/2^{k-1} \text{ 且 } \mu\{x\in X|g(x)\in I_k\}=1$$

令 $I_n=[a_n, b_n]$，定义$c_n=(b_n-a_n)/2$，

$$A_n=\{x\in X|a_n\leqslant g(x)<c_n\} \text{ 而 } B_n=\{x\in X|c_n\leqslant g(x)\leqslant b_n\}$$

则 A_n 和 B_n 是不交可测集，其并为$\{x\in X|g(x)\in I_n\}$，即测度为 1 的集合. 由于 A_n 和 B_n 在 T 下是不变的，我们从 T 的遍历性推出这两个集合中恰有一个集合测度为 1. 若 $\mu(A_n)=1$，定义 $I_{n+1}=[a_n, c_n]$. 否则，定义 $I_{n+1}=[c_n, b_n]$. 则 $\ell(I_{n+1})=1/2^n$ 且 $\mu\{x\in X|g(x)\in I_{n+1}\}=1$. 我们归纳地定义了闭有界区间的下降的可数族$\{I_n\}_{n=1}^\infty$使得

$$\text{对所有 } n,\quad \ell(I_n)=1/2^{n-1} \text{ 且 } \mu\{x\in X|g(x)\in I_n\}=1$$

根据关于实数的集套定理，存在属于每个 I_n 的数 c. 我们宣称在 X 上 $g=c$ a. e.. 事实上，观察到若 $g(x)$属于 I_n，则 $|g(x)-c|\leqslant 1/2^{n-1}$，因此，

$$1=\mu\{x\in X|g(x)\in I_n\}\leqslant\mu\left\{x\in X\,\middle|\,|g(x)-c|\leqslant 1/2^{n-1}\right\}\leqslant 1$$

由于

$$\{x\in X|g(x)=c\}=\bigcap_{n=1}^{\infty}\left\{x\in X\,\middle|\,|g(x)-c|\leqslant 1/2^{n-1}\right\}$$

我们从测度的连续性推出，

$$\mu\{x\in X|g(x)=c\}=\lim_{n\to\infty}\mu\left\{x\in X\,\middle|\,|g(x)-c|\leqslant 1/2^{n-1}\right\}=1$$ ■

定理 12(Bogoliubov-Krilov)　令 X 为紧度量空间而映射 $f:X\to X$ 是连续的. 则存在 Borel σ 代数 $\mathcal{B}(X)$上的概率测度 μ 使得 f 关于它是保测的.

证明　考虑 X 上具有最大值范数的连续实值函数的 Banach 空间 $C(X)$. 由于 X 是紧度量空间，Borsuk 定理告诉我们 $C(X)$是可分的. 令 η 为 $\mathcal{B}(X)$上的任何概率测度. 定义 $C(X)$上的线性泛函序列$\{\psi_n\}$为

$$\text{对所有 } n\in\mathbf{N} \text{ 和 } g\in C(X),\quad \psi_n(g)=\int_X\left[\frac{1}{n}\sum_{k=0}^{n-1}g\circ f^k\right]\mathrm{d}\eta \tag{23}$$

492　观察到

$$\text{对所有 } n\in\mathbf{N} \text{ 和 } g\in C(X),\quad |\psi_n(g)|\leqslant\|g\|_{\max}$$

因此$\{\psi_n\}$是$[C(X)]^*$中的有界序列. 由于 Banach 空间 $C(X)$是可分的，我们从 Helly 定理推出存在$\{\psi_n\}$的子序列$\{\psi_{n_k}\}$，它关于弱 * 拓扑收敛到有界泛函 $\psi\in[C(X)]^*$，即

$$\text{对所有 } g\in C(X), \lim_{k\to\infty}\psi_{n_k}(g)=\psi(g)$$

因此对所有 $g\in C(X)$，

$$\lim_{k\to\infty}\psi_{n_k}(g\circ f)=\psi(g\circ f)$$

然而，对每个 k 和 $g\in C(X)$，

$$\psi_{n_k}(g \circ f) - \psi_{n_k}(g) = \frac{1}{n_k}\left[\int_X [g \circ f^{n_k+1} - g] d\eta\right]$$

取 $k \to \infty$ 的极限得到

$$\text{对所有 } g \in C(X), \quad \psi(g \circ f) = \psi(g) \tag{24}$$

由于每个 ψ_n 是正泛函，极限泛函 ψ 也是正的. Riesz-Markov 定理告诉我们存在 Borel 测度 μ 使得

$$\text{对所有 } g \in C(X), \quad \psi(g) = \int_X g \, d\mu$$

我们从(24)推出

$$\text{对所有 } g \in C(X), \quad \int_X g \circ f d\mu = \int_X g \, d\mu$$

根据命题 10，f 关于 μ 是保测的. 最后，对常函数 $g=1$，对所有 n，$\psi_n(g)=1$，因此 $\psi(g)=1$，即 μ 是概率测度.

■

命题 13 令 $f:X \to X$ 为紧度量空间 X 上的连续映射. 定义 M_f 为 $\mathcal{B}(X)$ 上使得 f 保测的概率测度集. 则 $\mathcal{M}_f$ 中的测度 μ 是 $\mathcal{M}_f$ 的极值点当且仅当 f 关于 μ 是遍历的.

证明 首先假设 μ 是 $\mathcal{M}_f$ 的极值点. 为证明 f 是遍历的，假设结论不成立. 则存在 X 的 Borel 子集 A，它在 f 下关于 μ 是不变的，而仍然有 $0<\mu(A)<1$. 对所有 $E \in \mathcal{B}(x)$ 定义

$$\nu(E) = \mu(E \cap A)/\mu(A) \text{ 与 } \eta(E) = \mu(E \cap [X \sim A])/\mu(X \sim A)$$

则由于 $\mu(X)=1$，

$$\mu = \lambda\nu + (1-\lambda)\eta, \text{其中 } \lambda = \mu(A)$$

ν 和 η 都是 $\mathcal{B}(X)$ 上的 Borel 概率测度. 我们宣称 f 关于这些测度是保测的. 事实上，由于 f 关于测度 μ 保测而 A 在 f 下关于 μ 是不变的，对每个 $E \in \mathcal{B}(X)$，

493

$$\mu(E \cap A) = \mu(f^{-1}(E \cap A)) = \mu(f^{-1}(E) \cap f^{-1}(A)) = \mu(f^{-1}(E) \cap A)$$

因此 f 关于 ν 是不变的. 用类似的方法可以证明，它关于 η 也是不变的. 因此 ν 和 η 属于 $\mathcal{M}_f$，且因此 μ 不是 $\mathcal{M}_f$ 的极值点. 因此 f 是遍历的.

现在假定 f 关于 $\mu \in \mathcal{M}_f$ 是遍历的. 为证明 μ 是 $\mathcal{M}_f$ 的极值点，令 $\lambda \in (0, 1)$ 而 ν，$\eta \in \mathcal{M}_f$ 使得

$$\mu = \lambda\nu + (1-\lambda)\eta \tag{25}$$

测度 ν 关于 μ 是绝对连续的. 由于 $\mu(X)<\infty$，Radon-Nikodym 定理告诉我们存在函数 $h \in L^1(X, \mu)$ 使得

$$\text{对所有 } A \in \mathcal{B}(X), \quad \nu(A) = \int_A h \, d\mu$$

从简单逼近定理和有界收敛定理得出，

$$\text{对所有 } g \in L^\infty(X,\mu), \quad \int_X g \, d\nu = \int_X g \cdot h d\mu \tag{26}$$

固定 $\varepsilon>0$，且定义 $X_\varepsilon=\{x \in X \mid h(x) \geq 1/\lambda+\varepsilon\}$. 我们从(25)推出，

$$\mu(X_\varepsilon) \geq \lambda \cdot \int_{X_\varepsilon} h \, d\mu \geq (1+\lambda \cdot \varepsilon) \cdot \mu(X_\varepsilon)$$

因此 $\mu(X_e)=0$. h 和 $h\circ f$ 在 X 上关于 μ 是本性有界的. 因此，用(26)，首先对 $g=h\circ f$ 接着对 $g=h$，以及 f 关于 ν 的不变性，有

$$\int_X h\circ f\cdot h\mathrm{d}\mu=\int_X h\circ f\mathrm{d}\nu=\int_X h\,\mathrm{d}\nu=\int_X h^2\mathrm{d}\mu$$

我们从该等式和 f 关于 μ 的不变性推出，

$$\begin{aligned}\int_X[h\circ f-h]^2\mathrm{d}\mu&=\int_X[h\circ f]^2\mathrm{d}\mu-2\cdot\int_X h\circ f\cdot h\mathrm{d}\mu+\int_X h^2\mathrm{d}\mu\\&=2\cdot\int_X h^2\mathrm{d}\mu-2\cdot\int_X h\circ f\cdot h\mathrm{d}\mu\\&=2\cdot\int_X h^2\mathrm{d}\mu-2\cdot\int_X h^2\mathrm{d}\mu=0\end{aligned}$$

因此在 X 上 $h\circ f=h$ a. e. $[\mu]$. 根据 f 的遍历性和命题 11，存在常数 c 使得在 X 上 $h=c$ a. e. $[\mu]$. 但 μ 和 ν 是概率测度，因此，

$$1=\nu(X)=\int_X h\,\mathrm{d}\mu=c\cdot\mu(X)=c$$

494 因而 $\mu=\nu$，于是 $\mu=\eta$. 因此 μ 是 $\mathcal{M}_f$ 的极值点. ■

定理 14 令 $f:X\to X$ 为紧度量空间 X 上的连续映射. 则存在 Borel σ 代数 $\mathcal{B}(X)$ 上的概率测度 μ 使得 f 在其上是遍历的.

证明 令 $\mathcal{R}adon(X)$ 为 $\mathcal{B}(X)$ 上的带号 Radon 测度的 Banach 空间，而线性算子 $\Phi:\mathcal{R}adon(X)\to[C(X)]^*$ 定义为

$$\text{对所有 }\mu\in\mathcal{R}adon(X)\text{ 与 }g\in C(X),\quad\Phi(\mu)(g)=\int_X g\,\mathrm{d}\mu$$

关于 $C(X)$ 的对偶的 Riesz 表示定理告诉我们，Φ 是 $\mathcal{R}adon(X)$ 映上 $[C(X)]^*$ 的线性同构. 定义 $\mathcal{M}_f$ 为 $\mathcal{B}(X)$ 上使得 f 保测的概率测度集. 则测度 μ 是 $\mathcal{M}_f$ 的极值点当且仅当 $\Phi(\mu)$ 是 $\Phi(\mathcal{M}_f)$ 的极值点. 因此，根据前一个命题，为证明定理我们必须证明集合 $\Phi(\mathcal{M}_f)$ 具有极值点. 根据 Bogoliubov-Krilov 定理，$\mathcal{M}_f$ 是非空的. Krein-Milman 定理的一个推论，即前一章的推论 13，告诉我们若 $\Phi(\mathcal{M}_f)$ 是有界的、凸的，且关于弱 * 拓扑是闭的，则 $\mathcal{M}_f$ 具有极值点. Riesz-Markov 定理告诉我们 Φ 定义了 Radon 测度映上正泛函的同构. 正泛函当然是弱 * 闭的，在常函数 1 上取值 1 的泛函也如此. 根据命题 11，泛函 $\psi\in[C(X)]^*$ 是关于 f 不变的测度在 Φ 下的象当且仅当

$$\text{对所有 }g\in C(X),\psi(g\circ f)-\psi(g)=0$$

固定 $g\in C(X)$. 函数 $g\circ f-g$ 的估值是 $[C(X)]^*$ 上关于弱 * 拓扑连续的线性泛函，因此它的核是弱 * 闭的. 因此交

$$\bigcap_{g\in C(X)}\{\psi\in[C(X)]^*\mid\psi(g\circ f)=\psi(g)\}$$

也是弱 * 闭集. 这完成了 $\Phi(\mathcal{M}_f)$ 的弱 * 闭性的证明，因此完成了定理的证明. ■

渐近平均现象最初在气体的动态分析中被引入. 以下定理揭示在这种现象的研究中遍

历性的意义．观察到(27)的右边与点 $x\in X$ 无关.

定理 15 令 T 为概率空间$(X, \mathcal{M}, \mu)$上的测度保持变换．则 T 是遍历的当且仅当对每个 $g\in L^1(X, \mu)$，对几乎所有 $x\in X$，

$$\lim_{n\to\infty}\left[\frac{1}{n}\sum_{k=0}^{n-1} g(T^k(x))\right] = \frac{1}{\mu(X)}\int_X g\,\mathrm{d}\mu \tag{27}$$

该定理的证明可在 Michael Brin 和 Garrett Stuck 的书《Introduction to Dynamical Systems》[BS02]与 Paul Halmos 的《Lectures on Ergodic Theory》[Hal06] 中找到．这些书也包含了测度保持和遍历变换的多个例子.

495

习题

26. Bogoliubov-Krilov 定理的证明是否也提供了 X 是紧 Hausdorff 空间但不必是可度量化的情形的证明？
27. 令$(X, \mathcal{M}, \mu)$为有限测度空间而 $T:X\to X$ 是可测变换．对 X 上的可测函数 g，定义可测函数$U_T(g)$为$U_T(g)(x)=g(T(x))$．证明 T 是测度保持的当且仅当对每个 $1\leqslant p<\infty$，U_T将 $L^p(X, \mu)$映到其自身且U_T是等距的.
28. 假定 $T:\mathbf{R}^n\to\mathbf{R}^n$ 是线性的．对 T 建立使得它关于 $\mathbf{R}^n$ 上的 Lebesgue 测度保测的必要与充分条件.
29. 令 $S^1=\{z=\mathrm{e}^{i\theta}\mid\theta\in\mathbf{R}\}$为以复数的乘法为群运算的圆周，而 μ 为该群上的 Haar 测度(见习题 24)．定义 $T:S^1\to S^1$ 为 $T(z)=z^2$．证明 T 保持 μ.
30. 定义 $f:\mathbf{R}^2\to\mathbf{R}^2$ 为 $f(x, y)=(2x, y/2)$．证明 f 关于 Lebesgue 测度保测.
31. (Poincaré 回复)令 T 为有限测度空间$(X, \mathcal{M}, \mu)$上的测度保持变换，而集合 A 是可测的．证明对几乎所有 $x\in X$，存在无穷多个自然数 n 使得 $T^n(x)$属于 A.

496

参考文献

[Ban55] Stefan Banach, *Théorie des Opérations Linéaires*, Chelsea Publishing Company, 1955.

[Bar95] Robert G. Bartle, *The Elements of Integration and Lebesgue Measure*, Wiley Classics Library, 1995.

[BBT96] Andrew M. Bruckner, Judith B. Bruckner, and Brian S. Thomson, *Real Analysis*, Prentice Hall, 1996.

[BC09] John Benedetto and Wojciech Czaja, *Integration and Modern Analysis*, Birkhaüser, 2009.

[Bir73] Garrett Birkhoff, *A Source Book in Classical Analysis*, Harvard University Press, 1973.

[BM97] Garrett Birkhoff and Saunders MacLane, *A Survey of Modern Algebra*, AK Peters, Ltd., 1997.

[BS02] Michael Brin and Garrett Stuck, *Introduction to Dynamical Systems*, Cambridge University Press, 2002.

[CC74] Micha Cotlar and Roberto Cignoli, *An Introduction to Functional Analysis*, Elsevier, 1974.

[DS71] Nelson Dunford and Jacob Schwartz, *Linear Operators Volumes I and II*, Interscience, 1958–71.

[Eva90] L.C. Evans, *Weak Convergence Methods for Nonlinear Partial Differential Equations*, Conference Board for Mathematical Sciences, no. 74, American Mathematical Society, 1990.

[Eva98] Lawrence C. Evans, *Partial Differential Equations*, Graduate Studies in Mathematics, Vol 19, American Mathematical Society, 1998.

[Fit09] Patrick M. Fitzpatrick, *Advanced Calculus*, Pure and Applied Undergraduate Texts, American Mathematical Society, 2009.

[Fol99] Gerald B. Folland, *Real Analysis: Modern Techniques and Their Applications*, John Wiley and Sons, 1999.

[Hal50] Paul R. Halmos, *Measure Theory*, Van Nostrand, 1950.

[Hal98] ———, *Naive Set Theory*, Undergraduate Texts in Mathematics, Springer, 1998.

[Hal06] ———, *Lectures on Ergodic Theory*, American Mathematical Society, 2006.

[Haw01] Thomas Hawkins, *Lebesgue's Theory of Integration: Its Origins and Development*, American Mathematical Society, 2001.

[HS75] Edwin Hewitt and Karl Stromberg, *Real and Abstract Analysis*, Graduate Texts in Mathematics, Springer, 1975.

[Jec06] Thomas Jech, *Set Theory*, Springer, 2006.

[Kel75] John L. Kelley, *General Topology*, Springer, 1975.

[Lax97] Peter D. Lax, *Linear Algebra*, John Wiley and Sons, 1997.

[Lax02] ———, *Functional Analysis*, Wiley-Interscience, 2002.

[Lit41] J.E. Littlewood, *Lectures on the Theory of Functions*, Oxford University Press, 1941.

[Meg98] Robert E. Megginson, *An Introduction to Banach Space Theory*, Graduate Texts in Mathematics, Springer, 1998.

[Nat55] I. P. Natanson, *Theory of Functions of a Real Variable*, Fredrick Ungar, 1955.

[Pes98] Yakov Pesin, *Dimension Theory in Dynamical Systems*, University of Chicago Press, 1998.

[Pie07] Albrecht Pietsch, *History of Banach Spaces and Linear Operators*, Birkhaüser, 2007.

[RSN90] Frigyes Riesz and Béla Sz.-Nagy, *Functional Analysis*, Dover, 1990.

[Rud87] Walter Rudin, *Real and Complex Analysis*, McGraw-Hill, 1987.

[Sak64] Stanislaw Saks, *Theory of the Integral*, Dover, 1964.

[Sim63] George F. Simmons, *Introduction to Topology and Analysis*, International Series in Pure and Applied Mathematics, McGraw-Hill, 1963.

[vN50] John von Neumann, *Functional Operators, Volume I: Measures and Integrals*, Annals of Mathematics Studies, Princeton University Press, 1950.

[vN91] ———, *Invariant Measures*, American Mathematical Society, 1991.

[WZ77] Richard L. Wheeden and Antoni Zygmund, *Measure and Integral*, Marcel Dekker, 1977.

[Zim90] Robert Zimmer, *Essential Results of Functional Analysis*, University of Chicago Press, 1990.

索　引

索引中的页码为英文原书页码，与书中页边标注的页码一致.

D

E

S

T